HUAZHUANGPIN
YUANLI PEIFANG SHENGCHAN GONGYI

化妆品
——原理、配方、生产工艺

王培义　编著

第四版

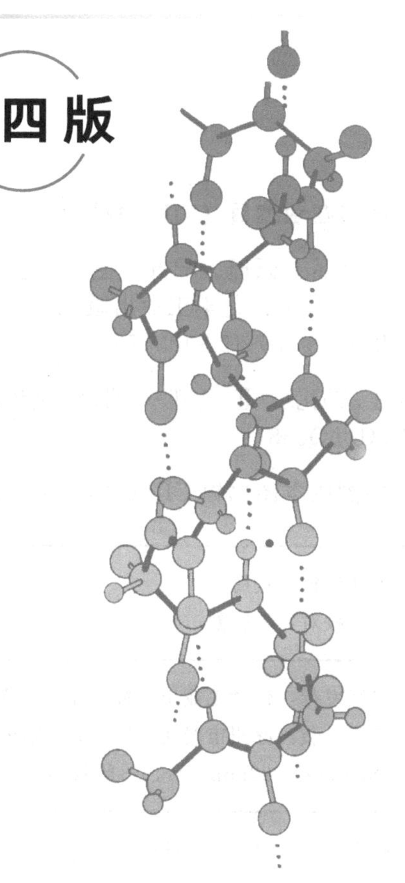

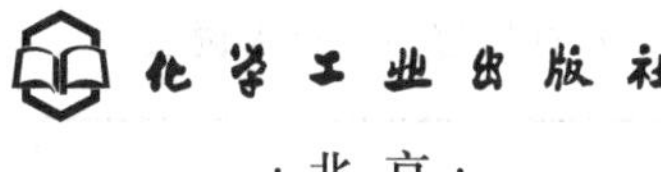
化学工业出版社

·北京·

内容简介

本书共分三篇二十一章。第一篇为化妆品的基础理论，较详细地论述了皮肤科学、毛发和牙齿科学、乳状液理论、增溶和微乳状液、化妆品流变学、防腐与抗氧、香料香精等。第二篇为化妆品的配方，较全面系统地介绍了护肤类、美容类、发用类、香水类化妆品，特殊化妆品以及口腔卫生用品的原料、配方理论和参考配方等。第三篇为化妆品的生产及质量管理，论述了乳剂类、液洗类、水剂类、气溶胶类、粉类、唇膏等化妆品和牙膏的生产工艺、设备及质量控制，化妆品生产用水及化妆品的安全和监督管理等。附录中收录了《化妆品监督管理条例》《化妆品注册备案管理办法》等化妆品法律和法规。

《化妆品——原理、配方、生产工艺》第四版紧扣《化妆品安全技术规范》《化妆品监督管理条例》等化妆品法律法规，内容丰富，论述较详细，兼备理论性、实用性和规范性。可供从事化妆品研究、开发、生产和管理的科研人员和工程技术人员阅读，也可作为高等院校相关专业的教材和教学参考书。

图书在版编目（CIP）数据

化妆品：原理、配方、生产工艺/王培义编著. —4 版. —北京：化学工业出版社，2023.2（2025.5 重印）

ISBN 978-7-122-42387-0

Ⅰ. ①化… Ⅱ. ①王… Ⅲ. ①化妆品-基本知识 Ⅳ. ①TQ658

中国版本图书馆 CIP 数据核字（2022）第 195240 号

责任编辑：袁海燕　　装帧设计：韩　飞

责任校对：杜杏然

出版发行：化学工业出版社（北京市东城区青年湖南街 13 号　邮政编码 100011）

印　　装：涿州市般润文化传播有限公司

787mm×1092mm　1/16　印张 26　字数 633 千字　2025 年 5 月北京第 4 版第 4 次印刷

购书咨询：010-64518888　　售后服务：010-64518899

网　　址：http：//www. cip. com. cn

凡购买本书，如有缺损质量问题，本社销售中心负责调换。

定　价：88.00 元

前　言

本书于1999年出版第一版，2006年出版了第二版，2014年出版了第三版，承蒙广大读者的厚爱和化学工业出版社的努力，期间经过多次重印，并被列入河南省“十二五”普通高等教育规划教材，被国内多所高校选作教材。

进入21世纪，我国经济的高速发展大大提升了人们的生活水平与生活质量，人们对化妆品的追求与日俱增，极大地促进了我国化妆品工业的发展。1998年中国化妆品销售额为275亿元，2020年中国化妆品市场规模达到5078亿元人民币，预计到2025年，中国化妆品市场规模有望达到近9000亿元人民币。全球人均化妆品消费最高的是中国香港地区，2019年人均消费475美元，其次是日本309美元，第三是挪威299美元，美国排名第七282美元。2019年我国化妆品人均消费仅50美元，与发达国家相比还有较大差距，但也表明中国化妆品行业有广阔的市场、良好的发展前景和发展空间。

近几年来，随着化妆品工业的飞速发展，与化妆品生产有关的新理论、新原料、新配方、新工艺等也有了新的发展。我国化妆品的质量监管也发生了较大的变革，特别是2020年6月16日中华人民共和国国务院令第727号《化妆品监督管理条例》颁布以来，国家市场监督管理总局、国家药品监督管理局相继出台了一系列的部门规章和规范性文件，已基本建立起较完善的法律法规体系、监督执法体系、检验检测体系，以及标准和技术规范体系，为提高化妆品质量、保障我国人民健康水平、规范化妆品行业健康快速发展起到了重要作用。

随着教育部分别于2017年和2019年批准在我国高校设置本科专业“化妆品技术与工程”和“化妆品科学与技术”，据不完全统计，全国已有70多所本科高校开设了化妆品相关专业或相关课程，这标志着我国化妆品行业人才培养迈入了新的发展阶段。

为适应化妆品工业发展、规范要求、人才培养和读者的需要，有必要更新内容，再版此书，以飨读者。在本版修订过程中，紧扣《化妆品安全技术规范》《化妆品监督管理条例》等化妆品法律法规，按照增、删、改的原则进行了修订。原著结构按照国家药监局2021年第49号公告《化妆品分类规则和分类目录》进行了调整。增加了第十八章唇膏生产工艺，以及一些新原料、新配方、新理论、新技术等。修改了那些有变化、有发展或不贴切的内容，全面修订了绪论、特殊化妆品、化妆品的安全和监督管理、附录［受篇幅限制，化妆品注册备案资料管理规定、化妆品安全技术规范（2015版），已使用化妆品原料目录（2021版）等未收入］等，准用防腐剂、防晒剂、染发剂、生活饮用水标准以及部分章节中的图、表等。删去了一些过时的内容，如健美和美乳化妆品、各类化妆品的质量控制指标（由于和《化妆品监督管理条例》《化妆品注册备案资料管理规定》（国家药监局2021年第35号）等不一致，予以删除）。本书尽量不去做文献堆积，而是希望能给广大的国内莘莘学子和化妆品企业的研发、生产和管理人员提供一个比较准确、系统、实用并富有启迪作用的化妆品著作。在内容上，尽可能反映新情况和新问题，不求包罗万象、旨在言简意赅、提纲挈领。这是前三版的宗旨，也是本版修订的指南。但由于编者水平有限，恐难尽如人意，敬请同仁们批评指正。

在本次修订过程中得到了琚建伟、张太军、孙淑香等的大力支持，在此向他们表示感谢！同时，再次感谢化学工业出版社各位编校人员对本书出版的热情支持与多方面的协助！

郑州轻工业大学　王培义

2022 年 7 月

第一版前言

化妆品是日常生活用品。随着物质和文化生活水平的普遍提高，人们对化妆品的需求越来越多，质量要求越来越高。因此，大力发展适合广大人民群众需要的、安全的、高效的化妆用品，对于美化人们的仪表，提高人民物质文明和精神文明生活水平有着十分重要的意义。

化妆品工业是一门新兴的精细化学品工业。近十多年来，我国化妆品工业在新品种、新原料、新工艺和新设备以及与化妆品相关的新技术方面都有较大的发展。为适应我国化妆品工业的发展和培养这方面的专门人才，我们收集了近年来国内外大量科技文献资料，并结合作者多年的教学、研究成果和工作实践，编写成本书。

本书内容丰富，论述较详细，有较高的理论深度，并力求使化妆品的有关科学原理与生产实际相结合。通过本书，读者对化妆品的科学原理和生产工艺有较详细的了解。对从事化妆品研究和生产的科技人员，本书是一本有价值的参考书。

本书共分三篇（二十章）。第一篇为化妆品的基础理论，较详细地论述了皮肤科学、毛发科学、牙齿科学、增溶和微乳状液、乳状液理论、化妆品流变学、防腐与抗氧、香料香精等，有较高的理论深度，针对性较强。第二篇为化妆品配方，较全面系统地介绍了各类、各种化妆品的配方理论和参考配方等；这里既有传统配方，也有较新配方，其中内容结合了作者多年的工作实践；所列配方虽经筛选，但仅供参考，读者采用时应通过试验验证和改进。第三篇论述了现代化妆品的生产工艺、设备及质量控制，内容较新颖、实用性强，其中各类化妆品生产的质量控制、化妆品生产用水、化妆品生产过程的卫生管理等内容，对从事化妆品生产和管理、提高化妆品质量是非常重要的。

本书在拟定编写大纲时，得到无锡轻工业大学曹光群高级工程师的热情支持和帮助；书稿完成后，承蒙河南省科学院化学研究所所长高明德研究员审阅。在此一并致谢。由于作者水平和经验有限，书中难免有不妥之处，恳请读者和同行专家批评指正。

作者

1999.4

第二版前言

自从本书 1999 年出版以来，已经过 3 次重版印刷，其发行总数已逾 1 万册，作为专业书，这个数字说明该书深受读者欢迎，并被一些高校选作教材。

近几年来，我国化妆品工业得到了飞速发展，在新理论、新原料、新配方等与化妆品生产有关的技术方面发生了较大的变革。1998 年中国化妆品销售额为 275 亿元，2000 年达到 350 亿元；目前，中国有 4000 多家化妆品生产厂，从业人员逾 24 万人，2005 年中国化妆品销售额达到 500 亿元，2010 年国内化妆品销售总额将达到 800 亿元。为适应化妆品工业这一高速发展的需要，许多高校开设了化妆品科学课程，科学研究方面也方兴未艾，形势喜人。

为适应化妆品工业发展和读者的需要，在收集大量资料的基础上，结合作者近几年的工作实践，对本书进行了这次修订。在修订过程中，原著结构未做大的变动，主要是增、删、改。增，是增加一些新原料、新配方；删，是删去一些过时的内容；改，是修改那些有变化、有发展和原著不贴切的内容。如原著第七章护肤用化妆品，近几年发展较快、变化较大，本次修订做了全面修改。

在这次修订工作中，化学工业出版社的不少同志为我做了许多工作，一些原料公司也给予了帮助，在此向他们表示感谢。

本书第一版出版后，承读者关心和爱护，不少读者来信或来电指出不足或咨询问题，这里表示衷心感谢，并希望对修订本继续给予关心、提出宝贵意见，以便不断修订。

郑州轻工业学院　王培义

2006 年 1 月

第三版前言

本书于1999年出版第一版，2006年出版了第二版，承蒙广大读者的厚爱和化学工业出版社的努力，期间经过多次重印，其发行总数已逾2万册，并被列入河南省“十二五”普通高等教育规划教材，被国内多所高校选做教材。

进入21世纪，我国经济的高速发展大大提升了人们的生活水平与生活质量，人们对化妆品的追求与日俱增，极大地促进了我国化妆品工业的发展。1998年中国化妆品销售额为275亿元，2005年达到500亿元；2012年，来自国家统计局的数字表明：全国化妆品销售额突破4000亿元人民币，而据有关专家估计实际销售额突破万亿元。

近几年来，随着化妆品工业的飞速发展，与化妆品生产有关的新理论、新原料、新配方、新工艺等也有了新的发展。我国化妆品的质量监管也发生了较大的变革，已基本建立起较完善的法律法规体系、监督执法体系、检验检测体系，以及标准和技术规范体系，为保障我国人民健康水平、规范化妆品行业健康快速发展起到了重要作用。

为适应化妆品工业发展和读者的需要，有必要更新内容，再版此书，以飨读者。在第三版修订过程中，原著结构未做变动，主要是增、删、改。增，是增加一些新原料、新配方、新理论，特别是近几年化妆品的安全性问题越来越引起人们的重视，本次修订在第二十章新增了“化妆品经常出现的安全性问题以及化妆品的监督管理”两节新内容；删，是删去一些过时的内容；改，是修改那些有变化、有发展和原著不贴切的内容，特别是化妆品新标准、新规范。如原著各类化妆品质量指标以及附录部分，近几年变化较大，本次修订做了全面修改。本书尽量不去重复已有的中文书籍中的内容，而是希望能给广大的国内莘莘学子和化妆品企业的研发、生产和管理人员提供一个比较准确、系统、实用并富有启迪作用的化妆品著作。在内容上，尽可能反映新情况和新问题，不求包罗万象、旨在言简意赅、提纲挈领。这是第一版和第二版的宗旨，也是第三版修订的指南。但由于编者水平有限，恐难尽如人意。敬请同仁们批评指正。

参加本次修订的同志有：广东名臣有限公司张太军、刘迪、黄劲松、谢付凤、李小东、张毅、杨盼盼等同志，在此向他们表示感谢。同时，我也非常感谢化学工业出版社各位编校人员对本书出版的热情支持与多方面的协助。

郑州轻工业学院　王培义

2013年11月

目　　录

第二篇 化妆品的配方

第三篇 化妆品的生产及质量管理

绪　论

化妆品工业是综合性较强的技术密集型工业，它涉及面很广，不仅与物理化学、表面化学、胶体化学、有机化学、染料化学、香料化学、化学工程等学科有关，还和微生物学、皮肤科学、毛发科学、牙齿科学、生理学、营养学、医药学、毒理学、公共卫生、美容学、心理学、法学等密切相关。这就要求多门学科知识相互配合，并综合运用，才能开发生产出优质、高效的化妆品。

除某些特种制品外，化妆品的生产一般都不经过化学反应过程，而是将各种原料经过混合，使之产生一种制品的性能。因此，配方技术左右产品的性能。如化妆品中常用的脂肪醇不过很少几十种，而由其复配衍生出来的商品，则是五花八门，难以作出确切的统计。因此，掌握原料性能和复配技术，是改善制品性能、提高产品质量的一个重要方面。

化妆品属流行产品，更新换代特别快。一个产品从问世到被新产品替代，一般都经历萌芽期、成长期、饱和期和衰退期。因此，只有不断创新，开发新品种、新剂型、新配方，提高产品的质量和竞争能力，才能迎合消费心理，满足市场需求。为提高产品的质量和竞争能力，必须坚持不懈地开展科学研究，注意采用新原料、新技术、新工艺、新设备和新包装，并及时掌握国内外科技前沿，搞好信息储存，同时要及时了解和掌握相关法律法规、不断研究消费者的心理和需求，以指导新产品的开发。

化妆品大多是直接与人的皮肤长时间连续接触的，因此，质量和安全尤为重要，新产品上市之前，应进行必要的安全性检验，确保其绝对的安全性。

一、化妆品的定义及作用

化妆品广义上讲是指化妆用的物品。在希腊语中“化妆”的词义是“装饰的技巧”，意思是把人体自身的优点多加发扬，而把缺陷加以弥补。1923 年，哥伦比亚大学 C. P. Wimmer 概括化妆品的作用为：使皮肤感到舒适和避免皮肤病；遮盖某些缺陷；美化面容；使人清洁、整齐、增加神采。

日本医药法典中对化妆品的定义为：化妆品是为了清洁和美化人体、增加魅力、改变容貌、保持皮肤及头发健美而涂擦、散布于身体或用类似方法使用的物品。是对人体作用缓和的物质。以清洁身体为目的而使用的肥皂、牙膏也属于化妆品，而一般人当作化妆品使用的染发剂、烫发液、粉刺霜，防干裂、治冻伤的膏霜及对皮肤或口腔有杀菌消毒药效的，包括药物牙膏，在药事法典中都称为医药部外品。

美国食品药品管理局（FDA）对化妆品的定义为：用涂擦、撒布、喷雾或其他方法使用于人体的物品，能起到清洁、美化，促使有魅力或改变外观的作用，不包括肥皂，并对特种化妆品作了具体要求。

中华人民共和国《化妆品监督管理条例》（2020 年 6 月 16 日中华人民共和国国务院令第 727 号）中定义化妆品为：是指以涂擦、喷洒或者其他类似方法，施用于皮肤、毛发、指甲、口唇等人体表面，以清洁、保护、美化、修饰为目的的日用化学工业产品。化妆品分为特殊化妆品和普通化妆品。用于染发、烫发、祛斑美白、防晒、防脱发的化妆品以及宣称新功效的化妆品为特殊化妆品。特殊化妆品以外的化妆品为普通化妆品。牙膏参照本条例有关普通化妆品的规定进行管理，这也是牙膏首次作为普通化妆品列入《化妆品监督管理条例》

管理范围。宣称具有特殊化妆品功效的香皂适用本条例。

化妆品对人体的作用必须缓和、安全、无毒、无副作用，并且主要以清洁、保护、美化、修饰为目的。因此，对于添加有特殊功效成分、具有药效活性的制品，日本等国称之为类医药品，中华人民共和国《化妆品监督管理条例》中称之为“特殊化妆品”，如用于染发、烫发、祛斑美白、防晒、防脱发的化妆品以及宣称新功效的化妆品。

应当指出，无论是化妆品，或是特殊化妆品都不同于医药用品，其使用目的在于清洁、保护、美化和修饰方面，并不是为了达到影响人体构造和机能的目的。为方便起见，常将二者统称为化妆品。

综上所述，化妆品的基本作用可概括为如下3个方面。

(1) 清洁作用　祛除皮肤、毛发、口腔和牙齿上面的脏物，以及人体分泌与代谢过程中产生的不洁物质。如清洁霜、清洁奶液、洁面面膜、清洁用化妆水、泡沫浴液、洗发香波、牙膏等。

(2) 保护作用　保护皮肤及毛发等处，增加组织活力，保持皮肤角质层的含水量，减少皮肤皱纹，减缓皮肤衰老以及促进毛发生理机能，使其滋润、柔软、光滑、富有弹性，以抵御寒风、烈日、紫外线辐射等的损害，增加皮肤分泌机能活力，防止皮肤皲裂、毛发枯断。如雪花膏、冷霜、唇膏、润肤霜、防裂油膏、营养霜、营养面膜、保湿霜、保湿面膜、奶液、防晒霜、防晒乳、润发油、发乳、护发素、育发液等。

(3) 美化修饰作用　美化皮肤及毛发，使之增加魅力，或散发香气，改变外观、呈现良好状态等。如粉底霜、粉饼、香粉、胭脂、发胶、摩丝、染发剂、烫发剂、眼影膏、眉笔、睫毛膏、香水、美白霜、祛斑霜、粉刺霜、抑汗剂、祛臭剂等。

二、化妆品的分类及功效

化妆品的种类繁多，其分类方法也五花八门。如按产品剂型分类，按内含物成分分类，按作用部位、使用人群和使用目的分类，按使用年龄、性别分类等。根据2021年4月8日国家药监局2021年第49号公告《化妆品分类规则和分类目录》规定，化妆品注册人、备案人应当根据化妆品功效宣称、作用部位、使用人群、产品剂型和使用方法，按照《化妆品分类规则和分类目录》进行分类编码。因此，按照《化妆品分类规则和分类目录》，化妆品的功效宣称分为26个类别，凡功效宣称不符合《化妆品分类规则和分类目录》关于功效类别的释义说明和宣称指引规则的视为新功效化妆品。化妆品注册人、备案人申请特殊化妆品注册或者进行普通化妆品备案的，应当依据《化妆品功效宣称评价规范》（国家药监局2021年第50号）的要求对化妆品的功效宣称进行评价，并在国家药监局指定的专门网站上传产品功效宣称依据的摘要。依据《化妆品分类规则和分类目录》规定，化妆品按功效宣称、作用部位、使用人群、产品剂型、使用方法等分类，见表0-1～表0-5。

表0-1　功效宣称分类目录

序号	功效类别	释义说明和宣称指引
A	**新功效**	**不符合以下规则的**[①]
1	染发	以改变头发颜色为目的，使用后即时清洗不能恢复头发原有颜色
2	烫发	用于改变头发弯曲度(弯曲或拉直)，并维持相对稳定
		注：清洗后即恢复头发原有形态的产品，不属于此类

续表

序号	功效类别	释义说明和宣称指引
3	祛斑美白	有助于减轻或减缓皮肤色素沉着，达到皮肤美白增白效果；通过物理遮盖形式达到皮肤美白增白效果
		注：含改善因色素沉积导致痘印的产品
4	防晒	用于保护皮肤、口唇免受特定紫外线所带来的损伤
		注：婴幼儿和儿童的防晒化妆品作用部位仅限皮肤
5	防脱发	有助于改善或减少头发脱落
		注：调节激素影响的产品，促进生发作用的产品，不属于化妆品
6	祛痘	有助于减少或减缓粉刺（含黑头或白头）的发生；有助于粉刺发生后皮肤的恢复
		注：调节激素影响的、杀（抗、抑）菌的和消炎的产品，不属于化妆品
7	滋养	有助于为施用部位提供滋养作用
		注：通过其他功效间接达到滋养作用的产品，不属于此类
8	修护	有助于维护施用部位保持正常状态
		注：用于疤痕、烫伤、烧伤、破损等损伤部位的产品，不属于化妆品
9	清洁	用于除去施用部位表面的污垢及附着物
10	卸妆	用于除去施用部位的彩妆等其他化妆品
11	保湿	用于补充或增强施用部位水分、油脂等成分含量；有助于保持施用部位水分含量或减少水分流失
12	美容修饰	用于暂时改变施用部位外观状态，达到美化、修饰等作用，清洁卸妆后可恢复原状
		注：人造指甲或固体装饰物类等产品（如：假睫毛等），不属于化妆品
13	芳香	具有芳香成分，有助于修饰体味，可增加香味
14	除臭	有助于减轻或遮盖体臭
		注：单纯通过抑制微生物生长达到除臭目的产品，不属于化妆品
15	抗皱	有助于减缓皮肤皱纹产生或使皱纹变得不明显
16	紧致	有助于保持皮肤的紧实度、弹性
17	舒缓	有助于改善皮肤刺激等状态
18	控油	有助于减缓施用部位皮脂分泌和沉积，或使施用部位出油现象不明显
19	去角质	有助于促进皮肤角质的脱落或促进角质更新
20	爽身	有助于保持皮肤干爽或增强皮肤清凉感
		注：针对病理性多汗的产品，不属于化妆品
21	护发	有助于改善头发、胡须的梳理性，防止静电，保持或增强毛发的光泽
22	防断发	有助于改善或减少头发断裂、分叉；有助于保持或增强头发韧性
23	去屑	有助于减缓头屑的产生；有助于减少附着于头皮、头发的头屑
24	发色护理	有助于在染发前后保持头发颜色的稳定
		注：为改变头发颜色的产品，不属于此类
25	脱毛	用于减少或除去体毛
26	辅助剃须剃毛	用于软化、膨胀须发，有助于剃须剃毛时皮肤润滑
		注：剃须、剃毛工具不属于化妆品

① 不符合以下规则的，均属于新功效。下同。

表 0-2　作用部位分类目录

序号	作用部位	说明
B	**新功效**	**不符合以下规则的**
1	头发	注：染发、烫发产品仅能对应此作用部位 防晒产品不能对应此作用部位
2	体毛	不包括头面部毛发
3	躯干部位	不包含头面部、手、足
4	头部	不包含面部
5	面部	不包含口唇、眼部 注：脱毛产品不能对应此作用部位
6	眼部	包含眼周皮肤、睫毛、眉毛 注：脱毛产品不能对应此作用部位
7	口唇	注：祛斑美白、脱毛产品不能对应此作用部位
8	手、足	注：除臭产品不能对应此作用部位
9	全身皮肤	不包含口唇、眼部
10	指（趾）甲	

表 0-3　使用人群分类目录

序号	使用人群	说明
C	**新功效**	**不符合以下规则的产品；宣称孕妇和哺乳期妇女适用的产品**
1	婴幼儿 （0～3 周岁，含 3 周岁）	功效宣称仅限于清洁、保湿、护发、防晒、舒缓、爽身
2	儿童 （3～12 周岁，含 12 周岁）	功效宣称仅限于清洁、卸妆、保湿、美容修饰、芳香、护发、防晒、修护、舒缓、爽身
3	普通人群	不限定使用人群

表 0-4　产品剂型分类目录

序号	产品剂型	说明
0	其他	不属于以下范围的
1	膏霜乳	膏、霜、蜜、脂、乳、乳液、奶、奶液等
2	液体	露、液、水、油、油水分离等
3	凝胶	啫喱、胶等
4	粉剂	散粉、颗粒等
5	块状	块状粉、大块固体等
6	泥	泥状固体等
7	蜡基	以蜡为主要基料的
8	喷雾剂	不含推进剂
9	气雾剂	含推进剂
10	贴、膜、含基材	贴、膜、含配合化妆品使用基材的
11	冻干	冻干粉、冻干片等

表 0-5 使用方法分类目录

序号	使用方法	说明
1	淋洗	根据国家标准、《化妆品安全技术规范》要求，选择编码
2	驻留	

按产品剂型分类，有利于化妆品生产工艺和装置的设计和选用，产品规格标准的确定以及分析试验方法的研究，对生产和质检部门进行生产管理和质量检测是有利的。按产品的作用部位和功效分类，比较直观，有利于配方研究过程中原料的选用，有利于消费者了解和选用化妆品，但由于将不同剂型、不同生产工艺及配方结构的产品混在一起，不利于生产设备、生产工艺条件和质量控制标准等的统一。

随着化妆品工业的发展，化妆品已从单一功能向多功能方向发展，许多产品在性能和应用方面已没有明显界线，同一剂型的产品可以具有不同的性能和用途，而同一功效的产品也可制成不同的剂型。为此，本书在编写过程中，既考虑生产上的需要，又考虑应用方面的需要，在介绍生产工艺及设备时，侧重于按剂型分类；而在介绍各种化妆品配方时，则侧重于按作用部位和功效分类。

三、化妆品的现状与展望

据 Euromonitor 数据显示，2019 年全球化妆品市场规模达到 4996 亿美元，其中，美国占据全球化妆品市场份额 18.58%，排名第一；我国占据约 14%，排名第二。2020 年中国化妆品市场规模为 5078 亿元人民币，预计到 2025 年，中国化妆品市场规模有望达到近 9000 亿元人民币。全球最高的人均化妆品消费是中国香港地区，2019 年人均消费 475 美元，其次是日本 2019 年人均消费 309 美元，第三是挪威 2019 年人均消费 299 美元，美国排名第七 2019 年人均消费 282 美元，中国 2019 年人均消费仅 50 美元。2019 年，护肤品、护发和彩妆是化妆品消费市场的主力军，三者占据中国化妆品市场份额约 75%，其中护肤品市场占比高达 51.16%，彩妆增长最快，2014～2019 年，年均复合增长率达 15.95%，远远高于整体行业增速。另据国家统计局数据显示，2015 年我国化妆品类零售总额为 2049 亿元人民币，2020 年达 3400 亿元人民币，其中，国产品牌占比不足 50%，高端市场几乎空白。而欧美日韩等发达经济体本土化妆品销售收入超过其本土市场的 70%。作为世界第二大化妆品消费国家，我国化妆品发展状况与之并不匹配。

1. 目前我国化妆品行业发展存在的突出问题

（1）行业集中度较低，技术创新能力相对不足，产品核心竞争力不强　目前，国内化妆品生产许可获证企业近 5000 家，市场集中度较低，企业生产和收入规模普遍偏小，产品开发靠经验，产品同质化、低水平重复，具有自主知识产权或创新技术的民族品牌太少，市场竞争力不强。统计数据表明，截至 2020 年底，已有 8 家国产化妆品企业跻身中国化妆品市场前 20，但累计市场占有率不足 15%。化妆品生产是资金、技术密集型行业，如果企业的利润水平低，收入规模不显著，再加上人工成本的整体提升，导致企业研发投入不足，影响企业自主创新水平的提升，进而影响企业在中高端生产制造市场的竞争力。相对于国际化妆品品牌，国内化妆品企业在品牌知名度、品牌运营经验及技术创新能力等方面相对不足，产品品牌知名度有所欠缺，尤其在高端产品领域的竞争中，处于相对劣势的地位。

（2）功效评价的标准和方法有待完善　根据《化妆品监督管理条例》，化妆品功效的科学评价势在必行。《化妆品注册备案管理办法》《化妆品功效宣称评价规范》等就化妆品功效宣称合法性进行了具体规定，要求化妆品企业在国家药品监督管理局统一的网络信息服务平台，将其化妆品相应安全风险评估资料与“功效宣称”相关信息在平台上发布，从而促使化妆品生产、营销、消费与化妆品监管形成互动、互信与信息共享、社会共治等新型行业监督模式。目前，我国化妆品注册和备案检验检测机构已超过 200 家，但缺乏化妆品功效对应的评价标准和方法，使得这些检验检测机构主要开展“化妆品安全性评估检验与检测”，鲜于探索化妆品功效评价技术与方法。

（3）人才培养体系还不够完善　人才是一个行业发展的决定性因素，长期以来我国高校仅有江南大学、郑州轻工业大学和北京工商大学等少数几家高校开设有日化相关专业，但人才培养模式滞后，人才培养体系很不完善。而社会急缺的美容师、化妆师、美容顾问等，目前还是主要依赖企业内部培养和少量的民间教育培训机构输出人才为主，这远远无法满足行业对人才的需求。近几年，上海应用技术大学、北京工商大学、广东药科大学、广东工业大学、郑州轻工业大学、厦门医学院、洛阳师范学院等 70 多所本科高校相继开设了“化妆品科学与技术或化妆品技术与工程”专业或开设相关化妆品专业课程，人才培养模式改革不断深化，人才培养体系日渐完善。

2.我国化妆品发展展望

（1）化妆品消费需求快速增长为具备优质产能的企业带来发展机遇　我国是世界第一人口大国、第二大经济体，人口城镇化率接近三分之二，由此释放的强大内需潜力和发展动能必然会给各行各业带来巨大压力与挑战，同时赋予重大机遇。随着我国人均可支配收入提高带来的消费升级，销售渠道尤其是线上渠道多元化，消费理念变革、个性化需求更强，百姓更加关注外在形象和消费质量，中国化妆品消费需求将进一步扩大，使得化妆品行业在我国新型城镇化与经济高质量发展协同推进过程中举足轻重。特别是在信息化时代，人们获取信息的渠道多样，对化妆品的认识更深刻，对化妆品的成分、安全、功效等提出更高更具体的要求。为了在竞争中立于不败之地，必须在不断提高产品质量、安全和功效性、扩大产品影响的同时，时刻把握市场情况，利用现代科学和技术，不断创新，跟上时代发展，满足消费者的需求。

（2）行业监管不断规范为企业成长创造了良好环境　为了规范化妆品生产经营活动，加强化妆品监督管理，保证化妆品质量安全，保障消费者健康，促进化妆品产业健康发展，2020 年 6 月 16 日中华人民共和国国务院令第 727 号《化妆品监督管理条例》（附录一）颁布实施，其后相应的管理规章陆续出台，如《化妆品注册备案管理办法》（国家市场监督管理总局令第 35 号）（附录二）、《化妆品生产经营监督管理办法》（国家市场监督管理总局令第 46 号）（附录三）、《化妆品生产质量管理规范》（国家药监局 2022 年第 1 号）（附录四）、《化妆品分类规则和分类目录》（国家药监局 2021 年第 49 号）（附录五）、《化妆品功效宣称评价规范》（国家药监局 2021 年第 50 号）（附录六）、《化妆品标签管理办法》（国家药监局 2021 年第 77 号）（附录七）等。对化妆品行业的监管日趋规范，行业准入门槛不断提高，将使部分技术创新能力不足、生产能力弱、质量控制不规范、市场竞争力不强的中小型企业被逐渐淘汰。提高行业经营及竞争的规范化，有利于行业集中度的提升，为行业中优质企业的健康成长创造良好的环境。

（3）科技创新能力的提升为化妆品行业的发展注入了活力　统计表明，2001～2020 年间，全球化妆品领域申请专利共 849899 件，其中中国化妆品相关专利为 215800 件，全球占比约 25.4%。20 年间，中国化妆品专利申请高速增长，说明我国化妆品行业科技创新能力显著提高，促进了我国化妆品行业的快速发展。2020 年 10 月，国家科技会议首度聚焦化妆品行业，在香山科学会议第 678 次学术研讨会上，将主题定为“化学生物医药工程与皮肤健康”。说明从国家层面已经意识到我国作为化妆品消费大国而非化妆品制造强国，还需加强基础理论研究特别是跨学科、跨领域、全方位的理论研究，提高国内化妆品品牌整体核心竞争力，促进我国化妆品行业的高质量快速发展。

人们对美丽容貌的向往，就是化妆品工作者的奋斗目标。化妆品是随着经济社会发展和人们对美丽的需求而发展起来的。从国内化妆品市场角度来看，随着国内经济稳定增长、人民消费水平的提高和对皮肤保健意识的持续提升，化妆品行业将得到快速发展。

第一篇　化妆品的基础理论

第一章　化妆品与皮肤、毛发和牙齿科学

第一节　化妆品与皮肤科学

化妆品大多涂擦在人的皮肤表面，与人的皮肤长时间连续接触。配方合理、与皮肤亲和性好、使用安全的化妆品能起到清洁、保护、美化皮肤的作用；相反，使用不当或使用质量低劣的化妆品，会引起皮肤炎症或其他皮肤疾病。因此，为了更好地研究化妆品的功效，开发与皮肤亲和性好、安全、有效的化妆品，有必要了解有关的皮肤科学。

一、皮肤的结构

皮肤是人体的主要器官之一。它覆盖着全身，与人体的其他器官密切相连，起着保护人体不受外部刺激或伤害的作用。成人的皮肤总面积约为 1.5～2.0m^2，重量约占人体总重量的 15%，厚度（皮下组织除外）约为 0.5～4.0mm。皮肤的厚度依年龄、性别、部位的不同而各自不同。一般讲男人的皮肤比女人厚，但脂肪层则女人较厚；眼睑的皮肤最薄，约为 0.4mm；臀部、手掌和脚掌的皮肤较厚，约为 3～4mm；而儿童特别是婴儿的皮肤要比成年人薄得多，平均只有 1mm 厚左右。

人的皮肤从表面来看是薄薄的一层，如果把它放在显微镜下面仔细观察，就会清楚地看到皮肤由外及里共分三层：皮肤的最外层叫表皮；中间一层叫真皮；最里面的一层叫皮下组织。皮肤的结构如图 1-1 所示。

1. 表皮

表皮是皮肤的最外层，其厚度约为 0.1～0.3mm，包括各种大小不同的鳞片状上皮细胞，由基层发育而成。此基层位于真皮之上，在发育过程中，不断产生新细胞。当这些新细胞一列一列地从基层产生向上延伸时，在不同的层次，其大小、形状均起变化，因而从里到外先后形成了表皮的各层，即基底层、棘层、颗粒层、透明层和角质层。表皮的结构如图 1-2 所示。

（1）基底层　是表皮的最里层，由一列基底细胞组成。基底细胞呈柱状，其长轴与基底膜垂直。细胞间相互平行，排列成木栅状，整齐规则。基底细胞的增殖能力很强，是表皮各层细胞的生成之源，每当表皮破损，这种细胞就会增生修复，不留任何遗痕。基底细胞从生成到经过角化脱落大约需要四个星期。另外，决定人体皮肤颜色的黑色素细胞也散布于该层中，约占整个基底细胞的 4%～10%，它具有防止日光照射至皮肤深层的作用。

（2）棘层　位于基底层外面，是表皮中最厚的一层，由 4～8 层不规则的多角形、有棘突的细胞组成。棘细胞自里向外由多角形渐趋扁平，与颗粒细胞相连。各细胞间有一定空隙，除棘突外，在正常情况下，还含有细胞组织液，辅助细胞的新陈代谢。在病变时，如细胞间水肿严重，则可使许多棘突被破坏，形成海绵状态，甚至形成水疱。正常的棘层细胞也

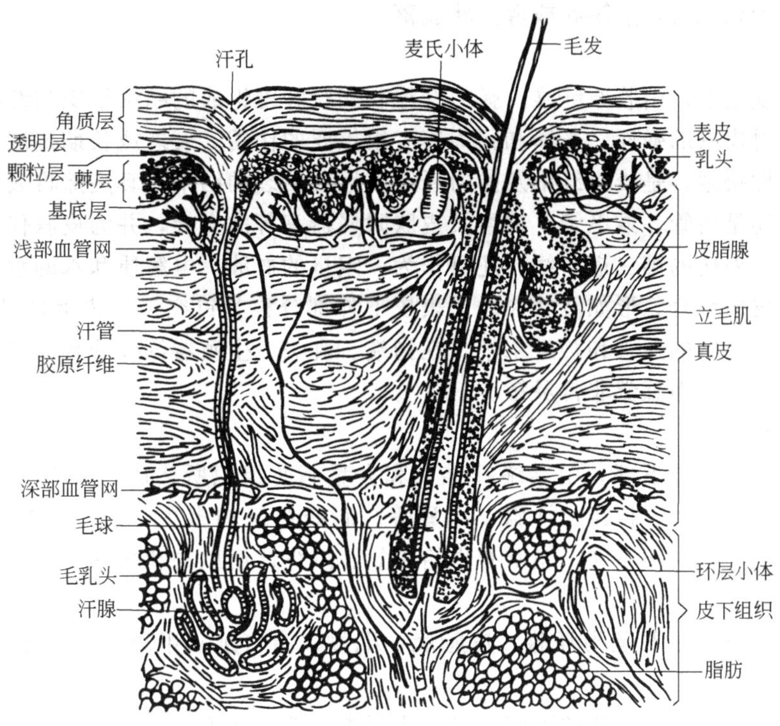

图 1-1 皮肤的解剖和组织（示意图）

有增殖能力，在某些病变时则增殖更甚，形成棘层肥厚。在发生萎缩性病变时，则棘层变得很薄，只有 1～2 层细胞。

（3）颗粒层　位于棘层之外，由 2～4 层比较扁平的梭形细胞组成，是进一步向角质层细胞分化的细胞。其细胞的特点为胞浆中有很多大小、形状不规则而较粗的角质透明颗粒。颗粒层细胞有较大的代谢变化，既可合成角蛋白，又是角质层细胞向死亡转化的开始，因此它起着向角质层转化的所谓过渡层的作用。表皮细胞经过此层完全角化后，便失去细胞核，而转化成无核的透明层和角质层。在颗粒层上部细胞间隙中，充满了疏水性磷脂质，成为一个防水屏障，使水分不易从体外渗入；同时也阻止表皮水分向角质层渗透，致使角质层细胞的水分显著减少，成为角质细胞死亡的原因之一。

（4）透明层　位于角质层和颗粒层之间，仅见于手掌和足跖处，由 2～3 层扁平、无核而界线不清的透明细胞组成，内含角母蛋白。有防止水及电解质通过的屏障作用。

（5）角质层　是表皮的最外层，其厚度依身体部位的不同而定。在前臂内侧甚薄，约 0.02mm；在掌跖处最厚，可超过 0.5mm。由 5～10 层含有角蛋白和角质脂肪的无核角化细胞组成，能够耐受一定的外力侵害，阻止体内液体外渗和化学物质的内渗，是良好的天然屏障。也是化妆品作用的第一部位，对化妆品向皮肤渗透起主要的限速作用，因此，改善角质层的通透性可以促进化妆品的经皮吸收。

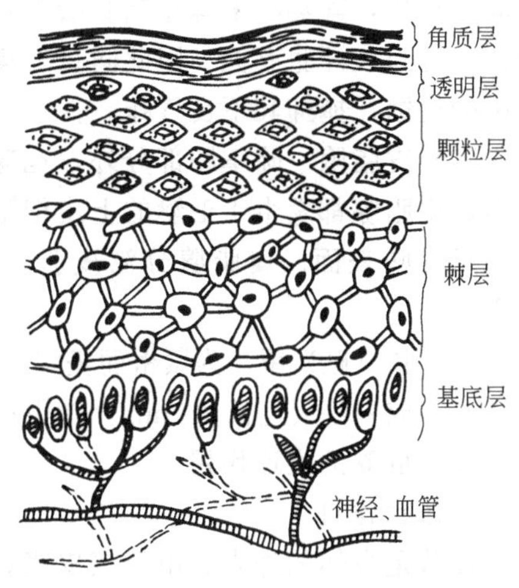

图 1-2 表皮的结构图

最外层的细胞干死之后，呈鳞状或薄片状脱落。

2.真皮

真皮在表皮之下，由胶原纤维、弹力纤维和网状纤维组成的结缔组织与纤维束间的无定形基质构成，对皮肤的弹性、光泽和张力等有很重要的作用。衰老或长期过度日晒会使皮肤发生皱纹，弹性松弛，是胶原纤维及弹力纤维变性或断裂的结果。真皮除将表皮与皮下组织联结起来外，还是血管、淋巴管、神经及皮肤附属器官等的支架，并为皮肤代谢物质交换的途径，也是对抗外伤的第二道防线，还可作为一定量的血液、电解质和水的承受器。

表皮与真皮的结合，形如波状曲线。表皮下伸部分称为钉突；真皮上伸部分称为乳头。真皮乳头内含有丰富的血管和神经末梢。在指端、乳头、生殖器等处的真皮里，由于真皮乳头的数目特别多，因而感觉非常灵敏。

3.皮下组织

皮下组织位于真皮下部，由结缔纤维束和大量脂肪组织所构成，所以又称皮下脂肪组织。含有血管、淋巴管、神经、汗腺、毛囊等。脂肪组织的多少，因个人的营养状况、年龄、性别和部位的不同而不同。脂肪有供给热量、减少体温散失和缓冲外来压力等作用。

4.附属器官

皮肤的附属器官主要是指汗腺、皮脂腺、毛发、指（趾）甲等。有关毛发详见本章第二节。

（1）汗腺　根据分泌性质的不同，可分为两类，即小汗腺和大汗腺。

① 小汗腺　小汗腺位于真皮下层，通过直线形或螺旋状的排泄管在皮肤表面的皮丘上开口，腺体位于皮下组织或真皮深层。除口唇、小阴唇、龟头、包皮内板外，几乎遍布全身，而头部、面部、手掌、脚掌尤其多。它是由腺体、导管和汗孔三部分组成。汗液由腺体内层细胞分泌到导管、再由导管输送至汗孔而排泄在表皮外面。具有调节体温、柔化角质层和杀菌等作用。

② 大汗腺　大汗腺与小汗腺不同，腺体比较大，导管开口于毛囊的皮脂腺开口之上部，少数直接开口于表皮。仅在特殊部位，如腋窝、脐窝、外阴部、肛门等处才生成这种汗腺。通常情况下，黑种人较白种人多，女性较男性多，于青春期后分泌活动增加，在月经及妊娠期亦较活跃。这种汗腺不具有调节体温的作用，是带有气味的腺体。大汗腺分泌出来的汗是弱碱性物质，其臭味来源于脂肪酸和氨，是由细菌的分解作用而产生的。有些人带有狐臭气味，就是与大汗腺有关。因此防止狐臭的化妆品就是抑制大汗腺排汗，或是清洁肌肤，防止细菌的侵蚀，掩抑其不良气味。

（2）皮脂腺　除掌跖部分外，也遍布全身皮肤，特别是头皮、脸面、前胸等部位较多。大多数皮脂腺都发生于毛囊的上皮细胞，而乳晕、口腔黏膜、唇红及小阴唇区的皮脂腺单独开口于皮肤表面。皮脂腺分泌皮脂，用以润滑毛发和皮肤，在一定程度上有抑制细菌的作用。

（3）指（趾）甲　为紧密而坚实的角化上皮，位于手指或足趾末端的伸面。平均厚度约为0.3mm，成人每天生长0.1mm。指甲的含水量为7%～12%，脂肪含量为0.15%～0.75%。

二、皮肤的生理作用

1.保护作用

皮肤是身体的外壳。由于表皮坚韧，真皮中的胶原纤维及弹力纤维使皮肤有抗拉性及较好的弹性，加上皮下脂肪这一软垫作用，因而皮肤能缓冲外来压力、摩擦等机械性刺激，保护深部组织和器官不受损伤。经常受摩擦和压迫的部位，如手掌、足跖、臀部等，角质层增厚或发生胼胝，可增强对机械性刺激的耐受性。皮肤损伤后发生的裂隙等可由纤维母细胞及表皮新生而愈合。

角质层表面有一层皮脂膜，可防止皮肤水分的过快蒸发及外界水分过快地渗入皮肤，调节和保持角质层适当的水含量，从而保持表皮的柔软，防止发生裂隙。

角质层细胞有抵抗弱酸、弱碱的能力。角质层细胞排列紧密，对水分及一些化学物质有屏障作用，因而可以阻止体内液体的外渗和化学物质的内渗。因此，不可过度使用去角质层产品，过分清洁皮肤或使用改变皮肤表面 pH 的产品，改变皮肤表面弱酸性环境，降低皮肤的屏障功能。

皮肤对紫外线有防护作用。角质层有反射光线及吸收波长较短的紫外线（180～280nm）的作用。棘细胞层、基底层细胞和黑素细胞可吸收波长较大的紫外线（320～400nm）。黑素颗粒有反射和遮蔽光线的作用，以减轻光线对细胞的损伤。因此适量日光照射可促进黑素细胞产生黑色素，增强皮肤对日光照射的耐受性。

在人体生活的周围环境中，有许多致病的微生物，其所以不能随便地侵入人体，就是由于皮肤发挥了重要的防御作用。皮肤表面是由从皮脂腺分泌出来的皮脂包覆着的，这层薄薄的皮脂呈弱酸性，pH 值 4.5～6.5 左右，不利于病菌的生存和繁殖。同时表皮角质的不断脱落，汗液的分泌可以把黏附在皮肤上的细菌清除掉一些。所以在完整、清洁的皮肤上，病菌是难以生存、繁殖，也是难以侵入体内的。

2. 感觉作用

皮肤的感觉极其发达，有人把它称之为感觉器官。皮肤能把来自外部的种种刺激通过无数神经传达大脑，从而有意识或无意识地在身体上做出相应的反应，以避免机械、物理及化学性损伤。

皮肤内遍布热觉、冷觉、触觉、痛觉等神经末梢。感觉最敏锐的是手指和舌尖，平滑、潮湿、干燥等感觉用指尖就可以判别出来。痒感是一种较弱的痛觉，因为痒和痛并不是质的差别，而是一种量的差别。发痒原因产生于摩擦、温热或者来源于组胺以及类组胺的物质。

3. 体温调节作用

不论是寒冷的冬天，还是炎热的夏季，人的体温总是保持在摄氏 37℃左右，这是由于皮肤通过保温和散热两种方式参与体温的调节而发挥作用。当外界气温降低时，交感神经功能加强，皮肤毛细血管收缩，血流量减少；同时立毛肌收缩，排出皮脂；保护皮肤表面，阻止热量散失，防止体温过度降低。当外界气温升高时，交感神经功能降低，皮肤毛细血管扩张，血流量增多，流速加快，汗腺功能活跃，水分蒸发就多，促使热量散发，使体温不致过高。皮肤就是依靠辐射、传导和蒸发来维持人体恒定的体温。

4. 分泌和排泄作用

（1）汗液的分泌和排泄　汗液是由小汗腺分泌出来的，在正常室温下分泌量较少，以肉眼看不见的气体形式散发出来。当气温高于临界温度（30℃）时，活动性小汗腺增加，排汗明显。当受精神上的影响时，汗的分泌量显著增加，如因羞耻、疼痛、恐怖等引起的发汗现象即属此例。

小汗腺分泌的汗是无色透明的液体，其中水分占 99%～99.5%，另外还有盐分、乳酸、氨基酸和尿素等。正常情况下汗液呈弱酸性，pH 值约为 4.5～5.0，大量排汗时 pH 值可达 7.0。

汗液排出后与皮脂混合，形成乳状的脂膜，可使角质层柔软、润泽、防止干裂。同时汗液使皮肤带有酸性，可抑制一些细菌的生长。另外还有辅助肾脏的作用。大量排汗可使角质层吸收水分而膨胀，汗孔变窄，排汗困难，是痱子发生的原因之一。

（2）皮脂的分泌和排泄　皮脂是由皮脂腺分泌出来的，主要含有脂肪酸和甘油三脂肪酸酯等，如表1-1所示。它具有润滑皮肤和毛发、防止体内水分的蒸发和抑制细菌的作用，还有一定的保温作用。

表1-1　皮脂的组成①

成　分	含量/%	成　分	含量/%
饱和游离脂肪酸	14.3	其他甾醇类	0.4
不饱和游离脂肪酸	14.0	角鲨烯($C_{30}H_{50}$)	5.5
甘油三脂肪酸酯	32.5	支链烷烃	8.1
蜡	14.0	C_{18}～C_{24}链烷二醇	2.0
胆甾醇	2.0	未知物	5.1

① 皮脂的组成因人而异。曾有许多研究报道，但差异较大。表列数据仅供参考。

当皮脂排出达到一定量，且在皮肤表面扩展到一定厚度时，就减缓或停止皮脂分泌，这一量叫饱和皮脂量。此时如将皮肤表面上的皮脂除去，则皮脂腺又迅速排泄皮脂，表面上的皮脂从除去至达到饱和皮脂量，大约需要2～4h。皮脂分泌量因身体部位各异而有所不同，皮脂腺多的头部、面部、胸部等的皮脂分泌量较多，手脚较少。从性别和年龄上看，皮脂排泄在儿童期较少；由于性内分泌的刺激，在接近青春期迅速增加，到了青春期及其以后一段短的时期，则比较稳定；到老年时，又有下降，尤以女性更甚。从季节上讲，夏季比冬季分泌量大，而且20～30℃时分泌量最大。同时，分泌量也受营养的影响，过多的糖和淀粉类食物使皮脂分泌量显著增加，而脂肪的影响则较小。

根据皮脂分泌量的多少，人类皮肤分为干性、油性、中性三大类型。这也是选择什么类型化妆品的重要依据。

① 干性皮肤　皮肤毛孔不明显，皮脂腺的分泌少而均匀，没有油腻的感觉，肤色洁白，或白里透红，细嫩、干净、美观。但这种皮肤经不起风吹雨打和日晒，常因情绪的波动和环境的迁移而发生明显的变化，保护不好容易出现早期衰老的现象。宜使用刺激性小的香皂、洗面奶、清洁霜等清洁用品和擦用多油的护肤化妆品，如冷霜等。

② 油性皮肤　毛孔粗大，皮脂的分泌量特别多，同时毛囊口还会长出许多小黑点，脸上经常是油腻光亮，易长粉刺和小疙瘩，肤色较深。但油性皮肤的人不易起皱纹，又经得起各种刺激。可选用肥皂、香皂等去污力强的清洁用品洗脸，宜使用少油的化妆品，如雪花膏、化妆水等。

③ 中性皮肤　中性皮肤介于上述两种类型皮肤之间，仅程度不同地偏重于干性皮肤或油性皮肤，当然偏重于干性皮肤较为理想。皮肤不粗不细，对外界刺激亦不敏感。选用清洁和护肤化妆品的范围也较宽，通常的护肤类化妆品均可选用。

皮肤的类型还受年龄、季节等影响。青春期过后，油性皮肤就会逐渐向中性及干性皮肤转变。在冬季寒冷、干燥的外界环境中，即使是油性皮肤，也易引起干燥、粗糙；夏季，皮肤分泌机能旺盛，汗多，中性皮肤也会呈现为油性皮肤。皮肤的状态随外界环境的变化而变化，所以选择化妆品时，也要根据上述变化而有所不同。

5.吸收作用

皮肤具有防止外界异物侵入体内的作用，但也具有选择性地吸收外物的性质，如外用性腺激素和皮质类胆固醇激素均可经过皮肤吸收，产生局部或全身影响，有些药物（如汞等）也可经皮肤吸收而引起中毒。能否吸收取决于皮肤的状态，物质性状以及混合有该物质的基剂。吸收量则取决于物质量、接触时间、部位和涂敷面积等。

皮肤吸收的主要途径是渗透通过角质层细胞膜，进入角质层细胞，然后通过表皮其他各层而进入真皮；其次是少量脂溶性及水溶性物质或不易渗透的大分子物质通过毛囊、皮脂腺和汗腺导管而被吸收；第三是通过角质层细胞间隙进入皮肤内，细胞间隙结构比较松散，有研究表明，该途径的阻力较角质层细胞小所以在经皮渗透过程中起重要作用。通常情况下，角质层吸收外物的能力很弱，但如使其软化，某些物质则可渗透过角质层细胞膜而进入角质层细胞，然后通过表皮各层而被吸收，如手或足久浸水中，会肿胀发白，即证明水已浸入角质层。有关吸收的理论主要有扩散理论、渗透压理论、水合理论、相似相溶理论和结构变化理论等五个理论体系，这里不再阐述，仅就影响皮肤吸收的因素作一叙述。

（1）皮肤的状态　身体不同部位的角质层厚薄不一，吸收程度也不相同。掌、跖部角质层较厚，吸收作用较低。柔软、细嫩、角质层较薄的皮肤容易吸收，如婴儿、儿童皮肤角质层较薄，吸收作用较成人为强。黏膜无角质层，吸收作用较强。如表皮角质层破损，人体失去屏障作用，吸收就会变得非常容易。如皮肤被水浸软后，则可增加渗透。

（2）化妆品成分的性质　影响化妆品成分被皮肤吸收的因素包括化妆品成分的化学结构、溶解性、分子量大小、油水分配系数、化学稳定性、存在状态、用量等。通常情况下，水及水溶性成分（如电解质、维生素 C 及维生素 B、葡萄糖等）不能经皮肤吸收；但油和油溶性物质（如维生素 A、维生素 D 及维生素 K，睾酮及皮质类胆固醇激素等）可以从角质面和毛囊被吸收。

一般认为在油脂类的吸收性方面，其吸收性次序为：动物油脂＞植物油＞矿物油。猪油、羊毛脂、橄榄油等动植物油脂能被吸收，而凡士林、液体石蜡、角鲨烷等几乎不能或完全不能被皮肤吸收。酚类化合物、激素类等容易被皮肤吸收。对维生素类来讲，具有油溶性的维生素 A、D、E、K 等比较容易被皮肤吸收。

皮肤对表面活性剂的吸收曾有一些报道，一般 HLB 值低的亲油性表面活性剂较易被皮肤吸收，而且表面活性剂还具有促进皮肤对其他物质吸收的作用。

有机溶剂，由于能侵犯细胞膜的类脂质，可渗入皮肤。其中醚、氯仿、苯、煤油、汽油渗入力甚强，二甲基亚砜渗入力更强，而酒精渗入力较差。

为了增加吸收量，常加入吸收促进剂，理想的吸收促进剂应当具有：与化妆品活性成分相容性良好，并与其他成分无配伍禁忌；无毒性、无刺激性、无致敏性、无药理活性；作用效果快速、长效，且可以预见到；当移去时，皮肤屏障功能能立即恢复；不导致身体水分、电解质以及内源性物质的丢失；皮肤感觉良好且易于铺展；无色、无味、无臭、价廉。

事实上，能完全符合以上要求的吸收促进剂尚未发现。目前应用的吸收促进剂都只具有上述要求中的某几条，根据配方需要可以单独使用，或者多种复合使用。如果基质中含有很好吸收促进作用的成分，可根据实际情况少加或不加额外的吸收促进剂。常用的吸收促进剂有水、亚砜类（癸基甲基亚砜）、吡咯烷酮类（2-吡咯酮）、脂肪酸类和醇类（油酸、乙醇）、氮酮类及其衍生物（氮酮）、表面活性剂、尿酸及其衍生物、挥发油及萜类（薄荷脑、柠檬烯）等。随着科学技术的发展，新的促吸收技术应用越来越广泛，包括物理促吸收技术（离子导入技术、超声波导入技术、激光微孔技术）、脂质体技术、微囊技术、纳米技术、超立体渗透技术、蛋白序列技术等。

(3) 剂型 皮肤对粉剂、水溶液、悬浮剂的吸收性较差，它们一般不能渗入皮肤。油剂、乳剂类由于能在皮肤表面形成油膜，阻止水分蒸发，使皮肤柔软，故能增加吸收。从两种乳化体的类型来说，一般认为 O/W 型乳化体较好，因为 O/W 型乳化体中的油成微粒分散，可促进对毛囊的渗透。但总的来讲，O/W 型和 W/O 型对皮肤的渗透性相差甚微。

(4) 使用方法 简单地搽于皮肤上的药，比加上包扎的药吸收少。这是因为包扎使表皮角质层水分蒸发速度减慢，有利于增加皮肤的水分含量，保持皮肤柔软，故吸收作用较强。将皮肤浸入药剂中，有利于吸收。涂于润湿的皮肤上较干燥皮肤易吸收。在涂上化妆品的同时，配以按摩，加速血液循环，促进新陈代谢，有利于皮肤的吸收。

(5) 作用时间 在其他条件相同时，作用时间越长则吸收量越多。在使用极端 pH 化妆品、某些功能性化妆品等产品时应注意使用时间，比如去角质产品不可过长时间留存在皮肤表面，回到不需要防晒区域时应尽快去除防晒产品，以免皮肤受损。

综上所述，供皮肤收敛、杀菌、增白等用途的化妆品，采用水溶性药剂为宜，以避免皮肤过度吸收，造成伤害；从皮肤表面吸收到体内起营养作用的化妆品，以油溶性药剂为宜。为了促进皮肤对化妆品营养成分的吸收，在涂搽化妆品前，先用皮肤清洁剂脱除皮脂（最好用温水），然后再搽用化妆品，并配以适当的按摩等，均会收到良好的效果。

6. 皮肤的其他生理作用

人体皮肤除上述的一些生理作用外，还有呼吸作用、代谢作用、免疫作用等，这些作用在前面的论述中都不同程度地提到过，这里不再重述。

三、皮脂膜和天然调湿因子

1. 皮脂膜

皮肤分泌的汗液和皮脂混合，在皮肤表面形成乳状的脂膜，这层膜称为皮脂膜。它具有阻止皮肤水分过快蒸发、柔化角质层、防止皮肤干裂的作用，在一定程度上有抑制细菌在皮肤表面生长、繁殖的作用。

皮脂膜中主要含有乳酸、游离氨基酸、尿素、尿酸、盐、中性脂肪及脂肪酸等。由于这层皮脂膜的存在，皮肤表面呈弱酸性，其 pH 值为 4.5～6.5（亦有报道为 4.0～7.0 的），且随性别、年龄、季节及身体状况等而略有不同。

由于皮肤表面呈弱酸性，因而具有中和弱碱的能力。即使在皮肤表面涂以碱性溶液，皮肤表面的 pH 值也具有经过一定时间恢复到原有 pH 值的作用，这种作用称之为皮肤的缓冲作用。例如在 pH 值为 5.43 的皮肤上，使用 pH 值为 10.57 的碱性肥皂洗涤时，当时皮肤表面的 pH 值为 7.98，30min 后为 7.12，60min 后 pH 值则变成 6.34，几乎回复到原来状态。对于皮肤的这种缓冲作用，一般认为其主要因素是皮脂膜中的乳酸和氨基酸在起作用，还有人认为缓冲作用与皮肤呼出的 CO_2 有关。

皮脂膜中的游离脂肪酸及皮脂膜的弱酸性 pH 值，对皮肤表面的葡萄球菌、链球菌及白色念珠菌等有一定的抑制作用。青春期后皮脂分泌中的某些不饱和脂肪酸，如十一碳烯酸增多，可抑制一些真菌繁殖，故白癣到青春后期可自愈。

综上所述，尽管皮肤具有一定的缓冲作用，在化妆品生产中还应注意化妆品本身的 pH 值，尽量使正常的皮肤 pH 值和正常的缓冲作用不受损害。研究证明，具有弱酸性且缓冲作用较强的化妆品对皮肤（特别是缓冲性较弱的皮肤）是最合理的。另外从皮肤营养的角度出发，从构成皮脂的成分中，选择皮肤所必需的组分来制定化妆品配方，使化妆品的成分与皮脂膜的组成相同，对皮肤而言，可谓最理想的营养化妆品。

2. 天然调湿因子

角质层中水分保持量在10%～20%时，皮肤张紧，富有弹性，是最理想的状态；水分在10%以下时，皮肤干燥，呈粗糙状态；水分再少则发生龟裂现象。正常情况下，皮肤角质层中的水分之所以能够被保持，一方面是由于皮脂膜防止水分过快蒸发；另一方面是由于角质层中存在有天然调湿因子（简称NMF），使皮肤具有从空气中吸收水分的能力。根据Striance等的研究，天然调湿因子的组成列于表1-2中。图1-3表明了天然角质与除去了NMF物质的角质之间吸湿力的差异。由此可知，如果由于某种原因皮脂膜被破坏，不能抑制水分的过快蒸发，或者缺少了天然调湿因子，使角质层丧失吸收水分的能力，皮肤就会出现干燥、甚至开裂等现象。这时就需要补充一定比例的优质油脂成分与保湿性好的亲水性物质，以减轻皮层负担，维持皮肤健康。

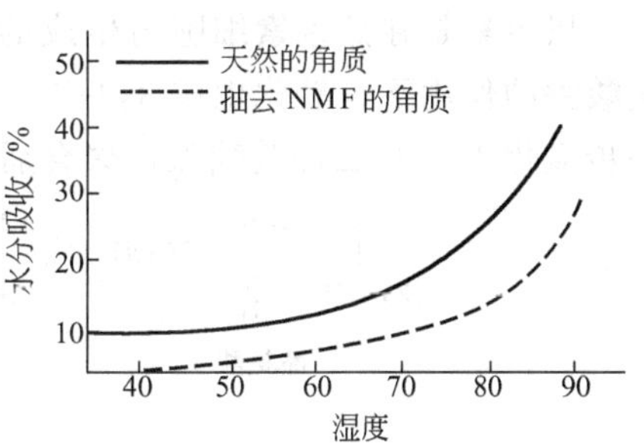

图1-3　在各种湿度下角质的吸湿度

表1-2　天然调湿因子（NMF）的组成

成　分	含量/%	成　分	含量/%	成　分	含量/%
氨基酸类	40.0	钠	5.0	氯化物(Cl^-)	6.0
吡咯烷酮羧酸	12.0	钾	4.0	柠檬酸	0.5
乳酸盐	12.0	钙	1.5	糖、有机酸、肽、其他未确定物质	8.5
尿素	7.0	镁	1.5		
氨、尿酸、葡糖胺、肌酸酐	1.5	磷酸盐(PO_4^{3-})	0.5		

在考虑皮肤保湿时，不仅要考虑NMF，而且还要考虑细胞脂质和皮脂等油性成分，这些油性成分与NMF相结合或包覆着NMF，防止它的流失，并对水分挥发起着适当的控制作用。此外存在于真皮内的、起保水作用的黏多糖类也是重要的成分。化妆品最好以这些自然皮肤保护剂为模型来制造，如最近几年采用的NMF主要成分吡咯烷酮羧酸盐以及透明质酸等。这些物质在化妆品中一方面起着保持皮肤水分的作用，另一方面也起着化妆品本身水分保留剂的作用，有助于保持整个乳化体的稳定。

四、皮肤的颜色

1. 皮肤的颜色分类

皮肤的颜色因种族、性别、年龄、职业、生活环境等的不同而各自不同，而且每个人也因部位的不同而有所差异。尤其是种族之间的差别很大，大致分为白色、黄色、黑色三种人。在性别上男性比女性的色素丰富；在年龄上老年人比年轻人的色素丰富；在部位上手掌和足根的色素少，而阴部、乳头等部位的色素多。正常的肤色来自氧化血红蛋白、还原血红蛋白、叶红素、类黑素和黑色素等的色素，以及表皮厚度、光的散射度和皮下血管等。

就表皮厚度而言，通常是表皮越薄，越有透明感，能较多地透过血液色素，从而使皮肤显出红色。当表皮较厚时，透明度降低，由于角质层的叶红素的缘故，使皮肤呈黄色。而且由于光的散射，使皮肤带有青色。

2. 黑色素

表皮黑色素含量的多少，是决定人的肤色的主要因素。当黑色素增多时，皮肤由浅褐色变为黑色。从黑色素的性质讲，它是一种微小颗粒状的黑色色素，常在细胞内。含色素的细胞有三种：①表皮基底细胞；②基底细胞间的树枝状细胞；③真皮内游走性吞噬细胞。

黑色素是在黑色素细胞内生成的。氨基酸之一的酪氨酸在含高价铜离子（Cu^{2+}）的酪氨酸酶的作用下，氧化生成3,4-二羟基苯丙氨酸（多巴），再由酪氨酸酶氧化为多巴醌，进一步氧化为5,6-二羟基吲哚，聚合后生成黑色素。其反应过程可表示如下：

酪氨酸 —[O]→ 多巴 → 多巴醌 →

5,6-二羟基吲哚 → 吲哚-5,6-醌 —聚合→ 黑色素

因此，黑色素的分子量很大，不溶于水，几乎不溶于有机溶剂。能少量地溶解于对二氮杂苯、乙二胺、2-氯乙醇。一般讲，黑色素抗化学药品的能力很强，但当它与强氧化剂作用时可被氧化。

皮肤黑色素合成的能力，受脑下垂体分泌的黑色素细胞刺激素的调节，还可受雌激素、前列腺素、亲脂肪激素、求偶素及黄体酮等的影响。抑制黑色素的生成，从皮肤生理和美容角度而言都是重要的问题。这主要是利用一些化学制剂干扰色素的形成和转移的过程，其中包括：选择性破坏黑色素细胞，抑制黑色素颗粒的形成和改变其结构抑制酷氨酸的生物合成，抑制黑色素的生成；干扰黑色素颗粒的转移；对黑色素的化学作用和增加角蛋白细胞中黑色素颗粒的降解。

紫外线照射可使酪氨酸酶活性升高，以致使皮肤色素增加。太阳光线中波长为290～320nm的紫外线对皮肤的作用最强，能使皮肤表皮细胞内的核酸或蛋白质变性，发生急性皮肤炎，即出现红斑。而太阳光线中的320～700nm的紫外线能使皮肤黑化（即色素增多）。为了防止上述日光的有害作用，需要使用安全而有效的防晒剂。防晒化妆品就是根据这一需要而设计的，其中含有反射和（或）吸收紫外线的化学成分，它可以防止皮肤晒黑。还有帮助人们晒黑的化妆品。化妆品虽然对人的肤色不能起决定作用，但若使用合理，也可起到一定的作用。

另外，上述波长域的紫外线对皮肤又具有有用的作用，能使皮肤中的脱氢胆甾醇转变为维生素D。适量的日光照射可促进黑色素的生成，而黑色素颗粒有反射和遮蔽光线的作用，可减轻光线对细胞的损伤。适量的日光照射还能增加体内的红细胞和血红素，更新其机能，对神经系统也能起刺激兴奋作用，从而能保持整个身体的健康。

五、面部皮肤常见疾患及预防

1. 痤疮

痤疮，也叫粉刺，俗称“青春痘”。是一种毛囊皮脂腺结构的慢性炎症性疾患，主要发生于颜面、胸、背等处，形成粉刺、血疹、脓疱或结节等损害，多发生于青年男女当中，一般25～30岁后，大都自然痊愈。

（1）痤疮的成因　由于青年男女在青春发育期，体内雄性激素水平增高，使皮脂分泌旺盛，同时也使表皮和角质的增殖加快，角质堵塞住毛囊孔和皮脂腺开口部，妨碍皮脂的正常排泄，导致皮脂淤积，形成毛囊口角化栓塞。增多的皮脂不能及时排出，因而形成粉刺。

粉刺系由半固体皮脂、毛囊壁剥脱的角化表皮细胞以及非致病性微生物（如痤疮丙酸菌

等）所构成。在正常情况下，粉刺在毛囊内并不引起炎症反应，但经痤疮丙酸菌等的作用，产生溶脂酶，皮脂中的甘油三脂肪酸酯即被分解，释放出游离脂肪酸。此种游离脂肪酸具有刺激性，因而引起毛囊炎。损害进一步发展，则毛囊壁可受到损伤，导致毛囊破裂。此时剥脱的角化细胞、非致病性微生物、皮脂和皮脂中的游离脂肪酸成为异物，从而引起不同程度的毛囊周围的深部炎症，表现为炎性丘疹、继发脓疱，并扩大发展为囊肿等。积聚于毛囊口的皮脂类物质经阳光照射、空气的氧化及尘埃污染而变化，逐渐形成常见的黑头粉刺。

另外，脂质代谢及糖代谢异常，缺少维生素 A 和维生素 B，消化系统障碍，便秘，肝功能低下，过分摄入脂肪、糖分等，以及遗传性因素，神经性因素，过分的日光照射，皮肤不能保持清洁，多用油性化妆品等，都会导致或加重粉刺的产生和发展。

（2）痤疮的防治　治疗的原则是：①纠正毛囊内的异常角化；②降低皮脂腺的活性；③减少毛囊内的菌群，特别是痤疮丙酸菌；④抗炎及预防继发感染等。

（3）化妆品的选用　患有粉刺的人，要经常保持皮肤的清洁卫生，不宜使用清洁霜、冷霜、营养霜等含油较多的化妆品，因为油质膏体会在皮肤表面形成油膜，堵塞毛孔，不利于皮脂的排出，加速粉刺的发展。可选用化妆水、蜜类等油分较少的化妆品。涂粉前可搽用粉质粉底霜，但要注意化妆中不要使油性粉末阻塞毛孔。

2. 面部色素沉积症

由于黑色素细胞亢进引起的皮肤疾患，发生在面部的色素沉积症一般称为雀斑、黄褐斑和瑞尔氏黑皮症。常见原因有：①酪氨酸酶的活性增加；②脑垂体分泌黑色素细胞刺激素的能力增强；③皮肤中巯基减少，对酪氨酸的抑制降低；④内分泌功能的改变等。

（1）雀斑　是因为皮肤内黑色素的堆积而造成的黑色小斑。通常是对称的，每个斑点孤立存在，并不融合成片，有针尖至豆粒大小，分圆形和椭圆形，表面平滑无鳞屑，与表皮面平，无自觉症状。主要发生在面部，双侧面颊和两眼下方较为密集，其他暴露部位如颈、手背、胸、背部等也常出现。一般在青春期开始出现，有时 6～7 岁就开始出现雀斑。皮肤细白者易患此病，妇女较男子为多。气温高、强烈的日光照射等易使雀斑增加或加深。

本病发病的主要原因可能是对日光或其他含紫外线的光或放射线过敏所致。因此对于面部、手及经常暴露的部位，比较炎热的季节及高原地区，经常外出者，为避免日光的过度照射，防止黑色素的产生，应经常搽用防晒剂，一般不需治疗。

（2）黄褐斑　亦称肝斑，是发生于面部的常见色素沉着性皮肤病。黄褐斑呈黄褐色或深褐色斑片，常对称分布于颜面颧部及颊部而呈蝴蝶形，亦可累及前额、鼻及口周围。表面平滑，无鳞屑，亦无自觉症状。

本病男女均可发生，以女性较多，原因多样。口服避孕药的妇女约 20%发生本病；在妊娠、月经不调期间，或有卵巢、子宫疾患时，发生本病；而在分娩后和月经恢复正常后，可逐渐减轻或消失；或给予调整内分泌药物后，症状也逐渐消失。可能是由于雌激素及黄体酮促使色素沉着所致。有的患者可因消耗性疾病如结核、癌瘤、慢性酒精中毒或肝病等引起。长期服用某些药物如冬眠灵、苯妥英钠等，有时亦可诱发此病。

黄褐斑的治疗主要是除去病因，同时多食含维生素 C 的食物，或内服维生素 C。也可搽用含有脱色剂的增白霜等。

（3）瑞尔氏黑皮症　本症最初在 1917 年由 Riehl 报道，所以称瑞尔氏黑皮症。是发生于面部的淡褐色到紫褐色的色素沉着病。本病可以发生于任何年龄，不分性别，但以 30～35 岁的妇女较多。发病起初，局部潮红，浮肿，自觉痒，以后逐渐变为弥漫性色素沉着斑。

多发生在额、颊部、耳前、耳后及颈部两侧，也可发生于前臂、手背、手指背面及其他部位。部分患者除色素沉着外，患处尚有毛细血管扩张和网状色素沉着，患处及其周围、头皮和手背等处可有毛囊角化并伴有鳞屑，出现干燥感的症状。

瑞尔氏黑皮症的发生可分成三个阶段：①炎症期：患部发生轻度弥漫性红斑、浮肿，随后出现糠秕状鳞屑，患者有灼热感和瘙痒感；②色素沉积期：炎症减轻至消失的同时，出现此症特有网状紫褐色色素沉积病变，进展极其缓慢，数年后有的会缓慢地恢复正常色调，也有的则进入第三阶段；③萎缩期：色素沉积处的皮肤出现轻度凹陷，形成萎缩明显的病灶。

研究认为：这种病症的发病原因，与化妆品有某种关系。Hoffmann 记载了中毒性黑皮症的发病是使用了含有焦油和石油衍生物的劣质化妆品所致。化妆品中所含光敏性物质，如某些香料、焦油系色素等在光的作用下会诱发接触性皮炎，光敏性皮炎等。另外还与内分泌障碍、肝功能低下等有关。还会因炎症和日光照射等因素而诱发。

对瑞尔氏黑皮症，目前尚无特效疗法，可内服或静脉注射维生素 C，也可局部涂搽氢醌霜等。如在炎症期进行早期治疗，治愈后几乎不留色素沉积。炎症期应停止使用化妆品。

上述三种面部色素沉积症，目前尚无特效药物和疗法。如果体内患有疾病时，要直接去除病因，并相应服用维生素 B、维生素 C 等抑制黑色素形成的药物。对于沉着于皮肤的黑色素，可采用各种雀斑去除剂，或经常搽用祛斑霜、SOD 霜等。

雀斑、黄褐斑对选用化妆品无特殊要求，可根据各自皮肤特点，选用适合自己皮肤的化妆品即可。对于瑞尔氏黑皮症，在炎症期应禁止使用化妆品，同时应注意保持皮肤清洁、卫生。为了防止或减轻面部色素沉着，可经常搽用防晒霜、雀斑霜等，减少日光的直接照射。

3. 白癜风

白癜风是一种获得性的黑色细胞缺乏疾病，它是一种局限性的皮肤色素脱失症。本病多见于青年，但男、女、老、少均可患此病，老年和小孩较少。它无特殊的发病部位。头皮、脸部、躯干和四肢均可发生，特别是脸部和颈部，有一片或大或小的皮肤色素减退或消失，随后逐渐扩大、增多，以致大部分皮肤变白，留下大小不同的白点。基本损害为大小不等的、局限性圆形或不规则形病变，界限清楚而边缘可有色素沉着带，数目可为单个或多发，常对称分布。患处毛发亦可变白。

目前病因尚不明白，但常伴发于某些器官特异性自体免疫性疾病，往往与精神和神经、内分泌、饮食、病灶、外伤和局部刺激等有关。也可能是由于局部缺少酪氨酸酶而致黑色素形成异常所致。

有一些生长在头皮上的白癜风，也可能使头发变白，其特点是和健康皮肤有明显的界限，不痛不痒，无感觉，出现皮肤、头发、眉毛都呈白色以及眼睛畏光等现象。这是一种遗传性的“白化病”，也可能是近亲结婚，先天缺乏黑色素细胞所造成的。

白癜风患者除自觉不雅观外，无任何自觉症状。患处皮肤出汗功能和感觉功能均正常，但对日光较正常皮肤敏感，稍晒即发红。若不治疗也有自行痊愈的。平时可搽些营养化妆品以利于调剂皮肤功能恢复正常，如具有疏肝解郁、活血祛风、调节局部皮肤功能，增加色素和促进色素生成作用的中草药化妆品等。

4. 由化妆品引起的皮肤炎症

由化妆品引起的皮肤炎症主要有：原发刺激性皮炎，即化妆品中某些物质对皮肤有刺激性而引起的皮炎；过敏性皮炎，即某些人对化妆品中某些物质会产生皮肤过敏而引起的皮炎；光敏性皮炎，即有些化妆品含有光敏性物质，人们搽过后遇到日光照射，有时会发生过敏反应而引起皮炎。其症状是在使用部位有瘙痒并伴有红斑、丘疹、小水疱等。症状不论轻重都会使皮肤发红、肿胀。

引起皮肤过敏、刺激和光敏的原料有香料、色素、防腐剂、抗氧剂、表面活性剂及某些油脂等。这些物质可单独地，也可几个协同作用而诱发炎症。冷烫液和染发剂由于其性能的独特而引起的皮肤障碍较多。冷烫液引起的斑疹，一般是由于巯基乙酸铵、碱的浓度及 pH 等而导致的一次性刺激；而染发剂大多是由于对苯二胺等染料中间体引起过敏性皮炎。化妆品中的不饱和化合物，醛、酮、酚等含氧化合物，在光的作用下会发生氧化反应而致刺激、过敏，引起皮肤炎症。

由于表面活性剂的独特性能，其在化妆品中的应用非常广泛，几乎所有的化妆品都或多或少添加有表面活性剂。研究认为：由化妆品引起的皮肤疾病，表面活性剂起着直接或间接的重要作用。表面活性剂对皮肤的作用有：对皮脂膜的脱除作用；对表皮细胞及天然调湿因子的溶出作用；对皮肤的刺激作用；对皮肤的致敏作用；促进皮肤对化妆品中其他成分的吸收作用以及表面活性剂本身经皮肤吸收等。由于上述原因，易导致皮肤干燥、皲裂、过敏及出现炎症反应等皮肤疾病。

另外，使用存放时间过久或劣质的化妆品，或使用方法不当而引起的皮肤疾病，亦极为常见。

大多数化妆品是直接与皮肤长时间接触的，为了确保化妆品的安全性，避免化妆品导致皮肤炎症的发生，在研究、开发化妆品的过程中，或者在化妆品质量检测中，必须对皮肤做斑贴试验，包括制品和各种原料以及原料之间的相互组合。

但是化妆品在使用时，往往不是单独一种，而有重叠、混合等，不仅与个人的皮肤特性、体质、精神状态等有关，也受肠胃障碍、月经周期、便秘等影响，而且还和涂搽方式、接触状态、时间和频率、温湿度等外界环境有关。各种因素复杂地结合在一起，使得试验结果有时与实际情况并不相符。但不管怎样，斑贴试验以判定化妆品的刺激性仍然是需要的。

六、皮肤的老化及其保健

1. 皮肤的老化

人体衰老是一个复杂的过程，也是生命发展过程的自然规律，其原因有内因和外因两个方面：内因主要是内分泌、遗传、细胞、组织等；外因包括工作和生活环境、营养状态等。应当指出，细胞是机体的最基本单位，细胞的有限生命必然反映到机体生命的有限性上。

人的成长经历幼年期、少年期、青春期、壮年期、老年期，皮肤的状态也随之发生相应的变化。一般讲，24 岁左右是肌肉的转折点，这时的皮肤已经变成弹性纤维了。超过成熟期后，肌肉渐渐地开始萎缩，皮肤的弹性纤维变粗，弹性减弱。到 40～50 岁时皮肤开始明显衰退。衰老的现象是多种多样的，主要表现在身长的缩短，体重的减轻、软组织的衰弱，血管的硬化、内分泌的紊乱、抵抗力的降低、慢性病增多以及肿瘤发病率的增高等。在这些现象中，皮肤和头发的衰老是较早出现的信号。

人到了衰老阶段，皮肤纤维组织逐渐退化萎缩，弹性松弛，汗腺、皮脂腺的新陈代谢功能逐渐减退，引起皮肤干燥、松弛，脸部特别是眼角、前额等处首先出现皱纹；头发、胡须脱落、稀疏、变白。但是一般讲，眉毛、耳毛、鼻毛却变长；指甲和趾甲变得干燥肥厚，光泽消失，生成纵向裂纹。但各人情况有所不同，有的人皮肤衰老的早点、严重点，而有的人则晚点、轻点。

出现皱纹的原因是多方面的：老年人由于皮下脂肪减少，而使皮肤松弛、皮肤变薄、弹性降低，以致引起下垂或皱纹；增龄及长期过度日晒，使真皮中的胶原纤维和弹力纤维变性或断裂，而弹性松弛、导致皱纹；老年人由于内源性雄性激素的分泌降低，皮脂腺和汗腺分泌减少，使皮肤长期得不到润滑和养分，加速了皮肤的老化。此外因消耗性疾病、营养不良、睡眠不足和过度劳累、精神不振以及化妆品使用不当等都会加速皮肤老化，造成皱纹。

关于皮肤老化的机理，Bjorkster 认为，皮肤老化是由于皮肤中骨胶原聚合引起的。在正常条件下，聚合与交联反应进行得很慢，但在紫外线的作用下，反应速度大大加快。根据化学反应活化理论，他认为紫外线照射影响交联和聚合速度是皮肤老化的主要因素。

自由基学说认为：老化是自由基产生和消除发生障碍的结果。正常情况下，生物体内氧自由基的产生与消除处于相对平衡状态，但某些病理或紫外线的照射可以增加氧自由基的形成。自由基形成后，它们可以进攻、浸润和损伤皮肤细胞结构，在细胞膜受损部位产生了类脂过氧化物，它引起了一系列的突变过程，而最终导致了皮肤老化的加速。

皮肤老化的原因多种多样，关于老化的机理也不尽相同，但有一点是公认的，即紫外线照射是加速皮肤老化的最重要的外部原因。

2. 皮肤的保健

皮肤是人体自然防御体系的第一道防线，皮肤健康，防御能力就强。而且健康美丽的皮肤，不仅使人显得年轻，而且能给人以美的享受，给人以轻松、愉快、清秀之感。健康美丽的皮肤应该是：清洁卫生；湿润适度，柔软而富有弹性；具有适度的光泽和张紧状态；肤色纯正，有生机勃勃之感。

因此，保护好皮肤，特别是面部皮肤，对于美化容貌、延缓衰老，是非常重要的。

如何防止皮肤的老化，是一个复杂的问题。由于机体生命的有限性，要想从根本上解决老化问题是不现实的，也是不可能的。但是如果及早采取必要的措施，则可以减轻或推迟老化的发生，防止皮肤的早衰。下面就日常生活中应该注意的，也是容易做到的一些问题介绍如下。

（1）注意皮肤的清洁卫生。由于角质层的老化脱落，皮脂腺分泌皮脂，汗腺分泌汗液，以及其他内分泌物和外来的灰尘等混杂在一起附着在皮肤上构成污垢。这些污垢一方面会堵塞汗腺和皮脂腺，妨碍皮肤的正常新陈代谢，同时皮脂极易为空气氧化，产生不愉快的臭味，促使病原菌的繁殖，最终导致皮肤病的发生，加速皮肤的老化。因此必须经常将其清除干净。

洗澡用的肥皂除了洗净作用外，还具有角质溶解和杀菌作用，但使用何种肥皂要因人而异。对于油性皮肤的人，可用肥皂洗涤；对于干性皮肤的人要尽量避免使用肥皂，而使用偏中性的香皂，如使用性能优良的浴液制品则更好。

洗脸不要使用碱性过强的洗涤用品。一般来说，皮肤干燥者或患湿疹等过敏性皮肤病患者，应使用香皂；而皮脂分泌较多者或患有粉刺等皮脂溢出性皮肤病患者，则可常用肥皂，如有不适之感，可改用香皂；对于中性皮肤的人，则可根据喜好选用香皂或其他清洁制品。

洗脸以温水为宜。水温过热，皮肤会变得松弛，容易出现皱纹。冷水洗不干净，而且能使血管收缩，会使皮肤变得干燥。

清洁霜和清洁奶液是专为溶解和除去皮肤上的皮脂、化妆料和灰尘等的混合物而设计的清洁用化妆品，用后在皮肤上留下一层滋润性薄膜，对干性皮肤有保护作用。但对油性皮肤来说，最好避免使用这种性质的清洁用品。

(2) 正确使用化妆品，可起到清洁肌肤、美化容貌、保护皮肤、营养皮肤等作用。如在强烈日光下使用防晒霜，在皮脂分泌降低或损失时（如接触溶剂、碱性物质等，以及秋冬季节、气候干燥时），搽用冷霜、润肤霜等含油分较多的化妆品。但若使用不当，也会加速皮肤的老化。正确地使用化妆品应不妨碍皮肤的正常排泄、呼吸等生理功能，有益于皮肤健康，这就要根据各自的皮肤类型、生活和工作环境等来选择适合自己皮肤特点和需要的化妆品。皮脂分泌较多（即油性皮肤）的人或在夏季，宜用奶液类、化妆水等少油的化妆品；皮肤干燥者（即干性皮肤）或在冬季气候干燥时，可选用冷霜、各种润肤霜等多脂的化妆品。不可过度使用化妆品，选用通透性好的化妆品，以免毛孔堵塞引起皮肤病变，尤其在使用防水化妆品如防晒霜、粉类产品如粉底或者化浓妆，应及时清洗干净，不可长时间留于皮肤表面。

要保持面部皮肤的滋润、光滑、柔软，除需要补充油分外，水分也是一个重要因素，可选用保湿霜、保湿面膜等。在搽用化妆品前，宜先用温湿毛巾在皮肤上敷片刻，不仅可以补充一部分水分，而且可以柔软角质层，促进皮肤的吸收功能。

(3) 适度进行日光浴。日光能促进皮肤的新陈代谢，生成黑色素防止日光的过分照射，使脱氢胆甾醇变换为维生素 D 等。但过分的日光照射会加速皮肤的老化，此外还会产生过度日光晒焦，使黄褐斑、雀斑、黑皮症恶化，以及使某些人发生日光皮肤炎等现象。因此在强烈的日光下，应搽用防晒化妆品，防止紫外线过分作用于皮肤。

(4) 经常参加体育锻炼。经常参加美容保健体操，可使人心情愉快，精神振奋，肢体灵活而有弹性。加强面部肌肉的锻炼，如按摩，可促进血液流通，加速皮肤的新陈代谢，减轻皮肤疲劳，提高肌肉的力量和弹性，增加皮肤的抵抗力。如在搽用营养化妆品时配以适当的按摩，则可增进皮肤对营养成分的吸收，更能有效地防止皮肤的衰老。

(5) 保持精神愉快。俗话说："笑一笑，十年少；愁一愁，白了头"。精神状态如何，对防止皮肤和头发早衰，事关重大。过分焦虑、忧愁，对皮肤和头发是有害的，易导致早期衰老现象发生。

(6) 注意饮食。在饮食中应尽量食用营养丰富的维生素类食品、牛奶、蔬菜、水果等，少食肉类，避免多食食盐和辛辣等有刺激的食品。

第二节　化妆品与毛发科学

毛发具有保护皮肤、保持体温等作用，但和其他哺乳类动物相比，人类的毛发几乎处于退化状态，仅在头部和身体的一小部分还残余一些硬毛。头发不仅为了美观，还能保护人的头皮和大脑。夏天可以防止日光对头部的强烈照射；冬天，可防御寒冷的侵袭，起到保暖的作用。蓬松而细软的头发，具有自然的弹性，对外来的机械性刺激以及风吹雨打等起缓冲作用，防止损伤头皮。头皮汗腺排出的汗液，可通过头发帮助蒸发。头发经物理的或化学的修饰，可得到风格各异的造型，增加人的俊美。另外因毛发的毛根和神经相连，故有触觉作用。

一、毛发的组织结构

毛发由角化的表皮细胞构成，分为长毛、短毛及毳毛。长毛如头发、胡须、阴毛及腋毛等；短毛如眉毛、睫毛、鼻毛及外耳道毛等；毳毛比较细软，色淡、无髓，分布于面部、颈、躯干及四肢等处。指末节的伸侧及掌跖、唇红、龟头及阴蒂等处无毛。

人类的头发随人种、性别、年龄、自然环境、营养状况等的不同而有差异，其颜色分黑色、棕色、棕黄、金黄、灰白色、白色等。一般东方型是黑色直发；欧洲型多为松软的棕黄或金黄色的羊毛发；非洲、美洲多呈扁形卷发。另外头发还有疏密、光泽、油性和干性等之分。

毛发由毛杆、毛根、毛乳头等组成，其结构如图 1-4 所示。毛发露在皮肤外面的部分称为毛杆；在皮肤下处于毛囊内的部分称为毛根；毛根下端膨大而成毛球；毛乳头位于毛球的向内凹入部分，它包含有结缔组织、神经末梢及毛细血管，可向毛发提供生长所需要的营养，并使毛发具有感觉作用。毛球由分裂活跃、代谢旺盛的上皮细胞组成，称为毛基质，是毛发及毛囊的生长区，相当于基底层及棘细胞层，并有黑素细胞。

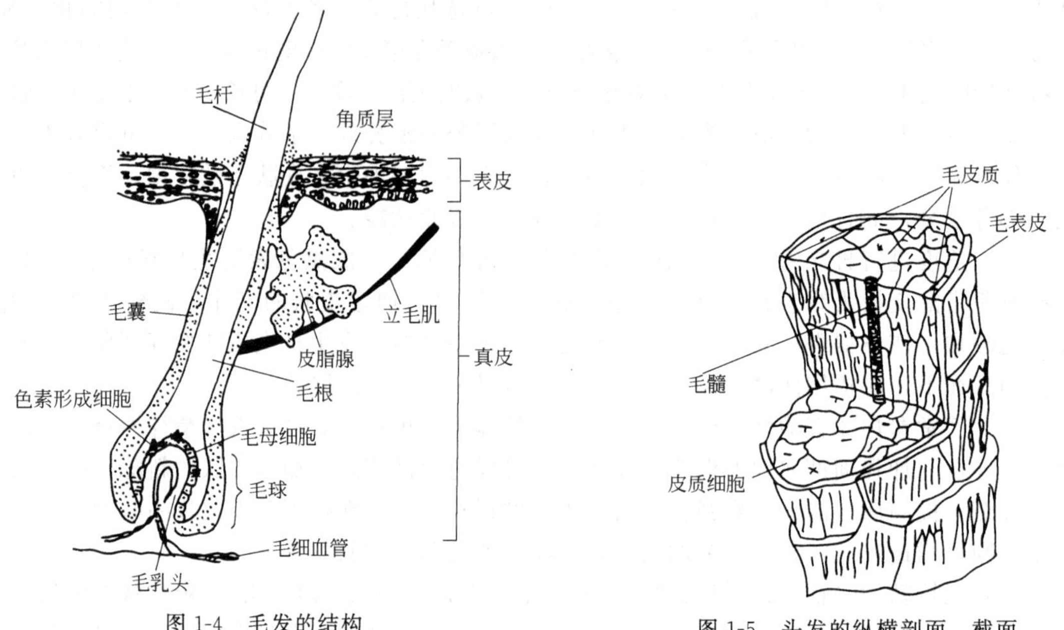

图 1-4 毛发的结构

图 1-5 头发的纵横剖面、截面

将毛发沿横截面切开，如图 1-5 所示。可以看到，毛发常不是实心的，它的中心为髓质，周围覆盖有皮质，最外面一层为毛表皮，且横截面呈不规则圆形。

毛表皮：毛表皮为毛发的外层，又称护膜。是角化的扁平透明状的无核细胞，如瓦状互相重叠，其游离缘向上，交叠鳞节包裹着整个毛发。此护膜虽然很薄，只占整个毛发的很小比例，但它却具有独特的结构和性能，可以保护毛发不受外界影响，保持毛发乌黑、光泽、柔韧的性能。

皮质：皮质也称发质，完全被毛表皮所包围，是毛发的主要组成部分，几乎占毛发总重量的 90%以上，毛发的粗细主要由皮质决定。皮质是几层梭形已角化了的表皮细胞，无细胞核，胞浆中有黑色素颗粒及较密的纵行含二硫键较多的角质蛋白纤维，使毛发有一定的抗拉能力。皮质具有吸湿性，对化学药品有较强耐受力，但不耐碱和巯基化物。皮质内所含色素颗粒的大小、多少使毛发具有各种颜色。

髓质：髓质位于皮质的中心，是部分角化的多角形细胞，含有黑色素颗粒。其作用是在几乎不增加毛发自身重量的情况下，赋予毛发提高结构强度和刚性。髓质较多的毛发较硬，但并不是所有的毛发都有髓质，一般细毛如毳毛不含髓质，毛发末端亦无髓质。

毛囊起源于表皮，其中有毛母细胞。自毛囊口至皮脂腺开口部称为漏斗部，皮脂腺开口部至立毛肌附着处称为毛囊峡。

毛发与皮肤成一定的倾斜角度。在毛囊的稍下段有立毛肌，属平滑肌，受交感神经支配。其下端附着在真皮乳头下层。精神紧张及寒冷可引起立毛肌的收缩，即所谓起“鸡皮疙瘩”。

二、毛发的生长

毛发的生长过程是毛母细胞变成角质细胞的过程，也即毛的角质化过程。毛乳头内分布有两种细胞，即毛母色素细胞和毛母角化细胞：毛母色素细胞合成色素颗粒；毛母角化细胞的不断分裂增殖，使毛发得以生长。各个毛母细胞的角质方向是不变的，经过毛球、毛皮质、毛髓等完成复杂而有特色的角质化过程，并以完整的毛的形状出现于体表。角质化生成的蛋白叫角蛋白，和其他蛋白不同，其中含有大量胱氨酸。胱氨酸是由半胱氨酸慢慢地被氧化后逐渐地形成的，借助胱氨酸分子中的二硫键将蛋白多肽链交联加固，形成毛发。因此，胱氨酸含量的多少反映了角质化的差异。

人的头皮部约有头发 10 万根。它们并非同时或按季节地生长或脱落，而是在不同时期分散地脱落和再生。正常人每日可脱落约 70～100 根头发，同时也有等量的头发再生，因此少量脱发是正常现象。

毛发的生长可分为生长期、静止期和脱落期。不同部位的毛发长短不同，是由于它们在各个时期的时间长短不同所致。头发的生长期约 3～4 年，为增长时间；静止期约数周，这时头发停止生长；脱落期 3～4 个月，旧发脱落后至再生新发。头发每日生长约 0.27～0.4mm，3～4 年中可生长至 50～60cm，然后脱落及再生新发。眉毛及毳毛等生长期及脱落期各约 2～6 个月，故较短。

毛发的生长在一定程度上受内分泌的影响，胎儿出生后至成人，毛发的数目没有明显的改变，但逐渐变粗，成为终毛。而至老年时，又渐退化成毳毛。男性青春期后，须、躯干、腋部及耻部毛发增长，这与睾丸产生的雄性素有明显的关系。女性在生殖器向成熟发展前即可出现阴毛，故它与肾上腺皮质产生的雄性素有关。有关雄性素对毛发生长的影响还需进一步研究。

毛发的生长速度还受性别、年龄、部位和季节等因素影响。通常白天较夜间为快；春夏季比秋冬季长得快，青少年时期要比老年期更容易生长。

三、毛发的化学组成和结构

1. 毛发的化学组成

人的毛发几乎全部是由角蛋白质构成，占整个毛发的 95%左右，其中含有 C、H、O、N 和少量 S 元素。S 的含量大约为 4%，但这少量的 S 却对毛发的很多化学性质起着重要的作用。角蛋白是一种具有阻抗性的不溶性蛋白，这种蛋白质所具有的独特性能来自它有较高含量的胱氨酸，其含量一般高达 14%以上。其他还含有谷氨酸、亮氨酸、精氨酸、赖氨酸、天冬氨酸等十几种氨基酸。将头发用 6mol/L 的 HCl 溶液进行水解处理，得到表 1-3 所示的产物组成。

2. 毛发的化学结构

毛发中含有胱氨酸等十几种氨基酸，氨基酸分子内带有—NH_2基和—COOH基，两个氨基酸分子之间，以一个氨基酸的 α-羧基和另一个氨基酸的 α-氨基（或者是脯氨酸的亚氨基）脱水缩合把两个氨基酸联结在一起所形成的酰胺键，即肽键。多个氨基酸之间通过肽键这种重复的结构彼此连接组成了多肽链的主干。

$$H_2N-\overset{R}{\overset{|}{CH}}-\overset{O}{\overset{\|}{C}}-(NH\overset{R}{\overset{|}{C}}HCO)_n-NH\overset{R}{\overset{|}{C}}H\overset{O}{\overset{\|}{C}}-OH$$

表 1-3 头发水解后的产物

名 称	分 子 式	g/100g 干头发
甘氨酸	NH_2CH_2COOH	4.1～4.2
丙氨酸	$CH_3CH(NH_2)COOH$	2.8
亮氨酸	$(CH_3)_2CHCH_2CH(NH_2)COOH$	11.1～13.1
苯基丙氨酸	(苯环)—$CH_2CH(NH_2)COOH$	2.4～3.6
脯氨酸	CH_2——CH_2 CH_2 $CHCOOH$ N H	4.3～9.6
丝氨酸	$HOCH_2CH(NH_2)COOH$	7.4～10.6
苏氨酸	$CH_3CHOHCH(NH_2)COOH$	7.0～8.5
酪氨酸	OH—(苯环)—$CH_2CH(NH_2)COOH$	2.2～3.0
天冬氨酸	$HOOCCH_2CH(NH_2)COOH$	3.9～7.7
谷氨酸	$HOOCCH_2CH_2CH(NH_2)COOH$	13.6～14.2
精氨酸	$H_2N\cdot C(:NH)NH(CH_2)_3CH(NH_2)COOH$	8.9～10.8
赖氨酸	$H_2N(CH_2)_4CH(NH_2)COOH$	1.9～3.1
组氨酸	N—(咪唑环)—$CH_2CH(NH_2)COOH$ N H	0.6～1.2
色氨酸	(吲哚环)C—$CH_2CH(NH_2)COOH$ CH N H	0.4～1.3
胱氨酸	$HOOCCH(NH_2)CH_2SSCH_2CH(NH_2)COOH$	16.6～18.0
蛋氨酸	$CH_3SCH_2CH_2CH(NH_2)COOH$	0.7～1.0
半胱氨酸	$HOOCCH(NH_2)CH_2SH$	0.5～0.8

由形成纵轴的众多肽链与在其中间起联结作用的胱氨酸结合、盐式结合、氢键等支链，形成了具有网状结构的天然高分子纤维，即毛发。其化学结构示意如图 1-6 所示。

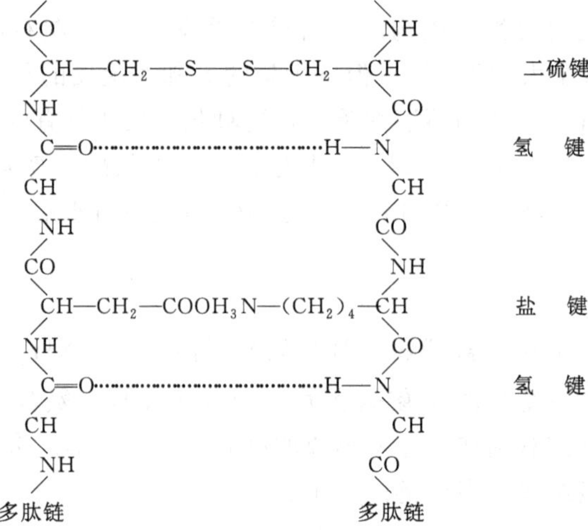

图 1-6 毛发角蛋白的结构示意图

(1) 二硫键 亦称胱氨酸结合或二硫结合，是由两个半胱氨酸残基之间形成的一个化学键。

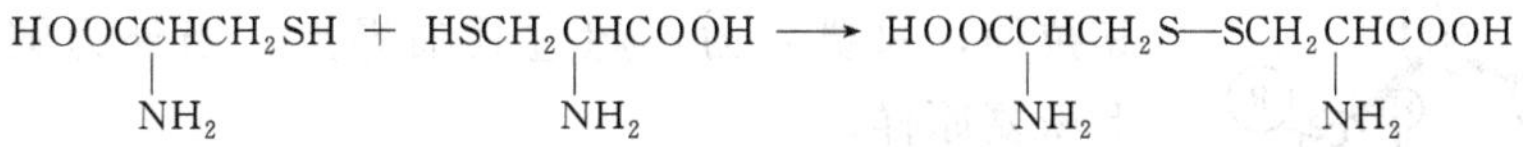

$$\underset{\displaystyle NH_2}{\underset{|}{HOOCCH}}CH_2SH + HSCH_2\underset{\displaystyle NH_2}{\underset{|}{CH}}COOH \longrightarrow \underset{\displaystyle NH_2}{\underset{|}{HOOCCH}}CH_2S—SCH_2\underset{\displaystyle NH_2}{\underset{|}{CH}}COOH$$

它使多肽链的两个不同的区域之间能够紧密地靠拢起来。二硫键是一种结构上的要素，它能维持分子折叠结构的稳定性。在构成二硫键的两个半胱氨酸残基之间还可以夹进许许多多的其他氨基酸残基，所以在多肽链的结构上就会形成一些大小不等的肽环结构。这种结合对头发的变形起着最重要的作用。烫发水的原理即基于二硫键的还原断裂及其后的氧化固定反应。

(2) 盐键 亦称离子键。在多肽链的侧链间存在着许多氨基（带正电）和羧基（带负电），相互之间因静电吸引而成键，即离子键。

$$R—NH_3^+ \quad ^-OOC—R$$

如赖氨酸或精氨酸带正电荷的氨基和天冬氨酸或谷氨酸带负电荷的羧基之间，由于相互静电作用而形成离子键（如图 1-6 所示）。

(3) 氢键 由于肽键具有极性，所以一个肽键上的羧基和另一个肽键上的酰氨基之间可能发生相互作用形成氢键：

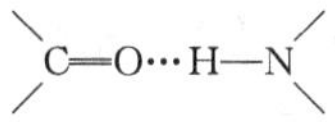

$$>C=O\cdots H—N<$$

毛发角蛋白分子之间形成的氢键有两种情况，一是主链的肽键之间形成的，一是侧链与侧链间或侧链与主链间形成的。虽然氢键是一种微弱的相互作用，但由于在一条多肽链中可存在的氢键数目很多，所以它们也是多肽结构上一个重要的稳定因素。

(4) 酰胺键 由氨基酸主缩合组成的多肽链分子之间，也可能横向连接形成酰胺键。如谷氨酸和精氨酸之间即可形成酰胺键：

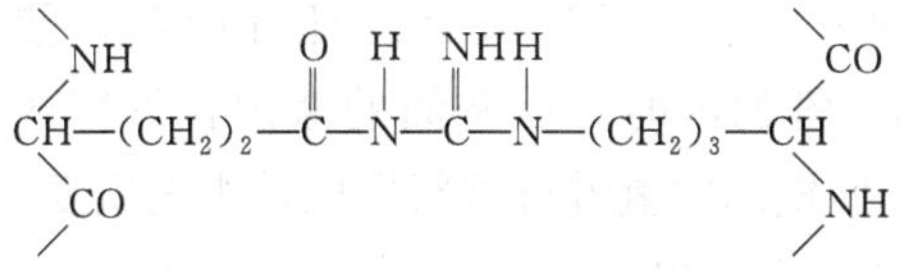

$$\begin{matrix} \diagdown NH & & O & H & NH\,H & & \diagdown CO \\ \diagup & & \| & | & \|\;\;| & & \diagup \\ CH—(CH_2)_2— & & C— & N— & C—N— & (CH_2)_3— & CH \\ \diagdown & & & & & & \diagdown \\ CO & & & & & & NH \\ \diagup & & & & & & \diagup \end{matrix}$$

谷氨酸残基　　　　精氨酸残基

(5) 酯键 含有羟基的氨基酸的羟基和另一氨基酸的羧基在横向以酯键的形式连接，如苏氨酸和谷氨酸之间即可形成酯键：

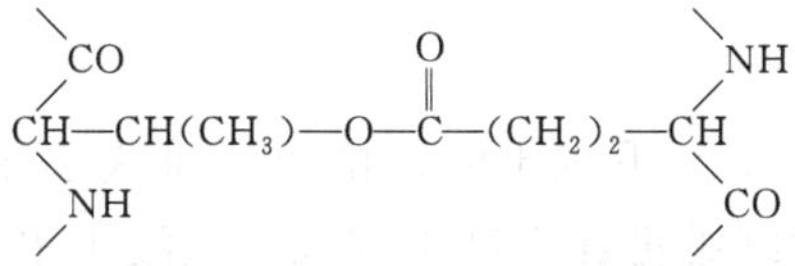

$$\begin{matrix} \diagdown CO & & O & & \diagdown NH \\ \diagup & & \| & & \diagup \\ CH—CH(CH_3)—O— & & C— & (CH_2)_2— & CH \\ \diagdown & & & & \diagdown \\ NH & & & & CO \\ \diagup & & & & \diagup \end{matrix}$$

苏氨酸残基　　　　谷氨酸残基

除上述几种键合之外，多肽链间还有范德华力的连接，是分子间引力的作用，由于此引力很弱，通常可以忽略不计。

3. 毛发的空间结构

在一般情况下，毛发多缩氨酸主链（多肽链）以螺旋形式存在，称为 α-螺旋结构，分子中的亲水基团大部分分布在螺旋周围，如图 1-7 所示。带正电的氨基和带负电的羧基之间形成盐式结合；而胱氨酸则可使 α-螺旋之间形成二硫结合；每一个肽键上的羰基氧原子都可以和同一个螺旋上的第四个氨基酸残基的酰氨基氢原子形成氢键联系。由于这些键合的存

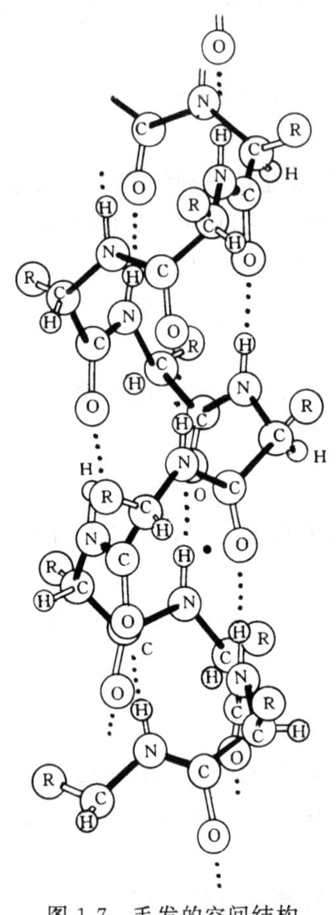

图 1-7 毛发的空间结构

在，毛发角质大分子形成了稳定的网状结构。毛发的上述螺旋体结构使得毛发具有伸长性和弹性，无论是使其曲折或对其拉伸，只要外力不超过其临界点，当外力解除后，它会马上恢复原样。

四、毛发的化学性质

毛发是一种蛋白质（角质蛋白），其水解产物氨基酸分子中含有氨基—NH_2和羧基—COOH，羧基在水溶液中能电离出 H^+ 而显示酸性，而氨基能和酸(H^+)结合显示碱性，所以角质是一个两性化合物。毛发在沸水、酸、碱、氧化剂和还原剂等作用下可发生某些化学变化，控制不好会损坏毛发。但在一定条件下，可以利用这些变化来改变头发的性质，达到美发、护发等目的。在此仅介绍与烫发、染发以及护发等有关的一些化学性质。

1. 水的作用

毛发不溶解于冷水。但由于它的长链分子上含有众多的、各式各样的亲水性基团（如—NH_2、—COOH、—OH、—CONH—等)，能和水分子形成氢键，且纤维素-水键的键能大于水-水键的键能。

$$\gt C{=}O\cdots H{-}N\lt \;+\; \underset{H}{\overset{H}{\gt}}O\cdots H{-}O{-}H \;\rightleftharpoons\; \gt C{=}O\cdots H{-}O{-}H \;+\; \underset{H}{\overset{H}{\gt}}O\cdots H{-}N\lt$$

因此毛发具有良好的吸湿性，如采用离心脱水法测得毛发在水中的最大吸水量可达 30.8%。水分子进入毛发纤维内部，使纤维发生膨化而变得柔软。但角蛋白和水分子之间形成氢键的同时，肽链间的氢键相形减弱，毛发纤维的强度稍有下降，断裂伸长增加。但当干燥后，肽链间的氢键可重新形成，头发恢复原状，而无损其品质。

当头发在水中加热时（100℃）以下，即开始水解，但反应进行得很慢。当头发在高温下并有压力的水中，毛发中的胱氨酸被分解（二硫键断裂）生成巯基和亚磺酸基：

$$R{-}S{-}S{-}R' + H_2O \xrightarrow[\text{压力}]{\text{高温}} RSH + R'SOH$$

2. 热的作用

毛发在高温（如 100～105℃）下烘干时，由于纤维失去水分会变得粗糙，强度及弹性受到损失。若将干燥后的毛发纤维再置于潮湿空气中或浸于水中，则将由于重新吸收水分而恢复其柔软性和强度。但是长时间的烘干或在更高温度下加热，则会引起二硫键或碳-氮键和碳-硫键的断裂而引起毛发纤维的破坏，并放出 H_2S 和 NH_3。因此，经常和长时间对头发进行吹风定型，不利于头发的健康。

3. 日光的作用

如前所述，毛发角蛋白分子中的主链是由众多酰胺键（肽键）连接起来的，而 C—N 键的离解能比较低，约为 306kJ/mol，日光下波长小于 400nm 的紫外光线的能量就足以使它发生裂解；另外主链中的羰基（$\gt C{=}O$）对波长为 280～320nm 的光线有强的吸收。所以主链中的酰胺链在日光中紫外线的作用下显得很不稳定。再者，日光的照射还能引起角蛋白分子中二硫键的开裂。因此，毛发纤维受到持久强烈的日光照射时，能引起性质的变化，毛发变得粗硬、强度降低、缺少光泽、易断等。

4.酸的作用

毛发纤维对无机酸稀溶液的作用有一定的稳定性，在一般情况下，弱酸或低浓度的强酸对毛发纤维无显著的破坏作用，仅仅盐键发生变化。如将羊毛或头发浸在 0.1mol/L 的盐酸溶液中，盐键按下式断裂：

$$R—NH_3^+\,OOC—R'+HCl \longrightarrow R—NH_3ClHOOC—R'$$

且纤维很易伸长，假如用水冲洗彻底，将酸洗掉，盐键将回复到原来的状态。而在高浓度的强酸和在高温下，就有显著的破坏作用，其破坏程度与溶液的 pH 值和酸的浓度有关。如将头发用 6mol/L 的盐酸溶液煮沸几小时，可完全水解，反应式如下：

$$H_2N—\overset{R}{\overset{|}{C}}H\overset{O}{\overset{\|}{C}}—(NH\overset{R}{\overset{|}{C}}HCO)_n—NH\overset{R}{\overset{|}{C}}H\overset{O}{\overset{\|}{C}}—OH+(n+1)H_2O \xrightarrow{HCl}$$

$$(n+2)(NH_2—\underset{\underset{R}{|}}{CH}—\underset{\underset{O}{\|}}{C}—OH)$$

显然，破坏主多肽键的反应将使纤维强度减弱。酸性条件下能破坏主多肽键，而不破坏胱氨酸结合（二硫键），—S—S—键将完整无损地留在胱氨酸内。

5.碱的作用

碱对毛发纤维的作用剧烈而又复杂，除了使主链发生断裂外，还能使横向连接发生变化，使二硫键和盐式键等断裂形成新键。毛发受到碱的损伤后，纤维变得粗糙、无光泽、强度下降、易断等。

在碱性条件下，角质大分子间的盐式结合解离，大分子受力拉伸时，由于受侧链的束缚较小，而易于伸直。当溶液碱性较强时，二硫键易于拆散。

碱对毛发的破坏程度受碱的浓度、溶液的 pH 值、温度、作用时间等影响。温度越高，pH 值越高，作用时间越长，则破坏越严重，如煮沸的氢氧化钠溶液，浓度在 3%以上，就可使羊毛纤维全部溶解。

碱与二硫键反应的历程尚未确定，但对其结果的认识比较一致，即作用的结果是损失 S。如用 NaOH 溶液处理羊毛，在 70℃，pH 值为 10 时，就开始失去 S；温度越高，pH 值越高，处理时间越长，损失 S 就越多。其反应如下：

$$\begin{matrix} | & & | \\ HN & & CO \\ & \diagdown CHCH_2—S—S—CH_2CH \diagup & \\ OC \diagup & & \diagdown NH \\ | & & | \end{matrix} \xrightarrow[OH^-]{H_2O} \begin{matrix} | \\ NH \\ \diagdown CHCH_2—SH \\ CO \diagup \\ | \end{matrix} + \begin{matrix} | \\ CO \\ \diagdown CHCH_2—SOH \\ NH \diagup \\ | \end{matrix}$$

$$\begin{matrix} | \\ CO \\ \diagdown CHCH_2—SOH \\ NH \diagup \\ | \end{matrix} \longrightarrow \begin{matrix} | \\ CO \\ \diagdown C{=}CH_2 \\ NH \diagup \\ | \end{matrix} + H_2O + S$$

6.氧化剂的作用

氧化剂对毛发纤维的影响比较显著，其损害程度取决于氧化剂溶液的浓度、温度及 pH 值等。氧化剂可使毛发中的二硫键氧化成磺酸基，且产物不再能还原成巯基或二硫键，使毛发不能恢复原状，以致毛发纤维强度下降、手感粗糙、缺乏光泽和弹性、易断等。如胱氨酸残基被氧化成两个磺基丙氨酸残基，其反应式如下：

$$
\begin{matrix} \diagup \\ CO \\ \diagdown \\ \quad CHCH_2—S—S—CH_2CH \\ \diagup \\ NH \\ \diagdown \end{matrix}
\begin{matrix} \diagdown \\ CO \\ \diagup \\ \\ \diagdown \\ NH \\ \diagup \end{matrix}
\xrightarrow{[O]} 2
\begin{matrix} \diagup \\ CO \\ \diagdown \\ \quad CHCH_2—SO_3H \\ \diagup \\ NH \\ \diagdown \end{matrix}
$$

但当双氧水浓度不高时，对毛发损伤较少，因此可用低浓度的双氧水溶液对头发进行漂白脱色处理。用双氧水漂白毛发，金属铁与铬具有强烈的催化作用，应予以注意。

7. 还原剂的作用

还原剂的作用较氧化剂弱，主要破坏角蛋白中的二硫键，其破坏程度与还原剂溶液的pH值密切相关。溶液的pH值在10以上时，纤维膨胀，二硫键受到破坏，生成巯基。

可用作还原剂的物质很多，如$NaHSO_3$、Na_2SO_3、$HSCH_2COOH$、$HSCH_2COOM$、$HSCH_2CH(NH_2)COOH$等。以亚硫酸钠还原二硫键时，反应如下：

$$R—S—S—R + Na_2SO_3 \longrightarrow R—S—SO_3^- + RS^- + 2Na^+$$

以巯基化合物（如巯基乙醇）还原二硫键时，反应如下：

$$R—S—S—R + 2HS—R' \longrightarrow 2R—SH + R'—S—S—R'$$

上述反应使毛发中的二硫键被切断，而形成赋予毛发可塑性的巯基化合物，使毛发变得柔软易于弯曲，但若作用过强，二硫键完全被破坏，则毛发将发生断裂。

上述反应生成的巯基在酸性条件下比较稳定，大气中的氧气不容易使其氧化成二硫键。而在碱性条件下，则比较容易被氧化成二硫键，其反应式如下：

$$2RSH + \frac{1}{2}O_2 \longrightarrow R—S—S—R + H_2O$$

此反应在有痕量的金属离子如铁、锰、铜等存在时，将大大加快转化成二硫键的反应速度。

烫发即是利用上述化学反应，首先使用还原剂破坏部分二硫键，使头发变得柔软易于弯曲，当头发弯曲成型后，再在氧化剂的作用下，使二硫键重新接上，保持发型。

8. 其他反应

除上述反应外，其他有化学活性的支链也可以起反应，如酪氨酸侧链的酚基可以被碘化。在碱性条件下、碘与酪氨酸的反应是取代反应，其反应式如下：

$$(NH_2)(COOH)CHCH_2—C_6H_4—OH + I_2 \longrightarrow (NH_2)(COOH)CHCH_2—C_6H_3(I)—OH$$

和重氮化的对氨基苯磺酸起反应，产生一橘黄色产物：

$$H_2N—CH(COOH)—CH_2—C_6H_2(OH)(N{=}N—C_6H_4—SO_3H)_2$$

在毛发中引入这些基团，将显著改变染色的性质。

五、头发常见疾患及预防

1. 白发

白发指头发部分或全部变白，可分为先天性和后天性两种。

先天性白发往往有家族遗传史，以局限性白发较常见，多见于前头发际部；先天性全头白发罕见，常发生于白化病的病人。

后天性白发常见的有老年性白发和少年白发两种。老年性白发属正常生理现象，多自40～50岁开始，通常先起于两鬓，逐渐波及全头，随后胡须亦变白。这是由于身体各组织器官的功能日益衰退，毛母色素细胞的生成逐渐减慢或停止，头发的颜色也逐渐发生变化，由黑转灰，进而发展为白发。

少年白发发生于儿童及青少年，常有家族史，除白发增多外，不影响身体健康。青春时期骤然发生的白发，其发病的原因有：营养障碍（如缺乏铜、钴、铁等微量元素及维生素B等）；精神状态（如情绪激动、精神抑郁等）；疾病的影响（如早老症、白癜风、结核病等）等。

白发的发病机理还不清楚，可能是由于某些因素的作用，使毛球部黑色素细胞代谢失常，大大减少或停止产生黑色素所致。

因此对于少年性白发，如果是疾病的影响，要及时到医院检查治疗。如果没有内脏病变的存在，则没有必要治疗，亦无有效方法治疗，且也不会给身体带来危害。

有了白发的人要注意保持精神愉快，避免过分紧张和抑郁；加强营养、多食微量元素含量高的食物，如动物的肝、心和蛋类，菠菜是铁的重要来源，茶叶是锰的重要来源，海带含有丰富的碘。另外可经常使用含有维生素类的护发化妆品，亦可采用染发剂染黑头发。

2. 斑秃

斑秃亦称圆形脱发，俗称鬼剃头。这种病多突然发生，患处无炎症，患者无任何自觉症状。其脱发现象是：头部披发处突然发生圆形、椭圆形或不规则形状的脱发区，大小不等，境界明显。脱发区皮肤正常，毛囊口清楚可见，也无炎症现象。轻者可仅有一片或数小片脱发区，重者头发全部脱落，甚至身体其他部位毛发（如眉毛、胡须、阴毛、毳毛等）也全部脱落。

本病病程进展缓慢，有时可较长时间静止不变，也可迅速进行，或随脱随长，如此反复，可延续数月至数年之久。开始生发时，新发渐渐长出，新生的头发为黄白色茸毛，以后逐渐变粗加长并产生色素，最终变成正常的头发。也有少数人的病程较长，多年后始生新发。

此病发病原因尚不明了。可能是在精神刺激、内分泌障碍、感染、中毒或者其他内脏疾病等因素的影响下，血管运动中枢神经系统机能紊乱，引起患处的毛细血管持久性萎缩，毛乳头部供血不足，造成头发营养不良，日子一久，毛发就要脱落。也有认为与遗传因素有关。近年则认为是一种自身免疫性疾病。

可内服肾上腺皮质激素，或试服胱氨酸、维生素B_6等，也可外涂含有激素的软膏。另外刺激头皮、改善血液循环，可促进毛发再生，如用辣椒酊、芥子酊、鲜姜、水杨酸等，市售生发水，即属此例。也可采用局部按摩、紫外线照射等物理疗法。

3. 早秃

青壮年时期发生脱发者称为早秃，主要发生于男性，所以也叫男型秃发。此病仅头发受侵，而胡须及其他毛发不受侵犯。脱发先从额部两侧开始，逐渐向上扩展，以后头顶部头发逐渐稀少，终而大部或全部脱落，枕部及两侧颞部仍保留正常的头发。脱发处皮肤光滑或遗留少许毳毛，无自觉症状或仅有微痒。脱发速度和范围因人而异，大多数病程缓慢。女性患者症状较轻，多在顶部脱发。

此病发病的原因可能与遗传和雄激素的影响有关，是一种常染色体显性遗传病，但其遗传基因是在雄激素作用的条件下才表现出来。若在青春期前或青春时期去除睾丸，即使有早秃家族史，也不发生秃发。此后给予睾酮则可发生秃发，停睾酮后则秃发不再进展，说明雄激素对本病发生有一定的影响。

本病目前尚无有效疗法，一般可按斑秃处理，但用药刺激性不宜过大。

4.脂溢性脱发

脂溢性脱发是在皮脂溢出的基础上引起的一种脱发现象，多为青壮年（20～40岁）男性患者，头发往往油腻发光，或有大量头皮屑，自觉瘙痒。前额两侧及头顶部头发对称脱落、稀疏变细，患部皮肤光滑发亮。此病过程缓慢，常致永久性脱发。

脂溢性脱发的发病原因可能系性激素平衡失调，特别是雄性激素水平增高，导致皮脂分泌过多，毛囊口角化过度，形成栓塞，影响毛囊营养，使毛囊逐渐萎缩毁坏，引起脱发（油性皮脂溢）；其次，由于头皮屑过多，加之瘙痒而不断搔抓，时日长久，患部头发多稀疏脱落（干性皮脂溢）；此外，遗传因素、代谢障碍、神经精神因素、内分泌失调、缺乏维生素B等，以及卫生不良、汗液及脂垢腐败分解、微生物感染（如卵圆形糠秕孢子菌、痤疮丙酸菌等）或滥用清洁剂（如碱性过高、刺激性过大、脱脂力过强等）洗头等，对本病的发生和发展均可能有一定的影响。

对本病的治疗，首先应少食动物脂肪和甜食，多吃蔬菜及富含维生素B的食物，注意清洁，避免搔抓。可内服维生素B_6、维生素B_2，注射胎盘浸出液，必要时可服用雌性激素。外部治疗则根据不同情况分别对待：对于油性皮脂溢，宜着重清除皮脂，避免皮脂在毛囊内淤积形成栓塞，可用肥皂等洗头清除皮脂；对于干性皮脂溢，则需给以去屑、止痒、杀菌、消炎等药物，如硫黄、水杨酸、樟脑等，目前市场上销售的各种去屑止痒香波，内含吡啶硫酮锌、二唑酮等去屑止痒剂，对干性皮脂溢有一定的缓解、去除和预防作用。

5.由化妆品引起的脱发

头发用化妆品中，能够引起脱发的主要是烫发剂、染发剂等。由于烫发剂中的还原剂巯基乙酸盐、染发剂中的对苯二胺及其衍生物等使头皮产生斑疹，而引起脱发。特别是烫发剂中的巯基乙酸盐，能够使头发中的二硫键断裂。接触时间越长，二硫键断裂的越多，使头发的强度降低，在受力的情况下易引起断发。此外，头发脱色、染发后很快就烫发也会引起断发。当然上述断发是暂时现象，由于没有病变发生，头发会很快再生出来。但若由于化妆品使用不当，或使用劣质化妆品导致头皮和头发病变而引起的脱发，则需引起重视。

六、头发的护理

头发不仅保护着头皮，而且影响着美观。清洁、健康的头发和美丽的发型，可增加人的俊美，使人精神焕发。但如前所述，头发是有寿命的，由于各种因素会出现白发、脱发等早期衰老现象。因此，必须注意日常护理，使其保持清洁、健康、美观的状态。

头部汗和皮脂分泌多，是易弄脏的部位。头皮上除脱落的角质层、分泌的汗液和皮脂外，还有变得干硬的化妆料，以及尘土和微生物等。头皮上堆积的脏物过多，不仅影响美观，而且会堵塞汗腺和皮脂腺，使其排泄不畅，头皮发痒，细菌也将乘虚而入在头部繁殖，使皮脂腺肿大发炎，最终导致头发易断或脱落。因此必须经常保持头发的清洁卫生。洗头的次数应根据头发脏的情况而定，通常每星期1～2次即可。经常洗头不仅可以除去头上污垢，减少头屑，保持头发清洁、美观，有利于头皮健康，而且可促进新陈代谢，增强脑力等，所以洗发后使人显得格外精神焕发。但洗头次数过多，会将具有滋润头皮和毛发、抑制细菌生长繁殖的皮脂洗去，使头发变得干燥、缺少光泽、易断等，所以洗发后应搽用护发用品，以有效地保护头发。

洗头最好使用洗发香波，避免或少用碱性高的皂类（如肥皂等）洗发。这是由于皂类不仅脱脂力强，能将对头皮和头发有一定保护作用的皮脂洗掉，而且由于碱的刺激，造成头皮干燥和发痒，缩短头发的寿命。同时由于皂类易和水中的钙、镁离子作用，生成难溶于水的钙盐和镁盐，这是一种黏稠的絮状物，它黏附在头发上，就会使头发发黏，不易梳理。香波是为清洁人的头皮和头发并保持美观而使用的化妆品，具有良好的抗硬水性能。它不仅对头皮及头发上的污垢和头屑具有清洁作用，而且性能温和，对皮肤和头发刺激性小，易于漂清，使头发洗后柔软、光泽、易于梳理。

对于患有皮脂溢出症（或脂溢性脱发）的人，洗发要分别情况，不同对待。患有油性皮脂溢的人，着重是清除皮脂，避免皮脂在毛囊内淤积形成粉刺或脱发，可选用去污力较强的洗发用品（如肥皂、香皂等）。每周 1～2 次，清除皮脂。

对于干性皮脂溢（头皮屑过多）的人，由于头皮细胞新陈代谢加强，并伴随有异常的慢性症状，使角质层变质，从而为微生物的生长和繁殖创造了有利条件，而致刺激头皮，引起瘙痒，加速表皮细胞的异常增殖。如果此时仍用肥皂等碱性强的洗发用品洗头，可以产生同样的刺激作用。结果是洗的次数越多，对皮脂腺的刺激越大，排出的皮脂越多，头皮屑也越多。因此要适当减少洗头的次数，同时选用含有去屑、止痒药物（如硫黄、水杨酸、硫化硒、樟脑、吡啶硫酮锌、十一碳烯酸单乙醇酰胺琥珀酸酯磺酸钠、二唑酮等）的洗发用品，可以恶化微生物的生存条件，减轻瘙痒和头皮屑，保护头皮和头发。

另外洗头最好用软水，避免钙、镁皂的生成，洗发后再使用护发素或搽用护发用品，可赋予头发柔软、光泽、易梳、不易断等性能。

正常的头皮，其油性超过身体的其他部位，头皮分泌的皮脂使头发表面有一层油脂膜，可减少头发水分的散失，维持头发水分平衡，保持头发光泽、柔软和弹性，减少风吹、日晒的侵蚀。如果这层油脂膜的油分比正常少很多，则头发就会变得枯燥、容易断裂等。因此在秋冬季节或在洗发之后，头发表面的油脂膜减少或遭受破坏，使头发失去光泽，变得干燥枯萎。另外头发经漂白、染发、烫发后，由于化学药物的作用，头发的油脂膜损失严重，而且头发也受到一定程度的损伤。所以敷用发油、发乳、爽发膏等护发化妆品，补充头发油分和水分的不足，维护头发的光亮、柔软和弹性等，是非常必要的。同时要避免过勤的染发和烫发，防止头发的过度损伤。

头发角蛋白中的酰胺键和二硫键在强烈的日光照射下会发生断裂，使头发变得枯燥、易断等。因此当长时间强烈日光照射时，应搽用发油、发乳等护发化妆品，或戴太阳帽等，防止日光的过分照射，保护头发。

经常游泳的人，由于水中加入的氯气、漂白杀菌剂以及沉淀剂等在太阳光的影响下会使头发中的角质发生变化，使头发变得枯燥、且会变成红褐色。其防治方法是，游泳后，再用香波洗一次头，然后使用营养护发化妆品，就可使头发保持光泽、富有弹性。

理发是保护和美化头发的重要措施之一。头发长到一定程度会出现开叉现象，影响头发继续生长，剪发可以促进头发生长。如果头发过细或颜色过淡，经常剪发可以使头发变粗和恢复乌黑。电吹风会使头发过分干燥以致折断，应在搽油后吹风。

梳发也是保护头发的重要因素。经常梳头能够刺激头皮，促进血液循环，还可去除灰尘和头皮屑，有利于头发的生长和保持头发清洁、整齐、光滑、润泽和弹性，给人以健康和美观。

保护头发还可以进行头皮按摩。通过按摩可调节皮脂腺分泌，促进头皮新陈代谢；还可以松弛神经，解除疲劳等。

此外保护头发还必须加强体育锻炼，增强体质，保持良好的精神状态以及加强营养，避免过度疲劳等。

第三节 化妆品与牙齿科学

牙齿是整个消化系统的一个重要组成部分，它的主要功能是咀嚼食物。牙齿咀嚼食物时，产生压力和触觉，这种触觉的反射，可以传达至胃和肠，引起消化腺的分泌，帮助促进胃肠蠕动，以完成消化的任务。牙齿的疾病，除了影响消化系统外，牙病的细菌及其产生的毒素，还可通过血液到达身体的其他部位，引起其他器官的疾病。除此之外，牙齿还有帮助发音和端正面形等功能。如果缺失前牙，会导致发音不清晰。咀嚼运动能促进颌骨的发育和牙周组织的健康，单侧咀嚼会造成废用侧颌骨发育不足，面部不对称；牙齿全部缺失，会使面部凹陷，皱纹增加，显得苍老。因此保护好牙齿是非常重要的。

一、牙齿及其周围组织的结构

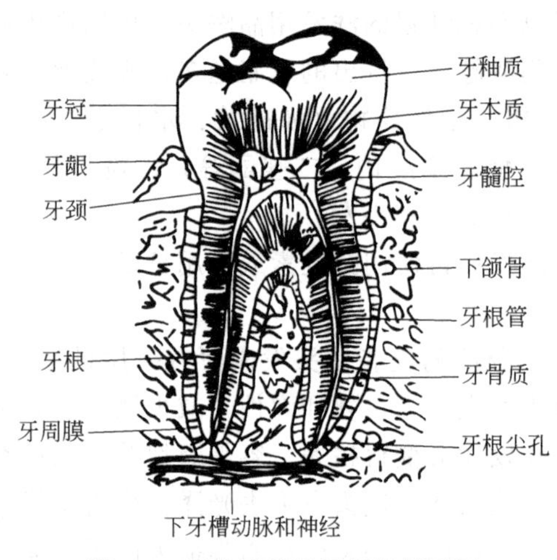

图 1-8 牙齿及其周围组织剖面图

牙齿是钙化了的硬固性物质，所有牙齿都牢牢地固定在上下牙槽骨中。露在口腔里的部分叫牙冠；嵌入牙槽中看不见的部分称为牙根；中间部分称为牙颈；牙根的尖端叫根尖；牙冠咀嚼食物的一面叫咬合面。如图 1-8 所示。

1. 牙体组织

牙齿的本身叫做牙体。牙体包括牙釉质、牙本质、牙骨质和牙髓四个部分。

(1) 牙釉质 牙冠表面覆盖着牙釉质，亦称珐琅质。釉质的厚度因部位不同而有差异，在切牙的切缘处厚约 2mm，在磨牙的牙尖处厚约 2.5mm，牙颈部最薄。牙釉质是人体中最硬的组织，成熟的牙釉质的莫氏硬度为 6～7，差不多与水晶及石英同样硬，在接近牙釉和牙本质交界处（特别是牙颈），硬度较小。釉质的平均密度为 3.0g/mL，抗压强度为 75.9MPa。牙釉质的高强硬度，使它可以承受数十年的咀嚼压力和摩擦，将食物磨碎研细，而不致在行使功能中被压碎。

釉质为乳白色，有一定的透明度。薄而透明度高的釉质，能透出下方牙本质的浅黄色，使牙冠呈黄白色；厚而透明度低的釉质则使牙冠呈灰白色；牙髓已死的牙齿透明度和色泽都有改变。

釉质是高度钙化的组织，无机物占总量的 96%～97%，其中主要是羟基磷灰石 [$Ca_3(PO_4)_2 \cdot Ca(OH)_2$] 的结晶，约占 90%，其他如碳酸钙、磷酸镁和氟化钙，另有少量的钠、钾、铁、铅、锰、锶、锑、铬、铝、银等元素。釉质中的有机物和水分约占 4%，其中所含的有机物仅占 0.4%～0.8%，有机物主要是一种类似角质的糖蛋白复合体，称为角蛋白。釉质内没有血管和神经，能保护牙齿不受外界的冷、热、酸、甜及各种机械性刺激。

(2) 牙本质 一种高度矿化的特殊组织，是构成牙齿的主体，呈淡黄色。冠部牙本质外盖有牙釉质，根部盖有牙骨质。牙本质的硬度不如牙釉，莫氏硬度为 5～6，由 70%左右的无机物和 30%左右的有机物和水组成。无机物中主要为羟基磷灰石微晶。有机物约为 19%～21%，主要是胶原蛋白，另有少量不溶性蛋白和脂类等。牙本质内有很多小管，是牙齿营养的通道，其中有不少极微细的神经末梢。所以牙本质是有感觉的，一旦釉质被破坏，牙本质暴露时，外界的机械、温度和化学性刺激就会引起牙齿疼痛，这就是牙本质过敏症。

(3) 牙骨质 覆盖在牙根表面的一种很薄的钙化组织，呈浅黄色。硬度不如牙本质而和骨相似，含无机物约 45%～50%，有机物和水约 50%～55%。无机物中主要是羟基磷灰石，有机物主要为胶原蛋白。由于其硬度不高且较薄，当牙骨质暴露时，容易受到机械性的损伤，引起过敏性疼痛。

(4) 牙髓 位于髓腔内的一种特殊的疏松结缔组织。牙髓可以不断地形成牙本质，提供抗感染防御机制，并维持牙体的营养代谢，如果牙髓坏死，则釉质和牙本质因失去主要营养来源而变得脆弱，釉质失去光泽且容易折裂。牙髓被牙本质所包围，牙本质受牙髓的营养支持和神经支配，同时也保护牙髓免受外界刺激。

牙髓的血管来自颌骨中的齿槽动脉分支，它们经过根尖孔进入牙髓，称为牙髓动脉。牙髓神经来自牙槽神经，伴同血管自根尖孔进入牙髓，然后分成很多细的分支，神经末梢最后进入造牙本质细胞层和牙本质中。

老年人的牙髓组织，也和机体其他器官一样，发生衰老性变化，如钙盐沉积、纤维增多、牙髓内的血管脆性增加、牙髓腔变窄等，这些都会影响牙髓对外界刺激的反应力。

2. 牙周组织

牙齿周围的组织称为牙周组织，包括牙周膜、牙槽骨和牙龈。

(1) 牙周膜 位于牙根与牙槽骨之间的结缔组织。主要是联结牙齿与牙槽骨，使牙齿得以固定在牙槽骨中，并可调节牙齿所承受的咀嚼压力以及缓冲外来压力，使其不直接作用于牙槽骨，即使用力咀嚼，脑也不致受震荡。牙周膜具有韧带作用，故又称为牙周韧带。

牙周膜是纤维性结缔组织，由细胞、纤维和基质所组成。在牙周膜内分布着血管、淋巴管及神经等。不仅可提供牙骨质和牙槽骨所需的营养，而且在病理情况下，牙周膜中的造牙骨质细胞和造骨细胞，能重建牙槽骨和牙骨质。

牙周膜的厚度和它的功能大小有密切关系。在近牙槽嵴顶处最厚，在近牙根端 1/3 处最薄。未萌出牙齿的牙周膜薄，萌出后担当咀嚼功能，牙周膜才增厚，老人的牙周膜又稍变薄。在同一体上切牙比磨牙的牙周膜厚。

牙周膜一旦受到损害，无论牙体如何完整，也无法维持其正常功能。

(2) 牙槽骨 颌骨包围牙根的突起部分，又称为牙槽突。容纳牙齿的凹窝称为牙槽窝；游离端称为牙槽嵴顶。牙槽骨随着牙齿的发育而增长，而牙齿缺失时，牙槽骨也就随之萎缩。牙槽骨是骨骼中变化最活跃的部分，它的变化与牙齿的发育和萌出、乳牙的脱换、恒牙移动和咀嚼功能等均有关系。在牙齿萌出和移动的过程中，受压力侧的牙槽骨骨质发生吸收；而牵引侧的牙槽骨质新生。临床上即利用这一原理进行牙齿错殆畸形的矫正治疗。

(3) 牙龈 围绕牙颈和覆盖在牙槽骨上的那一部分牙周组织，俗称肉牙。牙龈是口腔黏膜的一部分，由上皮层和固有层组成。其作用是保护基础组织，牢固地附着在牙齿上，它对细菌感染构成一个重要屏障。

二、牙齿的发育

牙齿的发育经历一个长期、复杂的过程。出生后六个月左右出乳牙，至两岁半左右出齐，共 20 个。六岁左右，在乳磨牙的后面，长出第一恒磨牙，上下左右共 4 个，也称六龄齿。七岁左右乳牙开始逐步脱落，换上恒牙。十三岁左右乳恒牙交换完毕，并在第一恒磨牙后先出第二恒磨牙，到二十岁左右又出第三恒磨牙，也称尽根牙。全部出齐共 32 个牙齿。每个牙齿的发育都依次经过三个步骤：生长、钙化和萌出。此后才能行使其功能。

牙齿发育的全过程与机体内外环境有十分密切的关系。例如缺乏蛋白质、纤维素和矿物质以及代谢不平衡，神经系统的调节紊乱，或者患有某些传染病等，都会使牙齿的生长发育以及萌出过程发生障碍。牙齿萌出的时间受全身和局部因素的影响，如营养缺乏（特别是维生素 D）和内分泌紊乱均可使牙齿延迟萌出。乳牙迟脱也使继承的恒牙延迟萌出或错位萌出。如果是全部乳牙或恒牙的萌出延迟，则与遗传和系统性因素（如内分泌系统障碍和营养不良等）有关。因此保护牙齿应从发育期开始，加强营养，消灭传染病等，都对牙齿保健有十分重要的意义。

三、常见牙病

常见牙病主要包括龋病、牙周病和牙本质敏感症等。牙病发病的原因有全身和局部的因素：全身因素包括营养缺乏，内分泌和代谢障碍等；局部因素主要是附着在牙面上的沉积物对牙齿、牙龈和牙周组织的作用。

牙面沉积物概括起来有软、硬两种。软的是牙菌斑和软垢；硬的是钙化了的牙结石。菌斑、软垢和牙结石与龋齿、牙周病的发病和发展有较密切的关系，因此首先介绍这些沉积物的结构和来源。

（1）牙菌斑　彻底清洁的牙釉质表面与唾液（唾液中水分占 99.5%，各种固体成分占 0.5%，唾液的 pH 值为 5.6～8.0，平均值为 6.7）接触数秒钟后，即为一层有机薄膜所覆盖，此即获得性膜。获得性膜达到最大厚度的时间尚不清楚，但研究证实，在开始的 1～2h 内获得性膜的厚度增加较快，此后增加速率变得缓慢。获得性膜的主体由唾液蛋白质所构成。其形成机制是蛋白质的选择性吸附。

开始 4h 内形成的唾液获得性膜是无菌的，8h 后，逐渐有各种类型的细菌附着，24h 内，牙面几乎全部被微生物所覆盖。各种微生物嵌入到有机基质中，在牙面形成一种不定形的微生物团块，此即牙菌斑。

牙菌斑是一种致密的、非钙化的、胶质样的膜状细菌团，一般多分布在点隙、裂沟、邻接面和牙颈部不易清洁的部位，而且较紧密地附着于牙面，不易被唾液冲洗掉或在咀嚼时被除去。

牙菌斑由细菌和基质所组成。菌斑内的细菌至少有 20 多种，牙菌斑中最常分离出的细菌有链球菌、放线菌、奈瑟菌、范永菌和棒状杆菌等。菌斑基质由有机质和无机质组成。有机质的主要成分为多糖、蛋白质和脂肪。无机质主要为钙和磷，另有少量的氟和镁。牙菌斑基质是由唾液、食物和细菌代谢产物而来。口腔卫生不良和常吃易黏附的食物与蔗糖者，菌斑形成较快。

（2）软垢　软垢是附着在牙齿表面近龈缘的软性污物，由食物碎屑、微生物、脱落的上皮细胞、白细胞、唾液中的黏液素、涎蛋白、脂类等混合组成。一般在错位牙和龈缘 1/3 处最多。呈灰白色或黄色，容易去除。

（3）牙结石　牙结石系由牙菌斑矿化后形成。牙菌斑中的钙盐主要由唾液而来，初时呈可溶性钙盐，日久转变成不溶性钙盐，即牙结石。但并不是所有的牙菌斑都要矿化变为牙结石。牙结石多沉积于不易清洁的牙面，尤其是唾液腺开口附近的牙面上，如下前牙的舌面、上颌磨牙的颊面沉积最多。此外，失去咀嚼功能的牙齿，如错位牙、单侧无咀嚼功能的牙齿殆面都容易沉积。牙结石附着牢固，质地坚硬，较难除去。

牙结石中无机物的含量为75%～83%，其中主要是羟基磷灰石，另有微量的铜、银、钠、锡、锌、铝、钡、铬等。有机物成分包括角蛋白、黏蛋白、核蛋白、黏多糖、脂肪及数种氨基酸。据研究，牙结石中磷的含量比牙菌斑中高3倍，钙含量也较多。菌斑的矿化最初是沿着牙菌斑附着牙面侧发生，矿化不断进行，大约数月后达到高峰。

牙结石形成的机理，目前尚不完全清楚，可能与下面的一些因素有关。

① 唾液中含有可溶性的酸式碳酸钙和酸式磷酸钙，唾液pH值升高，可使其转变成不溶性的碳酸钙和磷酸钙而沉淀出来。任何能导致牙菌斑局部pH值升高的因素都可能导致钙化开始。如唾液分泌至口腔内，其中所含的二氧化碳逸出，唾液pH值升高；唾液中所含的尿素和氨基酸，在微生物的作用下而产生氨，也使pH值上升。这也可以解释为什么牙结石在唾液腺导管口附近的牙面上沉积最多。

② 正常牙龈结缔组织中含有磷酸酶，炎症或外伤时，酶含量增加，牙菌斑和脱落的细胞也能分解出磷酸酶。此酶可引起唾液内的磷酸盐沉积。

③ 矿物盐的沉积必须有基质，这种基质主要是牙菌斑中的细菌，如纤毛菌属和放线菌属构成支架，吸附钙盐沉积于牙面上。

④ 牙结石的形成与机体代谢有关，如有的人很注意口腔卫生，但牙结石仍较易沉积；儿童时期较少牙结石，一般在10岁左右逐渐发生，年龄越大牙结石越多。据调查40岁以上的成年人，几乎全部都有程度不等的牙结石。

⑤ 其他因素，如缺乏口腔卫生习惯，常吃软性细腻食物，牙面粗糙或牙齿排列不整齐，有不易清洁的修复体都有利于牙结石的沉积。此外，还发现摄入较多的蔗糖，由于牙菌斑形成，软性牙垢沉积较快；如摄入含钙、磷较多的食物，则牙结石形成较快。

1. 龋病

龋病是牙齿在多种因素影响下，硬组织发生慢性进行性破坏的一种疾病。

龋病是近代人类比较普遍的疾病之一。不分性别、年龄、种族和地区，在世界范围内广泛流行。在工业发达国家如美、英、法、日等，龋病的发病率高达90%以上。据调查，我国的龋病发病率因民族、地区、年龄、性别的不同而有差异，但大多在36%～50%之间；据1982～1984年间对131340名中小学生的调查，儿童的龋病发病率在40%以上。由此可见，龋病在我国是一种分布很广，患病率较高的疾病。

一般情况下，龋病是由牙釉质或牙骨质表面开始，逐渐向深层发展，破坏牙本质。根据龋坏程度分为浅龋、中龋和深龋。浅龋（牙釉质龋、牙骨质龋）的龋坏程度限于釉质或牙骨质，尚未达到牙本质，一般无临床症状，因而常常得不到及时治疗；中龋（牙本质浅层龋）为龋病进展至牙本质浅层，一般无症状，有时对酸、甜、冷或热刺激有反应性疼痛，刺激去除后疼痛立即消失，牙本质龋的发展比牙釉质龋快；深龋（牙本质深龋）是龋病已进展至牙本质深层，接近牙髓腔，一般对温度、化学或食物嵌入洞内压迫等刺激引起疼痛反应，刺激去除后疼痛立即消失，如龋病进展缓慢，由于牙髓内有修复性牙本质形成，也可能不出现症状。

每个牙齿和每个牙齿的各个部位对龋病的易感性都有不同，其患龋率也不同。恒牙列中，下颌第一、第二磨牙患龋率最高，上颌第一、第二磨牙次之；乳牙列中，乳磨牙患龋率最高。从牙齿部位看，殆面点隙、裂、沟处不易清洁常滞留食物残渣和细菌，因而易患龋病；而牙齿的舌面、颊（唇）面牙尖和切缘部位，不仅光滑，而且又受到咀嚼、舌的运动和唾液的冲洗等自然的清洁作用，使食物和细菌不易滞留，故不易发生龋病。

有关龋病发生的机理，至今尚未完全明确。早期提出的理论有蛋白质溶解学说、蛋白质溶解—螯合学说等，1962年凯斯提出了龋病发病的三联因素，即细菌、食物和宿主，只有在这三种因素同时存在并相互作用的条件下，才会发生龋病。由于龋病的发生是一个复杂的慢性过程，需要较长的时间，故有人主张应增加时间因素，称为四联因素。

(1) 细菌 大量研究表明，细菌的存在是龋病发生的主要条件。口腔内的细菌种类非常多，但并非所有的细菌都能致龋。研究认为，口腔中的主要致龋菌是变形链球菌，其次为某些乳酸杆菌和放线菌等产酸菌。

大多数情况下，细菌只有在形成牙菌斑后才能起到致龋作用。牙菌斑在形成过程中紧附于牙面，细菌和基质逐渐增加，其中代谢产物如乳酸及醋酸等，使牙菌斑内pH值下降，且由于牙菌斑致密的基质结构，影响牙菌斑的渗透性，使酸不易扩散出牙菌斑，同时又阻止唾液对牙菌斑内酸的稀释和中和作用。若牙面长期处在低pH值中，牙齿就逐渐受到酸的溶解而被破坏。

变性链球菌对牙釉质有特殊的亲和力，能在菌斑深部缺氧的环境下生存，产酸力强而快，可使菌斑pH值下降至4.0～5.0；此外，变性链球菌以及大多数致龋细菌能产生一种酶，即葡糖基转移酶，这种酶能将蔗糖转化为高分子的细胞外多糖，主要是葡聚糖，这种多糖组成牙菌斑的基质，增加细菌与牙面之间和细菌之间的黏附作用，并影响菌斑的渗透性。

(2) 食物 研究发现，食物中的碳水化合物对牙齿的局部作用最为重要。碳水化合物的局部作用与摄入的次数、物理性能和化学性能有关。低分子量的碳水化合物，生产较精制，如饼干、糕点和糖果（特别是黏度大的糖果），易黏附于牙面上，容易被细菌发酵，有利于龋病的发生。纤维性食物和肉类不易被发酵，对牙面有机械性摩擦和清洗作用，不利于龋病的发生。吃糖的时间和方式对龋病发病有很大影响，儿童临睡前吃糖易于患龋。

碳水化合物中，蔗糖是发生龋病的最适合底物，它能迅速弥散进入菌斑，菌斑内致龋菌很快地将部分蔗糖转化成不溶性细胞外多糖，形成菌斑基质，部分蔗糖被细菌酵解为葡萄糖和果糖，供给细菌代谢，其代谢产物为有机酸（如乳酸、甲酸、乙酸、丙酸、丁酸、琥珀酸等，其中乳酸量较多），使菌斑内pH值下降。其他的糖类如淀粉，菌斑细菌只能将其代谢转化成细胞内多糖。因此，食物中的碳水化合物，特别是蔗糖，是龋病发生的重要因素。

(3) 宿主 宿主对龋病的敏感性涉及多方面因素，如唾液的流速、唾液量、成分、牙齿的形态与结构、机体的全身状况等。

由于唾液腺疾患致使唾液分泌量减少时，如颈部放射治疗，使唾液腺发生萎缩，唾液分泌量减少等，往往增加龋病的发生。唾液中的重碳酸盐含量高，不但有利于清洗牙面，而且缓冲作用亦强，可中和菌斑内的酸性物质；唾液内的尿素被菌斑内细菌分解，产生氨和胺，亦可抑制菌斑pH下降；两者均有一定的抗龋作用。唾液中的钙和磷与釉质之间不断地进行着离子交换，当菌斑pH下降时，釉质内钙离子就会析出，弥散入牙菌斑；当pH值恢复近中性时，菌斑内过饱和的钙离子则重新沉积于釉质表面；如唾液中钙和磷的含量高，可促进钙离子在釉质表面的沉积，从而增加釉质的抗龋能力。唾液内的分泌型免疫球蛋白A（S-IgA）等抗菌物质可抑制致龋菌的生长。而一些唾液蛋白（如氨基酸等）又参与牙菌斑的形成，提供了细菌生长繁殖的营养。

牙齿的结构、组成、形态和位置等对龋病发病也可起到重要的作用。在牙齿发育期间，如营养不良，缺乏蛋白质、维生素A、维生素D、维生素C或矿物盐，或由于内分泌、某些传染病及遗传因素，都会影响牙齿组织的结构与钙化，釉质矿化程度降低，有利龋病发生。一些微量元素如氟、钼、钒、锶、铁等的含量，均影响到牙齿的抗龋能力。此外牙齿的裂沟，牙齿排列不整齐、错位及错殆等造成牙齿接触不良，且不易清洁，食物易于滞留和形成牙菌斑，因而亦易发生龋病。

机体的全身状况，如某些慢性疾病，如结核病、佝偻病、风湿病、内分泌障碍、糖尿病等均易导致龋病的发生。

因此龋病的预防应针对上述因素进行：如保持口腔清洁卫生，减少致龋物在口腔中滞留的时间，防止牙菌斑的形成；增加宿主的抵抗力，提高牙齿的抗酸能力；抑制能把糖类变成酸的乳酸杆菌、变性链球菌或破坏其中间产物，或改变各种微生物的分布，减少与牙齿接触的微生物数量；少食糖类等易致龋的食物等，均可在一定程度上防止龋齿的发生。

2. *牙周病*

牙周病是指牙齿支持组织发生的疾病，其类型有牙龈病、牙周炎以及咬合创伤和牙周萎缩等，其中尤以牙龈病最为普遍。在口腔疾病中，牙周病与龋病一样是人类的一种多发病和常见病，据统计牙周病的发病率可达80％～90％。

牙龈病是局限于龈组织的疾病，在牙龈病中，慢性边缘性龈炎（亦称缘龈炎）最为常见。一般自觉症状不明显，部分患者牙龈有痒胀感；多数患者当牙龈受到机械刺激，如刷牙、咀嚼食物、谈话、吮吸时，牙龈出血；也有少数患者在睡觉时发生自发性出血。早期治疗，不仅效果好，还可以预防其发展成为牙周炎。

牙周炎是牙周组织皆受累的一种慢性破坏性疾病，不仅牙龈有炎症，而且牙周膜、牙骨质、牙槽骨均有改变。牙周炎的主要临床特点为形成牙周袋，即牙周组织与牙体分离，伴有慢性炎症和不同程度的化脓性病变，导致牙龈红肿出血，在化脓性细菌作用下，牙周袋溢脓，最终导致牙齿松动，牙龈退缩，牙根暴露，出现牙齿敏感症状。

牙周病在发展过程中呈周期性发作，有活动期和静止期，活动期与局部刺激的强弱和机体抵抗力有密切关系，如不及时进行适当的治疗，活动期和静止期交替出现，就会逐渐破坏牙齿的支持组织。牙周病的早期往往无明显的自觉症状，故一般人多不重视。一旦病变继续发展，可发生牙龈出血、溢脓、肿胀、疼痛、牙齿松动等，使咀嚼功能下降，严重者可因此而丧失牙齿。因此应及早采取预防措施。

牙周病的病因很多且复杂，现将一些主要的致病因素分述如下。

（1）细菌和菌斑。在形成菌斑的过程中，菌斑逐渐增厚，数日之内就可发生缘龈炎。患牙龈炎时，不仅菌斑量逐渐增加，而且菌斑内细菌的数目、组成和比例亦有变化，其中以革兰氏阳性放线菌占优势，其次为革兰氏阴性菌如范永菌、梭形杆菌等。牙龈炎症引起牙龈肿胀，龈沟加深，菌斑处于这样一个安静而又缺氧的环境之下，更有利于厌氧细菌如产黑色素类杆菌、梭形杆菌、黏性放线菌及螺旋体等的繁殖。细菌产生的各种有害物质如透明质酸酶、胶原酶、酸性水解酶，以及细菌的代谢产物如胺类、硫化氢和内毒素，使抵抗力较低的龈沟上皮破坏，而引起牙周组织炎症。

（2）软垢和结石。在形成软垢的情况下，软垢中的微生物及其产物可以刺激牙龈引起炎症。牙结石形成后就不易去除，对牙龈构成一种持续性的刺激和压迫，使牙龈组织局部营养代谢发生障碍，抵抗力下降，更有利于细菌的繁殖，而发生炎症。

（3）食物嵌塞。咀嚼食物时，将食物碎块或纤维挤压到牙齿间隙中，此种现象称为食物嵌塞。可引起牙龈乳头发炎、龈脓肿，甚至可使深层牙周组织破坏。亦可由于局部长期的受压，引起血液和淋巴循环障碍，使牙周组织发生萎缩。

(4) 咬合创伤。咬合关系不正、修复体不适、部分牙齿脱落、高陡的牙尖等均可造成咬合力与牙周支持力之间的不平衡。可引起牙周组织的改变，导致牙周炎的发生。

(5) 全身因素。对牙周病的发生和发展起着一定的作用，如营养和代谢障碍、内分泌失调，以及全身性疾病（结核、结缔组织疾病、慢性肾病、血液疾病）和精神因素等，都会导致牙龈炎和牙周炎等牙周病的发生和发展。

因此，减少和防止牙菌斑、软垢和牙结石的形成，避免细菌感染是防治牙周病的关键。

3. 牙本质敏感症

牙本质敏感症是指牙齿遇到冷、热、酸、甜和机械等刺激时，感到酸痛的一种牙病，国内外患过敏病的成年人比例都很大，也是一种常见病。

牙本质敏感症并非一种独立的疾病，而是很多种牙体疾病的一个共有症状，如龋坏、磨损、楔状缺损、外伤牙折、釉质发育不全、酸蚀等，使牙本质暴露，可产生该症。有的牙本质并未暴露也会出现上述症状，如更年期妇女、妇女月经期、神经官能症、头颈部放射治疗等，牙本质并未暴露，全口牙齿会出现敏感症状。

有关敏感的机理可解释为外界刺激通过牙本质小管而起作用。当牙本质受到损伤时，刺激可以直接作用于牙本质小管的神经，而激发冲动的传入。牙本质小管内充满着组织液，并且与牙髓组织液相沟通，牙本质小管内的液体运动会产生一定的压力，众多的牙本质小管内液体的同时运动，所形成的压力便可刺激牙本质神经，而激发冲动的传入。例如温度的改变，使小管内液体膨胀或收缩而发生相应运动；由于牙釉质与牙本质膨胀系数的差异，小管内液体与管周围牙齿组织的膨胀系数亦不相同，在温度改变时，可以引起牙齿硬组织变形，产生小管内液体运动，加压于牙本质神经，激发冲动。因此避免龋病的发生，堵塞牙本质小管、降低牙体硬组织的渗透性，提高牙体组织的缓冲作用等，均可有效地防止牙本质敏感症的发生。

四、牙病的预防

了解了牙齿常见病的基本知识，并不能改变牙齿的健康状况，而只有加强各种常见牙病的预防，才能避免牙病的发生，有益于健康。龋病和牙周病是普遍存在的，但是只要早期采取措施，龋病和牙周病是可以预防的。因此保护牙齿应以预防为主。

牙病的预防，不仅成年人要重视，还必须从儿童时期就开始。儿童正处于发育时期，牙齿过早龋坏，会影响儿童的咀嚼功能及健康地成长。乳牙过早损坏，可影响颌骨发育，造成牙齿畸形。所以应从小培养良好的口腔卫生习惯，保护好牙齿。

1. 氟化物的应用

氟化物的应用一方面是指在低氟地区公共饮用水源中加入适量的氟化物用来达到预防龋病的目的；另一方面是在低氟地区使用含氟化物的药物牙膏，可有效地降低龋病的发病率。

2. 注意口腔卫生

建立常规和正确的刷牙、漱口习惯，不只是为了美观，更重要的是刷牙可除去牙菌斑和软垢，防止牙结石的形成，维护牙齿和牙周组织的健康。特别是睡前刷牙尤为重要，因为白天人们讲话时口腔在活动，唾液分泌较多，细菌的繁殖受到一定的限制。但睡后，口腔处于静止状态，唾液分泌减少，而且口腔里的湿度和温度又最适合细菌繁殖，睡前不刷牙，留在牙缝和牙面上的食物残渣被细菌发酵产酸，对牙齿产生腐蚀作用，易导致龋病的发生。而且通过刷牙可按摩牙龈，改善牙龈组织的血液循环，增强抗病能力。但刷牙的方法要正确。大面积横刷牙齿，不仅牙缝内刷不干净，而且易挫伤牙龈，使牙龈萎缩，牙齿磨损，促使牙病的发生。正确的刷牙方法应该是选用较为柔软的保健牙刷，刷牙时上下转动刷，即顺着牙缝，上牙向下刷，下牙向上刷，咬合面来回刷，里里外外都要刷干净。也可根据情况采用颤动刷牙法（横向短距离滑动）和间隙刷牙法。

洁齿剂是刷牙的辅助用品，有助于清洁牙面和牙刷达不到的部分，并赋予刷牙时爽口感。常用的洁齿剂有牙膏、牙粉和含漱水等，其中牙膏具有洁齿力强，使用方便，口感舒适等特点，而较常采用。另外含氟牙膏，具有防龋效果。

3. 注意饮食和营养

儿童生长发育时期，牙齿和身体其他部分一样需要营养物质。出生前 6 个月到出生后 8 岁期间，牙齿可因食物中蛋白质、钙、磷、氟化物、维生素 A、维生素 D 各种营养物质的改变而受到影响，牙齿完全形成，矿化和萌出后，钙剂的补充则不必要。口腔软组织也需要平衡的食物营养。某些食物如海产食物、芋头、甘薯等含有丰富的氟化物；茶中亦含有较高的氟化物，甚至淡茶中也含有 1×10^{-6} 的氟，用来补充当地饮用水氟含量的不足，对预防龋病也会取得较好效果。

小吃应尽量避免含大量精制碳水化合物的食品，如饼干、蛋糕、糖果等甜食，且吃后应及时刷牙或立即漱口。纤维性食物，如水果、蔬菜等有助于清洁牙齿和按摩牙龈，有利于预防龋齿和牙周病，对儿童还能促进颌骨的发育。

另外，定期检查，早期发现、及时治疗或采取必要的防治措施，是防止牙病进一步发展的有效措施。还要加强体育锻炼，增强体质，提高抗病能力，减少由于某些全身因素对牙齿的影响。

第二章　乳状液理论

乳状液是一个多相分散体系，其中至少有一种液体以液珠的形式均匀地分散于另一个和它不相混合的液体之中。液珠的直径一般大于0.1μm。此种体系皆有一个最低的稳定度，这个稳定度可因表面活性剂或固体粉末之存在而大大增加。

如第一章所述，皮肤干燥是由于缺水，因此为皮肤补充水分是化妆品的主要作用，但若将水直接涂于皮肤表面，则很快就会蒸发掉，无法保证皮肤适宜的水分含量，保持皮肤的柔润和健康。油膜虽能抑制水的蒸发，但若直接将油涂于皮肤表面，则显得过分油腻，且过多的油会阻碍皮肤的呼吸和正常的代谢，不利于皮肤的健康。而许多营养性成分是油溶性的，只有将其溶于油中，才能被皮肤吸收利用。乳状液是油和水的乳化体，既含有油，又含有水；既可以给皮肤补充水分，又可以在皮肤表面形成油膜，防止水分的过快蒸发，又不致过分油腻，且配制乳化体时，添加有表面活性剂，易于冲洗。因此大部分化妆品是油和水的乳化体，如雪花膏、冷霜、润肤霜、营养霜和各种乳液等。因此乳化作用在化妆品生产中占有相当重要的地位。

乳化体是由两种不相混合的液体，如水和油所组成的两相体系即由一种液体以球状微粒分散于另一种液体中所组成的体系，分散成小球状的液体称为分散相或内相；包围在外面的液体称为连续相或外相。当油是分散相、水是连续相时称为水包油（O/W）型乳化体；反之，当水是分散相、油是连续相时，称为油包水（W/O）型乳化体。

不相混溶的油和水两相借机械力的振摇搅拌之后，由于剪切力的作用使两相的界面积大大增加，从而使某一相呈小球状分散于另一相之中形成暂时的乳化体。这种暂时的乳化体是不稳定的，因为两相之间的界面分子具有比内部分子较高的能量，它们有自动降低能量的倾向，所以小液珠会相互聚集，力图缩小界面积，降低界面能，这种乳化体经过一定时间的静置后，分散的小球会迅速合并，从而使油和水重新分开成为两层液体。

乳化剂能显著降低分散物系的界面张力，在其微液珠的表面上形成薄膜或双电层等，来阻止这些微液珠相互凝结，增大乳状液的稳定性。

因此要制得均匀稳定的乳化体，除了必须加强机械搅拌作用以达到快速、均匀分散的目的之外，还必须加入合适的乳化剂，提高乳化体的稳定性。

第一节　乳状液的物理性质

一、质点的大小

1.乳状液中的质点大小

乳状液中分散相是直径大于0.1μm的液珠，其实很少乳状液的液珠直径小于0.25μm，最大的比此值约高100倍。即使在同一个乳状液中，液珠的直径也相差很大。在其他条件相同时，在一个乳状液中，小半径的液珠越多，乳状液的稳定性越大。

一般乳状液的外观常呈乳白色不透明液体，乳状液之名即由此而得。乳状液的这种外观，是和乳状液中分散相质点的大小有密切关系的。乳状液珠大小对乳状液外观的影响列于表2-1。

多相分散体系的分散相与分散介质，一般折射率不同，光照射在分散质点上可以发生折射、反射、散射等现象。当液珠直径远大于入射光的波长时，主要发生光的反射（也可能有折射、吸收），体系表现为不透明状。当液珠直径远小于入射光波长时，则光可以完全透过，体系表现为透明状。当液珠直径稍小于入射光波长时，则有光的散射现象发生，体系呈半透明状。一般乳状液的分散相液珠的大小大致在 0.1～10μm（甚至更大）的范围之间，可见光波长为 0.4～0.8μm，所以乳状液中光的反射比较显著，因而一般的乳状液是不透明的，呈现乳白色，此即乳状液的质点大小与外观特征。

表 2-1 液珠大小对乳状液外观的影响

液珠大小	外观
大液珠	可分辨两相存在
大于 1μm	乳白色乳状液
1～0.1μm（约）	蓝白色乳状液
0.1～0.05μm	灰色半透明液
0.05μm 以下	透明液

表 2-2 质点大小与运动速度的关系

质点直径/μm	速度/(μm/s)
4	看不出
3	刚能看出
1.3	2.7
0.9	3.3
0.4	3.8

2. *布朗运动*

在显微镜下观察多相分散体系，可以看见小质点不断地进行毫无规则的曲折运动，此种现象称为布朗运动。这是由于质点在介质中受介质分子不断冲撞的结果。

Exner 研究藤黄质点在水中的布朗运动得到如表 2-2 的结果。

由表中数据可以看出，在一般的乳状液中，多数液珠没有布朗运动，但对于比较小的液珠，此种运动是可观的。这是因为在悬浮体中比较大的质点每秒钟可以从各方面受到几百次的撞击，结果这些碰撞都互相抵消，这样就观察不到布朗运动。如果质点较小，小到胶体程度，那么小质点受到的撞击次数比大质点所受到的要少得多，因此从各方面撞击而彼此完全抵消的可能性很小，所以各质点就发生了不断改变方向的无规则的运动即布朗运动。由于布朗运动增加了质点间的碰撞机会，因此就增加了聚沉的速度。当然，聚沉到一定程度后，此种效应就不那么重要了，但是布朗运动对于小液珠的稳定性仍然是不利的。

3. *测定乳状液颗粒大小的方法*

(1) 浊度法　是用测定光直接透过被测溶液时，强度的衰减来测定颗粒的大小。

(2) 计数法　让乳状液流过一个窄孔，孔的两边装有测电导用的电极，因为油和水的电导差别很大，所以当 O/W 型乳状液流过小孔时每流过一个液珠，电导就会改变，并记录下来，电导改变的多少与液珠的大小成正比。但此法要求外相导电，故对 W/O 型乳状液不适用。

(3) 光散射法　通过测定在与光成某确定的角度（通常为 90°）的散射光来测定颗粒大小的方法。

(4) 显微镜法　这是最常用的方法，简便、可靠。显微镜法有两种，一种是在带有标尺的显微镜中直接读数，另一种是用照相的方法拍下照片，然后在照片上读数，为了得到 95%的可信度，一般需要数 300～500 个粒子，才能算出较准确的平均值。

二、浓度

在讨论乳状液时，浓度一词有两个不同的含义。第一个与乳状液中两相的相对量有关。表示浓度的方式有质量百分数，摩尔浓度，体积百分数等。但在理论讨论中，用分散相的体积百分数最为方便。第二个应当明确乳化剂的浓度，常用的是质量百分数，但必须弄清所说乳化剂的浓度是对全体乳状液说的，还是对某一相的体积或质量说的。如一种乳状液用 10

份油和 90 份的 0.1%磺酸钠溶液制备，显然最后所得的乳状液中，乳化剂（磺酸钠）的浓度是小于 0.1%的。

三、乳状液的黏度

乳状液是一种流体，所以黏度（流动性质）为其主要性质之一，某些产品只有符合一定的黏度规格才能使用。因此在实际生产过程中，必须考虑如何使乳状液达到一个合适的黏度，并维持其稳定性。

设在液体中有两个平行的平面，其距离为 y，将一个平面固定住，而对另一平面加以切力使之向 x 方向以 u cm/s 的速度移动。平面间的液体也将随着移动，但各层的速度不同，因而产生速度梯度 D（称作剪切速率）。

$$\frac{\mathrm{d}u}{\mathrm{d}y}=D$$

基本假定是所加之力 F 与速度梯度及平面面积 A 成正比。

$$F=\eta A\ \frac{\mathrm{d}u}{\mathrm{d}y}=\eta AD$$

对于单位面积，则上式即成

$$\frac{F}{A}=\eta D$$

式中，比例常数 η 叫做黏度系数，通常叫黏度，单位为 Pa·s。

1. 影响乳状液黏度的因素

（1）外相的黏度（η_o） 几乎所有关于乳状液黏度的理论或经验处理中都将外相的黏度 η_o 当作是决定乳状液黏度的重要因素。当分散相的浓度不大时，乳状液的黏度主要是由分散介质所决定的，即分散介质的黏度越大，乳状液的黏度也越大。乳状液的黏度 η 与外相的黏度 η_o 成正比，用公式表示如下：

$$\eta=(X)\eta_o$$

式中，X 代表所有影响黏度的性质之总和，在许多乳状液中，乳化剂溶于外相之中，因此 η_o 应是外相溶液的黏度，而不是纯液体的黏度。

（2）内相的黏度（η_i） 根据流体力学理论：如果内相（液珠）的性质是流动的，则内相的黏度对乳状液的黏度将产生影响；如果内相液珠的性质是不流动的，像固体一样不具流体的性质，则内相的化学性质将对乳状液的黏度产生较大的影响。

内相黏度对乳状液黏度的影响可用下式表示：

$$\eta=\eta_o\left[1+2.5\phi\left(\frac{\eta_i+\frac{2}{5}\eta_o}{\eta_i+\eta_o}\right)\right]$$

式中，η_i 为内相黏度；ϕ 为内相体积分数；η_o 为外相黏度。

（3）内相的浓度（ϕ） 内相的浓度对乳状液的黏度影响是很大的，通常随着内相体积分数的改变而发生明显的变化，当内相的浓度（内相的体积分数 ϕ）较小时，其影响可用下式表示：

$$\eta=\eta_o(1+2.5\phi)$$

其中 η 及 η_o 分别为乳状液及内相的黏度。由此可见，乳状液的黏度随内相浓度的变大而增加。应当指出，此式的应用范围很有限，当 ϕ 小于 0.02 时，此式是精确的；当 ϕ 大于 0.02

时，此式不能适应。

对于内相浓度较大的乳状液，较为适合的公式是由 Hatschek 导出的，表示如下：

$$\eta = \eta_{\circ}\left[\frac{1}{1-(h\phi)^{1/3}}\right]$$

(4) 乳化剂及界面膜之性质　两相间界面膜的存在对乳状液的黏度也将产生影响，而界面膜及其性质是由乳化剂的性质所决定的。乳化剂对乳状液的黏度影响较大，这主要是由于乳化剂溶于外相之中，使外相的黏度大为增加之故。例如：在 O/W 型乳状液中，若乳化剂为水溶性高分子物质（如明胶等），则外相的黏度将大增，从而乳状液的黏度也增加。其次，不同的乳化剂所形成的界面膜具有不同的界面流动性，因而对乳状液整体的黏度也有一定的影响。

表示乳化剂对乳状液黏度影响的经验公式为：

$$\ln\eta_{r} = aC\,\phi + b$$

式中，C 为乳化剂浓度；a 和 b 为常数；ϕ 为内相的体积分数；η_r 为相对黏度，$\eta_r = \eta/\eta_{\circ}$。

(5) 液珠大小及其分布　乳化剂的存在和浓度大小等因素对乳状液的颗粒大小及分布有影响，这又必然影响到乳状液的黏度，但究竟如何影响尚不清楚，因为质点大小分布这个量不能很准确地测定出来，但颗粒越小，越均匀，乳状液的黏度也越大。

(6) 电黏度效应　无论所带电荷为正或为负，电荷的效应总是使黏度增加，一个带电荷的体系，其黏度比不带电荷的同样体系为大，这是因为邻近液珠上的电荷互相影响的结果，因此当乳状液冲淡后，液珠间的距离增加，电荷之间的相互作用降低（因为引力与距离的平方成反比），电黏度效应降低，当无限稀释时，电黏度效应等于零。

2. 黏度测定

乳状液的黏度常常可能是决定其稳定性的重要因素，从使用观点出发，黏度也是很重要的。对于化妆品乳状液，黏度不仅影响外观，而且影响使用性能，因此黏度的测定很重要。有关黏度的测定参见第四章。

四、乳状液的电性质

乳状液的一个重要性质是电导。电导性质主要决定于乳状液的外相即连续相。由于 O/W 型乳状液善于导电，而 W/O 型乳状液不善于导电，所以 O/W 型乳化液的电导比 W/O 型乳状液大。此种性质常被用以辨别乳状液的类型，研究乳状液的变形过程。

乳状液分散相质点的电泳也是一种重要的电性质。质点在电场中的运动速度的测量，可以提供与乳状液的稳定性密切相关的质点带电情况，也是研究胶体稳定性的一个重要方面。

第二节　乳状液类型的测定及其影响因素

一、乳状液类型的测定方法

乳状液的类型一般分为“水包油”（O/W）型和“油包水”（W/O）型两种，在乳状液的制备过程中，往往利用转型来得到稳定的乳状液，即要制备 O/W 型乳状液，往往先做成 W/O 型，然后增加水量，让其转变成 O/W 型，因此乳状液类型的测定很重要，不仅能知道所制备的乳状液是什么类型，而且可以知道在什么条件下乳状液会转型。

根据“油”和“水”的一些不同特点，可以采用一些简便的方法对乳状液的类型进行鉴定。

(1) 稀释法　乳状液能与其外相液体相混溶，故能与乳状液混合的液体应与外相相同。因此用“水”或“油”对乳状液做稀释试验，即可看出乳状液的类型，例如牛奶能被水所稀释，而不能与植物油混合，所以牛奶是 O/W 型乳状液。

(2) 染料法　将少量油溶性染料加入乳状液中予以混合，若乳状液整体带色则为 W/O 型；若只是液珠带色，则为 O/W 型；用水溶性染料，则情形相反。“苏丹Ⅲ”（红色 225 号）是常用的油溶性染料；“亮蓝 FCF”（青色 1 号）为常用的水溶性染料，同时以油溶性染料和水溶性染料对乳状液进行试验，可提高鉴别的可靠性。

(3) 电导法　大多数“油”的导电性甚差，而水（一般常含有一些电解质）的导电性较好，故对乳状液进行电导测量，可以测定其类型。导电性好的即为 O/W 型，导电性差的为 W/O 型，但有时，当 W/O 型乳状液的内相（W 相）所占比例很大，或油相中离子性乳化剂含量较多时，则油为外相时（W/O）也可能有相当大的导电性。

(4) 滤纸润湿法　对于某些“油”与“水”的乳状液可用此法，将一滴乳状液滴于滤纸上，若液体很快铺开，在中心留下一小滴（油）则为 O/W 型乳状液；若不铺展，则为 W/O 型乳状液，但此法对某些易在滤纸上铺展的油所形成的乳状液不能适应。

总之，在乳状液类型的测定中，仅使用一种方法，往往有一定的局限性，故对乳状液类型的鉴别应采用多种方法，取长补短，才能得到正确、可靠的结果。

二、影响乳状液类型的因素

乳状液是一种复杂的体系，影响其类型的因素很多，很难简单地归结为某一种，下面叙述一些可能影响乳状液类型的因素。

1. 相体积

对于乳状液的类型，起初人们总以为由两种液体构成的乳状液量多的应为外相。事实证明，这种看法是不对的，现在可以制得内相体积>95%的乳状液。

若分散相液滴是大小均匀的圆珠，则可计算出最密堆积时，液滴的体积占总体积的 74.02%，即其余 25.98%应为连续相。若分散相体积大于 74.02%，乳状液就会发生破乳或变形。若水相体积占总体积的 26%～74%，O/W 型和 W/O 型乳状液均可形成；若<26%，则只能形成 W/O 型乳状液；若>74%，则只能形成 O/W 型乳状液。

但是，分散相液珠不一定是均匀的球，多数情况下是不均匀的有时呈多面体（如图 2-1），于是相体积和乳状液类型的关系就不能限于上述范围了，内相体积可以大大超过 74%，当然制成这种稳定的乳状液是困难的，需要相当量的合适的高效率乳化剂。

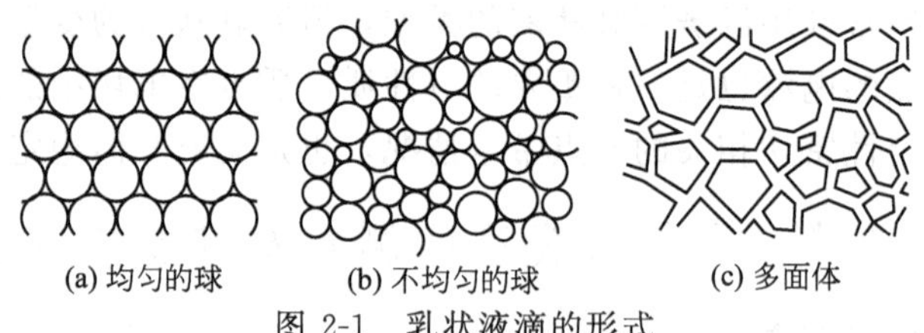

图 2-1　乳状液滴的形式

2. 乳化剂的分子构型

乳化剂分子在分散相液滴与分散介质间的界面形成定向的吸附层，经验表明，钠、钾等一价金属的脂肪酸盐作为乳化剂时，容易形成水包油型乳状液；而钙、镁等二价金属皂作为乳化剂时易形成油包水型乳状液。由此提出了乳状液类型的“定向楔”理论，即乳化剂分子在界面定向吸附时，极性头朝向水，碳氢链朝向油相，自液珠的曲面和乳化剂定向分子的空间构型考虑，有较大极性头的一价金属皂有利于形成 O/W 型乳状液，而有较大碳氢链的二价金属皂则有利于形成 W/O 型乳状液，乳化剂分子在界面的定向排列就像木楔插入内相一样，故名“定向楔”理论。此理论与很多实验事实相符，但也常有例外，如银皂作乳化剂时，按此理论本应形成 O/W 型乳状液，实际上却为 W/O 型。另外此理论在原则上也有不足之处：乳状液滴的大小比起乳化剂分子来说要大得多，故液滴的曲面对于在其上面定向的分子而言，实际上近于平面，因而分子两端的大小与乳状液的类型就不甚相关了；再者钠、钾的极性头（$—COO^-Na^+$，K^+）的截面积实际比碳氢链的截面积小，但却能形成 O/W 型乳状液，这也是与理论不符之处。

3. 乳化剂的亲水性

经验表明，易溶于水的乳化剂易形成 O/W 型乳状液；易溶于油者则易形成 W/O 型乳状液。这一经验规律有很大的普遍性，“定向楔”理论不能说明的银皂为 W/O 型乳状液的乳化剂，可用此经验规律进行解释。这种对溶度的考虑推广到乳化剂的亲水性（即使都是水溶性的，也有不同的亲水性），就是所谓 HLB（亲水-亲油平衡）值。HLB 值是人为的一种衡量乳化剂亲水性大小的相对数值，其值越大，表示该乳化剂亲水性越强。例如油酸钠的 HLB 值为 18，甘油单硬脂酸酯的 HLB 值为 3.8，则前者的亲水性要大得多，是 O/W 型乳状液的乳化剂；后者是 W/O 型乳状液的乳化剂。

从动力学观点出发，在乳化剂存在下，将油和水一起搅拌时，生成的乳状液的类型，可归因于两个竞争过程的相对速度：①油滴的聚结；②水滴的聚结。可以想象，搅拌会使油相和水相同时分裂成为液滴，而乳化剂是吸附在围绕液滴的界面上的，成为连续相的一定是聚结速度较快的那一相，如果水滴聚结速度远大于油滴，则生成 O/W 型，反之则形成 W/O 型，当两相聚结速度相当时，则体积较大的相成为连续相。

通常界面膜中乳化剂的亲水基团组成对油滴聚结的阻挡层，而界面膜中乳化剂的疏水基团组成对水滴聚结的阻挡层。因此界面膜乳化剂的亲水性强，则形成 O/W 型乳状液；若疏水性强，则形成 W/O 型乳状液。

4. 乳化器材料性质

乳化过程中器壁的亲水性对形成乳状液的类型有一定影响。一般情况是，亲水性强的器壁易得到 O/W 型乳状液，而疏水性强的则易形成 W/O 型乳状液。有人自实验结果得出：乳状液的类型和液体对器壁的润湿情况有关。润湿器壁的液体容易在器壁上附着，形成一连续层，搅拌时这种液体往往不会分散成为内相液珠。

第三节　乳状液的稳定性理论

化妆品所能储存的时间长短，是化妆品的一个重要质量指标，而这又是由化妆品乳状液的稳定性所决定的，前面讲到乳状液是一种液体分散于另一种和它不相混溶的液体中形成的多相分散体系，是不稳定体系。因此这里所说的稳定性，主要是指相对稳定性。

化妆品乳状液的稳定性可以分成两类，一类为力学稳定性；另一类是微生物稳定性。微生物稳定性将在防腐剂中介绍，这里只对力学稳定性进行介绍。

关于乳状液的稳定性，还很不成熟，直到现在为止还没有一个比较完整的理论。人们的研究还仅限于特殊物系。在某种情况下对某物系所得的正确结果，对于其他物系就未必可以采用。影响乳状液稳定性的因素非常复杂，但可以对其中最主要的方面，即界面膜的作用作更多地考虑，因为乳状液的稳定与否，与液滴间的聚结密切相关，而界面膜则是聚结的必由之路。本节主要联系界面性质，讨论影响乳状液稳定性的一些因素。

一、界面张力

为了得到乳状液，就要把一种液体高度分散于另一种液体中，这就大大增加了体系的界面积，也就是要对体系做功，增加体系的总能量；这部分能量以界面能的形式保存于体系中，这是一种非自发过程。相反，液珠聚结，体系中界面减少（也就是说体系自由能降低）的过程才是自发过程，因此，乳状液是热力学不稳定体系。

为了尽量减少这种不稳定程度，就要降低油水界面张力，达到此目的的有效方法是加入乳化剂（表面活性剂）。由于表面活性剂具有亲水和亲油的双重性质，溶于水中的表面活性剂分子，其疏水基受到水的排斥而力图把整个分子拉至界面（油水界面）；亲水基则力图使整个分子溶于水中，这样就在界面上形成定向排列，使界面上的不饱和力场得到某种程度上的平衡，从而降低了界面张力。例如，石蜡油对水的界面张力为 40.6×10^{-3}N/m，加入乳化剂油酸将水相变成 0.001mol/L 的油酸溶液，界面张力即降至 30.05×10^{-3}N/m，此时可形成相当稳定的乳状液，若加入油酸钠，则界面张力降至 7.2×10^{-3}N/m。此时分散了的液珠再聚结就相对困难些。但无论如何，对于乳状液体系，总是存在相当大的界面积。因而就有一定量的界面自由能，这样的体系总是力图减小界面积而使能量降低，最终发生破乳、分层。总之，界面张力的高低主要表明了乳状液形成之难易，并非乳状液稳定性的必然的衡量标志。

二、界面膜的强度

在油-水体系中加入乳化剂，在降低界面张力的同时，根据 Gibbs 吸附定理，乳化剂（表面活性剂）必然在界面发生吸附，形成界面膜，此界面膜有一定强度，对分散相液珠有保护作用，使其在相互碰撞时不易聚结。King 认为：决定乳状液稳定性的最主要因素是界面膜的强度和它的紧密程度。除了能影响膜的性质者外，其他一切因素都是次要的。下面讨论一下影响膜强度的因素。

1. 表面活性剂（乳化剂）的浓度

与表面吸附膜的情形相似，当表面活性剂浓度较低时，界面上吸附分子较少，界面膜的强度较差，所形成的乳状液稳定性也较差。当表面活性剂浓度增高到一定程度后，界面膜即由比较紧密排列的定向的吸附分子组成，膜的强度也较大，乳状液珠聚结时所受到的阻力比较大，故所形成的乳状液稳定性也较好，大量事实说明此种规律确实存在。用表面活性剂作为乳化剂时，需要加入足够量（即达到一定浓度），才能达到最佳乳化效果。当然，不同的表面活性剂达到最佳乳化效果所需之量也不同，效果也不同，这就与其形成的界面膜强度有关。一般来讲，吸附分子间相互作用越大，形成的界面膜的强度也越大；相互作用越小，其膜强度也越小。

2. 混合乳化剂的膜

在表面活性剂水溶液的表面吸附膜的研究中发现，在表面膜中同时有脂肪醇、脂肪酸及脂肪胺等极性有机物存在时，则表面活性大大增加，膜强度大为提高（表现为表面黏度增大）。如经提纯的十二烷基硫酸钠，cmc 为 8×10^{-3}mol/L，此浓度时表面张力约为 38×10^{-3}N/m。一般商品中常含有十二醇，其 cmc 大为降低，表面张力可下降到 22×10^{-3}N/m。而且此混合物溶液的表面黏度及起泡力大大增加。上述现象说明由于十二醇的存在，表面膜强度增加，不易破裂。

根据上述结果，人们认为：在表面吸附层中表面活性剂分子（或离子）与醇等极性有机物相互作用，形成“复合物”增加了表面膜的强度，在油水界面也有类似情况，如用十二烷基硫酸钠与月桂醇等可制得比较稳定的乳状液。这种现象也存在于油溶性表面活性剂与水溶性表面活性剂构成的混合乳化剂所形成的乳状液中。

混合乳化剂的特点：

(1) 混合乳化剂组成中一部分是表面活性剂（水溶性），另一部分是极性有机物（油溶性），其分子中一般含有—OH、—NH_2、—COOH 等能与其他分子形成氢键的基团；

(2) 混合乳化剂中的两组分在界面上吸附后即形成定向排列较紧密的“复合物”，其界面膜为一混合膜，具有较高的强度。

自上述情况可以看出，提高乳化效率，增加乳状液稳定性的一种有效方法是使用混合乳化剂。用混合乳化剂所得乳状液比用单一乳化剂所得乳状液稳定，混合表面活性剂的表面活性比单一表面活性剂的表面活性往往要优越得多。

三、界面电荷的影响

大部分稳定的乳状液液滴都带有电荷，界面电荷的来源有三个：即电离、吸附和摩擦接触。

1. 电离

界面上若有被吸附的分子，特别是对于 O/W 型的乳状液，界面电荷来源于界面上水溶性基团的电离是不难理解的。以离子型表面活性剂作为乳化剂时，表面活性剂分子在界面上吸附时，碳氢链（或其他非极性基团）插入油相，极性头在水相中，其无机离子部分（如 Na^+、Br^- 等）电离，形成扩散双电层，在用阴离子表面活性剂稳定的 O/W 型乳状液中，液珠为一层负电荷所包围。在用阳离子表面活性剂稳定的 O/W 型乳状液中，液珠被一层正电荷所包围。

2. 吸附

对于乳状液来说，电离和吸附的区别往往不很明显，已带电的表面常优先吸附符号相反的离子，尤其是高价离子，因此有时可能因吸附反离子较多，而使表面电荷的符号与原来的相反。对于以离子型表面活性剂为乳化剂的乳状液，表面电荷的密度必然与表面活性离子的吸附量成正比。

3. 摩擦接触

对于非离子型表面活性剂或其他非离子型乳化剂，特别是在 W/O 型乳状液中，液珠带电是由于液珠与介质摩擦而产生，带电符号可用柯恩规则来判断：即二物接触，介电常数较高的物质带正电荷。在乳状液中水的介电常数（78.6）远较其他液体高，故 O/W 型乳状液中的油珠多半带负电荷，而 W/O 型中的水珠则带正电荷。

乳状液珠表面由于上述原因而带有一定量的界面电荷，由于这些电荷的存在，一方面，由于液珠表面所带电荷符号相同，故当液珠相互接近时相互排斥，从而防止液珠聚结，提高了乳状液的稳定性；另一方面，界面电荷密度越大，就表示界面膜分子排列的越紧密，于是界面膜强度也将越大，从而提高了液珠的稳定性。

四、黏度的影响

乳状液连续相的黏度越大，则分散相液珠的运动速度越慢，有利于乳状液的稳定，因此许多能溶于连续相的高分子物质常被用作增稠剂，以提高乳状液的稳定性。当然，高分子物质的作用不仅限于此，往往还可以形成比较坚固的界面膜。

上面讨论了一些与乳状液有关的因素；但事物是复杂的，对具体情况要做具体分析，在所述各种因素中，界面膜的形成和强度是影响乳状液稳定性的主要因素。对于应用表面活性剂作为乳化剂的体系，与界面膜的性质有相辅相成作用的一种性质是界面张力，界面张力降低的同时，界面膜中的分子排列趋于紧密，膜强度增大，有利于乳状液的形成和稳定。如果表面活性剂是离子型的，则在界面上的吸附为油珠所带电荷的主要来源（主要对 O/W 型乳状液而言），构成增加乳状液稳定性的另一因素。由此看来，乳化剂在界面上的吸附与影响乳状液稳定性的许多因素有重要关系。所以要得到比较稳定的乳状液，首先应考虑乳化剂在界面上的吸附性质，吸附强者，界面浓度大，界面张力降低较多，界面分子排列紧密，相互作用强，因而界面膜强度大，形成的乳状液较稳定；反之，则形成的乳状液就不稳定。总之，提高乳状液的稳定性主要应考虑增加膜强度，其次再考虑其他影响因素。可见，研究界面混合膜的形成与性质是相当重要的。

第四节 乳状液的不稳定性理论

乳状液的稳定性与不稳定性理论是对立的两个方面，只有弄清楚了这两个方面，才能保证稳定性的条件，避免不稳定的因素，使乳状液更稳定。

乳状液的不稳定性有三种表示方式：即分层、变型和破乳。

一、分层

分层并不意味着乳状液的真正破坏，而是分为两个乳状液。在一层中分散相比原来的多，而在另一层中则比原来的少。例如牛奶放时间长了可分为两层，上层较浓，含乳脂成分高一些；下层较稀，含乳脂成分低一些。这是因为分散相乳脂的密度比水小之故，如果一个乳状液，其分散相密度比介质大，则分层后，下层将浓些，上层将稀些。

在许多乳状液中分层现象或多或少总会发生，改变制备技术或配方可以将分层速度降低到无足轻重的地步。

根据 Stokes 定律，一个刚性小球在黏性液体中的沉降速度可用下式表示：

$$u=\frac{2gr^2(d_1-d_2)}{9\eta}$$

式中，g 是重力加速度；r 为小球半径；η 是液体的黏度；d_1、d_2 分别是小球与液体的密度。显然当 $d_1<d_2$ 时，小球即上升；当 $d_1>d_2$ 时小球即下降。

从上式可以看出，液珠的半径越小，分散相与分散介质密度相差越少，连续相的黏度越大，乳状液就越稳定，然而液珠半径越小就意味着界面积越大，这本身就是一种不稳定因素。

二、变型

变型也是乳状液不稳定性的一种表现形式。一个乳状液可以突然从 O/W（W/O）变为 W/O（O/W）型，此种现象称之为变型。对于变型虽然有不少研究，但在许多方面仍不很清楚，其中最大的困难是想象不出此过程发生的物理机理。

在前面介绍影响乳状液类型的因素时，曾介绍过根据立体几何的观点提出的乳状液类型的相体积理论。若此理论是严格正确的，则无论是哪种乳状液，只要内相的相体积大于74.02%，将导致乳状液的变型或破坏，有些乳状液的实际几何形状并不是像相体积理论所假定的刚性圆球，所以变型很可能在其他相体积处发生。

变型的机理一般分为三个步骤：

(1) 对于 O/W 型乳状液的液珠来说，液珠表面带有负电荷，如在乳状液中加入高价正离子（如 Ca^{2+}、Mg^{2+} 等）后，表面电荷即被中和，液珠聚集在一起；

(2) 聚在一起的液珠，将水相包围起来，形成不规则的水珠；

(3) 液珠破裂，油相变成连续相，水相变成了分散相，这时 O/W 型乳状液即变成了 W/O 型乳状液。

三、破乳

破乳即乳状液的完全破坏，当然破乳与分层或变型可以同时发生。

分散相的聚沉分两步进行：第一步是絮凝，在此过程中，分散相的液珠聚集成团，但各液珠仍然存在，此过程通常是可逆过程；第二步是聚结，在此过程中，聚结成团的液珠合成一个大滴，是不可逆过程，导致液珠数目减少以及乳状液最终之完全破坏。

在这个由两个连串反应所组成的过程中，絮凝在前，聚结在后，总的速度由慢的过程控制。在极稀的O/W型乳状液中，絮凝速度远小于聚结速度，因此乳状液的稳定性将由影响絮凝速度的各因素所决定。若增加油相的浓度只能稍微增加聚结的速度，但使絮凝速度大大增加，在高浓度的乳状液中，聚结的速度成为决定乳状液稳定性的主要因素。

但如加入表面活性剂，即使在极稀的乳状液中也可以使聚结成为决定因素。因为表面活性剂对絮凝影响很小，但能防止聚结。

影响絮凝和聚结速度的因素主要有以下几点。

(1) 电解质的影响　在O/W型乳状液中，加入电解质，可以增加液珠的聚沉速度，加速破乳，电解质浓度越大，这种作用越明显，多价电解质（如 $MgCl_2$）比低价电解质（如 NaCl）作用明显。

(2) 电场的影响　对于在电场中带电的液珠，在一定的电压或场强时，聚结变成瞬时的，而且一步完成。在此临界值以下，液珠聚结速度随电压增加而稳步增加。

对于在电场中不带电的液珠，在较低的场强时，液珠的稳定性即下降，在高场强时，聚结是瞬时的，且一步完成。

当有非离子型乳化剂存在时，在很低的场强下，液珠的聚结速度即明显增加。

(3) 温度的影响　温度升高，布朗运动增加，导致絮凝速度的增加。此外温度升高，会使体系的内部黏度显著降低，使得界面膜易于破裂，从而增加了聚结速度。

第五节　乳状液的稳定性测定

一种化妆品总要有一定的储存期，它包括生产、销售及消费者使用等环节。要精确测定产品的储存期，只有长期存放。即使这样，也由于储存的地区不同而产生不同的结果。对于研究或生产单位来说，要靠长期存放，那就无法工作，因此通常在实验室中使用强化自然条件的方法来测定乳状液的稳定性。

一、加速老化法

一般将产品在40～70℃条件下存放几天，再在－30～－20℃条件下存放几天，或者在这两个条件下轮流存放，以观察乳状液的稳定性。或与某一产品作对比试验。产品总要经得起在45℃条件下放置4个月左右仍然稳定。

二、离心法

前面讲到，一个刚性的小球在黏性液体中的沉降速度 u 可用下式表示：

$$u=\frac{2gr^2(d_1-d_2)}{9\eta}$$

对于乳状液来说，由于液珠外面吸附了一层表面活性剂，界面黏度比较高，可以认为液珠是刚性的。因此液珠在外相中的沉降速度 u_1 也可用上式表示。

当一个圆球在离心场中时，Stokes定律仍然适用，只要将重力加速度 g （m/s^2）变成与离心机形状有关的参数 ω^2R 就行了，此时上式即成为

$$u_2=\frac{2\omega^2Rr^2(d_1-d_2)}{9\eta}$$

式中，ω 是离心机的角速度；R 是液珠与转动轴之间的距离，或者说 R 是试样与转动轴之间的距离，m。

$$\omega=\frac{V}{R}$$

式中，V 是线速度，$V=2\pi Rn$；n 是转速，r/s。

$$\omega=\frac{V}{R}=\frac{2\pi Rn}{R}=2\pi n$$

代入上式得

$$u_2=\frac{2(2\pi n)^2Rr^2(d_1-d_2)}{9\eta}$$

u_1 和 u_2 分别代表液珠在液体中受重力场和离心力场作用下之沉降速度，因此这两个速度之比，可以得到液珠在离心力场作用下比在重力场作用下沉降速度大多少倍。

即
$$\frac{u_2}{u_1}=\frac{(2\pi n)^2R}{g}=\frac{4\pi^2R}{g}n^2=K=\frac{T_1}{T_2}$$

式中，T_1 和 T_2 分别代表液珠在重力场和离心力场作用下沉降时间，h。当离心机选定后，K 是一定值，那么只要测出乳状液在离心机中转多少时间分层，就可计算在通常情况下可放置的天数。当然这种计算也只是近似的方法，但作为估计乳状液的稳定性（即能存放时间）还是可行的。

例如：某产品在一个半径为 10cm 的离心机中，以 3600r/min 的转速转了 6h 出现分层，问该化妆品在通常情况下能存放多长时间？

解
$$T_1=T_2\frac{4\pi^2R}{g}n^2$$

式中
$T_2=6\text{h}$

$R=10\text{cm}=0.1\text{m}$

$g=9.8\text{m/s}^2$

$n=3600\text{r/min}=60\text{r/s}$

$$T_1=6\times\frac{4\pi^2\times0.1}{9.8}\times60^2=8692.55\text{h}=362\text{d}$$

即在通常情况下约可存放 1 年时间。

第六节 乳化剂的选择

影响乳状液性能（粒径、稳定性、类型）的因素很多，如乳化方法、乳化剂的结构和种类、相体积、温度等。其中乳化剂的结构和种类的影响最大。选择适宜的乳化剂，不仅可以促进乳化体的形成，有利于形成细小的颗粒，提高乳化体的稳定性；而且可以控制乳化体的类型（即 O/W 型或 W/O 型）。所以，为要制得稳定的乳化体，正确选择适宜的乳化剂是很重要的课题。

一般而论，作为乳化剂必须满足下列条件。

(1) 在所应用的体系中具有良好的表面活性，产生低的界面张力。这就说明，此种表面活性剂有趋集于界面的倾向，而不易留存于界面两边的体相中，因此，要求表面活性剂的亲水、亲油部分有恰当的比例。在任一体相中有过大的溶解性，都不利于产生低界面张力。

(2) 在界面上形成相当结实的吸附膜。从分子结构的要求而言，即希望界面上的吸附分子间有较大的侧向引力，这也和表面活性剂分子的亲水、亲油部分的大小、比例有关。因此当制备乳化体时，作为乳化剂使用的表面活性剂的亲水亲油平衡值——HLB 值是制取稳定乳化体的重要因素。

一、HLB 值

所有有机化合物实际上都被认为具有不同程度亲水-亲油性质的综合。如图 2-2 所示。

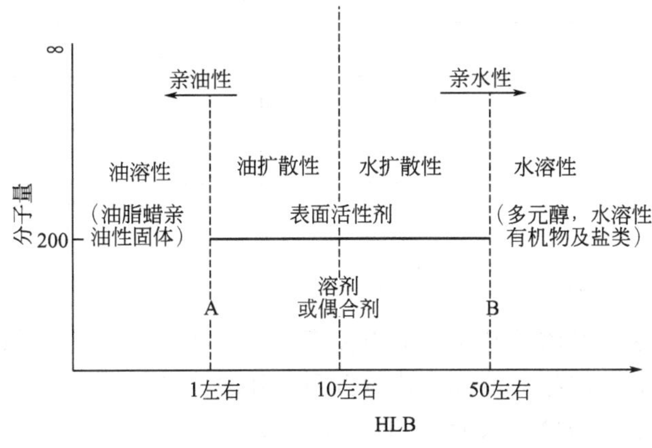

图 2-2 表面活性剂与其他化合物关系示意图

在 B 线右方的区域表示亲水性化合物，如多元醇与水溶性有机物等，这类物质由于水溶性太强不能显示表面活性；在 A 线左方的区域表示亲油性化合物，如油脂、蜡等，这类物质由于油溶性太强也不能作为好的表面活性剂；当分子量低于 200 时，在 AB 两线间的区域为溶剂或偶合剂；分子量大于 200 时，在 AB 两线间的区域则为表面活性剂。但必须说明，这只能作为一种关系的示意，不能视为绝对的划分。例如，鲸蜡醇虽有较强的亲油性，却常用作助乳化剂。

乳化剂的 HLB 值表示其同时对水与油的相对吸引作用。HLB 值低表示亲油性强，反之则表示亲水性强，其中点为 10 左右，一般为 1～40。HLB 值的作用在于可以预见乳化剂的性能、作用与用途，如表 2-3 所示。由此表可知只有 HLB 值在 3～6 的物质才适宜于作 W/O 型乳化剂；HLB 值在 8～18 的物质才适宜于作 O/W 型乳化剂。HLB 值在其他范围内的物质虽有其他重要用途，但不适宜作乳化剂之用。

表 2-3 HLB 范围及其应用

HLB 值的范围	应用领域	HLB 值的范围	应用领域
1.5～3.0	消泡剂	8～18	O/W 型乳化剂
3～6	W/O 型乳化剂	13～15	洗涤剂
7～9	润湿剂	15～18	增溶剂

HLB 值可以用实验方法测定，但测定的方法需要很长很麻烦的实验。Davies 将 HLB 值作为结构因子的总和来处理，把乳化剂结构分解为一些基团，根据每个基团对 HLB 值的贡献大小，来计算这种乳化剂的 HLB 值：

$$\text{HLB}=\sum(\text{亲水基团数值})-\sum(\text{亲油基团数值})+7$$

式中各种基团的基团数值列于表 2-4 中。

表 2-4　各种基团的基团数值

亲水基团	基团数值	亲油基团	基团数值
$—SO_4Na$	38.7	—OH 羟基(缩水山梨醇环)	0.5
—COOK	21.1	$—(CH_2CH_2O)—$(衍生基团)	0.33
—COONa	19.1	$—CH_2—$	−0.475
—N(叔胺)	9.4	$—CH_3$	−0.475
—COO—酯(缩水山梨醇环)	6.8	=CH—	−0.475
—COO—酯(游离)	2.4	$—CF_2—$	−0.870
—COOH	2.1	$—CF_3$	−0.870
—OH 羟基(游离)	1.9	$—(CH_2CH_2CH_2O)—$(衍生基团)	−0.15
—O—醚	1.3		

表列基团数值中亲油基团的基团数值为负值，表示该基团是亲油性的，在用经验公式进行计算时，必须用该数值的绝对值代入才能得到正确的结果。

例如：月桂醇硫酸钠的分子式为 $C_{12}H_{25}SO_4Na$

$—SO_4Na$ 的基团数值为 38.7

$—CH_2—$的基团数值为−0.475

$$\begin{aligned}HLB &= \sum(\text{亲水基团数值}) - \sum(\text{亲油基团数值}) + 7\\ &= 38.7 - 12 \times 0.475 + 7\\ &= 40\end{aligned}$$

但是应用此式计算乳化剂的 HLB 值也有一定的局限。即此式对阴离子、阳离子以及两性离子表面活性剂，老的 HLB 值表中登录的较少，用此法可以较方便地求出，而且结果也比较满意。对于某些非离子表面活性剂如甘油的酯类以及 Span、Tween 系列表面活性剂，其计算值与文献值相差不大，结果也不错。对于其他类型的表面活性剂，此式不能适用。

对于多数多元醇的脂肪酸酯可用下列经验公式计算

$$HLB = 20\left(1 - \frac{S}{A}\right)$$

式中　S——酯的皂化值；

A——脂肪酸的酸值。

例如：某种聚氧乙烯失水山梨醇单月桂酸酯的平均皂化值为 45.5，月桂酸的酸值为 276，求其 HLB 值。

则由上式得

$$HLB = 20\left(1 - \frac{45.5}{276}\right) = 16.7$$

对于有些不易取得皂化值数据的脂肪酸酯如妥尔油脂，松脂酸蜂蜡酯等，可采用下式：

$$HLB = (E + P)/5$$

式中　E——氧化乙烯质量，%；

P——多元醇的质量，%。

例如：某种聚氧乙烯山梨醇羊毛脂衍生物氧化乙烯含量65.1%，多元醇含量6.7%，

则 $$\text{HLB}=(65.1+6.7)/5=14.36$$

对于仅以氧乙烯基作亲水基的产品和脂肪醇的环氧乙烷缩合物，可用下列简化式计算：

$$\text{HLB}=E/5$$

例如：某种聚氧乙烯硬脂酸酯氧化乙烯含量76%，

则 $$\text{HLB}=76/5=15.2$$

对于含环氧丙烷、氮、硫、磷等的非离子型表面活性剂，或离子型表面活性剂，以上各公式都不适应，需通过复杂的实验测得。

根据各种表面活性剂在水中的溶解性状，也可约略估计其HLB值。其方法是：取几毫升的表面活性剂置于试管中，加入4倍容积的冷水或热水（视表面活性剂为液体或蜡状而定），搅拌后观测其在水中的溶解性，其HLB值范围如表2-5所示。

表2-5 各种表面活性剂在水中的溶解性状与HLB值范围

加入水后的性状	HLB值的范围	加入水后的性状	HLB值的范围
不分散	1～4	稳定乳色分散体	8～10
分散得不好	3～6	半透明至透明分散体	10～13
激烈振荡后成乳色分散体	6～8	透明溶液	13以上

当两种或两种以上乳化剂并用时，其HLB具有加和性，也就是说可用算术平均法计算，如A、B两种乳化剂混合之后的HLB值可由下式求得

$$\text{HLB}_{\text{A、B}}=\frac{W_{\text{A}}\times\text{HLB}_{\text{A}}+W_{\text{B}}\times\text{HLB}_{\text{B}}}{W_{\text{A}}+W_{\text{B}}}$$

式中，W_{A}、W_{B}分别是混合乳化剂中乳化剂A和B的量；HLB_{A}、HLB_{B}分别是乳化剂A和B的HLB值。

如：3份HLB为8的乳化剂A与1份HLB为16的乳化剂B合用，其混合乳化剂的HLB值为：

$$\text{HLB}=\frac{3\times8+1\times16}{1+3}=\frac{40}{4}=10$$

一些常用乳化剂的HLB值，见表2-6。

表2-6 常用乳化剂的HLB值

商品名	化学名	类型	HLB值
Span 85	失水山梨醇三油酸酯	非离子型	1.8
Span 65	失水山梨醇三硬脂酸酯	非离子型	2.1
Atlas G-1704	聚氧乙烯山梨醇蜂蜡衍生物	非离子型	3
Span 80	失水山梨醇单油酸酯	非离子型	4.3
Span 60	失水山梨醇单硬脂酸酯	非离子型	4.7
Aldo 28	甘油单硬脂酸酯	非离子型	3.8～5.5
Span 40	失水山梨醇单棕榈酸酯	非离子型	6.7
Span 20	失水山梨醇单月桂酸酯	非离子型	8.6
Tween 61	聚氧乙烯失水山梨醇单硬脂酸酯	非离子型	9.6
Atlas G-1790	聚氧乙烯羊毛脂衍生物	非离子型	11
Atlas G-2133	聚氧乙烯月桂醚	非离子型	13.1
Tween 60	聚氧乙烯失水山梨醇单硬脂酸酯	非离子型	14.9
Atlas G-1441	醇羊毛脂衍生物	非离子型	14

续表

商品名	化学名	类型	HLB值
Tween 60	聚氧乙烯失水山梨醇单硬脂酸酯	非离子型	14.9
Tween 80	聚氧乙烯失水山梨醇单油酸酯	非离子型	15.0
Myri 49	聚氧乙烯单硬脂酸酯	非离子型	15.0
Atlas G-3720	聚氧乙烯十八醇	非离子型	15.3
Atlas G-3920	聚氧乙烯油醇	非离子型	15.4
Tween 40	聚氧乙烯失水山梨醇单棕榈酸酯	非离子型	15.6
Atlas G-2162	聚氧乙烯氧丙烯硬脂酸酯	非离子型	15.7
Myri 51	聚氧乙烯单硬脂酸酯	非离子型	16.0
Atlas G-2129	聚氧乙烯单月桂酸酯	非离子型	16.3
Atlas G-3930	聚氧乙烯醚	非离子型	16.6
Tween 20	聚氧乙烯失水山梨醇单月桂酸酯	非离子型	16.7
Brij 35	聚氧乙烯月桂醚	非离子型	16.9
Myri 53	聚氧乙烯单硬脂酸酯	非离子型	17.9
	油酸钠（油酸的 HLB=1）	阴离子型	18
Atlas G-2159	聚乙烯单硬脂酸酯	非离子型	18.8
	油酸钾	阴离子型	20
K_{12}	月桂醇硫酸钠	阴离子型	40

二、乳化剂的选择

当配方中的各种组成大致确定后，即可对乳化剂进行选择，通常可先计算油相所需要的HLB值，然后用一系列有适合HLB值与化学类型的乳化剂来试验，以期获得理想的黏度、使用性能和稳定性等。

制备不同油相的乳化体对乳化剂的HLB值要求也不同，表2-7列出了一些乳化油、脂、蜡所需要的HLB值。

表2-7 乳化各种油相所需HLB值

油相原料	W/O型	O/W型	油相原料	W/O型	O/W型
矿物油（轻质）	4	10	月桂酸、亚油酸	—	16
矿物油（重质）	4	10.5	硬脂酸、油酸	7～11	17
石蜡油（白油）	4	9～11	硅油	—	10.5
油相原料	W/O型	O/W型	棉籽油	—	7.5
凡士林	4	10.5	蓖麻油、牛油	—	7～9
煤油	6～9	12～14	羊毛脂（无水）	8	12
氢化石蜡	—	12～14	鲸蜡醇	—	13
十二醇、癸醇、十三醇	—	14	蜂蜡	5	10～16
十六醇、苯	—	15	巴西棕榈蜡（卡纳巴蜡）	—	12
十八醇	—	16	小烛树蜡	—	14～15

当油相为一混合物时，其所需HLB值也像乳化剂的HLB值一样，具有加和性，在化妆品配方中，只有使乳化剂所能提供的HLB值与油相所需要的HLB值相吻合，才能得到性能良好的稳定的乳化体。

例如：某乳化体配方为（O/W型）

蜂蜡	5%	甘油	4%
矿物油	26%	乳化剂	10%
植物油	18%	水	36%

其需要 HLB 值计算如下：

解：已知乳化油相所需要的 HLB 值分别为：

蜂蜡 HLB=15，矿物油 HLB=10，植物油 HLB=9，故混合油相所需 HLB 值为：

$$\mathrm{HLB}_{油}=\frac{5\times15+26\times10+18\times9}{5+26+18}=10.14$$

由此可知，可以选用 HLB 值约为 10 的乳化剂。如果采用两种以上的乳化剂配合，亦可用同样方法计算得其 HLB 值。

例如，以 45%Span 60 与 55% Tween 60 混合，即可符合上述要求，其计算如下：

查表知 Span 60 的 HLB 为 4.7，Tween 60 的 HLB 为 14.9。

故 $$\mathrm{HLB}_{混合}=\frac{4.7\times45+14.9\times55}{45+55}=10.3$$

如果油相成分所需要的 HLB 值或乳化剂的 HLB 值不能由计算或表中查得，可通过如下方法测定。

（1）已知油相所需 HLB 值，测乳化剂的 HLB 值。

先将两种已知所需 HLB 值的标准油按重量比配成几种具有不同所需 HLB 值的标准混合油，如所需 HLB 值分别为 6、8、10、12、14、16 等六个标准混合油，将同一乳化剂 5 克，分别加于 6 个不同所需 HLB 值的 15 克标准混合油中，然后再加 80 克水。即乳液系按乳化剂：油：水=5%：15%：80%的质量比配成，匀化 1min，在 12h 和 24h 之后，在众乳液样品中挑出稳定性最好者，则待测乳化剂样品的 HLB 值大致等于标准混合油相的所需 HLB 值，用误差法再做一次乳化试验，即可得出比较准确的乳化剂的 HLB 值。

（2）已知乳化剂的 HLB 值，测油的所需 HLB 值。

首先选用 Span 及 Tween 系列的单个商品乳化剂或按不同的质量百分比配成多种具有不同 HLB 值的混合乳化剂，如配制 O/W 型乳液可选用 HLB 为 6、10、14、17 的 4 个乳化剂（或混合乳化剂）作为标准，按乳化剂：油：水=5%：47.5%：47.5%质量比配制乳液。前两者混合好后，再加水，温度需高于油或蜡的熔点，在 12h 或 24h 后随时观察，其中稳定度最好的一种乳化剂，其 HLB 值就是与油相所需的 HLB 值较接近的数值。此时再以选得的一组混合乳化剂为基础，另与几组配比较接近的混合乳化剂作进一步比较，即可求得较准确的所需 HLB 值。

当以不同乳化剂配比试验看不出显著的差别时，可将乳化剂用量逐渐降低，所用乳化剂量最低一组的 HLB 值即为需要的 HLB 值。

为要制得稳定的乳化体，采用上述方法取得乳化剂的 HLB 值与油相所需 HLB 值相一致时，仍不能保证制得理想的乳化体。还需要用 HLB 值相同（或接近）而化学类型不同的各组乳化剂，再进行比较。如失水山梨醇单硬脂酸酯，其 HLB 值为 4.7，一缩二乙二醇单硬脂酸酯，其 HLB 值也为 4.7，但两者的乳化效果不一定相同。还必须进行优选。只有 HLB 值与化学类型都适合的乳化剂才能制得理想的乳化体。

前面讲到，混合乳化剂比单一乳化剂所形成的乳化体稳定。但是没有讲选用 HLB 值为多少的乳化剂组成混合乳化剂，以及它们各自的用量是多少。

选择乳化剂时应注意下面几个问题。

（1）一个强亲水性与一个强亲油性的乳化剂相混合，乳状液的稳定性反而降低。当选用两种乳化剂配成混合乳化剂时，HLB 值不要相差过大，一般不超过 5 为宜，否则所配乳化体的稳定性不好。当选用两种以上时，其 HLB 值最高最低值可以相差大一些。

(2) 选用多个 HLB 值呈等差变化（如 HLB 值分别为 6、8、10、12、14、16）的乳化剂组成混合乳化剂，所配乳化体稳定。

(3) 混合乳化剂中各组分用量要主次有别，以保证乳化体的类型及其稳定性。制备 O/W 型乳化体以水溶性乳化剂为主，其余各乳化剂用量，按 HLB 顺序，在主乳化剂两侧按一定比例递减。制备 W/O 型乳化体时以油溶性乳化剂为主，其余各乳化剂也按一定比例递减。

(4) 由于温度升高，或表面活性剂浓度增大等影响，乳化剂的实际 HLB 值会有所下降。因此，在选用乳化剂及确定配比时，通常应使乳化剂所提供的 HLB 总值略高于乳化油相所需要的 HLB 值。

(5) 除了选择合适的乳化剂配比，以便乳化剂的 HLB 值与油相所需 HLB 值相吻合外，乳化剂在化妆品中的用量一般考虑如下：

$$\frac{\text{乳化剂质量}}{\text{油相质量}+\text{乳化剂质量}}=10\%\sim20\%$$

制备一稳定乳化体所要求的 HLB 值，与乳化剂浓度的关系并不大。但对某一乳化体，在保证稳定性前提下，乳化剂用量越少越好。油相的量与所需乳化剂量的比称为该乳化剂的效率。数值越大，效率越高。不同的乳化剂有不同的效率，应尽量选择效率最高的乳化剂。

在符合上述各项条件的基础上，经过调配试验，就容易得到令人满意的、稳定的乳化体。

第七节 多重乳状液

多重乳状液是一种 O/W 型和 W/O 型乳液共存的复合体系。它可能是油滴里含有一个或多个水滴，这种含有水滴的油滴被悬浮在水相中形成乳状液，这样的体系称为水/油/水（W/O/W）型乳状液。含有油滴的水滴被悬浮于油相中所形成的乳状液则构成油/水/油（O/W/O）型乳状液。

一、多重乳状液的性能和结构

在化妆品中较广泛使用的乳状液有两种类型：O/W 和 W/O 型乳状液。O/W 型乳状液有较好的铺展性，使用时不会感到油腻，有清新感觉，但净洗效果和润肤作用方面不如 W/O 型乳状液。W/O 型乳状液具有光滑的外观，高效的净洗效果和优良的润滑作用，但油腻感较强，有时还会感到发黏。W/O/W 型多重乳状液可消除 O/W 和 W/O 型乳状液的上述缺点，使用性能优良，兼备两种乳状液的优点。更重要的特点是由于其多重结构，在内相添加的有效成分或活性物要通过两相界面才能释放出来，这可延缓有效成分的释放速度，延长有效成分的作用时间，达到控制释放和延时释放的作用。

多重乳状液液滴的性质很大程度上取决于第一种乳液（如 W/O）的液滴大小和稳定性。Florence 和 Whitehill 建议，根据液滴油相的性质将 W/O/W 型多重乳状液分成三种主要类型（图 2-3）。A 型是包含一个内 W/O 型的液滴，相当于油相包覆的微囊，一般平均直径约为 8～9μm，约 80%的液滴只含有一个内水相液滴（平均直径约 3μm）。B 型含有一些小的、彼此分离的内水相液滴（平均直径约 2μm）。C 型含有很多彼此接近的内水相液滴。对于给定的体系，三种类型的多重乳状液都存在，它取决于体系所用表面活性剂的性质，一般是一种类型占优势。

除了上述结构外，也存在更为复杂的多重乳状液，如全氟聚乙醚-油-水体系形成三相乳状液；含有水、全氟化油类、分散于硅油中的液晶和水凝胶组成的五相乳状液。多重乳状液是复杂的体系，各种结构可在某种程度上共存，只不过是几种类型比例不同而已。

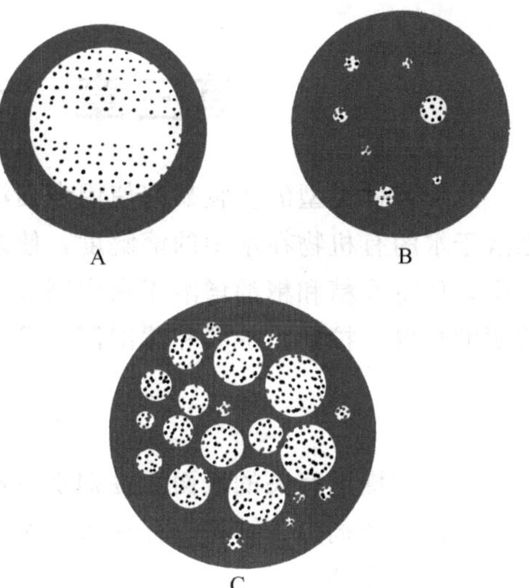

图 2-3 多重乳状液液滴分类

二、多重乳状液的制备方法

多重乳状液的制备方法大致可分为两种，即一步乳化法和两步乳化法。

一步乳化法是在油相中加入小量水相先制成 W/O 型乳状液，然后再继续加水使之转相得到 W/O/W 型多重乳状液。为了使转相容易形成，需强力搅拌（如 5000r/min）。

两步乳化法是制备多重乳状液，特别是制备三组分体系（W/O/W）最可靠的方法。第一步是先用亲油性乳化剂制备 W/O 型乳状液，然后将该乳状液滴加至含有亲水性乳化剂的水相中，即可制得 W/O/W 型复合乳状液。

三、W/O/W 型多重乳状液的不稳定性

多重乳状液不稳定的机理十分复杂，尽管它在实际应用中很重要，潜在的应用前景也很广阔，但要制备出稳定性好、重现性强的多重乳状液是较为困难的，还没有一完整的理论来阐明其不稳定性的问题。

四、多重乳状液在化妆品中的应用

多重乳状液可用作活性物的载体，延长活性物和润湿剂的释放时间，使产品留香时间延长，克服某些药剂的怪味，还用于酶的固定化，并能保护敏感的生化制品，还可使不相溶的物质不发生互相反应。此外，使用时无油腻感，铺展性好，有优良的净洗和润肤作用。

第三章　增溶和微乳状液

几乎各种类型的化妆品都使用表面活性剂。利用表面活性剂的增溶作用增加一些不溶或难溶于水的有机物在水中的溶解度，使之混合成透明或半透明的产品已广泛应用于化妆品生产中，如将香精和精油增溶于水中制成花露水、古龙水和化妆水，配制凝胶状（即啫喱型）透明的整发、护发、护肤和沐浴制品等。

第一节　增　　溶

一、与增溶有关的表面活性剂水溶液的性质

表面活性剂分子结构内存在着亲水基和亲油基，这两者的平衡决定着该表面活性剂是亲水性还是亲油性。

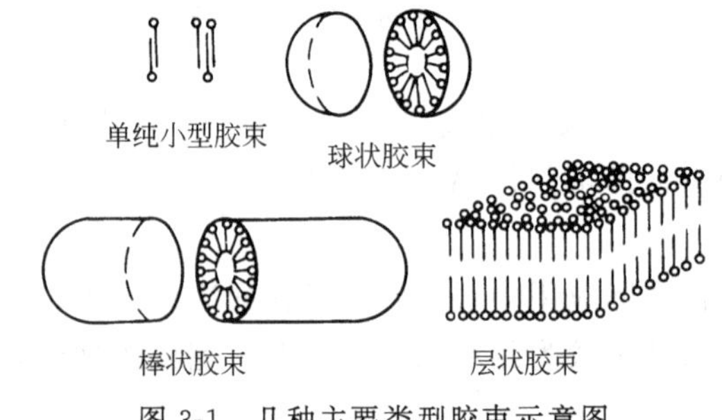

图 3-1　几种主要类型胶束示意图

表面活性剂在溶液中的溶解状态与一般的溶质不同，当溶液浓度很小时，表面活性剂分子三三两两地把疏水基靠拢而分散在水中，当达到一定浓度时，立刻结合成较大的集团，形成如图 3-1 所示的球形、棒状或层状的“胶团”（亦称胶束）。此时表面活性剂的极性基（亲水基）朝外，与水分子相接触，非极性基（亲油基）朝里被包藏在胶团内部，几乎和水脱离。此过程称为胶团化作用。表面活性剂在水溶液中形成胶团的最低浓度，称为临界胶团浓度或临界胶束浓度（简写为 cmc）。

一般认为，在浓度不很大（超过 cmc 不多），而没有其他添加剂及加溶物的溶液中，胶团大多呈球形，在 10 倍于 cmc 或更大浓度的溶液中，胶团一般是非球形的。Debye 根据光散射结果，提出了棒状胶束的模型。水溶液中若有无机盐存在，即使表面活性剂的浓度不大，胶团也常呈棒状。当溶液中表面活性剂的浓度更大时，就形成巨大的层状胶团。胶团大小的量度是胶团聚集数，即缔合成胶团的表面活性剂离子或分子数，表 3-1 列出了一些表面活性剂的胶团聚集数，可以看出表面活性剂在非水溶液中的胶团聚集数一般较小，非水溶液中表面活性剂胶团的结构是烷基在外侧，极性基在内侧的逆型胶团。形成胶团主要靠离子对之间的偶极子-偶极子作用力，极性基团间偶极作用的相互吸引，是形成胶团的推动力，而烷基部分的空间障碍限制了胶团的形成，因此非极性溶液中胶团聚集数小。另外，非水溶液胶团没有一个明显的 cmc，形成胶团的浓度区域很宽（也就是胶团大小分布较宽），而且随溶液浓度而变化的范围大。

表面活性剂的 cmc 这一浓度与在溶液表面上开始形成饱和吸附层所对应的浓度是一致的。同时表面活性剂水溶液的许多物理性质，在其浓度增大过程中以 cmc 为分界发生显著变化，见图 3-2。因此，可以通过表面活性剂溶液物理性质的显著变化，而得知其 cmc 的大小。表面活性剂的 cmc 都很小，表 3-2 列出了常见的各类表面活性剂的 cmc。cmc 可以作为表面活性剂表面活性的一种量度。cmc 愈小，表面活性剂在溶液中形成胶团所需的浓度愈低，即表面活性愈高。

表 3-1 一些表面活性剂的胶团聚集数

表面活性剂	介质	温度/℃	胶团聚集数	方法
$C_8H_{17}SO_3Na$	H_2O	23	25	光散射
$C_{12}H_{25}SO_3Na$	H_2O	40	54	光散射
$C_8H_{17}SO_4Na$	H_2O	室温	20	光散射
$C_{12}H_{25}SO_4Na$	H_2O	23	71	光散射
$C_{12}H_{25}SO_4Na$	H_2O	25	80	电泳
$C_{12}H_{25}SO_4Na$	H_2O	25	89	扩散
$(C_{12}H_{25}SO_3)_2Mg$	H_2O	60	107	光散射
$C_{12}H_{25}SO_4Na$	NaCl(0.01mol/L)	25	89	电泳
$C_{12}H_{25}SO_4Na$	NaCl(0.03mol/L)	25	100	电泳
$C_{11}H_{23}COOCH_2CH(OH)CH_2OH$	C_6H_6	—	42	光散射
$C_{17}H_{35}COOCH_2CH(OH)CH_2OH$	C_6H_6	—	11	光散射
n-$C_{12}H_{25}O(C_2H_4O)_2H$	C_6H_6	—	34	光散射
n-$C_8H_{17}N^+H_3 \cdot C_2H_5COO^-$	C_6H_6	30	5±1	核磁共振
n-$C_8H_{17}N^+H_3 \cdot C_2H_5COO^-$	CCl_4	33	5	核磁共振

此外，对于离子型表面活性剂而言，低温时溶解度小，温度升高，溶解度逐渐上升，达某一温度后，溶解度显著增高，这一溶解度剧增的温度称为临界溶解温度（亦称 Kraft 点或克拉夫特点）。溶解度陡增的原因是由于在该温度以上，离子型表面活性剂分子缔合呈胶束形式，使溶解度增大，事实上该点亦即该温度下的 cmc。离子型表面活性剂的临界溶解温度与其疏水基的链长、种类、支链度、饱和度以及亲水基的种类、反离子和各种添加物等因素有关。

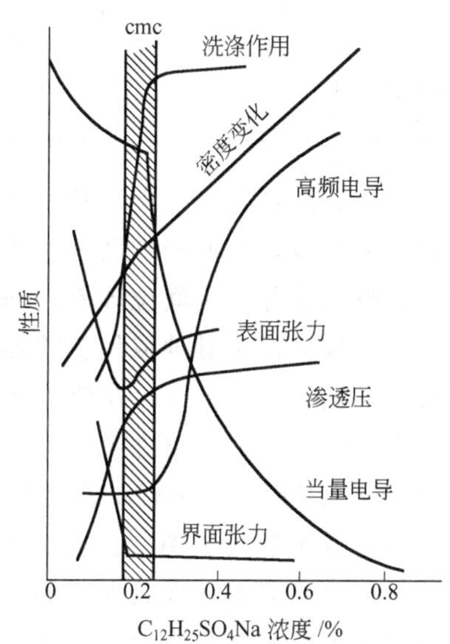

图 3-2 十二烷基硫酸钠水溶液的一些物理化学性质与浓度的关系

以聚氧乙烯为亲水基的非离子表面活性剂亲水性较弱，所以与具有同样亲油基的离子型表面活性剂相比，其临界胶束浓度低。增加聚氧乙烯数可提高其溶解性。离子型表面活性剂有 Kraft 点，而非离子表面活性剂没有。因环氧乙烷的亲水性弱，随温度的上升非离子表面活性剂与水分子之间的氢键断裂，导致非离子表面活性剂的亲水力变弱，溶解度降低，溶液出现浑浊。这一开始变浑浊的温度称为浊点。

浊点受无机盐类中的阴离子影响最大，有盐析作用的阴离子（Cl^-、SO_4^{2-} 等）使浊点降低，有盐溶作用的阴离子（I^-、SCN^- 等）则使浊点上升。尿素和低级醇等也具有使浊点上升的作用，浊点还随着离子型表面活性剂的添加而快速上升，也受溶液 pH 的影响。

影响表面活性剂水溶液 cmc 的主要因素包括表面活性剂的结构，溶液中电解质和有机物的存在，温度等。

（1）碳氢链的影响　离子型表面活性剂碳氢链的碳原子数在 8～16 范围内，cmc 随碳原子数变化呈现一定的规律，即在同系物中每增加一个碳原子，cmc 大约下降一半。对于非离子表面活性剂，疏水链碳数增加时对 cmc 影响更大，一般每增加 2 个碳原子，cmc 下降约 1/10。

表 3-2　一些表面活性剂的临界胶束浓度

表面活性剂	温度/℃	cmc/(mol/L)
$C_{11}H_{23}COONa$	25	2.6×10^{-2}
$C_{17}H_{35}COONa$	55	4.5×10^{-4}
$C_{17}H_{33}COONa$	50	1.2×10^{-3}
$C_{12}H_{25}SO_4Na$	40	8.7×10^{-3}
$C_{16}H_{33}SO_4Na$	40	5.8×10^{-4}
$C_{12}H_{25}SO_3Na$	40	9.7×10^{-3}
$C_{16}H_{33}SO_3Na$	50	7×10^{-4}
p-n-$C_8H_{17}C_6H_4SO_3Na$	35	1.5×10^{-2}
p-n-$C_{12}H_{25}C_6H_4SO_3Na$	60	1.2×10^{-3}
$C_{12}H_{25}N(CH_3)_3Br$	25	1.6×10^{-2}
$C_{16}H_{33}N(CH_3)_3Br$	25	9.2×10^{-4}
$C_{12}H_{25}N^+(CH_3)_2CH_2COO^-$	23	1.8×10^{-3}
$C_{16}H_{33}N^+(CH_3)_2CH_2COO^-$	23	2.0×10^{-5}
$C_{10}H_{21}O(CH_2CH_2O)_8H$	25	1.0×10^{-3}
$C_{12}H_{25}O(CH_2CH_2O)_3H$	25	5.2×10^{-5}
$C_{12}H_{25}O(CH_2CH_2O)_7H$	25	8.2×10^{-5}
$C_{12}H_{25}O(CH_2CH_2O)_8H$	25	1.0×10^{-4}
$C_{12}H_{25}O(CH_2CH_2O)_9H$	23	10.0×10^{-5}
$C_{14}H_{29}O(CH_2CH_2O)_8H$	25	9.0×10^{-5}
p-t-$C_8H_{17}C_6H_4O(CH_2CH_2O)_3H$	25	9.7×10^{-5}
p-t-$C_8H_{17}C_6H_4O(CH_2CH_2O)_6H$	25	2.1×10^{-4}
p-t-$C_8H_{17}C_6H_4O(CH_2CH_2O)_{10}H$	25	3.3×10^{-4}
$(CH_3)_3SiO[Si(CH_3)_2O]_3Si(CH_3)_2CH_2(C_2H_4O)_{12.8}CH_3$	25	2.0×10^{-5}
$C_7F_{15}COOK$	25	2.9×10^{-2}
$C_7F_{15}COONa$	25	3.0×10^{-2}

(2) 碳氢链分支及极性基位置的影响　非极性基团的碳氢链有分支结构或极性基处于烃链较中间位置，会使烃链之间的相互作用力减弱，cmc 值升高。亲油基烃链碳原子数目相同时，极性基愈靠近中间位置者，cmc 值愈大。

(3) 碳氢链中其他取代基的影响　在疏水链中有其他基团时，也会影响表面活性剂的疏水性，从而影响其 cmc。在疏水基中有苯基时，一个苯基大约相当于 3.5 个—CH_2—基，所以 $C_8H_{17}C_6H_4SO_3Na$ 虽然有 14 个碳原子，但只相当于有 11.5 个碳原子的烷基磺酸钠的 cmc。另外，疏水基碳氢链中有双键或引入其他极性基（如—O—或—OH）亦会使 cmc 值增大。

(4) 碳氟链的影响　含碳氟链的表面活性剂，特别是碳链上的氢全部被氟取代的全氟化合物，具有很高的，而且非常特殊的表面活性。与同碳原子数的一般表面活性剂相比，其 cmc 往往低得多，水溶液所能达到的表面张力亦低得多。

(5) 亲水基团的影响　在水溶液中，离子型表面活性剂的 cmc 远比非离子型的大。疏水基团相同时，离子型表面活性剂的 cmc 大约为非离子表面活性剂（聚氧乙烯基为亲水基）的 100 倍。两性离子表面活性剂的 cmc 与同碳原子数疏水基的非离子表面活性剂相近。离子型表面活性剂中亲水基团的变化和非离子表面活性剂中亲水基团聚氧乙烯单元的数目变化，对 cmc 的影响均不大。

(6) 反离子的影响　一价反离子对表面活性剂的 cmc 影响不大，这是由于胶团化的电能主要决定于反离子浓度，而反离子本身的性质仅起次要作用。不同的反离子对 cmc 影响也不大，但如果反离子本身就是表面活性离子，或是包含相当大的非极性基团的有机离子，如三乙醇胺反离子，对降低 cmc 的作用特别明显。随着反离子碳氢链的增长，表面活性剂的 cmc 不断降低，特别是当表面活性剂的正负离子中的碳氢链长相等时，cmc 的降低更为显著，例如 $C_{12}H_{25}N(CH_3)_3Br$ 在 25℃时 cmc 为 0.016mol/L，而 $C_{12}H_{25}N(CH_3)_3 \cdot C_{12}H_{25}SO_4$ 在 25℃时 cmc 为 0.00004mol/L，相差约 400 倍。

二、增溶作用

表面活性剂在水溶液中形成胶团以后，使不溶于水或难溶于水的有机化合物的溶解度显著增加，这种作用称为增溶作用。增溶作用与表面活性剂在水溶液中形成胶团有关，在达到 cmc 以前并没有增溶作用，只有在达到 cmc 以后增溶作用才明显表现出来。而且表面活性剂浓度愈高，生成的胶团数愈多，增溶作用愈强。增溶作用通常有以下四种方式（如图 3-3 所示）。

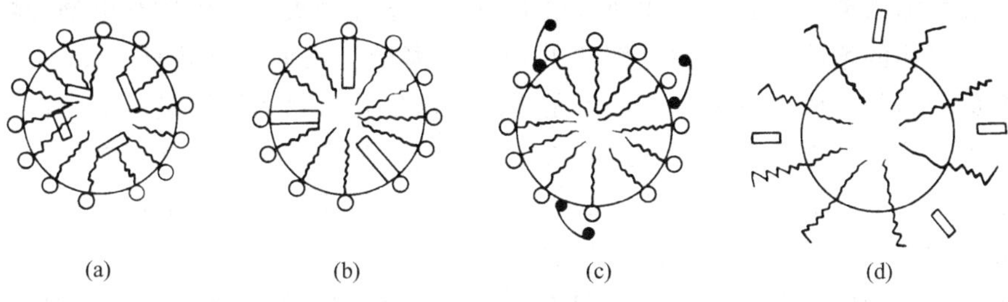

图 3-3　几种增溶作用方式

1. 增溶于胶团的内核

饱和脂肪烃、环烷烃及其他不易极化的有机化合物一般被增溶于胶团内核中，如图 3-3(a)。

2. 增溶于胶团的定向表面活性剂分子之间，形成栅栏结构

长链醇、胺、脂肪酸等极性的有机物穿入构成胶束的表面活性剂分子之间而形成混合胶束，非极性碳氢链插入胶团内部，而极性头混合于表面活性剂极性基之间，通过氢键或偶极相互作用联系起来，如图 3-3(b)。

3. 增溶于胶团表面

某些小的极性分子，如苯二甲酸二甲酯（不溶于水，也不溶于非极性烃）以及一些染料。增溶时吸着于胶团表面区域或是分子栅栏的靠近胶团表面的区域，其增溶量较少，如图 3-3(c)。

4. 增溶于极性基团之间

对于非离子表面活性剂，被增溶物一般在胶束表面定向排列的聚氧乙烯链中增溶，其增溶量最大，如图 3-3(d)。

被增溶物的增溶方式不一定是唯一的，对较易极化的碳氢化合物，如短链芳香烃类（苯、乙苯等），开始增溶时可能吸着于胶团-水的界面处［按图（c）增溶方式］；增溶量增多后可能插入表面活性剂分子栅栏中［按图（b）增溶方式］，甚至可能进入胶团内核［按图（a）增溶方式］。这四种增溶方式的增溶量依次为（d）＞（b）＞（a）＞（c）。

影响增溶作用的因素很多，例如表面活性剂和被增溶物的结构、有机物添加剂、无机盐及温度等皆影响增溶能力。

从表面活性剂结构来讲，长的疏水基碳氢链要比短的增溶性强，疏水基有支链或不饱和结构使增溶性降低。具有相同亲油基的各类表面活性剂，对烃类及极性有机物的增溶作用顺序是：非离子表面活性剂＞阳离子表面活性剂＞阴离子表面活性剂。

从被增溶物来讲，脂肪烃与烷基芳烃的增溶量随其碳数的增加而减少，随其不饱和程度

及环化程度的增加而增加。对于多环芳烃，增溶量随分子大小的增加而减小。支链化合物与直链化合物的增溶程度相差不大。被增溶物的增溶量随极性增大而增高。例如正庚烷的一个氢原子被—OH 基取代而成正庚醇，增溶量就增加很多。

有机物添加剂如非极性化合物增溶于表面活性剂溶液中，可使极性有机物的增溶程度增加。反过来，当溶液中增溶了极性有机物后，非极性有机物的增溶程度同样会增加。但增溶了一种极性有机物时，会使另一种极性有机物的增溶程度降低，这是因为两种极性有机化合物争夺胶团栅栏位置的结果。极性有机物的碳链愈长，极性愈小，使非极性有机物增溶程度增加得愈多。带有不同官能团的有机物，因极性不同，增加烃的增溶能力亦不同，它们使烃增加增溶能力的顺序为 $RSH>RNH_2>ROH$。

中性电解质加入离子型表面活性剂水溶液中，可增加烃类等非极性有机物的增溶量，但却减小极性有机物的增溶量。中性电解质的加入使离子型表面活性剂的 cmc 大为降低，并且使胶束聚集数增加、胶束变大，其结果是增加了碳氢化合物的增溶量。但中性无机电解质的加入，使胶束分子的电斥力减弱，排列得更加紧密，从而减少了极性有机化合物增溶的可能位置，使其增溶量降低。中性电解质加入含聚氧乙烯型非离子表面活性剂水溶液中时，会使胶束聚集数增加，从而增大烃类的增溶量。

温度对增溶作用的影响，因表面活性剂及被增溶物的不同而异。对于离子型表面活性剂，温度升高，对极性与非极性物的增溶量增加。对于聚氧乙烯型非离子表面活性剂，温度升高时，非极性的烃类、卤代烷、油溶性染料增溶程度有很大提高。极性物的增溶则有不同情况，增溶量往往随温度上升（到达浊点以前）而出现一最大值，再升高温度时，极性有机物的增溶降低。其原因是继续提高温度加剧了聚氧乙烯基的脱水，聚氧乙烯基易卷缩得更紧，减少了极性有机物的增溶空间。对于短链极性有机物，在接近浊点时，此种增溶作用的降低更加显著。

当表面活性剂分子之间存在着强的相互作用时，会形成不溶的结晶或液晶。因为在硬的液晶结构中，供增溶作用可利用的空间较有弹性胶束为小，故形成液晶会限制增溶作用。某些非表面活性剂的添加剂能阻止表面活性剂液晶相的生成，使有机物在水中的溶解度增加，这一作用被称为水溶助长作用，这类物质称为水溶助长剂。水溶助长剂的结构与表面活性剂有些相似，在分子内都含有亲水基和疏水基，但与表面活性剂不同，水溶助长剂的疏水基一般是短链、环状或带支链的，如苯磺酸钠，甲苯磺酸钠，二甲苯磺酸钠，异丙基苯磺酸钠、1-羟基-2-环烷酸盐、2-羟基-1-萘磺酸盐和 2-乙基己基硫酸钠等。

水溶助长剂能与表面活性剂形成混合胶束，但由于其亲水基头部大，疏水基小，倾向形成球形胶束，而不倾向形成层状胶束或液晶结构，因而阻止液晶形成，从而增加表面活性剂在水中的溶解度及其胶束溶液对有机物的溶解能力。

第二节 微乳状液

微乳状液是一种介于一般乳状液与胶团溶液之间的分散体系，其分散相质点小于 0.1μm，大小均匀，外观呈透明状。

微乳状液的形成一般有一较普遍的规律，即除油、水主体及作为乳化剂的表面活性剂外，还需加入相当量的极性有机物（一般为醇类）。而且表面活性剂及极性有机物的浓度相当大。此种极性有机物称为微乳状液体系中的辅助表面活性剂。微乳状液就是由油、表面活性剂、辅助表面活性剂和水所组成。

微乳状液呈透明状，但并不是真溶液，用小角度X射线、电子显微镜等方法测定表明，分散相颗粒直径为0.01～0.06μm，由于它比可见光的波长短，光可以透过，所以呈透明状。

微乳状液的稳定性很高，长时间放置不分层，用普通离心机不能使它分层。在微乳状液体系中，油-水界面张力往往低至不可测量。而微乳状液的导电性能一般与乳状液相似，即水为分散介质的微乳状液，其导电性优于油为分散介质者。

微乳状液之所以能形成稳定的油、水分散体系，一种解释是认为在一定条件下产生了所谓负界面张力，从而使液滴的分散过程自发地进行。在没有表面活性剂存在时，一般油-水界面张力约为（30～50）$\times 10^{-3}$N/m。有表面活性剂时，界面张力下降，若再加入一定量的极性有机物，可将界面张力降至不可测量的程度。当表面活性剂及辅助表面活性剂之量足够时，油水体系的界面张力可能暂时小于零（为负值），但负界面张力不可能稳定存在，体系欲趋于平衡，则必扩大界面，使液滴的分散度加大，最终形成微乳状液。此时，界面张力自负值变为零。此即微乳状液的形成机理。

因此，与乳状液相反，微乳状液的形成是一自发过程。质点的热运动使质点易于聚结；一旦质点变大，则又形成暂时的负界面张力，从而又必须使质点分散，以扩大界面积，使负界面张力消除，而体系达于平衡。因此微乳状液是稳定体系，分散质点不会聚结、分层。

负界面张力的说法可解释一些现象，但缺乏理论与实践的基础。从另一方面看，微乳状液在基本性质上倒是与胶团溶液相近，即似乎均是热力学的稳定体系，而且在质点大小与外观上也相似。因此，另一机理即增溶学说：微乳状液的形成实际上就是在一定条件下表面活性剂胶团溶液对油或水增溶的结果，形成了膨胀的胶团溶液，亦即形成了微乳状液。

一般而论，有关乳状液类型的规律也可适用于微乳状液，即易溶于油的乳化剂易形成W/O型微乳状液；易溶于水的乳化剂易形成O/W型微乳状液；且量多的相易成为外相。

制备O/W型微乳状液的方法和步骤包括如下几方面：

① 选择一种稍溶于油相的表面活性剂；

② 将所选的表面活性剂溶于油相，其用量为足以产生O/W型乳状液；

③ 用搅拌的方法将油相分散于水相中；

④ 添加水溶性的表面活性剂，产生透明的O/W型微乳状液。

在化妆品中，乳状液的应用较微乳状液广泛。微乳状液的黏度一般较低，增加黏度常常会导致透明度和稳定性的损失。从市场销售考虑，错觉会误认为黏度低有效物成分少，此外，微乳状液表面活性剂含量高，也会产生一些不良的作用。这些因素限制了微乳状液在化妆品中的应用。

微乳状液在化妆品中的应用，较重要的一个方面是香精和精油的增溶。在一些产品中，需要增溶香精和精油，如古龙水、须后水、皮肤清新剂、喷雾乳液、头发营养液和漱口液等。这类制剂一般为水-乙醇体系，当乙醇含量高时（>70%），多数香精和精油可溶于这样的水-乙醇体系。然而，使用高含量的乙醇成本高，易燃，蒸发快，有气味并对皮肤有刺痛作用，如漱口液，若配方中乙醇含量高，使用时会引起不适。为此常常需要降低配方中乙醇的含量，增溶作用成为发展此类产品时需考虑的重要因素。在选用微乳状液使用的表面活性剂和辅助表面活性剂时，不仅要考虑增溶作用的效果，而且也需要注意到毒性和刺激性等。

近年来，化妆品和疗效化妆品使用的活性物和药物日益增加，一般活性物和药物的结构较复杂，溶解度较小，需达到一定的浓度才有效，因此，活性物和药物增溶已成为这类制剂重要的工艺问题。

第四章 化妆品的流变学

流变学是研究物质流动和变形问题的一门科学，物质流变特性中最基本的性质有黏性和弹性。像水和液体石蜡这样的液体，即使施加很小的力，也会使其流动，此力的能量全部以液体流动的方式消耗掉。这样有黏性而无弹性的液体，称为牛顿流体。而对橡胶和弹簧这样无黏性但具有弹性的物体，在受到外力时，会使固体变形，能量不被消耗而是保存起来，这种物体称为虎克固体。

溶液状态的化妆品（如发油、防晒油、化妆水、香水、花露水等）可以按牛顿流体来处理。但分散体化妆品（如乳化体、悬浮体和凝胶状的化妆品）既具有黏性又具有弹性，即具有复杂的流变学性质，这类物体称为黏弹性物体。

化妆品的流变特性是非常重要的，首先关系到化妆品在使用时的黏性、弹性、可塑性、润滑性、分散性等一系列的物理特性；其次对输送、混合和灌装等化妆品生产设备的设计和生产工艺条件的制定也是非常重要的。另外，由于物体的流变特性来源于该物体的内部构造，因此对化妆品流变特性的测定是了解其内部构造的有力手段。

适当的流变特性是化妆品生产、运输、储存和使用过程中产品质量的重要保证，因此它是设计和生产化妆品的一个重要参数。

第一节 流动的方式

黏度是由于内摩擦力而产生的流动阻力，是流体的一个重要参数。液体流动时有速度梯度的存在，运动较慢的液层阻滞着较快层的运动，因此产生流动阻力。剪切应力（τ）的作用就是克服流动阻力，以维持一定的速度梯度而流动。对于纯液体和低分子量化合物的溶液等简单液体，在层流条件下剪切应力与速度梯度（剪切速率 D）成正比关系。即：

$$\tau=\eta D$$

此即牛顿公式。比例常数 η 称为液体的强度，亦称动态黏度或绝对黏度。在流变学中，凡符合牛顿公式的流体都称为牛顿流体，其特点是黏度只与温度有关，不受剪切速率的影响。对于牛顿流体 η 有时也称黏度系数，统称黏度，单位是 Pa·s。

化妆品中大多数是浓分散体系，它们的流变性要复杂得多，其 τ-D 关系不符合牛顿公式，即 τ/D 的比值不是常数，而是剪切速率的函数。以剪切速率 D 与剪切应力 τ 作图所得的流变曲线不像牛顿流体那样是一条通过原点的直线，而是图 4-1 所示的各种曲线。以黏度 η 与剪切速率 D 作图，则得到 η-D 关系图线，如图 4-2 所示。

根据流变曲线可将流体分为牛顿流体和非牛顿流体，其中非牛顿流体又可分为塑性流动、假塑性流动、胀流流动、宾汉流动等几种流型。

假塑性流体是一类常见的非牛顿流体，大多数大分子化合物溶液和乳状液均属于假塑性流动。此种流型的特点是 τ-D 曲线从原点开始，其黏度随剪切速率增加而下降，也即流动越快越显得稀，最终达到恒定的最低值（图 4-2），称为“剪切变稀”非牛顿流体。

大多数的乳化体化妆品都表现出假塑性的流变行为。体系中高聚物分子和一些长链的有机分子多属不对称质点，在速度梯度场中会取向，将其长轴转向流动方向，因此，降低了流

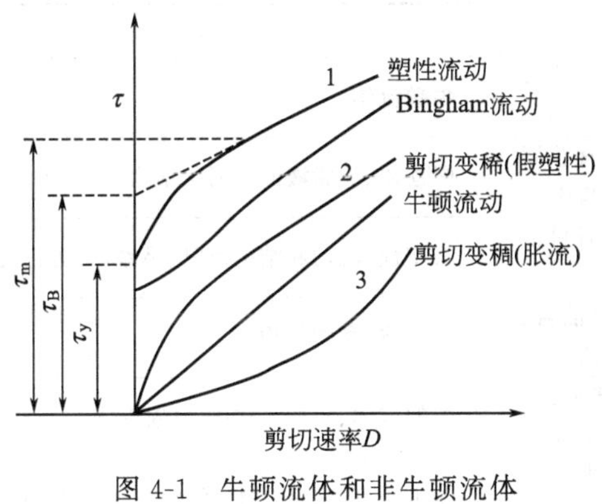

图 4-1　牛顿流体和非牛顿流体的 τ-D 关系图

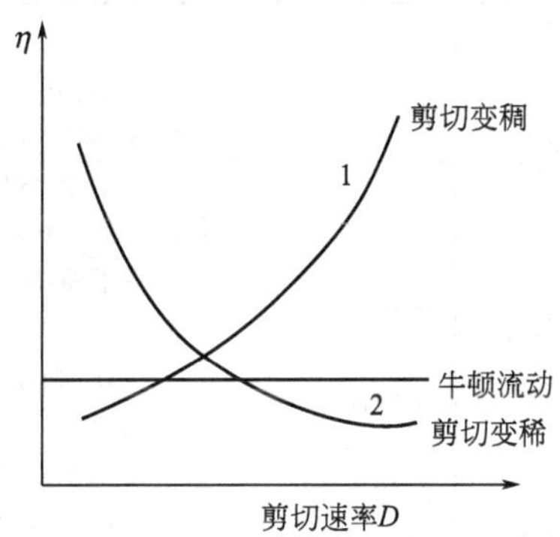

图 4-2　牛顿流体和非牛顿流体的 η-D 关系图

动阻力，即黏度降低。另外，在切速的作用下，质点溶剂化层也可以变形，同样可减少流动阻力。剪切速率越大，定向和变形的程度越甚，黏度降低越多，当切速很高时，定向已趋于完全，黏度不再变化。

塑性流动曲线类似于假塑性流动的曲线，但不通过原点，而是与切应力轴交于 τ_y 处。只有 $\tau>\tau_y$ 时，体系才流动，τ_y 称作屈服值。塑性流动可看作具有屈服值的假塑性流动，同属于剪切变稀的范畴。在高剪切速率时，τ-D 变成线性关系。把开始变成线性关系时的切应力称为上限屈服值 τ_m；沿线性部分直线外推至切应力轴，截距的剪切应力称为外推屈服值 τ_B；使流体开始流动所需最低的剪切应力称为下限屈服值或屈服值 τ_y。

在化妆品中，表现出塑性流动性质的产品包括牙膏、唇膏、棒状发蜡、无水油膏霜、湿粉、粉底霜、眉笔和胭脂等。只有当悬浮液浓度达到质点相互接触时才有塑性流动现象。体系静止时质点形成三维空间结构，屈服值的存在是由于体系中三维网格作用力较大，使液体具有“固体”的性质，黏度很高。只有当外加剪切应力超过某一临界值时，这些网格崩溃，液体才发生流动。剪切应力取消后，体系中网格结构又重新恢复。

胀流流动与假塑性流动相反，其黏度随切速增加而变大，即剪切变稠（图 4-2）。胀流体的颗粒必须是分散的，而不是聚结的；分散相浓度需相当大，且应在一狭小的范围内，剪切增稠区仅仅只有一个数量级的切变速度范围。在浓度较低时为牛顿流体，浓度较高时则为塑性流体。胀流流动在切应力不大时，粒子全是分散的，切应力增大时，可能引起微结构的重排，以致流动的阻力随切速而增加。多数粉末和分散粒子都在稠密充填的分散体系中显示出胀流体的性质。在化妆品中此种流型很少见。

多数化妆品是复杂的多相分散体系，即分散物质在分散介质中分散成胶态（如微乳液）、微粒（如乳液和膏霜）或粗粒状（如含粉乳液和膏霜、面膜等），其流变性质较复杂。影响化妆品流变性质的因素很多，如：分散相的体积分数、黏度、液滴或颗粒直径、粒度分布和化学结构；连续相的性质和化学结构；乳化剂的化学性质和浓度、在分散相和在连续相中的溶解度、乳化剂形成界面膜的性质、电黏度效应；其他添加物，特别是水溶性聚合物的作用等。通常是几个因素同时作用的结果。由于各类化妆品分散相的性质和体积分数变化很大，其流变性质也会相应地发生变化。各类化妆品的流变特性如表 4-1 所示。

表 4-1 各类化妆品的流变特性

分类	剂型	产品	流变性
油性制品	液体	发油、婴儿用油、防晒油、化妆用油、鬓发油和浴油	牛顿流体
	半固体-固体	润发脂、发蜡条、唇膏、膏状唇膏、无水油性膏霜和软膏基质	塑性体、油脂液晶的网状结构
含粉末的油性制品	液体	指甲油(粉末＋树脂＋有机溶剂)	触变性、流动和结构回复、易涂抹、防止沉淀
	半固体-固体	口红、胭脂、指甲膏、面油膏、眉笔、睫眉膏等各种美容油膏等	塑性体、凝胶结构
水性制品	液体	化妆水、古龙水、花露水、香水、润发水、透明香波、发胶基质	牛顿流体、牛顿流体-非牛顿流体
	半固体-固体	凝胶型膏霜和黏液、透明剥离型面膜、珠光香波	非牛顿流体、塑性体,流动-黏着-固化-剥离
含粉末水性制品	液体	多层化妆水	宾汉流体,静止下沉,振荡分散
	半固体-固体	面膜、牙膏	触变性凝胶,假塑性流动,塑性大
油性＋水性制品(乳浊液)	液体	乳液、发乳、洗面奶、护发素和剃须泡沫基质	非牛顿流体,假塑性,塑性
	半固体-固体	各类膏霜	多为触变性,流动性由假塑性至塑性
粉末制品	粉末	香扑粉、爽身粉和丘疹粉	宾汉流体、粉末流动、摩擦、黏附
含粉末的油性＋水性制品	液体	粉底霜(湿粉)	塑性体,分散粒子基本结构形成
	半固体-固体	粉底霜	

第二节 触变性

在浓厚乳状液中（如膏霜、稠乳液和牙膏等）给予低而恒定的剪切速率时，不立即显示出所对应的剪切应力值，而是如图 4-3 所示，剪切应力随时间延长而减少，并最终接近某一定值。

这是由于在给定剪切速率作用下，破坏形成液滴凝聚体的结构和结构再生之间产生平衡需要一定时间。这类体系，在恒定的剪切速率或剪切应力作用下，其黏度随时间延长而减小，并接近某一定值；当剪切速率或剪切应力解除后，黏度会逐渐回复。在一定温度下，非牛顿流体在外力（如搅拌等）作用下黏度随时间降低，变成易流动的，而取消外力后又恢复到原来黏度的特性称为触变性。触变性不是一种流型，而是某些假塑性体表现出的一种性质。

剪切速率保持一定的变化，首先增加速率，使体系结构破坏，然后再逐渐减小，使体系结构恢复，在未给予结构平衡时间的各剪切速率下测定其剪切应力或黏度，可得到如图 4-4 所示的滞后环。通过计算环的面积，可以知道体系触变性的程度。环的面积越大，触变性越大。

体系的触变性与质点的性状有关，针状或片状质点比球形质点易于表现出触变性。由于它们的边或末端间的相互吸引而搭成架子，流动时结构被拆散，且剪切应力使质点定向，被拆散的质点要靠布朗运动使颗粒末端或边相碰撞才能重建结构，这个过程需要时间，因而表现出触变性。但实际情况是相当复杂的，影响触变性的因素是多方面的，如质点的大小（较

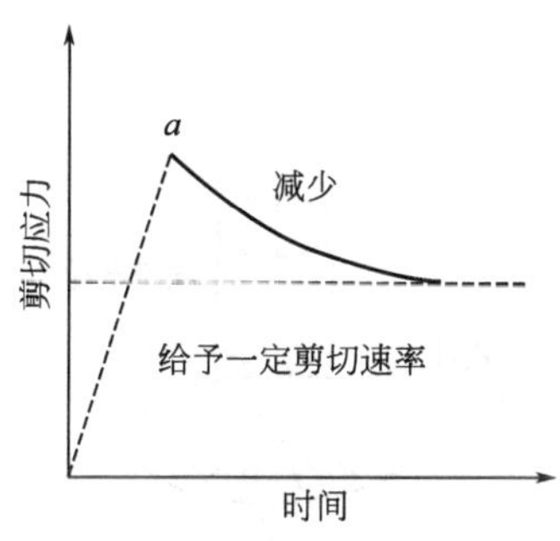

图 4-3　恒定剪切速率下剪切应力随时间的变化

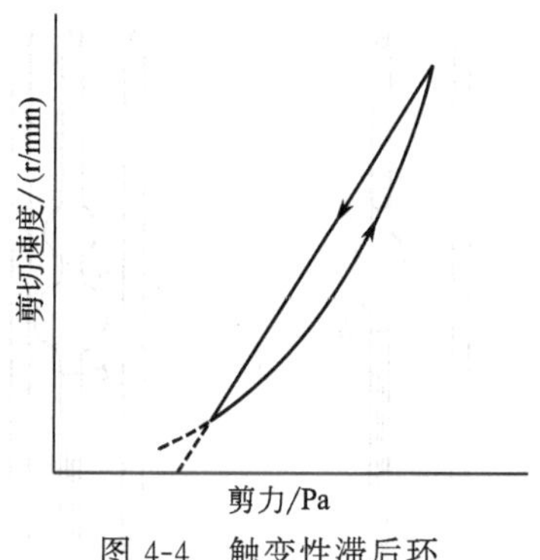

图 4-4　触变性滞后环

小质点具有较高的触变性)、电解质的存在、质点间的距离、体系的弹性、塑变值、介电常数、偶极距、介质的 pH 值和容器形状等。

触变性有许多实际应用，化妆品中的膏霜、牙膏、唇膏和湿粉等都要求较合适的触变性。硅铝酸盐类无机增稠剂有很好的触变性。这类体系的加工过程如高速均质、胶体磨、输送泵类型等对产品的最终流变性有很大的影响。

第三节　流变性质的测定

流变性质的测定原理，就是求出物体流动的速度和引起流动所需力之间的关系。当施加大于物体能够流动所需的外力时，牛顿流体也会表现出弹性，所以剪切速率的大小很重要。如使分散体系发生过大变形的话，常会伴有质点分散状态的变化。由于化妆品体系的复杂性，对某一化妆品的流变性质进行完全测定是不可能的。但是根据测定目的选择适当的测定方法，作为一种特性的流变性质是可以测定的。

最常测定的流变学性质是黏度。测量黏度最大的优点是较容易和快速，也是简单的质量控制较理想的选择。单独测定黏度是不能揭示其流变学行为的，还应包括在给定剪切速率下测量体系的剪切应力。为了了解体系的流变性质，必须进行在不同剪切速率下，测定剪切应力的变化，绘制剪切应力-剪切速率关系曲线。黏度测量应考虑产品的性质和所用仪器的类型。测定黏度的方法很多，各有其特点和适用范围，下面只对两种常用方法的测定原理作一简单介绍。

一、毛细管黏度计

常用的毛细管黏度计是 Ostwald 玻璃毛细管黏度计［图 4-5(a)］和 Ubbelodhe 黏度计［图 4-5(b)］。液体自 A 管装入，在 B 管中将液体吸至 a 线以上后，在重力作用下任其自然流下，测量液体自刻度线 a 流至刻度线 b 所用的时间 t，用下式计算黏度：

$$\eta=\rho(At-B/t)$$

式中，η 为黏度；ρ 为液体密度；A 和 B 与黏度计的几何尺寸有关，是黏度计常数。通常，用两种黏度已知的液体进行校正而求得 A 和 B 后，自液体样品的密度和流出时间即可求得其黏度值。t 较大时，式中右方第二项（动能修正项）B/t 可忽略不计。该法适用于测定低到中黏度的牛顿流体的黏度，如化妆水和液体石蜡等液状制品，其测定范围为 0.001～10Pa・s。也可用于检定其他黏度计所用的黏度校正液的黏度。

二、Brookfield 黏度计

Brookfield 黏度计（图 4-6）是一种主要测定非牛顿流动黏性液体的实用黏度计。它也

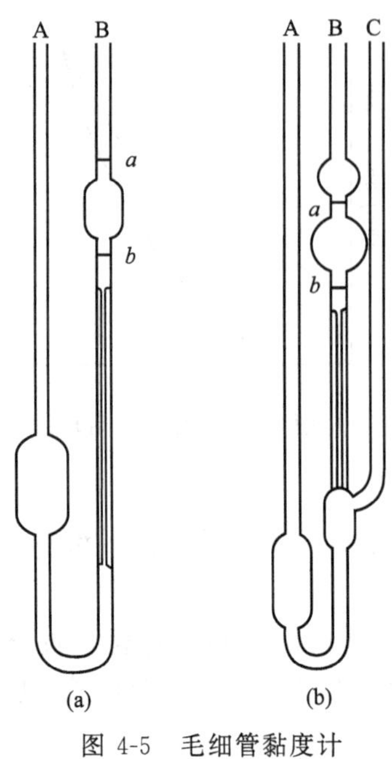

图 4-5 毛细管黏度计

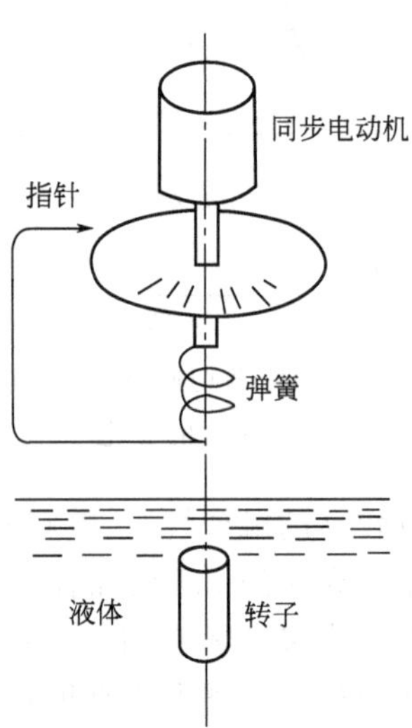

图 4-6 Brookfield 黏度计

是化妆品和洗涤用品工业中使用的最为广泛的一种黏度计。我国化妆品标准中使用的 NDJ-1 型旋转式黏度计即属这种类型。大多数情况下，只要使用得当，即可获得较准确的质量控制数据。

Brookfield 黏度计的工作原理是根据在黏液中以一定角速度旋转的、有特定大小的转子所受液体黏性阻力转矩大小的测量，然后换算成黏度，由刻度板指针显示。改变转子和旋转速度，可在非常大的范围（0.001～2000Pa・s）内进行黏度测量。

除上述两种常用黏度计外，还有同轴圆筒回转黏度计、圆锥平板型黏度计、锐孔黏度计、落球式黏度计等，在此不再一一阐述。

测量黏度时应注意下列有关问题：①被测样品应是完全均匀的，且不含有夹带的空气和外来杂质；②黏度测量应在恒温条件下进行；③所加的剪切应力只能使体系形成层流，而不会形成湍流；④所有黏度读数应在到达稳定态时读取；⑤在试验条件下，样品不应表现出明显的弹性，如果观察到弹性，应在十分低的剪切速率下进行黏度测量或进行弹性的测定；⑥采用平板和圆盘转动测定剪切应力的黏度计，在液体和转动平板之间不应存在滑动，否则将引起剪切应力的下降，造成黏度测定较大的误差。

第四节 化妆品的感官评价与流变性质的关系

化妆品的感官质量是决定其受消费者喜爱程度的重要因素。如何确定一些可测定的物理量和一般消费者感官反应之间的相关性是化妆品质量评价的重要问题。其中较重要的是感官评价与流变学性质的关系。感官评价包括取样、涂抹和用后感觉几个阶段；流变学性质包括黏度、屈服值、流变曲线类型、弹性、触变性等。其方法是在与使用过程相近的剪切速率条件下，测定有关的流变学性质，通过感官分析评价和测定得出的流变学参数的比较，确定感官判断鉴别阈值和分级，最后确立其相关性。

取样即将产品从容器内取出，包括从瓶中倒出或挤出、用手指将产品从容器中挑出等。这一阶段需要评价的感官特性是稠度，它是产品感官结构的描述，产品抵抗永久形变的性质和产品从容器中取出难易程度的量变。分为低稠度、中等稠度和高稠度三级。稠度与产品的黏度、硬度、黏结性、黏弹性、黏着性和屈服值有关，例如，屈服值较高的膏霜，其表观稠度也较大，触变性适中，从软管和塑料瓶中挤出时，会产生剪切变稀、可挤压性较好。这对产品灌装有利，处理也较好。

涂抹：根据产品性质和功能，用手指尖把产品分散在皮肤上，以每秒 2 圈的速度轻轻地做圆周运动，再摩擦皮肤一段时间，然后评价其效果，主要包括分散性和吸收性。根据涂抹时感知的阻力来评估产品的可分散性：十分容易分散的为“滑润”；较易分散的为“滑”；难于分散的为“摩擦”。可分散性与产品的流型、黏度、黏结性、黏弹性、胶黏性和黏着性等有关。剪切变稀程度较大的产品，可分散性较好。吸收性即产品被皮肤吸收的速度，可根据皮肤感觉变化、产品在皮肤上残留量（触感到的和可见的）和皮肤表面的变化进行评价，分为快、中、慢三级。吸收性主要与油分的结构（分子量大小、支链等）和组分（油水相比例，渗透剂的存在等）有关。一般黏度较低的组分易于吸收。

用后感觉评价是指产品涂抹于皮肤上后，利用指尖评估皮肤表面的触感变化和皮肤外表观察。包括皮肤上产品残留物的类型和密集度、皮肤感觉的描述等。残留物的类型包括膜（油性或油腻）、覆盖层（蜡状或干的）、片状或粉末粒子等，残留物的量评估分为小、中等、多三级。皮肤感觉的描述包括干（绷紧）、润湿（柔软）、油性（油腻）。用后感觉主要与产品油分性质和组成、含粉末的颗粒度等有关。

第五章　防腐与抗氧

第一节　防　　腐

化妆品的主要成分是水和油，大多在其中添加有微生物生长和繁殖的所需物质，如甘油、山梨糖醇、氨基衍生物和蛋白质等。化妆品被微生物污染后，即变臭、变质和发霉，致使产品质量下降；为此，有必要采取防止微生物污染的措施。除了在化妆品生产过程中加强卫生管理外，为了达到防腐、防霉的目的，大部分化妆品中必须加入防腐杀菌剂。能够防止微生物生长的物质叫防腐剂。

一、化妆品中的微生物

在化妆品中繁殖的微生物有霉菌、酵母菌和细菌。一些文献报道化妆品主要被霉菌污染，并认为下列霉菌是化妆品中较常有的：青霉菌（绿色）、曲霉（有绿、黄、棕、黑等色）、根霉（常见的黑根霉）、毛霉（常见的狗粪毛霉为银灰色）；灰色葡萄霉（灰白色）曾在膏霜中发现生存于皂类物质的脂肪酸残余中。互隔霉（绿黑色）曾在膏霜与化妆液中发现，主要由包装封盖引入。

除霉菌外，常污染的还有酵母菌；有关细菌污染的报道较少，有代表性的细菌有杆菌和大肠菌。

《化妆品安全技术规范》（2015 版）规定了化妆品中微生物的指标限值：①眼部化妆品、口唇化妆品和儿童用化妆品菌落总数≤500CFU/mL 或 500CFU/g。②其他化妆品菌落总数≤1000CFU/mL 或 1000CFU/g。③霉菌和酵母菌总数≤100CFU/mL 或 100CFU/g。④耐热大肠菌群、金黄色葡萄球菌和铜绿假单胞菌不得检出。

二、影响微生物生长的因素

营养物：微生物的生长繁殖需要有一定的营养物，在化妆品中微生物所能利用的这类物质有：①碳水化合物与糖苷，如树胶、果胶、淀粉和糖；②醇类，如甘油、脂肪醇等；③脂肪酸及其酯类，如动植物油脂和蜡；④甾体，如胆甾醇、羊毛脂等；⑤蛋白质与氨基酸；⑥维生素。

除了上述所需营养物外，还需要有矿物质存在，如硫、磷、镁、钾、钙与氯以及微量的金属如铁、锰、铜、锌与钴。普通自来水中所含杂质几乎已能供给多数微生物所需要的微量元素，因此采用蒸馏水或去离子水有可能减少微生物的生长。微生物对有些金属盐如铜盐需要量极低，当大量存在时，对微生物有毒性。

(1) 水分　微生物的生长必须有足够的水分，水是微生物细胞的组成部分，其含量达70%～95%。微生物所需要的营养物质必须先溶解于水，才能被吸收利用，细胞内各种生物化学反应也都要在水溶液中进行。霉菌一般能在含 12%水分的较干的物质中生长，有些霉菌如互隔霉在水分低于 50%的膏霜或化妆液中即不能生长。细菌比霉菌需要更高的水分含量，酵母菌则处于上述两者之间。

(2) pH 值　在一定的培养基中能生长的微生物的数量与种类和 pH 值有关。霉菌能在较广的 pH 范围内生长，但最好是在 pH4～6 之间；细菌则在较中性的介质中（pH6～8）生长最好；酵母菌以微酸性的条件生长为适宜（多数酵母菌生长的最适宜的 pH 值是 4～4.5）。由此可知，一般微生物在酸性或中性介质中生长较适宜，而在碱性介质中（pH 在 9 以上）几乎不能生长。

（3）温度　多数霉菌、细菌、酵母菌生长的最适宜温度在 20～30℃之间，几乎完全和化妆品储存和应用的条件一致。当温度高于 40℃时，只有少数细菌生长，而当温度低于 10℃时，只有霉菌、少数酵母菌和少数细菌生长，但繁殖速度极低。因此化妆品如能储于阴凉地方，不仅可以延缓微生物的生长，而且还可以防止发生酸败。在许多化妆品生产过程中采用高温，也对微生物有灭菌作用。

（4）氧　多数霉菌是强需氧性的，几乎没有厌氧性的。酵母菌尽管在无氧时也能发酵，但在有氧时生长最好。细菌对氧的要求变化较大，因此多数作为化妆品防腐对象的微生物是需氧性的。所以排除空气对防止微生物生长有重要意义。

三、防腐剂作用的一般机理

防腐剂不但抑制细菌、霉菌和酵母菌的新陈代谢，而且抑制其生长和繁殖。防腐剂抗微生物的作用只有在其以足够浓度与微生物细胞直接接触的情况下才能产生。

1. 抑菌和灭菌作用

在实际工作中，有抑菌和灭菌作用之区别。但从抗菌机理考虑，这种区别是不尽合理的。其两种作用在微生物死亡率方面是不同的。在化妆品中添加防腐剂后一段时间并不能杀死微生物，即使防腐剂存在，微生物还是生长。这主要取决于使用防腐剂的剂量。

防腐剂与消毒剂不同之处是消毒剂要使微生物在短时间内很快死亡，而防腐剂则是根据其种类，在通常使用浓度下，需要经过几天或几周时间，最后才能达到杀死所有微生物的状态。在防腐剂的作用下，杀死微生物的时间符合单分子反应的关系式：

$$K=\frac{1}{t}\times\ln\frac{Z_0}{Z_t}\quad 或\quad Z_t=Z_0\times e^{-kt}$$

式中，k 为死亡率常数；t 为杀死微生物所需的时间；Z_0 为防腐剂开始起作用时的活细胞数；Z_t 为经过时间 t 以后的活细胞数。

严格地说，只有防腐剂的剂量相当高时，并且遗传上是均匀的细胞质，在预先设定的一个封闭系统中（即防腐剂不蒸发、pH 值不变和没有二次污染），上述公式才能成立。但上述公式对于研究化妆品中防腐剂的作用仍然是很好的依据。

实践表明，随着防腐剂浓度的增加，微生物生长速度变得缓慢，而其死亡速度则加快。如果防腐剂的浓度是在杀灭剂量的范围内，首先大多数的微生物被杀死，随后，残存的微生物又重新开始繁殖。防腐剂只有在浓度适当时，才能发挥有效的作用。

即使防腐剂的效果不是直接取决于微生物存在的数量，但实际上，应力图在微生物的数量还比较少的时候采取防腐措施。也就是说，在最初的停滞阶段，而不是在指数对数生长期中抑制微生物。防腐剂并不是用来在已经含有大量细菌群的基质中杀死微生物，事实上，就大多数防腐剂的使用浓度来说，这是根本不可能的。

2. 防腐剂对微生物细胞的作用

防腐剂对微生物的作用，只有在以足够的浓度与微生物细胞直接接触的情况下，才能产生作用。防腐剂（或杀菌剂）先是与胞外膜相接触，进行吸附，穿过细胞膜进入原生质内，然后，才能在各个部位发挥药效，阻碍细胞繁殖或将细胞杀死。实际上，杀死或抑制微生物是基于多种高选择性的多种效应，各种防腐剂（或杀菌剂）都有其活性作用标的部位，即细胞对某种药物存在敏感性最强的部位（即直接作用点，见表5-1）。

防腐剂（或杀菌剂）抑制和杀灭微生物的效应不仅包括物理的、物理化学的机理，而且，还包括纯粹的生物化学反应，尤其是对酶的抑制作用，通常是几种不同因素产生某种积累效应。实际上，主要是防腐剂对细胞壁和细胞膜产生的效应；对酶活性或对细胞原生质部分的遗传微粒结构产生影响。

表5-1 防腐剂（或杀菌剂）活性作用标的部位

活性作用标的部位	防腐剂(或杀菌剂)	活性作用标的部位	防腐剂(或杀菌剂)
膜的活性	季铵化合物、洗必泰、苯氧基乙醇、乙醇和苯乙醇、酚类	NH_2 酶	甲醛和甲醛供体
SH 酶	汞的化合物，2-溴-2-硝基-1,3-丙二醇	核酸	吖啶类
COOH 酶	甲醛和甲醛供体	蛋白质变性	酚类和甲醛

细菌细胞中的细胞壁和其中的半渗透膜不能受到损伤，否则，细菌生长受到抑制或失去生存能力。细胞壁是一种重要的保护层，但同时细胞壁本身是经不起袭击的。许多防腐剂，其中，如酚类之所以具有抗微生物作用，是由于能够破坏或损伤细胞壁或者干扰细胞壁合成的机理。

总的看来，防腐剂最重要的因素可能是抑制一些酶的反应，或者抑制微生物细胞中酶的合成。这些过程可能抑制细胞中基础代谢的酶系，或者抑制细胞重要成分的合成，如蛋白质合成和核酸的合成。

四、化妆品中常用的防腐剂

理想的防腐剂应具备下述一些特性：①对多种微生物都应有效；②能溶于水或通常使用的化妆品成分中；③不应有毒性和皮肤刺激性；④在较大的温度范围内都应稳定而有效；⑤不应产生有损产品外观的着色、褪色和变臭等现象；⑥不应与配方中的有机物发生反应，降低其效果；⑦应是中性的，至少不应使产品的pH值产生明显变化；⑧应该经济实惠，容易得到。但是目前常用的防腐剂还不能完全满足上述要求。《化妆品安全技术规范（2015版）》规定了化妆品组分中准用防腐剂51种，详见表5-2。

近年来，出现了一些防腐剂的复配物。复配物的作用是扩展防腐剂的抗菌谱，利用协同效应增加其抗菌活性，增加某些防腐剂的溶解度，改变其与各种表面活性剂和蛋白质的相容性。复配物能构成更有效、经济的防腐剂体系。

（1）Glydant plus　1,3-双(羟甲基)-5,5-二甲基乙内酰脲、羟甲基-5,5-二甲基乙内酰脲和3-碘-2-丙炔基丁基氨基甲酸酯的混合物，是白色可自由流动性粉末。它极易溶于水和乳化体系中，最好冷却后加入。在密闭容器中，可在50～60℃，pH7.5～8.5添加于表面活性剂中作为防腐剂。可与阴离子、阳离子和非离子表面活性剂配伍。它在较宽pH值范围（3～9）内，80℃以下稳定。一般使用浓度为0.04%～0.25%，适用于乳液、膏霜、香波、婴儿用品、粉剂、眼部化妆品和防晒化妆品等各类化妆品。

表 5-2 化妆品准用防腐剂[1]

[《化妆品安全技术规范（2015 版）》，按 INCI 名称英文字母顺序排列]

序号	物质名称			化妆品使用时的最大允许浓度	使用范围和限制条件	标签上必须标印的使用条件和注意事项
	中文名称	英文名称	INCI 名称			
1	2-溴-2-硝基丙烷-1,3 二醇	bronopol(INN)	2-bromo-2-nitro-propane-1,3-diol	0.1%	避免形成亚硝胺	
2	5-溴-5-硝基-1,3-二噁烷	5-bromo-5-nitro-1,3-dioxane	5-bromo-5-nitro-1,3-dioxane	0.1%	淋洗类产品；避免形成亚硝胺	
3	7-乙基双环噁唑烷	5-ethyl-3,7-dioxa-1-azabicyclo[3.3.0]octane	7-ethylbicyclooxazolidine	0.3%	禁用于接触黏膜的产品	
4	烷基（C_{12}-C_{22}）三甲基铵溴化物或氯化物[2]	alkyl（C_{12}-C_{22}）trimethyl ammonium, bromide and chloride		总量 0.1%		
5	苯扎氯铵，苯扎溴铵，苯扎糖精铵[2]	benzalkonium chloride, bromide and saccharinate	benzalkonium chloride, bromide and saccharinate	总量 0.1%（以苯扎氯铵计）		避免接触眼睛
6	苄索氯铵	benzethonium chloride	benzethonium chloride	0.1%		
7	苯甲酸及其盐类和酯类[2]	benzoic acid, its salts and esters		总量 0.5%（以酸计）		
8	苯甲醇[2]	benzyl alcohol	benzyl alcohol	1.0%		
9	甲醛苄醇半缩醛	benzylhemiformal	benzylhemiformal	0.15%	淋洗类产品	
10	溴氯芬	6,6-dibromo-4,4-dichloro-2,2′-meth ylene-diphenol	bromochlorophene	0.1%		
11	氯己定及其二葡萄糖酸盐，二醋酸盐和二盐酸盐	chlorhexidine (INN) and its digluconate, diacetate and dihydrochloride	chlorhexidine and its digluconate, diacetate and dihydrochloride	总量 0.3%（以氯己定计）		
12	三氯叔丁醇	chlorobutanol (INN)	chlorobutanol	0.5%	禁用于喷雾产品	含三氯叔丁醇
13	苄氯酚	2-benzyl-4-chlorophenol	chlorophene	0.2%		
14	氯二甲酚	4-chloro-3,5-xylenol	chloroxylenol	0.5%		
15	氯苯甘醚	3-(*p*-chlorophenoxy)-propane-1,2-diol	chlorphenesin	0.3%		

续表

序号	物质名称			化妆品使用时的最大允许浓度	使用范围和限制条件	标签上必须标印的使用条件和注意事项
	中文名称	英文名称	INCI 名称			
16	氯咪巴唑	1-(4-chlorophenoxy)-1-(imidazol-1-yl)-3,3-dimethylbutan-2-one	climbazole	0.5%		
17	脱氢乙酸及其盐类	3-acetyl-6-methylpyran-2,4(3H)-dione and its salts		总量 0.6%(以酸计)	禁用于喷雾产品	
18	双(羟甲基)咪唑烷基脲	*N*-(hydroxymethyl)-*N*-(dihydroxymethyl-1,3-dioxo-2,5-imidazolinid yl-4)-*N′*-(hydroxymethyl)urea	Diazolidinyl urea	0.5%		
19	二溴己脒及其盐类,包括二溴己脒羟乙磺酸盐	3,3′-dibromo-4,4′-hexamethylene dioxydibenzamidine and its salts(including isethionate)		总量 0.1%		
20	二氯苯甲醇	2,4-dichlorobenzyl alcohol	dichlorobenzyl alcohol	0.15%		
21	二甲基噁唑烷	4,4-dimethyl-1,3-oxazolidine	dimethyl oxazolidine	0.1%	pH≥6	
22	DMDM 乙内酰脲	1,3-bis(hydroxymethyl)-5,5-dimethylimidazolidine-2,4-dione	DMDM hydantoin	0.6%		
23	甲醛和多聚甲醛[②]	formaldehyde and paraformaldehyde	formaldehyde and paraformaldehyde	总量 0.2%(以游离甲醛计)	禁用于喷雾产品	
24	甲酸及其钠盐	formic acid and its sodium salt		总量 0.5%(以酸计)		
25	戊二醛	glutaraldehyde (pentane-1,5-dial)	glutaral	0.1%	禁用于喷雾产品	含戊二醛(当成品中戊二醛浓度超过 0.05%时)

续表

序号	物质名称			化妆品使用时的最大允许浓度	使用范围和限制条件	标签上必须标印的使用条件和注意事项
	中文名称	英文名称	INCI 名称			
26	己脒定及其盐，包括己脒定二个羟乙基磺酸盐和己脒定对羟基苯甲酸盐	1, 6-di (4-amidinophenoxy)-*n*-hexane and its salts(including isethionate and *p*-hydroxybenzoate)		总量 0.1%		
27	海克替啶	hexetidine(INN)	hexetidine	0.1%		
28	咪唑烷基脲	3,3′-bis(1-hydroxymethyl-2,5-dioxoimidazolidin-4-yl)-1,1′-methylenediurea	imidazolidinyl urea	0.6%		
29	无机亚硫酸盐类和亚硫酸氢盐类②	inorganic sulfites and hydrogensulfites		总量 0.2%（以游离 SO_2 计）		
30	碘丙炔醇丁基氨甲酸酯	3-iodo-2-propynylbutylcarbamate	iodopropynyl butylcarbamate	(a)0.02%	(a)淋洗类产品，不得用于三岁以下儿童使用的产品中(沐浴产品和香波除外)；禁止用于唇部产品	三岁以下儿童勿用④
				(b)0.01%	(b)驻留类产品，不得用于三岁以下儿童使用的产品中；禁用于唇部用产品；禁用于体霜和体乳	
				(c)0.0075%	(c)除臭产品和抑汗产品，不得用于三岁以下儿童使用的产品中；禁用于唇部用产品	

续表

序号	物质名称			化妆品使用时的最大允许浓度	使用范围和限制条件	标签上必须标印的使用条件和注意事项
	中文名称	英文名称	INCI 名称			
31	甲基异噻唑啉酮	2-methylisothiazol-3(2*H*)-one	methylisothiazolinone	0.01%		
32	甲基氯异噻唑啉酮和甲基异噻唑啉酮与氯化镁及硝酸镁的混合物(甲基氯异噻唑啉酮:甲基异噻唑啉酮为 3∶1)	mixture of 5-chloro-2-methylisothiazol-3(2*H*)-one and 2-methylisothiazol-3 (2H)-one with magnesium chloride and magnesium nitrate(of a mixture in the ratio 3∶1 of 5-chloro-2-methylisothiazol 3(2H)-one and 2-methylisothiazol-3(2H)-one)	mixture of methylchloroisothiazolinone and methylisothiazolinone with magnesium chloride and magnesium nitrate	0.0015%	淋洗类产品:不能和甲基异噻唑啉酮同时使用	
33	邻伞花烃-5-醇	4-isopropyl-*m*-cresol	*o*-cymen-5-ol	0.1%		
34	邻苯基苯酚及其盐类	biphenyl-2-ol and its salts		总量 0.2%(以苯酚计)		
35	4-羟基苯甲酸及其盐类和酯类[③]	4-hydroxybenzoic acid and its salts and esters		单一酯 0.4%(以酸计); 混合酯总量 0.8%(以酸计);且其丙酯及其盐类,丁酯及其盐类之和分别不得超过 0.14%(以酸计)		
36	对氯间甲酚	4-chloro-*m*-cresol	*p*-chloro-*m*-cresol	0.2%	禁用于接触黏膜的产品	
37	苯氧乙醇	2-phenoxyethanol	phenoxyethanol	1.0%		
38	苯氧异丙醇[②]	1-phenoxypropan-2-ol	phenoxyisopropanol	1.0%	淋洗类产品	
39	吡罗克酮和吡罗克酮乙醇胺盐	1-hydroxy-4-methyl-6(2,4,4-trimet hylpentyl) 2-pyridon and its monoethanolamine salt		(a)总量 1.0%	(a)淋洗类产品	
				(b)总量 0.5%	(b)其他产品	

续表

序号	物质名称			化妆品使用时的最大允许浓度	使用范围和限制条件	标签上必须标印的使用条件和注意事项
	中文名称	英文名称	INCI 名称			
40	聚氨丙基双胍	poly (methylene), alpha, omegea. bis[[[(aminoiminomethyl) amino] imino methyl] amino]-, dihydrochloride	polyaminopropyl biguanide	0.3%		
41	丙酸及其盐类	propionic acid and its salts		总量 2%(以酸计)		
42	水杨酸及其盐类[②]	salicylic acid and its salts		总量 0.5%(以酸计)	除香波外,不得用于三岁以下儿童使用的产品中	含水杨酸三岁以下儿童勿用[⑤]
43	苯汞的盐类,包括硼酸苯汞	phenylmercuric salts (including borate)		总量0.007%(以 Hg 计),如果同本规范中其他汞化合物混合,Hg 的最大浓度仍为0.007%	眼部化妆品	含苯汞化合物
44	沉积在二氧化钛上的氯化银	silver chloride deposited on titanium dioxide		0.004%(以 AgCl 计)	沉积在 TiO_2 上的20%(质量比) AgCl,禁用于三岁以下儿童使用的产品、眼部及口唇产品	
45	羟甲基甘氨酸钠	sodium hydroxymethylamino acetate	sodium hydroxymethylglycinate	0.5%		
46	山梨酸及其盐类	sorbic acid (hexa-2,4-dienoic acid) and its salts		总量 0.6%(以酸计)		
47	硫柳汞	thiomersal (INN)	thimerosal	总量0.007%(以 Hg 计),如果同本规范中其他汞化合物混合,Hg 的最大浓度仍为0.007%	眼部化妆品	含硫柳汞

续表

<table>
<tr><th rowspan="2">序号</th><th colspan="3">物质名称</th><th rowspan="2">化妆品使用时的最大允许浓度</th><th rowspan="2">使用范围和限制条件</th><th rowspan="2">标签上必须标印的使用条件和注意事项</th></tr>
<tr><th>中文名称</th><th>英文名称</th><th>INCI 名称</th></tr>
<tr><td>48</td><td>三氯卡班</td><td>triclocarban (INN)</td><td>triclocarban</td><td>0.2%</td><td>纯度标准：3,3',4,4'-四氯偶氮苯少于 1mg/kg；3,3',4,4'-四氯氧化偶氮苯少于 1mg/kg</td><td></td></tr>
<tr><td>49</td><td>三氯生</td><td>triclosan(INN)</td><td>triclosan</td><td>0.3%</td><td>洗手皂、浴皂、沐浴液、除臭剂(非喷雾)、化妆粉及遮瑕剂、指甲清洁剂。(指甲清洁剂的使用频率不得高于 2 周一次)</td><td></td></tr>
<tr><td>50</td><td>十一烯酸及其盐类</td><td>undec-10-enoic acid and its salts</td><td></td><td>总量 0.2%(以酸计)</td><td></td><td></td></tr>
<tr><td>51</td><td>吡硫鎓锌[②]</td><td>pyrithione zinc (INN)</td><td>zinc pyrithione</td><td>0.5%</td><td>淋洗类产品</td><td></td></tr>
</table>

①：a. 表中所列防腐剂均为加入化妆品中以抑制微生物在该化妆品中生长为目的的物质。

b. 化妆品中其他具有抗微生物作用的物质，如某些醇类和精油（essential oil），不包括在本表之列。

c. 表中“盐类”系指该物质与阳离子钠、钾、钙、镁、铵和醇胺成的盐类；或指该物质与阴离子所形成的氯化物、溴化物、硫酸盐和醋酸盐等盐类。表中“酯类”系指甲基、乙基、丙基、异丙基、丁基、异丁基和苯基酯。

d. 所有含甲醛或本表中所列含可释放甲醛物质的化妆品，当成品中甲醛浓度超过 0.05%（以游离甲醛计）时，都必须在产品标签上标印“含甲醛”，且禁用于喷雾产品。

②：这些物质在化妆品中作为其他用途使用时，必须符合本表中规定（规范中有其他相关规定的除外）。这些物质不作为防腐剂使用时，具体要求见限用组分表 3。无机亚硫酸盐和亚硫酸氢盐是指：亚硫酸钠、亚硫酸钾、亚硫酸铵、亚硫酸氢钠、亚硫酸氢钾、亚硫酸氢铵、焦亚硫酸钠、焦亚硫酸钾等。

③：这类物质不包括 4-羟基苯甲酸异丙酯（isopropylparaben）及其盐，4-羟基苯甲酸异丁酯（isobutylparaben）及其盐，4-羟基苯甲酸苯酯（phenylparaben），4-羟基苯甲酸苄酯及其盐，4-羟基苯甲酸戊酯及其盐。

④：仅当产品有可能为三岁以下儿童使用，洗浴用品和香波除外，需作如此标注。

⑤：仅当产品有可能为三岁以下儿童使用，并与皮肤长期接触时，需作如此标注。

（2）GermabenⅡ和 GermabenⅡ-E　其组成见表 5-3。

表 5-3　GermabenⅡ和 GermabenⅡ-E 的组成

组　成/%	GermabenⅡ	GermabenⅡ-E	组　成/%	GermabenⅡ	GermabenⅡ-E
GermalⅡ	30	20	对羟基苯甲酸丙酯	3	10
对羟基苯甲酸甲酯	11	10	丙二醇	56	60

GermabenⅡ和 GermabenⅡ-E 两者组成相近，GermabenⅡ-E 更适用于对酵母菌和霉菌敏感的产物，可与各类表面活性剂、各类植物提取液、蛋白质和可溶性胶原配伍。两者均具有广谱活性，推荐用量为 0.25%～1.0%，可用于乳液、膏霜、香波和护发素等各类产品，一般在加香前加入搅匀。

其他防腐剂复配物见表 5-4。

表 5-4 其他防腐剂复配物

商品名	Emercid 1199	Euxyl K 100	Euxyl K 400	Liqua Par
组成	苯氧基乙醇、对氯间二甲苯酚	苄醇、凯松-CG	甲基二溴戊二腈、苯氧基乙醇	对羟基苯甲酸异丙酯、异丁酯和正丁酯
化合物类型	酚衍生物	液态混合物	液态混合物	对羟基苯甲酸酯乳化混合物（50%）
抗菌谱	广谱	广谱	广谱	主要抗酵母菌、霉菌、革兰氏阳性细菌
溶解性	悬浮于水中	易溶于配方产品	易溶于配方产品	稍溶于水，溶于乙醇和丙二醇
最佳使用 pH 值	宽广的 pH 范围	4.0～8.0	4.0～8.0	4～8
稳定性	完全稳定	避免长期暴露于40℃以上	避免长期暴露于60℃以上	在一般温度下稳定
配伍/失活	阳离子和非离子表面活性剂会使其部分失活	避免与碱、胺和亚硫酸盐直接接触	避免与碱、胺和亚硫酸盐直接接触	非离子表面活性剂会使其部分失活
使用浓度范围 W%	0.3～0.5	0.03～0.15	0.03～0.30	0.1～0.6
毒理学评价	LD_{50}（鼠）2.6g/kg（100%），不刺激眼睛，一次皮肤刺激指数 2.7(1%) IPM 溶液。急性皮肤毒性（兔）LD_{50} 2.0 g/kg（100%）	在使用浓度范围无毒性	在使用浓度范围无毒性	无毒性，无刺激
说明	可与对羟基苯甲酸酯配伍使用	EEC 已批准使用	EEC 已批准使用，日本在审理中	市售产品是含对羟基苯甲酸酯 50% O/W 乳液

五、影响化妆品防腐剂活性的因素

（1）浓度　防腐剂浓度愈高，活性愈强。各种防腐剂均有其不同的有效浓度，一般要求产品的浓度略高于其在水中的溶解度。

（2）溶解度　防腐剂在水中的溶解度愈低，其活性愈强。因为微生物表面的亲水性一般低于溶剂系统，这样有利于微生物表面防腐剂浓度的增加。

（3）pH 值　通常认为防腐剂的作用在分子状态而不在离子状态。pH 值低时防腐剂处于分子状态，所以活性就强，如苯甲酸，只有在 pH 值低于 4 时才保持酸的状态，其有效 pH 值在 4 以下，酚类化合物的酸性较弱，所以能适用较广的 pH 值范围。

（4）种量　微生物种类愈多，需要防腐剂浓度也愈高，因此尽管在配方中加入一定量的防腐剂，在制造过程中应注意环境的清洁，减少带入微生物的可能性。

（5）对抗作用

① 化学作用。即防腐剂与配方中某一成分发生化学反应而降低以致消失其活性，如氨对甲醛；硫醇对汞化物；金属盐对硫化合物；磷脂、蛋白质、镁、钙、铁盐等对季铵化合物。

② 物理作用。即配方中某一成分对防腐剂的吸附影响了微生物表面对防腐剂的吸附，从而削弱了其作用。

③ 生理作用。即配方中某一成分所起作用恰好与防腐剂的作用相反。

六、防腐试验方法

（1）杀灭时间法　将经过培养的微生物琼脂培养基在防腐剂溶液中浸不同时间后，取出，再在琼脂培养基中培养观察其是否继续生长，通常与石炭酸作对比，以石炭酸系数表示之。

（2）抑制圈法　在接种微生物的琼脂平板培养基中放入玻璃、磁或不锈钢制小圆柱，在圆柱中加入防腐剂继续培养，观察圆柱周围微生物生长被抑制的圆圈大小，以此来比较其抑制能力。

（3）部分抑制生长法　借测定需要杀灭 50％所试微生物的防腐剂量来比较其抑菌能力。

（4）生长防止法　通过测定使微生物完全不生长的防腐剂量来比较其抑菌能力。

通过抑菌圈等试验初步反映防腐效果后，需要进一步评价防腐体系在以水或油为主要基质的产品中的防腐效能和时效性，可通过防腐挑战试验来完成。防腐挑战试验可以模拟化妆品在消费者重复使用过程中受到的高强度微生物污染的潜在可能性、微生物生长的最适条件，反映产品抗微生物污染的能力。由于防腐挑战试验可在较短时间周期内完成，仅需少量样品，可使用相当多种类的微生物进行测试，而且可同步评估多种样品。该方法的以上优点使得它在近年来被越来越多的中外化妆品企业所接受和推行。

由于防腐挑战试验是经验性的方法，目前世界各国以及相关组织对化妆品防腐挑战实验还没有统一的规定，但各种不同的防腐挑战试验基本原理都是相通的。化妆品防腐挑战试验较具代表性的三个方法来源是：化妆品和香料香精协会（the Cosmetic Toiletry and Fragrance Association，CTFA）、美国材料实验协会（the American Society for Testing and Materials，ASTM）、美国药典（U. S. Pharmacopeia，USP）。

目前较为常用的是 CTFA 推荐的经典的为期 28 天的防腐单次挑战试验。该方法是将防腐剂混入配方基质中，然后一次性接入若干种类、一定数量的微生物进行挑战，将样品存放于适当的温度下，定期抽样检测其中残余的微生物，并根据微生物的数量变化情况评价样品的抗菌效果。该方法的要领在于：挑战用菌的选择，待测样品的准备，接种的方式和数量，分离检测的时间等。

第二节　抗　　氧

一、酸败及其影响因素

多数化妆品都含有油脂成分，油脂中的不饱和键很易氧化而引起变质，这种氧化变质现象叫做酸败。不饱和油脂的氧化是一种连锁（自由基）反应，只要其中有一小部分开始氧化，就会引起油脂的完全酸败。油脂酸败的机理如下：

$$\mathrm{RH} \xrightarrow{k_1} \text{自由基（如 R·，RO}_2\text{·等）} \quad \text{链引发}$$

$$\left.\begin{array}{l} \mathrm{R\cdot + O_2 \xrightarrow{k_2} RO_2\cdot} \\ \mathrm{RO_2\cdot + RH \xrightarrow{k_3} RO_2H + R\cdot} \end{array}\right\} \text{链转移}$$

$$\left.\begin{array}{l} \mathrm{2R\cdot \xrightarrow{k_4} X} \\ \mathrm{R\cdot + RO_2\cdot \xrightarrow{k_5} Y} \\ \mathrm{2RO_2\cdot \xrightarrow{k_6} Z} \end{array}\right\} \text{链终止}$$

氧化反应生成的过氧化物、酸、醛等对皮肤有刺激性，并会引起皮肤炎症，也会引起产品变色，放出酸败臭味等，从而使产品质量下降，因此在化妆品的生产、储存和使用的过程中，要尽力避免油脂酸败现象的发生。

影响油脂酸败的因素很多，既有内因也有外因。

1.内部因素

(1) 不饱和键愈多，就愈容易被氧化。

(2) 原来存在于植物油中不皂化物部分的天然抗氧剂，如生育酚，在精炼过程中被去除。

(3) 油脂中自然存在的促进氧化作用的氧化酶，在适宜的温度与水分、光和氧的情况下，会加速酸败的发生。

2.外部因素

(1) 氧 氧是造成酸败的最主要因素，没有氧的存在就不会发生氧化而引起酸败。因此在生产过程中要尽量避免混进氧，减少和氧的接触（如真空脱气、封闭式乳化等)。但要在化妆品中完全排除氧或与氧的接触是很难办到的。

(2) 热 热会加速脂肪酸成分的水解，提供微生物的生长条件，从而加剧酸败，因此采用低温储藏有利于延缓酸败。一般认为温度每升高 10℃，氧化速度提高 2～3 倍。

(3) 光 可见光虽然并不直接引起氧化作用，但其某些波长的光对氧化作用有促进作用，用绿色或黄色玻璃纸或用琥珀色玻璃容器包装可以消除不利波长的光。

(4) 水分 含水的脂肪中可能发育着霉和酵母，造成两种酵素，脂肪酶和氧化酶，脂肪酶水解脂肪，脂肪氧化酶氧化脂肪酸和甘油酯。所以由于酶的存在，若增高油脂中的水分，一方面会引起油脂的水解；另一方面能加速自动氧化反应，提供了微生物的生活环境，降低某些抗氧剂如多元酚、胺等的活力。

(5) 金属离子 某些金属离子能破坏原有或加入的天然抗氧剂的作用。有时成为自动氧化的催化剂，而加速酸败。金属中最严重的是铜，其催化作用较铁强 20 倍，其他按顺序为铅、锌、锡、铝、不锈钢、铁、镍，所以在一般制造过程中，采用搪玻璃设备较好。

(6) 微生物 微生物中的霉菌、酵母菌与细菌都能在脂肪介质中生长，并将其分解为脂肪酸和甘油，然后再进一步分解，加速油脂酸败，因此在产生过程中要严格卫生条件。

(7) 香料和精油的影响 一些芳香物质是助氧化剂，如胡椒油、莳萝油、小茴香油、小豆蔻油、枯茗油和芫荽油，它们有加速酸败的作用，成为助氧化剂。

另一些芳香物质和精油是抗氧化剂，最著名的是安息香和愈创树脂。肉桂、香薄荷、丁子香、一串红、迷迭香、人参、肉豆蔻、众子香、百里香等的油或溶剂提取物都是有很强抗氧化活性的物质。香茅油、茴香油、桉树油、愈创木油、冬青油、绿叶油、橙叶油和檀香油等也具有抗氧化活性，此外，冰片、香芹酚、丁子香酚、香茅醇、甲基异丙基苯、桉叶油素、异香芹酚、黄樟脑和异黄樟脑、苯乙醇和水杨酸甲酯也可以防止酸败。基本上精油及其衍生物、含有氧键（特别是邻位和对位羟基）的芳香化合物或酚类的衍生物都可能具有抗氧化性质。

二、抗氧化剂作用的基本原理

如上所述，油脂和油类的氧化反应大多属链式反应，在链式反应中自由基起着关键的作用。抗氧化剂引入油脂体系，主要是通过抑制自由基的生成和终止链式反应，以达到抑制氧化反应的作用。自由基的生成是不能完全防止的，抗氧化剂主要起着自由基接受体的作用。按照反应机理差别，抗氧化剂可分为链终止型抗氧化剂和预防型抗氧化剂，前者为主要的抗氧化剂，后者为辅助抗氧化剂。

1. 链终止型抗氧化剂

这类抗氧化剂（AH）可以与 R·，RO_2·反应而使自动氧化的链式反应中断，从而起稳定作用

$$R\cdot + AH \xrightarrow{k_7} RH + A\cdot$$

$$RO_2\cdot + AH \xrightarrow{k_8} ROOH + A\cdot$$

$$RO_2\cdot + RH \xrightarrow{k_3} ROOH + R\cdot$$

上述反应中，反应的速度常数 k_7 和 k_8 大于 k_3，才能有效地阻止链式反应的增长。消除自由基 RO_2·，可以抑制氢过氧化物的生成。当使用链终止型抗氧化剂的浓度比较合适时，基本上能中断绝大部分动力学链。一个抗氧化剂分子有可能终止两个动力学链反应：

$$RO_2\cdot + HA \longrightarrow ROOH + A\cdot$$

$$RO_2\cdot + A\cdot \longrightarrow ROA$$

$$2A\cdot \longrightarrow A—A$$

链终止型抗氧化剂的机理又可分为两类。

（1）自由基捕获体　能与自由基反应使之不再进行引发反应，或由于它的加入而使自动氧化过程稳定化。如氢醌（以 AH_2 表示）和某些多核芳烃与自由基反应而终止动力学链。

$$RO_2\cdot + AH_2 \longrightarrow ROOH + AH\cdot$$

$$AH\cdot + AH\cdot \longrightarrow A + AH_2$$

某些酚类化合物作抗氧化剂时能产生 ArO·自由基，具有捕集 RO_2·等自由基的作用：

$$ArO\cdot + RO_2\cdot \longrightarrow RO_2ArO \quad (\text{Ar 为芳基})$$

（2）氢给予体　一些具有反应性的仲芳胺等可与油脂中易被氧化的组分竞争自由基，发生氢转移反应，形成一些稳定的自由基，降低油脂自动氧化反应速率。

$$Ar_2NH + RO_2\cdot \longrightarrow ROOH + Ar_2N\cdot \quad (\text{链转移})$$

$$Ar_2N\cdot + RO_2\cdot \longrightarrow Ar_2NO_2R$$

2. 预防型抗氧化剂

这类抗氧化剂的作用是能除去自由基的来源，抑制或延缓引发反应。这类抗氧化剂包括一些过氧化物分解剂和金属离子螯合剂。

（1）过氧化物分解剂　包括一些金属盐、硫化合物（如硫代二丙酸、半胱氨酸、蛋氨酸、亚硫酸盐、硫脲、谷胱甘肽、秋兰姆和二硫代氨基甲酸盐类等）和亚磷酸酯等化合物。它们能与过氧化物反应并使之转变为稳定的非自由基产物，从而消除自由基的来源。

$$ROOH + R_1SR_2 \longrightarrow ROH + R_1SOR_2$$

$$ROOH + R_1SOR_2 \longrightarrow ROH + R_1SO_2R_2$$

$$ROOH + (RO)_3P \longrightarrow ROH + (RO)_3P=O$$

（2）金属离子螯合剂　变价金属会促进油脂的自动氧化，如铜、铁和镍离子等会使精炼植物油变味。金属离子螯合剂的作用是与金属离子形成稳定的螯合物，使之不会催化氧化反应。金属离子螯合剂主要有柠檬酸、葡萄糖酸，酒石酸及其这些酸的盐和酯、EDTA、聚磷酸、苹果酸、已二酸和富马酸等。

三、常用的化妆品抗氧剂

化妆品中常用的抗氧剂大体上可以分为五类：

（1）酚类：包括二羟基酚，愈创木酚，没食子酸及其丙酯与戊酯，叔丁基羟基苯甲醚、2,5-二叔丁基甲酚、2,5-二叔丁基对苯二酚、愈创树脂、对羟基苯甲酸酯类、去甲二氢愈创酸等；

（2）醌类：包括叔丁基氢醌、羟基氧杂四氢化茚、羟基氧杂十氢化萘、溶剂浸出的小麦胚芽油等；

（3）胺类：包括乙醇胺、谷氨酸、酪蛋白与麻仁球蛋白、脑磷脂、卵磷脂、异羟肟酸、嘌呤、动植物磷脂等；

（4）有机酸、醇与酯类：包括草酸、枸橼酸、酒石酸、苹果酸、丙酸、丙二酸、硫丙酸、葡萄糖醛酸、半乳糖醛酸、枸橼酸异丙酯、硫代二丙酸二月桂酯、硫代二丙酸二硬脂醇酯、山梨醇、甘露醇、乙二胺四乙酸（EDTA）、柠檬酸、抗坏血酸、马来酸、琥珀酸、葡萄糖酸、脑磷脂等；

（5）无机酸及其盐类：包括磷酸及其盐类，亚磷酸及其盐类等。

在上述五类中，前两类是主要的，后两类单独用作抗氧剂效果不显著，但与前两类，特别是与酚类合用能提高防止氧化的效果，这种作用称之为协同作用，这类试剂称之为协同剂。

一些较常用的抗氧剂如下所述。

（1）生育酚，也叫维生素 E，大多数天然植物油脂中均含有生育酚，是天然的抗氧剂。以 α，β，γ 和 δ 四种形式存在，α -生育酚广泛用作营养添加剂，β -生育酚存在的浓度太低，无实际意义，γ 和 δ -生育酚具有较好的抗氧化性质，广泛用作天然的抗氧化剂。

（2）叔丁基羟基苯甲醚，简称 BHA，是 3-叔丁基-4-羟基苯甲醚（3-BHA）与 2-叔丁基-4-羟基苯甲醚（2-BHA）两种异构体的混合物：

$C(CH_3)_3$　　　　$C(CH_3)_3$

H_3CO—⌬—OH　和　HO—⌬—OCH_3

其中，3-BHA 的抗氧化效果比 2-BHA 强 1.5～2 倍，市售 BHA 中两者混合物的比例 3-BHA∶2-BHA＝（95～98）∶（5～2），但抗氧化效力最高的配比为 3-BHA∶2-BHA＝1.5～（2.1∶1），BHA 对热相当稳定，在弱碱条件下不容易破坏，遇铁等离子会着色，光照也会引起变色。

它是作为矿物油的抗氧化剂而被开发出来的，应用于动、植物油中，在低浓度下（0.005%～0.05%）即能发挥极佳效果，并允许用于食品中。易溶于脂肪，基本上不溶于水，与没食子酸丙酯、枸橼酸、去甲二氢愈创酸、磷酸等有很好的协同作用，限用量 0.15%。

（3）2,5-二叔丁基对甲酚，简称 BHT，其结构式为：

OH

$(CH_3)_3C$—⌬—$C(CH_3)_3$

CH_3

不溶于碱，且不具备很多酚类的反应。效果与 BHA 相当，但在高浓度或升温情况下，不像 BHA 那样带有不愉快的酚类臭味，也允许用于食品。和 BHA 一起使用能提高稳定性（协同作用），加入柠檬酸、抗坏血酸等协同剂，可增加抗氧化作用，限用量 0.15%。

（4）去甲二氢愈创酸，简称 NDGA，自多种植物的树脂分泌物中萃取而得。溶于甲醇、乙醇和乙醚，微溶于脂肪，溶于稀碱液呈深红色。对各种油脂均有效，但有一最适合量，超过这个适合量时，反而会促进氧化反应。与浓度低于0.005%的枸橼酸和磷酸有协同作用。

(5) 2,5-二叔丁基对苯二酚，在植物油脂中有较好的抗氧作用。

(6) 没食子酸丙酯，溶于乙醇和乙醚，在水中仅能溶解0.1%左右，溶于温热油中，不论单独使用或配合使用均为良好的抗氧剂，较显著的缺点是遇金属易于变色，尤其是遇铁离子更易变色，限用量0.1%。

(7) 羧甲基硫代琥珀酸单十八酯和硫代琥珀酸单十八酯是两种较新的抗氧剂，有效浓度仅为0.005%，但遇热易分解。

上述氧化抑制剂中BHA是低浓度的，抑制力最大，对动物油脂的效能最好；BHT对矿物油的效能大。此外，有时混合使用上述氧化抑制剂比单独使用时的效果好，这是因为使用两种以上氧化抑制剂具有协同作用，同时还可加大氧化抑制剂的用量。

化妆品所用抗氧剂品种很多，究竟选用哪种抗氧剂，用量多少必须通过试验确定。其试验方法有活性氧法、氧气吸收法、紫外线照射法、加热试验法等。这些试验都是在加速条件下进行的。因此在实际运用时，最好进行长期储存试验与之对比。

综上所述，为了防止自动氧化，保持化妆品质量，并使之稳定，在选择适当的抗氧剂种类和用量的同时，还需注意选择不含有促进氧化的杂质的高质量原料，选择适当的制备方法，并且要注意避免混进金属和其他促氧化剂。

第六章　化妆品香料、香精

各种化妆品虽有不同的使用目的、范围和对象，但都有一个共同特点，即所有的化妆品都具有一定的优雅舒适的香气。化妆品的香气是通过在配制时加入一定量的香精所赋予的，而香精则是由各种香料经调配混合而成的。有时一种化妆品的优劣，是否受消费者欢迎，往往与该种产品所加入的香精质量有很大关系，而香精的质量又取决于香精原料的质量与调香技术，同时还应考虑香精与加香介质之间的相容性等。因此，学习有关香料、调香和加香方面的知识，对化妆品的生产无疑是非常重要的。

第一节　概　　述

一、香味化学

刺激嗅觉神经或味觉神经产生的感觉广义上称为气味，简称为香。香包括香气和香味，香气是由嗅觉器官所感觉到的，香味是由嗅觉和味觉器官同时感觉到的。令人感到愉快舒适的气味称为香味，令人感到不快的气味称为臭味。有气味的物质总称为有香物质或香物质，目前已发现的有香物质大约有 40 万种以上。能够散发出令人愉快舒适的香气的物质称为香料。

香料是一种具有挥发性的芳香物质，它具有令人愉快舒适的香气。芳香物质的分子量一般约在 26～300 之间，可溶于水、乙醇或其他有机溶剂。其分子中必须含有—OH、—CO—、—NH_2—、—SH 等原子团，称为发香团或发香基。这些发香团使嗅觉产生不同的刺激，赋予人们不同的香感觉。主要的发香团列于表 6-1 中。

表 6-1　主要的发香团

有香物质	发香团	有香物质	发香团
醇	—OH	醛	—CHO
酚	—OH	硫醚	—S—
酮	>CO	硝基化合物	—NO_2
羧酸	—COOH	腈	—CN
酯	—COOR	异腈	—NC
内酯	—CO—O—	硫氰化合物	—SCN
硫醇	—SH	异硫氰化合物	—NCS
醚	—O—	胺	—NH_2

此外，表中未列入的卤原子以及化合物分子中的不饱和键（烯键、炔键、共轭键等）对香也有强烈的影响。由于发香团在分子中位置的变化、基团和基团之间的距离之差，以及由于环状化和异构化等，也使香味产生明显的差别。如能找出某些化合物的香气与分子结构之间的关系，就有可能通过分子结构的设计，制成欲得的新香气香韵的化合物；在香料合成中，可帮助人们鉴别各步反应是否完全，最终产品是否合格等。因此世界各国有许多学者对香与化学结构之间的关系进行了研究，提出了许多理论假说，但皆有一定的局限性。1959 年，日本的小幡弥太郎认为有香物质必须具备下列条件。

（1）必须具有挥发性。鼻黏膜是人的嗅觉器官，有香物质只有具有挥发性，才能到达鼻黏膜，产生香感觉。无机盐类、碱、大多数酸是不挥发的，所以是无臭的。

（2）必须在类脂类、水等物质中具有一定的溶解度。有些低分子的有机化合物虽溶于水，但不溶于类脂类介质中，因此几乎是无臭的。

（3）分子量在 26～300 之间的有机化合物。

（4）分子中具有某些原子（称为发香原子）或原子团（称为发香团），发香原子在周期表中处于ⅣA～ⅦA 族中。

（5）折射率大多数在 1.5 左右。

（6）Raman 效应测定吸收波长，大多数在 1400～3500cm^{-1} 范围内。

二、香料分类

香料是调配香精的原料，个别的也可直接用于加香产品。根据有香物质的来源，香料分类如下：

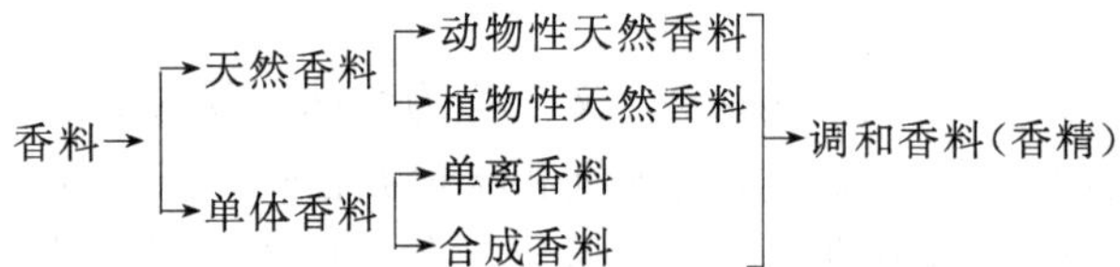

天然香料是指从天然含香动、植物的某些生理器官（或组织）或分泌物中经加工处理而提取出来的含有发香成分的物质，是成分组成复杂的天然混合物。从香料植物（如植物的花、果、叶、枝、根、皮、树胶、树脂等）的组织或分泌物中提取出来的香料称为植物性天然香料；从动物（如麝鹿、灵猫、海狸、抹香鲸等）的某些生理器官或分泌物中提取出来的香料称为动物性天然香料。

单体香料即具有某种化学结构的单一香料化合物，包括单离香料和合成香料两类：单离香料是指采用物理或化学的方法从天然香料中分离出来的单体香料化合物；合成香料是指采用各种化工原料（包括从天然香料中分离出来的单离香料），通过化学合成的方法，而制备的化学结构明确的单体香料。

合成香料按化学结构与天然成分相比可归纳为两大类：一类是与天然含香成分构造相同的香料。借助现代化科学仪器和分析手段对天然香料进行分析，在确定了天然含香成分的构造之后，采用化工原料经过化学合成的方法，合成出的化学结构与天然含香成分的结构完全相一致的香料化合物，该类香料占合成香料的绝大部分；另一类是通过化学合成而制得的自然界中并不存在的化合物，但其香味与天然物质相类似的香料，或者是化学合成而制得的构造、香味均与自然界中的天然香料不同，但确具有令人愉快舒适的香气的香料。

调和香料在商业中称为香精，是将数种乃至数十种天然香料和单体香料按照一定的配比调和而成的具有某种香气或香型和一定用途的香料混合物。香料很少单独使用，一般都是调配成香精以后，再用到各种加香产品中。

三、香料香气的分类

香气是香料的“灵魂”。对于从事香料香精工作的人，了解和掌握各种香料的香气，是非常重要的。在天然香料方面，掌握各种香料的香气，有利于香料植物、泌香动物的鉴别和选育；在香料合成过程中，掌握各种香料的香气，可帮助我们鉴别各步反应是否完善，最终产品是否合格；在调香过程中，只有熟悉和掌握各种香料的香气，才能合理地选用有关香气的香料，调配出不同香型的、较为理想的香精；同时掌握香气类型，可帮助我们鉴别加香制品的质量。

但对香料香气的描述并不像对色、声等的描述那么直观。因为色可有目共睹，红绿可以分明；声能有耳共听，强弱可以辨清；而香气虽有鼻共嗅，但欲描述出使他人与自己等同的词语，并非易事。为了对香气做出统一的或是公认的，易于理解、易于记忆、易于运用的描述，对香气进行分类是非常必要的。调香师们根据不同的角度和依据，提出了各种不同的香气分类方法：有借助音符分类的；有根据香气挥发性来分的；有按香型来分的；有从人对气息效应的心理反应来分的。有二十多种分类法，繁简不一，各有所长。但从实用的观点出发，对初学者来说，以按香气变化的分类法为主，结合评香调香的实践，更有利于掌握香气的分类。下面介绍几种比较实用的按香气的香型、挥发度分类的方法。

1. Rimmel 分类法

1865 年 Rimmel 根据各种天然香料香气特征，将香气类型归纳为 18 种，如表 6-2 所示。这种分类方法接近于客观实际，容易被人们所接受，对于天然香料的使用有一定指导意义。但限于当时的香料品种几乎都是天然香料，现在的香料品种已逾数千种，Rimmel 的分类法已不能满足需要，应适当加以补充，方可完整些。

表 6-2 Rimmel 的香气分类法

香气类别	代表香料	属于同类别的香气	香气类别	代表香料	属于同类别的香气
杏仁样	苦杏仁	月桂、桃仁、硝基苯	薰衣草样	薰衣草	穗薰衣草、百里香、甘牛至、野百里香
龙涎香样	龙涎香	橡苔	薄荷样	薄荷	留兰香、芸香、鼠尾草
茴香样	大茴香	八角茴香、芫荽子、葛缕子、小茴香	麝香样	麝香	灵猫香、麝葵子、麝香植物
膏香样	香荚兰豆	吐鲁香、秘鲁香、安息香、苏合香、黑香豆	橙花样	橙花	刺槐、紫丁香、橙叶
樟脑样	樟脑	迷迭香、广藿香	玫瑰样	玫瑰	香叶、欧蔷薇、玫红旋花木油
香石竹样	丁香	香石竹、丁香石竹	檀香样	檀香	岩兰草、柏木
柑橘样	柠檬	香柠檬、甜橙、香橼、白柠檬	辛香样	玉桂	肉桂、肉豆蔻、肉豆蔻衣
果香样	梨	苹果、菠萝、榅桲	晚香玉样	晚香玉	百合、黄水仙、水仙、风信子
茉莉样	茉莉	铃兰	紫罗兰样	紫罗兰	金合欢、鸢尾根、木樨草

2. Poucher 分类法

1954 年 Poucher 发表了按香料香气挥发度来进行香气分类的方法。他评定了 330 种天然和合成香料及其他有香物质，依据它们在辨香纸上挥发留香的时间长短来区分头香、体香和基香三大类。Poucher 把香气在不到一天就嗅不到的香料，定系数为“1”，不到两天的系数定为“2”，其他以此类推，最高定为“100”，此后不再分高低。他将 1～14 的划为头香，15～60 的划为体香，62～100 的划为基香或定香剂。其分类结果列于表 6-3 中。

表 6-3 挥发时间表（1～14 为头香，15～60 为体香，62～100 为基香）

系数	品名
1	苯乙酮、苦杏仁油、乙酸异戊酯、苯甲醛、乙酸苄酯、乙酸乙酯、乙酰乙酸乙酯、苯甲酸甲酯、绿花白千层(niaouli)油
2	甲酸苄酯、玫瑰木油、苯甲酸乙酯、蒸馏白柠檬油、芳樟醇、橘子油、水杨酸甲酯、乙酸辛酯、乙酸苯乙酯、甲酸苯乙酯、丙酸苯乙酯、水杨酸苯乙酯
3	桂酸苄酯、芫荽子油、对甲酚甲醚、乙酸对甲酚酯、异丁酸对甲酚酯、枯茗醛(cuminic aldehyde)、丁酸环己酯、甲酸癸酯、二甲基苄基原醇、乙酸二甲基苄基原酯、癸炔羧酸乙酯、水杨酸乙酯、对甲基苯乙酮、没药油、麝香酊(3%)、异丁酸辛酯、胡薄荷(pennyroyal)油、巴拉圭橙叶油、黄樟油、留兰香油、松油醇
4	二甲基辛醇、枯茗(cumin)油、香茅醇、桉叶油、苯甲酸香叶酯、薰衣草油、丁酸甲酯、香桃木(myrtle)油、壬醛、苯乙醇、鼠尾草(sage)油、对甲基水杨酸甲酯

续表

系数	品名
5	二甲基苯乙酮、苯乙酸乙酯、意大利橙花油、乙酸壬酯、乙酸松油脂、对甲基苯甲醛
6	桃金娘、月桂(Bay)叶油、香柠檬油、葛缕子油、香橼(cedrat)油、甲酸香茅酯、珐玔(copaiba)油、苯乙酸异丁酯、苯甲酸芳樟酯、苯甲酸乙酯、乙酸甲基苯基原酯、葡萄油
7	丙酸异戊酯、茴香油、异丁酸苄酯、丙酸苄酯、庚酸乙酯、香叶醇(单离自爪哇香茅油)、姜油、辛炔羧酸甲酯、壬醇、三色堇(pansy)油、亚洲薄荷油、芸香油、艾菊(tansy)油、白百里香油、紫罗兰净油(10%)、异丁酸香叶酯、乙酸癸酯
8	水杨酸异戊酯、水杨酸苄酯、柏木油、斯里兰卡香茅油、乙酸香茅酯、邻氨基苯甲酸乙酯、香叶醇(单离自玫瑰草油)、苯甲酸异丁酯、水杨酸异丁酯、柠檬油、丙酸芳樟酯、橙花醇、玫瑰醇、法国玫瑰油、土荆芥油、异戊酸苯乙酯
9	二甲基壬醇、丁酸香叶酯、麝香蓍(lva)油、月桂(laurel)叶油、大茴香酸甲酯、乙酸橙花酯、美国薄荷油、穗薰衣草油、万寿菊(tagetes)油、红百里香油
10	苦艾(absinthe)油、洋甘菊油、二苯甲烷、二苯醚、大茴香酸乙酯、杂薰衣草油、乙酸芳樟酯、甲基苯乙醛、苦橙油、丙酸苯丙酯、丁-3-香酚甲醚
11	丁酸异戊酯、胡萝卜籽(carrotseed)油、荜澄茄(cubeb)油、癸醇、格蓬(galbanum)油、风信子净油、脱色蜡菊(lmmortelle)净油、大叶钓樟(kuromoji)油、肉桂酸芳樟酯、甲酸芳樟酯、圆叶当归油(lovage)油、狭叶胡椒(Matico)油、水仙净油、肉豆蔻(nutmeg)油、辛醇、防风根(opopanax)油、甜橙油
12	肉桂酸甲酯、庚炔羧酸甲酯、法国橙叶油、肉桂酸苯乙酯、丙酸松油脂、甲基苄基醚
13	苯乙酸对甲酚酯、榄香脂(elemi)油、鸢尾凝脂、苯丙醇
14	罗勒油、卡南加油、小茴香油、柠檬草油、黄连木胶(mastic)油、甲基紫罗兰酮、含羞草(mimosa)净油、玫瑰草油、乙酸苯丙酯、异丁酸苯丙酯、木樨草(reseda)净油
15	对甲氧基苯乙酮、乙酸肉桂酯、甲酸肉桂酯、爪哇香茅油、欧莳萝(dill)油、愈创木(guaiacwood)油、洋茉莉醛、甲基吲哚、苏合香油、保加利亚玫瑰油
16	大茴香酸异戊酯、丁子香酚、苯乙酸苯丙酯、野百里香(serpolet)油
17	蜜蜂花(melissa)油、四氢香叶醇
18	菖蒲油、甘牛至(marjoram)油、鸢尾净油、异丁酸苯氧基乙酯、异戊酸甲基苯基原酯、紫罗兰叶净油
19	异丁酸苯乙酯、优质防臭木(verbena)油
20	香紫苏(clary sage)油
21	苯甲酸异戊酯、当归籽(angelica seed)油、大茴香醛、山菊根(arnica root)油、榄香树脂、吲哚、甲位紫罗兰酮、乙位紫罗兰酮、邻氨基苯甲酸甲酯、没药树脂、法国迷迭香油、乙酸十一酯
22	异丁子香酚苄醚、肉桂叶油、丙酸肉桂酯、丁子香油、甲酸香叶酯、邻氨基苯甲酸芳樟酯、橙花水净油、苯基甲酚醚
23	金雀花(broom)净油、甲氧基苯乙酮、欧芹(parsley)油
24	乙酸大茴香酯、南洋杉木(auracaria)油、亚苄基丙酮、肉桂皮油、肉桂酸乙酯、糠基羟基丙酸乙酯、非洲香叶油、法国香叶油、西班牙香叶油、乙酸香叶油、长寿花(jonquille)油、马尼拉依兰净油
25	异丁子香酚甲醚
26	柠檬桉油，*N*-异丁基邻氨基苯甲酸甲酯、苯乙酸甲酯
27	苯甲酸香茅酯、二甲基对苯二酚
28	丁酸肉桂酯
29	香苦木(cascarilla)皮油、波蓬香叶油
30	麝葵子(ambretteseed)油、小豆蔻(cardamon)油、姜草(gingergrass)油、白柠檬油
31	橙花净油
32	十二酸乙酯、对甲基苯丙醛
33	大根香叶(zdravets)油
34	芹菜根(celery root)油

续表

系数	品 名
35	N-甲基邻氨基苯甲酸甲酯
38	酒花(Hop)油
40	海索草(Hyssop)油、丙酸玫瑰酯、波蓬依兰油
41	肉豆蔻衣(Mace)油
42	乙酰基异丁子香酚、肉桂酸戊酯、亚肉桂基甲基原醇
43	甲酸丁子香酚酯、肉桂酸异丁酯、大花茉莉净油、玫瑰净油、晚香玉净油
45	乙酸龙脑酯、肉桂油
47	大茴香醇
50	十二醇、十二醛、苯丙醛、十一醇、苦橙花油
54	乙酸柏木酯
55	橙花叔醇
60	苯乙酸苄酯、柠檬醛、甲酸玫瑰酯
62	苯乙酸异戊酯
65	天然肉桂醇
70	水杨酸芳樟酯、脱色大花茉莉油
73	金合欢净油
77	甲基萘基甲酮
79	灵猫香膏
80	羟基香茅醛
85	苯乙二甲缩醛
87	辛醛
88	“杨梅醛”(β-甲基-β-苯基缩水甘油酸乙酯)
89	兔耳草醛
90	格蓬树脂、防风根树脂、鸢尾油树脂、乙酸玫瑰酯、脂檀(amyris)油、龙蒿(tarragon)油、脱色花框大花茉莉净油
91	苯乙酸苯乙酯、丙位-十一内酯(桃醛)
94	当归根(angelica root)油、桦芽油
99	山菊(arnica)花油
100	乙酰基丁子香酚、龙涎香酊(3%)、甲位戊基肉桂醛、戊氧基异丁肉香酚、安息香香树脂、二苯甲酮、桦焦油、海狸香净油、人造肉桂醇、广木香(costus)油、香豆素、扁柏(cypress)油、癸醛、乙基香兰素、丙位-壬内酯(“椰子醛”)、愈创木醇酯类、蜡菊(lmmortelle)净油、异丁子香酚、苯乙酸异丁子香酚酯、岩蔷薇浸膏、苯乙酸芳樟酯、甲基壬基乙醛、人造麝香、橡苔浸膏、乳香(olibanum)油及树脂、广藿香油、胡椒油、秘鲁香膏、苯乙酸、众香(pimento)油、苯乙酸玫瑰酯、东印度檀香油、苏合香香树脂、苯乙酸檀香酯、吐鲁香膏、黑香豆浸膏、乙酸三氯甲基苯基原酯、十一醛、香兰素、岩兰草油

Poucher 分类法是基于各种香料间的香气相对挥发度的差别，其关键问题是用嗅觉去判定一个香料香气的相对挥发度的终点。因为有些香料，特别是天然香料，往往是一种复杂的混合物，它的最初香气和最终香气很可能是不相同的；有的在挥发过程中，会逐渐失去它本来的典型香气特征，这就凭嗅辨者的嗅觉来判断。因此一个香料究竟列在头香、体香或是基香类别中，会因人而异。但这种分类法，对调香者来说，特别是初学者，是容易理解的，而

且是有一定益处的。

第二节 天然香料

天然香料分为动物性天然香料和植物性天然香料两大类。动物性天然香料主要有四种：麝香、灵猫香、海狸香和龙涎香，品种少但在香料中却占有重要地位。动物性天然香料较名贵，多用于高档加香产品中。它们能增香、提调、留香持久、且有定香能力。因此在调香中常用作定香剂，不但能使香精或加香制品的香气持久，而且能使整体香气柔和、圆熟和生动。

目前世界上已知的植物性天然香料约有 1500 种以上，一般书中介绍的有 300 余种。然而目前世界商业性生产并在调香中常用的只有 200 余种。植物性天然香料不仅能使调香制品保留着来自天然原料的优美浓郁的香气和口味，而且长期使用安全可靠，所以在调香中，主要用作增加天然感的香料。

一、动物性天然香料

1. 麝香

麝香是雄麝鹿的生殖腺分泌物，用以引诱异性，当季节进入初冬的发情期，分泌的麝香量增多，香气质量也较佳。主要产于印度、中国的云南、西藏、青海、新疆、东北三省等。

麝香经干燥后呈红棕色到暗棕色粒状物质，几乎无香气放出，用水润湿后有令人愉快的香气。当它与硫酸奎宁、樟脑、硫黄、高锰酸钾、小茴香等相混时，香气消失；但用氨水润湿时，香气则恢复；如用碳酸钠盐类处理可增强香气。一般制成酊剂使用。

麝香的主要香成分是麝香酮，其结构式为：

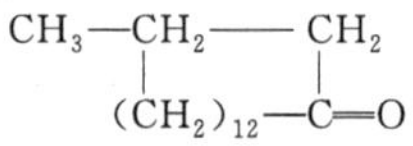

$$
\begin{array}{lll}
CH_3-CH & -CH_2- & CH_2 \\
\quad\;\; | & & \;\;| \\
\quad (CH_2)_{12} & - & C{=}O
\end{array}
$$

另外还有麝香吡啶、胆固醇、酚类、脂肪醇类以及脂肪、蛋白质、盐类等。

麝香属于高沸点难挥发性物质，在调香中常用作定香剂，使各种香成分挥发均匀，提高香精的稳定性，同时也赋予诱人的动物性香韵。由于其香气强烈，扩散力强且持久，因此为高级化妆品的重要加香香料之一。在医药中作为通窍剂、强心剂、中枢神经兴奋剂，内治中风、昏迷、抽风等症，外治跌打损伤等症。

2. 灵猫香

灵猫香是雌雄灵猫的囊状分泌腺所分泌出来的褐色半流动体。主要产于非洲埃塞俄比亚，亚洲的印度、缅甸、马来西亚、中国云南、广西等地。

新鲜的灵猫香为淡黄色黏稠液体，很像蜂蜜，久之被氧化成棕褐色膏状。浓时具有不愉快的恶臭，稀释后有强烈而令人愉快的麝香香气。常制成酊剂使用。

灵猫香的主要香成分是灵猫酮，其化学结构式为：

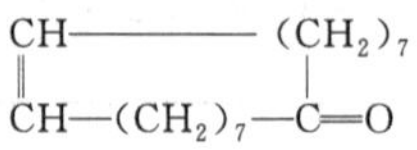

$$
\begin{array}{lll}
CH & ———— & (CH_2)_7 \\
\| & & \quad | \\
CH & -(CH_2)_7- & C{=}O
\end{array}
$$

另外还有 3-甲基吲哚、吲哚、乙酸苄酯、四氢对甲基喹啉等。

灵猫香的香气比麝香更为优雅，常用作高级香水香精的定香剂。在医药中它具有清脑的功效。

3. 海狸香

海狸香是从雌雄海狸生殖器附近的梨状腺囊中取得的分泌物。主要产于亚洲、美洲以及欧洲北部，主要产地是加拿大和西伯利亚等地。

新鲜的海狸香为奶油状，经日晒或干燥后呈红棕色的树脂状物质。海狸香不经处理有腥臭味，稀释后则有令人愉快的香气。海狸香的香气比较浓烈而且持久，但有树脂样苦味。一般也制成酊剂使用。

海狸香的成分比较复杂，研究结果表明，随海狸的年龄、生长环境及采集时间不同，其成分也不相同。海狸香的主要香成分是由生物碱和吡嗪等含氮化合物构成，另外还有树脂、苯甲酸以及醇类、酮类、酚类和酯类等。其中几种主要香成分如图 6-1 所示。

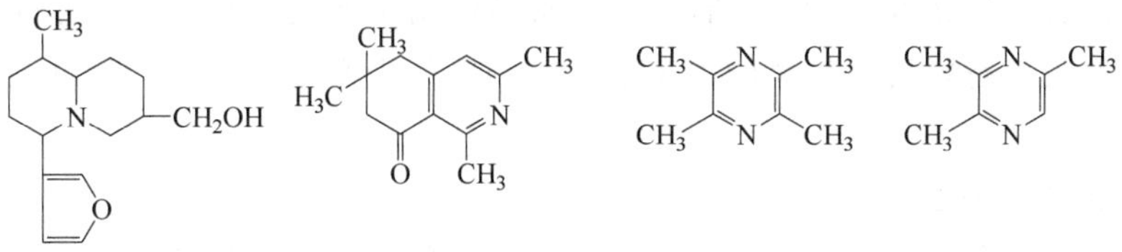

海狸胺　喹啉化合物　吡嗪化合物

图 6-1　海狸香中含氮香成分

海狸香主要用作定香剂，配入花精油中能提高其芳香性，增加香料的留香时间，是极其珍贵的香料。但由于受产量、质量等影响，其应用不如其他几种动物性香料广泛。

4. 龙涎香

龙涎香是在抹香鲸胃肠内形成的结石状病态产物，自体内排出在海上漂流或冲至海岸，经长期风吹雨淋、日晒、发酵而成的。也可从捕获的抹鲸体内经解剖而取得，目前主要来自捕鲸业。龙涎香从海面上漂浮而来，因而常无一定产区，在抹香鲸生存的海域常有发现，多产于南非、印度、巴西、日本等。中国南部海岸也时有发现，但产量极少。

龙涎香是灰白色或棕黄或深褐色的黏稠蜡样块状物质，其香气不像其他几种动物香料那样明显，但如配在香精中，经过一定时间的成熟，则会使香气格外诱人，其留香性和持久性是任何香料都无与伦比的。龙涎香的留香能力比麝香强 20～30 倍，可达数月之久。

龙涎香一般都制成酊剂，再经过 1～3 年熟成后使用，这样其特征香气才能得以充分发挥。龙涎香具有清灵而温雅的特殊动物香，在动物性香料中是最少腥臭气的香料，其品质最高、香气最优美、价格最昂贵。在高档的名牌香精中，大多含有龙涎香。

龙涎香的主要成分是龙涎香醇和甾醇（粪甾烷-3α-醇-2），其化学结构式如图 6-2 所示。

龙涎香醇本身并不香，经自然氧化分解后，其分解产物龙涎香醚和 γ-紫罗兰酮（化学结构式见图 6-3）成为主要香气物质。所以龙涎香的熟成时间较长，有的甚至长达 5 年之久，其中加拿大等国所产龙涎香比较有名。

除上述四种主要动物性香料外，还有主要产于北美洲沼泽地区的麝香鼠香。麝香鼠香是取自麝香鼠腺囊中的脂肪性液状物质，其萃取物中含有脂肪族原醇，经氧化制得麝香鼠香，

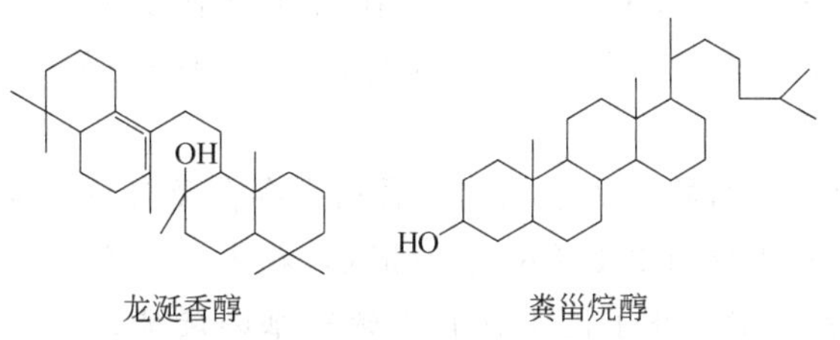

图 6-2　龙涎香醇和甾醇的化学结构

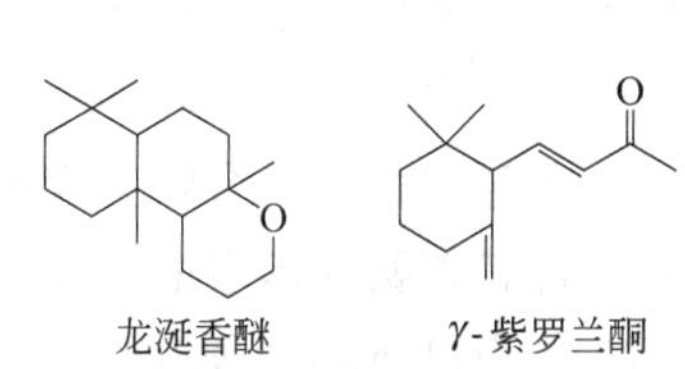

图 6-3　龙涎香主香成分的化学结构

可作为麝香代用品。

二、植物性天然香料

植物性天然香料是从芳香植物的花、叶、枝、干、根、茎、皮、果实或树脂中提取出来的有机物的混合物。大多数呈油状或膏状，少数呈树脂或半固态。由于植物性天然香料的主要成分都是具有挥发性和芳香气味的油状物，它们是植物芳香的精华，因此也把植物性天然香料统称为精油。精油往往以游离态或苷的形式积聚于细胞或细胞组织间隙中。它们的含量不但与物种有关，同时也随着土壤成分、气候条件、生长季节、生成年龄、收割时间、储运情况而异。所以芳香植物的选种和培育，对于天然香料生产来说是至关重要的。

中国是生产天然香料历史最早的国家之一。现已能生产100多种。除供国内消费外，尚有部分出口。

1.植物性香料的含香成分

从香料植物不同含香部分分离提取的芳香成分，常代表该香料植物部分的香气。无论用何种方法提取的精油、浸膏以及油树脂等，都是由多种成分构成的混合物。玫瑰油系由275个芳香成分构成；草莓果提取物有160余种成分。精油的芳香成分为数极多，从天然香料植物分离出来的有机化合物有3000多种，从化学结构大体上可分为如下四大类：萜类化合物、芳香族化合物、脂肪族化合物和含氮含硫化合物。

(1) 萜类化合物　天然植物性香料中的大部分有香成分是萜类化合物，在一些精油中，某些萜类的含量非常高，如松节油中蒎烯的含量达80%～90%；黄柏果油中月桂烯的含量大于90%；甜橙油中柠檬烯的含量大于90%；芳樟油中芳樟醇的含量为70%～80%；山苍子油中柠檬醛的含量为60%～80%；香茅油中香茅醛的含量大于35%；薰衣草油中含乙酸芳樟酯35%～60%等。根据碳原子骨架中碳的个数分单萜、倍半萜、二萜、三萜、四萜。从化学结构分开链萜、单环萜、双环萜、三环萜、四环萜。按官能团分萜烃类、萜醇类、萜醛类、萜酮类等。

(2) 芳香族化合物　在天然植物性香料中，芳香族化合物的存在仅次于萜类。如玫瑰油中的苯乙醇含量约15%；香荚兰豆中的香兰素含量约1%～3%；苦杏仁油中的苯甲醛含量为85%～95%；肉桂油中肉桂醛的含量约95%左右；八角茴香油中大茴香脑的含量在80%以上；丁子香油中的丁子香酚含量在95%以上；百里香油中的百里香酚含量约40%～60%；黄樟油中的黄樟油素含量在95%以上等。

(3) 脂肪族化合物　包括脂肪族的醇、醛、酮、酸、醚、酯、内酯等，在植物性天然香料中也广泛存在，但其含量和作用一般不如萜类化合物和芳香族化合物。在茶叶及其他绿叶植物中含有少量的顺式-3-己烯醇（叶醇），它具有青草的香气，在香精中起清香香韵变调剂作用。2-己烯醛（叶醛）是构成黄瓜青香的天然醛类；紫罗兰叶中含有2,6-壬二烯醛（紫罗兰叶醛）；在芸香油中含有70%左右的甲基壬基甲酮（芸香酮）；在茉莉油中含有20%左右的乙酸苄酯；鸢尾油中十四酸（肉豆蔻酸）含量可高达84%；还有黄葵子油中的黄葵内酯、玫瑰油中的玫瑰醚、苦橙叶油中的香叶醚等。

(4) 含氮和含硫化合物　含氮和含硫类化合物在天然植物性香料中存在及含量很少，如橙花油中含有邻氨基苯甲酸甲酯，大花茉莉中含有2.5%左右的吲哚，花生中含有2-甲基吡嗪和2,3-二甲基吡嗪，姜油中含有二甲基硫醚，芥子油中含有异硫氰基丙烯酯，大蒜油中含有二硫化二烯丙基等。虽然它们含量很少，但由于气味极强，所以不可忽视。

2. 植物性天然香料的加工制作方法

植物性天然香料的加工制作方法通常有四种：水蒸气蒸馏法、压榨法、浸提法和吸收法。用水蒸气蒸馏法和压榨法制取的天然香料，通常是芳香性挥发性油状物，所以在商品上统称为精油。用挥发性溶剂浸提植物原料制取的产品，因含有植物蜡、色素、叶绿素、糖类等杂质，通常是半固态膏状物，所以在商品上统称为浸膏。用非挥发性溶剂吸收法生产的植物性天然香料称为香脂。浸膏或香脂用高纯度的乙醇溶解，滤去植物蜡等杂质，将乙醇蒸出后所得到的浓缩物称为净油。

（1）水蒸气蒸馏法　在植物性天然香料四种生产方法中，水蒸气蒸馏法是最常用的一种。该法的特点是设备简单、容易操作、成本低、产量大。除在沸水中香成分易分解变质的植物原料如茉莉、紫罗兰、金合欢、风信子等一些鲜花外，绝大多数芳香植物均可用水蒸气蒸馏方法生产精油。

水蒸气蒸馏法生产精油有三种方式：水中蒸馏，即原料浸于水中；水上蒸馏，即隔水蒸馏，原料与水不直接接触；水汽蒸馏，即蒸馏器内不加水，从锅炉中出来的水蒸气直接通入蒸馏器中，由喷气管喷出而进行水蒸气蒸馏。收集冷凝的馏分并经分离制得精油。

（2）浸提法　水蒸气蒸馏法虽然比较简单，但不适于受热易分解或变质的香料，有的精油成分溶于水，所以也不能采用水蒸气蒸馏法，如花精油的生产普遍采用浸提法。该法系采用石油醚、己烷、苯等挥发性有机溶剂将植物原料中芳香成分浸提出来。由于在浸提时植物蜡、色素、脂肪、纤维、淀粉、糖类等杂质也被浸提出来，产品往往呈膏状，故称为浸膏。由于要大量使用有机溶剂导致成本增高，所以浸提法所用原料为鲜花、树脂、香豆等。将花和精制后的溶剂投入浸提釜内，在室温下脱掉溶剂后制得浸膏。再用乙醇二次萃取后制得净油。

（3）压榨法　压榨法主要用于红橘、甜橙、柠檬、柚子等柑橘类精油的生产。压榨法可分为三种：海绵法、锉榨法和机械化法。将果皮放入冷水中浸泡后，用手挤压，再用海绵进行吸收的方法称为海绵法。锉榨法是将果皮装入回转剉榨器中进行剉榨，锉榨器内壁上装有很多小尖钉，用其刺破橘皮表面上的细胞使精油流出。这两种方法均采用手工操作，生产效率低，但常温加工，精油气味好。近代则通常采用机械压榨法，如螺旋压榨机等。

（4）吸收法　吸收法系采用精制后的无臭牛油、猪油或二者的混合物等，将花撒在油脂上进行吸收，所得的半固体物质称为香脂。若加温至 60～70℃为热吸法；常温吸收则为冷吸法。此法所加工的原料，大多是芳香成分容易释放，香势强的茉莉花、兰花、晚香玉、水仙等名贵花朵。冷吸法加工过程温度低，芳香成分不易破坏，产品香气质量最佳；但由于手工操作多，生产周期长，生产效率低，一般不常使用。

第三节　合成香料

由于天然香料动、植物往往受自然条件的限制及加工等因素的影响，造成产量和质量不稳定，不能满足加香制品的需求。利用单离香料或有机化工原料通过有机合成的方法而制备的香料，具有化学结构明确，产量大、品种多、价廉等特点，既弥补了天然香料的不足，又增大了有香物质的来源，因而得以长足发展。

目前合成香料据文献载约有 4000～5000 种，常用的有 700 种左右。在目前的香精配方中，合成香料占 85%左右。国内目前能生产的合成香料约有 400 余种，其中经常生产的约有 200 余种。有代表性的合成香料见表 6-4。

表 6-4 有代表性的合成香料

化学结构分类		有代表性的香料及香气		
		香料名	化学结构式	香气
烃类		柠檬烯	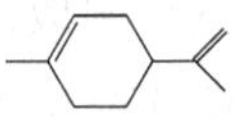	具有类似柠檬或甜橙的香气
醇类	脂肪族醇	1-壬醇	$CH_3(CH_2)_7CH_2OH$	具有玫瑰似的香气
	萜类醇	薄荷脑	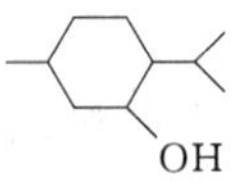 OH	具有强的薄荷香气和凉爽的味道
	芳香族醇	β-苯乙醇	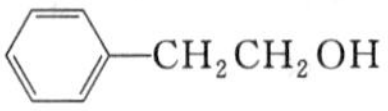 $—CH_2CH_2OH$	具有玫瑰似的香气
醚类	芳香醚	茴香脑	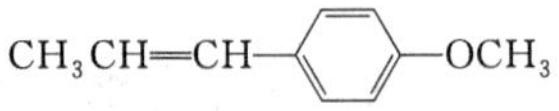 $CH_3CH═CH—$ $—OCH_3$	具有茴香香气
	萜类醚	芳樟醇甲基醚	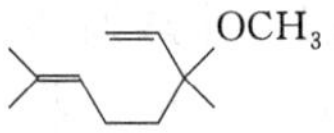 OCH_3	具有香柠檬香气
酯类	脂肪酸酯	乙酸芳樟酯	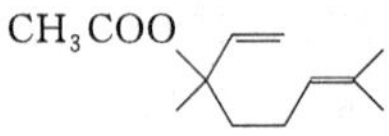 CH_3COO	具有香柠檬、薰衣草似的香气
	芳香酸酯	苯甲酸丁酯	 $—COO(CH_2)_3CH_3$	具有水果香气
内酯类	脂肪族羟基酸内酯	γ-十一内酯	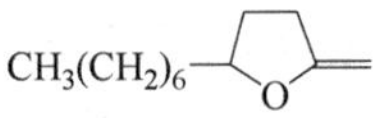 $CH_3(CH_2)_6—$ O	具有桃子似的香气
	芳香族羟基酸内酯	香豆素	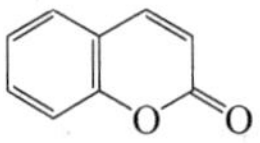 O O	具有新鲜的干草香气
	大环内酯	十五内酯	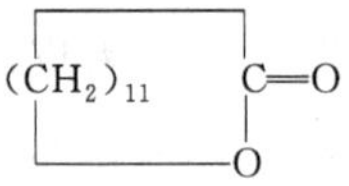 $(CH_2)_{11}$ C═O O	具有强烈的天然麝香的香气
	含氧内酯	12-氧杂十六内酯	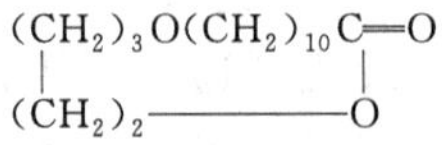 $(CH_2)_3O(CH_2)_{10}C═O$ $(CH_2)_2$——O	具有强烈的麝香香气
醛类	脂肪族醛	月桂醛	$CH_3(CH_2)_{10}CHO$	具有似紫罗兰样的强烈而又持久的香气
	萜类醛	柠檬醛	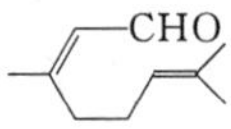 CHO	具有柠檬似的香气
	芳香族醛	香兰素	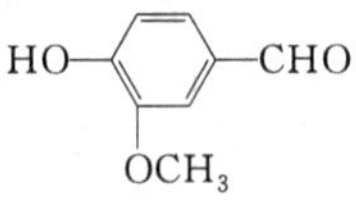 HO— —CHO OCH_3	具有独特的香荚兰豆香气
	缩醛	柠檬醛二乙缩醛	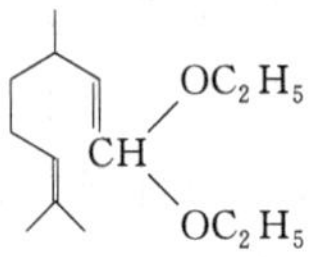 OC_2H_5 CH OC_2H_5	具有柠檬型香气
酮类	脂环族酮	α-紫罗兰酮	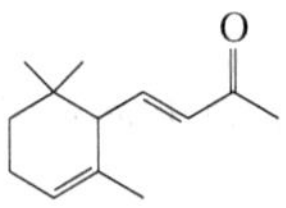 O	具有强烈的花香，稀释时有类似紫罗兰的香气

续表

化学结构分类		有代表性的香料及香气		
		香料名	化学结构式	香　气
酮类	萜类酮	香芹酮	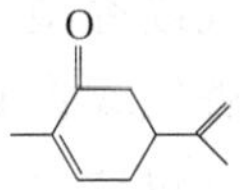 O	具有留兰香似的香气
	芳香族酮	甲基 β-萘基甲酮	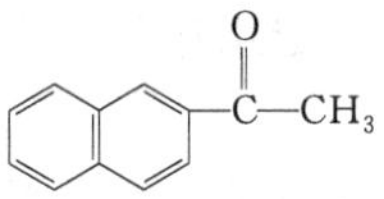 $\overset{O}{\overset{\parallel}{C}}-CH_3$	具有微弱的橙花香气
	大环酮	环十五酮	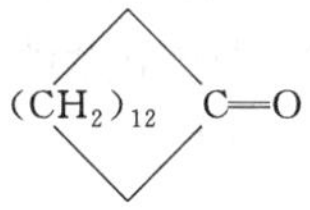 $(CH_2)_{12}$ C=O	具有强烈的麝香香气
硝基衍生物类		葵子麝香	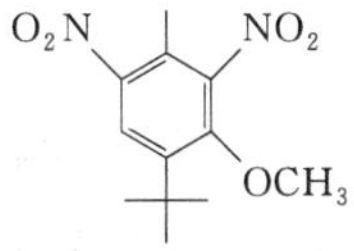 O_2N, NO_2, OCH_3	具有似天然麝香的香气
杂环类		吲哚	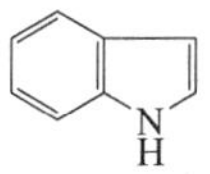 N H	在极度稀释时具有茉莉花样香气

香料合成采用了许多有机化学反应，如氧化、还原、水解、缩合、酯化、卤化、硝化、加成、转位环化等。这里按原料来源的不同，将合成香料的生产简单介绍如下。

1. 用天然植物精油生产合成香料

在合成香料中，可利用的天然精油非常多，如松节油、山苍子油、香茅油、蓖麻油、菜籽油等。首先通过物理或化学的方法从这些精油中分离出单体，即单离香料，然后用有机合成的方法，合成出价值更高的一系列香料化合物。

2. 用煤炭化工产品生产合成香料

煤炭在炼焦炉炭化室中受高温作用发生热分解反应，除生成炼钢用的焦炭外，尚可得到煤焦油和煤气等副产品。这些焦化副产品经进一步分馏和纯化，可得到酚、萘、苯、甲苯、二甲苯等基本有机化工原料。利用这些基本有机化工原料，可以合成出大量芳香族和硝基麝香等有价值的常用合成香料化合物。

3. 用石油化工产品生产合成香料

从炼油和天然气化工中，可以直接或间接地得到大量有机化工原料。如苯、甲苯、乙炔、乙烯、丙烯、异丁烯、丁二烯、异戊二烯、乙醇、异丙醇、环氧乙烷、环氧丙烷、丙酮等。利用这些石油化工产品为原料，除可以合成脂肪族醇、醛、酮、酯等一般香料外，尚可合成芳香族香料、萜类香料、合成麝香以及一些其他宝贵的合成香料。

第四节　化妆品香精

天然香料是一种香料混合物，代表着该种动植物的香气，一般讲可直接用于加香产品中。但由于芳香动植物受品种、产地、生产季节等的影响，产量少不能满足市场的需求；而且某些品种价格较贵，直接用于加香产品，成本高，市场难以接受；再者芳香植物在加工处理过程中部分芳香成分被破坏或损失，在香气上与原来的芳香植物相比有一定损伤。所以通常天然香料不直接用于加香产品。

通过有机合成化学所合成的合成香料，品种多，产量大，成本低，弥补了天然香料的不足，增大了芳香物质的来源。但合成香料是单体香料，其香气较单一，不能直接用于加香产品。为了要具有某一天然动植物的香气或香型，必须经过调香工作者的艺术加工，即调香，才能使之具有或接近某一天然植物的香气或香型，用于加香产品中。

调香就是将数种乃至数十种香料（包括天然香料、合成香料和单离香料），按照一定的配比调合成具有某种香气或香型和一定用途的调和香料的过程，这种调和香料称之为香精。

一、香精的分类

香精是一种由人工调配出来的含有数种乃至数十种香料的混合物，且具有某种香气或香型和一定的用途。因此由于香气、香型或用途的不同，其分类方法也不相同。就化妆品香精而言，大体上可以从下面三个方面来分类。

1.根据用途分类

化妆品种类繁多，各种化妆品由于其用途、用法、形态等的不同，在配方上和性能上也千差万别，为了满足不同化妆品加香的需要，化妆品香精可分为膏霜类化妆品用香精、油蜡类化妆品用香精、粉类化妆品用香精、液洗类化妆品用香精、香水类化妆品用香精、牙膏用香精等。

2.根据香精的形态分类

化妆品形态的不同，其体系的性能也不同，为了保持化妆品基本的性能稳定，所加香精的性能（溶解性、分散性等）应和化妆品基本性能相一致。因此香精的形态可分为以下几种。

（1）水溶性香精　可用在香水、花露水、化妆水、牙膏、乳化体类等化妆品中。水溶性香精所用的天然香料和合成香料必须能溶于水溶性溶剂中。常用的溶剂为40%～60%左右的乙醇水溶液，也可采用丙醇、丙二醇、丙三醇等代替乙醇作为水溶性香精的溶剂。

（2）油溶性香精　天然香料和合成香料溶解在油溶性溶剂当中所调配而成的香精称为油溶性香精。所用溶剂有两类：一类为天然油脂，主要用于调配食用香精；另一类为有机溶剂，常用的有苄醇、苯甲酸苄酯、邻苯二甲酸二乙酯、棕榈酸异丙酯等。也可利用香料本身的互溶性配制而成。可用在膏霜、唇膏、发油、发蜡等化妆品中。

（3）乳化香精　香料和水在表面活性剂作用下形成乳液类香精。通过乳化可以抑制香料的挥发，大量用水而不用乙醇或其他溶剂，可以降低成本，因此乳化香精的应用发展很快。

乳化香精中起乳化作用的表面活性剂有单硬脂酸甘油酯、大豆磷脂、山梨醇酐脂肪酸酯、聚氧乙烯木糖醇酐硬脂酸酯等。另外果胶、明胶、阿拉伯胶、琼脂、淀粉、海藻酸钠、酪蛋白酸钠、羧甲基纤维素纳等在乳化香精中，可起乳化稳定剂和增稠剂的作用。

乳化香精可用在发乳、发膏、粉蜜等化妆品中。

（4）粉末香精　大体上可分为固体香料磨碎混合制成的粉末香精，粉末单体吸收香精制成的粉末香精和由赋形剂包覆香料而形成的微胶囊粉末香精三种类型。主要用在香粉、爽身粉等粉类化妆品中。

3.根据香型分类

香精的整体香气类型或格调称为香型。根据香气的类型可分为花香型、非花香型和果香型三大类。

（1）花香型香精　多是模仿天然花香而调合成的香精。如玫瑰、茉莉、铃兰、紫罗兰、水仙花、玉兰、橙花、月下香、桂花、金合欢、葵花、郁金香等。

(2) 非花香型香精 有的模仿实物而调配，有的则是根据幻想中的优雅香味调和而成。这类香精的名称，有的采用神话传说，有的采用地名，往往有一个美妙抒情的名称，如素心兰、古龙、力士、飘柔、巴黎之夜、夏之梦、吉卜赛少女等。幻想型香精多用于制造各种香水等。

(3) 果香型香精 模仿果实的香味调配而成的。如苹果、香蕉、橘子、柠檬、草莓、梨子、水蜜桃、葡萄、甜瓜等。此类香精多用于牙膏、香波等制品中。

二、香精的组成

1.从香料在香精中的作用出发

由多种香原料调和而成的香精，各种香原料在香精中均有一定的作用。按照香料在香精中的作用，不论是哪种类型的香精，大都是由以下五个部分组成。

(1) 主香剂 亦称主香香料，是形成香精主体香韵的基础，是构成各种类型香精香气的基本原料，在配方中用量较大。因此起主香剂作用的香料香型必须与所要配制的香精香型相一致。在香精配方中，有的只用一种香料作主香剂，但多数情况下都是用多种香料作主香剂。若要模仿调配某种香精，首先应找出基本香气特征，选择确定其主香剂，然后才能配制。

(2) 和香剂 亦称协调剂。其作用是调和各种成分的香气，使主香剂香气更加突出，香韵更圆。因此用作和香剂的香料的香型应和主香剂的香型相同。

(3) 修饰剂 亦称变调剂。其作用是使香精变化格调，增添某种新的风韵。用作修饰剂的香料的香型与主香剂的香型不同。在香精配方中用量较少。在近代调香中，趋向于强香韵的品种很多，如较为流行的花香-醛香型、花香-醛香-清香型等。广泛采用高级脂肪族醛类香料来突出强烈的醛香香韵，增强香气的扩散性能、加强头香。

(4) 定香剂 亦称保香剂。所谓定香剂就是其本身不易挥发，且能抑制其他易挥发香料的挥发速度，从而使整个香精的挥发速度减慢，同时使香精的香气特征或香型始终保持一致，以保持香气持久性的香料。它可以是一种“单一”的化合物，也可以是两种或两种以上的化合物组成的混合物，还可以是一种天然的香料混合物，可以是有香物质，也可以是无香物质。定香剂的品种较多，如麝香、灵猫香、龙涎香、海狸香等动物性香料；秘鲁香树脂、吐鲁香膏、安息香树脂、苏合香树脂、橡苔浸膏等植物性香料；以及分子量较大或分子间作用力较强，沸点较高，蒸气压较低的合成香料。

(5) 香花香料 亦称增加天然感的香料。其作用是使香精的香气更加甜悦，更加接近天然花香。主要采用各种香花精油。

2.从香气感觉的观点出发

从对香气感觉的观点出发，根据香精配方中香料的挥发度和留香时间的不同，大体将香精分为头香、体香与基香三个相互关联的组成部分。这三个组成部分所用全部香料品种与其配比数量，形成了香精的整体配方。

(1) 头香 亦称顶香。是对香精（或加香制品）嗅辨中最初片刻的香气印象。也就是人们首先能嗅感到的香气特征。用于头香的香料称为头香香料，一般是由香气扩散力较好的香料所形成的。头香香料挥发快，留香时间短，在评香纸上的留香时间在2h以下。头香能赋予人们最初的优美感，使香精富有感染力。消费者比较容易接受头香香气和香型以及香韵的影响，但头香并不代表香精的特征香韵。

(2) 体香 亦称中香。是在头香之后，立即被嗅感到的香气，而且能在相当长的时间中保持稳定和一致。用于体香的香料称为体香香料。是由具有中等挥发速度的香料所形成，在评香纸上的留香时间约为2～6h。体香香料是香精的主体组成部分，它代表着这个香精的主体香气。

(3) 基香 亦称尾香。是在香精的头香和体香挥发之后，留下来的最后的香气。用于基香的香料称为基香香料，一般是由沸点高，挥发性低的香料或定香剂所组成，在评香纸上的留香时间超过6h。基香是香精的基础部分，它代表着香精的香气特征。

三、调香的方法

调香是一复杂的工作，既要有香料应用方面的知识、丰富的技术经验，又要有灵敏的嗅觉，还要了解加香介质的性能。调香和绘画时调配颜色相似。画家是用色彩描绘大自然的美，而调香师却是通过香精香气来表现美丽的大自然。因此调香既可以说是一门技术，也可以说是一门艺术。各种香料有相互调和与不调和的区别：当相互调和的香料混合时，可产生令人愉快舒适的气味；而不调和的香料混合时，会产生令人不愉快的臭味。完成一种香精，通常要经过拟方、调配、闻香修改、加入介质中观察、再修改、反复多次实践，才能最终确定配方。

调香工作是一种复杂的艺术创造过程，由于每个调香师的创作观点不同，因此有许多调香方法。这里只简单介绍一种普通的，适合于初学者掌握的方法，即从香料的挥发度出发，按照基香、体香和头香的构成来选择香料和创作香精配方的方法。

首先要明确所配制香精的香型和香韵，以此作为调香的目标。其次是按照香精的应用要求，选择质量等级相应的头香、体香和基香香料。在确定了香型和用量之后，调香从基香部分开始，这是调和香料最重要的一步，完成这一步便制成了各种香型香精的骨架结构。基香完成后，便开始加入组成体香的香料，体香起着连接头香和基香的桥梁作用，它可遮蔽基香部分的不佳气味，并使香气变得华丽、丰盈。第三步是加入头香部分，头香部分的作用是使香气轻快、新鲜、香感华丽、活泼，隐蔽基香和体香中的抑郁部分，取得良好的香气平衡。在调入后一步香料的过程中，都有可能对已初步确定的前一步香料的配比，略作调整，以期求得在香气上的和谐、持久和稳定。经过反复试配和香气质量评价后，再加入加香介质中作应用考查，观察并评估其持久性、稳定性和安全性等，并根据评估结果作必要的香精配方调整。最后确定香精配方和调配方法。至此，针对某一加香产品的香精配方才算完成。

在拟定配方时，各香料百分比的选择应使各香料的香气前后相呼应，在香精的整个挥发过程中，各层次的香气能循序挥发形成连续性，使它的典型香韵不前后脱节过于变异。

化妆品的种类繁多，其加香介质的理化性能也各异，即使是同一类型的产品，也由于所用原料品种和用量配比的不同而各异。因此不同种类的产品，对香精香气及加香工艺条件的要求也不相同，从某种程度上说，化妆品香精配方是有一定的“专用性”的。

四、香料香精的稳定性和安全性

1.稳定性

香料、香精的稳定性主要表现在两个方面：一是它们在香气或香型上的稳定性；二是自身或在介质中的物理、化学性能是否稳定。

合成香料和单离香料由于是单一体，在单独存放时，如果不受外界条件（光、热、空气、污染）等影响，其香气大多数前后是一致的，所以相对说是较稳定的。

天然香料由于是多种成分的混合物，这些成分分子量大小不一，物理化学性质不同，特别是挥发速率的不同，所以相对说其香气的稳定性要差一些。

香精是由用量不等的合成香料、单离香料以及天然香料等所组成，往往含有数十种甚至上百种不同分子结构的化合物。这些化合物的物理、化学性质是很不相同的，相互之间会发生复杂的变化，影响着香精的稳定性。特别是这些化合物的挥发度不同，要保证香精的香型或香气稳定，在整个挥发过程中保持一致，必须经过多次试验，取得相互之间的协调一致。同时还要考察将其加入加香介质中后以及在使用过程中，它的香型是否稳定，整个挥发过程中能否保持一致，香气的持久性如何，是否会导致介质的形态，色泽，澄清度以及应用性能等发生变化。影响香精不稳定的因素可归纳为如下几个方面：

① 香精中某些香料分子之间发生化学反应，如酯交换、酯化、酚醛缩合、醇醛缩合等反应；

② 香精中某些分子和空气之间发生氧化反应，如醇、醛、不饱和键等；

③ 香精中某些分子遇光照后发生物理化学反应，如某些醛、酮、含氮化合物等；

④ 香精某些成分与加香介质中某些组分之间的物理、化学反应或配伍不容性等，如受酸碱度的影响而皂化、水解，溶解度变化，表面活性剂不适应等；

⑤ 香精中某些成分与加香产品包装容器材料之间的反应等。

总之，香料与香精，尤其是香精的稳定性问题，是调香工作者在配方时不可忽视的一个方面。对香料的物理化学性能要心中有数。在配方时，不仅要考虑加香介质的性质，而且在选料上要头香、体香和基香的香气、香型以及物理、化学稳定性、安全性等综合考虑，通过品种、用量及应用试验，才能取得各方面都满意的配方。

2. 安全性

化妆品长时间、连续与皮肤直接接触，因此安全性至关重要，而化妆品的安全性又与所用原料的安全性密切相关。香料香精作为化妆品的主要添加剂，其安全性如何，将直接影响着化妆品的安全性。有关香料的安全性，“国际日用香料香精协会”要求对每一香料要从如下六个方面做试验：①急性口服毒性试验；②急性皮肤毒性试验；③皮肤刺激性试验；④眼睛刺激性试验；⑤皮肤接触过敏试验；⑥光敏中毒和皮肤光敏化作用试验。并公布了在日用香精中禁用或限用的香料，如表 6-5 所示。

表 6-5 国际日用香料香精协会“开业章法”中有关日用香料使用规定

编号	香料名称	使用规定	理由	公布年月
1	苯亚甲基丙酮(benzylidene acetone)	禁用	导致敏化作用(Sensitization)	1974/6
2	硝基苯(nitrobenzene)	禁用	高毒性和皮肤中毒	1974/6
3	二氢香豆素(dihydrocoumarin)	禁用	导致敏化作用	1974/10
4	亚茴香基丙酮(Anisylidene acetone)	禁用	导致敏化作用	1974/11
5	丙烯酸乙酯(ethyl acrylate)	禁用	导致敏化作用	1974/11
6	土木香(elecampane 或 Allanroot)油(取自 *Inula helenium* 者)	禁用	导致敏化作用	1975/6
7	马来酸二乙酯(diethyl maleate)	禁用	导致敏化作用	1975/6
8	对叔丁基苯酚(*p*-*tert*-butyl phenol)	禁用	导致敏化及脱色素(Depigmentation)作用	1975/6
9	氢化松香醇(hydroabietyl alcohol)	禁用于化妆品香精中	弱的导致敏化作用	1976/5
10	柠康酸二甲酯(dimethyl citraconate)	禁用	导致敏化作用	1976/10
11	1,1,4,4-四甲基-7-乙酰基-1,2,3,4-四氢萘(AETT,即万山麝香)	禁用	导致神经中毒(Neurotoxicity)	1977/11
12	甲位甲基亚茴香基丙酮	禁用	导致敏化作用	1977/11
13	巴豆酸甲酯(methyl crotonate)	禁用	导致敏化作用	1978/3

续表

编号	香料名称	使用规定	理由	公布年月
14	兔耳草醇(cyclamen alcohol)	禁用(在兔耳草醛中含量应<1.5%)	导致敏化作用	1978/10
15	6-甲基香豆素	禁用	导致光过敏作用(Photoallergy)	1979/2
16	7-甲基香豆素	禁用	导致光过敏作用	1979/2
17	2-亚戊基环己酮(2-pentylidene cyclohexanone)	禁用	导致敏化作用	1979/2
18	假性紫罗兰酮类(pseudoionones)	禁用(在紫罗兰酮类中含量应<1%)	导致敏化作用	1979/2
19	假性甲基紫罗兰酮类(pseudomethylionones)	禁用(在甲基紫罗兰酮类中含量应<1%)	导致敏化作用	1979/2
20	4,6-二甲基-8-叔丁基香豆素	禁用	导致光过敏作用	1979/2
21	7-甲氧基香豆素	禁用	导致过敏及光过敏作用	1979/2
22	6-异丙基萘烷-2-醇(6-isopropyl 2-decalol)	禁用	导致敏化作用	1979/6
23	4-甲基-7-乙氧基香豆素	禁用	导致光过敏作用	1979/6
24	2,3-异庚二酮(acetyl isovaleryl)	禁用	导致敏化作用	1980/2
25	无花果(fig)叶净油	禁用	导致敏化及光中毒作用	1980/10
26	对苯二酚单乙醚(hydroquinone Monoethyl ether)	禁用	导致脱色素作用	1983/10
27	对苯二酚单甲醚	禁用	导致脱色素作用	1983/10
28	广木香(costus)根油,浸膏和净油 (取自 *Saussurea lappa* Clarke 者)	禁用(除非取自无敏化作用的植物品种,经证明可用者)	导致敏化作用	1982/6
29	桧(savin)油 (取自 *Juniperus sabina* L. 者)	禁用(只有取自 *Juniperus phoenicea* L. 者,经证明可用者,方得使用)	高度急性中毒作用(Acute Toxicity)	1982/6
30	美国苏合香树胶(american styrax gum)	禁用(只有取自 *Liquidambar styracifula* L. Var. *macrophylla* 的树胶并经处理证明可用者)	导致敏化作用	1982/6
31	亚洲苏合香树胶(asian styrax gum)	禁用(只有取自 *Liquidambar orientilis* Mill. 的树胶并经处理证明可用者)	导致敏化作用	1982/6
32	秘鲁香膏(Peru balsam) [取自 *Myroxylon pereirae* (Royle) Klotzsch 者]	禁用(除非经过处理如蒸馏等证明可用者)	导致敏化作用	1982/6
33	甲位亚己基环戊酮(α-hexylidene cyclopentanone)	任何香料制品中含量超过 8% 者,禁用	导致敏化作用	1983/2
34	反式庚烯-2-醛	禁用	导致敏化作用	1985/2
35	反式己烯-2-醛二甲缩醛	禁用	导致敏化作用	1985/2
36	反式己烯-2-醛二乙缩醛	禁用	导致敏化作用	1985/2
37	黄樟素(safrole)	禁用(在香精中总含量不得大于0.05%)	导致敏化作用	1985/2
38	庚炔羧酸甲酯(methyl heptine carbonate)	在香精中用量应≤0.01%	在香精久储后有导致敏化作用的因素	1976/10
39	1,1,2,3,3,6-六甲基-5-乙酰基-2,3-二氢化茚(1,1,2,3,3,6-hexamethyl-5-acetyl indan 即 phantolid)	除可用于从肤发洗去的加香洗涤制品的香精外,在其他可能遇阳光照射的加香肤发制品的香精中,用量应<5%	有导致光敏中毒的因素	1978/10

续表

编号	香料名称	使用规定	理由	公布年月
40	当归(*Angelica*)根油 (取自 *Angelica archangelica* 者)	除可用于从肤发洗去的加香洗涤制品的香精外,在其他可能遇阳光照射的加香肤发制品的香精中,用量应<3.9%	有导致光敏中毒的因素	1978/10
41	香柠檬(bergamot)油	除可用于从肤发洗去的加香洗涤制品的香精外,在其他香精中应使其中的香柠檬脑(Bergaptene 或 5-Methoxypsoralen)的含量不超过75mg/kg	有导致光敏中毒的因素	1978/10
42	冷压苦橙(bitter orange)油	除可用于从肤发洗去的加香洗涤制品的香精外,在其他香精中的用量应≤7%	有导致光敏中毒的因素	1978/10
43	冷压柠檬(lemon)油	除可用于从肤发洗去的加香洗涤制品的香精外,在其他香精中的用量应≤10%	有导致光敏中毒的因素	1978/10
44	冷压白柠檬(lime)油	除可用于从肤发洗去的加香洗涤制品的香精外,在其他香精中的用量应≤3.5%	有导致光敏中毒的因素	1978/10
45	*N*-甲基邻氨基苯甲酸甲酯	除可用于从肤发洗去的加香洗涤制品的香精外,在其他香精中的用量应≤50%	有导致光敏中毒的因素	1978/10
46	芸香(rue)油(取自 *Ruta graveolens* 者)	除可用于从肤发洗去的加香洗涤制品的香精外,在其他香精中的用量应≤3.9%	有导致光敏中毒的因素	1978/10
47	枯茗(cumin)油	除可用于从肤发洗去的加香洗涤制品的香精外,在其他香精中的用量应<0.1%	有导致光敏中毒的因素	1978/10
48	亚丙基苯酞(propylidene phthalide)	在香精中用量应≤0.05%	有导致敏化作用的因素	1979/2
49	异丁子香酚(isoeugenol)	在香精中用量最好≤1%	稍有导致敏化作用的因素,进一步试验中	1980/5
50	中国肉桂(cassia)油	在香精中用量应≤1%	有弱的导致敏化作用的因素	1980/10
51	斯里兰卡肉桂皮(cinnamon Bark)油	在香精中用量应≤1%	有导致敏化作用的因素	1980/10
52	肉桂醇	在香精中用量应≤4%	有弱的导致敏化作用的因素	1983/5
53	3-甲基壬烯-2(3)-腈	在香精中用量应<1%	有导致敏化作用的因素	1983/5
54	紫苏醛(perilla aldehyde)	在香精中用量应<0.5%	有导致敏化作用的因素	1983/5
55	葵子麝香(musk ambrette)	在盥用水、古龙水、剃须制品香精中,用量不应超过0.1%,在其他香精中用量不应超过4%	有导致光敏化作用的因素,有皮肤病者不宜用	1983/10
56	柠檬醛(citral)	要与有防止敏化作用的物质同用。如与其用量25%(重量)的右旋苧烯或混合柑橘萜烯或甲位蒎烯同时用于香精中	有导致敏化作用的因素	1975/10

续表

编号	香料名称	使用规定	理由	公布年月
57	苯乙醛(phenylacetaldehyde)	要与有防止敏化作用的物质同用，如与相等重量的苯乙醇或二聚丙二醇同时用于香精中	有导致敏化作用的因素	1975/10
58	肉桂醛(cinnamic Aldehyde)	要与有防止敏化作用的物质同用，如与相等重量的丁子香酚或右旋苧烯同时用于香精中	有导致敏化作用的因素	1978/3
59	圆柚酮(nootkatone)	除含量在98%以上，熔点为>32℃者外，凡含量不低于86%者，要与其用量4倍以上的右旋苧烯同时用于香精，但用量应在1%以下	有导致敏化作用的因素	1981/6
60	肉桂醛或邻氨基苯甲醛生成的席夫碱(Schiff base)	要与有防止敏化作用的物质同用，如每2份席夫碱与1份丁子香酚同时用于香精中	有导致敏化作用的因素	1983/5
61	烯丙醇酯类(allyl Esters)	要求酯中游离烯丙醇含量<0.1%者方可用	烯丙醇有刺激性	1977/2
62	防风根(opopanax)	只有用乙醇自防风根树胶提取的乙醇萃取液方可使用	只有乙醇萃取液不会导致敏化作用	1978/3
63	松科(pinacea)精油	松科精油[如取自松属(*Pinus*)与冷杉(*Abies*)属者]中的过氧化物含量≤10mmol/L者方可使用	过氧化物有导致敏化的作用	1979/2

香精的安全性依赖于其中所含原料是否安全。所以在调配某一香精时，就要根据加香产品的使用要求来选用安全性适宜的香原料，以确保香精以致加香产品的安全性。即使这样，由于人与人之间的差异，对某些香料品种在过敏或刺激性等反应上发生明显差异，应及时加以收集、研究并加以避免。

五、化妆品香精应用配方

由于化妆品种类较多，产品性能与介质组成以及加香工艺又各自区别，限于篇幅，在此仅就几大类加香产品中应用的有代表性的香精配方作一介绍（配方中所列配比均为质量百分数）。

1. 香水类化妆品用香精配方

（1）玫瑰香精配方

玫瑰油	22.00	玫瑰醇	11.00	麝香105	2.70
小花茉莉净油	5.50	甲基紫罗兰酮	5.50	十五内酯	0.55
橙花油	5.50	鸢尾凝脂	1.10	灵猫香膏	0.55
山萩油	3.30	檀香油	2.20	麝香酊(10%)	32.40
苯乙醇	7.70				

（2）茉莉香精配方

大花茉莉净油	9.0	苯乙醇	4.0	羟基香茅醛	8.0
乙酸苄酯	15.0	麝香105	5.0	甲基紫罗兰酮	6.0
苄醇	1.0	环十五酮	2.0	除萜香柠檬油	5.0
白兰叶油	3.0	十五内酯	3.0	灵猫香膏(10%乙醇溶液)	1.0
橙花油	5.0	吲哚(10%乙醇溶液)	2.0	海狸浸膏	1.0
依兰油	3.0	乙酸对甲酚酯(20%乙醇溶液)	1.0	麝香酊(10%乙醇溶液)	10.0
树兰油	1.0	甲位戊基桂醛席夫碱	2.0	水杨酸苄酯	5.0
橙叶油	5.0	晚香玉香精	1.0	甲基壬基乙醛(10%乙醇溶液)	1.0
玫瑰油	1.0	二甲基苄基原醇	1.0		

(3) 水仙花香精配方

乙酸苄酯	7.0	肉桂醇	8.0	十五内酯	2.0
乙酸苯乙酯	2.0	苯丙醇	3.5	佳乐麝香	1.0
乙酸对甲酚酯	0.1	苯丙醛(10%乙醇溶液)	1.5	橙花素	6.0
苯乙酸对甲酚酯	0.5	甲基紫罗兰酮	2.0	岩蔷薇浸膏	2.0
肉桂酸苯乙酯	8.0	松油醇	5.0	水杨酸苄酯	7.0
芳樟醇	2.0	二氢茉莉酮	0.2	丙位壬内酯	0.2
兔耳草醛	1.0	大花茉莉净油	5.0	异丁子香酚	1.5
羟基香茅醛	3.0	树兰油	2.0	麝香 105	5.0
苯乙醇	8.0	依兰油	3.0	海狸香浸膏	0.5
苯乙醛(50%苯乙醇溶液)	8.0	橙叶油	2.0	灵猫香膏(10%乙醇溶液)	0.5
乙酸甲基苯基原酯	0.5	环十五酮	2.0		

(4) 铃兰麝香香精配方

新铃兰醛	3.00	乙酸苄酯	3.00	辛炔羧酸甲酯(10%苯乙醇溶液)	1.00
铃兰醛	2.75	丙酸苄酯	1.00	苯乙醛(50%苯乙醇溶液)	0.25
羟基香茅醛	8.00	麝香 105	6.50	灵猫香膏(10%乙醇溶液)	0.50
白兰叶油	2.00	萨利麝香	3.00	岩蔷薇净油	1.50
芳樟醇	2.00	异丁子香酚	2.00	水杨酸异丁酯	1.00
苯乙醇	5.00	岩兰草油	1.00	洋茉莉醛	1.00
依兰油	10.00	兔耳草醛	0.50	香豆素	1.00
大花茉莉净油	5.00	吲哚(10%苄醇溶液)	1.00	丁子香酚	1.50
白兰花油	1.00	邻氨基苯甲酸芳樟酯	1.00	人造檀香 208	2.00
除萜橙叶油	7.00	异甲基紫罗兰酮	14.00	癸醛(10%乙醇溶液)	0.5
香柠檬油	7.00	二氢茉莉酮酸甲酯	3.00	橡苔净油	1.00

(5) 古龙型香精配方

香柠檬油	4.50	苯乙醇	2.00	二氢茉莉酮酸甲酯	2.50
柠檬油	5.00	铃兰醛	7.50	乙酸甲基苯基原酯	1.75
甜橙油	2.50	兔耳草醛	1.50	吲哚(10%乙醇溶液)	0.25
柑青醛	1.00	白兰花油	1.20	异甲基紫罗兰酮	5.50
女贞醛(10%乙醇溶液)	0.55	树兰油	1.00	大花茉莉净油	1.50
乙酸-2,4-二甲基环已烯-3-甲酯	6.00	合成檀香 208	3.00	树苔净油	1.00
香柠檬醛	1.75	甲基柏木醚	1.25	格蓬香树脂	3.00
白兰叶油	5.00	昆仑麝香	2.00	香紫苏油	2.00
薰衣草油	10.00	麝香 105	1.50	酮麝香	2.00
乙酸香叶酯	2.75	玳玳叶油	4.50	癸醛(10%乙醇溶液)	0.75
乙酸芳樟酯	10.00	依兰油	4.50	甲基壬基乙醛	0.75

2.液洗类化妆品用香精配方

(1) 茉莉香精配方

乙酸苄酯	30.0	紫罗兰酮	3.0	甲位戊基肉桂醛席夫碱	8.0
芳樟醇	6.0	卡南加油	5.0	甲位戊基肉桂醛二苯乙缩醛	5.0
甲基戊基肉桂醛	4.0	灵猫香精	0.3	乙酸桂酯	2.5
白兰叶油	3.0	乙酸芳樟酯	10.0	丁子香酚	0.5
乙酸对甲酚酯	0.2	二氢茉莉酮酸甲酯	5.0	癸醛(10%苄醇溶液)	1.0
苯乙醇	6.0	二氢茉莉酮(10%苄醇溶液)	0.5	麝香 105	5.0
松油醇	5.0				

(2) 铃兰香精配方

铃兰素	25.0	芳樟醇	8.0	玳玳叶油	0.5
松油醇	10.0	苯甲醇	5.0	香豆素	0.5
铃兰醛	10.0	苯丙醇	2.0	麝香 105	2.0
大茴香腈	3.0	兔耳草醛	2.0	二甲基苄基原醇	1.0
香叶油	1.5	紫罗兰酮	4.0	甲位戊基肉桂醛	5.0
乙酸苄酯	5.0	香茅醇	5.0	卡南加油	5.0
新铃兰醛	5.5				

(3) 薰衣草香精配方

薰衣草油	17.0	橙花酮	5.0	丁香罗勒油	6.0
乙酸芳樟酯	13.0	甲酸香叶酯	2.0	玳玳叶油	2.0
芳樟醇	8.0	香叶醇	6.0	乙位萘乙醚	3.0
百里香油	6.0	二苯醚	3.0	树苔浸膏	2.0
乙酸松油脂	5.0	香豆素	8.0	十二腈	0.1
乙酸香叶酯	5.0	紫罗兰酮	2.0	白兰叶油	3.0
女贞醛	0.9	肉桂油	3.0		

(4) 檀香玫瑰香精配方

檀香油	40.0	苯乙酸对甲酚酯	0.2	肉桂酸苯乙酯	2.5
柏木油	5.0	白兰浸膏	0.5	香柠檬油	3.0
岩兰草油	5.0	香兰素	0.5	二甲基代对苯二酚	0.5
广藿香油	4.0	洋茉莉醛	2.0	秘鲁香树脂	2.3
香附子油	3.0	龙涎香香精	1.4	苏合香香树脂	2.0
香叶油	7.0	二苯醚	1.0	树苔浸膏	1.8
白兰叶油	2.0	丁香罗勒油	1.0	酮麝香	4.0
树兰油	1.0	肉桂醇	1.0	麝香 105	3.0
香紫苏油	1.0	紫罗兰酮	5.0	灵猫香香精	0.3

3.乳剂类化妆品用香精配方

(1) 玫瑰香精配方

玫瑰油	1.0	壬醛	0.2	合成檀香 208	4.0
墨红净油	3.0	十一烯醛	0.3	玳玳叶油	3.0
除萜香叶油	7.5	依兰油	2.0	柠檬醛	1.0
玫瑰醇	7.5	乙酸香茅酯	3.5	甲酸香叶酯	1.0
香茅醇	15.0	乙酸苯乙酯	5.0	广藿香油	1.0
香叶醇	10.0	芳樟醇	5.0	佳乐麝香	3.0
苯乙醇	12.0	甲位紫罗兰酮	15.0		

(2) 茉莉香精配方

大花茉莉浸膏	1.0	茉莉酯	6.0	甲位戊基肉桂醛席夫碱	1.0
小花茉莉浸膏	1.0	芳樟醇	8.0	二氢茉莉酮酸甲酯	13.0
依兰油	5.0	乙酸芳樟酯	3.0	乙酸对叔丁基环己酯	5.0
白兰叶油	4.0	苯乙醇	8.0	苯乙酸对甲酚酯(10%苄醇溶液)	1.0
酮麝香	2.0	香叶醇	2.0	甲基紫罗兰酮	2.0
麝香 105	2.0	甲位己基肉桂醛	4.0	乙酸三环癸烯酯	6.0
乙酸苄酯	26.0				

（3）三花型香精配方

依兰油	8.0	乙酰基异丁香酚	2.0	兔耳草醛	2.0
香叶油	3.0	对甲基苯乙酮	0.4	苯乙醛(50%苯乙醇溶液)	2.0
乙酸芳樟酯	2.0	莳萝醛	0.1	酮麝香	1.0
香叶醇	1.0	甲基紫罗兰酮	8.0	紫罗兰酮	4.0
苯乙醇	4.0	大茴香醛	4.0	庚炔羧酸甲酯(10%苄醇溶液)	0.5
乙酸苄酯	3.0	水杨酸异丁酯	2.0	丙位十一内酯	0.2
芳樟醇	17.0	小茴香油	1.0	丙位壬内酯	0.3
松油醇	3.0	二氢茉莉酮酸甲酯	10.0	洋茉莉醛	3.5
异丁子香酚	2.0	羟基香茅醛	5.0	人造檀香	2.0
丁香油	2.0	铃兰醛	5.0	佳乐麝香	1.0
麝香 105	1.0				

（4）果香花香型香精配方

香柠檬油	10.0	柠檬醛二乙缩醛	1.0	白兰叶油	6.5
柠檬油	10.0	乙酸二甲基苄基原酯	5.0	依兰油	3.5
乙酸芳樟酯	8.0	二氢茉莉酮酸甲酯	6.0	紫罗兰酮	3.0
丙酸芳樟酯	2.0	甲基紫罗兰酮	1.5	香豆素	1.0
玳玳叶油	3.0	芳樟醇	3.5	乙酰基异丁子香酚	2.0
铃兰醛	10.0	苯乙醇	4.0	甲基壬基乙醛	0.3
大茴香醛	1.5	香叶油	5.0	佳乐麝香	2.5
乙酸苄酯	2.0	香茅醇	5.0	水杨酸苄酯	3.5
十二腈	0.2				

4.粉类化妆品用香精配方

（1）玫瑰型香精配方

墨红净油	1.00	苦橙叶油	5.00	紫罗兰叶净油(10%苄醇溶液)	1.00
苯乙醇	30.00	大茴香醇	0.25	甲基紫罗兰酮	5.00
香叶醇	8.00	香兰素	2.00	丙酸苯乙酯	1.00
香茅醇	15.00	秘鲁香树脂	4.00	大花茉莉净油	0.50
玫瑰醇	20.25	麝香 105	2.00	丙位十一内酯	0.50
香柠檬油	4.50				

（2）桂花型香精配方

芳樟醇	10.0	甜罗勒油	0.5	甲基紫罗兰酮	35.0
香叶醇	3.0	铃兰醛	1.0	丙位十一内酯	4.0
苯乙醇	3.0	依兰油	3.0	甲位己基肉桂醛	5.0
松油醇	3.0	树兰油	1.0	甲位戊基肉桂醛席夫碱	2.0
大茴香醛	1.5	乙酸辛酯	0.2	辛炔酸甲酯(10%苄醇溶液)	1.0
苯乙酸对甲酚酯	0.3	乙酸苯乙酯	2.5	紫罗兰叶净油(10%苄醇溶液)	0.2
洋茉莉醛	1.0	乙酸苄酯	8.0	乙酸对甲酚酯(10%苄醇溶液)	0.5
香紫苏油	1.0	丙酸苄酯	1.0	水杨酸异丁酯	2.0
香柠檬油	5.0	羟基香茅醛	2.0	吲哚(10%苄醇溶液)	0.3
玳玳叶油	3.0				

（3）幻想型香精配方

癸醛	0.1	玳玳叶油	6.0	甲位紫罗兰酮	2.0
依兰油	2.5	香柠檬油	3.0	异甲基紫罗兰酮	3.0
芳樟醇	4.0	岩兰草油	1.0	合成檀香 208	4.0
苯乙醇	2.0	广藿香油	1.5	岩蔷薇浸膏	2.5
香茅醇	3.0	香紫苏油	0.5	甲基异丁子香酚	0.5
香叶醇	3.0	橡苔浸膏	2.0	异丁子香酚苄基醚	1.0
香叶油	2.5	甲基壬基乙醛	0.1	乙酸苄酯	2.0
丁子香酚	1.5	苯乙醛(50%苯乙醇溶液)	0.5	大茴香醛	2.0
苯乙酸	1.0	大花茉莉净油	4.0	异丁子香酚	3.0
香兰素	2.0	甲位戊基肉桂醛	5.0	洋茉莉醛	8.3
香豆素	5.0	乙酸芳樟酯	2.0	佳乐麝香	4.0
铃兰醛	7.0	甲酸香茅酯	0.5	肉桂酸肉桂酯	3.0
麝香 105	4.0	水杨酸异丁酯	1.0		

5.油蜡类化妆品用香精配方

（1）玫瑰果香型香精配方（唇膏用）

苯乙醇	30.0	香兰素	2.0	异丁子香酚	2.0
香茅醇	16.0	洋茉莉醛	2.0	墨红浸膏	2.0
香叶醇	20.0	乙酸苯乙酯	6.0	丙位十一内酯	3.0
柠檬油	2.0	甲基紫罗兰酮	15.0		

（2）玫瑰型香精配方（发油用）

玫瑰油	1.2	铃兰醛	1.0	柠檬醛	1.0
墨红净油	1.0	愈创木油	5.0	四氢香叶醇	11.0
橙花醇	10.0	岩兰草油	1.0	乙酸苯乙酯	8.0
香叶醇	7.0	丁子香酚	1.0	二甲基苄基原醇	2.0
香茅醇	12.0	苯乙醇	5.0	苯乙醛二甲缩醛	2.0
玫瑰醇	8.0	十一烯醛	0.8	甲基紫罗兰酮	5.0
香叶油	2.0	玳玳叶油	3.5	苯乙酸苯乙酯	4.0
肉桂醇	3.0	苏合香油	2.0	鸢尾浸膏	1.0
苯丙醇	1.0	苯乙酸	1.0	斯里兰卡桂皮油	0.5

（3）玫瑰薰衣草型香精配方（发蜡用）

墨红浸膏	2.0	芳樟醇	16.0	薰衣草油	14.0
香叶油	5.0	松油醇	6.0	乙酸芳樟酯	10.0
香叶醇	6.0	香紫苏油	1.0	乙酸松油脂	2.0
苯乙醇	10.0	苦橙叶油	7.0	香柠檬油	8.0
香茅醇	6.0	乙酸苄酯	2.0	乙酸龙脑酯	1.0
香豆素	2.0	卡南加油	2.0		

6.牙膏用香精配方

（1）留兰香型香精配方

留兰香油	60.0	大茴香脑	4.5	丁子香油	1.5
薄荷脑	24.0	水杨酸甲酯	10.0		

(2) 薄荷型香精配方

薄荷素油	48.0	桉叶油	5.0	柠檬油	6.0
薄荷脑	20.0	留兰香油	5.0	甜橙油	7.0
大茴香脑	5.0	丁正香酚	4.0		

(3) 水果型香精配方

甜橙油	30.0	薄荷脑	30.0	薄荷素油	10.0
柚皮油	15.0	大茴香脑	2.0	留兰香油	10.0
柠檬醛	3.0				

六、化妆品的加香

化妆品的加香除了必须选择适宜的香型、档次与产品相一致外，还要考虑到所用香精对产品质量及使用效果无影响，对人体安全无副作用等。香精中有许多不稳定的成分，受到空气、阳光、温度、湿度和酸碱度的影响，会发生氧化、聚合、缩合和水解等反应，不仅会使产品变色或香味恶化，影响产品的质量，而且反应生成的产物对人体皮肤会产生刺激或过敏；且有些香原料本身对人体皮肤有刺激性、毒性或过敏性。所以应选择安全性高，与化妆品基质配伍性好的香精进行加香。各种香原料对化妆品的适用性列于表 6-6 中。

表 6-6 各种香原料对化妆品的适用性

天然动植物香料及合成香料	口腔用品	膏霜	发油蜡	发水	润肤水	香粉	香波	香皂	唇膏	色泽
天然动植物香料										
麝香酊	—	—	4	1	—	1	—	—	4	N
灵猫香酊	—	3	4	1	—	1	—	—	4	N
海狸香酊	—	3	4	1	3	1	—	—	4	S(红)
龙涎香酊	—	—	4	1	—	1	—	—	4	N
葵子香膏	—	2	2	—	4	1	—	2	2	N
欧白芷油	3	3	2	2	3	2	—	1	2	N
茴香油	1	—	3	—	3	3	3	1	2	N
罗勒油	2	3	2	2	2	2	—	1	2	N
月桂油	3	—	2	1	2	—	4	2	—	S
安息香膏	2	2	3	3	3	1	3	3	2	D
香柠檬油	3	1	1	1	2	2	2	1	2	N
甜桦油	—	2	2	1	2	—	—	—	2	N
桦焦油	—	—	3	3	—	3	3	1	—	S
苦杏仁油	2	4	3	—	4	4	2	3	4	N
金雀花净油	—	3	2	3	—	2	—	—	2	S
白菖油	2	—	—	—	—	3	—	1	3	N
甘菊油	3	3	3	3	2	2	—	3	3	S
香茅油	—	2	2	—	3	—	1	1	3	N
香紫苏油	3	2	1	1	3	1	—	1	1	N
丁子香油	1	3	1	3	3	1	4	2	1	P(棕)
胡荽子油	3	2	2	2	3	2	—	1	2	N
木香油	—	2	2	2	3	1	—	1	2	N
姫茴香油	—	—	3	3	4	3	4	2	3	N
扁柏木油	—	4	2	4	4	2	4	2	3	N
榄脂香膏	—	—	2	3	4	—	3	2	—	N
茵陈蒿油	3	3	3	3	3	—	4	2	2	N
桉叶油	1	2	—	4	1	4	2	2	2	N

续表

天然动植物香料及合成香料	口腔用品	膏霜	发油蜡	发水	润肤水	香粉	香波	香皂	唇膏	色 泽
小茴香油	1	3	—	—	3	4	—	1	2	N
香叶油	3	1	1	1	2	1	1	1	1	N
愈创木油	3	2	—	—	3	2	4	1	2	N
蜡兰油	3	3	2	3	2	1	2	1	2	N
风信子净油	4	3	2	3	3	2	—	—	3	N
茉莉净油	3	2	1	1	2	1	4	—	1	P(红)
黄水仙净油	—	3	2	3	3	1	4	—	2	D
杜松油	3	—	2	—	4	4	4	2	3	N
赖百当油	—	3	2	—	—	3	—	2	3	N
赖百当香膏	—	3	1	3	4	1	—	2	2	S(棕)
赖百当香膏(木樨科)	—	3	2	3	4	2	2	2	3	D(绿)
月桂叶油	3	—	3	3	3	—	3	1	3	N
薰衣草油	3	2	1	1	2	1	2	2	2	S
薰衣草香膏	—	2	1	—	—	4	4	2	2	D(绿)
柠檬油	3	4	1	1	4	4	4	3	1	N
柠檬草油	—	—	2	—	4	2	3	3	—	S(黄)
白柠檬油	3	4	1	1	4	4	4	4	2	N
迦罗木油	—	1	1	2	3	2	1	1	2	N
独活油	—	3	3	—	—	2	—	1	3	S(黄)
柑橘油	3	4	2	2	4	4	4	4	1	S(黄)
卡南加油	—	2	2	—	—	2	4	2	—	N
香旱芹子油	3	—	—	—	—	—	3	1	—	N
小豆蔻油	2	—	3	3	3	3	—	1	3	N
香石竹净油	—	3	2	3	—	1	—	—	3	S
胡萝卜子油	—	2	2	3	3	1	—	1	2	N
香苦木皮油	—	3	2	2	3	2	—	1	2	N
合欢净油	—	1	1	2	2	1	—	—	1	S
桂皮油	1	4	2	2	—	2	2	1	3	S
柏木油	—	—	2	2	4	2	4	1	2	N
芹子油	—	3	3	3	3	2	—	3	3	N
肉桂油	1	3	2	2	3	1	—	1	2	D(黄)
肉桂叶油	—	2	2	3	—	—	2	2	—	N
胡椒油	3	3	2	3	3	2	—	1	3	N
薄荷油	1	3	—	3	2	4	—	2	3	N
秘鲁香脂油	—	2	2	2	1	2	—	1	1	N
秘鲁香膏	3	2	2	2	2	2	3	2	2	D(红棕)
橙叶油	3	2	1	2	2	2	2	2	2	N
甘椒油	2	2	2	3	3	2	3	2	2	S(黄)
松油	—	4	—	4	4	4	4	2	—	N
松针油	—	4	—	4	4	4	3	2	—	N
玫瑰油	1	1	1	1	1	1	—	1	1	N
玫瑰净油	3	1	1	1	1	1	—	—	1	N
迷迭香油	3	3	2	3	2	4	2	2	—	N
紫苏油	—	3	2	3	3	4	1	2	—	D(棕)
马约兰油	3	4	3	—	4	4	—	2	—	N
含羞草净油	3	2	1	2	2	1	—	—	2	S
秋葵子油	—	2	2	3	3	1	—	2	2	N
没药油	3	4	2	—	—	4	4	2	3	N

续表

天然动植物香料及合成香料	口腔用品	膏霜	发油蜡	发水	润肤水	香粉	香波	香皂	唇膏	色 泽
橙花油	3	1	1	1	1	1	—	1	1	D(黄)
肉豆蔻油	3	4	3	3	4	4	—	2	3	N
橡苔浸膏	4	3	2	3	4	2	4	2	3	D(绿棕)
乳香膏	—	3	2	3	4	3	—	2	2	N
防风根香膏	3	—	2	3	—	2	—	2	2	N
甜橙油	3	4	1	2	4	4	4	3	1	S
苦橙油	3	4	1	2	4	4	4	3	1	S
橙花净油	3	3	2	1	2	1	—	—	2	P(红)
唇形花油	—	4	—	—	3	4	2	2	—	N
鸢尾根油	—	1	1	1	1	1	—	—	1	N
鸢尾香膏	3	2	1	3	4	1	—	1	1	N
玫瑰草油	3	1	1	2	2	1	1	1	2	N
派超力油	4	2	1	3	4	1	1	1	3	N
派超力香膏	4	—	3	—	4	2	2	2	—	P(绿)
东印度檀香油	3	1	1	2	1	1	2	1	2	N
西印度檀香油	—	2	2	—	—	2	—	1	—	N
留兰香油	1	3	—	—	3	—	3	1	3	N
八角茴香油	1	—	—	—	3	—	3	1	—	N
苏合香油	—	1	3	3	3	1	1	1	3	N
苏合香膏	—	2	2	2	3	1	2	2	2	S(灰)
艾油	4	3	3	3	3	2	2	1	4	N
侧柏油	4	3	3	3	—	3	2	1	4	N
百里香油	1	2	2	3	2	2	2	1	3	S
吐鲁香膏	3	3	2	3	—	2	2	1	2	S(黄)
香豆香膏	3	3	3	3	3	2	—	2	2	S(棕)
月下香净油	—	3	2	3	3	3	—	—	2	D
香兰香膏	3	—	3	2	3	2	—	2	2	P(棕)
岩兰草油	—	2	1	3	3	1	1	1	2	(S黄)
紫罗兰叶净油	3	2	1	1	2	1	—	—	1	D(绿)
冬青油	1	1	2	3	2	2	3	1	3	N
依兰油	—	1	1	2	3	1	4	2	1	N
合成与单离香料										
苯乙酮	—	3	3	—	—	4	1	1	—	N
$C_8 \sim C_{12}$ 醇	—	2	—	3	3	1	2	1	3	N
$C_8 \sim C_{12}$ 醛	—	4	2	2	4	3	4	3	3	N
戊基肉桂醇	—	3	2	3	—	2	3	1	2	S(黄)
茴香脑	1	3	—	—	3	3	—	1	3	N
茴香醛	3	3	4	3	4	3	4	2	3	N
乙酸茴香酯	—	2	2	3	3	2	4	2	2	N
茴香醇	—	2	4	3	3	1	2	1	2	N
苯甲醛	3	3	4	—	4	4	2	3	3	N
苯甲酸甲酯(乙酯)	3	3	2	3	3	3	4	2	2	N
二苯酮	—	—	4	—	—	1	2	1	4	N
苄醇	4	4	4	2	4	—	—	1	4	N
苄酯	3	2	2	2	2	2	4	2	2	N
苯丁烯酮	4	4	3	3	4	4	3	1	4	N
苄基异丁子香酚	—	2	—	2	—	1	4	1	2	N
龙脑	—	2	3	—	3	—	2	1	—	N

续表

天然动植物香料及合成香料	口腔用品	膏霜	发油蜡	发水	润肤水	香粉	香波	香皂	唇膏	色 泽
龙脑酯	—	2	3	—	—	—	4	3	—	N
溴代苏合香烯	—	3	2	3	—	2	1	1	—	N
香芹酚	2	3	—	—	3	—	—	1	—	S(红)
香芹酮	3	—	—	—	—	—	—	1	—	N
甲酸(乙酸)柏木酯	—	2	1	2	—	—	4	2	2	N
肉桂醛	2	3	3	2	—	2	3	—	3	S
肉桂醇	—	1	4	2	2	1	1	1	3	N
肉桂酯	3	3	3	2	2	2	4	1	3	N
柠檬醛	3	3	1	3	4	3	4	3	2	S(棕)
香草醛	—	2	1	3	—	3	3	2	3	N
香草醇	3	1	1	1	2	2	1	1	1	N
香草酯	—	1	1	1	2	3	4	2	1	N
香豆素	3	3	4	2	2	1	2	1	3	N
莳萝醛	—	4	2	3	4	3	4	3	3	N
莳萝醇	—	3	—	3	—	3	3	1	3	N
兔耳草醛	—	2	3	2	4	2	4	3	3	N
癸酯	—	2	2	2	2	3	4	—	2	N
乙酸十氢化-β-萘酯	—	2	2	3	3	2	3	1	3	N
二苄醚	—	3	2	—	—	—	2	1	2	N
邻苯二甲酸二乙酯	4	2	4	2	3	3	2	1	4	N
二氢茉莉酮	—	3	3	2	3	1	—	1	2	N
二甲基苄基原醇	—	1	4	1	2	2	2	1	4	N
乙酸二甲基苄基原酯	—	1	2	2	2	2	3	2	2	N
对苯二酚二甲醚	—	3	3	3	—	1	2	1	4	N
二甲基辛醛	—	3	2	—	—	3	2	2	—	N
二甲基辛醇	—	2	2	2	—	2	1	1	2	N
二苯甲烷	—	2	2	—	—	2	1	1	—	N
二苯醚	—	2	3	—	—	2	1	1	3	N
肉桂酸乙酯	—	3	3	2	2	2	4	2	3	N
草莓醛	3	2	3	3	3	3	4	3	2	N
乙基香兰素	3	3	4	3	3	1	—	1	3	P(棕)
桉叶素	1	2	3	—	1	4	2	2	2	N
丁子香酚	1	3	3	3	3	2	4	2	2	P(棕)
丁子香酚甲醚	—	2	2	3	—	2	2	1	3	N
合欢醇	3	1	3	1	1	1	—	—	2	N
香叶醇	2	1	1	1	2	2	1	1	1	N
香叶酯	2	1	1	1	2	2	4	2	1	N
洋茉莉醛	4	4	4	2	4	1	4	1	4	D(绯)
龙葵醛	—	4	3	3	4	3	4	4	3	N
苯丙醇	—	2	4	3	3	1	2	1	—	N
苯丙酯	—	2	3	3	3	2	4	2	3	N
苯丙醛	—	3	3	3	4	2	3	1	3	N
羟基香草醛	—	1	4	1	4	1	4	4	4	N
吲哚	—	3	3	3	3	1	—	1	3	P(红)
100%紫罗兰酮	—	2	1	1	3	1	2	1	2	N
α-紫罗兰酮	3	1	1	1	1	1	—	—	1	N
β-紫罗兰酮	—	2	1	2	3	3	3	—	3	S
鸢尾酮	2	1	1	1	1	1	—	1	1	N

续表

天然动植物香料及合成香料	口腔用品	膏霜	发油蜡	发水	润肤水	香粉	香波	香皂	唇膏	色　泽
乙酸异龙脑酯	—	—	—	—	—	—	4	3	—	N
异丁基喹啉	4	3	3	3	3	2	—	1	3	P(棕)
异丁子香酚	—	2	4	3	—	1	4	2	3	S(棕)
异丁子香酚甲醚	—	2	2	2	—	2	2	1	2	N
芳樟醇	3	1	1	1	2	2	2	1	1	N
芳樟酯	3	1	1	1	2	2	4	1	2	N
薄荷脑及其乙酸酯	1	2	—	2	2	4	4	—	2	N
甲氧基苯乙酮	—	2	4	2	3	1	1	1	—	N
甲基苯乙酮	—	2	2	2	2	4	1	1	3	N
甲戊酮	3	3	3	3	3	—	3	—	3	N
邻氨基苯甲酸甲酯	—	3	2	3	3	2	4	2	3	D(灰)
肉桂酸甲酯	3	3	4	2	2	1	3	1	3	N
甲基香豆素	3	3	4	2	2	1	—	1	4	N
甲基庚烯酮	—	—	—	—	—	—	2	1	—	N
庚炔羧酸甲酯	—	2	2	2	2	3	4	3	2	N
甲基己基乙醛	—	4	2	2	4	4	4	3	4	N
甲基紫罗兰酮	—	1	1	1	1	1	2	1	1	N
甲基邻氨基苯甲酸甲酯	—	2	2	1	2	1	3	2	2	S
甲基柳酸甲酯	2	2	2	2	2	2	2	1	3	N
甲萘酮	—	3	3	2	2	1	2	1	4	N
甲基壬基乙醛	—	4	2	2	4	3	4	3	4	N
甲壬酮	—	—	—	3	3	3	2	—	—	N
辛炔羧酸甲酯	—	2	2	2	2	2	4	3	2	N
对甲基苯乙醛	—	4	3	1	4	4	4	4	4	N
甲基苄基原醇	—	2	4	2	3	2	2	1	—	N
乙酸甲基苄基原酯	—	2	2	2	2	2	3	2	2	N
葵子麝香	—	2	3	1	2	1	2	1	3	D(棕)
酮麝香	—	2	3	1	2	1	—	1	3	D(棕)
二甲苯麝香	—	3	4	2	2	1	2	1	4	P(棕)
巨环麝香	—	1	2	1	3	1	—	4	1	N
芬多麝香类	—	1	1	1	1	1	1	1	1	N
橙花醇(及酯)	2	1	1	1	1	2	2	1	1	N
橙花醚	—	—	—	—	—	—	1	1	—	S(黄)
椰子醛	—	2	2	2	2	1	—	2	2	N
乙酸壬酯	3	2	2	2	2	—	4	—	2	N
壬烯醛	—	4	2	2	4	3	4	3	4	N
庚醚	3	3	3	2	2	—	4	4	2	N
对甲酚	—	3	3	3	—	3	—	2	—	P(红)
玫瑰醇	2	1	1	1	1	1	1	1	1	N
玫瑰酯	3	1	1	1	1	2	4	2	1	N
黄樟素	—	—	—	—	—	—	1	1	—	N
水杨酸甲酯(乙酯)	1	2	2	2	1	2	3	1	—	N
水杨酸异丁酯(戊酯、苄酯)	—	2	1	2	—	1	3	1	3	N
檀香醇及酯	—	2	1	2	1	1	—	1	2	N
甲基吲哚	—	—	3	3	—	2	—	1	—	P(红)
苏合香烯	—	3	3	3	—	4	4	3	3	N
松油醇	3	3	2	2	—	3	1	1	2	N
松油脂	—	3	—	—	—	—	4	3	—	N

续表

天然动植物香料及合成香料	口腔用品	膏霜	发油蜡	发水	润肤水	香粉	香波	香皂	唇膏	色 泽
四氢芳樟醇	—	1	2	1	2	2	2	1	1	N
四氢对甲基喹啉	4	3	3	2	—	2	3	1	4	P(棕)
麝香草酚	1	2	—	2	3	3	—	1	3	N
对甲基苯甲醛	3	4	3	2	4	3	3	3	4	N
乙酸对甲酚酯	—	2	2	2	3	3	4	3	3	N
对甲苯甲醚	—	2	2	2	3	3	2	2	3	N
苯乙酸对甲苯酯	—	3	3	3	—	2	—	2	4	N
对甲基喹啉	—	3	3	3	—	2	3	1	4	P(棕)
苯乙醛	—	4	4	2	4	4	4	4	4	N
苯乙醛二甲缩醛	—	2	2	2	2	2	2	1	2	N
苯乙酸	—	3	4	3	3	2	4	4	4	N
苯乙酸酯	—	2	2	2	2	3	4	3	2	N
苯基苄基原醇	—	2	—	3	3	2	2	1	—	N
苯乙醇	—	1	4	2	2	2	1	1	4	N
苯乙酯	3	1	1	2	2	2	2	2	1	N
苯乙基二甲基原醇	—	1	4	2	2	2	2	1	3	N
苯乙酸苯乙酯	—	—	—	—	—	2	—	1	—	N
苯代乙二醇	—	2	4	2	2	2	2	—	—	N
苯代乙二醇酯	—	2	2	2	2	3	4	—	3	N
苯甲醚	3	—	—	—	3	—	2	1	—	N
乙酸三氯醛苯酯	—	2	4	2	3	1	4	1	4	N
桃醛	—	2	3	2	3	2	4	3	1	N
香兰素	2	3	4	2	2	1	4	1	3	P(棕)
岩兰草醇及酯	—	2	1	2	4	1	2	1	2	N

注："1"表示适宜或稳定；"2"表示可用；"3"表示少用；"4"表示不用或不稳定；"N"表示无变色现象；"S"表示微有变色现象；"D"表示有变色现象；"P"表示有严重变色现象。括弧内所注为其呈现的色泽。

化妆品的种类繁多，不同类别的化妆品其基质差别很大，对加香的要求也不相同。下面就不同类别化妆品的加香分别作一介绍。

1. 乳化体类化妆品的加香

乳化体类化妆品品种较多，但就其总体组成而言，主要是由油、脂、蜡和水经乳化剂乳化作用而形成，且多数是涂敷于面部皮肤上的，因此在加香要求上也有许多共同之处。

乳化体类化妆品大多数呈乳白色，应尽量选用不变色的香原料调配香精。此类化妆品有的呈微碱性，有的呈中性，而有的呈微酸性，在选定香料的品种和用量时应予注意。通常情况下，香原料中吲哚、丁子香酚、异丁子香酚、香兰素、橙花素、洋茉莉醛、大茴香醛等在碱性条件下易变色的香原料应尽量不用或少用。

乳化体类化妆品多数为护肤用品，使用后在皮肤上存留时间较长，应选择刺激性低、稳定性高的香料。如丁子香酚，使用日久会使皮肤呈红色；安息香酯类对皮肤有不舒适的灼热感觉；苯乙酸对皮肤有硬化及起皱作用；大多数醛类、萜类化合物对皮肤刺激性较大；树脂浸膏类对皮肤毛孔有阻塞作用。这些香料应尽量不用或少用。可大量选用醇类、酯类等香料用于此类化妆品用香精配方中。

此类化妆品的加香温度约在50℃，因此在香精试样配好后，宜于50℃存放一定时间，观察其色泽和香气有无大的变化。

(1) 雪花膏 雪花膏应具有舒适愉快的香气，香气要文静、高雅，留香要持久。常用香型有玫瑰、茉莉、铃兰、三花、桂花、白兰等。对于作为粉底霜用的雪花膏，选择香型必须与香粉的香型调和，香气不宜强烈，因此香精用量不宜过多，能遮盖基质的臭味并散发出愉快舒适的香气即可，一般用量为0.5%～1.0%。

（2）冷霜　冷霜含油脂较多，所用香精必须能遮盖油脂的臭气，使用量一般比普通膏霜稍高。以选用玫瑰或紫罗兰等较宜。

（3）奶液　奶液加香要求与其他膏霜类不同，因含水量较高，为保证乳化体的稳定，香精用量要低一些，或选用水溶性香精。香型应力求淡雅，宜用轻型花香和果香，如杏仁、玫瑰、柠檬等。杏仁蜜与奶液的配方结构基本相同，仅在香型上习惯用苦杏仁型。

（4）清洁霜　清洁霜与冷霜配方结构基本相同，对加香要求亦基本相同。但因清洁霜在使用时需强烈揉擦，然后用软纸擦去或用水洗净，因此在皮肤上滞留时间较短，宜有清新爽快的感觉，可以选用一些无萜的针叶油、樟油、迷迭香油、薰衣草油等，一般用量约为0.5%～1.0%。

2.油蜡类化妆品

油蜡类化妆品包括唇膏、口红、发油、发蜡等。因为这类产品大多用矿物油、植物油和动物油脂配制而成，所以应选择在油脂中溶解性较好的香原料，否则日久会变浑浊，影响产品质量。又由于所用油、脂、蜡类本身具有一定的定香作用，因此对香精的定香要求不高。

（1）唇膏　唇膏有着色与不着色两类。着色（多为红色）者亦称为口红，为妇女美容化妆之用；不着色者多为白色或无色透明状，多用于保护口唇防止干裂之用。唇膏对香气的要求不如一般化妆品高，以芳香甜美适口为主。常选用玫瑰、茉莉、紫罗兰、橙花等，也有选用古龙香型的。因在唇部敷用，要求无刺激性、无毒性，应选用允许食用的香精。另外易成结晶析出的固体原料也不宜使用。香精用量一般为1%～3%。眉笔加香要求与唇膏相似，仅香气的要求较低，香精用量可以少一些。

（2）发油、发蜡　发油、发蜡因其本身具有一定的定香能力，因此对香精的定香能力要求不高。发油由于溶解度的关系，香精用量一般在0.5%左右。发蜡往往又使香精的香气难于透发。因此发油和发蜡所用香精的香气气势要浓重，要能遮盖油脂的气息。发油用的香型常是玫瑰、栀子、紫丁香或茉莉以及它们的复方香型。许多浸膏、香树脂、酊剂等天然香料以及一些合成香料如苯乙醛、香兰素等，因在白油中溶解度较低或产生浑浊现象宜尽量少用或不用。发蜡对香料溶解性能的要求比发油要低一些。

另外一些肤用油蜡制品如做滋润或防裂用的肤用制品多数是由矿物、动物和植物油脂或蜡组成，在加香上与上述产品有很多相似之处，宜选用香气浓烈的，能掩盖油脂不良气息的香精。香精用量一般在1%左右。

3.粉类化妆品的加香

粉类化妆品主要有香粉、爽身粉、痱子粉、胭脂等。粉质的细度、颗粒结构及其表面空隙度、吸附能力等因素，对香料或香精的香气的挥发、扩散和稳定性都有一定影响。通常情况下，粉粒之间有一定的空隙，与光和空气的接触面积大，所以对光易变色和易被氧化变质的香料不宜采用。另外由于与空气接触面积大，香料极易挥发，因此对定香剂要求极高，用量较多。在香料选用上，常用天然芳香浸膏、动物性香料及沸点高、持久性好、不易受空气氧化，对人体皮肤无光敏和刺激作用（尤其是儿童用的制品）的香料，如硝基麝香、香豆素、洋茉莉醇、肉桂醇、丁子香酚、紫罗兰酮、香根油等。此外还要注意不同粉料对香精的选择性吸附作用。

(1) 香粉　香粉使用时由于有粉底霜打底，所以香精对皮肤刺激性的因素可以少考虑一些。香粉香精的香韵以花香或百花香型较为理想，要求香气浓厚、甜润、高雅、花香生动而持久。香精用量一般约为 2%～5%。加香时可先以 95%酒精将香精溶解，然后以 4～5 倍的碳酸镁或碳酸钙拌和吸收，过筛后与香粉的其他成分均匀混合。

(2) 胭脂　胭脂加香的要求与香粉基本相同，且香型必须与香粉香型调和，但因胭脂本身色泽较深，故对香精变色的要求较低，用量一般为 1%～3%。

(3) 爽身粉、痱子粉　爽身粉和痱子粉由于要有润滑肌肤、吸收汗液、防痱去痱的功能，常含有氧化锌等成分，不宜采用易于反应的酸类或易被皂化的酯类香料。香型以薰衣草、橙花香型较为适宜。另外，因对产品要求有清凉的感觉，常需与薄荷、龙脑、桉叶油等相协调。香精用量一般在 1%左右。

4.液洗类化妆品的加香

液洗类化妆品主要包括香皂、香波、浴液等。在香精的选用上要注意与加香介质的物理、化学性能相适应，如介质的 pH 值高低，溶解香精的能力，澄清度的要求，色泽的要求；对人体皮肤、毛发、眼睛应无刺激性或其他不良反应；用后要留有香气。

(1) 皂用香精　由于皂类特别是肥皂通常呈碱性，因此所用香精就稳定性而言，尽管在皂基中加入了一些抗氧剂、金属离子螯合剂、增白剂等来减缓香皂的变色和产生酸败的程度，但在香料选用上还必须选用对碱和日光稳定性好的香原料，尤其是对于白色香皂更应注意，否则会引起变质、变色而使产品质量降低。酸类香料遇碱发生中和反应，酯类香料在碱性介质中易水解，萜类香料会自动氧化，醛类、酚类、吲哚、硝基麝香等容易引起皂类变色，因而不宜大量用于皂类香精中。醇、醚、酮、内酯、缩醛类香料对碱比较稳定，可大量选作皂类香精的香原料。白色香皂不能选用颜色较深的浸膏，应选用净油。

皂用香精的香气要浓厚、和谐，留香要持久。以檀香、茉莉、馥奇、力士、白兰、百花、桂花、风信子、香石竹、薰衣草等香型应用较多，用量在 1%～2%。

(2) 香波、浴液　香波、浴液是用来清洁皮肤和毛发的，品种较多，组成也多样化，但其成品多半呈中性或微酸性的液状（包括透明状、乳状、珠光等），其主要成分是表面活性剂、添加剂和水。加香时，香精香型的选择可多样化，一般果香型、草香型、清香型、清花香型等均较适宜，且要有一定的定香能力。用量一般为 0.2%～0.5%。在香料品种上，如果是由软皂配制，因碱性较高，不宜采用对碱不稳定的香原料；如由合成表面活性剂配制，则可不受限制。但宜选用对眼睛和皮肤刺激性小，不影响制品色泽和水溶性较好的香料。

5.香水类化妆品的加香

香水类化妆品主要是指香水、花露水、古龙水、化妆水等制品，其组成一般讲比较简单，主要是香精、酒精和水，有时根据特殊需要也加入一些色素、抗氧剂、杀菌剂、祛臭剂以及其他一些添加剂。因为极容易暴露香精本身的缺陷，所以对此类香精的调和要求较高。当香精加入介质中制成产品后，总的要求应是香气幽雅、细致而协调，既要有好的扩散性使香气四溢，又要在肌肤上或织物上（不应产生不能洗去的斑迹）有一定的留香能力，香气要对人有吸引力，能引起人们的好感和喜爱。

(1) 香水　香水是香精的酒精溶液，因此对溶解度的要求很高，不宜采用含蜡多的香原料。香水对香精的质量要求较高，可选用高档香料，很多高级香水都采用温暖生动的动物性香料如麝香、龙涎香和灵猫香，一般产品常选用洋茉莉醛、香豆素、合成麝香、树脂浸膏和木香香料。香精的香型以优美的花香型（包括单体和复体）为主，幻想型和东方香型香精也常应用。香精的用量一般为10%～30%，通常是在15%～25%之间。

（2）花露水　花露水是夏令卫生用品，形式上与香水相似，其作用不同于香水，主要是杀菌、防痱、止痒等，对香气的持久性要求不高，属中、低档产品，可选用一些中、低档，且较易挥发的香精。溶剂酒精的浓度亦仅为70%左右，所以对溶解度要求较高。常用香型有薰衣草和麝香玫瑰等，香精用量一般为2%～8%之间，通常在5%左右。

（3）化妆水　美容水、生发水等亦属此类。因化妆水配方中酒精含量较低，产品本身对香的要求不高，以能掩盖配方中原料的不快气味，并能赋予适度芳香为宜。香型以玫瑰香型较为普遍，用量一般在1%以下。

6. 牙膏的加香

牙膏是进入人体口腔的产品，因此要求香精无毒性和无刺激性，香精中所用香料应采用可食用的品种。配方中一般不另加定香剂，香气上应该在用后使口腔感到清凉爽口，所以在配方中薄荷脑的用量特别多，通常要占到20%～30%。常用香型有留兰-薄荷型、茴香-薄荷型、果香-薄荷型等，香精用量一般为1%～3%。

第五节　评　　香

一、香的检验

香的检验简称评香。目前主要是通过人的嗅觉和味觉等感官来进行香的检验。按评香的对象不同可分为对香料、香精和加香制品的评香。作为调香工作者，要不断训练自己的嗅觉器官，以便能灵敏地辨别各种香料的香韵、香型、香气强弱、扩散程度、留香能力以及真伪、优劣、有无掺杂等。对于香精和加香制品则要能够嗅辨和比较其香韵，头香、体香和基香之间的协调程度，留香的能力，与标样的相像程度，香气的稳定性等，并能够通过修改达到要求。

1. 单体香料的评价

单体香料包括合成香料和单离香料，其香检验有三个方面，即香气质量、香气强度和留香时间。

（1）香气质量　香料纯品或用乙醇稀释后的单体香料稀释液，直接闻试或通过评香纸进行闻试。有时则采用另一种方法，即将单体香料稀释到一定浓度（溶剂主要用水）、放入口中，香气从口中通入鼻腔进行香气质量检验。有时由于香气质量随浓度发生变化，所以可以从稀释度与香之间的关系评价香气质量。

（2）香气强度　人们把开始闻不到香气时，香料物质的最小浓度叫做阈值，来表示香气强度。阈值越小的香料，香气强度越高；反之阈值越大的香料，香气强度越低。由于阈值随稀释溶剂之不同以及其他香料的加入而变化，故必须采用同一溶剂和较为纯净的香料。

（3）留香时间　单体香料中，有些品种的香气很快消失，而有些香料的香气能保持较长时间，香料的留香时间就是对该特征的评价。一般将香料沾到闻香纸上，再测定香料在闻香纸上的保留时间，也即从沾到闻香纸上到闻不到香气的时间。保留时间越长，留香性越好。

2. 天然香料的评价

天然香料的评价法和单体香料相同，即检验其香气质量、香气强度、留香时间。但天然香料是多种成分的混合物，所以香的检验又不同于单体香料。在同一评香纸上要检验出不同阶段香的变化，即头香、体香和基香三者香气之间的合理平衡，是天然香料检验的重点。

3.香精的评价

香精的评价就其香气质量和香气强度来看，评价方法和单体香料、天然香料大致相同。由于香精也是多种成分的混合物，所以在同一评香纸上要检验出头香、体香和基香三者之间的香气平衡，是非常重要的。如果头香不冲，香气的扩散性（透发性）就较差；如果体香不和，香气就不够文雅；如果基香不浓，则留香不佳，香气就不够持久。另外还要考虑其与标样的相像程度，有无独创性、新颖性等。

而对于食品香精、牙膏香精，除上述评价法外，还需包括味的评价，因此采取把香精中加入一定量的水或糖浆后含入口中，对冲入鼻腔中的香气和口中感到的味同时进行评价的方法。

4.加香制品香的评价

对于市售加香产品如化妆品、香皂等，评香时一般即以此成品或在敷用后用嗅辨的方法来辨评。如要进一步评比（为了仿制或其他需要），则可从产品中萃取出其中含有的香成分，再进行如上的评辨。

当香精加入加香制品中后，同一种香料或香精在不同的加香介质中，其香气、味道等会有不同，如强度不足或香气平衡被破坏等，并随着放置时间的延长而变化，导致香气劣化。因此欲知某香料或自己配制的香精在加香制品中的香气变化、挥发性、持久程度和变色情况等，则必须将该香料或香精加入加香制品中，然后进行观察评比。视加香制品的性质，或考察一段时间，或经冷热考验，观察其香气、香韵、介质的稳定性、色泽等的稳定性，以便对调和香料做出最终评价。

二、评香中应注意的问题

在辨香与评香过程中，应注意下列问题。

(1) 要有一个安静和无杂气干扰的工作场所。

(2) 要思想集中，间歇进行，避免嗅觉疲劳。开始时的间歇是每次几秒钟，最初嗅的三、四次最为重要。易挥发者要在几分钟内间歇地嗅辨；香气复杂的，有不同挥发阶段的，除开始外，可间歇 5～10min，再延长至 0.5h、1h、半天、一天或持续若干天。要重复多次，观察不同时间中香气变化以及挥发程度（头香、体香、基香）。

(3) 要有好的标样，并装在深色的玻璃小瓶中，置阴凉干燥处或冰箱内存放，防止变质。到一定时间要更换。

(4) 嗅辨时要用辨香纸。对于液态样品，以纸条（宽 0.5～1.0cm、长 10～18cm）为宜；对固态样品，以纸片（宽 8cm、长 10cm）为宜。辨香纸在存放时要防止被玷污和吸入其他任何气味。

(5) 辨香时的香料要有合适的浓度。过浓，嗅觉容易饱和、麻痹或疲劳，因此有必要把香料或香精用纯净无臭的 95%乙醇或纯净邻苯二甲酸二乙酯稀释至 1%～10%，甚至更淡些来评辨。

(6) 辨香纸的一端应写明辨评对象的名称或编号，日期和时间，另一头沾样品。如果是两种以上样品对比，则要沾得相等。如是用纸片，可将固态样品少量置于纸片中心。嗅辨时，样品不要触及鼻子，要有一定的距离（刚可嗅到为宜）。

(7) 随时记录嗅辨香气的结果，包括香韵、香型、特征、强度、挥发程度，并根据自己的体会，用贴切的词语描述香气。要分阶段记录，最后写出全貌。若是评比则写出它们之间的区别，如有关纯度、相像程度、强度、挥发度等意见，最后写出评定好坏、真假等的评语。

第二篇　化妆品的配方

第七章　皮肤用化妆品

皮肤是人体自然防御体系的第一道防线，皮肤健康，防御能力就强。而且健康美丽的皮肤能给予人美的享受，给人以轻松、愉快、清秀之感。

要想让皮肤健康和美丽，首先就要保持皮肤的清洁卫生。由于角质层的老化、皮脂腺分泌皮脂、汗腺分泌汗液以及其他内分泌物和外来的灰尘等混杂在一起附着在皮肤上构成污垢，这些污垢一方面会堵塞皮脂腺和汗腺，妨碍皮肤的正常新陈代谢，同时皮脂极易为空气氧化，产生不愉快的臭味，促使病原菌的繁殖，最终导致各种皮肤病的发生，加速皮肤的老化。因此，要经常保持皮肤的清洁。

皮脂腺分泌皮脂，使人的皮肤保持柔软、光滑和弹性。但是，当人的生理机能失调、季节的变化、周围环境的影响等会引起皮肤粗糙、皲裂、色素沉着等皮肤病的发生；再者，接触某些物质如用肥皂、碱性洗浴剂等清洗皮肤时，在去除附着于皮肤表面污垢的同时，也会导致过度脱脂的现象，使这层天然的护肤分泌物过度流失。所以，必须进行弥补或修复。

皮肤用化妆品的作用就是清洁皮肤表面，补充皮脂的不足，滋润皮肤，促进皮肤的新陈代谢。它们能在皮肤表面形成一层护肤薄膜，阻止表皮水分的蒸发，可保护或缓解皮肤因气候变化、环境影响等因素所造成的刺激，并能为皮肤提供其正常生理过程中所需要的营养成分，使皮肤柔软、光滑、富有弹性，从而防止或延缓皮肤的衰老，预防某些皮肤病的发生，增进皮肤的美观和健康。

第一节　洁肤化妆品

皮肤是人体的一个重要器官，对人体的健康和健美起着重要作用。但皮肤又是容易被弄脏的器官。正常情况下，皮脂腺经常分泌一些皮脂，以保持皮肤表面光滑、柔软。但这层皮脂长时间与空气接触后，空气中的尘埃会附着在上面与皮脂混合而形成污垢，与空气中氧气接触而被氧化酸败，再加上空气中微生物的进入生长、繁殖，加速了污物的分解而散发臭气。汗腺分泌的汗液蒸发后的残留物留在皮肤表面，也形成了皮肤表面的污垢。表皮脱落的死细胞，俗称死皮，很易酸败，是微生物繁殖的温床。另外，还有各种化妆料在皮肤上的残迹等。

皮肤上的上述污垢若不及时清除，就会堵塞皮脂腺、汗腺通道，影响皮肤的正常新陈代谢，加速皮肤的老化并有碍美观，甚至引起多种皮肤病，危害身体健康。清除皮肤表面的污垢可以使用肥皂、香皂等洁肤用品，但由于它们的碱性大、脱脂力强，使皮肤干燥无光泽，已逐渐被能够去除污垢、洁净皮肤而又不会刺激皮肤的清洁皮肤用化妆品所替代。

清洁皮肤用化妆品主要有各种清洁霜和清洁乳液、面膜、泡沫洁面乳、沐浴用品等。其类型有乳剂类和液洗类。有关乳剂类洁肤化妆品的原料组成、配方原则等可参见本章第二节护肤化妆品的有关内容，液洗类可参见第九章第一节洗发用品的有关内容。

一、清洁霜和清洁乳液

清洁霜是一种半固体膏状制品，其主要作用是帮助去除积聚在皮肤上的异物，如油污、皮屑、化妆料等，特别适用于干性皮肤的人使用。它的去污作用一方面是利用表面活性剂的润湿、渗透、乳化作用进行去污；另一方面是利用制品中油性成分的溶剂作用，对皮肤上的污垢、油彩、色素等进行渗透和溶解，尤其是对深藏于毛孔深处的污垢有良好的去除作用。

清洁霜的用法是先将其均匀涂敷于面部皮肤并轻轻按摩，溶解和乳化皮肤表面和毛孔内的油污，并使香粉、皮屑等异物被移入清洁霜内，然后用软纸、毛巾或其他易吸收的柔软织物将溶解和乳化了的污垢等随清洁霜从面部擦除。用清洁霜去除面部污物的优点是对皮肤刺激性小，用后在皮肤上留下一层滋润性的油膜，令皮肤光滑柔软，对干性皮肤有很好的保护作用。

清洁霜的原料包括各种油、脂、蜡，乳化剂，水和添加剂。水是一种优良的清洁剂，能从皮肤表面移除水溶性污垢。皮肤通常带负电荷，许多尘粒包括细菌也是带负电荷的，在水中这些微粒与皮肤相斥而被去除，但水对皮肤的清洁效能是不够的；肥皂或合成洗涤剂能使油污在水中乳化而被去除，但必须用大量的水才能洗净，而且脱脂力强，对皮肤刺激性较大；用溶剂去除油污是基于它对油污的溶解性。矿物油对油污的溶解性能很好，但如单独使用，会在皮肤上留下一层油膜，使人有过分油腻的感觉。异构烷烃含量高的白油可提高清洁皮肤的能力，羊毛脂、植物油具有润肤作用，并具溶剂之作用。

优良的清洁霜应具有如下特性：

(1) 接触皮肤后，能借体温而软化，黏度适中，易于涂抹；

(2) 能迅速经由皮肤表面渗入毛孔，并清除毛孔污垢；

(3) 易于擦拭携污，皮肤感觉舒适、柔软、无油腻感；

(4) 使用安全、不含有刺激性的易被皮肤吸收的成分。

清洁霜可分为 O/W 型和 W/O 型两类，但无论哪类，其油相占 30%～70%，可见清洁霜是一类含油量很高的洁肤化妆品。油性化妆品使用较多的场合，必须使化妆油料完全溶解，从皮肤表面脱离，因此使用 W/O 型清洁霜较好，主要目的不是为了去除天然的皮肤污垢，而是为了去除化妆料。淡妆时，则使用洗净力稍差但洗后感觉爽快的 O/W 型清洁霜，且现代清洁霜大多为 O/W 型。清洁霜配方举例见表 7-1。

表 7-1 清洁霜配方

清洁霜配方	质量分数/%					清洁霜配方	质量分数/%				
	W/O	W/O	O/W	O/W	O/W		W/O	W/O	O/W	O/W	O/W
蜂蜡	3.0	6.0		1.0	8.0	Span-85	4.2	3.0			
石蜡	10.0	2.0	10.0		7.0	羟乙基纤维素					0.2
鲸蜡醇			2.0		1.0	Tween-80	0.8	0.5	4.0		
凡士林	15.0		20.0	5.0		丙二醇			5.0	4.0	3.0
白油	41.0	40.0	30.0	20.0	48.0	三乙醇胺				1.8	0.5
硬脂酸				3.0		防腐剂	适量	适量	适量	适量	适量
羊毛脂		2.5				香精	适量	适量	适量	适量	适量
单硬脂酸甘油酯			2.0	1.0		去离子水	26.0	46.0	27.0	64.2	30.3
烷基磷酸酯					2.0						

清洁乳液又称洗面奶，其去污原理与清洁霜类同，但洗面奶配方中油性组分含量要比清洁霜少许多，洗面奶中油性组分一般占10%～35%。洗面奶一般是O/W型乳液，洗面后感觉光滑、滋润、无紧绷感。其配方组成主要包括油相、乳化剂、保湿剂、水和各种添加剂。

洗面奶是一种液态霜，其制取一般比固态霜困难，因为奶液有很好的流动性，所以往往不易保持良好的稳定性，在储存过程中易分层，要保持洗面奶的稳定性，需注意以下几点：

(1) 选择和调整水相和油相的密度，要求二者比较接近；

(2) 选择高效的乳化剂，采用两种或两种以上的乳化剂复配较单一乳化剂更为有利；

(3) 添加水溶性高分子化合物，增加连续相的黏度；

(4) 采用高效乳化设备，获得均匀且细小的乳化颗粒，达到乳化稳定；

(5) 应避免大量采用硬脂酸、十六醇或十八醇等固态油、脂、蜡，否则容易使洗面奶在储存过程中稠度增加。

洗面奶配方举例见表7-2。

表7-2 洗面奶配方举例

洗面奶配方	质量分数/%				
	1(O/W)	2(O/W)	3(O/W)	4(O/W)	5(W/O)
白油	6.0	30.0	35.0	35.0	35.0
硬脂酸		3.0	5.0	1.0	
十六醇				2.5	
羊毛脂				2.0	
蜂蜡			2.0		
肉豆蔻酸肉豆蔻醇酯	2.0	4.0			
异壬基酸异壬基醇酯	4.0				
失水山梨醇单硬脂酸酯		4.0			
Arlacel P135					3.0
鲸蜡醇聚氧乙烯(10)醚				2.0	
油醇聚氧乙烯(10)醚				3.0	
鲸蜡醇聚氧乙烯(5)醚					1.0
聚山梨醇油酸酯	2.0				
Sepigel 501	8.0				
甘油			3.0		4.0
丙二醇	2.0	5.0		2.0	
三乙醇胺		1.0	2.5	0.7	
Carbopol 941			0.1	0.1	
香精、防腐剂	适量	适量	适量	适量	适量
去离子水	76.0	53.0	52.4	51.7	

二、泡沫洁面乳

20世纪90年代以来，泡沫型洗面奶（泡沫洁面乳）问世，洗涤感觉更为清爽，舒适。泡沫洁面乳与一般洗面奶相同之处是均用于清洁面部，不同之处在于一般洗面奶是乳液型，而泡沫洁面乳是表面活性剂的水溶液。

泡沫型洁面乳分皂基型洁面乳和表面活性剂型洁面乳两类。

1. 皂基型洁面乳

此类洁面乳的特点是具有丰富的泡沫和优良的洗涤力，在配方中加入适量软化剂和保湿剂后，使用起来没有肥皂的“紧绷感”，而具有良好的润湿感。其配方应含有以下几种成分。

a. 肥皂：皂类使洁面乳具有较强的去污性和丰富的泡沫。月桂酸盐发泡性最好，但单独使用泡沫粗，缺乏奶油感，大量配用时要注意刺激性等安全问题。棕榈酸盐、硬脂酸盐等高级脂肪酸盐有利于产生细致的泡沫和奶油感，如果脂肪酸组成中这类物质占的比例高，有产生珠光色的倾向。棕榈酸钾与较短烷链的月桂酸钾、肉豆蔻酸钾和一些表面活性剂相比，对经常残留的角质细胞脂质的洗净性和对皮肤的吸着性以及洗脸后的感觉性各方面都是比较优良的。总之，在组合这些脂肪酸成分时，要考虑到制品的硬度、起泡力、泡质、安全性、稳定性等之间的平衡。脂肪酸的配用量以 30%～45%为宜。生产中多用脂肪酸与碱剂中和而得。常用碱剂有氢氧化钠、氢氧化钾、三乙醇胺等。单独使用氢氧化钾或与氢氧化钠并用易于得到膏霜状制品。当以三乙醇胺作为碱剂时，通过控制脂肪酸、润肤剂的组成和用量，可制得透明凝胶状的制品。为了适于形成膏霜状，保持适当硬度，考虑安全性方面应无残存游离碱，碱剂的用量必须要比所配用脂肪酸的物质的量（mol）要低一些。

b. 其他表面活性剂：配方中为改善洁肤效果和起助乳化作用，可加入其他表面活性剂如氨基酸类表面活性剂、甘油脂肪酸酯、POE 烷醚磷酸盐和 *N*-酰基-*N*-甲基牛磺酸盐等。

c. 润肤剂：将皮肤和毛孔中的污垢乳化或溶解，并起到营养皮肤的作用，同时洁肤后在皮肤上形成一层薄的护肤膜，防止皮肤过分脱脂，可选用脂肪酸、高级醇、羊毛脂衍生物、蜂蜡、橄榄油、椰子油和霍霍巴油等。

d. 保湿剂：起到皮肤保湿、柔软、润滑作用，可选用各种类型的保湿剂，较常用的是甘油、丙二醇等。

e. 其他辅助成分：可根据设计需要加入其他辅助成分，如美白洁面乳可加入美白成分，去粉刺洁面乳可加入杀菌剂、抑菌剂等，另外还加入金属离子螯合剂 EDTA 及其盐、六偏磷酸钠以及防腐剂、香精等。

皂基型洁面乳配方举例见表 7-3。

表 7-3　皂基型洁面乳配方举例

皂基型洁面乳配方	质量分数/%		皂基型洁面乳配方	质量分数/%	
	1	2		1	2
硬脂酸	10.0		*N*-酰基-*N*-甲基牛磺酸钠	2.0	
棕榈酸	10.0		氢氧化钾	4.0	5.0
羊毛脂	2.0	1.0	氢氧化钠		3.5
椰子油	2.0	15.0	EDTA 二钠	0.1	
牛脂		40.0	甘油	10.0	
十六醇		2.0	防腐剂	0.3	0.3
没食子酸丙酯		0.1	香精	0.3	0.3
甘油单硬脂酸酯	2.0		去离子水	57.3	32.8

制作方法：以配方 1 为例说明此类产品生产工艺，在油相锅中加入硬脂酸、棕榈酸、羊

毛脂、椰子油、甘油及防腐剂，加热搅拌至70℃，经过滤抽至乳化锅中并保持其温度在70℃，将预先在水相锅中溶解了氢氧化钾的去离子水，经过滤抽至乳化锅中，并保持70℃反应1h，降温至45℃，加入其他原料，搅拌混匀，抽真空、脱泡、冷却，至室温后检测，合格后出料。

2.表面活性剂型洁面乳

表面活性剂型洁面乳所选表面活性剂应具有良好的发泡性、低刺激性和抗硬水性。常用的表面活性剂有烷基磷酸酯及其盐类、*N*-酰基谷氨酸、*N*-酰基肌氨酸、*N*-酰基-*N*-甲基牛磺酸盐、烷基糖苷、椰油两性乙酸钠、椰油两性丙酸钠等。其他成分同皂基型洁面乳。

表面活性剂型洁面乳配方举例（1和2）见表7-4。

表7-4 表面活性剂型洁面乳配方举例（1和2）

表面活性剂型洁面乳配方	质量分数/%		表面活性剂型洁面乳配方	质量分数/%	
	1	2		1	2
N-酰基-*N*-甲基牛磺酸钠	5.0		十二碳酰基肌氨酸三乙醇胺		20.0
POE-POP嵌段共聚物	5.0		羟丙基纤维素		1.5
POE(15)油醇醚	21.0		EDTA二钠	0.1	0.2
PEG-10甲基葡萄糖苷	12.0		甘油	8.0	
霍霍巴油	2.0		山梨醇	3.0	
羊毛醇	1.0		香精	0.3	0.3
聚氧乙烯(9)月桂醇醚			防腐剂	0.3	0.3
水杨酸		1.0	去离子水	42.3	76.7

制作方法（以配方1为例说明此类产品生产工艺）：在水相锅中加入保湿剂（甘油、山梨醇）溶解，加入*N*-酰基谷氨酸钠，溶解过程应缓慢进行，避免产生较多气泡，然后在水相中加入EDTA四钠，加热搅拌溶解至70℃。在油相锅中加入霍霍巴油、羊毛醇、*N*-酰基-*N*-甲基牛磺酸钠、POE-POP嵌段共聚物、POE（15）油醇醚，加热搅拌。分别将水相、油相经过滤抽至乳化锅，搅拌均匀，降温至45℃加入香精和防腐剂，充分混合后，降至室温后，检测，合格后出料。

表面活性剂型洁面乳配方举例（3和4）见表7-5。

表7-5 表面活性剂型洁面乳配方举例（3和4）

表面活性剂型洁面乳配方	质量分数/%		表面活性剂型洁面乳配方	质量分数/%	
	3	4		3	4
椰油酰基羟乙基磺酸钠	19.0		丙二醇	10.0	5.5
月桂酰肌氨酸钠		16.0	乳化硅油		2.0
棕榈酸	2.5		汉生胶		0.5
硬脂酸	2.0		防腐剂	适量	适量
月桂醇硫酸三乙醇胺	2.5		香精	适量	适量
CAB-30	16.0	5.0	去离子水	48.0	48.0
十二烷基二甲基氧化胺		2.0			

三、面膜

面膜是集洁肤、护肤、养肤和美容于一身的面部皮肤用化妆品。其用法是将其均匀涂敷于面部皮肤上，经过一定时间，涂层干燥而在皮肤表面逐渐形成一层膜状物，然后将该层薄膜揭掉（或洗掉），即可达到洁肤、护肤、养肤和美容的效果。

面膜的作用主要表现在如下几个方面。①洁肤效果。由于面膜对皮肤的吸附和黏结作用，在剥离或洗去面膜时，可使皮肤上的分泌物、皮屑和污垢等随面膜一起被去除，给人洁净的感觉。②护肤和养肤作用。由于面膜覆盖在面部皮肤表面，抑制了皮肤水分的蒸发，可软化角质层、扩张毛孔与汗腺口，同时使皮肤表面温度上升，促进血液循环，使皮肤有效地吸收面膜中的活性营养成分，起到良好的护肤和养肤作用。③美容效果。随着面膜的形成和干燥，面膜的收缩张力使松弛的皮肤绷紧，这样有助于减少和消除面部的皱纹，从而产生美容的效果。所以，面膜是集洁肤、护肤、养肤和美容于一身的面部皮肤用多功能化妆品，受到女士的普遍欢迎，在美容院中使用更为普遍，有着良好的发展前景。面膜的种类很多，根据其外观性状分类如表 7-6 所示。但目前市场上主要是剥离面膜和成型面膜。

表 7-6 面膜的种类

类型	主要成分	特征
剥离面膜	水溶性高分子化合物、保湿剂、醇类等	可制成膏状或凝胶状，可形成剥离膜，具有保湿、清洁、促进血液循环等作用
粉状面膜	陶土、滑石粉等粉体，油分、保湿剂、营养剂等	使用时用等量水将其调制均匀涂于面部，干燥后可水洗或剥离，可达到紧肤效果，对粉刺有效
成型面膜	无纺布或胶原等薄片、面膜液等	将浸有面膜液的无纺布或添加有活性成分的胶原薄片贴在面部，保湿性优良
泡沫型面膜	油分、保湿剂、发泡剂及其他添加剂等	气雾型(或气溶胶型)，具有保湿效果
膏状面膜	油分、保湿剂、黏土类及其他添加剂等	粉体可吸附皮肤上的过剩油脂，经冲洗除去，脱脂力强，对粉刺有效
浆泥面膜	果菜汁、粉末等	自制面膜，效果独特

1. 剥离面膜

剥离面膜可制成膏状或凝胶状，使用时将其涂抹在面部，经 10～20min，水分蒸发后就逐渐形成一层薄膜，然后用手揭下（剥离）整个面膜，皮肤上的污垢、皮屑等黏附在薄膜上一同被除去。

剥离面膜的原料包括成膜剂、保湿剂、粉类原料、溶剂、增稠剂、活性成分等。其中，成膜剂是剥离面膜的关键成分，通常使用水溶性高分子化合物，因其不仅具有良好的成膜性，而且具有增稠、乳化和分散作用，对含有无机粉末的基质具有稳定作用，还具有一定的保湿作用。常用的水溶性高分子化合物有聚乙烯醇（PVA）、聚乙烯吡咯烷酮（PVP）、丙烯酸聚合物（Carbopol）、聚氧乙烯、羧甲基纤维素、明胶等。剥离面膜配方举例见表 7-7。

表 7-7　剥离面膜配方举例

剥离面膜配方	质量分数/%		剥离面膜配方	质量分数/%	
	凝胶状	膏状		凝胶状	膏状
聚乙烯醇	10.0	15.0	乙醇	20.0	
聚乙烯吡咯烷酮		5.0	三异丙醇胺	0.6	
Carbopol 941	0.5		1,3-丁二醇		5.0
Sepigel 305		1.0	水解蛋白	5.0	
钛白粉		2.0	防腐剂	适量	适量
氧化锌		2.0	香精	适量	适量
丙二醇	5.0		去离子水	58.9	70.0

凝胶状剥离面膜的制法是先将聚乙烯醇、Carbopol 941 等粉状水溶性高分子化合物用保湿剂或乙醇润湿，然后加入去离子水，加热下搅拌使其溶解均匀；香精、防腐剂等用余下的乙醇或保湿剂溶解，待温度降至 50℃时加入搅匀，冷却至 35℃即可；膏状剥离面膜的制法与凝胶状剥离面膜的制法基本相同，只是在加入香精的同时加入粉类原料搅匀即可。

2. 粉状面膜

粉状面膜是一种均匀、细腻、无杂质的混合粉末状物质，对皮肤无刺激，使用安全。使用时将适量面膜粉末与水调和成糊状，均匀涂敷于面部，经过 10～20min，随着水分的蒸发糊状物逐渐干燥，在面部形成一层胶性软膜或干粉状膜，停留片刻将其剥离（胶性软膜），或用水洗干净（干粉状膜）。

粉状面膜的基质原料是具有吸附和润滑作用的粉末，如高岭土、钛白粉、氧化锌、滑石粉等，以及可以形成胶性软膜的天然或合成胶质类物质如淀粉、硅胶粉、海藻酸钠等；添加多种功效性的粉末状物质如中草药粉及天然动植物提取物粉，使其具有养肤作用；另外还需加入抗菌防腐剂、香精等。粉状面膜配方举例见表 7-8。

表 7-8　粉状面膜配方举例

粉状面膜配方	质量分数/%		粉状面膜配方	质量分数/%	
	干粉状膜	胶性软膜		干粉状膜	胶性软膜
高岭土	45.0	35.0	凝胶剂		5.0
滑石粉	25.0	25.0	中药粉	2.0	10.0
氧化锌	20.0		山梨醇	8.0	
淀粉		5.0	防腐剂	适量	适量
海藻酸钠		20.0	香精	适量	适量

粉状面膜的配制是先将粉料研细、混合，然后将液体物质喷洒于其中，拌和均匀后过筛即可。粉状面膜都是现调现用，因此，在调制时可加入一些天然营养物如新鲜黄瓜汁、果汁、蔬菜汁、蜂蜜、蛋清等，以增强其护肤养肤效果。当然也可单独用新鲜黄瓜汁、果汁、蔬菜汁、蜂蜜、蛋清等制成天然浆泥面膜，不但新鲜，而且不加任何防腐剂、香精等，是纯天然面膜。所以，目前许多美容院还专门开设了采用天然果菜泥敷面美容的服务。但要注意的是这些天然营养面膜糊要一次用完，不能久存，以免受到污染。

3. 成型面膜

剥离型面膜、膏状面膜和粉状面膜在使用过程中，都需要均匀涂敷于面部，且膏状面膜和粉状面膜干燥后需用水冲洗干净，这给使用者带来很多不便，因此，出现了成型面膜。

最常见的成型面膜是将无纺布类纤维织物剪裁成人的面部形状，放入包装物中，再灌入面膜液将包装物密封，这种浸渍了面膜液的无纺布即为成型面膜。使用时，打开密封包装物，取出一张成型面膜贴在面部，并使其与面部紧密贴牢，经 15～20min，面膜逐渐干燥，然后将其从面部揭下。由于成型面膜使用方便，感觉清爽舒适，深受消费者喜爱，是目前市场上的主流产品。

成型面膜液的主要成分有保湿剂、润肤剂、活性物质（如果酸、维生素、表皮生长因子）、防腐剂、香精等。成型面膜液配方举例见表 7-9。

表 7-9 成型面膜液配方举例

成型面膜液配方	质量分数/%			成型面膜液配方	质量分数/%		
	美白面膜	抗皱面膜	保湿面膜		美白面膜	抗皱面膜	保湿面膜
熊果苷	2			甘草酸二钾	2	适量	
骨胶原	2	4		氢化卵磷脂	1	0.5	
银耳多糖提取物		0.5		聚甘油-2		0.2	
吡啶-3-甲酰胺	4			三乙醇胺	0.5		
马齿苋提取液	1			苯氧乙醇	0.5	0.5	0.5
黄原胶	0.5		0.5	透明质酸		1.2	0.1
烟酰胺	2			尿素		0.8	
甘油	1.2		10.0	香精	适量	适量	适量
丙二醇			3.0	去离子水	83.8	92.3	85.9

近年来出现的可溶性成型面膜是以水溶性的葡萄糖纤维素衍生物为主要成分，添加多种天然植物提取物和生物活性成分、纤维素等制成的一种干膜状成型面膜。使用时将其直接敷于润湿的面部，面膜即均匀紧贴在面部，经过 15～20min，面膜溶解液逐渐被吸收和干燥，然后用清水洗净即可。由于在溶解的状态下，面膜的有效成分很容易被皮肤吸收，具有极佳的护肤、养肤效果。而且使用方便、感觉舒适、易于包装、便于携带和长时间保存，是一种很有发展前景的面膜产品。

四、沐浴用品

沐浴用品是指人们在沐浴时使用的洁肤化妆品。根据其使用方式的不同，可分为浴液、泡沫浴和浴盐等种类。

1. 浴液

浴液也称沐浴露，是洗浴时直接涂敷于身上或借助毛巾涂擦于身上，经揉搓达到去除污垢目的的沐浴用品。过去人们大都使用肥皂、香皂、浴皂等洗澡，虽然它们有较强的洗净作用，但由于它们呈碱性，致使皮肤过度脱脂，容易使皮肤出现干燥、无光泽等现象。随着表面活性剂工业的发展，目前的浴液制品主要有两类，一类是易冲洗的以皂基表面活性剂为主体的浴液，一类是呈微酸性的以各种合成表面活性剂为主体的浴液。

浴液与液体香波有许多相似之处：外观均为黏稠状液体；其主要成分均为各类表面活性剂；均具有发泡性，对皮肤、毛发均有洗净去污能力。但由于其使用的对象不同，故有着不同的特性。香波尤其是调理香波其中添加了多种有护发作用的调理剂，使头发洗后易梳理、柔顺、亮泽、飘逸等，而浴液中常添加对皮肤有滋润、保湿和清凉止痒等作用的添加剂。

性能优良的浴液应具有泡沫丰富，易于冲洗、温和无刺激，并兼有滋润、护肤等作用。

表面活性剂是浴液的主要原料，要求有良好的洗涤、发泡性，与皮肤相容性好，性质温和，刺激性低等。常用的有阴离子型表面活性剂如单十二烷基（醚）磷酸酯盐、脂肪醇醚琥珀酸酯磺酸盐、N-月桂酰肌氨酸盐、椰油酰基羟乙基磺酸钠、脂肪酸皂等；两性表面活性剂如椰油酰胺丙基甜菜碱，羟磺基甜菜碱，咪唑啉，氧化胺等；非离子表面活性剂如烷醇酰胺、葡萄糖苷衍生物等。其中脂肪酸皂可改善洗涤时不易冲洗、滑腻的感觉。

为避免浴液在去污的过程中对皮肤产生过度的脱脂作用，常添加能赋予皮肤脂质，使皮肤润滑、光泽的润肤剂或赋脂剂，如鳄梨油、霍霍巴油，羊毛脂类、聚烷基硅氧烷类及脂肪酸酯类等，具有良好的润肤性、改善与皮肤的相容性、降低产品的刺激性等。

浴液中还常加入甘油、丙二醇、烷基糖苷等保湿剂；阳离子聚合物如聚季铵盐类等调理剂，它们对蛋白质具有附着性，使皮肤表面有一种如丝一般平滑的舒适感；芦荟、沙棘、海藻、薄荷脑等天然植物提取物和中草药提取物等活性成分。另外，还需加入珠光剂、防腐剂、香精、色素等。浴液配方举例见表 7-10。

表 7-10 浴液配方举例

浴液配方	质量分数/%			浴液配方	质量分数/%		
	清凉型	滑爽型	易冲洗型		清凉型	滑爽型	易冲洗型
脂肪醇醚硫酸酯盐(70%)	15.0	13.0		增稠剂			1.5
十二烷基磷酸酯(30%)			38.0	EDTA-Na_4			0.1
月桂酸			11.0	丙二醇	4.0		
脂肪醇醚琥珀酸酯磺酸钠(35%)	6.0			薄荷脑	1.0		
N-月桂酰肌氨酸钠(30%)		8.0		KOH			3.2
羟磺基甜菜碱(30%)	4.0		8.0	防腐剂	适量	适量	适量
椰油酰胺丙基甜菜碱(30%)		9.0		香精	适量	适量	适量
聚乙二醇-200 硬脂酸甘油酯	3.0			色素	适量	适量	适量
聚季铵盐-10		0.2		乳酸调 pH 值		适量	
乙二醇双硬脂酸酯			3.0	去离子水	67.0	69.8	35.2

浴液的配制方法与液体香波基本相同，首先将各种表面活性剂混合，加入去离子水，在搅拌下加热至 70℃左右，混合均匀后，加入润肤剂、保湿剂、增稠剂等，降温至 50℃时加入香精，冷却至室温即可灌装。

2. 泡沫浴

“泡沫浴”顾名思义是一种泡沫很丰富的沐浴用品，洗浴时将其放入浴盆中，加入热水搅动即可产生丰富的泡沫，加之具有宜人的香气，性质温和，对皮肤和眼睛无刺激，很适合休闲洗浴。泡沫浴可制成粉状、块状、颗粒状、液状等，其中以液状最为普遍。

泡沫浴与浴液的不同之处在于泡沫浴的泡沫多，所以，应选用发泡力强的表面活性剂，其他成分基本与浴液相同，其配制方法也与浴液相同。泡沫浴配方举例见表 7-11。

表 7-11 泡沫浴配方举例

泡沫浴配方	质量分数/%		泡沫浴配方	质量分数/%	
	1	2		1	2
月桂醇醚硫酸钠(85%)	35.0	35.0	霍霍巴油	1.0	
椰油酰胺丙基甜菜碱(35%)	10.0		水解蛋白		2.0
羟磺基甜菜碱(35%)		10.0	柠檬酸	适量	适量
烷基葡萄糖苷	5.0	10.0	防腐剂、香精	适量	适量
椰油酸单乙醇胺	1.5		去离子水	47.5	43.0

3. 浴盐

浴盐是一种适用于浴盆或浴池的沐浴制品。浴盐并不是普通的盐，而是用天然无机矿物盐、营养素及某些天然提取物经加工而成的粉状或颗粒状物质。浴盐可以彻底清除皮肤毛孔中积聚的油脂、老化角质及各种污垢，同时还具有杀菌、软化角质层、促进血液循环和对身体有一定的理疗作用。含有保湿成分的浴盐具有保湿和滋润效果；泡沫浴型浴盐通过发泡作用给人以特别的休闲享受；温热型浴盐可提高温热浴效果，促进血液循环，调节皮肤状态；清凉浴型浴盐可祛除汗水的黏湿感，使肌肤浴后清凉干爽。近几年浴盐的品种越来越多，消费者也越来越多，特别是在专业洗浴中心使用更为普遍，且不断向专用方向发展，如沐浴专用、浴足专用、洗发专用、洁面专用等。

浴盐的主要成分是无机矿物盐，如使用氯化钠、氯化钾、硫酸钠、硫酸镁等可使浴盐具有保持温度、促进血液循环的作用，使用碳酸氢钠、碳酸钠、碳酸钾、倍半碳酸钠等具有清洁和软化角质作用，磷酸盐具有软化硬水、降低表面张力和增强清洁效果的作用。另外还需加入香精、色素等，也可加入粉状十二醇硫酸钠、烯基磺酸盐等表面活性剂制成泡沫浴型浴盐，加入薄荷脑制成清凉浴型浴盐。浴盐配方举例见表 7-12。

表 7-12 浴盐配方举例

浴盐配方	质量分数/%		浴盐配方	质量分数/%	
	清凉型	泡沫型		清凉型	泡沫型
硫酸钠	40.0	15.0	六偏磷酸钠	5.0	10.0
氯化钠	10.0		月桂醇硫酸钠		10.0
碳酸氢钠	40.0	25.0	薄荷脑	5.0	
碳酸钠		15.0	香精	适量	适量
酒石酸		25.0	色素	适量	适量

浴盐的配制很简单，首先将粉类原料放入混合机拌和均匀，再加入香精、色素拌和均匀即可。

第二节 护肤化妆品

正常健康皮肤的角质层中，水分含量为10%～20%，以维护皮肤的滋润和弹性。正常情况下，角质层中的水分之所以能够被保持，一方面是由于皮脂膜的作用，防止水分过快挥发；另一方面是由于角质层中存在有天然调湿因子，使皮肤具有从空气中吸收水分的能力。但由于年龄和外界环境等的影响，会使皮肤保湿机构受到损伤，导致角质层中的水分含量降到10%以下，使皮肤变得干燥、失去弹性、起皱、加速皮肤老化。因此，通过化妆品给皮肤补充水分、以保持皮肤中水分的含量和皮肤保湿机构的正常运行，从而恢复和保持皮肤的滋润和弹性，维持皮肤健康，延缓皮肤老化，是护肤化妆品的主要作用。

护肤化妆品即保护皮肤的化妆品，它与洁肤化妆品在功能和用法上都有不同。洁肤化妆品一般都是立即或经过短时间之后用水冲洗或用纸巾等将其擦除，在皮肤上不留化妆品的痕迹，从而保持皮肤的清洁；而护肤化妆品则在洗净的皮肤上涂抹，使其形成均匀的薄膜，该膜可持续地对皮肤进行渗透，给皮肤补充水分和脂质，并防止皮肤角质层水分的挥发，对皮肤实施护理。

护肤化妆品主要包括乳剂类（雪花膏、冷霜、润肤霜和润肤乳液、护手霜和护手乳液、按摩膏等）、化妆水类、剃须类、凝胶类等。

一、乳剂类化妆品

乳剂类即乳状液类，只是乳剂类稠度较高，常称乳化体。现代乳剂类化妆品，已不再以乳化类型分为 O/W 型的雪花膏和 W/O 型的冷霜，而是根据制品的用途或性能分为各种膏霜和乳液。半固体的称为膏霜；流体的称为乳液或奶液。每种制品都可根据需要制成 O/W 型或 W/O 型。通常 O/W 型含油分较少，且含有较多的亲水性乳化剂，清洁时可将皮肤上过剩的皮脂等物质带走，适宜油性皮肤的人使用。W/O 型含油分较多，对皮肤有更好的滋润作用，适宜干性皮肤的人使用。本章第一节介绍的清洁霜和清洁奶液，磨砂膏和去死皮膏等，以及本章第三节将要介绍的养肤化妆品等均属乳剂类化妆品。乳剂类化妆品是化妆品市场的消费主流，占化妆品市场的主要货架。

1. 原料组成

进入 20 世纪 80 年代以来，有机合成化学的迅速发展为化妆品生产提供了大量新颖的原料，包括各种合成的表面活性剂、各种滋润性物质以及各种保湿剂、防腐剂、营养剂、香料和色素等。这许多新颖原料在配方中的应用，促使化妆品的根本变革。

乳剂类化妆品的原料组成一般讲由油、水、乳化剂组成，但为了保证制品的外观、稳定性、安全性和有效性，赋予制品某些特殊性能，常需加入各种添加剂如保湿剂、增稠剂、滋润剂、营养剂、药剂、防腐剂、抗氧化剂、香精、色素等。

（1）油性原料　油性原料是组成乳剂类化妆品的基本原料，其主要作用有：能使皮肤细胞柔软，增加其吸收能力；能抑制表皮水分的蒸发，防止皮肤干燥、粗糙以至裂口；能使皮肤柔软、有光泽和弹性；涂布于皮肤表面，能避免机械和药物所引起的刺激，从而起到保护皮肤的作用；能抑制皮肤炎症，促进剥落层的表皮形成；对于清洁制品来说，油性成分是油溶性污物的去除剂。

化妆品中所用的油性原料可分为三类。

① 天然动植物性的油、脂、蜡。人体皮脂中含有 33% 的脂肪酸甘油酯，而最好的滋润物质应该和皮脂的组分接近，因此，由脂肪酸甘油酯为主要组成的天然动植物油脂应该是护肤化妆品的理想原料。如甜杏仁油：无色或微黄色液体，是配制奶液等的原料；橄榄油：微黄色或黄绿色液体，是配制防晒霜、口红、按摩油等的原料；蓖麻油、无色或淡黄色液体，是配制口红、膏霜类等的原料；水貂油：与皮肤亲和性好、不油腻，用于婴儿用油，是各种膏霜等的原料；蛋黄油：是营养霜的原料；霍霍巴油：无色、无味、透明的油状液体，是营养乳液等的原料；蜂蜡：白色微黄色半固体，是膏霜、唇膏、口红等的原料；鲸蜡：白色半透明固体，是膏霜、口红等的原料；巴西棕榈蜡：黄色硬固体，是膏霜、唇膏、口红等的原料；其他如花生油、玉米油、鲸蜡油、鱼肝油、小烛树蜡等，这些滋润物的缺点是含有大量不饱和键，易氧化酸败，需加入抗氧剂。但这些不饱和脂肪酸甘油酯可促进皮肤的新陈代谢，如亚油酸、亚麻酸、花生四烯酸的天然甘油酯和合成烷醇酯是润肤膏霜有价值的添加剂。

羊毛脂是一种优良的滋润物质，羊毛脂中 96% 为蜡酯，即甾醇、三萜醇、脂肪醇和 C_{24}～C_{28} 链烷-二醇的饱和及不饱和脂肪酸的混合物及少量烷烃。虽然羊毛脂中游离甾醇的含量仅有 0.8%～1.7%，但对羊毛脂的滋润性和吸水性起到了重要作用。羊毛脂涂敷在皮肤上可形成光滑的和缓和的封闭薄膜，阻滞水分的挥发，促使角质的再水合，最后软化和增加了皮肤的弹性，使粗糙鳞片状的皮肤变得柔软光滑。

卵磷脂是天然的双甘油酯，可由蛋黄和黄豆制取。卵磷脂分子中具有两个脂肪酸酯基团，第三个羟基被磷酸所酯化，磷酸的一个羟基再被含氮的胆碱或乙醇胺所酯化，从磷脂中可以分离出硬脂酸、油酸、亚油酸、亚麻酸、花生四烯酸等脂肪酸。卵磷脂是所有活细胞的重要组分，它对细胞渗透和代谢起着重要作用，它在组织中的浓度是恒定的。虽然活性基质细胞的磷脂含量是丰富的，但在角化过程中被分解成脂肪酸和胆碱等物质，在皮肤表面的脂肪内并不含磷脂。卵磷脂是一种具有表面活性的化合物，在乳化体系中能降低表面张力，它的滋润性能由于30%～45%油的存在而加强，油和它的表面活性相结合，增强了渗透和润肤的效果。卵磷脂衍生物有水分散性、水溶性和醇溶性的，对皮肤具有滋润和调理作用及增强对水分的亲和力。卵磷脂对皮肤具有优异的亲和性和渗透性，这些物质渗透到皮肤中去能促进皮肤的生理机能，所以在膏霜中有广泛的应用。

② 矿物性油性原料。是石油工业提供的各种饱和碳氢化合物。如固体石蜡：白色半透明结晶性固体，是膏霜、口红等的原料。白油（液体石蜡）：无色透明油状液体，在化学和微生物上极其稳定。低黏度白油洗净和润湿效果强，而柔软效果差；高黏度白油洗净和润湿效果差，而柔软效果好。按照这些特性，被广泛用作各种膏霜、奶液等的原料。白色凡士林：透明状半固体，是膏霜、唇膏等的原料。地蜡：白色或微黄色固体，是膏霜、唇膏、口红等的原料。这些物质是完全非极性的，因此这些物质具有非凡的滋润性能。

白油和凡士林在化妆品乳化体中主要用作油溶性润肤物质的载体，它们是有效的封闭剂，当敷用于皮肤上后，烷烃的薄膜阻滞了皮肤上水分的挥发，同时角质层可从内层组织补充水分而水合。在某些产品如按摩霜和保护霜中可被用作表面润滑剂，对表皮起到短时润滑作用；在洁面制品中，用作油溶性污垢的溶剂。但由于白油和凡士林涂敷于皮肤有油腻和保暖的感觉以及不易清洗，过量的矿油和蜡会阻碍滋润物的渗透，对上表皮层也无柔软和增塑的作用，且长期使用这些物质会引起局部水肿，最后导致发炎，因而限制了它们的应用。

③ 合成油性原料。由天然动植物油脂经水解精制而得的脂肪酸、脂肪醇等单体原料。如硬脂酸（十八酸）：白色固体，是膏霜等的原料；鲸蜡醇（十六醇）：白色结晶，是膏霜、乳液等的原料；胆甾醇：白色片状，是营养霜等的原料；硬脂醇（十八醇）：白色固体，是膏霜等的原料。

角鲨烷是由角鲨鱼肝油中取得的角鲨烯经加氢反应而制得，为无色透明、无味的油状液体，主要成分是异三十烷，是性能稳定的油性原料。研究表明，人体皮脂腺分泌的皮脂中约含有10%的角鲨烯，2.4%的角鲨烷，因此，角鲨烷与人体皮肤的亲和性好，刺激性低。与矿物油相比，油腻感弱，并具有良好的皮肤浸透性、润滑性和安全性，是配制乳液、膏霜、口红等的原料。

较常采用的脂肪酸酯类有肉豆蔻酸异丙酯、肉豆蔻酸肉豆蔻醇酯、棕榈酸异丙酯、亚油酸异丙酯、苯甲酸十二醇酯、异硬脂酸异硬脂醇酯、脂肪酸乳酸酯、油酸癸酯、棕榈酸辛酯、硬脂酸辛酯等。这些酯类物质由于分子中酯基的存在而具有极性，流体酯类物质对皮肤的渗透性较其他滋润物质为好，涂于皮肤上留下相对无油腻的膜。它能促进其他物质，如羊毛脂和植物油的渗透性，其优良的溶剂性能使原来不相混溶的油脂和蜡能相互混合并增加乳化体油相的塑性，也能加强矿油对皮肤表面的黏附。

羊毛酸异丙酯是以羊毛脂和异丙醇经过部分酯基转移作用而制成的一种羊毛酸异丙酯、游离胆甾醇及其他羊毛醇和未反应羊毛脂的混合物。羊毛酸异丙酯作为载体改善了混合物的渗透性，促进羊毛脂的滋润性。游离胆甾醇、羊毛醇和羊毛脂存在于滋润性载体中结合成为一种制品，从而提供了更有效的滋润作用。这类有协同作用的化合物还有油酸甲酯和异丙酯。利用多不饱和脂肪酸的低分子量烷醇酯对皮肤的渗透性配制润肤霜和乳液可抵消某种营养缺乏的皮肤病的影响。

各种各样的羊毛脂衍生物从油溶性、水分散性到完全水溶性。如聚氧乙烯山梨醇羊毛脂、羊毛酸及其多元醇酯、羊毛醇等都具有优异的滋润性。乙酰化羊毛脂能在矿物油、某些植物油中溶解，敷用于皮肤能形成一层抗水性保护膜，有效地柔软皮肤和防止脱脂。

聚二甲基硅氧烷及其衍生物。聚二甲基硅氧烷俗称硅油，根据相对分子量的不同，外观为无色透明的挥发性液体至高黏度的液体。具有无急性毒性，无副作用，可用于口服药物制剂和外用制剂，用于化妆品中是安全的。硅油是非极性的化学惰性物质，同时具有润滑和抗水作用，在水和油的介质中都能有效地保护皮肤不受化学品的刺激。但硅油既能抗水又能让水汽通过，因此在封闭性方面硅油较烷烃为差。由于其低表面张力、易于铺展、适宜的黏度，能赋予个人护理制品润滑、不油腻的感觉，使皮肤柔软。具有抑泡、消泡、防沫作用，防止涂抹产品时的“泛白”现象。不同产品需要选择不同的黏度，黏度越高油性越大，低黏度赋予皮肤干爽的感觉，在化妆品中常用硅油黏度范围 100～300000cSt，可通过使用不同黏度的聚二甲基硅氧烷复配，调节产品的特性。由于其沉积性，在化妆品配方中用量较低，通常在 0.1%～2.0%之间。

聚二甲基硅氧烷衍生物主要有环聚二甲基硅氧烷、聚氧乙烯/聚氧丙烯聚二甲基硅氧烷、聚氧乙烯聚二甲基硅氧烷脂肪酸酯等。环聚二甲基硅氧烷具有独特的挥发性，可用作挥发性载体，无残留物。低表面张力，铺展性和润滑性优异。消除配方的黏性，不油腻，赋予皮肤柔软肤感。烷基聚二甲基硅氧烷具有优异的润滑、柔软、光泽及润肤性，与其他化妆品原料配伍性好，增加产品稳定性和润滑性；尤其在防晒产品中，可增加触变性，和防晒活性物结合紧密，不易被汗水冲洗掉，增加产品的 SPF 值，是高档化妆品原料。

其他如 ICI 公司的润肤剂 Arlamol S7：是聚丙二醇-硬脂醚与环甲硅酮的混合物，具有很好的复合性能，可改善皮肤感觉，获得优异的铺展性以及防止皮肤干燥的良好的吸水性等；Arlamol E：是聚氧丙烯（15）硬脂醚，具有易渗透，增加润滑性而不会感到过分油腻，另外还可增加香精油等在矿物油或其他油中的溶解性。Arlamol HD：是由异丁烯聚合而得的异构十六烷烃，与白油相比，更易铺展，肤感更轻松、优雅。

（2）乳化剂　乳化剂通常为表面活性剂。乳化体性能的好坏，关键是油类原料、乳化剂性能的好坏，其中能否形成均匀，稳定的乳化体系，完全取决于乳化剂性能的好坏。作为乳化剂不但要具备优异的乳化性能，使油和水形成均匀，稳定的乳化体系，且乳化剂本身还要具有调节作用，使其他护肤剂发挥最佳效能。

由于乳化剂的化学结构和物理特性不同，其形态可从轻质油状液体、软质半固体直至坚硬的塑性物质，其溶解度可从完全水溶性、水分散性直至完全油溶性。各种油性物质经乳化后敷用于皮肤上可形成亲水性油膜也可形成疏水性油膜。水溶性或水分散性乳化剂可以减弱烷烃类油或蜡的封闭性。如果乳化剂的熔点接近皮肤温度，则留下的油膜也可减少油腻感。因此，选择不同的乳化剂可以配制成适用于不同类型皮肤的护肤化妆品。

乳化剂的种类很多，有阴离子型、非离子型等。阴离子型乳化剂如 K_{12}，脂肪酸皂等乳化性能优良，但由于涂敷性能差、泡沫高、刺激性大，在现代膏霜中应尽量少用或不用。非离子型乳化剂是目前最常用的乳化剂，性能优良，品种较多。如 ICI 公司生产的 Arlacel、Brij、Span、Tween 等系列，见表 7-13。它们之间相互复配，可以产生非常好的乳化效果，如 Arlacel 165 与 Arlatone 983，Brij 72 与 Brij 721，Span 与 Tween 等；有的则可单独使用，如 Arlacel 165 和 Arlacel P135 等。Arlatone 2121 是失水山梨醇硬脂酸酯和蔗糖椰油酸酯的混合物，HLB值约为6，但却是很好的O/W型乳化剂，在配制时水相中形成了独特的液晶结构，而油相最终被分散在该液晶结构中而被稳定，它在提供优良的乳化性能的同时，保持了良好的铺展性和光滑清爽的肤感。

表 7-13 ICI公司生产的乳化剂

名 称	商品代号	功能	HLB值
单硬脂酸甘油酯及硬脂酸聚氧乙烯酯	Arlacel 165	O/W	11.0
聚氧乙烯(30)二聚羟基硬脂酸酯	Arlacel P135	W/O	5.0～6.0
自乳化型甘油硬脂酸酯	Arlatone 983	O/W	8.7
聚氧乙烯(23)月桂醇醚	Brij 35	O/W	16.9
聚氧乙烯(20)鲸蜡醇醚	Brij 58	O/W	15.7
聚氧乙烯(2)硬脂醇醚	Brij 72	W/O	4.9
聚氧乙烯(21)硬脂醇醚	Brij 721	O/W	15.5
聚氧乙烯(10)油醇醚	Brij 96/97	O/W	12.4
聚氧乙烯(20)油醇醚	Brij 98/99	O/W	15.3
单月桂酸失水山梨醇酯	Span-20	O/W	8.6
单棕榈酸失水山梨醇酯	Span-40	W/O	6.7
单硬脂酸失水山梨醇酯	Span-60	W/O	4.7
单油酸失水山梨醇酯	Span-80	W/O	4.3
聚氧乙烯(20)单月桂酸失水山梨醇酯	Tween-20	O/W	16.7
聚氧乙烯(20)单棕榈酸失水山梨醇酯	Tween-40	O/W	15.6
烯(聚氧乙 20)单硬脂酸失水山梨醇酯	Tween-60	O/W	14.9
聚氧乙烯(20)单油酸失水山梨醇酯	Tween-80	O/W	15.0

Seppic公司生产的MONTANOV系列乳化剂（表7-14）是由天然植物来源的脂肪醇和葡萄糖合成的糖苷类非离子O/W型乳化剂。其分子中的亲水和亲油部分由醚键连接，故具有卓越的化学稳定性和抗水解性能；与皮肤相容性好，特别是MONTANOV系列乳化剂可形成层状液晶，加强了皮肤类脂层的屏障作用，阻止透皮水分散失，可增进皮肤保湿的效果；液晶形成一层坚固的屏障，阻止油滴聚结，确保乳液的稳定性；可生物降解，是环保型产品。采用MONTANOV系列乳化剂既可配制低黏度的奶液又可配制高稠度的膏霜，且赋予制品轻盈、滋润和光滑的手感。

表 7-14 Seppic公司生产的乳化剂

化学组成	商品代号	性能与应用
C_{16}～C_{18} 烷基醇和 C_{16}～C_{18} 烷基葡糖苷	MONTANOV 68	O/W 型乳化剂，兼具保湿性能。可用于配制保湿霜、婴儿霜、防晒霜、增白霜等
C_{16}～C_{18} 烷基醇和椰油基葡糖苷	MONTANOV 82	O/W 型乳化剂。可乳化高油相（达 50%）产品并在－25℃以下稳定，与防晒剂、粉质成分相容性好。可用于配制各种护肤膏霜和含粉质配方
C_{20}～C_{22} 烷基醇和 C_{20} 烷基葡糖苷	MONTANOV 202	O/W 型乳化剂。可用于配制手感轻盈的护肤膏霜
C_{14}，C_{22} 烷基醇和 C_{12}，C_{22} 烷基葡糖苷	MONTANOV L	O/W 型乳化剂。可用于配制低黏度的乳液，非常稳定，且黏度不随时间而变化
椰油醇和椰油基葡糖苷	MONTANOV S	O/W 型乳化剂。对物理和化学防晒剂有优良的分散性，可用于配制各种 SPF 值的防晒产品

阳离子表面活性剂也可用作乳化剂，具有收敛和杀菌作用。同时阳离子乳化剂很适宜作为一种酸性覆盖物。能促进皮肤角质层的膨胀和对碱类的缓冲作用。故这类制品更适用于洗

涤剂洗涤织物后保护双手之用。

（3）添加剂

① 保湿剂。皮肤保湿是化妆品的重要功能之一，因此在化妆品中需添加保湿剂。保湿剂在化妆品中有三方面的作用：对化妆品本身水分起保留剂的作用，以免化妆品干燥、开裂；对化妆品膏体有一定的防冻作用；涂敷于皮肤后，可保持皮肤适宜的水分含量，使皮肤湿润、柔软、不致开裂、粗糙等。

主要品种有：甘油、丙二醇、山梨醇、1,3-丁二醇等多元醇类；乳酸钠、吡咯烷酮羧酸盐、氨基酸、尿素、尿囊素、神经酰胺等天然保湿因子（NMF）组成成分；透明质酸、水解胶原蛋白、黏多糖、葡聚糖等真皮层中的保湿成分。

神经酰胺是一种类磷脂，角质层中40%～50%的皮脂由神经酰胺构成，神经酰胺是细胞间基质的主要部分，在保持角质层水分的平衡中起着重要作用。它相当于角质细胞“砖”之间的“泥浆”，承担着皮肤保护、保湿及滋润的作用，是维持皮肤正常和健康的必需物质。随着年龄增长，神经酰胺会越来越少，皮肤的锁水能力就越来越差。干性皮肤和粗糙型皮肤等皮肤异常症状的出现也是由于神经酰胺量减少所致。

透明质酸是存在于人体表皮和结缔组织中的一种透明生物高分子物质，具有调节表皮水分的特殊性能。它存在于动物和人体的皮肤，肌肉，软骨等中，也可以由鸡冠中提取。透明质酸用于皮肤表面可形成水化黏性膜，与皮肤内固有的透明质酸一样能有效地保持水分，使皮肤滋润，滑爽，具有弹性。透明质酸与甘油等保湿剂的不同之处在于：当外界湿度高时，它的吸湿性可调节至适度，不会使皮肤表面产生黏稠感；而当外界湿度低时，它的吸湿性大大增强，防止皮肤干燥。同时它还具有优异的使皮肤充满活力的生物性能和降低外来毒性对皮肤侵袭的作用。分子量较大者，主要成膜于皮肤表面，起到保湿，润湿作用，而分子量较小者，则渗入真皮层轻微扩展毛细血管，增加血液循环。改善中间代谢，促进皮肤营养的供给和废物的排泄，从而使皮肤光滑，柔嫩，富有弹性，防止皮肤老化，具有抗皱，美容作用。

② 增稠剂。适宜的黏度是保证乳化体稳定并具有良好使用性能的主要因素之一。特别是奶液类制品，通常黏度越高（特别是连续相的黏度），奶液越稳定，但黏度太高，不易倒出，同时也不能成为奶液；而黏度过低，使用不方便且易于分层。在现代膏霜配方中，为保证膏体的良好外观、流变性和涂敷性能，油相用量特别是固态油脂蜡用量相对减少，为保证产品适宜的黏度，通常在O/W型制品中加入适量水溶性高分子化合物作为增稠剂。由于这类化合物可在水中溶胀形成凝胶，在化妆品中的主要作用是增稠、乳化，提供有特色的使用感；提高乳化和分散作用；用于制造凝胶状制品；对含无机粉末的分散体和乳液具有稳定作用。

水溶性高分子化合物的主要品种包括天然和合成两类，如卡波树脂（934、940、941、980、1342、2020等），羟乙基纤维素，汉生胶也叫黄原胶（丙烯酸聚合物），羟丙基纤维素，水解胶原，聚多糖类等。Seppic公司生产的预先中和好的聚合物系列，如表7-15所示。产品外观呈液态，使用方便，只需室温下加入水，即可在短时间内形成一种非常稳定的凝胶，大大简化了生产的工艺过程。可用作乳剂类化妆品的增稠稳定剂，也可用来配制无“乳化剂”的乳状产品，获得凝胶般手感的“霜状凝胶”体系。

③ 其他如营养剂，主要品种有水溶性珍珠粉、珍珠水解液、人体胎盘提取液、水解动物蛋白液、天然丝素肽、当归提取液、人参提取液、灵芝提取液。另外，新型抗衰老活性成分、神经酰胺、维生素 E 等；增白剂、收敛剂、抗粉刺剂、减肥剂、丰乳剂（激素类）等将在相关章节中介绍。在此不多述。

表 7-15 Seppic 公司生产的聚合物系列

化学组成	商品代号	性能与应用
聚丙烯酸 13/聚异丁烯/聚山梨酸酯 20	Sepiplus 400	适用 pH 范围 2.5～11，对电解质耐受性好，特别适用于高电解质的配方
聚丙烯酰胺/C_{13}～C_{14} 异构烷烃/月桂醇(7)醚	Sepigel 305	适用 pH 范围 2～12，可制成无乳化剂的霜状凝胶，适用于各类膏霜
丙烯酰胺/丙烯酸二甲基牛磺酸钠/异构十六烷/聚山梨酸酯 80	Simulgel 600	适用 pH 范围 2～12，安全性高，适用于各类膏霜，特别是安全性要求高的产品如眼部护理用品、婴儿护肤用品等
丙烯酰胺共聚物/石蜡油/异构烷烃/聚山梨酸酯 85	Sepigel 501	可用于配制流动性好的护肤奶液
丙烯酸钠/丙烯酸二甲基牛磺酸钠/异构十六烷/聚山梨酸酯 80	Simulgel EG	与溶剂有优良的相容性，与丙二醇共用可配制清澈的透明胶
丙烯酸二甲基牛磺酸钠/丙烯酸羟乙酯/角鲨烷/聚山梨酸酯 60	Simulgel NS	酸性 pH 中稳定
聚丙烯酸铵/异构十六烷/PEG-40 蓖麻油	Simulgel A	适用 pH 范围 6～12，适合配制各种低成本的膏霜或奶液
丙烯酸共聚物	Capigel 98	透明胶体，发泡配方胶凝剂，适用于洁面啫喱、头发定型胶、沐浴乳等

2. 配方的基本原则

乳剂类化妆品的特性与所选用的原料和配方结构有关，其中最重要的是乳化体的类型、两相的比例、油相的组分、水相的组分和乳化剂的选择。

(1) 乳化体的类型　上述各种润肤物质在乳化体中既可作为分散相，也可作为连续相。润肤的效果很大程度上取决于乳化体的类型和载体的性质。将 O/W 型乳化体涂敷于皮肤上则连续的水相快速蒸发，水分的减少会不同程度的产生冷的感觉。分散的油相开始并不封闭，对皮肤的水分挥发并无阻碍，随着挥发的进行，分散的油相开始形成连续的薄膜，乳化体的亲水-亲油平衡左右着封闭的性能。O/W 型乳化体的主要优点在于在皮肤上有滑爽的感觉，少油腻。

在皮肤上敷上 W/O 型乳化体，使油相能和皮肤直接接触，且乳化体内的水分挥发的较慢，所以对皮肤不会产生冷的感觉。由于婴儿的皮肤比较娇嫩，所以配制婴儿霜以 W/O 型为宜。

从两种乳化体的类型来说，由于油在 O/W 型乳化体中成微粒分散，可促进对毛囊的渗透，所以认为 O/W 型乳化体较好。但两种类型的乳化体，对皮肤的渗透相差甚微。

(2) 两相的比例　W/O 型乳化体的内在缺点是油相集中不如在 O/W 型乳化体中分散来得柔软。根据相体积理论，乳化体中分散相的最大体积可占总体积的 74.02%，即 O/W 型乳化体中水相的体积必须大于 25.98%；而 W/O 型乳化体中油相的体积必须大于 25.98%。虽然许多新型乳化剂的乳化性能优良，可以制得内相体积大于 95%的产品，但从乳化体的稳定性考虑，外相体积还是大于 25.98%为好。总之，内相体积可以小于 1%，而外向体积必须大于25.98%。表7-16列出了部分化妆品乳化体的类型、油相的熔点和油相的质量分数，可供配制此类产品时参考。

表7-16 化妆品乳化体的类型、油相的熔点和质量分数

产　品	乳化体类型	油相的熔点/℃（大约数）	油相质量分数/%（大约数）
润肤霜	油/水、水/油	35～45	油/水 25～65，水/油 45～80
润肤乳液	油/水、水/油	油/水 30～55，水/油<15	油/水 10～35，水/油 45～80
护手霜	油/水	40～55	10～25
护手乳液	油/水	40～55	5～15
清洁霜	油/水、水/油	<35	30～70
清洁乳液	油/水	<35	15～30
雪花膏	油/水	>50	15～30
粉底霜	油/水	40～55	20～35
万能霜	油/水、水/油	<35～45	35～45
营养霜	油/水、水/油	<37	40～80
防晒霜	油/水、水/油	<15～55	油/水 15～30，水/油 40～60
抑汗霜和乳液	油/水	>37	5～25

从表7-16可以看出，在同类产品中，O/W型乳化体油相的比例较W/O型乳化体为低；在不同类产品中，如护手霜和护手乳液的油相比例较低，而润肤霜和润肤乳液的油相比例较高。两项的比例是完全根据各类产品的特性要求而决定的，各类产品也有一定限度的变动范围，必须按照每一产品的功能和有关因素来确定。一般护手霜油相的比例约为7%，而供严重开裂用的高效护手霜，油相的比例往往高达25%。油/水型乳化体由于水是外相，因此包装容器要严格密封，以防止挥发干燥。水/油型乳化体由于水是内相，水分较不易挥发，因此包装容器的密封要求就不如前者来得高。

(3) 油相的组分　表7-16中的油相熔点是由各种不同熔点的油、脂、蜡原料配制综合而得，与油相的流变特性及敷用于皮肤时的各种性能直接有关。产品敷用于皮肤后的感觉、状况和现象是由不挥发的组分所决定，主要是油相。封闭性油性物质在皮肤上形成一层连续密合的薄膜；非封闭性油性物质在皮肤上则形成一层不连续或多孔的薄膜。

产品的分布特性及其最终效果也和油相的组分有密切的关系。水/油型乳化体产品的稠度主要决定于油相的熔点，一般很少超过37℃。油/水型乳化体产品（如雪花膏）的油相熔点可远远超过37℃。必须牢记，乳化剂和生产方法也能改变油相的物理特性，而最终表现在产品的性质上。

一般认为，对皮肤的渗透来说，动物油脂较植物油脂为佳，而植物油脂又较矿油为好，矿油对皮肤不显示渗透作用。胆甾醇和卵磷脂能增加矿油对表皮的渗透和黏附。当基质中存在表面活性剂时，对表皮细胞膜的透过性将增大，吸收量也将增加。

矿油是在许多膏霜中最常用的作为油相主要载体的原料。在某些产品中也应用它的本身特点，如在清洁霜中作为类脂物的溶剂，在发膏中作为光亮剂和定形剂。肉豆蔻酸异丙酯等的液体酯类适宜用作非油腻性膏霜的油相载体。蜡类用于油相的增稠，促进封闭膜的形成和留下一层非油腻性膜。硬脂酸锂和镁等金属皂在150～170℃时分散于矿油中，可使矿油增稠形成类似凡士林样的凝胶。亲油胶性黏土分散于油中能形成触变性的半固体。矿油中也可加入12-羟基硬脂酸使其凝胶化。

油相也是香料、某些防腐剂和色素以及某些活性物质如雌激素、维生素 A、维生素 D 和维生素 E 等的溶剂。颜料也可分散在油相中。相对地说油相中的配伍禁忌要较水相少得多。

(4) 水相的组分　在乳化体化妆品中，水相是许多有效成分的载体。作为水溶性滋润物的各种保湿剂，如甘油、山梨醇、丙二醇和聚乙二醇等，能防止油/水型乳化体的干缩，但用量太多会使产品在使用时感到黏腻。作为水相增稠剂的亲水胶体，如纤维素胶、海藻酸钠、鹿角菜胶、黄蓍树胶、丙烯酸聚合物、硅酸镁铝和膨润土等，能使油/水型乳化体增稠和稳定，在护手霜中起到阻隔剂的作用。各种电解质，如抑汗霜中的铝盐、卷发液中的硫代乙醇酸铵、美白霜中的汞盐、冷霜中的硼砂和在水/油型乳化体中作为稳定剂的硫酸镁等，都是溶解于水中的。许多防腐剂和杀菌剂，如六氯酚、季铵盐、氯代酚类和对羟基苯甲酸酯也是水相中的一种组分。此外还有营养霜中的一些活性物质，如水解蛋白、人参浸出液、珍珠粉水解液、蜂王浆、水溶性维生素及各种酶制剂等。如前所述，当组合水相中这些成分时，要十分注意各种物质在水相中的化学相容性，因为许多物质很容易在水溶液中相互反应，甚至失去效果。有些物质在水相中，由于光和空气的影响，也容易逐渐变质。

(5) 乳化剂的选择　当乳化体的类型、两相的大致比例和组分决定之后，就可进行乳化剂的选择。选择乳化剂首先应考虑它和产品中其他成分的相容性及总的稳定性。表 7-17 示出各类乳化剂的适用情况。非离子型乳化剂的适用性最广，能和各类产品相容，但有可能对细菌污染的防腐造成困难，也有可能严重减弱杀菌剂的活性。阴离子型乳化剂的用途也很广泛，但阳离子型化合物则不常采用。

表 7-17　乳化剂和水相的相容性

水相组成	乳化剂		
	阴离子型	非离子型	阳离子型
高 pH 值	稳定	酯类不稳定,醚类稳定	不稳定
中性无电解质	稳定	稳定	稳定
低 pH 值	皂类不稳定	稳定	稳定
多价阳离子	皂类不稳定,某些非皂类稳定	稳定	稳定
多价阴离子	稳定	稳定	十分不稳定
阳离子表面活性剂	不稳定	稳定	稳定
阴离子表面活性剂	稳定	稳定	不稳定

其次依据 HLB 理论进行乳化剂的选择，即乳化剂所提供的 HLB 值与油相所需要的 HLB 值相一致，是制得稳定乳化体的关键，并通过乳化实验获取最佳的乳化效果。对两种乳化类型来说，当所用的表面活性剂的 HLB 值低时形成 W/O 型乳化体，HLB 值高时形成 O/W 型乳化体，也就是说溶解表面活性剂较多的相变成连续相，严格地讲，应该是能够形成胶束的相变成连续相。

但随着表面活性剂的发展，表面活性剂的乳化性能有了很大提高，就目前而言，对许多新型乳化剂来说，只要控制混合乳化剂的 HLB 值在 3～6 或 8～18 的范围内，即可制得 W/O 型或 O/W 型的稳定乳化体，而不必考虑油相的所需 HLB 值。如 Brij 72 和 Brij 721，不论是以 1∶4 还是以 2∶3 复配均可制得稳定的 O/W 型乳化体。

关于乳化剂的用量，应根据油相的用量、膏体的性能和是否添加高分子化合物等而定。通常添加高分子化合物增稠的配方，乳化剂的用量可适当减少；为减少涂敷发白的现象，除减少固态油脂蜡的用量外，应适当减少乳化剂的用量，并配以适量高分子化合物增稠，以保证膏体的稳定。

3.雪花膏

雪花膏是传统的O/W型乳剂类化妆品。“雪花膏”顾名思义，颜色洁白，遇热容易消失。雪花膏在皮肤上涂开后有立即消失的现象，此种现象类似“雪花”，故命名为雪花膏。它属于阴离子型乳化剂为基础的油/水型乳化体，在化妆品中是一种非油腻性的护肤用品，敷用在皮肤上，水分蒸发后就留下一层硬脂酸、硬脂酸皂和保湿剂所组成的薄膜，使皮肤与外界干燥空气隔离，能节制皮肤表皮水分的过量挥发，特别是在秋冬季节空气相对湿度较低的情况下，能保护皮肤不致干燥、开裂或粗糙，也可防治皮肤因干燥而引起的瘙痒。

雪花膏是硬脂酸和硬脂酸化合物分散在水中的乳化体，主要原料是硬脂酸、碱类、多元醇、水及其他。

（1）硬脂酸　一般采用三压硬脂酸，加入量为10%～20%。其中含有硬脂酸45%和棕榈酸55%左右，油酸0～2%，控制碘价在2以下，碘价高油酸含量高，其质量差、颜色泛黄，容易酸败等。单压硬脂酸质量较差，不适宜生产雪花膏。硬脂酸在皮肤表面可形成薄膜，使角质层柔软，保留水分。

（2）碱类　碱类和硬脂酸中和生成硬脂酸皂起乳化作用。所用碱类有KOH、NaOH，氢氧化铵、碳酸钾、碳酸钠、硼砂、三乙醇胺、三异丙醇胺等。碳酸钾与硬脂酸发生中和反应时，生成二氧化碳气体，容易使乳化体带有气泡，故较少采用。氢氧化铵、三乙醇胺有特殊气体，而且和某些香料混合使用容易变色，也较少采用。三乙醇胺和三异丙醇胺制成的雪花膏柔软而且细腻，但制成的雪花膏如果使用香料不当也容易变色。NaOH制成的乳化体稠度较大，易导致膏体有水分离析，致使乳化体质量不稳定。一般采用KOH，为提高乳化体稠度，可辅加少量NaOH，其质量比为9∶1。

（3）多元醇　主要用作保湿剂，如甘油、山梨醇、丙二醇、二甘醇-乙醚、1,3-丁二醇。多元醇除对皮肤有保湿作用外，在雪花膏中有可塑作用，当配方里不加或少加多元醇时，用手涂擦时，会出现“面条”现象。当增加多元醇用量时，产品的耐冰冻性能也随之提高。

（4）水　在雪花膏中有60%～80%是水，因此水的质量对膏体质量也会有很大影响，一般采用蒸馏水或去离子水，因硬水中含盐量较高，会影响膏体稳定性。

（5）其他　如单硬脂酸甘油酯是一辅助乳化剂，用量1%～2%，使得制成的膏体比较细腻、润滑、稳定、光泽度也较好，搅动后不致变薄、冰冻后水分不易离析。尼泊金酯作为防腐剂，羊毛脂作为滋润皮肤的保护剂。十六醇或十八醇与单硬脂酸甘油酯混合使用更为理想，这样经长时间储存，雪花膏也不致变薄，颗粒变粗，出现珠光等现象，乳化更为稳定，同时可避免起面条现象，十六醇或十八醇的用量一般为1%～3%。加入白油1%～2%也具有避免起面条的效果。

一般雪花膏中有15%～25%的硬脂酸被碱中和，剩下的75%～85%的硬脂酸仍是游离状态。其KOH的加入量依据下式进行计算：

$$\text{KOH 用量}=\frac{\text{硬脂酸量}\times\text{硬脂酸中和成皂百分率}(\%)\times\text{酸价}}{\text{KOH 纯度}\times 1000}$$

式中，酸价为中和1g硬脂酸所需KOH的质量，mg。

另外常用的一个概念皂化价为皂化1g硬脂酸或油脂所需KOH的质量（mg）。

如要配制10.0kg雪花膏，需要硬脂酸（酸价208）14kg，硬脂酸中和成皂百分率为

15%，则配方中需要纯度为85%的KOH为：

$$\text{KOH 用量}=\frac{14\times15\%\times208}{85\%\times1000}=0.514\text{kg}$$

雪花膏配方举例见表7-18。

表7-18　雪花膏配方举例

雪花膏配方	质量分数/%			
	1	2	3	4
硬脂酸	14.0	18.0	15.0	10.0
单硬脂酸甘油酯	1.0		1.0	1.5
羊毛脂		2.0		
十六醇	1.0		1.0	3.0
白油	2.0			
甘油	8.0	2.5		10.0
丙二醇			10.0	
KOH(100%)	0.5		0.6	0.5
NaOH(100%)			0.05	
三乙醇胺		0.95		
香精、防腐剂	适量	适量	适量	适量
去离子水	73.5	76.55	72.35	75.0

制作方法：将油相成分加热至90℃，碱类和水可混合加热（也可分别加热）至90℃，然后将水相加入油相中，继续搅拌冷却至50℃时加入香精，静止冷却至30～40℃时包装。

为提高雪花膏的产品质量，现在通常在配方中加入非离子表面活性剂，如单硬脂酸甘油酯、聚氧乙烯失水山梨醇酯、脂肪醇聚氧乙烯醚等。由皂和非离子表面活性剂组成混合乳化剂，不仅可减少碱的用量，降低雪花膏的碱性，减少对皮肤的刺激性，而且可改善膏体的外观，增进膏体的稳定性和涂敷性能。

雪花膏的配制也可完全不用碱，而全部采用各种非离子表面活性剂复配，制得的雪花膏质地细腻、稳定性好、不受电解质的影响，也不受气温变化影响，制品的pH值呈中性或微碱性，接近皮肤的正常pH值，对皮肤刺激性小。其配方结构类同润肤霜。

4. 冷霜

冷霜也叫香脂或护肤脂，是一种传统的水/油型乳剂类化妆品。为什么叫冷霜呢？据说，大约在公元100～200年，希腊物理学家盖伦用1份蜂蜡、4份橄榄油和部分玫瑰水溶液制成这种产品。由于制品不稳定，涂在皮肤上有水分离出来，水分蒸发而带走热量，使皮肤有清凉的感觉，所以叫冷霜。约1700年后，人们对上述配方进行了改进，用硼砂皂化蜂蜡中的游离脂肪酸，生成的钠皂是很好的乳化剂，制成水/油型冷霜，乳化体的稳定度有了很大提高。

基于蜂蜡和硼砂的配方，至今仍有沿用。根据使用地区和用途的不同，在配方上有一定区别。热带地区使用的冷霜，熔点要高一些、稠厚些，而寒带地区使用的冷霜的熔点就要低一些、软些、便于涂开。作为润肤和按摩用的乳化体，则往往要比清洁皮肤用的清洁霜要稠厚些。质量好的冷霜应是乳化体光亮，细腻；没有油-水分离现象，不易收缩，稠厚程度适中，便于使用。

冷霜的原料主要有蜂蜡、白油、水分、硼砂、香精和防腐剂等。蜂蜡的用量可为2%～15%，硼砂的用量则要根据蜂蜡的酸价而定。理想的乳化体应是蜂蜡中50%的游离脂肪酸被中和。在实际配方中由于有单硬脂酸甘油酯，棕榈酸异丙酯等中的游离酸存在（尽管含量很少，但也必须考虑)，蜂蜡与硼砂的比例是（10∶1）～（16∶1)。如果硼砂的用量不足以中和蜂蜡的游离脂肪酸，则成皂乳化剂含量低，有乳化体粗糙而不细腻，也容易渗水，乳化不稳定等情况；如果用量过多，则有针状硼酸之结晶。这些现象都不符合质量要求。

冷霜的水分含量是一项重要因素。一般水分含量要低于油相的含量，目的是使乳化体稳定，其油相和水相的比例一般是2∶1左右。

用植物油制成的乳化体在色泽方面不如用白油的洁白，但就皮肤吸收的角度考虑，采用植物油较为有利。如杏仁油、茶油等。白油主要由正构烷烃和异构烷烃组成，若白油中绝大部分是正构烷烃，则不适宜制造冷霜，因为正构烷烃会在皮肤上形成障碍性不透气的薄膜，所以应选用异构烷烃含量高的白油为宜。

为了提高产品的质量，现在多采用非离子型乳化剂和蜂蜡-硼砂相结合的方式或单独采用非离子型乳化剂。这样制得的乳化体的耐热耐寒性好，其他物理性能也有改进，色泽较白，光亮润滑，减少了蜂蜡的用量。相应增加了水分的用量。

冷霜由于其包装容器不同，配方和操作也有很大区别，大致可分为瓶装冷霜和铁盒装冷霜两种类型。

（1）瓶装冷霜　要在35℃条件下不发生油水分层现象，乳化体较软，油润性好等。由于耐热温度不高，故所选用的原料及乳化剂的范围可以更广。其组成如表7-19所示。

表7-19　瓶装冷霜配方组成举例

瓶装冷霜配方	质量分数/%			瓶装冷霜配方	质量分数/%		
	1	2	3		1	2	3
蜂蜡	10.0	10.0	8.0	单硬脂酸甘油酯			1.0
白凡士林	5.0		10.0	失水山梨醇单硬脂酸酯			2.0
白油18#	48.0	35.0	40.0	水	36.4	37.3	37.0
鲸蜡		4.0	2.0	硼砂	0.6	0.7	—
杏仁油		8.0		香精、防腐剂、抗氧剂	适量	适量	适量
棕榈酸异丙酯		5.0					

制作方法：将油相加热到略高于油相原料的熔点，约70℃，将硼砂溶解于水中加热至90℃维持20min灭菌，然后冷却到比油相稍高的温度，约72℃。然后将水相慢慢加到油相中。油和水开始乳化时应保持较低的温度，一般在70℃。开始搅拌可剧烈一些，但当水溶液加完后，应改为缓慢搅拌，较高的乳化温度或过分剧烈搅拌都有可能制成油/水型冷霜。45℃时加香，40℃时停止搅拌，静置过夜再经三滚机或胶体磨后装瓶。

选用亲水性较强的乳化剂，可以制成油/水型冷霜，此类产品的优点是：

① 敷用于皮肤爽滑而且油润，减少了黏腻的程度；

② 乳化体的耐热耐寒稳定性较好，尤其是耐热性能好，能在49℃经一周不渗油，为水/油型冷霜所不及；

③ 乳化体颗粒较小，颜色洁白；

④ 在制造时不需要经过胶体磨或三滚研磨机，因此设备简单。

由于上述优点，在瓶装冷霜中有趋向油/水型乳化体发展，但要注意所选用的乳化剂不能对皮肤脱脂或有刺激作用。

（2）铁盒装冷霜　铁盒装冷霜能随身携带，使用方便，所以很受欢迎。其主要要求是质地柔软，受冷不变硬、不渗水，受热（40℃）不渗油，所以盒装冷霜的稠度较瓶装冷霜要厚一些，也就是熔点要高一些，选用原料配方，设备和操作方法都有区别。凡是铁盒装的冷霜都是属于水/油型乳化体，如果制成油/水型乳化体将会使铁盒生锈，如果用铝盒包装，由于密封不好，很容易干缩。所以乳化剂主要是硬脂酸钙皂和硬脂酸铝皂。

冷霜一般多在秋冬两季使用，它不仅能保护和润滑皮肤，还可防止皮肤干燥冻裂，也能当作“粉底霜”使用。其组成如表 7-20 所示。

表 7-20 铁盒装冷霜配方举例

冷霜配方	质量分数/%	冷霜配方	质量分数/%	冷霜配方	质量分数/%
三压硬脂酸	1.2	白油 18#	47.0	氢氧化钙	0.1
蜂蜡	1.2	双硬脂酸铝	1.0	去离子水	41.0
天然地蜡	7.0	硬脂酸单丙二醇酯	1.5	香精、防腐剂、抗氧剂	适量

制作方法：先将粉末状双硬脂酸铝投入白油中，搅拌均匀，然后将油相加热至 110℃熔化，待双硬脂酸铝完全熔化后，经过滤流入夹套搅拌锅内，维持油相温度 80℃，氢氧化钙投入 80℃热水中，再将水相投入油相中，同时启动框式搅拌桨。回流冷却水至冷却到 28℃止。经研磨，真空脱气，40℃耐热合格后即可包装。

5. 润肤霜和润肤乳液

润肤霜是一类保护皮肤免受外界环境对皮肤的刺激，防止皮肤过分失去水分，经皮肤表面补充适宜的水分和脂质，以保持皮肤的滋润、柔软和弹性的乳剂类护肤化妆品。

皮肤干燥的主要原因是角质层水分含量的减少，因此如何保持皮肤角质层适宜的水分含量是保持皮肤滋润、柔软和弹性，防止皮肤老化的关键。恢复干燥皮肤水分的正常平衡的主要途径是赋予皮肤滋润性油膜、保湿和补充皮肤所缺少的养分，防止皮肤水分过快挥发，促进角质层的水合作用。油性成分是表皮水分有效的封闭剂，可减少或阻止水分从它的薄膜通过，使角质层再水合，且对皮肤有水合作用，因此油性成分是润肤霜的主要成分。润肤霜的油性成分含量一般为 10%～70%，可通过调整油相和水相的比例，制成适合不同类型皮肤的制品。润肤霜可采用的原料相当广泛，因此润肤霜产品多种多样，目前绝大多数护肤膏霜产品均属此类制品。

润肤霜的乳化体类型有 O/W 型、W/O 型和 W/O/W 型，但以 O/W 型乳化膏体为主。W/O 型含油、脂、蜡成分较多，对皮肤有更好的滋润作用，宜于干性皮肤的人使用；而 O/W 型含油性成分较少，清爽不油腻，不刺激皮肤，宜于油性皮肤的人使用。润肤霜中还可加入各种营养成分、生物活性成分，配制成具有营养作用的养肤化妆品。润肤霜的配方举例见表 7-21、表 7-22。

表 7-21 润肤霜配方举例 (1)

润肤霜配方	质量分数/%						
	O/W 1	O/W 2	O/W 3	O/W 4	W/O 1	W/O 2	W/O 3
杏仁油		7.5			16.0		5.0
可可脂					5.0		
肉豆蔻酸异丙醇酯		2.0					10.0
白油	9.5	6.0	20.0	7.0	20.0	25.0	20.0
凡士林					24.0	10.0	8.0
石蜡	3.0		3.0				
蜂蜡					5.0	12.0	15.0

续表

润肤霜配方	质量分数/%						
	O/W 1	O/W 2	O/W 3	O/W 4	W/O 1	W/O 2	W/O 3
聚二甲基硅氧烷	0.5	0.5	0.3				
硬脂酸	3.0		1.7	3.0			
鲸蜡		5.0					
鲸蜡醇		2.0					
羊毛脂	3.0	2.0		3.0		10.0	
卵磷脂							10.0
单硬脂酸甘油酯				1.0			
Arlacel P135					4.0		
Arlacel 165		5.0					
Span-80	1.5		1.0				
Tween-80	3.5		3.0				
硼砂						0.7	0.8
三乙醇胺				1.5			
甘油		5.0	4.0	5.0			
防腐剂	适量	适量	适量	适量	适量	适量	适量
抗氧剂	适量	适量	适量	适量	适量	适量	适量
香精	适量	适量	适量	适量	适量	适量	适量
去离子水	76.0	65.0	67.0	79.5	26.0	42.3	31.8

表 7-22 润肤霜配方举例(2)

润肤霜配方	质量分数/%			
	O/W 1	O/W 2	O/W 3	W/O
鲸蜡醇	2.0	1.0	1.0	2.5
白油	18.0	10.0	16.0	5.0
异构十六烷			5.0	
氢化蓖麻油			2.0	2.0
橄榄油		10.0		
Arlamol HD		2.5		12.0
羊毛醇		2.0		
棕榈酸异丙酯	5.0	4.5		5.0
环聚二甲基硅氧烷	0.1	0.1	0.3	
硬脂酸	2.0			2.5
单硬脂酸甘油酯	5.0		6.0	2.5
Arlamol S7				2.0
Arlacel P135				5.0
Arlacel 165			5.0	
Brij 72		2.0		
Brij 721		3.0		
Tween-20	2.0			

续表

润肤霜配方	质量分数/%			
	O/W 1	O/W 2	O/W 3	W/O
Carbopol 934	0.2			
丙二醇	4.0	4.0	4.0	2.5
水合硫酸镁			0.7	0.7
透明质酸		0.03		
三乙醇胺	1.8			
防腐剂	适量	适量	适量	适量
香精	适量	适量	适量	适量
去离子水	59.9	60.87	60.0	58.3

润肤乳液又称润肤奶液。由于是乳液，其流动性好、易涂抹、铺展性好、不油腻、用后感觉舒适、滑爽，尤其适合夏季使用。

润肤乳液的组成与润肤霜基本相同，只是润肤乳液中的固态油、脂、蜡比膏霜中的含量低。但由于乳液的黏度低，分散相小液珠的布朗运动剧烈，其稳定性比膏霜差，故在配方中常加入增稠剂，如水溶性胶质原料和水溶性高分子化合物。配方中应注意的问题参见清洁奶液。润肤乳液有 O/W 型和 W/O 型，但多为含有量低的 O/W 型乳液。润肤乳液配方举例见表 7-23。

表 7-23　润肤乳液配方举例

润肤乳液配方	质量分数/%		
	O/W 1	O/W 2	O/W 3
聚二甲基硅氧烷		0.1	
白油	5.0		5.0
异壬基异壬醇酯	5.0		
聚氧乙烯(15)硬脂醚(Arlamol E)		3.0	
异构十六烷烃(Arlamol HD)		3.0	2.0
鳄梨油		5.0	
小麦胚芽油		2.0	
葵花籽油		5.0	
聚山梨糖油酸酯	1.0		
聚山梨酸酯	1.0		
聚甲基丙烯酸甲酯	2.0		
Arlatone 2121		3.5	
Sepigel 501	3.0		
Arlatone 985			4.0
Brij 721			2.0
卡波树脂		0.15	
汉生胶		0.15	

续表

润肤乳液配方	质量分数/%		
	O/W 1	O/W 2	O/W 3
甘油		3.0	
丙二醇		2.0	4.0
防腐剂	适量	适量	适量
抗氧剂		适量	
乙醇		15.0	
香精	适量	适量	适量
去离子水	83.0	73.1	83.0

根据用途和使用环境不同，可制成专用润肤霜，如日霜，晚霜等。日霜也称隔离霜，是日间室内外工作或外出活动时所用的一种润肤霜。由于白天尤其是户外工作，皮肤最易受日光、气候等的伤害，皮肤易干燥、粗糙，日霜就是要阻止和减少这些外界因素对皮肤的损伤，保护皮肤，对皮肤起到滋润、保湿和一定的防晒作用。为防止太阳光线对皮肤的作用和对涂抹于皮肤上的化妆品的作用，配方中可不加或少加营养成分，不用或少用不饱和成分，适量加入抗氧剂和防晒剂。日霜有 O/W 型、W/O 型和 W/O/W 型，但以 O/W 型为主。

晚霜是一种晚上入睡前专门使用的润肤霜。因在晚间休眠期间使用，人体的生理机能旺盛，皮肤细胞分裂加快，正是给皮肤补充脂质、水分和营养的极好时机，要求晚霜对皮肤无刺激、作用温和，有良好的滋润、保湿和营养作用。在选料上可加入适量营养成分。晚霜有 O/W 型、W/O 型和 W/O/W 型，但以 W/O 型为主。专用霜配方举例见表 7-24。

表 7-24 专用霜配方举例

专用霜配方	质量分数/%		专用霜配方	质量分数/%	
	日霜	晚霜		日霜	晚霜
鲸蜡醇	2.0	1.0	二苯甲酮-4	0.1	
白油	2.0	16.0	丙二醇	2.0	7.0
异硬脂酸异丙醇酯		5.0	甘油	1.5	
葵花籽油		2.5	白柠檬花提取物		1.0
鳄梨油		2.5	芦荟浓缩液	2.0	
硬脂酸	2.0	6.0	防腐剂	适量	适量
Arlacel 165	4.0		香精	适量	适量
Arlacel P135		5.0	去离子水	84.4	57.3

6. 护手霜和护手乳液

护手霜和护手乳液的主要功能是保护手上皮肤的健康，使其柔软润滑。在劳动中人们的手要和自然界中各种物质相接触，所以手上的皮肤最易受到损伤。手经常和水及洗涤剂相接触，特别是在严寒的天气，皮肤往往会变得粗糙、干燥和开裂。

护手霜和护手乳液一般是白色或粉红色，略有香味。膏霜应具有适宜的稠度，要便于使用。特别是乳液的黏度要便于从瓶中倒出，储存及气温变动时不受影响。在使用时不产生白沫，无湿黏感。涂敷后使手感到柔软、润滑而不油腻。在拿瓷器、玻璃皿和纸等时，不能留下手印。不影响正常手汗的挥发，有消毒作用，且具有舒适的气味。

市上的护手霜几乎都是油/水型乳化体，主要是为了使用后没有黏腻的感觉，油相浓度较低，但熔点应高于37℃。护手霜的油相比例为10%～25%，包括乳化剂在内，而乳液的油相比例只有5%～15%。

油相一般是蜡类物质，如鲸蜡醇、硬脂酸和硬脂酸甘油酯等，加入少量矿油或肉豆蔻酸异丙酯使其塑化。加入少量羊毛脂或羊毛脂衍生物作为滋润剂。极少量的硅酮油可改善对皮肤的最终感觉。

保湿剂如甘油、丙二醇、山梨醇等作为水溶性滋润物，配方中的用量可达10%。例如4%～5%甘油在传统的硬脂酸-硬脂酸皂体系的护手乳液中无疑是增加了滋润性。保湿剂用量太多，使用后会产生湿黏的感觉。关于这方面，山梨醇较甘油为佳，如两者混合使用有较好的效果。

防腐剂的效果和乳化剂有关，尼泊金酯的混合物对以皂类乳化的膏霜有很好的防腐作用，可将尼泊金酯溶解于少量甘油或丙二醇中，因为在其他成分中溶解较为困难。

在水相中加入适量的亲水胶体以增加黏度，可提高乳液和膏霜的稳定性。特别是这类稀薄的乳化体，以亲水胶体增稠黏度较调节乳化剂混合物以求得合适的黏度要便利得多。羧基聚甲烯类增稠剂特别适用于这一目的。

各类乳化剂都可采用。硬脂酸三乙醇胺皂作为护手霜的乳化剂仍甚流行，虽然硬脂酸皂乳化的护手乳液往往会在储存期变稠。鲸蜡醇和硬脂酸单甘油酯作为稳定剂用于护手霜也往往促使膏体增稠。但严格控制操作使每批产品质量一致是可能的。非离子型乳化剂制成的乳液增稠的倾向较少。脂肪酸缩水山梨醇酯及其聚氧乙烯醚作为混合乳化剂对制造中性及酸性膏霜十分有用。阳离子型乳化剂的应用不普遍。

乳化剂的类型和用量必须小心地选择确定，以保证在敷用时乳化体不会很快被破坏而引起湿腻的感觉，相反也不能太稳定而引起牵曳的感觉。

为了使表皮粗糙开裂的手较快地愈合，可在护手霜和护手乳液中加入愈合剂。愈合剂的作用是促进健康肉芽组织的生长。尿素和尿囊素是两种主要的愈合剂，尿囊素是尿酸的衍生物，因此，其化学性质相近。事实上，尿囊素是尿酸的氧化产物，是二羟醋酸的二酰脲化合物，从化学结构可以得知它们之间的关系：

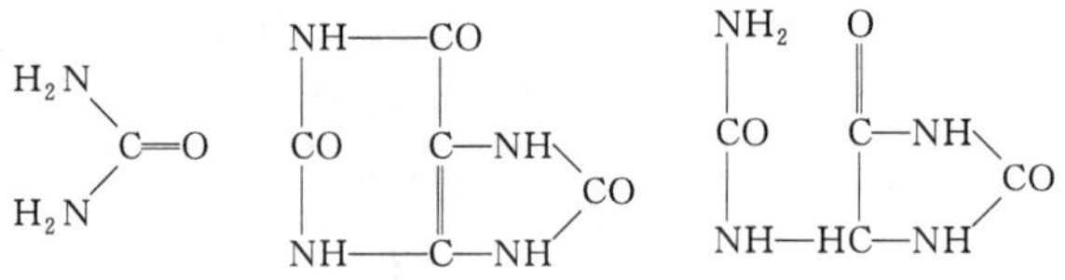

```
                  NH——CO               NH2   O
 H2N               |    |               |    ‖
    \              |    |               |    ‖
     C=O          CO    C—NH\          CO    C—NH\
    /              |    ‖    CO         |    |    CO
 H2N               |    ‖   /           |    |   /
                  NH——C—NH             NH—HC—NH
  尿素              尿酸                  尿囊素
```

尿囊素对皮肤的愈合作用可归纳为下面五点：

① 尿囊素能促使组织产生天然的清创作用，清除坏死细胞；

② 明显促进细胞增殖，迅速使肉芽组织成长，缩短愈合时间；

③ 敷用尿囊素后不产生痛感，事实上可以减少创痛；

④ 使用的浓度极淡，不会引起干燥或结块，能和创面密切接触；

⑤ 可制成溶液、乳化体或油膏形式，单独或和其他药剂配合使用。在许多化妆制品，如护手霜和护手乳液、肥皂及剃须膏等加入0.01%～0.1%可增强愈合效果。

家庭主妇由于经常进行锅、碟及衣物等的洗涤劳动，因此手上皮肤容易粗糙皲裂。曾有人做过这样的试验，以含有尿囊素、硅酮油和六氯酚的护手乳液，对110人进行每天使用的临床观察，其中95人完全愈合，14人部分愈合，另有一人无效，这种乳液对其他皮炎也是有效的。

尿素也被用于手用产品。以含3%尿素的护手霜对500人进行标准的覆盖过敏试验，没有显示阳性反应。这种膏霜和乳液对轻度湿疹和皮肤开裂同样有效。从它的有效性、无毒性和对皮肤感染的作用，可以说尿素是护手霜的一种有益成分。

尿素在配方中的用量为3%～5%。虽然它和护手霜的各种成分的相容性良好，但是由于本质的关系，制成的膏霜储存半年以后，会产生变色等问题。

护手霜和护手乳液的配方是根据使用要求而设计的，在具体配制时可按照下面各点逐一考虑。

① 采用1～2种能柔软皮肤的滋润剂。

② 油/水型较水/油型乳化体易涂布，少量的酒精能帮助护手乳液达到“快干”。

③ 注意选择油、脂、蜡混合物和保湿剂，可以控制护手霜和护手乳液在敷用时的黏腻情况。

④ 适当选用固体成分，可帮助防止过分的封闭性，不致影响汗液的分泌。

⑤ 消毒剂的选用要根据乳化剂的性质决定。例如季铵类消毒剂和阴离子型乳化剂相遇后失去活性。

⑥ 香精的选用要注意和乳化体的相容性。香气要清雅舒适，且不能掩盖主要化妆品的香气。

⑦ 选择稳定的色素，要注意乳化体的类型、pH值、还原剂和光的影响等因素。

好的配方设计对产品的最终质量具有决定性的作用，配方上的缺陷要从操作上加以补救是比较困难的。

（1）护手霜配方举例（表7-25）

表7-25　护手霜配方举例

原料＼护手霜配方	质量分数/%						
	1	2	3	4	5	6	7
	硬脂酸皂阴离子型	硬脂酸皂阴离子型	非皂阴离子型	非离子型	非离子型	非离子型＋阳离子型	阳离子型
油相							
鲸蜡醇	2.0		10.0				
硬脂酸单甘油酯						10.0	
肉豆蔻酸异丙酯							3.0
棕榈酸异丙酯				1.0	3.0		
羊毛脂	1.0	1.0				2.0	
矿油	2.0						
聚乙二醇(1000)单硬脂酸酯					5.0		
聚氧乙烯单硬脂酸缩水山梨醇酯				1.5			
尼泊金异丙酯		0.05					
鲸蜡醇硫酸钠			0.2				
单硬脂酸缩水山梨醇酯				2.0			
硬脂酸	13.0	16.0	8.0	15.0	20.0		17.0
脂蜡醇			3.0				

续表

原料 \ 护手霜配方	质量分数/%						
	1	2	3	4	5	6	7
	硬脂酸皂阴离子型	硬脂酸皂阴离子型	非皂阴离子型	非离子型	非离子型	非离子型+阳离子型	阳离子型
水相							
甘油	12.0		8.0			15.0	10.0
氯化 *N*-(月桂基椰子氨基甲酰甲基)吡啶盐						1.5	
氯化 *N*-(硬脂酰胆氨基甲酰甲基)吡啶盐							5.0
尼泊金甲酯	0.15	0.15	0.1	0.1	0.15	0.1	0.1
聚乙二醇(300)单硬脂酸酯					5.0		
丙二醇		10.0					
氢氧化钾	1.0	0.6					
愠悖子胶水(2%)		25.0					
氢氧化钠		0.1					
月桂醇硫酸钠			1.0				
山梨醇(70%)				3.5	3.0		
三乙醇胺		0.3					
水	68.85	46.8	69.7	76.9	63.85	71.4	64.9
香料和色素(适量)							

(2) 护手乳液配方举例(表 7-26)

表 7-26 护手乳液配方举例

原料 \ 护手乳液配方	质量分数/%				
	8	9	10	11	12
	硬脂酸皂阴离子型	硬脂酸皂阴离子型	非皂阴离子型	非离子型+阴离子型	非离子型
油相					
鲸蜡醇	0.5	0.5			
硬脂酸单甘油酯			1.0	4.0	
棕榈酸异丙酯			4.0		
羊毛脂	1.0				1.0
羊毛脂吸收基				1.0	
矿油					
聚乙二醇(400)二硬脂酸酯			2.0		
乙二醇单硬脂酸酯					4.0
羊毛蜡醇					7.0
硬脂酸	3.0	5.0		1.5	
水相					
甘油	2.0	2.0	10.0	3.0	
尼泊金甲酯	0.1	0.1	0.1	0.1	0.1
氯化 *N*(月桂酰胆胺甲酰甲基)吡啶镕					
乙二醇					3.0
海藻酸钠		0.3			
鲸蜡醇硫酸钠			5.0		
月桂醇硫酸钠				1.0	
氯化 *N*(脂蜡酰胆胺甲酰甲基)吡啶镕					
三乙醇胺	0.75	0.5			
水	92.65	86.6	77.9	89.4	84.9
乙醇		5.0			
香料及色素	适量	适量	适量	适量	适量

7. 按摩膏

按摩可使皮肤的毛细血管扩张，血液流动加快，促进新陈代谢，延缓皮肤衰老；增强皮脂腺和汗腺的分泌功能，使皮肤滋润、光滑、富有弹性；可充分的舒展皮肤，减少和预防皱纹的产生；舒筋活血，减轻伤痛，具有理疗作用。因此，按摩是一种美容、保健的有效方法。

按摩膏是一种按摩时使用的润滑剂，其主要作用是减少按摩时手与皮肤间的摩擦，同时给皮肤补充水分、脂质和多种营养成分，起到护肤、养肤的作用。

按摩膏油性成分含量较高，与清洁霜的基本原料大致相同，所不同的是按摩膏应具有良好的滋润性、润滑性和延展性。可添加各种对皮肤具有营养作用的成分，如维生素、天然动植物提取物、精油、中草药提取液及生物活性物质等，乳化剂多采用非离子表面活性剂。按摩膏有 W/O 型，也有 O/W 型，但目前多为 O/W 型。按摩膏配方举例见表 7-27。

表 7-27 按摩膏配方举例

按摩膏配方	质量分数/%		按摩膏配方	质量分数/%	
	W/O	O/W		W/O	O/W
微晶蜡	9.0		Tween-20		3.0
石蜡	2.0	5.0	Tween-60	1.0	
蜂蜡	3.0	10.0	1,3-丁二醇	5.0	
凡士林		15.0	甘油		5.0
辛基十二醇		10.0	硼酸钠		0.5
白油	15.0		防腐剂	适量	适量
肉豆蔻酸异丙酯	10.0		香精	适量	适量
角鲨烷	20.0	10.0	去离子水	31.5	39.5
单硬脂酸甘油酯	3.5	2.0			

二、化妆水类化妆品

化妆水一般呈透明液状。通常是在用洗面剂等洗净黏附于皮肤上的污垢后，为给皮肤的角质层补充水分及保湿成分，使皮肤柔软，调整皮肤生理作用为目的而使用的化妆品。化妆水和奶液相比，油分少，有舒爽的使用感，且使用范围广，功能也在不断扩展，如具有皮肤表面清洁、杀菌、消毒、收敛、防晒、防止皮肤长粉刺或去除粉刺等多种功能。对化妆水一般的性能要求是符合皮肤生理，保持皮肤健康，使用时有爽感，并具有优异的保湿效果以及透明的美好外观。市售化妆水按其使用目的和功能可分为如下几类。

(1) 柔软性化妆水——以保持皮肤柔软、润湿为目的；

(2) 收敛性化妆水——抑制皮肤分泌过多油分，收敛而调整皮肤；

(3) 洗净用化妆水——对简单化妆的卸妆等具有一定程度的清洁皮肤作用；

(4) 须后水——抑制剃须后所造成的刺激，使脸部产生清凉的感觉；

(5) 痱子水——去除痱子，并赋予清凉舒适的感觉。

1. 化妆水类化妆品的基本原料

如前所述，化妆水的基本功能是保湿、柔软、清洁、杀菌、消毒、收敛等，所用原料大多与功能有关，因此不同使用目的的化妆水，其所用原料和用量也有差异。一般原料组成如下所述。

(1) 水分 水是化妆水的主要原料，其主要作用是溶解、稀释其他原料，补充皮肤水分，柔化角质层等。对水质要求较高，一般采用蒸馏水或去离子水。

(2) 酒精 酒精的主要作用是溶解其他水不溶性成分，且具有杀菌、消毒功能，赋予制品用于皮肤后清凉的感觉。关于酒精的预处理参见第十章第一节。

(3) 保湿剂 保湿剂的主要作用是保持皮肤角质层适宜的水分含量，降低制品的冻点，同时也是溶解其他原料的溶剂，改善制品的使用感。常用的保湿剂有甘油、丙二醇、1,3-丁二醇、聚乙二醇、山梨醇、氨基酸类、吡咯烷酮羧酸盐及乳酸盐等。

(4) 润肤剂和柔软剂 蓖麻油、橄榄油、高级脂肪醇等不仅是良好的皮肤滋润剂，而且还具有一定的保湿和改善使用感的作用。另外氢氧化钾（或钠）、三乙醇胺等碱剂，具有软化角质层的作用以及调整制品的 pH 值等。

(5) 增溶剂 尽管一些化妆水里含有酒精，但含量一般均在 10%以下，非水溶性的香料、油类、药物等不能很好地溶解，影响制品的外观和性能，因此需使用表面活性剂作为增溶剂。利用表面活性剂的增溶作用，不仅可以添加油性物质，提高制品的滋润作用，而且能利用少量的香料发挥良好的赋香效果，保持制品的清晰透明。作为增溶剂，一般使用的是亲水性强的非离子表面活性剂，如聚氧乙烯油醇醚、聚氧乙烯失水山梨醇脂肪酸酯、聚氧乙烯氢化蓖麻油等，同时这些表面活性剂还具有洗净作用。但应避免选用脱脂力强、刺激性大的表面活性剂。

(6) 收敛剂 常用的收敛剂有金属盐类收敛剂如苯酚磺酸锌、硫酸锌、氯化锌、明矾、氯化铝、硫酸铝、苯酚磺酸铝等；有机酸类收敛剂如苯甲酸、乳酸、单宁酸、柠檬酸、酒石酸、琥珀酸、醋酸等；无机酸中常用的有硼酸等。其中铝盐的收敛作用最强；具有二价金属离子的锌盐的收敛作用较三价金属离子的铝盐温和；酸类中苯甲酸和硼酸的使用很普遍，而乳酸和醋酸则采用得较少。

(7) 营养剂 如维生素类、氨基酸衍生物等。

(8) 其他 化妆水中除上述原料外，为赋予制品令人愉快舒适的香气而加有香精；为赋予制品用后清凉的感觉而加入薄荷脑等；为防止金属离子的催化氧化作用而加入金属离子螯合剂如 EDTA 等；为改善制品的稳定性、使用感等有时加入一些增黏剂如天然胶或合成水溶性高分子化合物等；为赋予制品艳丽的外观而加入色素；为防止制品褪色或赋予制品防晒功能可加入紫外线吸收剂等。

2.化妆水的配方

(1) 柔软性化妆水 柔软性化妆水是给皮肤角质层补充适度的水分及保湿，使皮肤柔软、保持皮肤光滑润湿的制品。因此，保湿效果和柔软效果是配方的关键。保湿剂是不可缺少的成分。各种水溶性的高分子化合物也可加入，不仅能提高制品的稳定性，而且具有保湿性能，并能改善产品的使用性能；但胶质溶液易受微生物污染，配方中应加入适当的防腐剂；金属离子会使胶质的黏度发生变化，除采用去离子水外，可适量加入螯合剂。作为柔软剂的油分则采用易溶解的高级脂肪醇类及其酯类。

pH 值对皮肤的柔软也有影响。一般认为弱碱性对角质层的柔软效果好，适用于干性皮肤者，即皮脂分泌较少的中老年人，还可于秋冬寒冷季节使用。因此，柔软性化妆水可制成接近皮肤 pH 值的弱酸性直至弱碱性，而最近则多倾向于调整至接近皮肤的 pH 值。

柔软性化妆水配方举例见表 7-28。

表 7-28　柔性化妆水配方举例

柔软性化妆水配方	质量分数/%		柔软性化妆水配方	质量分数/%	
	弱酸性	弱碱性		弱酸性	弱碱性
甘油	5.0	5.0	聚氧乙烯(20)月桂醇醚	0.5	
丙二醇	4.0	5.0	乙醇	10.0	15.0
聚乙二醇(1500)		2.0	氢氧化钾		0.03
油醇	0.1		香精	0.1	0.2
聚氧乙烯(20)失水山梨醇单月桂酸酯	1.5		色素、防腐剂、紫外线吸收剂	适量	适量
聚氧乙烯(15)油醇醚		2.0	去离子水	78.8	70.77

制作方法：在室温下将丙二醇、甘油、聚乙二醇及氢氧化钾溶解于去离子水中；另把香精、防腐剂、油醇、表面活性剂等在室温下溶解于乙醇中；再将乙醇溶液加入水溶液中，搅拌使其溶化均匀后调色，过滤后即可灌装。

(2) 收敛性化妆水　收敛性化妆水主要是作用于皮肤上的毛孔和汗孔等，能使皮肤蛋白作暂时的收敛，而对过多的脂质及汗等的分泌具有抑制作用，使皮肤显得细腻，防止粉刺形成。从作用特征看适用于油性皮肤者，可作夏令化妆使用。使用前最好先用温和的中性肥皂洗涤，用毛巾擦干后敷以收敛性化妆水。

收敛性化妆水的配方中含有收敛剂、酒精、水、保湿剂、增溶剂和香精等，其配方的关键是收敛的效果。锌盐及铝盐等较强烈的收敛剂可用于需要较好收敛效果的配方中；而在收敛效果要求不高的配方中，应选用其他较温和的收敛剂。

收敛剂的作用，从化学特性上看，是由酸及具有凝固蛋白质作用的物质发挥的；从物理因素而言，冷水及乙醇的蒸发导致皮肤暂时降温，也有一定的收敛作用。因此，收敛性化妆水配方中乙醇用量较大，pH 值大多呈弱酸性。

收敛性化妆水配方举例见表 7-29。

表 7-29　收敛性化妆水配方举例

收敛性化妆水配方	质量分数/%			收敛性化妆水配方	质量分数/%		
	1	2	3		1	2	3
硼酸	4.0			聚氧乙烯(20)油醇醚			1.0
柠檬酸			0.1	聚氧乙烯(20)失水山梨醇单月桂酸酯	3.0		
苯酚磺酸锌	1.0		0.2	酒精	13.5	20.0	15.0
硼砂		2.0		香精	0.5	0.5	0.2
硫酸锌		0.5		薄荷脑		0.1	
山梨醇			2.0	去离子水	68.0	66.9	78.5
甘油	10.0	10.0	3.0				

制作方法：先将收敛剂、保湿剂溶于去离子水中；另把增溶剂、香精等溶解于乙醇中，再加入水溶液中，充分混合溶化，经过滤后即可灌装。

(3) 洗净用化妆水　洗净用化妆水是以清洁皮肤为目的的化妆用品，不仅具有洗净作用，而且还具有柔软保湿之功效。大多数化妆水由于含有酒精、多元醇及增溶剂等，均具有一定程度的洗净作用。但在某些场合，如淡妆卸妆等，某些化妆品类对皮肤的紧贴性好，而难以卸妆，必须采用洗净专用的化妆水。因此洗净用化妆水就是考虑了洗净力的化妆品。从配方组成上看与柔软性化妆水基本相当，只是在配方中酒精和表面活性剂的用量较多，制品的 pH 值大多呈弱碱性。表面活性剂一般选用温和的非离子型及两性型、高分子类等，这些物质即使残留在皮肤上也不会对皮肤造成损伤。

洗净用化妆水配方举例见表 7-30。

表 7-30 洗净用化妆水配方举例

洗净用化妆水配方	质量分数/%			洗净用化妆水配方	质量分数/%		
	1	2	3		1	2	3
甘油	2.0		10.0	聚氧乙烯(15)油醇醚		1.0	2.0
丙二醇	6.0	8.0		氢氧化钾		0.05	
聚乙二醇(1500)		5.0	2.0	酒精	15.0	20.0	20.0
一缩二丙二醇	2.0			香精	0.1	0.2	0.5
羟乙基纤维素		0.1		色素、防腐剂	适量	适量	适量
聚氧乙烯聚丙二醇	1.0			去离子水	71.9	65.65	65.5
聚氧乙烯(20)失水山梨醇单油酸酯	2.0						

制作方法：先将保湿剂、增稠剂、氢氧化钾等加入去离子水中，室温下溶解。另将增溶剂、防腐剂、香精加入乙醇中，室温下溶解后加入水溶液中，搅拌使其混合溶化均匀，过滤后即可灌装。

(4) 痱子水 痱子多见于夏季或有高温高湿的环境中，由于外界气温增高，且湿度大时，身上分泌的汗液不能畅快地从汗腺口排泄出来而发生的小水疱或血疱疹。由此会引起瘙痒、刺痛、甚至发热，有时皮肤被搔破而受细菌感染，引起皮炎或毛囊炎等。因此痱子水中必须含有杀菌、消毒、止痒祛痛及消炎等药物。且酒精含量较高，通常为 70%～75%。加入适量薄荷脑或樟脑等，赋予制品用后清凉舒适之感。

痱子水配方举例见表 7-31。

表 7-31 痱子水配方举例

痱子水配方	质量分数/%	痱子水配方	质量分数/%	痱子水配方	质量分数/%
硼酸	0.2～0.5	薄荷脑	0.2～1.0	香精、色素	适量
丙二醇	3.0～5.0	水杨酸	0.1～0.5	去离子水	加至 100
麝香草酚	0.05～0.1	酒精	70.0～75.0		

制作方法：将酒精称入溶解锅中，除色素外，依次将所有原料按配方比例加入乙醇中，在不断搅拌下，加水稀释并充分混合，最后加入色素，均匀混合后，静置、冷却、滤除沉淀物即可。

三、剃须类化妆品

剃须类化妆品是男用化妆品，主要在剃除面部胡须时使用，其作用是使须毛柔软便于剃除，减轻皮肤和剃须刀之间的机械摩擦，使表皮免受损伤；或消除剃须后面部绷紧及不舒服感，防止细菌感染，同时散发出令人愉快舒适的香气。因此剃须类化妆品有剃须前用化妆品和剃须后用化妆品两类。

剃须前用化妆品是用来使胡须溶胀、软化、容易剃除，减轻皮肤和剃须刀之间的机械摩擦，防止剃须对皮肤角质层的损伤以及引起皮肤皲裂。最初是采用肥皂来达上述目的，因为肥皂是一种表面活性剂，能在须毛上铺展润湿，再加上肥皂的碱性和润滑性，使须毛变得柔软而易于剃除。但肥皂碱性强、刺激性大、剃须后皮肤有干燥、张紧之感。经改进后的产品即目前采用的无泡剃须膏、泡沫剃须膏和气雾型剃须膏等。剃须膏虽然也是以各种脂肪酸盐作为基剂，但由于其中加有适量的滋润性成分，有效防止了脂肪酸盐对皮肤的刺激性，并对皮肤有很好的滋润保护作用。

1. 泡沫剃须膏

泡沫剃须膏是柔软均匀的膏体，有适宜的稠度，在使用时能产生丰富的泡沫，附着在皮肤上不易干皮，剃须后易于清洗。由于膏体中不含游离碱，对皮肤无刺激性，不致引起过敏反应。使用时先用冷水或温水将胡须润湿，然后用刷子沾剃须膏涂抹于皮肤，起泡后再剃须，剃须后用水洗净即可。

泡沫剃须膏的主要原料是三压硬脂酸的钾皂和钠皂混合物，也可采用三乙醇胺皂。钾皂制成的膏体稀软，钠皂则用来调节膏体的稠度。椰子油脂肪酸皂有良好的起泡性，但对皮肤有较大的刺激性，用量要适当。现代剃须膏常加入一定量的合成表面活性剂如十二醇硫酸钠、羊毛脂聚氧乙烯醚等来改善泡沫性能和对胡须的润湿、柔软效果。

为减轻肥皂的碱性对皮肤的刺激，泡沫剃须膏中含有过量的硬脂酸，即所加硬脂酸只是部分被碱中和，其余仍呈游离状态。另外还加有少量羊毛脂、鲸蜡醇、单硬脂酸甘油酯等脂肪性物质，用以增加产品的滋润性，并增加膏体的稠度和稳定性。

加入甘油、丙二醇、山梨醇等保湿剂不仅可以防止剃须膏在使用过程中干涸，而且有助于对胡须的滋润柔软效能，同时对膏体的稠度和光泽也有影响。

泡沫剃须膏所用香精常加入薄荷脑，或直接在配方中加入薄荷脑，不仅可以赋予清凉的感觉，减轻剃须时所引起的刺激，而且还有收敛、麻醉和杀菌防腐的作用，对剃须时可能引起的表皮及毛囊等损伤有防止细菌感染的作用。也可在剃须膏中加入各种杀菌剂，对剃须时可能引起的表皮及毛囊等损伤起防止细菌感染的作用。

泡沫剃须膏的参考配方（表 7-32）如下。

表 7-32　泡沫剃须膏参考配方

泡沫剃须膏配方	质量分数/%					泡沫剃须膏配方	质量分数/%				
	1	2	3	4	5		1	2	3	4	5
硬脂酸	4.0	32.0	25.0	33.0	21.0	丙二醇	5.0			20.0	
肉豆蔻酸	3.0		5.0			羊毛脂		0.5			1.0
椰子油		5.7	10.0	10.0	23.0	鲸蜡醇					1.0
棕榈酸			5.0			白油	1.0				
羊毛醇聚氧乙烯醚	5.0					杀菌剂				0.2	
十二醇硫酸钠					1.0	防腐剂	0.3		0.2		
KOH		6.2	7.0	7.2	5.0	薄荷脑	0.2	0.2	0.2	0.2	0.2
NaOH		1.3	1.5	0.8		香精	0.8	0.5	0.5	0.8	0.8
三乙醇胺	3.5			0.7		去离子水	77.2	38.6	35.6	27.1	37.0
甘油		15.0	10.0		10.0						

制作方法：分别加热溶解、熔化水相和油相至 80～85℃，然后将水相加入油相，在搅拌下加热至沸腾使其皂化完全，搅拌冷却至 40℃时加入薄荷脑、香精，至室温时停止搅拌。静置 3～6 天后灌装。

2. 无泡剃须膏

无泡剃须膏也称免刷剃须膏，其特点是可以不用刷子涂敷，使用方便。无泡剃须膏含有较多的滋润性物质，能更有效地防止皮肤受刺激，多数产品在使用后不需洗去，留在皮肤上可起很好的滋润作用。

无泡剃须膏的配方和雪花膏基本相同，含有硬脂酸 10%～30%，其中仅有部分被碱中和，多余的脂肪酸增加了膏体的滋润性。碱的不同，对膏体稠度影响很大，以三乙醇胺制成的膏体有很好的光泽，但膏体太软，常和硼砂或 KOH 并用；KOH 制成的膏体稠度比较适中，光泽性也较好，常被采用；NaOH 制成的膏体太硬，光泽性差，且不易涂开，因此只少量和三乙醇胺或 KOH 混合使用以调整膏体的稠度。

硬脂酸皂在膏体中起乳化作用，使用时起润湿、软化须毛以利于剃除的作用，且有利于剃须后清洗。也可和其他表面活性剂复配，以改善膏体的乳化和使用性能，常用的表面活性剂有月桂醇硫酸钠、烷基磺酸钠、多元醇脂肪酸酯硫酸钠、脂肪酸聚氧乙烯酯等。

采用的脂肪性滋润性物质有羊毛脂、鲸蜡醇、甾醇、单硬脂酸甘油酯等。另外还加入甘油、丙二醇等保湿剂。香精的加入与泡沫剃须膏相同，为赋予清凉感和减少剃刀的刺激，防止可能的创伤而引起细菌感染，常加入薄荷脑。无泡剃须膏参考配方（表 7-33）如下。

表 7-33 无泡剃须膏参考配方

无泡剃须膏配方	质量分数/%					无泡剃须膏配方	质量分数/%				
	1	2	3	4	5		1	2	3	4	5
硬脂酸	17.0	12.5	20.0	22.0	18.0	丙二醇	3.0	5.0		3.0	
羊毛脂	3.0		3.0	2.0		KOH				0.7	
十六醇	2.0	2.0		1.0		硼砂					2.0
白油				3.0	5.0	三乙醇胺	1.0	2.0	1.2	1.0	1.0
单硬脂酸甘油酯	5.0		4.0			硅油					1.0
肉豆蔻酸异丙酯	3.0		4.0			防腐剂	适量	适量	适量	适量	适量
失水山梨醇单硬脂酸酯		2.5		2.0		香精	0.2	0.3	0.2	0.3	0.2
聚氧乙烯失水山梨醇单硬脂酸酯				1.0	5.0	去离子水	65.8	70.7	63.6	64.0	62.8
甘油		5.0	4.0		5.0						

制作方法：分别加热溶解、熔化水相和油相，于 85℃时将水相加入油相中，搅拌冷却至 50℃时加入香精，搅拌均匀静置过滤后灌装。

3. 气雾型剃须剂

气雾型剃须剂的成分与前述剃须膏基本相同，只是各种原料用量不同，且加有喷射剂。所以包装上和其他剃须膏不同，应采用气压容器包装。这种剃须剂使用方便，泡沫丰富，使用时只要用手一按，即可喷在皮肤上，剃须时水分保持能力好。

为了使剃须剂易于喷出，剃须剂不能过分稠厚，一般采用三乙醇胺皂或其他非离子表面活性剂作乳化剂，脂肪酸及其他脂肪性滋润剂的加入量也较少。其他原料同前述两种剃须膏。气雾型剃须剂参考配方（表 7-34）如下。

表 7-34 气雾型剃须剂参考配方

气雾型剃须剂配方	质量分数/%			气雾型剃须剂配方	质量分数/%		
	1	2	3		1	2	3
硬脂酸	6.0	0.5	4.0	聚甲基苯基硅氧烷		1.0	
椰子油酸	2.5		1.6	三乙醇胺	4.3		4.0
山梨醇(70%水溶液)	10.0	2.5		防腐剂	适量	适量	适量
甘油		60.0	9.5	香精	适量	适量	适量
脂肪酸聚甘油(10)酯		3.0		去离子水	70.2	25.0	69.3
脂肪酸二甘油酯			4.6	丁烷	7.0	8.0	7.0

制作方法：分别溶解、熔化水相和油相，于 75℃、搅拌条件下将水相加入油相，搅拌

反应 30min，冷却至 35℃时加入香精，然后灌装、压盖、充氟利昂。

4. 须后水

须后水具有滋润、清凉、杀菌、消毒等作用，用以消除剃须后面部绷紧及不舒服之感，防止细菌感染，同时散发出令人愉快舒适的香味。香精一般采用馥奇香型、薰衣草香型、古龙香型等。适当的酒精用量能产生缓和的收敛作用及提神的凉爽感觉；加入少量薄荷脑（0.05%～0.2%）则更为显著。酒精用量通常在 40%～60%之间，加入量过大则刺激性较大，太少则香精等不能溶解，产生浑浊现象。近代则加入增溶剂如聚氧乙烯（15）月桂醇醚、聚氧乙烯（20）失水山梨醇单硬脂酸酯等加以克服，减少酒精用量。有时则加入一些表面皮肤麻醉剂如对氨基苯甲酸乙酯（0.025%～0.05%）等，减少刺痛感，但应注意不可多用，否则会使嘴唇麻木。

若用肥皂等剃须剂，则脸上残留有碱性，需较长时间才能恢复皮肤的正常 pH 值，所以配方中常加入少量的硼酸、乳酸、安息香酸等用以中和碱性，使其很快恢复皮肤的正常 pH 值。须后水也可少量加入收敛剂以收缩毛孔，但应选择刺激性较小的收敛剂。为防止皮肤干燥，可适量加入保湿剂，其用量较前面几种化妆水为少，一般不超过 3%。常用的杀菌剂是季铵盐类，如溴化十六烷基・三甲基铵、氯化十二烷基・二甲基・苄基铵等，其用量通常不超过 0.1%，用以预防剃须出血后引起发炎。季铵盐类系阳离子表面活性剂，不能与阴离子表面活性剂同用，否则会失去杀菌效果。

须后水配方举例如表 7-35 所示。

表 7-35　须后水配方举例

须后水配方	质量分数/%			须后水配方	质量分数/%		
	1	2	3		1	2	3
酒精	44.0	24.0	50.0	聚氧乙烯(20)硬化蓖麻油	0.4		
丙二醇		2.0		聚氧乙烯(20)失水山梨醇单月桂酸酯		2.0	
一缩二丙二醇	0.8			薄荷脑		0.2	0.1
山梨醇			2.5	杀菌剂、色素、紫外线吸收剂	适量	适量	适量
对氨基苯甲酸乙酯		0.2		香精	0.5	0.5	0.5
苯酚磺酸锌	0.16			去离子水	54.14	71.1	44.9
硼酸			2.0				

制作方法：将保湿剂、收敛剂、紫外线吸收剂溶解于水中。另将除色素外的其他成分溶解于酒精中，然后将两者混合均匀，调色、过滤后即可灌装。

四、凝胶类化妆品

许多大分子化合物溶液在一定条件下，黏度逐渐变大，最后失去流动性，形成“冻”状的半固体状态，这个过程叫做胶凝，形成的“冻”状体系称为凝胶。凝胶是胶体的一种存在形式，不仅失去了流动性，而且还具有固体的一些性质，如弹性、强度等。

凝胶的内部结构可看作是胶体质点或高聚物分子相互联结的空间网状结构，在这个网状结构的空隙中填满了分散介质如水、油等液体或气体，且介质不能自由流动，这就构成了凝胶。大分子化合物分子结构中大多含有羟基、羧基、醚基、酰胺基、胺基等，分子的不对称是形成凝胶的内在原因，当然还需要有足够的高分子溶液浓度。高分子溶液中电解质的存在可抑制凝胶作用，因此凝胶中要特别注意电解质的存在。

凝胶类化妆品是一类较新的化妆品，英文名 jelly，国内常把凝胶直译为“啫喱”。由于它呈胶冻状，着色后，色彩鲜艳呈透明状，外观异常鲜嫩，令人喜爱，且使用后皮肤感觉滑爽，无油腻，深受消费者喜爱，因此，最近几年，凝胶类化妆品的发展很快。

凝胶分水性凝胶和油性凝胶。水性凝胶含水分较多，可补充皮肤水分，具有保湿及滑爽的效果，适用于油性皮肤和夏季使用。油性凝胶含油分较多，对皮肤有滋润、保湿作用，适用于干性皮肤和冬天使用。

凝胶类化妆品的组成主要有胶凝剂、保湿剂、中和剂、防腐剂、香精、色素等。

常用胶凝剂主要是水溶性高分子化合物如聚甲基丙烯酸甘油酯类（芦芭胶、Lubrazel）、丙烯酸聚合物（Carbopol）及其他聚合物（参见表 7-15）和卡拉胶等。目前凝胶状化妆品的品种很多，除护肤凝胶外还有防粉刺凝胶、按摩凝胶、洁面凝胶等，在此一并举例见表 7-36。

表 7-36 凝胶配方举例

护肤凝胶配方	质量分数/%			
	护肤凝胶	按摩凝胶	洁面凝胶	防粉刺凝胶
辛酰基羟化小麦蛋白	0.5			
异壬基异壬醇酯	10.0			
异硬脂酸异硬脂醇酯				5.0
樟脑		0.2		
Sepigel 98			3.0	
Tween-20		1.0		
Sepigel 305	3.0			3.5
Carbopol 941		0.9		
月桂酰燕麦氨基酸钠盐			5.0	
AESA(28%)			7.5	
维甲酸				0.5
异丙醇		10.0		
三乙醇胺		2.0	0.3	
EDTA-Na		0.1		
防腐剂、香精、色素	适量	适量	适量	适量
去离子水	86.5	85.8	84.2	91.0

第三节 功效型化妆品

功效型化妆品是一类基质中添加了各种功效型物质而制成的化妆品，其配方源为一类，只是加入功效成分作用效果是否有或是否明显，配方的设计都是基于 HLB 理论、人体皮肤的亲近性以及保证功效物质的有效性来进行的。产品的名称多以其剂型和添加的功效物质的作用而命名。按功效型化妆品对皮肤的功效作用可分为保湿化妆品、抗衰老化妆品、抗粉刺化妆品、防过敏化妆品、去角质类化妆品等。

现代多种学科如分子生物学、现代皮肤生理学、医药、化学、物理等为功效化妆品的发展奠定了科学基础，如现代护肤化妆品是通过皮肤的生理结构、细胞组成及代谢等进行修复和调整，再创建出健康的最佳皮肤状态，从根本上达到护肤、养肤目的。

在功效型化妆品的发展过程中，科学工作者进行了大量基础性研究，如各种营养活性物质对皮肤的亲和性、皮肤吸收营养成分的途径与机理，以及功效化妆品的功效性评估等。逐步建立了一些有关皮肤的生理和形态变化的定量测定和评估方法，如对皮肤光洁度、皮肤的弹性、皮肤的色泽及皮肤的皱纹等都有一些定量测定方法。

在功效型化妆品的配制过程中，因天然活性物质的成分很复杂，有些生化物质很易失去活性，有些成分还会破坏乳化体的稳定性，因此必须注重功效物质与基质组分之间的配伍性，以保证制品的稳定性。为保证功效型化妆品的功效和稳定性，功效型化妆品多采用非离子型乳化剂。许多非离子型乳化剂本身就是很好的润肤剂，用其制得的乳化体不仅稳定性好，而且功效物质能随乳化剂的渗透同时被皮肤吸收，更好地发挥功效作用。

人类皮肤的 pH 值在 4.5～6.5 之间，所以在配制功效型化妆品时，很重要的一点是调整膏体的 pH 值在 4～6 之间，使之与人体皮肤的 pH 值相近，避免碱或酸对皮肤的刺激，以利于皮肤对功效成分的吸收。

功效型化妆品的安全性、有效性和稳定性是至关重要的。首先应对人体及皮肤安全无毒副作用，特别是在“回归大自然”的今天，化妆品工作者必须充分认识“天然”不等于安全。在某些天然动植物中就发现含有少量有毒物质及有害成分，可引起刺激、人体过敏等症状，我国《化妆品安全技术规范》中禁止在化妆品中使用的组分中有许多是天然动植物所含组分；其次，天然动植物成分在提取过程中，会受到环境、运输、提取溶剂等的影响而受到污染。因此，作为添加到化妆品中的功效物质（包括天然动植物提取物和生化活性物质）及所配制成的功效型化妆品都要按国家药监局《化妆品功效宣称评价规范》进行安全性评价试验。

一、保湿化妆品

传统的“保湿”机理认为皮肤中的皮脂腺所分泌的皮脂和汗腺分泌的汗液混合在皮肤表面形成一层封闭性的皮脂膜，该皮脂膜可抑制皮肤中水分的蒸发，从而可保持皮肤角质层中的水分含量；另一方面认为皮肤的角质细胞内存在一种水溶性吸湿成分（即天然保湿因子 NMF），它是参与角质层中起保持水分作用的物质，它对水分的挥发起着适当的控制平衡作用，从而使角质层保持一定的含水量。传统的保湿化妆品就是依据这一保湿机理而设计的。

现代皮肤生理学对皮肤细胞的基本组成及新陈代谢过程的研究深入至分子水平，提出细胞膜是多层类脂质双分子层的结构模型，在类脂质（主要为磷脂及脂肪酰基鞘氨醇、神经酰胺等组分）构成的双分子层中间镶嵌进了细胞蛋白（球蛋白、糖原蛋白、糖原磷脂和胆甾醇等），这种镶嵌结构并不是固定不变的，而是处于动态的，在双分子层的表面外部（有外表面和内表面）为亲水部分，即在双分子层之间包含了水分。角蛋白细胞膜的类脂质起着黏结角质细胞的作用，这些细胞间脂质构成了具有一定的渗透性的屏障，阻挡皮肤中水分的损失，并对透过皮肤的水分损失有不均衡的影响，从而具有保持细胞所含水分之作用，就像具有呼吸活性、可透气性的雨衣，以调节皮肤的水分损失。

依据上述保湿机理，要保持皮肤水分可通过在角质层中进行如下调节来实现：皮肤表面的油脂膜，细胞间的基质黏合物，吸湿成分组成的 NMF。

具有高保湿特性的活性物质有：

神经酰胺是以神经酰胺为骨架的一类磷脂，主要有神经酰胺磷酸胆碱和神经酰胺磷酸乙醇胺，磷脂是细胞膜的主要成分，角质层中 40%～50%的皮脂由神经酰胺构成，神经酰胺是细胞基质的主要部分，在保持角质水分的平衡中起着重要作用。

由卵磷脂和神经酰胺等制得的脂质体，由于具有的双分子层结构与皮肤细胞膜结构相同，对皮肤具有优良的保湿作用；另包敷了保湿物质如透明质酸、聚葡糖苷等的脂质体是更为优秀的保湿活性物质。

透明质酸（HA）和吡咯烷酮羧酸钠（PCA-Na），均是皮肤天然保湿因子的主要成分，是优良的天然保湿剂。透明质酸存在于生物体内，广泛分布于细胞间基质中，具有很强的保水作用，其理论保水值高达500mL/g，可以吸收和保持其自身重量上千倍的水分，在化妆品中是目前广为应用的一种优质保湿剂。吡咯烷酮羧酸钠其保湿性能与透明质酸相当，刺激性极低，并可合成制得。

葡聚糖、聚氨基葡萄糖和海藻多糖类等。糖蛋白是角质层细胞间基质，对表皮脂质的新陈代谢和DNA合成起很大作用，糖链在细胞表面具有传递生物信息，构成细胞形态、维持蛋白质分子高级结构的功能，在高级生物功能的产生和调节上起着独特的作用。某些来自植物的多糖是免疫系统非专一性的刺激物或活化剂，葡聚糖是巨噬细胞的活化剂，有助于产生各类细胞生长因子。葡聚糖、聚氨基葡萄糖和海藻多糖等可以渗入皮肤与皮肤蛋白质中的氨基酸结合，起到持久的高效的皮肤保湿作用。

许多天然动植物提取物如小麦胚芽油、蔷薇果籽油、乳木果油、甲壳素、丝蛋白、海洋生物等都有良好保湿作用。

保湿化妆品配方举例（表7-37）如下。

表7-37 保湿化妆品配方举例

保湿化妆品配方	质量分数/%		保湿化妆品配方	质量分数/%	
	O/W	O/W		O/W	O/W
乙酰化羊毛脂	5.0		Sepigel 305		2.0
棕榈酸异丙酯	4.0	2.0	维生素E		0.05
聚山梨糖油酸酯		3.5	吡咯烷酮羧酸盐		0.5
聚山梨酸酯		3.5	透明质酸钠		0.1
二甲基硅油	4.0		左旋乳酸钠		2.0
卵磷脂	2.0		甘油	5.0	
麦芽油	2.0	3.0	丝氨酸	3.0	
甜杏仁油		5.0	丝肽	5.0	
肉豆蔻酸异丙酯		10.0	丝素	2.0	
Brij 72	2.0	1.2	防腐剂、香精		
Brij 721	3.0	1.8	去离子水	61.0	67.35

二、抗皱化妆品

人到了衰老阶段，皮肤纤维组织逐渐退化萎缩，弹性下降松弛，汗腺、皮脂腺的新陈代谢功能逐渐减退，引起皮肤干燥、松弛，脸部特别是眼角、前额等处首先出现皱纹。

皮肤衰老具有普遍性、多因性、进行性、退化性、内因性等特征。在皮肤结构和生理功能上主要表现为表皮厚度增加，在不同部位可出现严重的萎缩或增生，角质形成细胞和黑素细胞发生一定程度的核异性。抗衰老活性物质的作用效果包括：清除自由基，提高细胞增殖速度，延缓胞外基质的降解速度，因此抗皱化妆品需要选择优良的皮肤护理剂，给皮肤补充足够的养分，达到深层营养。同时，还要减缓皮肤中水分的散失，保护皮肤。日光的照射是加速皮肤老化的重要原因。因此防日晒、防紫外线照射是抗皱化妆品必备的功能。虽然促使皮肤衰老的因素有很多，但皮肤含水量的多少，是保持皮肤柔软和弹性、防止衰老的主要因素。

抗皱化妆品应抑制蛋白酶活性，增加蛋白质的合成：皮肤由胶原蛋白、弹性蛋白组成，皮肤的状态取决于蛋白质的流失与皮肤中细胞合成蛋白的能力。弹性蛋白降解及降解后变性，会导改皮肤出现失去弹性、松弛、皱纹等衰老症状。所以延缓弹性蛋白的降解速度也是抗皱化妆品设计的原则之一。

从皮肤衰老的机理可以看出，皮肤衰老与体内抗氧化机能减弱、自由基增多有关。因此清除自由基已成为抗皱化妆品的研究热点。自由基对肌肤的影响过程，就像切开的苹果慢慢变黄氧化的过程。紫外线促进了自由基的产生，为了达到更快的复制，自由基会破坏皮肤细胞产生更多的自由基。当自由基成倍增长，它们会侵袭任何肌肤组织，并持续破坏这些完整的皮肤细胞及组织。这样肌肤就会变得松弛，没有弹性，更容易出现斑点。

为了使老化或硬化的表皮（出现皱纹）恢复水合性而使用各种氨基酸，常用的有缬氨酸、亮氨酸、苏氨酸、赖氨酸、甘氨酸、谷氨酸等，这些氨基酸存在于多数蛋白质中，因此通常在化妆品中加入水解蛋白。

缺乏维生素会使正常的生理机能发生障碍，而且往往首先从皮肤上显现出来；因此，应针对缺乏各种维生素的症状，在化妆品中加入维生素类。维生素又分为油溶性（如维生素A、维生素D、维生素E、维生素K）和水溶性（如维生素B、维生素C、维生素B_2、维生素B_6、维生素B_{12}、维生素H等）两类，其中用于营养性化妆品的维生素主要是油溶性维生素A、维生素D和维生素E。

维生素A是表皮的调理剂。缺乏维生素A，会使皮肤干燥、粗糙，并含有大量的鳞屑；会使头发枯干，缺乏弹性，无光泽，不易梳理，并呈灰色。维生素A遇热易分解，使用时应注意。

缺乏维生素D会使皮肤出现湿疹，皮肤干燥，指（趾）甲和头发异常等，维生素D对治疗皮肤创伤有效。

维生素E，也叫生育酚，是一种不饱和脂肪酸的衍生物，有加强皮肤吸收其他油脂的功能，也是很有效的抗氧剂。缺乏维生素E，会使皮肤枯干、粗糙，头发失去光泽、易脱落，指甲变脆易折等。含有维生素E的营养霜能促进皮肤的新陈代谢作用。一般常将维生素A、维生素D和维生素E合用，能改善维生素A和维生素D的稳定性。

现代皮肤生物学的进展，逐步揭示了皮肤老化现象的生化过程，认为在这一过程中，对细胞的生长、代谢等起决定作用的是蛋白质、特殊的酶和起调节作用的细胞因子。因此，可以利用仿生的方法，设计和制造一些生化活性物质，参与细胞的组成与代谢，替代受损或衰老的细胞，使细胞处于最佳健康状态，以达到抑制或延缓皮肤衰老的目的。在利用生物工程技术抗皮肤衰老的进程中，重组蛋白质、各种酶和细胞生长因子在化妆品中的应用，将是抗衰老化妆品的发展方向。目前，天然动植物提取物中的许多活性物质，在安全性保证的前提下，对防皱、防止皮肤老化等也具有良好的作用。在化妆品中已被应用的抗衰老活性物质主要有如下一些。

细胞生长因子是一类刺激细胞增殖的多肽类物质，它是通过与特异的高亲和性的细胞膜上的受体结合而起作用的。生长因子受体具有蛋白质激酶活性，当生长因子作用于细胞时，通过一系列的传导，最终引起细胞内有关增殖基因的表达，从而发挥其刺激作用。如表皮生长因子（EGF）、碱性成纤维细胞生长因子（bFGF）、上皮细胞修复因子（ERF）等。现代生物工程技术研究认为，表皮细胞对外界信号的响应，细胞基因表达的变化及活性变化，细胞的增长、分裂、迁移和代谢等生理过程都是由多肽细胞生长因子传递信号而实现的，皮肤的弹性、光滑等外观是由构成皮肤不同组分的细胞的增长、分裂及生物功能所决定的，而这一过程是受皮肤内各种细胞因子的综合调节，维持在一个动态平衡水平上。可见，各种细胞生长因子对皮肤的各种生理表现具有非常重要的作用。

EGF能促进皮肤表皮细胞的新陈代谢，有延缓肌肤衰老的作用，在化妆品中已有广泛的应用。

bFGF是一种肽键构成的蛋白质，为含有155个氨基酸的碱性蛋白质，是人体中胚层和神经外胚层组织的致裂源，对各种组织的损伤有很显著的修复作用，可治疗烧烫伤、溃疡等，在医学上具有广泛的临床意义。bFGF对皮肤生理有多种生物功能：可诱导微血管的形成、发育和分化，改善微循环；促进成纤维细胞及表皮细胞代谢、增殖、生长和分化；促进弹性纤维细胞的发育及增强其功能；促进神经细胞生长和神经纤维再生，为一种神经营养因子；而且无毒、无刺激、无致突变作用，也是非致敏源，安全性高。外源性的bFGF作用于皮肤，与皮肤细胞受体结合后，可改变皮肤各种细胞组织的代谢，改善微循环，能有效恢复皮下结缔组织（胶原纤维、弹力纤维等组成）的生长，而使皮肤细嫩，富有光泽，增加弹性，消除皱纹等以致延缓皮肤的衰老。

酶在人体组织中起着催化剂作用，是一种生物催化活性物质，在细胞的生理新陈代谢过程中具有重要的作用。酶的种类很多，应用生物工程技术制得的酶有：重组脂肪酶和DNA重组第二代蛋白酶及经修饰的超氧化歧化酶等。

超氧化歧化酶（SOD）可清除机体内过多的超氧自由基，调节体内的氧化代谢功能而具有抗衰老作用，在化妆品中已得到了广泛的应用。利用月桂酸等作为修饰剂，对SOD的酶分子表面赖氨酸进行共价修饰后的修饰SOD，克服了SOD易失活的不足，使SOD在体内半衰期、稳定性、透皮吸收、抗衰老以及消除免疫原理等方面都高于未修饰的SOD，从而提高了SOD化妆品的效果。

胶原蛋白、弹力蛋白等。随着年龄的增长，皮肤真皮层内胶原纤维和弹力纤维的蛋白质的多肽链发生大面积交联，使其胶原蛋白、弹力蛋白数量下降，溶解度降低，使结缔组织的新陈代谢放慢，改变了正常生理的理化性能，表皮与真皮的结合松懈，蛋白纤维变得松弛，折断而使皮肤起皱、老化。因此，在化妆品中通过加入胶原蛋白、弹力蛋白这类从动植物提取物得到的衍生物，如胶原蛋白氨基酸、水解（溶）胶原蛋白、水解乳蛋白、水解麦蛋白、水解大豆蛋白等，它们具有增加和改变皮肤内结缔组织的结构和生理功能的作用，用以改变皮肤的外观，防止皮肤的老化。

α-羟基酸（AHAs）——是一类从苹果、柠檬和甘蔗等水果中提取的物质，又称水果酸。主要含有乳酸、羟基酸和柠檬酸等。有加快表皮死细胞脱落、促进表皮细胞更新、改善皮肤屏障功能、清洁皮肤毛孔等作用。

天然动植物如人参、灵芝、沙棘、月见草、绞股蓝、当归、花粉、鹿茸、蜂王浆等的提取物对人体具有多种营养功能，对皮肤具有防皱、恢复皮肤弹性、抗皮肤衰老等作用。

其他营养物质还有貂油、海龟油、红花油、胡萝卜油、蛋黄油、胎盘组织液、角鲨烷、水果汁等。

采用人参浸出液来配制营养霜，主要是利用人参中天然人参皂苷和可抑制黑色素的天然还原营养物质成分。经常与人参接触的人不仅皮肤白嫩，润滑光亮，而且衰老期晚。

人参有如下作用：①具有抗胆固醇的效应，能有效防止动脉发生硬化，从而起到延缓皮肤衰老的作用；②人参能产生补血的作用，从而可以增强皮肤中毛细血管的血液循环，提高皮肤的营养供应；③人参中所含的微量矿物质被皮肤缓慢吸收后，能调节皮肤水分的平衡，具有防止皮肤脱水干燥，保持皮肤的光洁、滋润的作用；④人参对于损伤的头发具有保护作用，并使头发有良好的柔顺性和不易变脆的效力，还可以提高头发的抗拉强度和延伸性。人参在化妆品中的用量一般在4%～7%之间。

黄芪的提取物可以延长细胞的寿命，包括人体皮肤的成纤维细胞；灵芝不仅具有较强的自由基清除能力，还可以调节皮肤的免疫力。茯苓提取物可以提高羟脯氨酸的含量，抑制胶原蛋白分子的交联；三七提取物能有效抑制脂质过氧化以及丙二醛的产生，提取物中的类黄酮可以提高细胞中抗氧化酶的生物活性，可以促进SOD和GSH-PX酶的合成，从而减少脂质过氧化。丹参提取物可以改善皮肤毛细血管的血液循环；当归和白芨提取物由于含有类黄酮，不仅是强有力的抗氧化剂，还能有效改善血液循环，从而延缓皮肤衰老。

在润肤霜或润肤乳液的基础上加入各种营养抗衰老成分即制成相应的抗衰老霜或乳液。要使抗衰老化妆品对皮肤有效，最好使抗衰老化妆品的成分与皮脂膜的组成相近或相似，选用高级脂肪酸、酯、醇、羊毛脂及动植物油、酯、蜡及其衍生物为主体原料，再配入维生素、天然营养物、氨基酸、透明质酸、生物活性物质等，使之易为皮肤吸收，从而达到延缓以及阻止人体皮肤的老化及病变，而且能进一步使人体皮肤变得光亮、润滑、白嫩和富有弹性。

抗衰老化妆品配方举例（表7-38）如下。

表7-38　抗衰老化妆品配方举例

抗衰老化妆品配方	质量分数/%		抗衰老化妆品配方	质量分数/%	
	O/W	O/W		O/W	O/W
硬脂酸	2.0		单硬脂酸甘油酯	2.0	
十八醇	5.0		MONTANOV 68		6.0
氢化羊毛脂	2.0		胎盘提取物	1.0	
异壬基异壬醇酯		25.0	鹿茸提取物	0.01	
Brij 58	3.0		棕榈酰羟化小麦蛋白		2.5
角鲨烷	5.0		丙二醇	5.0	
辛基十二醇	6.0		山梨醇(70%)		5.0
聚二甲基硅烷酮		5.0	防腐剂、香精	适量	适量
白油		5.0	去离子水	68.99	51.5

三、抗粉刺化妆品

粉刺是由于青春期雄性激素的分泌量增多，导致皮脂分泌量增多，形成栓塞，再经继发性感染所引起的慢性化脓性毛囊炎（参见第一章第一节）。长期以来，虽然已逐步掌握了粉刺的生成原因，对粉刺的治疗方法也进行过多方面的研究，但到目前还没有一种完美速效的治疗方法。

痤疮丙酸杆菌是存在于所有个体中的革兰氏阳性的正常共生细菌。而其他的菌种，例如葡萄球菌和棒状杆菌，可以寄居在皮肤表面和毛囊内。研究特别将痤疮丙酸杆菌和痤疮联系在一起，尽管造成极小的黑头粉刺发展以及转变成炎性病变的确切机制还不清楚，但这种联系已经确定存在。抗生素对于治疗痘痘的有效性进一步支持了疾病发病机制与微生物的联系。痤疮丙酸杆菌已经被证明是引起促炎细胞因子参与皮肤先天免疫的体现。客观地说，痤疮的相关炎症是由毛囊上皮细胞的破坏开始，将包括痤疮丙酸杆菌在内的细菌传播到真皮层，最终可导致丘疹、脓疱、结节囊肿等病变的发展。

抗粉刺化妆品有助于减少或减缓粉刺（含黑头或白头）的发生；有助于粉刺发生后皮肤

的恢复［根据《化妆品分类规则和分类目录的规定》，调节激素影响的、杀（抗、抑）菌的和消炎的产品，不属于化妆品］，它是根据青少年发育的生理特点及粉刺形成的病理原因而配制的。主要有霜剂和水剂两类：霜剂其配方结构是在润肤霜的基础上添加治疗粉刺的药物而制成的产品，即粉刺霜；水剂则以水为基质，添加酒精、甘油和治疗粉刺的药物等配制而成，因不含油分，对油性皮肤较为适宜。

用于配制防粉刺化妆品的药物很多。以前的防粉刺类制品多用硫黄、间苯二酚等杀菌剂，其主要作用是杀菌、防止继发感染，但不能使脂肪及黑头粉刺松弛，故效果一般。近年来用维生素 A 酸制成的粉刺类制品，对于治疗粉刺有了较大进展。它可抑制毛囊角化，增强细胞活力，阻止粉刺的生成，有特殊的治愈粉刺的效果。高浓度（0.2%以上）的维生素 A 酸敷用时常使皮肤血管猛烈扩张，出现红斑，产生强烈的刺激作用，并呈银屑病样皮炎反应；低浓度时则因表层肥厚而没有角质化改变，对治疗粉刺有较好的效果。

Sederma 公司开发出不少抗粉刺的生化活性物质，如 Sebominne SB_{12}，它是一种抗脂溢杀菌去粉刺活性剂；Seboboft 是由聚丙烯酸盐、多元醇和水混合而成，它具有较强的渗透能力和抗细菌活性，减少皮脂分泌，可抵抗表皮的过度角质化和微生物的大量繁殖，因而具有抗粉刺的作用，且它本身对皮肤刺激小，还有滋润皮肤作用。

Seppic 公司开发的 Sepicontrol A5 和 Lipacide C8G，具有良好的抗粉刺效果。

SIMP 公司开发的皮脂腺抑制剂 Simpdrug^{TM}SSE 和 Simpdrug^{TM}ITT，可抑制皮脂腺分泌皮脂，降低皮脂中脂肪酸含量，减少粉刺生成。抗粉刺剂 Simpdrug^{TM}RTC 能有效杀灭痤疮丙酸杆菌，抑制粉刺生成。

AHAs（α-羟基酸）是一类从苹果、柠檬和甘蔗等水果中提取的，又称水果酸，其中主要含有乳酸、羟基乙酸和柠檬酸等。具有加快表皮死细胞脱落、促进表皮细胞更新、改善皮肤屏障功能、可渗透皮肤毛孔并起到清洁皮肤毛孔等作用，因此对粉刺可起到明显的治疗作用。

许多中草药有消炎、止痛、排脓等作用，对治疗粉刺有良好效果，且无副作用。如薏苡仁提取物制成的粉刺霜具有消炎、排脓、止痛作用，对于医治面部粉刺，改善皮肤粗糙有着良好的效果。其他如甘菊、春黄菊、蛇合草、黄芩、苦参、紫草、细辛、杏仁、白僵蚕等。海洋生物褐藻等的提取物也可作为防粉刺的活性物质。

珍珠的主要成分是 $CaCO_3$、氨基酸、蛋白质及一系列微量稀有金属元素，是一种天然产物。化妆品中加入的珍珠粉有三种形式：一是取珍珠颗粒碾成 150～200 目细的粉末直接加入化妆品中；二是取用一部分珍珠壳去污后与一部分珍珠一同碾成粉加入；三是利用酸性条件水解法将珍珠粉末水解得到水解蛋白质，然后将水解蛋白液加入化妆品中。

珍珠是一种较为贵重的水产物，其本身具有清凉、消毒杀菌、除斑等药物功能，经常搽用，可使皮肤光滑柔嫩，比较适合有粉刺的人使用。在化妆品中的用量一般在 4%～6%。

维生素 B_2、维生素 B_6 和维生素 A、维生素 D 作为治粉刺的口服药，它们有减少皮脂分泌的作用。

典型粉刺霜和粉刺露配方见表 7-39。

表 7-39 典型粉刺霜和粉刺露配方

粉刺霜配方	质量分数/%	粉刺露配方	质量分数/%
十六醇	10.0	胶体状硫黄	0.3
白油	10.0	甘草酸二钾	0.2
单硬脂酸甘油酯	1.5	丙烯酸聚合物	0.2
聚氧乙烯(15)单硬脂酸甘油酯	2.0	乙醇	10.2
甘油	5.0	异丙醇胺	0.2
维生素 A 酸	0.05	卤化碳	0.1
防腐剂、香精	适量	香精	适量
去离子水	71.45	去离子水	88.8

粉刺霜制作方法：水相和油相分别加热到 85℃，然后混合搅拌乳化，降温至 65℃时加入维生素 A 酸，使其分散均匀，45℃时加入香精，40℃时停止搅拌，冷却至室温即可包装。

粉刺露制作方法：首先将甘草酸二钾溶于水中，在搅拌下加入胶状硫黄和丙烯酸聚合物，使之均匀分散。另将卤化碳溶于乙醇中并将其加入上述分散液中，最后加入二异丙醇胺，充分搅拌。此时混合液的黏度增高，而且由于采用胶体状硫黄，故不产生沉淀，质量稳定。

四、防过敏化妆品

20 世纪 90 年代以来，许多适用于敏感性皮肤的个人护理产品开始进入市场，以适用“敏感性皮肤”人群的消费需要。根据《化妆品分类规则和分类目录》（国家药监局 2021 年第 49 号）的规定，防过敏化妆品属于新功效化妆品。

过敏性皮肤或称敏感性皮肤是指这种皮肤接触了某些物质（常称为过敏原）后，表现为比正常人群更易发生接触性刺激或变态性反应。由于化妆品而引起的皮肤过敏反应主要表现为皮肤出现红肿、发热、发痒，严重者皮肤会出现皮疹、水泡、皮炎等，这些反应统称为过敏性皮炎。

使人体皮肤产生过敏的过敏原种类很多，而且因人而异，一般说，化妆品中的化学合成物质如香精、防腐剂、表面活性剂，激素甚至维生素和某些天然动植物提取成分都可能是过敏原，使皮肤产生过敏反应。据报道化妆品的各种成分中，香精香料是最常见的过敏原，它还可引起光毒反应；染发剂中的对苯二胺及各种防腐剂也常是过敏原；其他如防晒剂中的对氨基苯甲酸及其酯类、硫化物、含有杂质的凡士林等均易引起光过敏和光毒性反应。

针对过敏或特别敏感皮肤的防过敏化妆品配方，一般都不含香精、乙醇、强刺激性的表面活性剂，非常少或不含防腐剂，而且在配方中适量地添加防过敏的原料。从天然植物提取得到的活性成分，有的具有减少皮肤刺激和抗过敏的作用，如 Sederma 公司的产品：Osmocide、Siegesbeekia、Vsolicacid、Vitacene、Ecodermine 等，可添加至抗过敏化妆品中。

SIMP 公司生产的特种天然高效油溶性防敏剂 SIMPOS™MBL，SIMPOS™MBLP 和天然左旋光活性的油溶性（—）-α-红没药醇，在纯油性（或油基）产品中能快速溶解并渗透皮肤深层，消除刺激过敏因子，钝化过敏源，减少皮肤炎症，增加皮肤的抗炎症能力，从而产生优异的抗刺激、抗过敏作用，降低皮肤对各种物质和外界环境的敏感性，适用于各种皮肤的抗过敏化妆品配方。

Seppic 公司生产的辛酰基甘氨酸（Lipacide C8G），其结构与生物体中天然脂类氨基酸相同，由于其两性脂类氨基酸形式可看作是甘氨酸生物媒介物，有助于转移并在真皮结构蛋白中应用，是皮肤生态系统调节剂，可改善和调节不良皮肤状态，使皮肤刺激明显减轻甚至完全消失。同时由于其具有酸化皮肤作用，有广谱的抑菌活性，产品中可不加或少加防腐剂。因此，用其配制的化妆品非常适合于敏感性皮肤的人使用。

抗过敏化妆品配方举例见表7-40。

表7-40 抗过敏化妆品的配方举例

抗过敏化妆品配方	质量分数/%		抗过敏化妆品配方	质量分数/%	
异构十六烷	7.0		硅酸镁铝		1.0
椰油辛酸癸酸酯		10.0	汉生胶		0.3
十六醇	4.0		Carbopol 934	0.3	
角鲨烷		5.0	辛酰基甘氨酸		2.0
二甲基硅油	0.5		α-红没药醇	0.7	
Brij 72	2.0		NaOH调pH至5		适量
Brij 721	3.0		三乙醇胺	0.6	
MONTANOV 202		5.0	香精	适量	适量
丙二醇	3.0	2.0	去离子水	78.9	74.7

五、磨面膏和去死皮膏

磨面制品有磨面膏和磨面乳液，磨面膏又称磨砂膏或磨面砂，是一种含有微小颗粒状物质的磨面清洁制品。通过微细颗粒与皮肤表面的摩擦作用，能有效地清除皮肤上的污垢及皮肤表面的老化角质细胞；同时这种摩擦对皮肤所产生的刺激作用可促进血液循环及新陈代谢，舒展皮肤的细小皱纹，增进皮肤对营养成分的吸收；还可使皮肤中过多的皮脂从毛孔中排挤出来，使毛孔疏通，具有预防粉刺的作用。因此，使用磨面制品后可使皮肤清洁、光滑，有减少皱纹、预防粉刺等功效。

磨面制品的使用，一般讲适宜皮肤粗糙者。对于油性皮肤，由于皮脂分泌旺盛，可每周使用2～3次，每次10min；对于中性皮肤，每周可使用1次，每次8min；对于干性皮肤，使用次数和使用时间应相对减少，每月1次即可。每次磨面后，应用清水将皮肤冲洗干净；擦干后可涂抹润肤膏霜或乳液。当皮肤损伤或有炎症时，应禁用磨面制品以防感染；对于过敏性皮肤，应慎用磨面制品。

磨面制品的原料是由膏霜或乳液的基质原料和磨砂剂组成。磨砂剂是磨面制品中的特效成分，要求粒度在100～1000nm，最佳为250～500nm，密度较小（0.92～0.96g/mL）、形状为球形，硬度应适中，且必须具有安全性、稳定性和有效性。

磨砂剂有效性的测定方法如下。①物理清洁功能评价：取定量膏体负载摩擦后，测量彩色美容化妆品的存留量。②皮肤角质细胞的剥离情况：用具有黏性的载玻片或透明胶带，剥离用磨砂制品前后皮肤脱落的陈腐角质细胞，再将细胞进行染色，然后在显微镜下计算其有效性。

常用磨砂剂有天然磨砂剂如天然植物果核（杏核粉、桃核粉等）和天然矿物粉末（硅石、方解石、磷酸三钙、二氧化钛粉、滑石粉等）；合成磨砂剂如聚乙烯、聚苯乙烯、聚酰胺树脂、尼龙等。

磨面制品的配制并不是简单地将磨砂剂加入膏体或乳液基质中即可，而应根据磨面产品的要求精心设计和试验，使磨砂剂均匀、稳定地存在于基质之中。在研制过程中，应特别注意制品的稳定性，要进行耐热、耐寒试验；还要进行高速离心试验，在2500～3000r/min离心30min后，观察膏体有无分层现象以及磨砂剂有无析出现象；还可用显微镜观察膏体，考察磨砂剂颗粒分布情况，进行磨砂剂的选择。

磨面乳也称磨面奶，其作用与磨面膏相同。但对于磨面乳，由于制品稠度较低，如何保证磨砂剂均匀、稳定地分散在体系当中，形成均匀、稳定的乳液，是配制磨面奶的关键。在磨面奶配方中，通常加入水溶性高分子化合物如 Carbopol 980，981，u20，u21 和 Sepigel 501，Sepigel 502，Sepiplus 400，Simulgel EG 等，同时更要进行耐热、耐寒和高速离心试验，以确保制品的稳定性。

磨面制品配方举例见表 7-41。

表 7-41　磨面制品配方举例

磨面膏配方	质量分数/%				磨面膏配方	质量分数/%			
	磨面膏 1	磨面膏 2	磨面乳 1	磨面乳 2		磨面膏 1	磨面膏 2	磨面乳 1	磨面乳 2
硬脂酸	2.0		1.5	2.5	脂肪醇聚氧乙烯醚琥珀酸酯磺酸盐			2.0	
白油	7.0	7.0	8.0	15.0	丙二醇	8.0	5.0	4.0	5.0
十六醇	2.0	2.0	1.5	1.0	三乙醇胺	0.2			0.15
十六酸十六醇酯		2.0			天然果核粉	3.0	3.5		
乳化蜡				3.0	低分子聚乙烯(AC-P360)			4.0	5.0
羊毛脂		3.0		2.0	水解珍珠液				2.0
硅油	2.0				防腐剂	适量	适量	适量	适量
Span-85	1.2	1.5	1.0		抗氧剂	适量	适量	适量	适量
Tween-80	2.8	3.0	1.5		香精	适量	适量	适量	适量
Carbopol-940	0.2		0.2	0.3	去离子水	71.6	73.0	76.3	64.05

死皮是指皮肤表面上积存的死亡角质细胞残骸。许多皮肤疾病都与角质化不正常有关，陈腐角质化细胞的堆积会使皮肤黯淡无光，并形成细小的皱纹，还会引起角质层增厚。因此，清除皮肤上的死皮是洁肤、护肤和美容的重要程序之一。

去死皮膏，可以快速去除皮肤表面的角化细胞，清除过剩的油脂，预防粉刺的滋生，改善皮肤的呼吸，有利于汗腺、皮脂腺的分泌，预防角质增厚，加速皮肤新陈代谢，促进皮肤对营养成分的吸收，增强皮肤的光泽和弹性，令皮肤柔软、光滑。可以看出，去死皮膏与磨面膏有着几乎相同的作用和功效，它们的不同之处在于磨面膏完全是机械性的磨面作用，而去死皮膏的作用机理包含化学性和生物性。磨面膏多适用于油性皮肤，而去死皮膏适用于中性皮肤及不敏感的任何皮肤。

去死皮膏的用法：将膏体均匀涂敷于面部，轻轻摩擦皮肤约 5～10min，用手帕或软纸将脱离皮肤的死皮、污垢和与膏体混合形成的残余物一起去除，再用清水冲洗干净，然后涂抹护肤膏霜或乳液，一般每周 1 次。

去死皮膏的原料是由膏霜的基质原料，添加磨砂剂和去角质剂等组成。果酸具有加快表皮死细胞脱落、促进表皮细胞更新、清洁皮肤毛孔等作用；维甲酸可抑制毛囊角化、增强细胞活力等；尿囊素具有软化皮肤角质蛋白的作用，有利于去除皮肤上的死皮；溶角蛋白酶可促进角质层更新；海藻胶具有生物分解作用，可有效去除角质层老化死皮。

添加磨砂剂的去死皮膏在配制过程中同样要注意制品的稳定性，必须进行相应的耐热、耐寒和高速离心试验，在配方中，可添加水溶性高分子化合物，以改善制品的稳定性。

去死皮膏配方举例见表 7-42。

表 7-42 去死皮膏配方举例

去死皮膏配方	质量分数/%			去死皮膏配方	质量分数/%		
	1	2	3		1	2	3
硬脂酸	7.0		1.5	丙二醇	2.0		5.0
白油	2.0	2.0	3.0	薄荷脑		0.05	
十六醇	2.5		1.5	溶角蛋白酶	3.5		
石蜡	1.0			核桃壳细粉			3.0
羊毛脂醚			0.5	聚乙烯粉末	8.0		
二甲基硅油	3.5			聚甲基丙烯酸甲酯		5.0	
霍霍巴油		5.0	0.5	滑石粉	1.0		
肉豆蔻酸异丙酯		3.0	2.5	海藻胶			3.0
单硬脂酸甘油酯	1.5		1.5	尿囊素		1.0	
硬脂酸乙二醇酯			1.5	Carbopol-940	1.5		
十六烷基糖苷		5.0		KOH	0.7		
Brij 72			1.0	防腐剂	适量	适量	适量
Brij 721			2.0	香精	适量	适量	适量
Sepigel 305		0.5		去离子水	65.8	78.45	73.5

六、除臭化妆品

除臭化妆品是用来减轻或遮盖体臭的一类功效产品。一般人的体臭可用香水、花露水等来消除，但汗臭症严重时，会发出一股油脂般的酸臭味，用一般的香水和花露水难以消除。

人的全身布满了汗腺，不时分泌汗液，以保持皮肤表面的湿润并排泄废弃物。每个人汗液分泌的情况不同，同一个人也因食物、运动、精神状态、外界环境以及部位的不同而变化。有些人的腋窝下，腋下腺异常，常排出大量的黄色汗液，发出一种刺鼻难闻的臭味。尤其在夏季、气温高、汗腺分泌旺盛时，臭味更为明显。因为这种臭味类似狐狸身上所发出的臊气，所以人们称它为“狐臭”。

狐臭是由于大汗腺的分泌所致，分泌物呈半液体状，与牛乳相仿。它与皮脂腺所分泌的脂肪酸、蛋白质等物以及皮肤表皮的死亡细胞、污垢一起经细菌作用，发生酸败而产生一种狐臭的臊气。

狐臭多发生于青年，而老年人及儿童却很少见。这是由于青年人性腺的日渐发育，性激素分泌增加，刺激神经系统，促进了大汗腺的分泌，使汗液中的有机物含量增多，又由于腋窝阴暗潮湿，适宜细菌的生长繁殖，细菌产生的酶类极大地加速了有机物的分解，于是产生了具有恶臭的有机酸类。因此为了消除或减轻汗臭，应从两方面着手：一是制止汗液的过量排出；二是清洁肌肤，抑制细菌的繁殖，防止或消除产生的臭味。

除臭化妆品即是依据上述要求而设计配制的，可分为三类型：一类是利用收敛剂的作用，抑制汗的分泌，间接地防止汗臭；另一类是利用杀菌剂的作用，抑制细菌的繁殖，直接防止汗的分解变臭；第三类是对体臭有遮盖作用的香水类化妆品（参见第十章香水类化妆品）。根据《化妆品分类规则和分类目录》（国家药监局 2021 年第 49 号）的规定，单纯通过抑制微生物生长达到除臭目的产品，不属于化妆品。

1. 抑汗化妆品

抑汗化妆品的主要作用在于抑制汗液的过多分泌，吸收分泌的汗液。其主要成分是收敛剂。它能使皮肤表面的蛋白质凝结，使汗腺膨胀，阻塞汗液的流通，从而产生抑制或减少汗液分泌量的作用。

收敛剂的品种很多，大致可分为两类：一类是金属盐类，如苯酚磺酸锌、硫酸锌、硫酸铝、氯化锌、氯化铝、碱式氯化铝、明矾等；另一类是有机酸类，如单宁酸、柠檬酸、乳酸、酒石酸、琥珀酸等。

绝大部分有收敛作用的盐类，其 pH 值都较低（2.5～4.0），这些化合物电解后呈酸性，对皮肤有刺激作用，对织物会产生腐蚀，如果 pH 值较低而又含有表面活性剂，会使刺激作用增加。可加入少量的氧化锌、氧化镁、氢氧化铝或三乙醇胺等进行酸度调整，从而减少对皮肤的刺激性。

抑汗化妆品可以制成液状、膏霜状、粉状三种。粉状是以滑石粉等粉料作为基质，再加收敛剂配制而成，具有滑爽和吸汗作用。但因附着力差，抑汗效果不如其他类型抑汗化妆品，因此这种产品目前市场上已很少见到。

液体抑汗化妆品的配方最为简单，是由收敛剂、酒精、水、保湿剂、增溶剂和香精等组成，必要时可加入祛臭剂和缓冲剂。如果采用硫酸铝或氯化铝必须加入缓冲剂，因氯化铝的刺激性大，用量不宜太高。加入少量非离子表面活性剂如聚氧乙烯失水山梨醇脂肪酸酯、聚氧乙烯脂肪醇醚等，可增加香料的溶解性能，形成透明均一的溶液。如果添加祛臭剂则必须能溶解于抑汗剂溶液中，常用的有六氯二苯酚基甲烷、2,2′-硫代双（4,6-二氯苯酚）、季铵类表面活性剂以及叶绿素等。同时还必须注意其与收敛剂、表面活性剂等的配伍性。

加入少量保湿剂对防止溶液的蒸发有帮助，同时可增加使用时对皮肤的滋润性。酒精的加入，有利于收敛剂、香精等的溶解，同时使用时乙醇的蒸发导致皮肤暂时降温，也有一定的收敛作用。抑汗剂呈酸性，因此选用的香精应在酸性时不会变色和变味。香精加入产品中后可进行存储试验，在室温和在较高的温度（40～45℃）存储 3～6 个月，以观察变色和变味情况。抑汗液参考配方如表 7-43 所示。

表 7-43 抑汗液参考配方

抑汗液配方	质量分数/%		抑汗液配方	质量分数/%	
	1	2		1	2
碱式氯化铝	15.0	16.0	丙二醇		5.0
六氯二苯酚基甲烷	0.1		酒精	49.65	42.0
氯化鲸蜡基吡啶鎓		0.5	去离子水	30.0	36.25
甘油	5.0		香精	0.25	0.25

制作方法：配方 1，将六氯二苯酚基甲烷和香精溶解于酒精和甘油中，将碱式氯化铝溶解于水中，再将后者缓缓地拌入前者，搅匀，静置二天后，即可过滤灌装。配方 2，将水、丙二醇和酒精在一容器内搅拌混合，缓缓加入表面活性剂和碱式氯化铝直至成为均一透明的溶液，然后加入香精，静置过滤后灌装。

膏霜型抑汗化妆品由于其携带和使用方便，最受消费者欢迎。其配方结构是在雪花膏的基础上加入收敛剂配制而成，即制成 O/W 型，因为收敛剂是水溶性的，在连续相中能产生较好的抑汗效果。但必须采用在酸性介质中稳定，且与收敛剂配伍性好的表面活性剂作乳化剂。如非离子表面活性剂单硬脂酸甘油酯、失水山梨醇脂肪酸酯及其聚氧乙烯衍生物；阴离子表面活性剂十二醇硫酸钠（或三乙醇胺）、十六烷基硫酸钠、烷基苯磺酸钠等。某些阳离子表面活性剂也能制得稳定的乳化体。乳化剂用量与其类型和所用的蜡有关，乳化剂浓度越高，制得的膏体越软。采用阳离子型或非离子型乳化剂制成的膏体较采用阴离子型乳化剂制成的膏体为软，也可采用非离子型乳化剂与阴离子型或阳离子型乳化剂复配使用，以获得稠度适宜的产品。

甘油或丙二醇的脂肪酸酯类单独或混合使用可得到理想稠度的膏体。常用的保湿剂有甘油、丙二醇、山梨醇和聚乙二醇等，用量一般为3%～10%，用量太大会使皮肤有潮湿的感觉。

尿素对铝盐、锌盐的腐蚀性有良好的抑制作用，用量一般为5%～10%。钛白粉用来作膏体的乳浊剂和增白剂，用量为0.5%～1.0%。所用香精必须在酸性介质中稳定，与乳化体相和谐。抑汗霜参考配方如表7-44所示。

表7-44 抑汗霜参考配方

抑汗霜配方	质量分数/%		抑汗霜配方	质量分数/%	
	1	2		1	2
硫酸锌	16.0		聚氧乙烯失水山梨醇单硬脂酸酯		5.0
碱式氯化铝		18.0	聚氧乙烯失水山梨醇单油酸酯	3.0	
硬脂酸	5.0	14.0	甘油	5.0	
蜂蜡		2.0	钛白粉	0.6	
液体石蜡		2.0	香精	0.4	0.3
单硬脂酸甘油酯	15.0		去离子水	48.0	53.7
失水山梨醇单硬脂酸酯		5.0	尿素	6.0	
十二烷基硫酸钠	1.0				

制作方法：水相和油相分别加热到80～85℃，然后在搅拌下将水相加入油相，而后再加入钛白粉，在40℃时加入收敛剂和香精，冷至室温时加入尿素，可再经碾磨使膏体更加细致。

2.祛臭化妆品

祛臭化妆品是通过减少汗腺的分泌，破坏其中间产物，抑制细菌繁殖，达到爽身除臭的功能。祛臭化妆品的主要成分是杀菌祛臭剂，常用的有二硫化四甲基秋兰姆、六氯二羟基二苯甲烷、3-三氟甲基-4,4′-二氯-*N*-碳酰苯胺，以及具有杀菌功效的阳离子表面活性剂如氯化十二烷基二甲基苄基铵、溴化十六烷基三甲基铵、溴化十二烷基三甲基铵等。也可使用氧化锌、硼酸、叶绿素化合物以及留香持久且具有杀菌消毒功效的香精等。

祛臭化妆品有粉状、液状和膏霜状等类型，但尤以祛臭液效果显著，市场上也比较畅销。祛臭液可用十六烷基三甲基季铵盐、十二烷基二甲基苄基季铵盐等季铵类化合物作祛臭剂，这类化合物能杀菌祛臭、无毒性及刺激性，且易吸附于皮肤上，作用持久，用量一般为0.5%～2.0%。也可采用水溶性叶绿素衍生物作为祛臭剂或与季铵盐并用。以六氯二羟基二苯甲烷等氯代苯酚衍生物配制祛臭液时应先用丙二醇或酒精溶解后再用水稀释，但应注意不与铁、铝容器接触，以免发生变色，用量一般为0.25%～0.5%。祛臭液参考配方如表7-45所示。

表 7-45　祛臭液参考配方

祛臭液配方	质量分数/%		祛臭液配方	质量分数/%	
	1	2		1	2
氯化十二烷基二甲基苄基铵	2.0	1.0	酒精(95%)	60.0	60.0
溴化十六烷基三甲基铵		2.0	Na_2CO_3(10%)	10.0	
六氯二苯酚甲烷	0.3		CMC	0.1	
苯酚磺酸锌		5.0	香精	0.6	0.7
甘油	8.0	9.0	去离子水	19.0	12.3
丙二醇		10.0			

祛臭霜可制成 O/W 型，也可制成 W/O 型，以氯代苯酚衍生物作为祛臭剂，当与苯酚磺酸盐、氯化锌等配合则可制成粉质膏霜，但所用乳化剂必须与所用祛臭剂相和谐。如采用氯代苯酚类祛臭剂，则不能使用影响杀菌性能的非离子表面活性剂作乳化剂，而选用硬脂酸钾可收到良好的乳化效果，又不影响其活性。若使用氧化锌做祛臭剂，则可选用非离子表面活性剂作乳化剂。祛臭霜参考配方如表 7-46 所示。

表 7-46　祛臭霜参考配方

祛臭霜配方	质量分数/%		祛臭霜配方	质量分数/%	
	1	2		1	2
硬脂酸	5.0		六氯二苯酚甲烷	0.5	
鲸蜡醇	1.5		硫酸镁		0.15
矿物油		20.0	氧化锌		15.0
凡士林		8.5	硬脂酸锌		10.0
纯地蜡		6.0	苯酚磺酸铝		10.0
羊毛脂		4.5	甘油	10.0	
单硬脂酸甘油酯	10.0		氢氧化钾	1.0	
肉豆蔻酸异丙酯	2.5		香精	0.8	适量
失水山梨醇倍半油酸酯		4.0	去离子水	68.7	21.85

制作方法：配方 1，将六氯二苯酚甲烷与油性成分混合，加热熔化，保持在 75℃；将氢氧化钾、水和甘油混合，加热至与油相相同温度；在搅拌下将水相加入油相，继续搅拌，待温度降至 45℃时加入香精，在室温下静置过夜，在包装前再搅拌数分钟。

配方 2，将油相成分混合加热至 80℃，将硫酸镁溶于水中加热至 80℃，搅拌下将水相加入油相，继续搅拌待温度降至 50℃时缓缓加入氧化锌和硬脂酸锌，并缓慢冷至 40℃，在搅拌下缓缓加入苯酚磺酸铝和香精，搅匀冷却至室温即可。

许多中草药的提取物也可以添加到祛臭化妆品中，中草药的有效成分可以渗透到皮肤内，通过减少汗腺分泌和抑制细菌的繁殖，达到爽身除臭的目的。含有中草药的祛臭化妆品副作用小，安全性高，不影响人体的功能代谢，很有发展前途。参考配方如表 7-47 所示。

表 7-47 含中草药的祛臭剂参考配方

中草药祛臭液配方	质量分数/%		中草药祛臭液配方	质量分数/%	
	1	2		1	2
樟脑	1.0		甲基纤维素	1.0	
薄荷脑	1.0		酒精	10.0	10.0
植物杀菌剂	0.2		甘油		10.0
侧柏叶萃取液	1.0		香精	0.5	
槐花萃取液		5.0	丁子香类香精		1.0
酸枣仁萃取液		30.0	去离子水	85.3	44.0
紫草液(色素)		适量			

除臭化妆品功效的临床评估是一项复杂的工作。从理论的角度看，可以借助仪器测定除臭部位的气味或检测局部的细菌生长来评估除臭剂的功效，但结果都不十分理想。目前，对除臭剂功效的临床评估主要还是通过经训练的专家组嗅觉的感官评价来实现，它分为直接和间接气味评估。直接气味评估是由受过专业训练的专家用鼻子闻气味，按照给定的方法和程序对气味强度进行评定。间接气味评估是用硼硅玻璃试管插入腋窝收集腋臭，然后，进行感官评价。两种方法测得的结果相近。臭气味强度的定标和描写采用 10 级计分法，也可用异戊酸溶液作为参考标准的 5 级记分法。

除臭化妆品的功效受到很多因素的影响，特别是局部表面存在的细菌和汗液的混合物会影响实验结果，将局部毛发剔除可以减少皮肤表面的微生物。限制局部汗液量可降低恶臭的产生。降低皮肤 pH 值也可以增加除臭化妆品的功效，不少具有抑汉功能的产品也同时具有除臭的效果。汗液分泌量多的情况下，异味会相对比较严重；汗液分泌量少的时候，异味会相对较轻。每个人的嗅觉差异是很大的，这是由遗传决定的，当然经过严格的培训，嗅觉会有很大程度的提高。另外，性别、社会文化和习惯等因素也有一定的影响。

第八章　美容类化妆品

美容类化妆品主要是指用于脸面、眼部、唇及指甲等部位，以达到掩盖缺陷、赋予色彩或增加立体感、美化容貌目的的一类化妆品。化妆能使人容光焕发、美丽动人、富有感情、充满自信，化妆又能使皮肤获得充分的保护和营养的补充。随着人民生活水平的提高，人们对美容化妆日益感兴趣，美容化妆之风兴起，已成为许多女性甚至男性日常生活中不可缺少的一部分。

根据使用部位，美容类化妆品可分为脸面用品（粉底霜、香粉、粉饼、胭脂等），眼部用品（眼影粉、眼影膏、眼线笔、睫毛膏、眉笔等），唇部用品（唇膏、唇线笔等），指甲用品（指甲油、指甲漂白剂、指甲油脱膜剂等）。

第一节　脸面用品

用于脸面的美容化妆品主要包括香粉类（香粉、粉饼、香粉蜜等）和胭脂类（胭脂、胭脂膏、胭脂水等）。爽身粉和痱子粉并非美容化妆品，但由于其配方结构与香粉类同，故也放在本节介绍。

一、香粉类

1. 香粉

香粉是用于面部化妆的制品，可掩盖面部皮肤表面的缺陷，改变面部皮肤的颜色，柔和脸部曲线，形成光滑柔软的自然感觉，且可预防紫外线的辐射。好的香粉应该很易涂敷，并能均匀分布；去除脸上油光，遮盖面部某些缺陷；对皮肤无损害刺激，敷用后无不舒适的感觉；色泽应近于自然肤色，不能显现出粉拌的感觉；香气适宜，不要过分强烈。根据香粉的使用特点，香粉应具有如下性能和原料组成。

（1）遮盖力　香粉涂敷在皮肤上，应能遮盖住皮肤的本色、黄褐斑等，改善肤色，这一功能主要是具有良好遮盖力的遮盖剂所赋予的。常用的遮盖剂有钛白粉、氧化锌等。遮盖力是以单位重量物质所能遮盖的黑色表面积来表示的，例如每公斤氧化锌约可遮盖黑色表面 $8m^2$。钛白粉的遮盖力最强，比氧化锌高 2～3 倍，但不易和其他粉料混合，如果先将钛白粉和氧化锌混合好，再拌入其他粉料中，可克服上述缺点，钛白粉在香粉中的用量在 10% 以内。另外钛白粉对某些香料的氧化变质有催化作用，选用时应注意。氧化锌对皮肤有缓和的干燥和杀菌作用，配方中采用 15%～25% 的氧化锌，可使香粉有足够的遮盖力，而又不致使皮肤干燥。如果要求更好的遮盖力，可以钛白粉和氧化锌配合使用，但混合物在配方中的用量一般不超过 10%。香粉用的钛白粉和氧化锌要求色泽白、颗粒细、质轻、无臭，铅、砷、汞等杂质含量少。工业用的钛白粉不宜用于香粉制作。

（2）滑爽性　香粉具有滑爽易流动的性能，才能涂敷均匀，所以香粉类制品的滑爽性极为重要。香粉的滑爽性主要是依靠滑石粉的作用，滑石粉的主要成分是硅酸镁（$3MgO \cdot 4SiO_2 \cdot H_2O$）。高质量的滑石粉具有薄层结构，它的定向分裂的性质和云母很相似，这种结构使滑石粉具有发光和滑爽的特性。

滑石粉在香粉中的用量往往在 50% 以上，如此大的用量，且其种类很多，有的柔软滑爽，有的硬而粗糙，所以对滑石粉品质的选择是制造香粉类产品成功的关键。适用于香粉的滑石粉必须色泽白、无臭，对手指的触觉柔软光滑。滑石粉的颗粒应细小均匀，98%以上通过 200 目筛网，如颗粒太粗影响对皮肤的黏附性；太细会使薄层结构破坏而失去某些特性。滑石粉中所含杂质特别是铁的含量不能太大，因铁的存在会使香味和色泽受到损坏。优良的滑石粉能赋予香粉一种特殊的透明性，能均匀地黏附于皮肤上，帮助遮盖皮肤上的小瑕疵。

(3) 吸收性　吸收性主要是指对香精的吸收，同时也包括对油脂和水分的吸收。用以吸收香精的原料有沉淀碳酸钙、碳酸镁、胶态高岭土、淀粉和硅藻土等。一般以采用沉淀碳酸钙与碳酸镁为多。碳酸钙的缺点是它在水溶液中呈碱性反应，遇酸会分解，如果在香粉中用量过多，热天敷用，吸汗后会在皮肤上形成条纹，因此香粉中碳酸钙的用量不宜过多，一般不超过 15%。

碳酸镁的吸收性较碳酸钙大 3～4 倍，由于吸收性强，用量过多，敷用后会吸收皮脂造成皮肤干燥，一般不宜超过 15%。碳酸镁对香精有优良的混合特性，是一种很好的香精吸收剂。在配制粉类产品时，往往先将香精和碳酸镁混合均匀后，再加入其他粉料中。

(4) 黏附性　粉类制品最忌敷用于皮肤后脱落，因此必须具有很好的黏附性，使用时容易黏附在皮肤上。常用的黏附剂有硬脂酸锌、硬脂酸镁和硬脂酸铝等，这些硬脂酸的金属盐类是轻质的白色细粉，加入粉类制品后就包覆在其他粉粒外面，使香粉不易透水，用量一般在 5%～15%之间。硬脂酸铝盐比较粗糙，硬脂酸钙盐则缺少滑爽性，普遍采用的是硬脂酸镁盐和锌盐，也可采用硬脂酸、棕榈酸与豆蔻酸的锌盐和镁盐的混合物。

用来制金属盐的硬脂酸的质量是极其重要的，质量差的硬脂酸制成的金属盐会产生令人不愉快的气味，这是因为存在有油酸或其他不饱和脂肪酸等杂质，引起酸败的缘故，应加以注意。

(5) 颜色　抹粉是为了调和皮肤的颜色，所以香粉一般都带有颜色，并要求接近皮肤的本色。因此在香粉生产中，颜料的选择是十分重要的。适用于香粉的颜料必须有良好的质感，能耐光、耐热、日久不变色，使用时遇水或油以及 pH 值略有变化时不致溶化或变色。因此一般选用无机颜料如赭石、褐土等，为改善色泽，可加入红色或橘黄色的有机色淀，使色彩显得鲜艳和谐。

(6) 香味　香粉的香味不可过分浓郁，以免掩盖了香水的香味。香粉用香精在香粉的储存及使用过程中应该保持稳定，不酸败变味，不使香粉变色，不刺激皮肤等。香粉用香精的香韵以花香或百花香型较为理想，使香粉具有甜润、高雅、花香生动而持久的香气感觉。

香粉的参考配方见表 8-1。

表 8-1　香粉的参考配方

香粉配方	质量分数/%				
	1	2	3	4	5
滑石粉	42.0	50.0	45.0	65.0	40.0
高岭土	13.0	16.0	10.0	10.0	15.0
碳酸钙	15.0	5.0	5.0		15.0
碳酸镁	5.0	10.0	10.0	5.0	5.0
钛白粉		5.0	10.0		
氧化锌	15.0	10.0	15.0	15.0	15.0
硬脂酸锌	10.0		3.0	5.0	6.0
硬脂酸镁		4.0	2.0		4.0
香精、色素	适量	适量	适量	适量	适量

香粉的品种除了有不同的香气和色泽的区别外，还可以根据使用要求的不同分轻度遮盖力、中等遮盖力、重度遮盖力以及不同吸收性、黏附性等规格。表列配方中：配方 1 属于轻度遮盖力及很好的黏附性和适宜吸收性的产品；配方 2 属于中等遮盖力及强吸收性的产品；配方 3 属于重度遮盖力及强吸收性的产品；配方 4 属于轻度遮盖力及轻吸收性的产品；配方 5 属于轻度遮盖力及很好的黏附性和适宜吸收性的产品。

不同类型的香粉适用于不同类型的皮肤和不同的气候条件。多油型皮肤应采用吸收性较好的香粉，而干燥型皮肤应采用吸收性较差的香粉。炎热潮湿的地区或季节，皮肤容易出汗，宜选用吸收性和干燥性较好的香粉，而寒冷干燥的地区或季节，皮肤容易干燥开裂，宜选用吸收性和干燥性较差的香粉。

搽香粉可以增加人面部皮肤的色调，掩饰面部某些缺陷起到美容的效果，但若使用不当或搽抹不均匀反而难看，起不到美容的作用。在选用香粉时，香粉的颜色必须与脸部皮肤的颜色相互调和才显得自然和谐。如果脸部肤色过黑，搽白色香粉就不适宜，应选用和自己肤色相近的香粉。对于干性皮肤的人可先用粉底霜等打底，再搽粉，这样香粉不易脱落。搽香粉不宜过厚，而且要从颈部开始搽起，不要单搽脸，否则会显得色调不一致。

关于配制吸收性较差的香粉，一方面可减少碳酸镁或碳酸钙的用量，或增加硬脂酸盐的用量，使香粉不易透水；另一方面可在制品中加入适量脂肪物，这种香粉称之为加脂香粉。脂肪物的加入使粉料颗粒外面均匀地涂布了脂肪，降低了吸收性能，粉质的碱性不会影响到皮肤的 pH 值，而且粉质有柔软、滑爽、黏附性好等优点。脂肪物的加入量与要求以及香粉中其他原料的吸收性有关，一般最高不超过 5%～6%，否则会导致香粉结块。加脂香粉应该注意酸败问题，当脂肪物均匀分布在粉粒表面时，和空气接触的面积很大，因而氧化酸败的可能性增加，除选用质量好的脂肪物外，必要时应考虑加入抗氧剂。

2. 粉饼

粉饼和香粉的使用目的相同，将香粉制成粉饼的形式，主要是便于携带，使用时不易飞扬，其使用效果应和香粉相同，在一般的运输和使用过程中不可破碎，而在使用时易用粉扑涂擦。

粉饼在配方上除具有香粉的原料外，为便于压制成型，还必须加入足够的胶合剂，常用的胶合剂有黄蓍树胶粉、阿拉伯树胶等天然胶合剂以及羧甲基纤维素等合成胶合剂。甘油、山梨醇、葡萄糖等以及其他滋润剂的加入能使粉饼保持一定水分不致干裂；液体石蜡、单硬脂酸甘油酯等脂肪物的加入能赋予粉饼一定光泽，增加黏合性能，改善使用效果等。除此之外，为防止氧化酸败现象的发生，最好加些防腐剂和抗氧剂。胶合剂的用量视粉饼的组成和胶合剂的性质而定。参考配方见表 8-2。

表 8-2 粉饼参考配方

粉饼配方	质量分数/%			
	1	2	3	4
滑石粉	60.0	74.0	47.0	55.0
高岭土	12.0	10.0	14.0	13.0
碳酸钙			14.0	
碳酸镁	5.0			7.0
钛白粉		5.0	5.0	
氧化锌	15.0		10.0	10.0
硬脂酸锌	5.0			
阿拉伯树胶	0.05			

续表

粉饼配方	质量分数/%			
	1	2	3	4
黄蓍树胶			0.1	0.1
淀粉			5.0	10.0
液体石蜡		3.0		0.2
单硬脂酸甘油酯				0.3
失水山梨醇倍半油酸酯		2.0		
山梨醇		4.0		0.25
甘油	0.25			
丙二醇		2.0		
葡萄糖			0.3	
香精、防腐剂、颜料	适量	适量	适量	适量
去离子水	2.7		4.6	4.15

制作方法：将胶合剂和脂肪物与水和滋润剂先调合成所谓胶水，然后与部分粉料一次混合，用 20 目粗筛过筛，再与其余粉料混合后，即可冲压。

3. 爽身粉

爽身粉并不用于化妆，主要用于浴后在全身敷施，能滑爽肌肤，吸收汗液，减少痱子的滋生，给人以舒适芳香之感，是男女老幼都适用的夏令卫生用品。

爽身粉的原料和生产方法与香粉基本相同，爽身粉对滑爽性要求最突出，对遮盖力并无要求。它的主要成分是滑石粉、玉米淀粉、改性淀粉等，其他还有碳酸钙、碳酸镁、高岭土、氧化锌、硬脂酸镁、硬脂酸锌等。除此之外，爽身粉还有一些香粉所没有的成分，如硼酸，它有轻微的杀菌消毒作用，用后使皮肤有舒适的感觉，同时又是一种缓冲剂，使爽身粉在水中的 pH 值不致太高。

爽身粉所用香精偏重于清凉，常选用一些薄荷脑等有清洁感觉的香料。婴儿用的爽身粉，最好不要香精，因为婴儿的皮肤较成人娇嫩得多，对外来刺激敏感。如果希望在婴儿爽身粉中加入一些香精的话，最高限量不得超过 0.4%，一般是在 0.15%～0.25%之间。爽身粉参考配方见表 8-3。

表 8-3 爽身粉参考配方

爽身粉配方	质量分数/%				爽身粉配方	质量分数/%			
	1	2	3	4		1	2	3	4
滑石粉	72.0	68.0	75.0	75.0	硬脂酸锌		3.0		4.0
碳酸钙				5.0	氧化锌		3.0	3.0	
碳酸镁	18.5	23.0	7.5		硼酸	4.5	2.0	3.5	5.8
高岭土			8.0	10.0	香精	1.0	1.0	1.0	0.2
硬脂酸镁	4.0		2.0						

二、粉底霜和粉底乳液

清洁干燥的皮肤不易均匀地敷上香粉。粉底霜是供化妆时敷粉前打底用的，其作用是使香粉能更好地附着在皮肤上。

粉底霜有两种：一种不含粉质，配方结构类似普通膏霜，遮盖力较差；另一种加入钛白粉及二氧化锌等粉质原料，有较好的遮盖力，能掩盖面部皮肤表面的某些小瑕疵。在粉底霜中还可以适当地加入一些色素或颜料，使其色泽更接近于皮肤的自然色彩。

和其他膏霜相似，粉底霜也应具有细腻的外观，敷涂时分布均匀，不阻曳或起面条；膏体应具触变的流动特性，以帮助均匀和容易分布；留下的膜应略具黏性使香粉容易黏附；不能有光泽并对皮脂略有吸附性而不流动；有较好的透气性以防止汗液突破覆盖层的可能；不能引起皮肤过分的干燥，如同在清洁、干燥的皮肤敷上香粉时的感觉；香粉涂敷以后应保持原始的色彩和无光泽，可以再次敷粉。这些都是理想的特性要求，一种产品当然不可能适应各种皮肤的要求。

粉底霜一般都是油/水型乳化体系。为了适应干性皮肤的需要，也可制成水/油型制品。以水为连续相的粉底霜，油相的含量约为 20%～35%。

油相的熔点和甘油等保湿剂的含量及粉的含量有关。含有 20%甘油的雪花型膏霜，油相的熔点可以高达 55℃；在少甘油或无甘油的膏霜内，油相的熔点应较低，以接近皮肤的温度为适宜。

含粉质的粉底霜，根据遮盖力的需要，粉的加入量约为 5%～20%，颜料和粉大都分散在水相中。

一般采用阴离子型和非离子型乳化剂。非离子型乳化剂特别适宜于含有颜料的配方（表 8-4）。

表 8-4 粉底霜参考配方

粉底霜配方（阴离子型乳化剂）	质量分数/%			粉底霜配方（阴离子型乳化剂）	质量分数/%		
	1 油/水霜（雪花膏型）	2 油/水霜	3 油/水霜（含颜料）		1 油/水霜（雪花膏型）	2 油/水霜	3 油/水霜（含颜料）
油相				甘油	18.0		
矿油			25.0	山梨醇(70%)		7.0	
硬脂酸	18.0		4.0	三乙醇胺			1.5
鲸蜡醇	0.5		2.0	氢氧化钾	0.52		
硬脂酸丁酯		3.0		氢氧化钠	0.18		
羊毛脂		3.0		钛白粉	3.0		
硬脂酸单甘油酯(自乳化型)		15.0	2.5	粉基			10.0
水相				香料、色素和防腐剂	适量	适量	适量
水	59.8	72.0	55.0				

粉底霜配方（非离子型乳化剂）	质量分数/%			
	4 油/水霜	5 油/水霜（含颜料）	6 油/水霜（含颜料）	7 油/水霜（含颜料）
油相				
棕榈酸或肉豆蔻酸异丙酯				1.0
矿油	10.0		20.0	
硬脂酸				12.0
鲸蜡醇	10.0			
羊毛脂	5.0	2.0	3.0	
凡士林		2.0		
聚氧乙烯酯蜡醇醚	4.0	14.0	6.0	
单硬脂酸缩水山梨酯				2.0
聚氧乙烯单硬脂酸缩水山梨酯				1.0
水相				
水	66.0	71.0	61.0	58.0
甘油		8.0	5.0	
山梨醇(70%)	5.0			3.0
聚乙二醇				12.0
钛白粉		3.0	5.0	2.0
滑石粉				8.0
氧化铁				1.0
香料、色素和防腐剂	适量	适量	适量	适量

粉底乳液又称粉底蜜，它是添加了粉料的乳液状化妆品。粉底乳液很易涂敷，少油腻感、清爽，是很流行的一种粉底化妆品，适合于油性皮肤和夏季快速化妆修饰之用。

粉底乳液参考配方举例见表 8-5。

表 8-5 粉底乳液参考配方

粉底乳液配方	质量分数/%		粉底乳液配方	质量分数/%	
	1	2		1	2
硬脂酸	2.0	0.5	Carbopol 940		0.05
十六醇	0.3	1.0	矿物凝胶		0.2
白油	12.0	3.0	硅酸铝镁	0.5	
异酰化羊毛脂		0.5	钛白粉(水分散性)	6.0	3.0
单硬脂酸甘油酯		0.8	高岭土	3.0	
肉豆蔻酸异丙酯		4.0	滑石粉	6.0	2.0
聚氧乙烯(10)油酸酯	1.0		甘油		8.0
Span-80	1.0		丙二醇	5.0	
Tween-80		1.5	防腐剂	适量	适量
三乙醇胺	1.0		香精	适量	适量
聚乙二醇(400)	5.0		去离子水	57.2	75.45

三、胭脂类

胭脂是用来涂敷于面颊使面色显得红润、艳丽、明快、健康的化妆品。可制成各种形态：与粉饼相似的粉质块状胭脂，习惯上称之为胭脂；制成膏状的称为胭脂膏；另外还有粉状、液状等。

1. 胭脂

胭脂是由颜料、粉料、胶合剂、香精等混合后，经压制成为圆形面微凸的饼状粉块，载于金属底盘，然后以金属、塑料或纸盒装盛，是市场上最受欢迎的一种。优质的胭脂应该柔软细腻，不易破碎；色泽鲜明，颜色均匀一致，表面无白点或黑点；容易涂敷，使用粉底霜后敷用胭脂，易混合协调；遮盖力好，易黏附于皮肤；对皮肤无刺激性；香味纯正、清淡；容易下妆，在皮肤上不留斑痕等。

胭脂的原料大致和香粉相同，只是色料用量比香粉多，香精用量比香粉少。国产胭脂以红系（粉红、桃红等）为主，目前棕系（浅棕、深棕）的胭脂也常见，实际上棕系的用途比红系更大，要化妆出生动而有立体感的面容，要表现柔中有刚、富于个性的女性，棕系胭脂是不可少的。除色料和香精外，为要使胭脂压制成块，还必须加入适量胶合剂。

胶合剂对胭脂的压制成型有很大关系，它能增强粉块的强度和使用时的润滑性，但用量过多，粉块黏模子，而且制成的粉块不易涂敷，因此要慎重选择。胶合剂的种类大体上有水溶性、脂肪性、乳化型和粉类等几种。

（1）水溶性胶合剂　包括天然和合成两类，天然的胶合剂有黄蓍树胶、阿拉伯树胶、刺梧桐树胶等。但天然的由于受产地及自然条件的影响规格较不稳定，且常含有杂质，并易为细菌所污染，所以多采用合成的胶合剂如甲基纤维素、羧甲基纤维素、聚乙烯吡咯烷酮等。各种胶合剂的用量一般在 0.1%～3.0%之间。但无论天然的还是合成的胶合剂都有一个缺点，就是需要用水作溶剂，这样在压制之前的粉质还需要烘干除去水，且粉块遇水会产生水迹，采用抗水性的胶合剂就消除了这一缺点。

（2）脂肪性胶合剂　有液体石蜡、矿脂、脂肪酸酯类、羊毛脂及其衍生物等，这类抗水性的胶合剂有液体的、半固体的和固体的，它们是在熔化状态时和胭脂粉料混合，可单独或混合使用。采用这类物质作胶合剂还有润滑作用，但单独采用脂肪性胶合剂有时黏结力不够强，压制前可再加一定的水分或水溶性胶合剂以增加其黏结力。脂肪性胶合剂的用量一般为0.2%～2.0%。

（3）乳化型胶合剂　是脂肪性胶合剂的发展，由于少量脂肪物很难均匀混入胭脂粉料中，采用乳化型胶合剂就能使油脂和水在压制过程中均匀分布于粉料中，并可防止由于胭脂中含有脂肪物而出现小油团的现象。乳化型胶合剂通常是由硬脂酸、三乙醇胺、水和液体石蜡或单硬脂酸甘油酯、水和液体石蜡配合使用，也可采用失水山梨醇的酯类作乳化剂。

（4）粉类胶合剂　除上述几种胶合剂外，也可采用粉状的金属皂类如硬脂酸锌、硬脂酸镁等作胶合剂，制成的胭脂组织细致光滑，对皮肤的附着力好，但需要较大的压力才能压制成型，且对金属皂的碱性敏感的皮肤有刺激。

胭脂的参考配方见表8-6。

表8-6　胭脂的参考配方

胭脂配方	质量分数/%				胭脂配方	质量分数/%			
	1	2	3	4		1	2	3	4
滑石粉	50.0	60.0	45.0	56.0	硬脂酸锌	4.0	6.0		4.0
高岭土	14.0	10.0		12.0	硬脂酸镁			10.0	
碳酸钙	4.0			4.0	淀粉		7.0		
碳酸镁	6.0		20.0	6.0	颜料	12.0	6.0	9.5	10.0
氧化锌		10.0	15.0		香精	0.5	1.0	0.5	0.5
钛白粉	9.5			7.5	胶合剂	适量	适量	适量	适量

2.胭脂膏

胭脂膏是用油脂和颜料为主要原料调制而成，具有组织柔软、外表美观、敷用方便的优点，且具有滋润性，也可兼作唇膏使用，因此很受消费者欢迎。胭脂膏一般是装于塑料或金属盒内。胭脂膏有两种类型，一类是用油脂、蜡和颜料所制成的油质膏状称之为油膏型；另一类是用油、脂、蜡、颜料、乳化剂和水制成的乳化体，称为膏霜型。

（1）油膏型胭脂膏　以油、脂、蜡类为基料，加上适量颜料和香精配制而成，因此油、脂、蜡类原料的性能直接影响着产品的稳定性和敷用性能。起初主要是用矿物油和蜡类配制而成，价格便宜，能在40℃以上保持稳定，但敷用时会感到油腻。新式的产品则以脂肪酸的低碳醇酯类如棕榈酸异丙醇酯等为主，在滑石粉、碳酸钙、高岭土和颜料的存在下，用巴西棕榈蜡提高稠度。由于采用的酯类都是低黏度的油状液体，能在皮肤上形成舒适的薄膜。如果配方合理，能在50℃条件下保持稳定。但油膏型胭脂膏有渗小油珠的倾向，特别是当温度变化时，因此配方中适量加入蜂蜡、地蜡、羊毛脂以及植物油等可抑制渗油现象。

除上述原料外，为防止油脂酸败，还需加入抗氧剂，加入香精以赋予制品良好的香味。

油膏型胭脂膏的参考配方见表8-7。

表 8-7 油膏型胭脂膏的参考配方

油膏型胭脂膏配方	质量分数/%			油膏型胭脂膏配方	质量分数/%		
	1	2	3		1	2	3
液体石蜡	23.0	22.0	12.0	高岭土	20.0		
凡士林	20.0		70.0	滑石粉	4.0	10.0	
地蜡	15.0	8.0		钛白粉	4.2	20.0	
蜂蜡		2.0	3.0	红色氧化铁	0.5		
无水羊毛脂		2.0	5.0	颜料		3.0	8.0
巴西棕榈蜡		6.0	1.0	橙黄色 203 号	0.3		
棕榈酸异丙酯		26.0		香精	适量	1.0	1.0
肉豆蔻酸异丙酯	10.0			抗氧剂	适量	适量	适量
羊毛酸异丙酯	3.0						

制作方法：在一部分液体石蜡中加入高岭土、滑石粉、钛白粉、颜料等，研磨混合均匀为颜料。其余成分混合后加热（75℃）熔化，将颜料部加于此混合液中，搅拌使之分散均匀，搅拌冷却至 50℃时灌装。灌装温度和灌装后冷却速度对油膏型胭脂膏的外观影响很大。胭脂膏表面的光洁度，可通过重熔的方法加以改进，为防止产生颜料沉淀现象，表面的重熔操作应在膏体完全凝结好后进行。

（2）乳化型胭脂膏　油膏型胭脂膏最大的不足是使用时油腻感强，以乳化体为基础的膏霜型胭脂膏则具有少油腻感、涂敷容易等优点。膏霜型胭脂膏根据其乳化体类型可分为 O/W 型和 W/O 型两种，即在相应类型膏霜配方结构的基础上加入颜料配制而成。参考配方见表 8-8。

表 8-8 乳化型胭脂膏参考配方

乳化型胭脂膏配方	质量分数/%				乳化型胭脂膏配方	质量分数/%			
	O/W 型	O/W 型	W/O 型	W/O 型		O/W 型	O/W 型	W/O 型	W/O 型
硬脂酸	16.0	19.0			氢氧化钾		1.0		
羊毛脂	1.0			1.0	三乙醇胺	0.5			
蜂蜡		3.0	16.0		甘油	8.0			5.0
凡士林			20.0	28.0	丙二醇		6.0		
液体石蜡			25.0	14.0	山梨醇(70%)		4.0		
鲸蜡			4.0	2.0	防腐剂	0.2	0.1	0.1	0.2
地蜡			5.0	1.0	颜料	8.0	8.0	5.3	10.0
单硬脂酸甘油酯	4.0				香精	0.5	0.5	0.5	0.5
失水山梨醇倍半油酸酯				5.0	去离子水	61.8	58.4	23.0	33.3
硼砂			1.1						

制作方法：O/W 型制作方法是先将颜料与甘油或丙二醇混合研磨均匀，然后将油相和水相分别加热到 75℃和 80℃，搅拌下将水相倒入油相中，继续搅拌，当温度降到 60℃时，加入颜料和甘油的混合物，继续搅拌冷却至 45℃时加入香精，搅匀后即可灌装。

W/O 型是先将颜料和适量的液体石蜡混合研磨成浆状混合物，然后将油相加热至 70℃，水相加热至 75℃，搅拌下将水相倒入油相中，继续搅拌一定时间（约 15min）后加入颜料浆，搅拌冷却至 45℃时加入香精，最好经研磨机研磨后灌装。

3. 胭脂水

胭脂水是一种流动性液体，它可分为悬浮体和乳化体两种。

悬浮体胭脂水是将颜料悬浮于水、甘油和其他液体中，它的优点是价格低廉，缺点是缺乏化妆品的美观，易发生沉淀，使用前常需先摇匀。

单纯将颜料分散于溶液中易沉淀，为降低沉淀的速度，提高分散体的稳定性，还需加入各种悬浮剂，如羧甲基纤维素、聚乙烯吡咯烷酮和聚乙烯醇等。也可在液相中加入适当易悬浮的物质，这样也能阻滞颜料等的沉淀，如单硬脂酸甘油酯或丙二醇酯。

乳化体胭脂水是将颜料悬浮于一流动的乳化体中，使用方便，由于混合较好，装在瓶中有美观的外表，但由于乳化体黏度低，易出现分离的现象。一般不采用无机颜料而以色淀调节色彩，溶液稠度可以调节脂肪酸皂的含量及加羧甲基纤维素、胶性黏土或其他增稠剂来调整。参考配方见表 8-9。

表 8-9 胭脂水参考配方

胭脂水配方	质量分数/%		胭脂水配方	质量分数/%	
	悬浮体	乳化体		悬浮体	乳化体
色素	3.2	0.5	油酸		7.5
山梨醇(70%)	4.0		三乙醇胺		4.0
氧化锌	4.0	0.5	钛白粉		0.5
硬脂酸锌	18.0	0.5	去离子水	70.4	46.1
液体石蜡		40.0	香精和防腐剂	0.4	0.4

制作方法：乳化体胭脂水是将液体石蜡和油酸在一起加热至 60℃；将干粉（包括颜料）以适量的液体石蜡研和后加入油相内混合；将三乙醇胺和水混合加热至 62℃；将水相倒入油相并不断搅拌冷却至 45℃时加入香料。

悬浮体胭脂水是将粉料、山梨醇及一部分水混合成浆状的基剂，经研磨后加入水中，搅拌使之分散均匀即可。

第二节 唇部用品

唇部用品是在唇部涂上色彩、赋予光泽、防止干裂、增加魅力的化妆品。由于其直接涂于唇部易进入口中，因此对安全性要求很高，对人体要无毒性，对黏膜无刺激性等。唇部用化妆品根据其形态可分为棒状唇膏、唇线笔、唇彩以及唇油等。其中应用最为普遍的是棒状唇膏（通常称之为唇膏）；唇线笔在配方结构和制作工艺上类同眉笔，只是色料以红色为主，选料上要求无毒等；唇彩由于其色彩明快、更具立体感和生动性、使用起来更轻松和简单，近年来深受消费者欢迎；唇油在配方结构和产品形式上类同于唇彩，只是不加任何色素。

一、唇膏

唇膏是点敷于嘴唇，使其具有红润健康的色彩并对嘴唇起滋润保护作用的产品，是将色素溶解或悬浮在脂蜡基内制成的。优质唇膏应具有下列特性：

① 组织结构好，表面细腻光亮，软硬适度，涂敷方便，无油腻感觉，涂敷于嘴唇边不会向外化开；

② 不受气候条件变化的影响，夏天不熔不软，冬天不干不硬，不易渗油，不易断裂；

③ 色泽鲜艳，均匀一致，附着性好，不易褪色；

④ 有舒适的香气；

⑤ 常温放置不变形，不变质，不酸败，不发霉；

⑥ 对唇部皮肤有滋润、柔软和保护作用；

⑦ 对唇部皮肤无刺激性，对人体无毒害。

1.唇膏的色素

色素是唇膏中极重要的成分，唇膏用的色素有两类：一类是溶解性染料；另一类是不溶性颜料，二者可以合用或单独使用。

溶解性染料：最常用的溶解性染料是溴酸红染料（包括二溴荧光素、四氯四溴荧光素等）。溴酸红染料不溶于水，能溶解于油脂，能染红嘴唇并使色泽持久。单独使用它制成的唇膏表面是橙色的，但一经涂在嘴唇上，由于pH值的改变，就会变成鲜红色，这就是变色唇膏，溴酸红虽能溶解于油、脂、蜡，但溶解性很差，一般需借助于溶剂，采用较普遍的是蓖麻油和多元醇的部分脂肪酸酯，因为它们含有羟基，对溴酸红有较好的溶解性，最理想的溶剂是乙酸四氢呋喃酯，但有一些特殊臭味，不宜多用。

不溶性颜料：不溶性颜料主要是色淀，是极细的固体粉粒，经搅拌，研磨后混入油、脂、蜡基体中，制成的唇膏敷在嘴唇上能留下一层艳丽的色彩，且有较好的遮盖力，但附着力不好，所以必须与溴酸红染料同时并用。用量一般为8%～10%。

这类颜料有铝、钡、钙、钠、锶等的色淀，以及氧化铁的各种色调，炭黑、云母、铝粉、氧氯化铋、胡萝卜素、鸟嘌呤等，其他颜料有二氧化钛、硬脂酸锌、硬脂酸镁、苯甲基铝等。

珠光颜料：由于鱼鳞的鸟嘌呤晶体价格高，故采用较少，现采用合成珠光颜料、氧氯化铋、云母-二氧化钛膜，后者随云母核颗粒大小而使珠光色泽自银白色至金黄色不等。普遍采用的是氧氯化铋，其价格较低。使用方法是将70%的珠光颜料分散加入蓖麻油中，制成浆状备用，待模成型前加入唇膏基质中，加珠光颜料的唇膏基质不能在三辊机中多次研磨，否则会失去珠光色调，这是因为多次研磨颗粒变细的缘故。

当今，大多数颜料是经过表面处理的。改善颜料亲油性原料的基团是油基或硅氧烷基。选择合适烷基聚二甲基硅氧烷可使含颜料产品稳定和将离浆作用降至最低。

2.唇膏的基质原料

唇膏的基质是由油、脂、蜡类原料组成的，亦称脂蜡基，是唇膏的骨架，除对染料的溶解性外，还必须具有一定的触变特性，就是有一定的柔软性，能轻易地涂于唇部并形成均匀的薄膜，能使嘴唇润滑而有光泽，无过分油腻的感觉，亦无干燥不适的感觉，不会向外化开。同时成膜应经得起温度的变化，即夏天不软不熔、不出油，冬天不干不硬、不脱裂。为达此要求，必须适宜地选用油、脂、蜡类原料。

精制蓖麻油是唇膏中最常用的油脂原料，它的作用主要是赋予唇膏有一定的黏度，另外由于它具有羟基基团，对溴酸红有一定的溶解性（约0.2%），其用量不宜超过50%，最好在40%以内，否则使用时会形成黏厚油腻的膜，而且给浇模成型带来困难。

高碳脂肪醇类，如油醇的性质非常滑而不油腻，对溴酸红的溶解度很好，最高用量可达20%。

聚乙二醇1000对溴酸红的溶解性很好，它和各类脂肪也能互溶，能增加唇膏的持久性，而且能保持唇膏的干爽等。

单硬脂酸甘油酯对溴酸红有好的溶解力，并且有增强滋润的作用，也是一种主要原料。

高级脂肪酸酯类如肉豆蔻酸异丙酯、棕榈酸异丙酯、硬脂酸丁酯、硬脂酸戊酯等，对溴酸红有少量的溶解性，适量采用能减少蓖麻油的含量高所发生的黏稠现象。

巴西棕榈蜡的熔点约在83℃，有利于保持唇膏膏体以较高熔点而不致影响其触变性能，但用量过多会使成品的组织有粒子，一般不超过5%为宜。

地蜡也有较高的熔点（61～78℃），且在浇模时会使膏体收缩而与模型分离，能吸收液体石蜡而不使其外析，但用量多时会影响膏体表面光泽，常与巴西棕榈蜡配合使用。

液体石蜡能使唇膏增加光泽，但对色素无溶解力，且与蓖麻油不和谐，不宜多用。

可可脂是优良的润滑剂和光泽剂，熔点（30～35℃）接近体温，很易在唇上涂开，但用量不宜超过8%，否则日久会使表面凹凸不平，暗淡无光。

矿脂能增加唇膏表面光泽，但易使唇膏熔点下降，夏季变软，不宜多用。

低度氢化的植物油（熔点38℃左右），是唇膏中采用的较理想的油脂原料，性质稳定，能增加唇膏的涂抹性能。

无水羊毛脂光泽好，与其他油脂、蜡有很好的谐和性，耐寒冷和炎热，并能减少唇膏“出汗”的现象，但有臭味，易吸水，用量不宜多。

鲸蜡和鲸蜡醇都有较好的润滑作用。鲸蜡能增加触变性能，但熔点较低，易脆裂。鲸蜡醇对溴酸红有一定溶解能力，但对涂膜的光泽有不良影响，所以二者的用量均不宜太多。

大多数耐久唇膏含有硅树脂、多种油类和酯类。为了防止这些相彼此分离（称为离浆作用），常选用烷基聚二甲基硅氧烷作为偶合剂，使油相和聚硅氧烷保持在一起，配出稳定含粉体的化妆品。

环聚二甲基硅氧烷在涂抹时可提供令人愉快和轻盈的感觉。当涂抹后，环聚二甲基硅氧烷挥发和留下一层增强的耐久性薄膜。由于唇膏中环聚二甲基硅氧烷会蒸发，这类产品需要专门灌装设备和密封的包装。

现代唇膏配方常含有聚合物。使用聚合物是增加配方固含量，而又不会使富含滑石粉、二氧化钛、高岭土的传统典型配方泛白。聚合物可增加耐用性，减少唇膏粉化或迁移，改善固含量高的唇膏的稳定性。聚合物可改善产品表面光洁度、降低油的吸附作用、为其他组分提供包埋的载体等。

3. 唇膏用香精

唇膏用香精以芳香甜美适口为主。消费者对唇膏的喜爱与否，气味的好坏是一重要的因素。因此，唇膏用香精必须慎重选择，要能完全掩盖油、脂、蜡的气味，且具有令人愉快舒适的口味。唇膏的香味一般比较清雅，常选用玫瑰、茉莉、紫罗兰、橙花以及水果香型等。因在唇部敷用，要求无刺激性、无毒性，应选用允许食用的香精，另外易成结晶析出的固体香原料也不宜使用。

4. 唇膏的种类

一般来说，唇膏大致分为三种类型，即原色唇膏、变色唇膏和无色唇膏。原色唇膏是最普遍的一种类型，有各种不同的颜色，常见的有大红、桃红、橙红、玫红、朱红等，由色淀等颜料制成，为增加色彩的牢附性，常和溴酸红染料合用；变色唇膏内仅使用溴酸红染料而不加其他不溶性颜料；无色唇膏则不加任何色素，其主要作用是滋润柔软嘴唇、防裂、增加光泽。

唇膏的参考配方见表8-10。

表 8-10 唇膏的参考配方

唇膏配方	质量分数/%			唇膏配方	质量分数/%		
	原色唇膏	变色唇膏	无色唇膏		原色唇膏	变色唇膏	无色唇膏
蓖麻油	35.0	35.8		轻质矿物油		6.0	26.0
聚二甲基硅氧烷		0.3		羊毛脂		3.0	
白凡士林	4.0	4.0	40.0	溴酸红	2.0	5.0	
单硬脂酸甘油酯	40.0	42.0	26.0	色淀	5.0		
棕榈酸异丙酯	8.0			尿囊素			0.1
巴西棕榈蜡	4.0	4.0		香精	2.0	适量	0.4
鲸蜡			7.0	抗氧剂、防腐剂	适量	0.2	0.5

制作方法：原色唇膏的制法是将溴酸红溶解或分散于蓖麻油及其他溶剂的混合物中；将色淀调入熔化的软脂和液态油的混合物中，经胶体磨研磨使其分散均匀；将羊毛脂、蜡类一起熔化，温度略高于配方中最高熔点的蜡；然后将三者混合，再经一次研磨。当温度降至较混合物熔点约高 5～10℃时即可浇模，并快速冷却。香精在混合物完全熔化时加入。

变色唇膏的制法可将溴酸红在溶剂（蓖麻油）内加热溶解，加入高熔点的蜡，待熔化后加入软脂、液态油，搅拌均和后加入香精，混合均匀后即可浇模。

无色唇膏的制法最简单，将油、脂、蜡混合，加热熔化，然后加入磨细的尿囊素，在搅拌下加入香精，混合均匀后即可浇模。

唇膏的颜色一定要根据本人的皮肤、服装和发色及所处场合等慎重选择。肤色白、穿浅色衣服者，唇膏应以明色为主，稍淡些，反之可浓重些；如果在婚礼或宴会上，唇膏颜色可浓些、艳些，而在日常生活中应以浅色为宜，但比胭脂颜色要深些；年轻的用色彩艳丽的淡红、桃红，可显得活泼有生气；中年的用色调较暗的橙红等色，以持庄重；白天光线亮宜用淡色；晚间背景较暗宜用深色。

二、唇线笔

唇线笔是为使唇形轮廓更为清晰饱满，给人以富有感情、美观细致的感觉而使用的唇部美容用品。是将油、脂、蜡和颜料混合好后，经研磨后在压条机内压注出来制成笔芯，然后黏合在木杆中，可用刀片把笔头削尖使用。笔芯要求软硬适度、画敷容易、色彩自然、使用时不断裂。参考配方见表 8-11。

表 8-11 唇线笔参考配方

唇线笔配方	质量分数/%	唇线笔配方	质量分数/%	唇线笔配方	质量分数/%
蓖麻油	56.0	纯地蜡	3.0	颜料	10.0
巴西棕榈蜡	4.0	蜂蜡	10.0	香精(果味)	适量
小烛树蜡	7.0	氢化羊毛脂	6.0	防腐剂、抗氧剂	适量
微晶蜡	4.0				

三、唇彩

唇彩、也称唇蜜。唇彩是液态的，其使用目的与唇膏相同。近几年来，传统的固体唇膏受到了液态唇彩的挑战，因为液态唇彩更能体现明快的油亮色彩，较唇膏更具立体感和生动性，且使用起来更轻松、简单和易于变换。不过在选择时还是要注意使用的场合，其易脱妆的特性在使用中需格外注意。

唇彩的主要成分是各种油脂、增稠剂、颜料和功能性添加剂。天然动植物油脂如角鲨烷、澳洲坚果油、羊毛脂等，矿物性油脂如白油、凡士林、微晶蜡、地蜡、蜂蜡，合成油性原料如甘油二异硬脂酸酯、肉豆蔻酸异丙酯、三苯三酸十三酯、辛酸/癸酸甘油三酯、羟基硬脂酸羊毛醇酯、聚二甲基硅氧烷、苯基二甲基硅氧烷等。唇彩既可制成不透明型的，也可制成透明型的（类似于啫喱）。不透明型唇彩主要采用蜡类做增稠剂，着色剂一般采用无机颜料、珠光颜料或云母钛，而这一类着色剂是不溶性的，为了使着色剂更好地在基料中分散并保持稳定，同时也为了使唇彩液保持稳定，唇彩的基料中加入了高分子分散剂，这样也可提高唇彩的附着力。透明型唇彩一般采用二氧化硅、聚丁烯、聚异丁烯、苯乙烯-乙烯/丙烯-苯乙烯共聚物等做增稠剂，着色剂一般采用油溶性色素。嘴唇是身体皮肤使用最活跃的部分之一，它不仅暴露在自然环境下，而且还有与每天动作相关的如吃、喝或说的物理的和化学的压力。所以，唇彩还引入了附加功能如保湿、丰满、防晒和防止衰老等。

配制唇彩首先是给予消费者最高的光泽度，且必须保证光泽的持久性，使用时不黏腻且不会扩散到唇部周围的皮肤上。高黏性油脂能增强唇彩配方的持久性，但是会使产品发黏，反之，低黏性油脂能满足产品不发黏的要求，但会降低其持久性。因此，必须在高黏性和低黏性油脂间建立适当的平衡。低铺展性的油脂有助于防止唇彩扩散到嘴唇周围的细纹当中。

液态唇彩参考配方见表 8-12。

表 8-12　液态唇彩参考配方

组成	质量分数/%		组成	质量分数/%	
	透明型唇彩	不透明型唇彩		透明型唇彩	不透明型唇彩
聚丁烯	33.0		聚二甲基硅氧烷		0.5
聚异丁烯	33.0		精制地蜡		15.0
α-葡萄糖基橙皮苷		1.0	羟基硬脂酸羊毛醇酯		5.0
甘油二异硬脂酸酯		10.0	微晶蜡		1.0
澳洲坚果油		10.0	肉豆蔻酸异丙酯	11.0	
70 号白油	10.2	10.0	抗氧化剂	0.3	
26 号白油	12.0		香精	0.1	0.1
苯基二甲基硅氧烷		5.0	油溶性色素	0.3	
维生素 E		0.1	红色氧化铁		5.0
异辛酸甘油酯		34.5	精制水		3.0

第三节　眼部用品

在面部美容中，眼睛占着极其重要的位置。眼睛是心灵之窗，一双炯炯有神的眼睛，给人以朝气和活力。对眼睛（包括睫毛）进行必要的美容化妆可弥补和修饰缺陷，突出优点部分，使眼睛更加传神、活泼美丽、富有感情、明艳照人，在整体美中给人留下难忘的印象。

眼部化妆品的主要品种有眼线笔、眼影、睫毛膏、眉笔等。

一、眼线笔

用眼线笔沿眼睫毛生长边缘画线，使眼睛轮廓扩大、清晰、层次分明、更富魅力。眼线是在上下睫毛底部用眼线笔画成的细长线，用来强调眼睛轮廓，衬托睫毛，加强眼影所形成的阴影效果。上部用黑色、下部用深褐色，这样看起来就更为自然。上眼线尽可能沿着上睫毛部位，从眼角到眼尾引画，在眼尾处，应使它和下眼线自然相合，全部眼线应圆润连贯。

眼线笔的种类很多，主要有以下几种。

1.铅笔型眼线笔

由于它使用于眼睛的周围，因此其笔芯要有一定的柔软性，且当汗液和泪水流下时不致化开，使眼圈发黑。主要原料是各种油、脂、蜡类加上颜料配制而成，经研磨压条制成笔芯，黏合在木杆中，使用时用刀片将笔头削尖。其硬度是由加入蜡的量和熔点来进行调节的。

参考配方见表8-13。

表8-13 眼线笔参考配方

眼线笔配方	质量分数/%	眼线笔配方	质量分数/%	眼线笔配方	质量分数/%
小烛树脂	7.0	微晶蜡	5.0	二氧化钛-云母	25.0
纯地蜡	5.0	氢化植物油	8.0	颜料	10.0
羊毛脂	5.0	单硬脂酸丙二醇酯	4.0	防腐剂	适量
高碳醇	5.0	矿物油	26.0	丁基羟基茴香醚	适量

制作方法：将油、脂、蜡混合，加热熔化后加入粉体、颜料和防腐剂，搅拌混合均匀，注入模型制成笔芯。

2.眼线液

眼线液有三种类型：一种是O/W型乳剂型眼线液；一种是抗水性的乳剂型眼线液；第三种是非乳化型的眼线液。一般配合眼线笔使用，用眼线笔细巧的尖端蘸取少量眼线液从眼角内部开始拉线，并在眼睑、眼尾部分轻轻描画，可清晰层次、扩大眼睛轮廓。

O/W型乳剂型眼线液是在流动性良好而且容易干燥成膜的乳液中，加入色素和少量滑石粉制成。色素一般是有良好分散性能的黑色素，使制成的眼线液保持良好的流动性。加入增稠剂如硅酸铝镁、天然或合成的水溶性胶质等以避免固体颜料沉淀。制作时将胶质溶于水中，不仅能防止色素沉淀，而且水溶性胶质用后能形成薄膜。但此种O/W型乳剂型眼线液缺乏抗水性能，在眼部遇到水分时即溶化，在游泳等情况下不宜使用。

抗水性乳剂型眼线液是将含颜料的醋酸乙烯、丙烯酸系树脂等在水中乳化制成。涂描后，水分蒸发，乳化树脂即形成薄薄的皮膜，耐水性强，颜料不会渗出，卸妆时只要用水轻轻地将薄膜剥落即可，不像其他类型的眼线笔会污染眼睛的轮廓。为改善制品的稳定性，可加入各种乳剂稳定剂，但必须注意和其他原料的配伍性，同时所选树脂类必须不含未聚合的单体化合物，以免对皮肤造成刺激。

非乳剂型眼线液是用水作为介质，无油脂和蜡分，主要用虫胶做成膜剂，用三乙醇胺溶解虫胶，三乙醇胺的虫胶皂是水溶性的。也可用吗啉代替三乙醇胺，吗啉是无色吸湿性油状液体，有氨臭，碱性，沸点128～129℃，能随空气挥发，是良好的溶剂。采用虫胶-吗啉制成的眼线液，待部分吗啉挥发后，残留的含少量肥皂的眼线液有很好的抗水性，比采用三乙醇胺-虫胶皂为主制成的眼线液抗水性好得多。

眼线液参考配方见表8-14。

表 8-14 眼线液参考配方

眼线液配方	质量分数/%			眼线液配方	质量分数/%		
	1	2	3		1	2	3
黑色氧化铁	4.0	15.0	10.0	烷基酚聚氧乙烯醚硫酸盐			2.0
三乙醇胺-虫胶(25%)	8.0			大豆磷脂		1.0	
高黏度硅酸铝镁	0.5		2.5	丙二醇	5.0	5.0	2.0
苯乙烯-丁二烯共聚乳液(50%)			25.0	聚乙烯醇		0.7	
丙烯酸酯共聚乳液		15.0		防腐剂	0.3	0.3	0.3
羧甲基纤维素	1.5			去离子水	80.7	62.0	58.2
十八醇聚氧乙烯醚		1.0					

制作方法：配方 1，将羧甲基纤维素和硅酸铝镁分散于温水和丙二醇中，加入防腐剂使之溶解，然后再加入三乙醇胺-虫胶皂。氧化铁要磨细过筛后加入，搅拌均匀。羧甲基纤维素和硅酸铝镁使眼线液黏度增加，防止色素沉淀，能使色素黏附在皮肤上；虫胶是成膜剂，有抗水性能；丙二醇具有增塑作用。

配方 2，将各成分溶解于水中，氧化铁经磨细过筛后拌入，拌和均匀即可。

配方 3，将硅酸铝镁分散于水中，然后将氧化铁、丙二醇、防腐剂加入水中，用胶体磨或球磨机磨细，120 目过筛后，最后加入苯乙烯-丁二烯共聚乳液搅拌均匀。

二、眼影

眼影是用来涂敷于眼窝周围的上下眼皮形成阴影，塑造人的眼睛轮廓，强化眼神的美容化妆品，有粉质眼影块、眼影膏和眼影液等。

1.粉质眼影块

粉质眼影块类同胭脂，很流行。其原料和粉质块状胭脂基本相同，主要有滑石粉、硬脂酸锌、高岭土、碳酸钙、无机颜料、珠光颜料、防腐剂、胶合剂等。

滑石粉不能含有石棉和重金属，应选择滑爽及半透明状的，由于粉质眼影块中含有氧氯化铋珠光剂，故滑石粉的颗粒不能过细，否则会减少粉质的透明度，影响珠光效果，如果采用透明片状滑石粉，则珠光效果更佳。由于碳酸钙的不透明性，适用于无珠光的眼影粉块。

颜料采用无机颜料如氧化铁棕、氧化铁红、氧化铁黄、群青、炭黑等。由于颜料的品种和配比不同，所用胶合剂的量也各不相同，加入颜料配比较高时，也要适当提高胶合剂的用量，才能压制成粉块。胶合剂用棕榈酸异丙酯、高碳脂肪醇、羊毛脂、白油等。

粉质眼影块参考配方见表 8-15。

表 8-15 粉质眼影块参考配方

粉质眼影块配方	质量分数/%		粉质眼影块配方	质量分数/%	
	1	2		1	2
滑石粉	39.5	61.5	无机颜料	1.0	20.0
硬脂酸锌	7.0		二氧化钛-云母	40.0	
高岭土	6.0		棕榈酸异丙酯	6.0	8.0
碳酸钙		10.0	防腐剂	0.5	0.5

制作方法：同粉质块状胭脂。

2.眼影膏

眼影膏类同胭脂膏，是用油、脂、蜡和颜料制成的产品，也可用乳化体作为基体，可根据需要制成各种不同的颜色。通常有棕色、绿色、蓝色、灰色、珍珠光泽等，各种颜色的颜料可参考以下配方：

（1）蓝色：群青 75%，钛白粉 25%；

（2）绿色：铬绿 40%，钛白粉 60%；

（3）棕色：氧化铁 85%，钛白粉 15%。

如需要紫色，可在蓝色颜料内加入适量洋红。色泽深浅可以增减钛白粉比例来调节。由于铬绿中所含盐类能使蓖麻油氧化和聚合而使眼影膏变硬，使用不方便，因此选用液体石蜡或棕榈酸异丙酯代替蓖麻油。

眼影膏参考配方见表 8-16。

表 8-16 眼影膏参考配方

眼影膏配方	质量分数/%		眼影膏配方	质量分数/%	
	1	2		1	2
矿脂	63.0	22.0	硬脂酸		11.0
羊毛脂	4.0	4.5	甘油		5.0
蜂蜡	6.5	3.6	三乙醇胺		3.6
地蜡	10.0		颜料	适量	10.0
液体石蜡	16.5		去离子水		40.3

制作方法：配方 1 是油蜡基的，制作时将颜料和熔化的矿脂混合经研磨机研磨均匀。然后将其他油、脂、蜡混合加热熔化，加入制成的颜料浆，搅拌均匀，即可灌装。

配方 2 是乳化型的，将羊毛脂和蜡类混合加热熔化至 70℃，另将三乙醇胺、甘油和水混合后加热至 72℃。然后将水相缓缓加入油相，并不断搅拌。最后加入同配方 1 制备的颜料浆，继续搅拌均匀，冷却后灌装。

3.眼影液

眼影液是以水为介质，将颜料分散于水中制成液状，具有价格低廉，涂敷方便等特点。但要使颜料均匀稳定地悬浮于水中并非易事，通常加入硅酸铝镁、聚乙烯吡咯烷酮等增稠稳定剂，以避免固体颜料沉淀，同时聚乙烯吡咯烷酮能在皮肤表面形成薄膜，对颜料有黏附作用，使其不易脱落。

眼影液参考配方见表 8-17。

表 8-17 眼影液参考配方

眼影液配方	质量分数/%	眼影液配方	质量分数/%
硅酸铝镁	2.5	防腐剂	适量
聚乙烯吡咯烷酮	2.0	去离子水	85.5
颜料	10.0		

制作方法：将硅酸铝镁加于大部分水中，不断搅拌至均匀；另将聚乙烯吡咯烷酮溶于少量水中；然后将两者混合搅拌均匀，最后加颜料和防腐剂，搅拌混合均匀即可。

三、睫毛膏

睫毛膏也叫眼毛膏，是使眼睫毛增加光泽和色泽、显得浓长、增强立体感、烘托眼神的化妆品。可以制成固体块状，也可制成乳化型的膏霜状，还可制成液体状。固体块状在使用时需将小刷用水润湿后，在膏块上刷擦使沾上膏体，然后敷在睫毛上；膏霜状和液状则可以用小刷直接敷用，使用比较方便。

睫毛膏的质量要求是容易涂敷，在睫毛上不会流下，不会很快干燥，并没有结块和干裂的感觉，对眼睛应无刺激，容易下妆等。

睫毛膏的颜色以黑色和棕色两种为主，一般采用炭黑和氧化铁棕。固体块状睫毛膏是将颜料与肥皂及其他油、脂、蜡混合而成，为减少肥皂的碱性而产生的刺激，多采用硬脂酸三乙醇胺皂制成。膏霜型则是在膏霜基质中加入颜料制成。其参考配方见表 8-18。

表 8-18　睫毛膏参考配方

睫毛膏配方	质量分数/%		睫毛膏配方	质量分数/%	
	块状	膏霜状		块状	膏霜状
硬脂酸三乙醇胺	54.0		单硬脂酸甘油酯	3.0	
硬脂酸		9.0	羊毛脂	6.0	
蜂蜡	3.0		三乙醇胺		3.0
巴西棕榈蜡	21.0		甘油		10.0
石蜡	6.0		色素	4.0	9.0
液体石蜡	2.9	9.0	防腐剂	0.1	0.15
矿脂		6.0	去离子水		53.85

制作方法：固体块状睫毛膏的制法是将蜡熔化后，加入颜料混合，在保温的辊筒研磨机中研磨均匀，然后将研匀的混合物重熔后即可浇模。膏霜型睫毛膏的制法是将油相加热熔化至 60℃，再将水相加热至 62℃，然后将水相倒入油相，并不断搅拌，最后加入颜料搅拌均匀，再经胶体磨研磨，冷却至室温灌装。

除了块状和乳化型产品外，也可将极细的颜料分散悬浮于油类或胶质溶液中制成液态产品。其参考配方见表 8-19。

表 8-19　液态睫毛膏参考配方

液态睫毛膏配方	质量分数/%			液态睫毛膏配方	质量分数/%		
	1	2	3		1	2	3
蓖麻油	86.0	1.0		三乙醇胺		0.2	
失水山梨醇单油酸酯	3.8			炭黑	10.0	14.0	10.0
虫胶		1.2		酒精			10.0
黄蓍树胶粉			0.3	防腐剂	0.2	0.2	0.2
对羟基安息香酸甲酯(2%乙醇溶液)		20.0		去离子水		63.4	79.5

制作方法：配方 1 是将所有的成分混合后，经胶体磨研磨使炭黑分散于液体中。配方 2 是将虫胶、水和三乙醇胺在一起加热，使虫胶熔化后，加入其他成分再经研磨。配方 3 是先将黄蓍树胶粉以酒精浸湿后加水搅拌，使其熔化均匀，然后加入对羟基安息香酸甲酯及炭黑。

四、眉笔

眉笔主要用于眉毛的修饰化妆，可增浓眉毛的颜色，画出和脸型、肤色、眼睛协调一致，甚至与气质、言谈相融合的动人的眉毛。

眉笔系采用油脂和蜡加上炭黑制成细长的圆条，有的像铅笔，把圆条装在木杆里作笔芯，使用时也像铅笔那样把笔头削尖；有的把圆条装在细长的金属或塑料管内，使用时可用手指将芯条推出来。眉笔以黑、棕二色为主，要软硬适度，容易涂敷、使用时不断裂、储藏日久笔芯不起白霜，色彩自然。

1. 铅笔型眉笔

铅笔型眉笔的笔芯完全像铅笔一样，其硬度是由所加入蜡的量和熔点进行调节的。其制法是：将全部油脂、蜡放在一起，熔化后加入颜料，不断搅拌均匀后，倒入盘内冷却凝固，切成薄片，经研磨机磨二次，再经压条机压制成笔芯。开始时笔芯较软而韧，但放置一定时间后，也会逐渐变硬。

2. 推管式眉笔

将颜料和适量的矿脂和液体石蜡研磨均匀成浆状，将余下的油、脂、蜡混合并加热熔化，再加入颜料浆，搅拌均匀后，浇入模子中，冷却制成笔芯。将笔芯插在笔芯座上，使用时用手指推动底座即可将笔芯推出来。

眉笔参考配方见表 8-20。

表 8-20 眉笔的参考配方

眉笔配方	质量分数/%		眉笔配方	质量分数/%	
	1	2		1	2
石蜡	30.0	33.0	鲸蜡醇	6.0	
矿脂	20.0	10.0	羊毛脂	9.0	10.0
巴西棕榈蜡	5.0		液体石蜡		7.0
蜂蜡	20.0	16.0	炭黑	10.0	12.0
虫蜡		12.0			

第四节 指甲用品

指甲用化妆品是通过对指甲的修饰、涂布来美化、保护指甲，主要有指甲油、指甲漂白剂、指甲油去除剂、指甲抛光剂和指甲保养剂等，但使用最多的是指甲油和指甲油去除剂。

一、指甲油

指甲油是用来修饰和增加指甲美观的化妆品，它能在指甲表面上形成一层耐摩擦的薄膜，起到保护、美化指甲的作用。

指甲油的质量要求是涂敷容易，干燥成膜快，而且形成的膜要均匀，无气泡；颜色要均匀一致，光亮度好，耐摩擦，不开裂，能牢固地附着在指甲上，而且要无毒，不会损伤指甲，同时涂膜要容易被指甲油去除剂去除。

要满足上述要求，指甲油应具有下列组成：成膜剂、树脂、增塑剂、溶剂、颜料、珠光剂等。其中成膜剂和树脂对指甲油的性能起关键作用。

1. 成膜剂

能涂在指甲上形成薄膜的品种很多，有硝酸纤维素、乙酸纤维素、乙酸丁酸纤维素、乙基纤维素、聚乙烯以及丙烯酸甲酯聚合物等，其中最常用的是硝酸纤维素，它在硬度、附着力、耐磨性等方面均极优良。不同规格的硝酸纤维素对指甲油的性能会产生不同的影响，适合于指甲油的是含氮量为 11.2%～12.8%的硝酸纤维素，硝酸纤维素是易燃易爆的危险品，储运时常以酒精润湿（用量约为 30%）。

采用硝酸纤维素的缺点是容易收缩变脆，光泽较差，附着力还不够强，因此需加入树脂以改善光泽和附着力，加入增塑剂增加韧性和减少收缩，使涂膜柔软、持久。

2. 树脂

树脂能增加硝酸纤维素薄膜的亮度和附着力，是指甲油成分中不可缺少的原料之一。指甲油用的树脂有天然树脂（如虫胶）和合成树脂，由于天然树脂质量不稳定，所以近年来已被合成树脂代替，常用的合成树脂有醇酸树脂、氨基树脂、丙烯酸树脂、聚乙酸乙烯酯树脂和对甲苯磺酰胺甲醛树脂等。其中对甲苯磺酰胺甲醛树脂对膜的厚度、光亮度、流动性，附着力和抗水性等均有较好的效果。

3. 增塑剂

使用增塑剂是为了使涂膜柔软、持久、减少膜层的收缩和开裂现象，指甲油用的增塑剂有磷酸三甲苯酯、苯甲酸苄酯、磷酸三丁酯、柠檬酸三乙酯、邻苯二甲酸二辛酯、樟脑和蓖麻油等，常用的是邻苯二甲酸酯类。

4. 溶剂

指甲油用的溶剂必须能溶解成膜剂、树脂、增塑剂等，能够调节指甲油的黏度获得适宜的使用感觉，并要求具有适宜的挥发速度。挥发太快，影响指甲油的流动性、产生气孔、残留痕迹，影响涂层外观；挥发太慢会使流动性太大，成膜太薄，干燥时间太长。能够满足这些要求的单一溶剂是不存在的，一般使用混合溶剂。

以硝酸纤维素作为成膜剂的指甲油为例，所用溶剂有三类：

真溶剂——单独能溶解硝酸纤维素的溶剂，包括酯类、酮类等；

助溶剂——单独使用无溶解性，与真溶剂合用能大大增加溶解性，并能改善指甲油的流动性，主要是醇类；

稀释剂——单独使用对硝酸纤维素完全没有溶解能力，与真溶剂合用能增加树脂的溶解能力，并能调整产品的黏度，降低指甲油的成本。主要是烃类，有甲苯、二甲苯等。

5. 颜料

颜料除能赋予指甲油以鲜艳的色彩外，还起不透明的作用。一般采用不溶性的颜料和色淀。可溶性染料会使指甲和皮肤染色，一般不宜选用。如要生产透明指甲油则一般选用盐基染料。有时为了增加遮盖力可适当加一些无机颜料如钛白粉等，珠光剂一般采用天然鳞片或合成珠光颜料。其参考配方见表 8-21。

表 8-21　指甲油参考配方

指甲油配方	质量分数/%		指甲油配方	质量分数/%	
	1	2		1	2
硝酸纤维素	15.0	10.0	乙酸丁酯	30.0	15.0
醇酸树脂		10.0	丁醇	4.0	
对甲苯磺酰胺甲醛树脂	7.0		乙醇		5.0
乙酰柠檬酸三丁酯		5.0	甲苯	35.0	35.0
邻苯二甲酸二丁酯	3.5		颜料	0.5	适量
乙酸乙酯	5.0	20.0			

制作方法：将颜料、硝酸纤维素、增塑剂和足够的溶剂调成浆状，然后研磨数次达所需细度备用。制造透明指甲油不加颜料，先将一部分稀释剂加入容器中，不断搅拌，加入硝酸纤维素使全部润湿，然后依次加入溶剂、增塑剂和树脂，搅拌数小时使有效成分完全溶解，经压滤除去杂质和不溶物，储存备用。制造不透明指甲油时在搅拌条件下，把上述制备好的颜料浆加进去，搅匀即可。

指甲油的黏度对涂敷性能有决定性影响，必须严格控制在 0.3～0.4Pa・s 范围内。

在制造过程中，硝酸纤维素、溶剂等都是易燃易爆危险品，必须注意防火、防爆。

二、指甲油去除剂

指甲油去除剂是用来去除涂在指甲上的指甲油膜的。其主要组成是溶剂，可以用单一溶剂，也可用混合溶剂，为了减少溶剂对指甲的脱脂而引起的干燥感觉，可适量加入油脂、蜡及其他类似物质。其参考配方见表 8-22。

表 8-22 指甲油去除剂参考配方

指甲油去除剂配方	质量分数/%	指甲油去除剂配方	质量分数/%
乙酸乙酯	40.0	乙基乙二醇醚	10.0
乙酸丁酯	30.0	肉豆蔻酸异丙酯	5.0
丙酮	14.0	羊毛脂	1.0

制作方法：指甲油去除剂的配制比较简单，一般是先将所有成分在一起混合，使其熔化均匀即成。羊毛脂及蜡类等较不易溶解的物质，可先溶于挥发性较差的液体内，溶解时可先加热，以加速溶解速度，然后与其他组分混合均匀即可灌装。

第九章 发用类化妆品

浓密、乌黑、光亮的头发和美观、大方、整洁的发型，不仅把人衬托得容光焕发、美丽多姿，而且这也是一种健康的标志。因此，不论古今中外，男女老幼几乎都非常重视头发的保护和修饰。保护修饰头发，除了需要经常梳洗、保持清洁外，还需要使用一些护发用品。为了把头发修饰得更加美丽，还需要通过物理的或化学的方法使头发保持良好的外表。因此，发用类化妆品应包括洗发用品（液体香波、膏状香波），护发用品（发油、发蜡、发乳、发水、发膏、护发素、焗油等）和美发用品（发胶、摩丝、定型发膏、烫发剂、染发剂、脱毛剂等）。其中养发水、烫发剂、染发剂、脱毛剂等属特殊用途化妆品，将在第十一章中介绍。

第一节 洗发用品

洗发用品用于洗净附着在头皮和头发上的人体分泌的油脂、汗垢、头皮上脱落的细胞以及外来的灰尘、微生物和不良气味等，保持头皮和头发清洁及头发美观。

香波是英语“Shampoo”一词的音译，原意是洗发。国外洗发香波的发展已有六十多年的历史。20世纪30年代初期，人们主要是以肥皂、香皂清洗头皮和头发，其后用椰子油皂制成液体香波，但是这些以皂类为基料的洗发用品，洗后头发会有些发黏、发涩、不易梳理。这是由于皂类和水中的钙镁离子作用，生成了难溶于水的钙皂和镁皂，它是一种黏稠状的絮状物，黏附在头发上就会使头发发黏、不易梳理。40年代初期以月桂醇硫酸钠为基料制成的液体乳化型香波和膏状乳化型香波问世。以后随着科学技术的发展，各种性能优良的表面活性剂的开发和在香波中的应用，使香波的抗硬水性、温和性等有了较大提高。20世纪60年代以后，香波已不仅仅是一种头皮和头发的清洁剂，而逐渐向洗发、护发、养发等多功能方向发展。我国洗发香波是在60年代初问世的，当时有代表性的产品是海鸥洗头膏。近20年来，洗发香波发展很快，已逐渐成为人们日常生活中不可缺少的洗发用品。

香波是为清洁人的头皮和头发并保持头发美观而使用的化妆品，它是以各种表面活性剂和添加剂复配而成的，人们之所以喜欢用香波取代肥皂洗发，是因为香波不单是一种清洁剂，而且有良好的护发和美发效果，洗后能使头发光亮、美观和顺服。随着人们生活水平的提高，对香波性能的要求也越来越高，一种性能理想的香波，应具有如下性能特点：泡沫细密、丰富且有一定的稳定度；去污力适中，不致过分脱脂；使用方便，易于清洗；性能温和，对皮肤和眼睛无刺激性；洗后头发滑爽、柔软而有光泽，不产生静电，易于梳理；能赋予头发自然感和保持头发良好的发型；能保护头皮、头发，促进新陈代谢；洗后头发留有芳香；还有去屑、止痒、抑制皮脂过度分泌等功能。

近十年来，人们特别重视洗发香波对眼睛和皮肤的低刺激性以及是否会损伤头皮和头发。由于洗头次数的增多和对头发保护意识的增强，对香波不要求脱脂力过强，而要求性能温和。同时具有洗发、护发功能的调理香波，以及集洗发、护发、去屑、止痒等多功能于一身的多功能香波成为市场流行的主要品种。许多香波选用有功效的植物成分作为添加剂，或采用天然油脂加工而成的表面活性剂作为洗涤发泡剂等，以提高产品的性能，顺应“回归大自然”的世界潮流。

一、香波的组成

香波的主要功能是洗净黏附于头发和头皮上的污垢和头屑等，以保持清洁。在香波中对主要功能起作用的是表面活性剂。除此之外，为改善香波的性能，配方中还加入了各种特种添加剂。因此，香波的组成大致可分为两大类：表面活性剂和添加剂。

1. 表面活性剂

表面活性剂是香波的主要成分，为香波提供了良好的去污力和丰富的泡沫。最初的香波仅以单纯的脂肪酸钾皂制成，由于皂类在硬水中易生成不溶性的钙、镁皂，使洗后头发发黏、不易梳理、失去自然光泽。现代香波则以合成表面活性剂为基础，阴离子型的脂肪醇硫酸钠是较早被采用的表面活性剂。随着科学技术的发展，用于香波中的表面活性剂品种日益增多，通常以阴离子表面活性剂为主，为改善香波的洗涤性和调理性还加入非离子、两性离子及阳离子表面活性剂。

(1) 阴离子表面活性剂

① 脂肪醇硫酸盐（$ROSO_3M$） 这是香波中最常用的阴离子表面活性剂之一，有钠盐（K_{12}）、钾盐、铵盐（$K_{12}A$）和乙醇胺盐（LST）。其中以月桂醇硫酸钠的发泡力最强，去油污性能良好，但低温溶解性较差，由于脱脂力强而有一定的刺激性，适宜于配制粉状、膏状和乳浊状香波。乙醇胺盐具有良好的溶解性能、低温下仍能保持透明，如30%月桂醇硫酸三乙醇胺盐在−5℃下仍能保持透明，是配制透明液体香波的重要原料。就黏度而言，相同浓度下，单乙醇胺盐＞二乙醇胺盐＞三乙醇胺盐。近年则普遍采用$K_{12}A$作为香波的洗涤发泡剂。

② 脂肪醇聚氧乙烯醚硫酸盐［$RO(CH_2CH_2O)_nSO_3M$］ 这类表面活性剂是香波中应用最广泛的阴离子表面活性剂之一。用得最多的是月桂醇和2～3mol环氧乙烷缩合的醇醚硫酸盐，包括钠盐（AES）、铵盐（AESA）和乙醇胺盐（TA-40）。它的溶解性比脂肪醇硫酸钠好，低温下仍能保持透明，适宜于配制液体香波。它具有优良的去污力，起泡迅速，但泡沫稳定性稍差，刺激性较月桂醇硫酸盐低。它的另一个特点是易被无机盐增稠，如15%浓度的脂肪醇聚氧乙烯醚（3）硫酸钠溶液，当NaCl加入量为6.5%时，其黏度可达16 Pa·s以上。

③ 脂肪酸单甘油酯硫酸盐［$RCOOCH_2CH(OH)CH_2OSO_3M$］ 脂肪酸单甘油酯硫酸盐作为香波的原料已有较长的历史，一般采用月桂酸单甘油酯硫酸铵。其洗涤性能和洗发后的感觉类似月桂醇硫酸盐，但比月桂醇硫酸盐更易溶解，在硬水中性能稳定，有良好的泡沫，洗后使头发柔软而富有光泽。其缺点是易水解，适合于配制弱酸性或中性香波。

④ 琥珀酸酯磺酸盐类 琥珀酸酯磺酸盐类（MES或AESM）主要有脂肪醇琥珀酸酯磺酸盐［$ROOCCH_2CH(SO_3M)COOM$］、脂肪醇聚氧乙烯醚琥珀酸酯磺酸盐［$RO(CH_2CH_2O)_nOCCH_2CH(SO_3M)COOM$］和脂肪酸单乙醇酰胺琥珀酸酯磺酸盐［$RCONHCH_2CH_2OOCCH_2CH(SO_3M)COOM$］等。此类表面活性剂普遍具有良好的洗涤性和发泡性；对皮肤和眼睛刺激性小，属温和型表面活性剂；与醇醚硫酸盐、脂肪醇硫酸盐等混合使用，具有极好的发泡性，并可降低醇醚硫酸盐和脂肪醇硫酸盐等对皮肤的刺激性；与其他温和型产品如咪唑啉、甜菜碱等相比，具有成本低、价格便宜等特点；特别是油酸单乙醇酰胺琥珀酸酯磺酸盐具有优良的低刺激性、调理性和增稠性，由于分子中酰胺键的存在，易于在皮肤和头发上吸附，广泛地用于配制个人保护用品。但此类表面活性剂在酸或碱性条件下易发生水解，适宜于配制微酸性或中性香波。

⑤ 氨基酸类［$RCONHCH(COOH)CH_2CH_2COOM$］ 脂肪酰谷氨酸钠（AGA）是氨基酸系列表面活性剂，其母体有两个羧基，通常只有一个羧基成盐。脂肪酰基可以是月桂酰基、硬脂酰基等。由于分子中具有酰胺键，易在皮肤和头发上吸附；又由于其带有游离羧酸，可以调节 HLB 值；在硬水中使用具有良好的起泡能力。这种表面活性剂对皮肤温和、安全性高，可用于配制低刺激性香波。

脂肪酰甘氨酸盐——非常容易结晶析出，在较高的 pH 值（6.5 左右）即析出，适用于洗面奶、沐浴膏等各种膏状体系，主推高盐，高盐含量能有效稳定体系，使体系不易析水、分层也可作为辅助表面活性剂加入体系中。

脂肪酰丙氨酸盐——易结晶于体系中，较易增稠，推荐作为主表面活性剂使用在洗面奶、洗发水、沐浴露等，也可作为辅助表面活性剂加入体系中。

脂肪酰肌氨酸盐——具有优良的透明性，在弱酸性范围内（pH 值 5.5～4.5）不析出固体，并且与丙氨酸复配可较好地增稠，适用于各种洗发水、沐浴露，特别是在透明体系中具有很好的表现力，也可作为辅助表面活性剂加入体系中。

除上述阴离子表面活性剂外，其他还有烷基苯磺酸盐、烷基磺酸盐等，但由于其脱脂力强、刺激性大，现代香波已不常利用。

（2）非离子表面活剂 非离子表面活性剂在香波中起辅助作用，它们作为增溶剂和分散剂，可增溶和分散水不溶性物质如油脂、香精、药物等。许多非离子表面活性剂可改善阴离子表面活性剂对皮肤的刺激性，还可调节香波的黏度，并起稳泡作用。常用的非离子表面活性剂有烷醇酰胺、聚氧乙烯失水山梨醇脂肪酸酯、聚乙二醇脂肪酸酯等。

烷醇酰胺是由脂肪酸与乙醇胺缩合制得，常用的脂肪酸为月桂酸，乙醇胺可以是单乙醇胺，也可以是二乙醇胺。主要品种有月桂酸单乙醇酰胺和月桂酸二乙醇酰胺（6501 或尼纳尔），其中单乙醇酰胺比相应的二乙醇酰胺产品具有更好的泡沫促进作用和增稠作用，常用作脂肪醇硫酸盐、脂肪醇醚硫酸盐水溶液的增泡剂和稳泡剂，并可提高香波的黏度，增强去污力，以及具有轻微的调理作用。用于以肥皂为基料的香波，具有良好的钙皂分散作用。香波中用量约为 2%～6%。烷醇酰胺的主要缺点是可能成为有害物质亚硝胺的来源，添加少量生育酚和抗坏血酸可抑制亚硝胺的生成。

（3）两性表面活性剂 两性表面活性剂与皮肤和头发有良好的亲和性能，具有良好的调理性；对皮肤和眼睛的刺激性低，可用于低刺激香波，且在酸性条件下具有一定的杀菌和抑菌作用，与其他类型表面活性剂相容性好，可与阴离子、非离子和阳离子表面活性剂复配。通常在香波中用作增稠剂、调理剂、降低阴离子表面活性剂刺激性的添加剂和杀菌剂。常用的两性表面活性剂有十二烷基二甲基甜菜碱（BS-12）、椰油酰胺丙基二甲基甜菜碱（CAB）、羧甲基烷基咪唑啉等。

（4）阳离子表面活性剂 阳离子表面活性剂的去污力和发泡力比阴离子表面活性剂差得多，通常只用作头发调理剂。阳离子表面活性剂易在头发表面吸附形成保护膜，能赋予头发光滑、光泽和柔软性，使头发易梳理，抗静电。阳离子表面活性剂不仅具有抗静电性，而且有润滑作用和杀菌作用。将阳离子表面活性剂与富脂剂（如高级醇、羊毛脂及其衍生物、蓖麻油等）复配，能增强皮肤和头发的弹性，降低皮肤在水中的溶胀，能防止头皮干燥，皲裂。

香波中常用的阳离子表面活性剂多为长碳链的季铵化合物（如鲸蜡基三甲基氯化铵等），阳离子纤维素聚合物（JR-400），阳离子瓜尔胶等。

阴离子与阳离子表面活性剂配合使用，传统的概念是两者在水溶液中相互作用产生沉淀，从而失去表面活性。近年来，许多研究报告认为，阴离子与阳离子表面活性剂混合在一起必然产生强烈的电性相互作用，在适当条件下，有可能使表面活性得到极大的提高。如烷基链较短的辛基三甲基溴化铵与辛基硫酸钠混合，相互作用十分强烈，具有很好的表面活性，表面膜强度极高，泡沫性很好，渗透性大大提高。双十八烷基甲基羟乙基氯化铵与十八酸钠或十八醇聚氧乙烯醚硫酸钠配合使用，其柔软、抗静电效果比单独使用要好。因此通过合理复配，可以产生更为理想的效果。

2.添加剂

现代香波不仅能清洁头发，而且还应具有护发、养发、去屑、止痒等多种功能，为使香波具有这些功能，通常是加入各种添加剂而赋予的。添加剂的种类很多，如调理剂、增稠剂、去屑止痒剂、滋润剂、遮光剂、澄清剂、酸化剂、螯合剂、防腐剂、色素、香精等。

（1）调理剂　调理剂的主要作用是改善洗后头发的手感，使头发光滑、柔软、易于梳理，且洗发梳理后有成型作用。调理作用是基于功能性组分在头发表面的吸附。头发是氨基酸多肽角蛋白蛋白质的网状长链高分子集合体，从化学性质来说，与同系物及其衍生物有着较强的亲和性，因此各种氨基酸、水解胶蛋白蛋白肽、卵磷脂等，都对头发有一定的调理作用。

阳离子和两性离子表面活性剂是香波中较早采用的调理剂，它们能吸附在头发上形成吸附膜，可消除静电，润滑头发使之易于梳理。如十八烷基三甲基氯化铵，十二烷基氯化铵，十二烷基甜菜碱等。

现代香波则多采用高分子阳离子调理剂，如阳离子纤维素聚合物（JR-400），阳离子瓜尔胶（GuAR），高分子阳离子蛋白肽等和二甲基硅氧烷及其衍生物。

阳离子纤维素聚合物（JR-400）在头发表面具有很强的吸附力，因此对头发的调理作用非常明显，与阴离子、非离子和两性表面活性剂有很好的配伍性，同时对香波还有一定的增稠作用。但若长期使用含JR-400的香波洗发，由于它的积聚现象会使头发发黏且无光泽，因此使用时最好与其他调理剂复配以减少用量。正常用量为0.2%～0.5%。

阳离子瓜尔胶（GuAR）有较耐久的柔软性和抗静电性，可赋予头发光泽、蓬松感，与其他表面活性剂有很好的配伍性，同时它还是一种很好的增稠剂、悬浮剂和稳定剂。香波中用量一般在0.5%～1.0%。

阳离子高分子蛋白肽由于采用天然蛋白质经改性制得，对头发有很好的附着性，能赋予头发良好的柔软性和梳理性，保持头发光泽，改善头发的发型，并对受损伤的头发有修复功能。香波中用量在2.0%左右。

聚二甲基硅氧烷及其衍生物因具有极低的表面张力（一般在20mN/m左右），在头发表面具有极佳的铺展性，也因其独特的Si—Si键和Si—O键的灵活旋转性，而具有极佳的柔滑性能，被广泛用于发用品中作为头发调理剂，它能显著改善头发的湿梳理性和干梳理性，赋予头发抗静电性、润滑性和柔软性、光泽性等，对受损头发有修复作用，防止头发开叉，长期使用也不会在头发上造成永久性集聚，并且能降低阴离子表面活性剂对眼睛的刺激性，是现代香波中普遍采用的调理剂。常用的有机硅表面活性剂有聚醚类和氨基改性类聚二甲基硅氧烷、聚二甲基硅氧醇、聚二甲基硅树脂、苯基聚二甲基硅氧烷、烷基聚二甲基硅氧烷等，用量一般在0.2%～5.0%。

此外，羊毛醇、单甘油酯、羊毛脂及其衍生物等都可作为调理剂，配合适当的乳化释放体系能有效地吸附在头发上，给头发补充油分，形成的油性薄膜能适当抑制头发水分的蒸发，赋予头发湿润感和自然的光泽。洗涤过程中起到加脂作用和润滑作用，且能抑制香波的脱脂力，洗后头发有光泽、易梳理。欲使头发柔软、水分也是十分重要的，甘油、丙二醇和山梨醇等保湿剂，有保留水分和减少水分挥发的特性，加入香波中能使洗后头发保持适宜水分而柔软顺服。

（2）增稠剂　增稠剂的作用是增加香波的稠度，获得理想的使用性能和使用观感，提高香波的稳定性等。常用的增稠剂有无机增稠剂和有机增稠剂两大类。无机增稠剂如氯化钠、氯化铵、硫酸钠、三聚磷酸钠等，最常用的是氯化钠和氯化铵，对阴离子表面活性剂为主的香波能增加稠度，特别是对以醇醚硫酸钠为主的香波增稠效果显著，且在酸性条件下优于在碱性条件下的增稠效果，达到相同黏度，氯化钠的加入量较少。采用无机盐作增稠剂不能多加，否则会产生盐析分层，且刺激性增大，但氯化铵不会出现像氯化钠那样产生浑浊的现象，香波中用量一般不超过 3％。硅酸镁铝也是有效的增稠剂，特别是和少量纤维素混合使用，增稠效果明显且稳定，适宜配制不透明香波，用量 0.5％～2.5％。

有机增稠剂品种很多，烷醇酰胺不仅具有增泡、稳泡等性能，而且也是很好的增稠剂。纤维素衍生物也可用于调节香波的黏度。目前较常采用的有机增稠剂有聚乙二醇酯类，如聚乙二醇（6000）二硬脂酸酯以及聚乙二醇（6000）二月桂酸酯等；卡波树脂是交联的丙烯酸聚合物，广泛用作增稠剂，尤其用来稳定乳液香波效果显著；聚乙烯吡咯烷酮不仅有增稠作用，而且有调理作用和抗敏作用。

（3）去屑止痒剂　头皮屑是新陈代谢的产物，头皮表层细胞的不完全角化和卵圆糠疹菌的寄生是头屑增多的主要原因。头屑的产生为微生物的生长和繁殖创造了有利条件而致刺激头皮，引起瘙痒，加速表皮细胞的异常增殖。因此抑制细胞角化速度，从而降低表皮新陈代谢的速度和杀菌是防治头屑的主要途径。去屑止痒剂品种很多，如水杨酸或其盐、十一碳烯酸衍生物、硫化硒、六氯化苯羟基喹啉、聚乙烯吡咯烷酮-碘络合物以及某些季铵化合物等都具有杀菌止痒等功能。目前使用效果比较明显的有吡啶硫酮锌、十一碳烯酸衍生物和 Octopirox、Climbazole（甘宝素又名二唑酮）。

吡啶硫酮锌（ZPT）是被公认为高效安全的去屑止痒剂和高效广谱杀菌剂，而且可以延缓头发衰老，减少脱发和产生白发，是一种理想的医疗性洗发、护发添加剂。但由于 ZPT 难溶于绝大部分溶剂中而难以单独加入香波基质中，加入后易形成沉淀、分离现象，必须配加一定的悬浮剂或稳定剂才能形成稳定悬浮体系，而且 ZPT 与铁、铜、银等离子接触会发生难以为消费者接受的变色反应，需要采取适当措施予以防止。影响 ZPT 去屑效果的因素有 ZPT 的几何形态、颗粒大小，引起头屑的微生物特性以及香波的基质等。香波中用量一般为 0.2％～0.5％。

十一碳烯酸单乙醇酰胺琥珀酸酯磺酸钠是一种阴离子表面活性剂，具有良好的去污性、泡沫性、分散性等，与皮肤黏膜等有良好的相容性，刺激性小，和其他表面活性剂配伍性好，是一种强有力的去屑、杀菌、止痒剂，用后还会减少脂溢性皮肤病的产生。其治疗皮屑的机理在于抑制表皮细胞的分离，延长细胞变换率，减少老化细胞产生和积存现象，达到去屑止痒之目的。用量为 2％（有效物）时效果比较明显。

活性甘定素是由德国 Bayer（拜尔）公司于 1977 年研制成功的，化学名称为 1-(4-氯苯氧基)-1-(1H-咪唑基)-3,3-二甲基-2-丁酮，简称二唑酮，英文名 Climbazole。具有独特的抗真菌性能，对引起头皮屑的卵状芽孢菌属或卵状糠状菌属以及白色念珠菌，发癣菌有杀灭作用。其机理是通过杀菌和抑菌来消除产生头屑的外部因素，以达到去屑止痒的效果。与 ZPT 合用，效果更明显。甘定素不吸湿，对光和热稳定，溶于乙醇等有机溶剂，对皮肤安全、无刺激，适宜 pH 值为 3～8，用量 0.5%～1.5%。由于对白色念珠菌有抑制作用，也可用于药物牙膏中，对牙龈炎，周膜炎有效。

Octopirox 由西德赫司特（Hoechst）公司研制成功，化学名称为 1-羟基-4-甲基-6-(2,4,4-三甲基戊基)-2-吡啶酮-2-氨基乙酸盐。是一种水溶性去屑止痒剂，溶解性和复配性能优良，与化妆品原料混合不发生分层现象，还能增加溶解度。它具有广谱的杀菌抑菌性质，不仅能杀死产生头屑的瓶型酵母菌和正圆形酵母菌，同时还能有效抑制格氏阳性、阴性及各种真菌和霉菌。其作用机理是通过杀菌、抑菌、抗氧化作用和分解氧化物等方法，从根本上阻断头屑产生的外部渠道，从而有效的根治头皮发痒和头屑的产生，且不会脱发断发，刺激性低，安全可靠。其不足之处是遇铜、铁等金属离子易变色（浅黄色），在紫外线直射下活性组分会分解。其适宜 pH 范围为 5～8，加入量为 0.2%～0.5%。

（4）螯合剂　螯合剂的作用是防止在硬水中洗发时（特别是皂型香波）生成钙、镁皂而黏附在头发上，增加去污力和洗后头发的光泽。常加入柠檬酸、酒石酸、磷酸、乙二胺四乙酸钠（EDTA）或非离子表面活性剂如烷醇酰胺、聚氧乙烯失水山梨醇油酸酯等。EDTA 对钙、镁等离子有效，柠檬酸、酒石酸、磷酸对常致变色的铁离子有螯合效果。

（5）遮光剂　遮光剂包括珠光剂，主要品种有硬脂酸金属盐（镁、钙、锌盐）、鲸蜡醇、脂蜡醇、鱼鳞粉、铋氯化物、乙二醇单硬脂酸酯和乙二醇双硬脂酸酯等；目前普遍采用乙二醇的单、双硬脂酸酯作为珠光剂，具有珍珠般的外观，采用苯乙烯/丙烯酸乳液作为遮光剂，具有牛奶般的外观。

不论是普通香波，还是多功能香波，在其中添加适量的珠光剂，就会产生悦目的珍珠光泽，使产品显得高雅华贵，深受消费者喜爱，因而提高了产品的商品价格。珠光是具有高折光指数的细微薄片平行排列而产生的。这些细微薄片是透明的，仅能反射部分入射光，传导和透射剩余光线至细微薄片的下面，如此平行排列的细微薄片同时对光线的反射，就产生了珠光。

市售珠光剂的形式有珠光片、珠光块、珠光膏、珠光浆等。珠光片、珠光块包装和运输方便，使用时只要和水溶性表面活性剂溶液一起加热至 70～75℃，再缓慢冷却至室温即可产生珠光。但由于受加热温度、冷却速度等影响，难以产生理想一致的珠光。将珠光片或珠光块事先配制成珠光膏或珠光浆是目前较常采用的配制珠光香波的方法，由于呈液态，在香波中易分散，只需常温下加入香波中搅匀即可产生漂亮的珠光，简化了珠光香波的配制方法，且能保证每批产品珠光效果相一致。

（6）澄清剂　在配制透明香波时，在某些情况下，加入香精及脂肪类调理剂后，香波会出现不透明现象，可加入少量非离子表面活性剂如壬基酚聚氧乙烯醚或乙醇，也可用多元醇如丙三醇、丁二醇、已二醇或山梨醇等，可保持或提高透明香波的透明度。

（7）酸化剂　微酸性香波对头发护理、减少刺激是有利的，但有时由于某些碱性原料（如烷醇酰胺等）的加入会提高产品的 pH 值；用铵盐配制香波，为防止氨挥发，pH 值必须调整到 7 以下；当采用甜菜碱等两性表面活性剂配制调理香波时，要达到调理效果，pH 值必须低于 6；用 NaCl、NH_4Cl 等无机盐作增稠剂时，在微酸性条件下，增稠效果显著，达到相同黏度所需无机盐的量少于碱性条件下的需要量等。上述情况都需加入酸化剂来调整香波的 pH 值。常用的酸化剂有柠檬酸、酒石酸、磷酸、有机磷酸以及硼酸、乳酸等。

（8）防腐剂　为防止香波受霉菌或细菌侵袭导致腐败，可加入防腐剂。常用的防腐剂有尼泊金酯类、咪唑啉尿素、卡松、布罗波尔等。选用防腐剂必须考虑防腐剂适宜的 pH 值范围以及和添加剂的相容性。如苯甲酸钠只有在碱性条件下才有防腐效果，因此在酸性香波中不宜采用；又如甲醛会和蛋白质化合，因此加水解蛋白的营养香波不宜选用释放甲醛型防腐剂，如 1,3 二羟甲基-5,5 二甲基海因（DMDMHZ 内酰脲）、咪唑烷基脲（Germall 115），双咪唑烷基脲（Germall Ⅱ）等。

（9）护发、养发添加剂　为使香波具有护发、养发功能，通常加入各种护发、养发添加剂。主要品种有：维生素类，如维生素 E、维生素 B_5 等，能通过香波基质渗入毛发，赋予头发光泽，保持长久润湿感，弥补头发的损伤和减少头发末端的分裂开叉，润滑角质层而不使头发结缠，并能在头发中累积，长期重复使用可增加吸收力；氨基酸类，如丝肽、水解蛋白等在香波中起到营养和修复损伤毛发的作用，同时也具有一定的调理作用；植物提取液，如人参、当归、芦荟、何首乌、啤酒花、沙棘、茶皂素等的提取液，加入香波中除了营养作用外，有的有促进皮肤血液循环、促进毛发生长，使毛发光泽而柔软，如人参等；有的有益血乌发和防治脱发的功效，洗后头发乌黑发亮、柔顺、滑爽，如何首乌等；有的则具有杀菌、消炎等作用，加入香波中起到杀菌止痒的效果，同时还有抗菌防腐作用，如啤酒花等。

（10）色素和香精　色素能赋予产品鲜艳、明快的色彩，但必须选用法定色素。

香精可掩盖不愉快的气味，赋予制品愉快的香味，且洗后使头发留有芳香。香精加入产品后应进行有关温度、阳光、酸碱性等综合因素对其稳定性影响的试验，而且应注意香精在香波中的溶解度以及对香波黏度、色泽等的影响。配制婴儿香波要特别注意刺激性。

除上述各类原料外，水也是香波的主要原料，应采用去离子水或蒸馏水，以免生成钙、镁皂而产生沉淀分层，使透明香波产生浑浊，影响产品的使用性能。

二、香波的种类

香波的种类很多，其配方结构也多种多样。按形态分类有液状、膏状、粉状等；按功效分有普通香波、调理香波、去屑止痒香波、儿童香波以及洗染香波等。目前，不论是液状香波，还是膏状香波都在向洗发、护发、调理、去屑止痒等多功能方向发展。

1. 液状香波

液状香波是目前市场上流行的主体，其特点是使用方便、包装美观、深受消费者喜爱。液状香波从外观上分透明型和乳浊型（珠光型）两类。

（1）透明液状香波　透明液状香波具有外观透明、泡沫丰富、易于清洗等特点，在整个香波市场上占有很大比例。但由于要保持香波的透明度，在原料的选用上受到很大限制，通常以选用浊点较低的原料为原则，以便产品即使在低温时仍能保持透明清晰，不出现沉淀、分层等现象。常用的表面活性剂是溶解性好的脂肪醇聚氧乙烯醚硫酸盐（钠盐、铵盐或三乙醇胺盐），脂肪醇硫酸盐（铵盐或三乙醇胺盐），醇醚琥珀酸酯磺酸盐，烷醇酰胺等。

使用氧化胺、甜菜碱等表面活性剂可代替烷醇酰胺用于配制透明液状香波，能显著提高产品的黏度和泡沫稳定性，且具有调理和降低刺激性等作用。磷酸盐类表面活性剂具有良好的吸附性和调理性，也可用于透明香波。温和型表面活性剂琥珀酸单酯磺酸盐类，如醇醚琥珀酸酯磺酸盐和油酰胺基琥珀酸酯磺酸盐，具有降低其他表面活性剂刺激性的性能，且溶解性好，可用来配制透明香波，特别是油酰胺基琥珀酸酯磺酸盐具有优良的低刺激性、调理性和增稠性，是较为理想的配制透明香波的原料。

为改进透明香波的调理性能，可加入阳离子纤维素聚合物、阳离子瓜尔胶、水溶性硅油等调理剂。透明液状香波的参考配方见表 9-1。

表 9-1 透明液状香波的参考配方

透明香波配方	质量分数/%				透明香波配方	质量分数/%			
	1	2	3	4		1	2	3	4
月桂醇醚硫酸钠(70%)	12.0		10.0	8.0	JR-400				0.5
月桂醇醚硫酸铵(70%)		15.0			EDTA	0.05			
月桂醇硫酸三乙醇胺(30%)		5.0			防腐剂	0.15	适量	0.2	0.2
月桂酸二乙醇酰胺	5.0			4.0	柠檬酸	适量	适量	0.5	1.0
油酸单乙醇酰胺琥珀酸酯磺酸钠(30%)			15.0		氯化钠	适量	适量	1.0	适量
醇醚琥珀酸酯磺酸钠(30%)		10.0	5.0	10.0	香精	0.2	0.2	0.3	0.3
十二烷基甜菜碱(30%)		6.0	6.0	5.0	去离子水	82.6	61.8	62.0	71.0
十二烷基氧化胺(30%)		2.0							

制作方法：配方 1、2、3 将表面活性剂及其他添加剂加入水中，搅拌使其溶解均匀（必要时可加热），冷却至 40℃时加入香精，用柠檬酸调节 pH 值，用 NaCl 调整至适宜黏度即可。

配方 4 将 JR-400 加入水中，30℃下搅拌使其分散溶解均匀，然后加入其他表面活性剂及添加剂，加热溶解均匀，冷却至 40℃时加入香精，用柠檬酸调整 pH 值，NaCl 调整黏度。

(2) 液状乳浊香波　液状乳浊香波包括乳状香波和珠光香波两种。乳浊香波由于外观呈不透明状，具有遮盖性，原料的选择范围较广，可加入多种对头发、头皮有益的物质，其配方结构可在液体透明香波配方的基础上加入遮光剂配制而成，对香波的洗涤性和泡沫性稍有影响，但可改善香波的调理性和润滑性。乳状香波可加入高碳醇、羊毛脂及其衍生物，硬脂酸金属盐、聚二甲基硅氧烷、乳化硅油等；珠光香波可加入鱼鳞粉、铋氯氧化物、乙二醇单硬脂酸酯或乙二醇双硬脂酸酯等。

乳浊香波当加入各种具有抗静电、调理功能的高分子阳离子表面活性剂、两性表面活性等时，构成调理香波；当加入维生素类、氨基酸类及天然动植物提取液时，构成护发、养发香波；当加入吡啶硫酮锌等去屑止痒剂时可构成去屑止痒香波等；如同时加入调理、营养、去屑止痒等成分，则构成多功能香波。

乳浊香波参考配方见表 9-2。

表 9-2 乳浊香波参考配方

乳浊香波配方	质量分数/%					
	1	2	3	4	5	6
月桂醇醚硫酸钠(70%)	20.0	12.0			8.0	15
月桂醇硫酸钠					2.0	
月桂醇醚硫酸三乙醇胺(40%)			20.0	40.0		
月桂酸二乙醇酰胺	4.0	4.0	5.0	3.0		5.0
油酸单乙醇酰胺琥珀酸酯磺酸钠(30%)					20.0	
醇醚琥珀酸酯磺酸钠(30%)					15.0	

续表

乳浊香波配方	质　量　分　数/%					
	1	2	3	4	5	6
十二烷基甜菜碱(30%)		6.0	5.0		6.0	
N-酰基谷氨酸钠		5.0	5.0			
阳离子瓜尔胶			1.0			
阳离子纤维素聚合物 JR-400		1.0			0.5	
硅油调理剂					0.5	
乙二醇双硬脂酸酯		1.0	1.0		1.5	2.0
乙二醇单硬脂酸酯	2.0					
防腐剂	0.2	0.2	0.2		0.1	0.2
丙二醇	1.0					
羊毛脂	1.5					
香精	0.5	0.2	0.2	0.1	0.2	0.2
水解蛋白		0.5				
吡啶硫酮锌 ZPT				1.0		
十一碳烯酸单乙醇酰胺琥珀酸酯磺酸钠(35%)		3.0	3.0		3.0	
聚丙烯酸三乙醇胺盐				0.5		
芦荟胶		适量	适量		适量	
去离子水	70.7	66.1	58.6	55.4	43.2	77.6
柠檬酸	0.1	1.0	1.0			

制作方法：配方 2、3、5，将去离子水加入搅拌锅中，升温至 30℃将阳离子纤维素或阳离子瓜尔胶加入去离子水中，搅拌使其分散溶解均匀，然后依次加入除香精、水解蛋白、芦荟胶、珠光剂以外的其他组分，加热至 75～85℃，搅拌使其溶解均匀，冷却至 70～75℃时加入乙二醇双硬脂酸酯，搅拌冷却至 35℃时加入香精、水解蛋白、芦荟胶，如采用珠光浆也在此时加入，搅匀即可。

配方 1 和 6，将除香精以外的其他组分加入去离子水中，加热至 70～75℃搅拌使其溶解均匀，搅拌冷却至 35℃时加入香精搅匀即可。

配方 4，将三乙醇胺和水混合加入搅拌锅中，升温至 90℃左右，搅拌下加入聚丙烯酸，加完后继续搅拌 10min，制成均一的聚丙烯酸三乙醇胺盐糊状溶液。然后加入除 ZPT 和香精以外的其他组分，搅拌溶解均匀，冷却至 40℃时加入 ZPT 和香精搅匀即可。

2. 膏状香波

膏状香波即洗发膏，是国内开发较早的大众化产品。具有携带和使用方便、泡沫适宜、清除头发污垢良好，由于呈不透明膏状体，可加入多种对头发有益的滋润性物质等特点。现代洗发膏也从单一洗发功能向洗发、护发、养发、去屑止痒等多功能方向发展，如市场上销售的"羊毛脂洗头膏""去屑止痒洗头膏"等。普通洗头膏常用硬脂酸皂为增稠剂，十二醇硫酸钠为洗涤发泡剂，再添加高碳醇、羊毛脂等滋润剂，三聚磷酸钠、EDTA 等螯合剂，甘油、丙二醇等保湿剂以及防腐剂、香精、色素等配制而成。但目前已被香波替代。

膏状香波也可配成透明的冻胶状，其配方结构是在普通液体透明香波的基础上加入适量的水溶性高分子纤维素，如 CMC、羟乙基纤维素、羟丙基甲基纤维素等，电解质氯化钠、硫酸钠等，或其他增稠剂经复配而成。

洗发膏参考配方见表 9-3。

表 9-3 洗发膏参考配方

洗发膏配方	质量分数/%				洗发膏配方	质量分数/%			
	1	2	3	4		1	2	3	4
十二醇硫酸钠	20.0	25.0	20.0		三聚磷酸钠	5.0	8.0		
十二醇硫酸三乙醇胺盐(40%)				25.0	碳酸氢钠		10.0		
月桂酸二乙醇酰胺		3.0	1.0	10.0	甘油	3.0			
咪唑啉(40%)				15.0	防腐剂	0.2	0.2	0.2	0.2
硬脂酸	5.0	3.0	5.0		色素	适量	适量	适量	适量
单硬脂酸甘油酯			2.0		香精	0.2	0.5	0.5	0.3
羊毛脂	1.0	2.0			去离子水	64.6	47.9	70.3	48.5
NaOH(100%)	1.0	0.4	1.0		羟丙基甲基纤维素				1.0

制作方法：配方 1、2、3 为不透明膏状香波。将十二醇硫酸钠、NaOH 加入水中，加热到 90℃，搅拌使其溶解均匀，再加入溶化好的硬脂酸、单硬脂酸甘油酯、羊毛脂的混合物，搅拌均匀，然后按不同配方的要求依次加入烷醇酰胺、三聚磷酸钠、碳酸氢钠、甘油、防腐剂、色素等搅拌均匀，冷却至 45℃时加入香精搅匀即可。

配方 4 为透明胶冻状香波。首先将羟丙基甲基纤维素加入水中，使其分散溶解均匀，然后依次加入各原料，搅拌溶解均匀，最后加入香精搅匀即可。

洗涤类产品生产工艺过程中应注意的问题：①要适当控制泡沫的形成，以减轻基质中泡沫的存在对后续外观检验、转运、分装、净含量控制等环节的不良影响。②温度和时间的协调，过高的温度虽可缩短溶解时间但也会造成某些成分的分解和冷却时间的延长以及能源的浪费，过低的温度会造成溶解不彻底或配制时间的浪费。③某些原料如难溶性原料进行适当的预处理再进行使用可提高设备的通用性。④要注意低温添加原料的微生物状况，设备周转过程中、间歇时间等的微生物污染问题。⑤作为化妆品 pH 调节剂的强酸、强碱等对设备、工具等的腐蚀进而对化妆品配方的影响以及对配制人员的健康操作风险和操作方便性也需要适度考虑，可通过分批添加、缓慢添加等方式以降低或避免其腐蚀和危害的风险。

第二节 护发用品

如第一章所述，正常的头皮，其油性超过身体其他部位皮肤。头发角质的表面有一层薄的油膜，此层薄膜可维持头发的水分平衡，保持头发光亮，同时还直接保护着头发和头皮，减轻风、雨、阳光和温度等变化的影响。如果此层油膜的油分比正常头发减少很多（如接触碱性物质、洗发、染发或烫发等对头发的脱脂作用，以及长期的风吹、日晒、雨淋等），头发就会变得枯燥、发脆、易断等，此时就需要适当的补充水分和油分，以恢复头发的光泽和弹性。

护发用品的主要作用是补充头发油分和水分的不足，赋予头发自然、光泽、健康和美观的外表，同时还可减轻或消除头发或头皮的不正常现象（如头皮屑过多等），达到滋润和保护头发、修饰和固定发型之目的。

常用的护发用品有发油、发蜡、发乳、护发素、焗油等。

一、发油

发油是由动植物油和矿物油混合而成的透明油状液体，其主要作用是补充头发油分的不足和增加头发的光泽，有一定的修饰和固定发型的作用。

1. 发油的原料

发油的主要原料是动植物油和（或）矿物油，再辅以其他油脂类原料如聚二甲基硅氧烷及其衍生物等、香精、色素、抗氧剂等配制而成，不含乙醇和水。因此所用油的质量和性能，将直接影响发油的质量和性能。

可用于发油的动植物油脂类有橄榄油、蓖麻油、花生油、豆油及杏仁油等。人们认为动植物油脂与人体皮脂组成相似，对皮肤有良好的渗透性，能被皮肤吸收。但动植物油脂中，含有大量不饱和键，而且由于动植物油脂中原来存在的抗氧化剂（如维生素 E 等）在精炼过程中被破坏或被去除，因此动植物油脂在光、热、空气等作用下易发生氧化作用导致酸败，所以，要加入抗氧化剂。同时用动植物油脂制成的发油在使用时有黏滞感，所以目前已大部分为矿物油所替代。

配制发油所用的矿物油，通常是精炼的白油。由于正构烷烃会在头皮表面形成不透气薄膜，影响头皮的正常呼吸作用，而异构烷烃有良好的透气性，且润滑性能好，因此，应选用异构烷烃含量高的白油。白油不易酸败和变味，敷用于头发润滑性好，能形成一层薄的保护膜，对头发的光泽和修饰能起到良好的作用，且价格较动植物油便宜。

油的黏度关系到敷用性能和对头发的修饰效果。高黏度的油虽然对头发的修饰效果较好，但不易在头发上均匀分布，有黏滞感；而低黏度的油易于在头发上均匀分布，且有一定的修饰效果。通常发油是采用中等黏度或低黏度的油配制而成，是一种流动性很好的透明液体。

对于以白油为主配制成的发油，许多香料在其中的溶解度较差，因此应选用在白油中溶解度好的香料调制而成的香精，同时加入少量的植物油、脂肪醇、脂肪酸酯或某些非离子表面活性剂，往往可以改善香料在白油中的溶解性能。

羊毛脂对头发也有保护作用，它能渗进头皮、增加头发的光泽，还可以防止油脂酸败。但是羊毛脂在白油中的溶解度较差，呈浑浊状态，所以通常是选用在白油中溶解性较好的羊毛脂衍生物，如乙酸羊毛脂、羊毛酸异丙酯等。

脂肪酸的酯类如肉豆蔻酸异丙酯和棕榈酸异丙酯等，能和植物油或矿物油完全混合，改善它们的性质，阻滞酸败，并能被毛发吸收，既有光泽又有滋润毛发的功效，是性能良好的合成油性原料。

有机硅及其衍生物被广泛应用于发油产品中，具有良好的伸展性、防水性和润滑性，可以均匀地覆盖在头发表面，形成一层薄薄的疏水性保护膜，并减少头发间的摩擦。各种分子量（一般用黏度予以区分）的有机硅经优选组合设计的发油具有消费者可感知的干爽、润滑和极佳的修复受损头发的效果。一般而言，高分子量的硅树脂具有较明显的修复作用，低分子量的有机硅具有较好的润滑作用，而挥发性的有机硅具有极佳的干爽性，含不饱和键多的能为头发提供较好的光泽感。交联聚合改性的弹性体以及各种有机硅的复合物则具有更加丰富的特性。但有机硅与常用的诸多油脂并不相溶，在应用时需要加入一些优选的与硅油相容性好的油脂进行预处理。

发油中还可加入一些防晒剂以减轻日光中紫外线对头发的损害。另外，即使是品质优良的发油，久储后也会产生异味，因此加入抗氧剂是必要的。根据需要也可适量加入油溶性色素，以赋予制品艳丽的外观。

发油应具有良好的外观，清晰、透明、无异物；久储无异味；有良好的使用性能。

发油参考配方举例见表 9-4。

表 9-4　发油参考配方

发油配方	质量分数/%				
	1	2	3	4	5
白油	80.0	20.0		38.5	80.0
蓖麻油		60.0	70.0	38.5	10.0
花生油			20.0		
杏仁油		20.0	10.0		10.0
乙酰化羊毛脂	20.0				
肉豆蔻酸异丙酯				23.0	
香精、抗氧剂、色素	适量	适量	适量	适量	适量

2. 发油的生产及质量控制

在装有搅拌器的夹套加热锅中，按配方加入白油及其他油类，升温同时开启搅拌，加热温度视香精的溶解情况而定，通常为 40～60℃。加热至所需温度后加入香精、抗氧剂、色素等，搅拌使其充分溶解，至发油清晰透明为止（约 10min），开夹套冷却水或自然冷却至室温。然后过滤或静置过夜，除去杂质经化验合格后即可包装。

发油在生产、储存和使用过程中，如果出现透明度差，一种情况是发油中含有微量水分所致，在选料和生产过程中应避免水分混入；另一种情况是香精的溶解度差或用量过多，以微小颗粒分散于发油中，日久会有香精析出，应选用溶解性好的香精，或减少香精用量；第三种情况是所用油类或香精中含有少量蜡质成分，温度低时会产生浑浊或沉淀析出，应选用高质量的油类和香精。

二、发蜡

发蜡是一种半固体的油、脂、蜡混合物，常呈不透明状。其主要作用是修饰和固定发型，增加头发的光亮度。多为男性用品。但由于黏性较高，油性较大，易黏灰尘，清洗较为困难等不足，已逐渐被新型的护发用定发制品所代替。

1. 发蜡的原料

最简单的发蜡配方是矿物油和固体石蜡的混合物。但石蜡会有结晶的倾向和引起分油、在气温低时易收缩而出现脱壳现象，加入凡士林能克服这些缺点。为了防止矿物油分油的现象，最好采用地蜡和鲸蜡，或采用石蜡与它们的混合物。发蜡中也可采用植物油如蓖麻油、杏仁油等。另外为了改善发蜡的光泽和增加定发的效果，可加入适量松香。松香坚硬而脆，但加入发蜡中后，由于其他油、脂、蜡的作用而失去了这种性能，不会凝结起来。

合成蜡类和某些高分子量的聚氧乙烯衍生物，可用于发蜡中而改善发蜡的性能，但要注意它们的相容性。常用的有十六醇聚氧乙烯（14）醚，聚乙二醇（400）单硬脂酸酯，乙酰化羊毛脂等。

发蜡对香精的要求不像发油那么苛刻，这是因为发蜡为不透明的半固体状态，即使发蜡在气温低时略有浑浊，也不致影响发蜡的质量，且长时间存放也不致有香精析出。但发蜡的香精用量要比发油多，这是因为香精在黏稠的发蜡中挥发性差，且搽用发蜡的量一般比发油要少。所以发蜡中香精的用量一般为 0.6%～1.0%。

为了保证发蜡在使用过程中不致氧化酸败，应加入抗氧化剂。另外发蜡可根据需要制成不同的色泽，选用油溶性色素即可。

发蜡参考配方举例见表 9-5。

表 9-5 发蜡参考配方

发蜡配方	质量分数/%					发蜡配方	质量分数/%				
	1	2	3	4	5		1	2	3	4	5
白凡士林	85.0	50.0	35.0		50.0	蓖麻油				40.0	
石蜡	2.0		15.0			甜杏仁油				40.0	
地蜡			15.0		42.0	白油	5.0	30.0	30.0		
鲸蜡				15.0		乙酰化羊毛脂		10.0			
松香	8.0		5.0			羊毛酸异丙酯		5.0			
羊毛脂					8.0	聚乙二醇(400)单硬脂酸酯		5.0			
可可脂				5.0		香精、抗氧剂、色素	适量	适量	适量	适量	适量

2.发蜡的生产与质量控制

在装有搅拌器的夹套加热锅中，按配方投入全部油、脂、蜡成分，加热使其熔化，温度一般控制在使蜡熔化的最低温度，避免高温氧化酸败的发生。然后降温（温度以保持其流动状态的最低温度为宜）至 60～70℃，维持此温度用压滤机过滤后，再加入香精、色素、抗氧剂，搅匀后，趁热装瓶并使其缓缓冷却。整个生产系统都应采取保温措施，以免发蜡凝固，堵塞管道。另外，包装用的瓶子，也应保持在一定的温度（通常 40℃左右），以免发蜡局部过快冷却而影响外观。

发蜡在生产、储存和使用过程中常出现的质量问题如下所述。

（1）脱壳　导致发蜡脱壳的主要原因一方面可能是发蜡浇瓶后，冷却速度过快，导致发蜡收缩；另一方面是发蜡中高熔点的蜡类含量过高，发蜡过硬导致脱壳。可适当降低高熔点蜡的含量，或适量增加液态油如白油的用量，调整发蜡的熔点，同时浇瓶后应缓缓冷却。

（2）发汗　气温较高时，发蜡表面渗出汗珠状油滴的现象，称为“发汗”。可能是由于白油等液态油用量多，发蜡熔点低，或凡士林质量不好所致。应减少白油用量，适当提高发蜡的熔点，选用高质量凡士林或加入吸油性好的蜡如天然地蜡，但固态蜡的加入量应适宜，避免脱壳现象的发生。

三、发乳

发乳是一种光亮、均匀、稠度适宜、洁白的乳化体。其主要作用是用于补充头发油分和水分的不足，使头发光亮、柔软、并有适度的整发效果。使用时头发不发黏、感觉滑爽。可以制成 O/W 型或 W/O 型，还可根据需要，制成具有去屑，止痒、防止脱发等功效的药性发乳。

发油、发蜡等虽然能增加头发的光泽，补充头发上的油分，但要保持头发光滑、柔软、有光泽，还必须补充水分。如果单用水敷在头发上，很快就会挥发，而发乳，特别是 O/W 型发乳，由于外相是水，敷用于头发后能使头发变软而具有可塑性，易于梳理成型，部分水分挥发后，残留的油脂均匀地分布于发杆形成油层薄膜，封闭了发杆吸收的水分，同时显现出油润和光亮。W/O 型发乳的特点是油分足，搽用后光亮持久，缺点是油腻感强，易使头发黏连，不易清洗，由于头发吸收的水分少，自然梳理成型性能不如 O/W 型发乳。

1.发乳的原料

发乳的原料主要是油分、水分和乳化剂，另外还有香精，防腐剂及其他添加剂。

油性成分对头发的滋润、光泽和定型效果有很大影响。低黏度和中等黏度的白油常被作为发乳油相成分的主体。为提高发乳的稠度，增加乳化体的稳定性，增进修饰头发的效果，可适量加入凡士林、高碳醇以及各种固态蜡类。但应注意，必须调整适宜的固态蜡用量，如用量过高，一方面会使发乳过稠；另一方面会因熔点差过大而造成发乳不稳定；再者使用后会使头发产生白霜。羊毛脂及其衍生物和其他动植物油的加入，可以改进油腻的感觉，增进头发的吸收。

为要制得膏体细腻和稳定的乳化体，乳化剂的选择至关重要，另外，油相和水相的比例，以及两相的黏度，也将影响其稳定性。

乳化剂的种类很多，其中以脂肪酸的三乙醇胺皂作为乳化剂最为普遍。此外，甘油单硬脂酸酯、脂肪醇硫酸盐，聚氧乙烯衍生物等都可作为乳化剂用于发乳配方中。采用两种或两种以上的乳化剂配合使用，可以得到更为稳定的乳化体。其乳化剂的用量、配比等仍然是依据 HLB 理论。

加入胶质类原料如黄蓍树胶粉、聚乙烯吡咯烷酮等，不仅可以增加发乳的黏度，有利于乳化体的稳定，同时可以改进发乳固定发型的效果。

在发乳配方中，为了补充头发营养和修复受损头发，可添加水解蛋白、人参、当归等营养添加剂。为了具有消炎、杀菌、去屑、止痒等功效，可以加入金丝桃等中草药提取液以及其他去屑止痒剂，制成药性发乳。

由于发乳是油和水的乳化体，水的存在易导致油脂酸败，同时由于其中含有动植物油脂和其他各种添加剂，构成了微生物生长和繁殖的营养源。因此除在生产中加入防腐杀菌剂和抗氧剂外，在储存和使用过程中，还应注意环境卫生，防止微生物污染。

水是发乳的主要原料之一，水中的微量元素是微生物的营养源。水中的钙盐、镁盐等对乳化体的稳定性会有不利影响，此外铁等金属离子会加速油脂和香料的氧化变质。所以生产发乳所用水应是蒸馏水或去离子水。

发乳由于是乳化体，对香精的要求不像发油、发蜡那样必须是油溶性的，通常的化妆品香精均可使用。常用香型为薰衣草型、果香型或混合型。

发乳参考配方举例见表 9-6。

表 9-6 发乳参考配方

发乳配方	质量分数/%				发乳配方	质量分数/%			
	O/W	O/W	W/O	W/O		O/W	O/W	W/O	W/O
白油	33.0	15.0	53.4	56.4	硼砂	0.2		0.6	0.6
地蜡			2.0	2.0	三乙醇胺	1.5	1.8		
蜂蜡	3.0		5.0	5.0	黄蓍树胶粉		0.7		
十六醇	1.3				甘油		4.0		
硬脂酸	1.0	5.0			防腐剂	适量	0.2	适量	适量
羊毛酸异丙酯			3.0	2.0	香精、抗氧剂	适量	适量	适量	适量
羊毛脂		2.0			去离子水	60.0	71.3	34.0	34.0
肉豆蔻酸异丙酯			2.0						

2.发乳的生产及质量控制

发乳的生产工艺与乳剂类护肤化妆品相同，其具体操作过程如下。

(1) 在一搅拌加热锅中，按配方称入油、脂、蜡以及其他油溶性原料，加热到略高于蜡的熔点约 75～80℃，使其充分熔化、溶解均匀制得油相，并维持温度在 75～80℃待用。

(2) 在另一搅拌溶解锅中，按配方称入去离子水、防腐剂以及其他水溶性原料，加热至

90～95℃，搅拌使其充分溶解均匀，并维持20min杀菌，制得水相，降温并维持温度在80℃左右待用。

(3) 将油相经过滤放入乳化锅中，维持温度75～80℃，然后在快速搅拌条件下，将水相缓缓加入油相中，料加完后继续快速搅拌5～10min。然后换用慢速搅拌，并通冷却水快速冷却至40～45℃时加入香精，继续搅拌均匀至30℃左右时停止搅拌送去包装。

发乳在生产、储存和使用过程中常出现的质量问题类同于乳剂类护肤化妆品（参见第十三章），如油水分离、膏体粗糙、变色、变味等，在此不多述。但采用硬脂酸皂作为乳化剂或加入过多的高熔点蜡类，易导致敷用后头发起白霜，应引起注意，可选用其他高效乳化剂、降低高熔点蜡的用量加以避免。

四、护发素

护发素也称头发护理剂（或头发调理剂），是一种洗发后使用的护发用品。护发素一般以水作为主要载体和连续相、而以阳离子表面活剂和脂肪醇为最基本的成分，是一种水包油（O/W）型乳化体。护发素护发的基本原理是将护发成分附着在头发表面，润滑发表层，减少摩擦力，从而减少因梳理等引起的静电及对头发的损伤，同时，护发成分形成的保护膜可以减缓因空气湿度变化而引起的头发内部水分的变化，防止头发过分吸湿或过度干燥。因此，护发素具有保护头发、柔软发质，使洗后头发柔软、蓬松、富有弹性、光亮、易于梳理等作用。性能良好的护发素除上述性能外，还应使用方便，在头发上易展开；黏度适中、流动性好，在保质期内黏度无变化；乳化稳定性好，不分层，不变质；有良好的渗透性；对皮肤和眼睛刺激性小；用后使头发留有芳香等。

护发素的用法一般先用香波等洗发用品将头发洗净，用清水冲净后，将护发素均匀涂于发上，保持5～10min，然后用清水漂洗即可。

1. 护发素的原料组成

(1) 主成分　一般护发素中多以阳离子表面活性剂为主体。它能吸附于毛杆，形成单分子吸附膜，这种膜赋予头发柔软性及光泽，使头发富有弹性、并阻止产生静电，梳理十分方便。常用的阳离子表面活性剂有十六（或十八）烷基三甲基溴化（或氯化）铵，十六（或十八）烷基二甲基苄基溴化（或氯化）铵，以及二烷基二甲基溴化（或氯化）铵等，在配方中的用量一般为2%～5%。另外，高分子阳离子表面活性剂如阳离子瓜尔胶等也常采用。

二甲基硅氧烷及其衍生物的表面张力和表面黏度都较低，是一种有效的表面抑制剂，极易分散于基质中，即使少量使用也能产生滑润无油腻的感觉，能在头发表面形成一层透气性良好的薄膜，具有抗尘、减少静电、增加头发光泽、提高头发梳理性的功效。常用的二甲基硅氧烷及其衍生物是经聚醚类（聚乙二醇或聚丙二醇）或氨基改性的二甲基聚硅氧烷或环状二甲基聚硅氧烷等。

水溶性高分子化合物具有增黏、增稠作用，能提高分散体系的稳定性，在护发用品中，它能在头发表面形成具有一定强度的高分子化合物的薄膜，从而起到护发定型的作用。常用的高分子化合物有天然高分子化合物如海藻酸钠、黄蓍树胶、阿拉伯树胶等以及合成高分子化合物如聚乙烯吡咯烷酮、聚乙烯醇、丙烯酸聚合物、羟乙基纤维素等。

(2) 辅助成分　护发素中的辅助成分有保湿剂、富脂剂及乳化剂等，这些成分的加入可大大提高护发素的护发作用和使用性能。保湿剂如甘油、丙二醇、聚乙二醇、山梨醇等，有保湿、调理、调节制品黏度及降低冰点的作用。富脂剂如白油、植物油、羊毛脂、脂肪酸、高碳醇等油性原料，可补充脱脂后头发油分之不足，起到护发、改善梳理性、柔润性和光泽性，并对产品起增稠作用。乳化剂应选用脱脂力弱、刺激性小以及和其他原料配伍性好的表面活性剂。护发素中主要选用非离子表面活性剂如单硬脂酸甘油酯、棕榈酸异丙酯、失水山梨醇脂肪酸酯、聚氧乙烯脂肪醇（羊毛醇、油醇等）醚、聚氧乙烯失水山梨醇脂肪酸酯等。主要起乳化作用，并可起到护发、护肤、柔滑和滋润作用。

（3）特种添加剂 考虑到护发素的多效性，往往在配方中加入一些具有特殊功能和效果的添加剂，以增强或提高产品的使用价值和应用范围，增进产品的护发、养发、美发效果，改善头发的梳理性、光泽性等。添加剂的品种很多，可根据要求，有针对性地选择一些特殊添加剂，制出具有多种功效的护发素。

① 水解蛋白 主要成分是各种氨基酸，是人体不可缺少的营养成分之一，它具有促进头发的生长，改善头发结构，能在头发上形成保护层以修补受损的头发。

② 维生素 E 能扩张毛乳头的毛细血管，促进血液循环，促进毛发生长，能有效地调整皮脂的分泌，且具有抗氧化作用，能有效地防止产品中不饱和成分的氧化变质。

③ 霍霍巴油 有良好的保湿性和柔润性，可促进头发再生、抑制头发脱落等性能，可用于配制润滑调理护发素。

④ 泛酸 有促进毛发再生、防止发痒和脱发的作用，并具有防止皮肤粗糙、消除细小皱纹的效果。

⑤ 斑蝥酊 能刺激毛根，强壮发质，促进毛发生长等作用。

用于配制各种特效护发素的添加剂还有芦荟胶、散沫花提取液、啤酒花、甲壳质、薏苡仁提取物以及麦芽油、杏仁油、水貂油及其他中草药、动植物提取物等。

除上述原料外，护发素中还需加入防腐剂、抗氧剂、色素、香精等。

2. 护发素的配方结构及配制方法

护发素按它的外观分为两种：透明型和乳液型。由于乳液型可加入多种护发、养发成分，具有更好的使用效果，深受消费者喜爱，所以目前国内外市场上流行的都是乳液型护发素，其参考配方见表 9-7。

表 9-7 护发素参考配方

护发素配方	质量分数/%				护发素配方	质量分数/%			
	1	2	3	4		1	2	3	4
氯化十八烷基·三甲基铵		2.0		2.5	聚氧乙烯(10)油醇醚				1.0
氯化十六烷基·三甲基铵	2.0		1.5		聚氧乙烯(20)失水山梨醇单硬脂酸酯		1.0	1.0	
氯化二烷基·二甲基铵	0.5				聚氧乙烯(20)失水山梨醇三油酸酯	1.0			
硅油		1.0	2.0	2.5	聚氧乙烯(20)失水山梨醇三硬脂酸酯	1.0			
甘油		5.0		5.0	聚乙烯醇		1.0	0.5	
十六醇	7.0	3.0	2.5	2.0	水解蛋白				2.0
凡士林	2.0				防腐剂	0.2	0.2		0.2
白油			3.0		抗氧剂	0.03		0.2	
羊毛脂			1.0		香精	0.3	0.5	0.5	0.5
单硬脂酸甘油酯	1.5				去离子水	84.47	86.3	84.8	84.3
棕榈酸异丙酯			3.0						

制作方法：将水相加热沸腾 5min 灭菌，油相加热熔化，于 75℃将水相倒入油相搅拌乳

化，冷却至40～45℃时加入水解蛋白、香精、色素等搅匀，35℃时出料。

五、焗油

焗油是20世纪90年代初新开发上市的护发用品。焗的原意是一种用蒸汽蒸食物的烹饪方法。焗油的意思是通过蒸汽将油分和各种营养成分渗入到发根，起到养发、护发的作用，其效果优于护发素。焗油具有抗静电，增加头发自然光泽，使头发滋润柔软、乌黑光亮、易于梳理，并兼有整发、固发作用，对干、枯、脆等损伤头发，特别是对经常烫发、染发和风吹日晒造成的干枯、无光、变脆等有特殊的修复发质的功能。焗油如用蒸汽操作，就得在理发店中进行。市售的免蒸焗油，可在家中进行。使用时，一般先用香波将头发洗净、冲净擦干，将焗油擦遍全部头部，用热毛巾热敷10～15min，温度越高，时间越长，效果越好，然后用水漂洗一下即可。现今市售的焗油大多是O/W乳液，除含有油和酯类外，一般还添加季铵盐或阳离子聚合物作调理剂，其配方与护发素相近。参考配方见表9-8。

表9-8　焗油参考配方

焗油配方	质量分数/%		焗油配方	质量分数/%	
聚乙二醇(150)双硬脂醇醚		0.6	聚乙二醇(80)椰油甘油酯	0.5	
聚季铵盐	0.7		羟乙基纤维素	0.5	0.5
甘油	2.0		D-泛醇	0.2	0.3
氯化十八烷基三甲基铵	3.0	8.0	聚乙烯吡咯烷酮羟酸盐	0.2	
硅油		2.0	水解蛋白		0.3
霍霍巴油		1.0	香精、防腐剂	适量	适量
脂肪酰丙基氧化胺	0.5		去离子水	92.4	87.3

第三节　美发用品

美发用品应包括发胶、摩丝、定型发膏、烫发剂、染发剂、脱毛剂等，其中烫发剂、染发剂、脱毛剂属特殊化妆品，将在第十一章中介绍，本节主要介绍以固定发型为主要目的的定发制品。

定发制品主要用于梳整头发，保持发型。前面介绍的发油、发蜡、发乳等虽有一定的定发作用，但由于其油性大，用后给人以油腻的感觉，且易黏灰尘，清洗困难，有时很不方便。而无油头发定型剂具有良好的固定发型的作用，且无油腻的感觉，已取代发油、发蜡、发乳等含油定发制品，成为目前市场上流行的主要定发制品。主要品种有发胶、喷雾发胶、摩丝、定型发膏等。

一种好的定发制品应具备如下性能：

(1) 用后能保持好的发型，且不受温度、湿度等变化的影响；

(2) 良好的使用性能，在头发上铺展性好，没有黏滞感；

(3) 用后头发具有光泽，易于梳理，且没有油腻的感觉，对头发的修饰应自然；

(4) 具有一定的护发、养发效果；

(5) 具有令人愉快舒适的香气；

(6) 对皮肤和眼睛的刺激性低，使用安全；

(7) 使用后应易于被水或香波洗掉。

一、定发制品中的高聚物

现代的定发制品，不管是溶液型、喷雾型、泡沫型、还是凝胶型，最主要的要求是固发和定型性好，使用聚合物树脂作固发的组分可达此目的。它能够在头发的表面形成一层树脂状薄膜，并具有一定的强度，以保持头发良好的发型。而且这些高聚物可溶于水或稀乙醇，无毒，没有异味，用后可用水或香波洗去。常用的高聚物如下。

1.聚乙烯吡咯烷酮（PVP）

PVP是第一个合成定发聚合物，由*N*-乙烯吡咯烷酮聚合而得。PVP为白色能流动的非晶形粉末，可溶于水、含氯类的有机溶剂、乙醇、胺、酮以及低分子脂肪酸等。且安全无毒对皮肤无刺激性。由于PVP与纤维素衍生物具有良好的相容性，在头发上能形成光滑和有光泽的透明薄膜，还具有稳定泡沫、提高黏度、减少对眼睛的刺激等作用，故多用于发用化妆品中。

PVP均聚物的分子量不同，其性能和使用范围亦不同，其分子量用*K*值表示，定发制品中所用的PVP为*K*-30聚乙烯吡咯烷酮，而*K*值较高的PVP用于高湿下使用的定发制品中。

PVP与其他合成水溶性高分子化合物相比，对霉菌、细菌的抵抗力稍差，在配制时应予注意。PVP对空气湿度的变化较敏感，当相对湿度较高时，聚合物吸收环境中的水分，薄膜的强度降低，以至变得发黏，发型变化。加入某些天然的或合成的高分子聚合物或有机化合物可有效地调节PVP的吸湿性和柔软性。

2. *N*-乙烯吡咯烷酮/醋酸乙烯酯共聚物（PVP/VA共聚物）

PVP/VA共聚物是由*N*-乙烯吡咯烷酮与醋酸乙烯酯聚合而得的产物。与PVP相比，可获得更佳的定发效果，对湿度的敏感性较低。试验结果表明：这种共聚物在高湿环境下，能保持所定发型不变和减少黏性。所形成的透明薄膜柔软而富有弹性，即使在干燥条件下，其薄膜的脆性也是较小的。通常共聚物中随醋酸乙烯含量的增加（超过30%时），在水中的溶解度降低，在选用时应予注意。

3. 乙烯基己内酰胺/PVP/二甲基胺乙基甲基丙烯酸酯共聚物

这种三元共聚物中，乙烯基己内酰胺是乙烯基吡咯烷酮的同系物，它带有大于两个的亚甲基基团，使共聚物对水的敏感度降低，并赋予共聚物良好的成膜性能，具有定发和调理双重功能和良好的水溶性及在高湿下的强定型能力。因此，在高湿条件下能保持良好的发型，也易于用香波洗去。

4. *N*-叔丁基丙烯酰胺/丙烯酸乙酯/丙烯酸共聚物

此共聚物为可自由流动的白色粉末，活性物含量接近100%，其丙烯酸部分需用碱（可用氨基甲基丙醇等）中和，中和度为70%～90%时成膜性能最佳，膜硬度适中，易于洗掉，且在潮湿的天气，仍能保持发型不变。这种树脂可采用丙烷/丁烷作喷射剂。

5.丙烯酸酯/丙烯酰胺共聚物

丙烯酸酯/丙烯酰胺共聚物与丙烷/丁烷相容性好，有很好的头发定型作用，即使在潮湿的环境，仍能保持良好的发型和头发的弹性。但这种共聚物所形成的薄膜较硬，且稍有点脆，可加入柠檬酸三乙酯等增塑剂改善其膜弹性。

6.乙烯基吡咯烷酮/丙烯酸叔丁酯/甲基丙烯酸共聚物

这是一种较新的用于不含氯氟烃喷发胶中的树脂。该产品为50%乙醇溶液，使用极为方便，其中甲基丙烯酸需用氨基甲基丙醇进行中和，中和度以 80%～100%为佳，不会使膜发黏。该共聚物的成膜弹性很强，无需加入增塑剂，与丙烷、丁烷的相容性好，定发效果好，即使在潮湿的条件下，由于其吸湿性低，仍能保持良好的发型。而且使用方便，易于洗去。

除上述高分子聚合物外，可用于定发制品的高聚物还有 PVP/丁烯酸/丙酸乙烯共聚物，醋酸乙烯酯/巴豆酸/丙酸乙烯酯共聚物，辛基丙烯酰胺/丙烯酸酯共聚物等，都具有良好的定发效果。

二、气压式定发制品

气压式定发制品有喷发胶、摩丝等，具有使用方便、成膜均匀、定发效果好等特点，深受广大消费者欢迎，已成为当今市场上头发定型产品的主流。

1. 喷发胶

喷发胶是用于喷在头发上，干燥后在头发表面形成一层韧性薄膜，从而保持整个头发的形状的定发制品。其成分有成膜剂、调理剂、香料、溶剂、喷射剂等。

喷发胶的成膜剂可以是水溶性的，也可以是非水溶性的。非水溶性的主要成分是天然虫胶等，纯虫胶制品具有不受雨和潮湿影响，发型保持时间长等优点。但纯虫胶制品会使头发较为僵硬，没有柔顺的感觉，且不易被水洗去。因此，已被性能优越的合成树脂所代替。

水溶性的主要成分是合成树脂类如聚乙烯吡咯烷酮，丙烯酸树脂、PVP/VA 共聚物等高分子化合物。它们能在头发上形成柔软性的薄膜，使头发易于梳理成型，且易被水洗去。因此，现代的定发制品几乎全是采用此类物质为成膜物。但其定发的维持时间不如虫胶。因此有时为改进合成高聚物的定发性能，也可适量配入虫胶。

为了增加此类制品的可塑性，在配方中可以加入各种增塑剂，如高碳醇、羊毛脂等；添加硅油、蓖麻油等以赋予头发光泽性。配方中加入乙醇作为溶剂，用来溶解成膜剂、调理剂、香精等，同时当喷洒在头发上后，能够迅速扩散，便于形成均匀的薄膜。

气压式喷发胶参考配方（表 9-9）举例。

表 9-9 气压式喷发胶参考配方

气压式喷发胶配方	质量分数/%					气压式喷发胶配方	质量分数/%				
	1	2	3	4	5		1	2	3	4	5
聚乙烯吡咯烷酮	2.5					蓖麻油		0.25			
漂白脱蜡虫胶		2.5				月桂酸聚乙二醇酯		0.1			
PVP/丙烯酸酯共聚物					10.0	羊毛脂	0.1	0.1			
丙烯酸酯/丙烯酰胺共聚物				5.0		鲸蜡醇	0.2				
丙烯酸树脂			2.2			聚乙二醇	0.1				
氨基甲基丙醇			0.3	0.4	0.5	香精	0.2	0.25	0.25	0.1	0.1
柠檬酸三乙酯				1.0		无水乙醇	41.9	51.8	42.1	43.5	34.4
十六醇			0.05			正丁烷	55.0	25.0	20.0	50.0	55.0
硅油			0.1			二甲醚		20.0	25.0		

制作方法：先将乙醇称入搅拌锅中，依次加入辅料和高聚物，搅拌使其充分溶解（必要时可加热），然后加入香精，搅匀后经过滤制得原液。按配方将原液充入气压容器内，安装阀门后按配方量充气即可。

作为喷发胶也可不用任何喷射剂，即泵式喷发胶。由于不加任何喷射剂，不会对大气层产生影响，因而这种喷雾方式已日趋重要。泵式喷发胶中所用的高聚物与气压式喷发胶大体相同。但泵式喷发胶的喷雾速度较低，雾化效果较差，如果获得与气压式喷发胶相同的定发效果，一般聚合物含量较高。

泵式喷发胶配方（表9-10）举例。

表9-10 泵式喷发胶参考配方

泵式喷发胶配方	质量分数/%		泵式喷发胶配方	质量分数/%	
	1	2		1	2
PVP	2.0		无水乙醇	87.6	85.7
PVP/VA共聚物	10.0	14.0	香精	0.3	0.2
硅油	0.1	0.1			

2.摩丝

摩丝是一种泡沫状的定发制品，具有护发、定发、调理等多种功能。摩丝（Mousse）来自法语，其意为泡沫或起泡的膏霜。但在定发制品中，不仅意指泡沫，而且要有修饰、固定发型，用后头发柔软、富有光泽、易于梳理、抗静电等作用，表现头发自然、光泽、健康和美观的外表。

摩丝的组成有高聚物、溶剂、表面活性剂、香精、喷射剂及其他添加剂。

摩丝中用于定型的高聚物通常与喷发胶差不多。不同之处在于摩丝中以水代替部分乙醇作为溶剂，并以表面活性剂作为泡沫基质，配以少量比例的喷射剂。摩丝不需要太强的泡沫，理想的摩丝在施于头发时，其泡沫应很快消失。摩丝中所用表面活性剂（发泡剂）通常是HLB值为12～16的非离子型表面活性剂，如油醇聚氧乙烯醚、聚氧乙烯失水山梨醇脂肪酸酯、蓖麻油环氧乙烯加成物等。另外聚季铵化合物、羟基纤维素、羟丙基纤维素等也可作为泡沫基质的组成。表面活性剂的用量通常在0.5%～5.0%。

摩丝中可加入多肽类、硅油等护发成分以改善摩丝的润滑性和可塑性，赋予头发良好的触感和光泽性。由于添加剂的加入，还应加入防腐剂。

摩丝的品种很多，如定发为主的、定发和调理双重功能的，也可以不加任何成膜剂，而制成以梳理性、调理性为目的的调理性摩丝等。

摩丝参考配方（表9-11）举例。

表9-11 摩丝参考配方

摩丝配方	质量分数/%			摩丝配方	质量分数/%		
	1	2	3		1	2	3
PVP/乙基甲基丙烯酸二甲胺共聚物	14.0			丁烷	15.0	10.0	15.0
N-叔丁基丙烯酰胺/丙烯酸乙酯/丙烯酸共聚物		3.0		去离子水	55.4	60.3	55.0
无水乙醇	15.0	25.0	25.8	羊毛醇			2.5
聚氧乙烯(20)油醇醚	0.5			水解蛋白		0.2	
壬基酚聚乙二醇醚		0.5		硅油		0.2	
聚氧乙烯羊毛脂			1.0	甘油		0.3	
甘油脂肪酸酯			0.5	氨基甲基丙醇		0.3	
香精	0.1	0.2	0.2	防腐剂		适量	

制作方法：将乙醇放入搅拌锅中，加氨基甲基丙醇，搅拌溶解后，一边搅拌一边慢慢加入高聚物，至完全分散溶解后，再加去离子水及其他原料，当溶液完全均匀后，经过滤，按配方加入气压容器内，装上阀门后，按配方压入喷射剂。

三、非气压式定发制品

由于喷发胶、摩丝均采用乙醇（或部分采用）作为溶剂，喷射剂采用氟氯烃和二甲醚、丙烷、丁烷等。氟氯烃对大气臭氧层会造成破坏，已被限制或禁止使用。二甲醚、丙烷、丁烷等属易燃危险品、火车、飞机、轮船等禁止随身携带，给外出旅游等带来诸多不便。因此，不用任何喷射剂，且以水为主要溶剂的定型发胶和凝胶状定型发膏则具有很大的优越性。

1. 定型发胶

发胶也称发用啫喱水是含有天然或合成成膜性物质的液状定发制品。主要用于修饰和固定发型，用后头发柔润、光泽、且无油腻感觉。

合成树脂是发胶最常采用的成膜成分，常用的有聚乙烯吡咯烷酮、聚丙烯酸钠、PVP/VA 共聚物、丙烯酸树脂烷醇胺溶液等。其用量可根据各种树脂的性质、发胶的黏度以及定发的效果来决定，通常用量 1%～3%。采用水或稀乙醇作为溶剂和稀释剂，当发胶涂敷于头发上以后，由于水或稀乙醇溶液的挥发，在头发表面留下一层均匀而有弹性的树脂薄膜，使发型得以长时间的保持。但是单用水会使挥发速度过慢，会导致膜不均匀，影响定发效果。因此，需加入一定量的乙醇，同时乙醇的加入可改善高聚物的溶解性能。

为了增加成膜的可塑性，防止膜的碎裂脱落，可加入多元醇、羊毛脂衍生物等作为增塑剂。同时甘油等多元醇又是保湿剂，既可保持发胶本身的水分不致过快蒸发，而且涂敷于头发上，也有利于头发的保湿和滋润。

作为发胶还必须加入一定量的香精，以赋予制品及使用后令人愉快舒适的香气，但必须选用在制品中稳定的香精。为了防止微生物的污染，还需加入防腐杀菌剂。还可加入紫外线吸收剂以赋予制品防晒性等。

发胶参考配方（表 9-12）举例。

表 9-12 发胶参考配方

发胶配方	质量分数/%					发胶配方	质量分数/%				
	1	2	3	4	5		1	2	3	4	5
聚乙烯吡咯烷酮	3.0		1.0		2.0	甘油			0.5	2.0	2.0
聚丙烯酸树脂			0.5	3.0		乙醇	10.0	40.0	10.0	30.0	30.0
聚乙酸乙烯酯/巴豆酸共聚物		3.0				三乙醇胺		0.5	0.1	0.4	
聚氧乙烯(20)十八醇醚	1.5					聚乙二醇		0.7			
聚氧乙烯(20)羊毛醇醚			2.0			香精、色素、防腐剂	适量	适量	适量	适量	适量
聚氧乙烯(24)胆甾醇醚					1.0	去离子水	83.5	55.8	85.9	64.6	65.0
丙二醇	2.0										

制作方法：将乙醇称入搅拌锅中，然后将各种辅料加入搅拌锅中，搅拌溶解后，加入高聚物等胶性物质，搅拌使其溶解均匀后，再加入去离子水，最后加入色素混合均匀即可灌装。

作为发胶的定发成分，天然胶质如黄蓍树胶粉、阿拉伯树胶粉等和合成胶质如甲基纤维素、羟乙基纤维素、羟丙基纤维素等也可被采用，其组成与采用合成树脂基本相同。

2. 定型发膏

定型发膏也称发用凝胶或发用啫喱膏，是含有高聚物的膏状体。其作用和配方组成与定型发胶基本相同，仅仅不加或少加乙醇使之形成胶状膏体，同时为了增加膏体的稠度需加入有效的增稠剂如丙烯酸树脂、羟乙基纤维素等。如用丙烯酸树脂为增稠剂，为改善其增稠性能，可加入 NaOH、KOH 或有机胺类碱，中和丙烯酸树脂分子中的羧基。丙烯酸树脂的水溶液为酸性，其分子呈放松状态，溶液黏度不高当用碱中和后，羧基被离子化，基团之间相同离子之间的斥力使高聚物分子伸直变成张开结构，溶液的黏度大增。另外，由于丙烯酸树脂对金属离子特别是铁离子不稳定，催化降解后会影响其增稠性能，可加入 EDTA 等螯合剂，减少金属离子对丙烯酸树脂的催化降解作用。丙烯酸树脂在紫外光的作用下也会降解，可加入紫外光吸收剂加以克服。

定型发膏参考配方（表 9-13）举例。

表 9-13 定型发膏参考配方

定型发膏配方	质量分数/%				定型发膏配方	质量分数/%			
	1	2	3	4		1	2	3	4
聚乙烯吡咯烷酮	1.0			3.0	三乙醇胺	0.5			0.75
丙烯酸树脂	0.5	0.6	1.0		NaOH		0.25	0.3	
PVP/VA 共聚物		1.5			EDTA	0.05	0.1	0.1	
乙烯基己内酰胺/PVP/二甲基胺乙基甲基丙烯酸酯共聚物			10.0		二苯甲酮	0.1	0.1		
					甘油	0.5			
羟乙基纤维素				0.75	丙二醇	1.0			
聚乙二醇水溶液				10.0	防腐剂	0.15	0.3	适量	适量
聚氧乙烯(20)脂肪醇醚			1.0		香精、色素	适量	适量	适量	适量
聚氧乙烯(20)失水山梨醇酯	0.2				乙醇				30.0
聚氧乙烯(20)羊毛醇醚				3.0	去离子水	96.0	97.15	87.6	52.5

制作方法：将一半量的水放入搅拌锅中，依次加入高聚物、中和用碱、保湿剂、防腐剂、紫外光吸收剂、EDTA 和混入香精的表面活性剂溶液，每次加完料都要搅拌均匀。丙烯酸树脂与另一半水混合均匀，然后在搅拌条件下，将其加入上述混合液中，搅拌到直至形成透明均匀的凝胶状为止。

配方 4 的制作方法是：将精制水放入搅拌锅中，在常温下边搅拌边慢慢加入羟乙基纤维素，搅拌均匀后，再加入三乙醇胺搅匀。在另一搅拌锅中称入乙醇，然后依次加入高聚物、防腐剂、表面活性剂、香精等，搅匀后，将其加入上述水溶液中，搅拌直至形成凝胶状。

第四节 脱毛剂

脱毛用化妆品是用来脱除不需要的毛发如腋毛、过分浓重的汗毛等，其结果相当于剃除。一般剃除时仅刮去贴着皮肤表面的毛发，而脱毛剂则是从毛孔中除去毛发，因此使用脱毛剂脱毛后不仅毛发生长慢，而且皮肤光滑，留下舒适的感觉。

优质的脱毛剂应在 5min 内即显示效果，且由于毛发的组成和皮肤的组成类似，所用脱毛剂不应对皮肤有刺激性或损伤。这类产品分物理脱毛剂和化学脱毛剂两种类型。

一、物理脱毛剂

物理脱毛剂也称拔毛剂，是利用松香等树脂将需要脱除的毛发黏住，然后自皮肤上拔除，其作用相当于用镊子拔除毛发。通常为蜡状制品，使用时先将蜡熔化，然后涂在需要拔除毛发的部位，待蜡凝固后，即从皮肤上揭去，被黏着于凝固蜡中的毛发即随之从皮肤里拔出来。由于这种方法使用时很不舒适，而且若使用不当会使皮肤受到损伤，仅较用镊子拔除方便一些，所以目前无多大发展。

二、化学脱毛剂

化学脱毛剂是利用化学作用使毛发在较短时间内软化而能被轻易擦除。其作用机理亦基于毛发角质中含有大量结合胱氨酸这一特点，所用原料大体上与烫发剂相同，只是在作用程度上有所差异。烫发时只要求部分二硫键发生变化以达到卷曲的目的，而脱毛时则要求彻底破坏以使毛发完全被脱除。

化学脱毛剂分为无机脱毛剂和有机脱毛剂两大类。

1. 无机脱毛剂

常用的无机脱毛剂是钠、钾、钙、钡、锶等金属的碱性硫化物，其中钠盐和钾盐较钡盐和锶盐的刺激性为大，因此不及后者受欢迎。但由于此类脱毛剂作用的 pH 值较高（pH＝11～12 左右），因此刺激性较大；另外硫化物不稳定，易分解产生硫化氢逸去而降低其活性，同时还具有不愉快的气味，所以必须在这些物质中加入稳定剂。

2. 有机脱毛剂

常用的有机脱毛剂是巯基乙酸钙 $(HSCH_2COO)_2Ca$，是稍有硫化物臭味的白色结晶粉末，在水中的溶解度，常温下 7%，96℃下 27%，水溶液的 pH 值约为 11。与无机脱毛剂相比，虽作用较慢，但对皮肤的刺激作用较缓和，几乎无臭味，加香容易。

除钙盐外，巯基乙酸的锂、钠、镁、锶等盐也有同样作用。采用两种以上的巯基乙酸盐对乳化型膏状制品的稳定性有利。

在皮革工业中二甲胺配成 3%～5%的溶液，用以脱除某些兽皮上的毛。据报道对人的毛发也很有效，其他氨基化合物也很有可能被用来制作脱毛剂。

脱毛剂可以制成粉状、液状或乳膏状等不同形式，但脱毛剂易被氧化，使用时需在脱毛部位涂得厚一些，因此液状制品不适宜。为了使用后水洗容易，乳膏状较好。脱毛剂中除上述主成分外，还需加入其他助剂，如碱类、表面活性剂、香精等。

碱性可使角蛋白溶胀，有利于脱毛剂的渗入，提高脱毛效果。脱毛剂的 pH 值通常控制在 10～12.5 之间是比较适宜的。pH 值低于 10 则脱毛速度太慢；pH 值高于 12 则对皮肤刺激性大，易造成损害。常用的碱类物质是氢氧化钙，因其溶解度小，过量部分不会使溶液的碱性过大。为提高脱毛效果，可加入尿素等有机氨类，使毛发角蛋白溶胀变性，做到短时间脱毛。

阴离子表面活性剂如脂肪醇硫酸盐、烷基苯磺酸盐和某些非离子表面活性剂如聚氧乙烯失水山梨醇酯、聚氧乙烯棕榈酸异丙酯等，可用作脱毛剂的润湿剂和乳化剂，能与高浓度电解质溶液或与碱或碱土金属盐相和谐。加入高分子天然或合成树脂以调节产品的稠度。用氢氧化钙制成的膏体很难从皮肤上移除，加入碳酸钙、氧化镁、陶土或滑石粉作为填充剂，既可使膏体易从皮肤上移除，又能减少对皮肤的刺激性。加入羊毛脂、鲸蜡醇等脂肪物以赋予产品一定的滋润作用，减少对皮肤的刺激性，但不宜使用矿物油，否则会影响润湿性。也可在配方中加入甘油、丙二醇等作为保湿剂，但不宜过多，否则会影响脱毛的速度。

含有无机硫化物的脱毛剂，一般是用樟脑、桉叶醇、二苯醚等来掩盖臭味。紫罗兰酮、香草醇、香叶醇等具有玫瑰香味的醇类，适宜于以巯基乙酸钙为基础的脱毛剂。

这类产品易受空气氧化而变质，特别是巯基乙酸盐在铁、铜等金属离子存在时显色，降低其脱毛效果，所以制造和包装都应注意这些因素。

化学脱毛剂参考配方举例见表 9-14。

表 9-14　化学脱毛剂参考配方

化学脱毛剂配方	质量分数/%					化学脱毛剂配方	质量分数/%				
	1	2	3	4	5		1	2	3	4	5
	膏状	膏状	液状	液状	粉状		膏状	膏状	液状	液状	粉状
硫化钠				10.0		氢氧化钙	12.0				
硫化钡		16.0				滑石粉					10.0
硫化锶		20.0			30.0	二氧化钛	1.0				10.0
巯基乙酸	8.0					月桂醇硫酸钠	5.0				1.0
巯基乙酸钙			7.0			聚氧乙烯棕榈酸异丙酯				5.0	
甘油			12.0			淀粉		22.0			48.0
山梨醇(70%)		12.0		10.0		酒精			8.0		
羊毛脂	5.0					香精	1.0	1.0	1.0	1.0	1.0
鲸蜡醇	1.0					去离子水	67.0	15.0	72.0	74.0	
碳酸钙		14.0									

制作方法：粉状制品的制作，首先将香精加于少量的淀粉中，过筛后和其他粉料混合均匀即可。配方 1 将月桂醇硫酸钠溶于适量水中，加入加热熔化的鲸蜡醇、羊毛脂，搅拌直至冷却成乳化体；在另一容器内将巯基乙酸、氢氧化钙、二氧化钛和余下的水混合成浆状，加入上述乳化体中，搅拌均匀和加入香精后再继续搅拌均匀即可。配方 2 将水和山梨醇混合后缓缓加入硫化物，不断搅拌使之溶解成透明溶液，将碳酸钙和淀粉混合后加入硫化物溶液中，搅拌直至成为均匀的膏体，加入香精再搅拌均匀即可。配方 3 先将巯基乙酸钙、甘油和水混合后，将香料溶解于酒精内再加入上述混合物中搅拌均匀，缓缓拌入氨水调整 pH 达 13.4，立即将溶液过滤装于棕色瓶中。配方 4 将硫化钠、山梨醇和水混合均匀，将聚氧乙烯棕榈酸异丙酯和香料混合后缓缓加入水溶液中，搅拌直至透明即可。

脱毛剂碱性很强，易损伤皮肤，配制和使用时均应十分注意。脱毛后要用肥皂轻洗，再擦酸性化妆水中和，或待完全干燥后擦滑石粉。脱毛后的皮肤如有干燥、粗糙等现象时，应擦适量乳液或乳膏以补充油分。

第十章　香水类化妆品

香水类化妆品包括香水、古龙水和花露水，其主要作用是散发香气，它们只是香精的香型和用量、酒精的浓度等不同而已。按产品形态可分为酒精液香水、乳化香水和固体香水三种。

第一节　酒精液香水

酒精液香水包括香水、花露水和古龙水三种。香精溶解于乙醇即为香水。香水具有芳香浓郁持久的香气，主要作用是喷洒于衣襟、手帕及身体等处，散发出悦人的香气，是重要的化妆用品之一。

古龙水英文名叫 Cologne，是 1680 年在德国 Cologne 首先由意大利人生产的，1756～1763 年德法战争期间，法国士兵将其带回法国，起名为 Eau de Cologne（古龙水），一直沿用至今。通常用于手帕、床巾、毛巾、浴室、理发室等处，散发出令人清新愉快的香气。

花露水是一种用于沐浴后，祛除一些汗臭及在公共场所解除一些秽气的夏令卫生用品；且具有杀菌消毒作用；涂于蚊叮、虫咬之处有止痒消肿的功效；涂抹于患痱子的皮肤上，亦能止痒而有凉爽舒适之感。

一、主要原料

酒精液香水的主要原料有香料或香精、酒精和去离子水等。

1. 香料或香精

香水的主要作用是散发出浓郁、持久、芬芳的香气，是香水类中含香精量最高的，一般为 15%～25%。所用香料也较名贵，往往采用天然的植物净油如茉莉净油、玫瑰净油等，以及天然动物性香料如麝香、灵猫香、龙涎香等配制而成。

古龙水和花露水内香精含量较低，一般为 2%～8%之间，香气不如香水浓郁。一般古龙水的香精中含有香柠檬油、柠檬油、薰衣草油、橙花油、迷迭香等。习惯上花露水的香精以清香的薰衣草油为主体。

香水类所用香精的香型是多种多样的，有单花香型、多花香型、非花香型等。应用于香水的香精，当加入介质中制成产品后，从香气性能上说，总的要求应是：香气幽雅，细致而协调，既要有好的扩散性使香气四溢，又要在肌肤上或织物上有一定的留香能力，香气要对人有吸引力，香感华丽，格调新颖，富有感情，能引起人们的好感与喜爱。

2. 酒精

酒精又名乙醇。纯粹的酒精为无色透明液体，易燃、易挥发，具有酒的香味。它的蒸气极易着火，与空气混合能形成爆炸混合物，爆炸极限 3.5%～18%（体积）。酒精燃烧时，发出不易看清的淡蓝色无烟火焰，势力甚强。与氧化剂浓硝酸等接触能引起自燃。酒精对皮肤有刺激性，灭菌性能良好，75%浓度的酒精，由于其对细菌的细胞膜渗透最为有利，灭菌能力最强。

酒精能与水、乙醚、氯仿、甘油等任意混合，能溶解多种有机化合物和许多无机化合物，与稀的酸类、碱类、盐类无反应。

酒精是配制香水类产品的主要原料之一。所用酒精的浓度根据产品中香精用量的多少而不同。香水内香精含量较高，酒精的浓度就需要高一些，否则香精不易溶解，溶液就会产生浑浊现象，通常酒精的浓度为95%。古龙水和花露水内香精的含量较香水低一些，因此酒精的浓度亦可低一些。古龙水的酒精浓度为75%～90%之间，如果香精用量为2%～5%，则酒精浓度可为75%～80%。花露水香精用量一般在2%～5%之间，酒精浓度为70%～75%。

由于在香水类制品中大量使用酒精，因此，酒精质量的好坏对产品质量的影响很大。用于香水类制品的酒精应不含低沸点的乙醛、丙醛及较高沸点的戊醇、杂醇油等杂质。酒精的质量与生产酒精的原料有关：用葡萄为原料经发酵制得的酒精，质量最好，无杂味，但成本高，适合于制造高档香水；采用甜菜糖和谷物等经发酵制得的酒精，适合于制造中高档香水；而用山芋、土豆等经发酵制得的酒精中含有一定量的杂醇油，气味不及前两种酒精，不能直接使用，必须经过加工精制，才能使用。

香水用酒精的处理方法是：在酒精中加入1%的氢氧化钠，煮沸回流数小时后，再经过一次或多次分馏，收集其气味较纯正的部分，用于配制中低档香水。如要配制高级香水，除按上述对酒精进行处理外，往往还在酒精内预先加入少量香料，经过较长时间（一般应放在地下室里陈化一个月左右）的陈化后再进行配制效果更好。所用香料有秘鲁香脂、吐鲁香脂和安息香树脂等，加入量为0.1%左右。赖百当浸膏、橡苔浸膏、鸢尾草净油、防风根油等加入量为0.05%左右。最高级的香水是采用加入天然动物性香料，经陈化处理而得的酒精来配制。

用于古龙水和花露水的酒精也需处理，但比香水用酒精的处理方法简单，常用的方法有：

（1）酒精中加入0.01%～0.05%的高锰酸钾，充分搅拌，同时通入空气，待有棕色二氧化锰沉淀，静置一夜，然后过滤得无色澄清液；

（2）每升酒精中加1～2滴30%浓度的过氧化氢，在25～30℃储存几天；

（3）在酒精中加入1%活性炭，经常搅拌，一周后过滤待用。

3.去离子水

不同产品的含水量有所不同。香水因含香精较多，水分只能少量加入或不加，否则香精不易溶解，溶液会产生混浊现象。古龙水和花露水中香精含量较低，可适量加入部分水代替酒精，降低成本。配制香水、古龙水和花露水的水质，要求采用新鲜蒸馏水或经灭菌处理的去离子水，不允许其中有微生物存在，或铁、铜及其他金属离子存在。水中的微生物虽然会被加入的酒精杀灭而沉淀，但它会产生令人不愉快的气息而损害产品的香气。铁、铜等金属离子则对不饱和芳香物质会发生催化氧化作用，所以除进行上述处理外，还需加入柠檬酸钠或EDTA等螯合剂，防止金属离子的催化氧化作用，稳定产品的色泽和香气。

4.其他

为保证香水类产品的质量，一般需加入0.02%的抗氧化剂如二叔丁基对甲酚等。有时根据特殊的需要也可加入一些添加剂如色素等，但应注意，所加色素不应污染衣物等，所以香水通常都不加色素。

二、配方举例

1.香水

（1）紫罗兰香型香水（表10-1）

表 10-1　紫罗兰香型香水参考配方

紫罗兰香型香水配方	质量分数/%	紫罗兰香型香水配方	质量分数/%	紫罗兰香型香水配方	质量分数/%
紫罗兰花净油	14.0	灵猫香净油	0.1	龙涎香酊剂(3%)	3.0
金合欢净油	0.5	麝香酮	0.1	麝香酊剂(3%)	2.0
玫瑰油	0.1	檀香油	0.2	酒精(95%)	80.0

(2) 东方香型香水（表 10-2）

表 10-2　东方香型香水参考配方

东方香型香水配方	质量分数/%	东方香型香水配方	质量分数/%	东方香型香水配方	质量分数/%
橡苔浸膏	6.0	广藿香油	3.0	苯乙醇	6.0
香根油	1.5	檀香油	3.0	酮麝香	0.45
香柠檬油	4.5	对甲酚异丁醚	0.15	二甲苯麝香	2.1
胡荽油	0.6	醋酸异戊酯	1.5	抗氧剂	0.1
黄樟油	0.3	洋茉莉醛	0.6	酒精(95%)	69.75
异丁子香酚	0.45				

(3) 茉莉香型香水（表 10-3）

表 10-3　茉莉香型香水参考配方

茉莉香型香水配方	质量分数/%	茉莉香型香水配方	质量分数/%	茉莉香型香水配方	质量分数/%
苯乙醇	0.9	甲位戊基肉桂醛	8.0	松油醇	0.4
羟基香草醛	1.1	乙酸苄酯	7.2	酒精(95%)	80.0
香叶醇	0.4	茉莉净油	2.0		

2. 古龙水（表 10-4）

表 10-4　古龙水参考配方

古龙水配方	质量分数/%		古龙水配方	质量分数/%		古龙水配方	质量分数/%	
	1	2		1	2		1	2
香柠檬油	2.0	0.8	甜橙油	0.2		苯甲酸丁酯	0.2	
迷迭香油	0.5	0.6	橙花油		0.8	甘油	1.0	0.4
薰衣草油	0.2		柠檬油		1.4	酒精(95%)	75.0	80.0
苦橙花油	0.2		乙酸乙酯	0.1		去离子水	20.6	16.0

3. 花露水（表 10-5）

表 10-5　花露水参考配方

花露水配方	质量分数/%	花露水配方	质量分数/%	花露水配方	质量分数/%
橙花油	2.0	香柠檬油	1.0	酒精(95%)	75.0
玫瑰香叶油	0.1	安息香	0.2	去离子水	21.7

第二节　乳化香水

由于酒精液香水的主要溶剂是酒精，对香料在其中的溶解度要求很高；香精香气的某些缺陷也极易在酒精这一稀释剂中暴露；由于酒精液香水中酒精含量较高，又不易加入对皮肤有滋润作用的物质，所以对皮肤的刺激性较高；且由于产品黏度低，对包装容器要求苛刻等。而乳化香水在某种程度上克服了酒精液香水的上述缺点，具有留香持久（配方中油蜡类物质有保香作用），对皮肤有滋润作用，刺激小等特点。

乳化香水的作用和用法与酒精液香水一样，涂敷于耳后、肘弯、膝后等处，亦可敷在身体上和手上，用以散发香气。

一、乳化香水的原料

乳化香水主要由香精、乳化剂、多元醇和水等组成。通常香精的加入量为5%～10%，香精的用量应根据香精的香味浓淡和香水的类型而定，但总的讲，用量应尽可能少一些，用量愈高，形成稳定乳化体就越困难。乳化香水所用香精应避免采用在水溶液中易变质的成分。芳香族的醇类及醚类在多数情况下是稳定的，可多量选用，而醛类、酮类和酯类在含有乳化剂的碱性水溶液中易分解，选料时应尽量少用或不用。

乳化香水的配制中很重要的一点就是形成稳定的乳化体，由于配方中含有较多的香精，特别是采用后加香，对形成稳定的乳化体是不利的，较一般产品难度大。生产稳定的乳化香水的关键是选择合适的乳化剂，常用的乳化剂有阴离子型表面活性剂如硬脂酸钾（或钠、三乙醇胺）、月桂醇硫酸钠等；非离子型表面活性剂如单硬脂酸甘油酯、聚氧乙烯硬脂酸酯、失水山梨醇脂肪酸酯、聚氧乙烯失水山梨醇脂肪酸酯、聚乙二醇脂肪酸酯等；阳离子表面活性剂如溴化鲸蜡基·三甲基铵、氯化 C_{10}～C_{16} 烷基·二甲基·苄基铵等。有关乳化原理参见第三章。

多元醇也是乳化香水中的主要原料之一。它的作用一方面是保持乳化香水适宜的水分含量，防止水分过快蒸发而影响乳化体的稳定性；另一方面是降低乳化香水的冻点，防止在寒冷的天气结冰，使瓶子因膨胀而破裂；同时它又是香精的溶剂。通常采用的多元醇有甘油、丙二醇、山梨醇、聚乙二醇、乙氧基二甘醇醚等。

除了稳定性外，还要求乳化香水在使用时对皮肤没有油腻的感觉，也不留下油污，并应具有化妆品必要的光洁细致的组织。油蜡类物质的加入，不仅作为乳化体的油相，使制品在用后有滋润皮肤作用，而且可起到保香剂的作用，提高香气持久性。但不宜多加，否则油腻性过强。

乳化香水有时也可加入一些色素以增进外观。香料的色泽对成品色泽的影响很大，可使乳化体自乳白色到奶黄色直至棕色，加入一些化妆品用的色素可极大改善乳化香水的外观。另外，配方中通常加入CMC等增稠剂以增加连续相的黏度，提高乳化体的稳定性。加入防腐剂，防止微生物的生长，对乳化香水的稳定性也是有利的。对水质的要求同酒精液香水。

二、配方举例

1.液状乳化香水参考配方（表10-6）举例

表10-6 液状乳化香水参考配方

乳化香水配方	质量分数/%	乳化香水配方	质量分数/%	乳化香水配方	质量分数/%
A:油相		B:香精	7.0	CMC(低黏度)	0.2
硬脂酸	2.5	C:水相		尼泊金甲酯	0.1
鲸蜡醇	0.3	丙二醇	5.0	色素	适量
单硬脂酸甘油酯	1.5	三乙醇胺	1.2	去离子水	82.2

2.半固体状乳化香水参考配方（表10-7）举例

表 10-7 半固体状乳化香水参考配方

乳化香水配方	质量分数/%	乳化香水配方	质量分数/%	乳化香水配方	质量分数/%
A:油相		B:香精	7.0	尼泊金甲酯	0.1
蜂蜡	2.0	C:水相		色素	适量
鲸蜡醇	8.0	月桂醇硫酸钠	1.2	去离子水	71.2
脂蜡醇	4.5	丙二醇	6.0		

制作方法：液状乳化香水的制作可参照奶液类化妆品的生产工艺，半固体状乳化香水的制作可参照膏霜类化妆品的生产工艺。通常先将 A（油相）在不锈钢夹层锅内加热熔化至 65℃（半固体型为 70℃），在另一搅拌锅中将 C（水相）加热至 65℃，搅拌溶解均匀。然后在搅拌条件下将 A 倒入 C 中，继续搅拌待乳化完全后，搅拌冷却至 45℃时，再缓缓加入香精，搅拌使其分散均匀后，在夹层内通冷却水，快速冷却至室温，停止搅拌即可灌装。

某些香精在乳化后加香会使乳化体不稳定，易产生分离现象，可将香精加入油相一起进行乳化，但必须注意乳化温度应以不破坏香精的稳定为准。由于香精能渗透通过聚乙烯，故乳化香水不宜用聚乙烯瓶包装。

乳化香水最好经过六个月的稳定性试验，合格后方可投入正式生产。研究表明，乳化香水如能在 45℃烘 24h，再在 40℃冰箱中冰冻 24h，若其性质不变的话，那么在常温下的稳定性是比较可靠的。

第三节 固体香水

固体香水是将香料溶解在固化剂中，制成棒状并固定在密封较好的管形容器中，携带和使用方便。其用途与乳化香水相同。但固体香水的香气不及液体香水来得幽雅，在香气持久性方面，液状香水不及固体香水。

制作固体香水的关键是固化剂，通常采用硬脂酸钠作固化剂。生产中可直接加入硬脂酸钠，也可在生产过程中以氢氧化钠中和硬脂酸而成。直接加入硬脂酸钠，可简化生产过程，但需要较长时间溶解。固体香水的硬度可通过调整硬脂酸钠的含量来实现，增加硬脂酸钠的用量可以生产出较硬的固体香水棒。配方中硬脂酸钠含量少一些，硬脂酸中棕榈酸含量高一些和灌模时冷却速度慢一些，可以制得较透明的产品。

制作固体香水的其他固化剂有蜂蜡、小烛树蜡、松脂皂、二丙酮果糖硫酸钾、醋酸钠、乙基纤维素等。

除固化剂外，为了改善固体香水的可塑性，防止固体香水棒的碎裂，避免在使用时涂敷在皮肤上的薄膜干燥太快，防止硬脂酸皂在皮肤上形成白粉层，在固体香水配方中还需加一些多元醇类如甘油、丙二醇、山梨醇、乙氧基二甘醇醚和聚乙二醇等作为增塑剂，同时多元醇还是固化剂的良好溶剂。脂肪酸酯如异丙醇的棕榈酸和肉豆蔻酸酯也可被采用。

在固体香水中水的用量较少，一般在 10%以下，常用量在 5%以下。其主要作用是在生产过程中用来溶解氢氧化钠，以利于和硬脂酸中和生成硬脂酸钠。用量过多，会产生硬脂酸钠和硬脂酸微小结晶，形成白色斑点，影响外观。

由于采用硬脂酸钠作固化剂，因此固体香水呈碱性，所以在选择香料时必须加以注意，即尽可能选用在碱性条件下稳定的香原料来调配香精。

固体香水除了固化的酒精制品外，也有不含酒精的制品。但总的讲，固体香水不及酒精液香水等液体香水普遍。

固体香水参考配方（表 10-8）举例。

表 10-8 固体香水参考配方

固体香水配方	质 量 分 数/%			固体香水配方	质 量 分 数/%		
	1	2	3		1	2	3
硬脂酸	5.6			石蜡			30.0
硬脂酸钠		6.0		白凡士林			45.0
甘油	6.5			液体石蜡			5.0
丙二醇		4.0		色素	适量	适量	适量
二甘醇-乙醚		3.0		去离子水	4.0	5.0	
酒精	80.0	80.0		香精	3.0	2.0	20.0
氢氧化钠	0.9						

配方 1 是在生产过程中制成硬脂酸钠，操作方法是将酒精、硬脂酸、甘油等成分加热至 70℃，在快速搅拌条件下，将溶解在水中的氢氧化钠缓缓加入，取样分析游离脂肪酸或游离碱，并校正使游离脂肪酸的量约为配方中硬脂酸用量的 5%后，加入香精和色素，在 65℃时灌模，冷却后即可包装。

配方 2 是直接加入硬脂酸钠，其操作方法是将除香料以外的所有成分在密封的不锈钢锅内加热，并不停地搅拌，当硬脂酸钠完全溶解后，加入香精，冷却至 65℃时即可灌装，缓慢冷却至室温后包装。

配方 3 是不含酒精的固体香水，其配方类同唇膏，只是香精用量远较唇膏多，其制作方法也与唇膏基本相同。

也可将液态香水制成直径几十到几百微米的微型胶囊，这种胶囊中含有环糊精等高分子物质，它一般嗅不出香味，只有用手指轻柔或在摩擦时微囊才会破裂并释放出香水。这种香水称之为干香水，可加进普通芳香化妆品中，或加进纤维织物中制成香味织物或香味手帕、毛巾等，用途十分广泛。

第十一章　特殊化妆品

特殊化妆品，是指能改变人体局部状态，去除影响人体美的因素的化妆品，包括染发、烫发、祛斑美白、防晒、防脱发的化妆品以及宣称新功效的化妆品为特殊化妆品。这些化妆品都有各自不同的效用，在此分别予以介绍。

第一节　染　发　剂

染发剂是用来改变头发的颜色，达到美化毛发之目的的一类化妆品。它不仅包括把白色或红色的头发染成黑色，而且也包括将黑色头发漂白脱色，然后染成所需要的色调。如美容化妆、戏剧化妆等，有时需要染成金黄色或棕黄色等不同颜色。

染发剂根据其所采用的染料不同分为合成有机染料染发剂、天然有机染料染发剂、无机染料染发剂以及头发漂白剂等。

一、毛发与染色

要形成比较牢固的染色，染料必须和头发有亲和力，能被吸附或渗透到头发当中，且不易被水或香波等洗掉，抗氧化等。

人的头发是由角蛋白质组成，其中含有十几种氨基酸。这些氨基酸分子中存在有羧基（—COOH）和氨基（$—NH_2$），因此能和含有极性基团的碱性或酸性染料形成离子键、氢键等，增加了染色的稳定性。如果染料分子小，能渗透到头发内部，则可形成更为持久的染色。但是单靠这种离子键和氢键是不够的，经过多次洗涤这些色素会被溶出而褪色。含有疏水性基团的染料较含有亲水性基团的染料耐洗涤，高分子染料较低分子染料为佳。但是由于染发时温度不能太高，大分子染料就很难渗入，因此染发用的染料必须是小分子化合物。

要使染料分子渗入发髓，就必须通过妨碍染料向内部扩散的头发外表皮层。染料的扩散速度不仅与染料分子的大小有关，而且也和头发状态的好坏有关。H. Wilmsmann 用分子直径不同的各种化合物染发（见表 11-1），用显微镜观察染色状态，其结果表明：对于正常头发，在 36℃时，分子直径小于 6Å（1Å＝0.1nm，余同）的染料可以渗透到头发内部。Holmes 的研究表明：分子直径小于 6Å 的染料在用水膨润过的头发上能迅速扩散，但分子直径大于 10Å 的染料的扩散却非常缓慢。经过烫发、脱色等化学处理的受损伤的头发，7～8Å 左右的染料也可渗入。因此染发前，先将头发进行预处理（用碱剂或还原剂），则可加速染料分子的渗入，且较大分子的染料也可渗入，有利于染色牢固度的提高。

二、合成有机染料染发剂

所谓合成有机染料染发剂，是指采用化学合成法制得的有机染料或染料中间体作为染发成分的一类染发剂。《化妆品安全技术规范》（2015 版）规定了化妆品准用染发剂共 75 种（见表 11-2）。根据染发后色泽在头发上的滞留时间分为持久性染发剂、半持久性染发剂和暂时性染发剂三种类型；而按产品的形态，又可分为液状、乳状、膏状、粉状、香波型等。

表 11-1　分子直径不同的化合物的染色状态

结　构　式	分子量	分子直径/Å	染色状态
$HS-CH_2-C(=O)-OH$	92	4.14	
$HS-CH_2-C(=O)-OCH_2CH_2OH$	136	4.7	
$HS-CH_2-C(=O)-NHCH_2CH_2OH$	135	4.8	
$H_2N-C_6H_4-NH_2$	108	4.7	渗透领域
$H_2N-C_6H_3(CH_3)-NH_2$	122	4.9	
$H_2N-C_6H_3(NO_2)-NH_2$	153	5.0	
$H_2N-C_6H_4-NH-C_6H_5$	184	5.6	
$C_{14}H_6O_2(NH_2)_2$	238	6.0	境界领域
$[H_2N-C_6H_3(CH_3)]_3C^{\oplus}\ Cl^{\ominus}$	365	7.1	
$[(C_2H_5)_2N-C_6H_4]_2C^{\oplus}-C_6H_5\ Cl^{\ominus}$	420	7.4	非渗透领域
$[(C_2H_5)_2N-C_6H_4]_2C^{\oplus}-C_{10}H_6-N(H)C_2H_5\ Cl^{\ominus}$	513	7.9	

表 11-2　化妆品准用染发剂①②

（按 INCI 名称英文字母顺序排列）

序号	物质名称		化妆品使用时的最大允许浓度		其他限制和要求	标签上必须标印的使用条件和注意事项
	中文名称	INCI 名称	氧化型染发产品	非氧化型染发产品		
1	1,3-双-(2,4-二氨基苯氧基)丙烷盐酸盐	1,3-bis-(2,4-diaminophenoxy) propane HCl	1.0%（以游离基计）	1.2%（以游离基计）		
2	1,3-双-(2,4-二氨基苯氧基)丙烷	1,3-bis-(2,4-diaminophenoxy) propane	1.0%	1.2%		
3	1,5-萘二酚(CI 76625)	1,5-naphthalenediol	0.5%	1.0%		
4	1-羟乙基-4,5-二氨基吡唑硫酸盐	1-hydroxyethyl 4,5-diaminopyrazole sulfate	1.125%			
5	1-萘酚 (CI 76605)	1-naphthol	1.0%			含 1-萘酚
6	2,4-二氨基苯氧基乙醇盐酸盐	2,4-diaminophenoxyethanol HCl	2.0%			
7	2,4-二氨基苯氧基乙醇硫酸盐	2,4-diaminophenoxyethanol sulfate	2.0%（以盐酸盐计）			
8	2,6-二氨基吡啶	2,6-diaminopyridine	0.15%			
9	2,6-二氨基吡啶硫酸盐	2,6-diaminopyridine sulfate	0.002%（以游离基计）			
10	2,6-二羟乙基氨甲苯	2,6-dihydroxyethylaminotoluene	1.0%		不和亚硝基化体系一起使用；亚硝胺最大含量 50μg/kg；存放于无亚硝酸盐的容器内	
11	2,6-二甲氧基-3,5-吡啶二胺盐酸盐	2,6-dimethoxy-3,5-pyridinediamine HCl	0.25%			
12	2,7-萘二酚(CI 76645)	2,7-naphthalenediol	0.5%	1.0%		
13	2-氨基-3-羟基吡啶	2-amino-3-hydroxypyridine	0.3%			
14	2-氨基-4-羟乙氨基茴香醚	2-amino-4-hydroxyethylaminoanisole	1.5%（以硫酸盐计）		不和亚硝基化体系一起使用；亚硝胺最大含量 50μg/kg；存放于无亚硝酸盐的容器内	

续表

序号	物质名称		化妆品使用时的最大允许浓度		其他限制和要求	标签上必须标印的使用条件和注意事项
	中文名称	INCI 名称	氧化型染发产品	非氧化型染发产品		
15	2-氨基-4-羟乙氨基茴香醚硫酸盐	2-amino-4-hydroxyethylamino-anisole sulfate	1.5%(以硫酸盐计)		不和亚硝基化体系一起使用;亚硝胺最大含量 50μg/kg;存放于无亚硝酸盐的容器内	
16	2-氨基-6-氯-4-硝基苯酚	2-amino-6-chloro-4-nitrophenol	1.0%	2.0%		
17	2-氨基-6-氯-4-硝基苯酚盐酸盐	2-amino-6-chloro-4-nitrophenol HCl	1.0%(以游离基计)	2.0%(以游离基计)		
18	2-氯对苯二胺	2-chloro-*p*-phenylenediamine	0.05%	0.1%		
19	2-氯对苯二胺硫酸盐	2-chloro-*p*-phenylenediamine sulfate	0.5%	1.0%		
20	2-羟乙基苦氨酸	2-hydroxyethyl picramic acid	1.5%	2.0%	不和亚硝基化体系一起使用;亚硝胺最大含量 50μg/kg;存放于无亚硝酸盐的容器内	
21	2-甲基-5-羟乙氨基苯酚	2-methyl-5-hydroxyethyl-aminophenol	1.0%		不和亚硝基化体系一起使用;亚硝胺最大含量 50μg/kg;存放于无亚硝酸盐的容器内	
22	2-甲基间苯二酚	2-methylresorcinol	1.0%	1.8%		含 2-甲基间苯二酚
23	3-硝基对羟乙氨基酚	3-nitro-*p*-hydroxyethyl-aminophenol	3.0%	1.85%	不和亚硝基化体系一起使用;亚硝胺最大含量 50μg/kg;存放于无亚硝酸盐的容器内	
24	4-氨基-2-羟基甲苯	4-amino-2-hydroxytoluene	1.5%			
25	4-氨基-3-硝基苯酚	4-amino-3-nitrophenol	1.5%	1.0%		
26	4-氨基间甲酚	4-amino-*m*-cresol	1.5%			
27	4-氯间苯二酚	4-chlororesorcinol	0.5%			

续表

序号	物质名称		化妆品使用时的最大允许浓度		其他限制和要求	标签上必须标印的使用条件和注意事项
	中文名称	INCI 名称	氧化型染发产品	非氧化型染发产品		
28	4-羟丙氨基-3-硝基苯酚	4-hydroxypropylamino-3-nitrophenol	2.6%	2.6%	不和亚硝基化体系一起使用；亚硝胺最大含量 50μg/kg；存放于无亚硝酸盐的容器内	
29	4-硝基邻苯二胺	4-nitro-*o*-phenylenediamine	0.5%			
30	4-硝基邻苯二胺硫酸盐	4-nitro-*o*-phenylenediamine sulfate	0.5%（以游离基计）			
31	5-氨基-4-氯邻甲酚	5-amino-4-chloro-*o*-cresol	1.0%			
32	5-氨基-4-氯邻甲酚盐酸盐	5-amino-4-Chloro-*o*-Cresol HCl	1.0%（以游离基计）			
33	5-氨基-6-氯-邻甲酚	5-amino-6-chloro-*o*-cresol	1.0%	0.5%		
34	6-氨基间甲酚	6-amino-*m*-cresol	1.2%	2.4%		
35	6-羟基吲哚	6-hydroxyindole	0.5%			
36	6-甲氧基-2-甲氨基-3-氨基吡啶盐酸盐（HC 蓝 7 号）	6-methoxy-2-methylamino-3-aminopyri dine HCl	0.68(以游离基计)	0.68(以游离基计)	不和亚硝基化体系一起使用；亚硝胺最大含量 50μg/kg；存放于无亚硝酸盐的容器内	
37	酸性紫 43 号（CI 60730）	acid violet 43		1.0%	所用染料纯度不得＜80%，其杂质含量必须符合以下要求：挥发性成分（135℃）及氯化物和硫酸盐（以钠盐计）小于 18%，水不溶物不得小于 0.4%，1-羟基-9,10-蒽二酮（1-hydroxy-9,10-anthracenedione）小于 0.2%，对甲苯胺（*p*-toluidine）小于 0.1%，对甲苯胺磺酸钠（*p*-tolluidine sulfonic acids, sodium salts）小于 0.2%，其他染料（subsidiary colors）小于 1%，铅小于 20mg/kg，砷小于 3mg/kg，汞小于 1mg/kg	

续表

序号	物质名称		化妆品使用时的最大允许浓度		其他限制和要求	标签上必须标印的使用条件和注意事项
	中文名称	INCI 名称	氧化型染发产品	非氧化型染发产品		
38	碱性橙 31 号	basic orange 31	0.1%	0.2%		
39	碱性红 51 号	basic red 51	0.1%	0.2%		
40	碱性红 76 号（CI 12245）	basic red 76		2.0%		
41	碱性黄 87 号	basic yellow 87	0.1%	0.2%		
42	分散黑 9 号	disperse black 9		0.3%		
43	分散紫 1 号	disperse violet 1		0.5%	作为原料杂质分散红 15 应小于 1%	
44	HC 橙 1 号	HC orange No. 1		1.0%		
45	HC 红 1 号	HC red No. 1		0.5%		
46	HC 红 3 号	HC red No. 3		0.5%	不和亚硝基化体系一起使用；亚硝胺最大含量 50μg/kg；存放于无亚硝酸盐的容器内	
47	HC 黄 2 号	HC yellow No. 2	0.75%	1.0%	不和亚硝基化体系一起使用；亚硝胺最大含量 50μg/kg；存放于无亚硝酸盐的容器内	
48	HC 黄 4 号	HC yellow No. 4		1.5%	不和亚硝基化体系一起使用；亚硝胺最大含量 50μg/kg；存放于无亚硝酸盐的容器内	
49	羟苯并吗啉	hydroxybenzo-morpholine	1.0%		不和亚硝基化体系一起使用；亚硝胺最大含量 50μg/kg；存放于无亚硝酸盐的容器内	
50	羟乙基-2-硝基对甲苯胺	hydroxyethyl-2-nitro-*p*-toluidine	1.0%	1.0%	不和亚硝基化体系一起使用；亚硝胺最大含量 50μg/kg；存放于无亚硝酸盐的容器内	

续表

序号	物质名称		化妆品使用时的最大允许浓度		其他限制和要求	标签上必须标印的使用条件和注意事项
	中文名称	INCI 名称	氧化型染发产品	非氧化型染发产品		
51	羟乙基-3，4-亚甲二氧基苯胺盐酸盐	hydroxyethyl-3，4-methylenedioxyaniline HCl	1.5%		不和亚硝基化体系一起使用；亚硝胺最大含量 50μg/kg；存放于无亚硝酸盐的容器内	
52	羟乙基对苯二胺硫酸盐	hydroxyethyl-*p*-phenylenediamine sulfate	1.5%			
53	羟丙基双（*N*-羟乙基对苯二胺）盐酸盐	hydroxypropyl bis(*N*-hydroxyethyl-*p*-phenylenediamine) HCl	0.4%（以四盐酸盐计）			
54	间氨基苯酚	*m*-aminophenol	1.0%			
55	间氨基苯酚盐酸盐	*m*-aminophenol HCl	1.0%（以游离基计）			
56	间氨基苯酚硫酸盐	*m*-aminophenol sulfate	1.0%（以游离基计）			
57	*N*，*N*-双（2-羟乙基）对苯二胺硫酸盐[③]	*N*，*N*-bis（2-hydroxyethyl）-*p*-phenylenediamine sulfate	2.5%（以硫酸盐计）		不和亚硝基化体系一起使用；亚硝胺最大含量 50μg/kg；存放于无亚硝酸盐的容器内	含苯二胺类
58	*N*-苯基对苯二胺（CI 76085）[③]	*N*-phenyl-*p*-phenylenediamine	3.0%			含苯二胺类
59	*N*-苯基对苯二胺盐酸盐（CI 76086）[③]	*N*-phenyl-*p*-phenylenediamine HCl	3.0（以游离基计）			含苯二胺类
60	*N*-苯基对苯二胺硫酸盐[③]	*N*-phenyl-*p*-phenylenediamine sulfate	3.0（以游离基计）			含苯二胺类
61	对氨基苯酚	*p*-aminophenol	0.5%			
62	对氨基苯酚硫酸盐	*p*-aminophenol HCl	0.5%（以游离基计）			
63	对氨基苯酚硫酸盐	*p*-aminophenol sulfate	0.5%（以游离基计）			
64	苯基甲基吡唑啉酮	phenyl methyl pyrazolone	0.25%			

续表

序号	物质名称		化妆品使用时的最大允许浓度		其他限制和要求	标签上必须标印的使用条件和注意事项
	中文名称	INCI 名称	氧化型染发产品	非氧化型染发产品		
65	对甲基氨基苯酚	*p*-methylaminophenol	0.68%(以硫酸盐计)		不和亚硝基化体系一起使用；亚硝胺最大含量 50μg/kg；存放于无亚硝酸盐的容器内	
66	对甲基氨基苯酚硫酸盐	*p*-methylaminophenol sulfate	0.68%		不和亚硝基化体系一起使用；亚硝胺最大含量 50μg/kg；存放于无亚硝酸盐的容器内	
67	对苯二胺③	*p*-phenylenediamine	2.0%			含苯二胺类
68	对苯二胺盐酸盐③	*p*-phenylenediamine HCl	2.0%(以游离基计)			含苯二胺类
69	对苯二胺硫酸盐③	*p*-phenylenediamine sulfate	2.0(以游离基计)			含苯二胺类
70	间苯二酚	resorcinol	1.25%			含间苯二酚
71	苦氨酸钠	sodium picramate	0.05%	0.1%		
72	四氨基嘧啶硫酸盐	tetraaminopyrimidine sulfate	2.5%	3.4%		
73	甲苯-2,5-二胺③	toluene-2,5-diamine	4.0%			含苯二胺类
74	甲苯-2,5-二胺硫酸盐③	toluene-2,5-diamine sulfate	4.0%(以游离基计)			含苯二胺类
75	其他允许用于染发产品的着色剂		应符合“化妆品准用着色剂”表中的要求			

① 在产品标签上均需标注以下警示语：染发剂可能引起严重过敏反应；使用前请阅读说明书，并按照其要求使用；本产品不适合 16 岁以下消费者使用；不可用于染眉毛和眼睫毛，如果不慎入眼，应立即冲洗；专业使用时，应戴合适手套；在下述情况下，请不要染发：面部有皮疹或头皮有过敏、炎症或破损；以前染发时曾有不良反应的经历。

② 当与氧化乳配合使用时，应明确标注混合比例。

③ 这些物质可单独或合并使用，其中每种成分在化妆品产品中的浓度与表中规定的最高限量浓度之比的总和不得大于 1。

1.氧化染发剂

氧化染发剂也叫持久性染发剂，是目前市场上最为流行的染发用品。这类染发剂所用的是低分子量的染料中间体，如对苯二胺、对氨基苯酚等，这些染料中间体本身是无色的，但经氧化后则生成有色大分子化合物。它们色调范围广，染后耐光、耐汗、耐洗，一般能保持

40～50 天以上，即使用发油、喷发胶等化妆品也不会导致变色或溶出，且具有使用方便、作用迅速、色泽自然、不损伤头发等特点。

市售的氧化型染发剂有多种形式，如粉状、液状、膏状及染发香波等。最常见的是两瓶分装的染发剂，一瓶装含有染料的基质或载体，另一瓶装氧化剂。使用时，将两剂等量混合，然后均匀地涂敷于头发上，过 30～40min 后用水冲洗干净，便可将白色或灰色头发染成黑色或其他色泽。

液状染发剂一般以溶剂作染料载体，与氧化剂混合后呈水状。因是液体制品，染发时不易黏附在头发表面，且易流失玷污皮肤和衣服，使用不太方便。

膏状染发剂是在基质中添加一些增稠剂、表面活性剂等添加剂，使之与氧化剂混合后呈黏稠状或半流动状胶体。其特点是易黏附在头发表面，有利于染料分子渗透到头发内部，且不易玷污皮肤和衣服。

香波型染发剂是在香波基体中溶入染料中间体，表面活性剂宜用非离子型或两性离子型，也可使用阴离子表面活性剂。染发香波的使用比较简单，将染发香波均匀分布在头发上，待显色 20min 左右，用水冲洗干净即可，适宜在家庭中使用。

氧化型染发剂通常是由含染料中间体的基质（或载体）和氧化显色剂两部分组成，下面就染料中间体、基质、氧化剂分别加以介绍。

（1）染料中间体　如前所述，小分子的化合物易于渗入发髓。氧化染发剂就是含有小分子的染料中间体和偶合剂，这些染料中间体和偶合剂渗透进入头发的皮质层后，发生氧化反应、偶合和缩合反应形成较大的染料分子，被封闭在头发纤维内。由于染料中间体和偶合剂的种类不同、含量比例的差别，故产生色调不同的反应产物，各种色调产物组合不同的色调，使头发染上不同的颜色。由于染料大分子是在头发纤维内通过染料中间体和耦合剂小分子反应生成。因此，在清洗时，形成的染料大分子是不容易通过毛发纤维的孔径被清洗。

对苯二胺是目前最广泛使用的染料，能将头发染成黑色，其氧化过程如下：

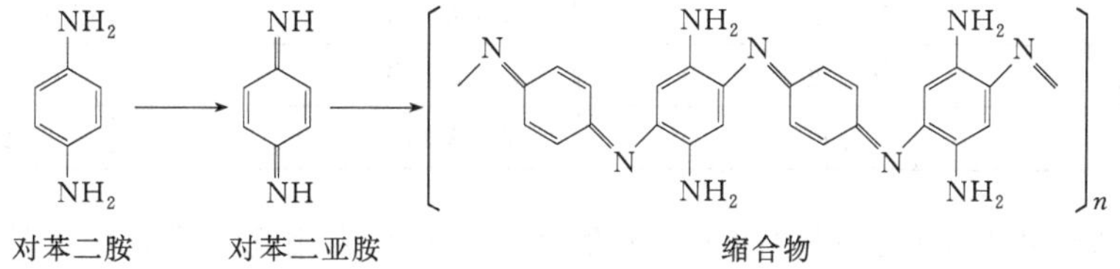

对苯二胺　　对苯二亚胺　　缩合物

以过氧化氢氧化，此反应过程进行的不是很快，室温时需 10～15min。因此有足够时间使部分氧化染料小分子渗透到头发内部，然后氧化成锁闭在头发上的黑色大分子。采用对苯二胺能使染后头发有良好的光泽和自然的光彩。研究和实验表明，不含对苯二胺目前还不能制成良好的染发剂。

为提高对苯二胺类的染色效果，可在染发剂配方中少量添加间苯二酚、邻苯二酚、连苯二酚等多元酚，可使着色牢固，染色光亮。用对苯二胺和间苯二酚混合，产生的缩合物为：

对氨基酚也是使用最广泛的染料之一，能将头发染成褐色，同时并用对甲苯二胺和 2,4-二氨基甲氧基苯能将头发染成金色、暗红色。

有许多因素影响染发的色调和染色力，如染料的品种、染料的浓度、染料基质、pH 值、显色时间长短、头发的状态等。用异丙醇作溶剂，制成 1%的染料溶液，加入等量的 6%过氧化氢溶液，调节 pH 值至 9.7，染白色头发，经过 45min 后水洗，各种染料中间体的显色如表 11-3 所示。

实际上，单独采用某种染料中间体是不够的，通常是采用几种染料中间体混合使用，再

NH / NH（对苯醌二亚胺） + 间苯二酚 ⟶ 无色醌氨酚 $\xrightarrow{[O]}$ 醌氨酚 $\xrightarrow{PPD}$ 绿色色素

间苯二酚　　无色醌氨酚

绿色色素　　醌氨酚

加入修正剂，使之显现出所喜爱的颜色。如在对苯二胺中加入修正剂，其色调变化如下：加入间苯二酚显绿褐色；加入邻苯二酚显灰褐色；加入对苯二酚显淡灰褐色。因此染料中间体的选择至关重要，选用不同的染料中间体配伍，就能得到不同的色泽。

表 11-3　常用染料中间体及染发后的颜色

染料中间体	染发后的颜色	染料中间体	染发后的颜色
对苯二胺	棕至黑色	间苯二胺	紫色
氯代对苯二胺	红棕色	对氨基酚	淡茶褐色
2-甲氧基对苯二胺	灰黄色	4-氨基-2-甲基酚	金带棕色
邻苯二胺	黄带金黄色	4-氨基-3-甲基酚	淡灰棕色
4-氯代邻苯二胺	棕色带金黄	2,4-二氨基酚	淡红棕色
对甲苯二胺	红棕色	对甲胺酚	灰黄色
3,4-甲苯二胺	亚麻色	邻氨基酚	金黄色
邻甲苯二胺	金色带棕	2,5-二氨基茴香醚	棕色
对氨基联苯胺	棕黑色	4-氯-2-氨基酚	灰黄色
2,4-二氨基联苯胺	紫棕色	2,5-二氨基酚	红棕色
4,4′-二氨基联苯胺	红棕色	间氨基苯酚	深灰色

实际上，单独采用某种染料中间体是不够的，通常是采用几种染料中间体混合使用，再加入修正剂，使之显现出所喜爱的颜色。如在对苯二胺中加入修正剂间苯二酚显绿褐色。因此染料中间体的选择至关重要，选用不同的染料中间体配伍就能得到不同的色泽，但要符合《化妆品安全技术规范》规定。

有机染料虽有许多优点，能制成优良的染发剂，但却具有相当的毒性和刺激性。例如对苯二胺会使易过敏的人引起发痒、水肿、气喘、胃炎、贫血等现象，严重的有时会引起中毒而死亡。但若将对苯二胺的氨基转化，如将对苯二胺和甲醛及亚硫酸氢钠反应后生成 4-苯胺基氨基甲磺酸钠，则毒性就会大大减弱。

$$H_2N\text{-}C_6H_4\text{-}NH_2 + HCHO + NaHSO_3 \longrightarrow H_2N\text{-}C_6H_4\text{-}NHCH_2SO_3Na + H_2O$$

（2）基质　氧化染发剂的基质由表面活性剂、增稠剂、溶剂和保湿剂、抗氧化剂、氧化减缓剂、螯合剂、调理剂、碱类、香精等组成。

① 表面活性剂　氧化染发剂中可采用非离子、阴离子或两性离子表面活性剂或者混合使用。表面活性剂在染发剂中具有多种功能，既可作为渗透剂、分散剂、偶合剂、乳化剂，也可作为染发香波中的清洁剂、发泡剂。常用的表面活性剂有高级脂肪醇硫酸酯、壬基酚聚氧乙烯醚、脂肪酸聚氧乙烯酯、脂肪醇聚氧乙烯醚等。油酸、棕榈酸、硬脂酸、月桂酸、椰子油脂肪酸制成的铵皂，是染料中间体的一个较好的溶剂和分散剂，且它的抑制作用较低。

② 增稠剂　为使染发剂有一定的稠度，易于黏附头发表面，可加入增稠剂。增稠剂在染发剂中起增稠、增溶、稳定泡沫等作用。常用的增稠剂有油醇、十六醇、乙氧基化脂肪醇、烷醇酰胺及羧甲基纤维素等。

③ 溶剂和保湿剂　低碳醇可作为染料中间体和水不溶性物质的溶剂，如乙二醇、异丙醇、甘油、丙二醇、二甘油-乙醚等。但如用量过多，对头发染色效果有减弱的作用。另外甘油、乙二醇、丙二醇是保湿剂，可避免染发时，因水分蒸发过快而使染料干燥，影响染色的效果。

④ 抗氧化剂　氧化染发剂所用染料中间体在空气中易发生氧化反应，即使是部分染料被氧化，也将影响染发的效果。为防止氧化反应发生，除在制造及储存过程中尽量减少与空气接触的机会（如制造和灌装时填充惰性气体，灌装制品时应尽量装满容器等）外，通常是在染发基质中加入一些抗氧化剂。广泛使用的抗氧化剂是亚硫酸碱金属盐类、BHT 或 BHA。最常使用的是亚硫酸钠，用量一般不超过 0.5%。其他可选用的抗氧化剂有硫代乙醇酸、抗坏血酸（维生素 C）、2,3-羟基苯酚等。

⑤ 氧化减缓剂　如果氧化作用太快，染料中间体还未充分渗入到发髓之内，就被氧化成大分子色素，会造成染色不均匀而降低染色效果。因此，为了有足够的时间使染料小分子渗透到头发内部，然后再发生氧化反应形成锁闭在头发上的大分子化合物而显色，在染发剂的配方中，通常加入氧化减缓剂，以减慢氧化速度。可加入 1-苯基-3-甲基-5-吡唑啉酮及其类似物。另外上述的抗氧化剂也有一定的减缓氧化的作用。

⑥ 螯合剂　过氧化氢作为显色剂用于氧化染料，与含染料的基质混合时，由于染料及其基质中含有微量重金属，促使过氧化氢分解，从而加速染料中间体的自动氧化，影响染发的效果。通常是加入金属离子螯合剂来控制上述影响，常用乙二胺四醋酸钠（EDTA），其用量为 0.2%～0.5%。

⑦ 碱类　碱性条件能使头发柔软和膨胀，有利于染料中间体渗入发髓，并且能提高氧化剂的氧化力。因此，氧化染发剂呈碱性，其 pH 值可达 9～10.5。最常用的碱是氨水，一些有机胺如乙醇胺、烷基酚胺等也可采用或部分代替氨水。

⑧ 调理剂　前述很多原料如脂肪醇、某些表面活性剂、多元醇等对头发有一定的调理作用，其他还有羊毛脂及其衍生物、蛋白质、氨基酸、聚乙烯吡咯烷酮、阳离子瓜尔胶、硅酮油等也可用作头发调理剂。

⑨ 香精　因染发剂中的某些物质具有令人不愉快的气味，故可加入一些香精，以掩盖其令人不愉快的气味，同时还能在染后头发上留有一点芬芳的香气。所用香精应避免使用醛类化合物，因为醛类香料在碱性条件下会发生聚合而变味，同时要选择不与过氧化氢反应的香精。用量一般为 0.3%～0.5%。

氧化染发剂参考配方（表 11-4）举例：

表 11-4 氧化染发剂参考配方

氧化染发剂配方	质量分数/%				
	黑色(1)	黑色(2)	棕黑色	棕色	金色
A:染料中间体					
对苯二胺	2.7	4.0	0.8	0.11	0.15
间苯二酚	0.5		1.6	1.2	1.0
2,4-二氨基苯甲醚	0.4	1.25			0.01
邻氨基苯酚	0.2		1.0	0.1	0.2
对氨基苯酚			0.2	0.2	0.2
1,5-二羟基萘		0.1			
对氨基二苯基胺		0.07			
4-硝基邻苯二胺		0.1			0.04
B:基质					
油酸	20.0	20.0	20.0	14.0	20.0
油醇	15.0	15.0	15.0	17.0	15.0
聚氧乙烯烷基酚醚				2.5	
聚氧乙烯(5)羊毛醇醚	3.0	3.0	3.0		3.0
丙二醇	12.0	12.0	12.0		12.0
二乙醇二乙醚				2.5	
异丙醇	10.0	10.0	10.0	14.0	10.0
EDTA	0.5	0.5	0.5	0.4	0.5
氨水(28%)	适量	适量	适量	适量	适量
亚硫酸钠	0.5	0.5	0.5	0.4	0.5
去离子水加至	100	100	100	100	100

制作方法：将油酸、油醇、表面活性剂等一起混合均匀；另将 EDTA、亚硫酸钠溶解于丙二醇、水、氨水混合液中。分别加热至 65～70℃，混合搅拌均匀，冷却至 50℃时加入染料中间体，搅拌至室温时，用适量氨水调节 pH 值至 9～10.5 即可包装。

(3) 氧化剂 氧化剂是氧化染发剂的另一主要组成，要求使用时氧化反应完全、无毒性、无副作用等。氧化剂中活性物的浓度，直接影响染料中间体在染发过程中氧化反应的完全程度。如果氧化剂中活性物含量偏低，则氧化反应进行不完全，影响染发色泽；反之，如果活性物浓度过高，虽然氧化反应完全，但氧化剂本身既有氧化作用，又有漂白作用，也会影响染发的色泽；同时还会对头发角蛋白产生破坏作用，影响染后头发的强度。

氧化染发剂使用的氧化剂通常为过氧化氢，使用浓度 6%，使用量与含染料中间体的基质等量，两瓶分装，使用前混合。过氧化氢易分解，而在酸性条件下则比较稳定，故在配制过氧化氢溶液时应适当控制氧化剂的 pH 值。一般控制其 pH 值在 3～4 之间。pH 值过低，与染料基质混合后减低了染发剂的游离碱含量，会影响染发的效果。但光靠控制 pH 值来稳定氧化剂是不够的，还需加入稳定剂，常用的稳定剂是非那西丁、磷酸氢钠等，加入量为 0.05%。

表 11-5 氧化剂参考配方

组 成	质量分数/%
过硼酸钠	94.7
柠檬酸	2.1
葡萄糖酸内酯	3.2

除过氧化氢外，其他氧化剂有过硫酸钾、过硼酸钠、重铬酸盐等，其参考配方见表 11-5。

将上述三种物质混合均匀后装在塑料袋内，每袋 6g，使用前和氧化染发剂基质混合均匀即可进行染发。虽包装方便，但不及过氧化氢使用方便。

为了改进染发的效果，保护头发免遭染发剂的损伤，现在常在染发剂中添加护发成分如油脂蜡、调理剂等，配制成具有护发功能的焗油染发膏，参考配方（表11-6）举例如下：

表 11-6 焗黑染发膏参考配方

焗黑染发膏(Ⅰ剂)	质量分数/%	氧化剂(Ⅱ剂)	质量分数/%
对苯二胺	1.2	白油	10.0
间苯二酚	0.2	硅油	5.0
丙二醇	6.0	十六醇	3.0
异丙醇	4.0	硬脂酸	6.0
白油	10.0	单甘酯	2.0
貂油	5.0	Arlacel 165	5.0
十六醇	3.0	防腐剂	0.2
硬脂酸	6.0	甘油	3.0
羊毛脂	3.0	去离子水	59.3
单甘酯	2.0	双氧水	6.0
Arlacel 165	5.0	乙酰苯胺(稳定剂)	0.5
1-苯基-3-甲基-咪唑啉酮	0.6	磷酸	调 pH=3～4
防腐剂	适量		
亚硫酸钠	0.2		
甘油	3.0		
JR-125	0.4		
EDTA-Na	0.2		
去离子水	50.2		

（4）氧化染发剂的安全性　染发剂中的染料中间体有一些是有一定毒性的，操作人员要特别引起重视，在生产制备时应注意防护，皮肤有破损者应尽量避免接触染料中间体的粉末和蒸气，平时操作制备时应注意避免从呼吸道吸入染料中间体的粉末和蒸气。

氧化染发剂对某些过敏性的皮肤不安全，因此初次使用氧化染发剂的人，使用之前应做皮肤接触试验，其方法是：按照调配染发剂的方法调配好少量染发剂溶液，在耳后的皮肤上涂上小块染发剂（注意不能被擦掉），经过24小时后仔细观察，如发现被涂部分有红肿、水泡、疹块等症状，表明此人对这种染发剂有过敏反应，不能使用。另外头皮有破损或有皮炎者，不可使用此类氧化染发剂。

烫发者，则应先烫发后再染发，因为烫发剂的碱性能使氧化染料变成红棕色而影响染发的效果。

2. 直接染料染发剂

直接染料在织物染色中是指不依赖其他介质而能直接从水溶液中吸收染色的一类染料，主要是偶氮染料。在染发剂中，是指不使用发色剂而能直接染色的染料，如酸性染料、分散染料等。特别是与氧化染料相比，即不使用氧化剂而直接对头发进行染色的染料。

许多年来，化学家们一直企图用织物染料用于染发，即采用直接染料。羊毛和头发从化学结构上来说是非常相似的，二者均由角质蛋白组成。因此用于羊毛着色的染料也可以使头发着色，但实际上往往难以进行。羊毛染色时可在酸性条件下将羊毛煮沸，使角质膨胀，以利于染料分子渗入，因此可选用较大分子的染料。当羊毛膨胀到一定程度，染料分子进入羊毛内部，恢复常态后，染料分子被锁闭到羊毛纤维内而不被溶出。为提高染色的牢固度，大多数羊毛染料都含有酸性基团，能在羊毛纤维内部和氨基酸的碱性支链相结合，因而虽经多次洗涤也不致褪色。而在染发时，温度不能太高，所以大分子染料就很难渗入，且染料的酸性基团会和头发纤维表面的碱性基团相结合而阻碍染料的渗入，故染发用的色素必须是小分子且无酸性基团。小分子染料虽然在常温下可渗入发髓，但也易于被溶出，因而采用此类染料染发的保持时间较短。采用此类染料配制的染发剂，根据其染色的牢固度，可分为暂时性染发剂和半持久性染发剂两类。

(1) 暂时性染发剂　暂时性染发剂是使头发暂时着色，染色的牢固度很差，一次洗涤即脱色。这是因为此类染发剂采用的是大分子色素，通常情况下不能渗入发髓，只黏附或沉淀在头发表面，不耐洗，适用于染发后新生头发的修饰或供演员化妆用等。

暂时性染发剂可以用碱性染料、酸性染料、分散性染料等，如偶氮类、蒽醌类、三苯甲烷等。将染料与水或水-乙醇溶液混合在一起可制成液状产品，为了提高染发效果，可配入有机酸如酒石酸、柠檬酸等；将染料和油、脂、蜡混合可制成棒状、条状或膏状等，可直接涂敷于发上，或者用湿的刷子涂敷于发上；也可将染料溶于含高聚物的液体介质中，制成喷雾状产品等。

暂时性染发剂参考配方（表 11-7）举例：

表 11-7　暂时性染发剂参考配方

暂时性染发剂配方	质量分数/%				暂时性染发剂配方	质量分数/%			
	液状	膏状	油性棒状	水性棒状		液状	膏状	油性棒状	水性棒状
蜂蜡		22.0	15.0		异丙醇	35.0			
木蜡			10.0		三乙醇胺		7.0		
蓖麻油			66.8		甲酸	0.7			
硬脂酸		13.0			柠檬酸	1.0			
单硬脂酸甘油酯		5.0			香料、抗氧化剂			5.0	
阿拉伯树胶		3.0		27.5	炭黑			2.0	
硬脂酸钠				15.0	色素	0.3	15.0		16.0
聚氧乙烯(20)倍半油酸酯			1.2		去离子水	63.0	25.0		26.5
甘油		10.0		15.0					

(2) 半持久性染发剂　半持久性染发剂所用染料分子小，能渗入发髓而产生所需的色调，所以能保持较长时间（3～4 周）的染色。由于此类染发剂不用氧化剂，对于不适宜使用氧化染发剂染发的人是最合适的染发制品。

半持久性染发剂一般使用对毛发角质亲和性好的低分子量染料，主要有硝基对苯二胺、硝基氨基苯酚、氨基蒽醌及其衍生物、偶氮染料、萘醌染料等。这类染料在染发香波中应用较为普遍。配方中表面活性剂含量多的染发香波中应加入较多的染料。使用时将染发香波涂于发上并揉搓，让泡沫在头发上停留一段时间，使染料分子有足够时间渗入头发，然后用水冲洗干净即可。

半持久性染发剂参考配方（表 11-8）举例：

表 11-8　半持久性染发剂参考配方

半持久性染发剂配方	质量分数/%	半持久性染发剂配方	质量分数/%
2-羟基-1,4-萘醌	2.0	乳酸	1.0
月桂酸二乙醇酰胺	20.0	去离子水	75.8
月桂醇硫酸三乙醇胺	1.2		

为促进染料分子渗入发髓，提高染发效果，可采用多种方法：如当采用溶解染料制成染发香波时，应增加染料的用量；采用巯基乙酸或其他溶剂（如丁醇、N-代甲酰胺、苯氧基乙醇、烷基乙二醇醚等），改善头发的状态；或采用阴离子-阳离子络合物，即配方组成中使用偶氮型或酸性染料和阴离子表面活性剂之间形成络合物等。

三、植物性染发剂

最早使用的染发剂是植物性染发剂，像指甲花、甘菊花、核桃壳等植物中的提取物，这类染发剂没有原发性刺激，不会引起皮肤过敏，对人的身体健康一般说是无害的。但染发的色泽缺乏自然感，染后头发略显粗糙等，应用范围有限。

指甲花的有效成分是2-羟基-1,4-萘醌，能溶于水、稀碱和稀酸溶液，在酸性介质中染色效果较好。但单独使用时，只能将头发染成红棕色。如与其他物质混用，则能扩大染色范围。如指甲花与靛类叶粉的混合物能使头发染成蓝黑色；指甲花与连苯三酚、铜或其他金属同时并用，则可将头发染成各种颜色，但这一混合物有许多缺点，即连苯三酚接触伤口处有可能中毒。

甘菊花的有效成分是1,3,4-三羟基黄酮。将甘菊花磨粉，加一份陶土、二份高岭土，混合后用沸水制成稀浆状染发。也可采用它的沸水浸出液冲染。采用甘菊花和指甲花的混合物，较单独使用染发的色泽要佳。

植物性染发剂由于其原料来源、染发性能等多方面原因，发展缓慢。

四、矿物性染发剂

矿物性染发剂也是较早被采用的染发剂，古时候人们就用醋中浸过的铅梳发而使头发的色泽变深。矿物性染发剂不是染料，而是固体金属盐本身的颜色螯合于头发角蛋白质的表面，一般是不能渗入发髓的，所以经过摩擦、梳洗后均会脱色，而且经金属盐染发后头发变硬、发脆。所用的金属盐如铅、银、铜、镍、铁、铋、锰、钴等的盐类，再辅加其他碱类使头发角蛋白质膨胀，以利于螯合。如硫黄与醋酸铅变成黑色的硫化铅，或由高价锰变成低价锰，螯合于头发的表面，而显出各种金属化合物的颜色。在染发前，先用巯基乙酸铵或巯基酰胺等预处理头发，可使染发色泽稳定，同时使染发色泽加深。

铅盐染发剂是属于渐进性的染发剂，它的色彩是由深黄、绿、紫而转为黑，必须每天使用直至达到需要的色泽。但由于头发不断的生长，在每根头发上，受染的次数有所不同，因此色泽也略有差异。

银盐的染色效果较铅盐为佳，既可制成渐进性染发剂，也可制成快速染发剂。快速染发剂是采用两瓶分装，一瓶内装硝酸银，另一瓶装显色剂，如硫氢化钠或钾和焦性没食子酸等物质。银盐和硫氢化钠或钾作用是使硫化银沉淀于发上，而焦性没食子酸则起媒染剂的作用，可使银还原。在银盐溶液中加入氨水，可改善染发的效果。

但由于铅、银盐对人体有潜伏的毒性而逐渐被淘汰。近代则以研究铁、锰盐的染发剂较多。

铁盐染发剂的作用原理是：首先用稀碱液使头发的角蛋白质膨胀，变成易于螯合的状态；接着头发与铁离子接触，使之坚固地螯合；最后与丹宁酸接触，使颜色发黑。其优点是无毒。因为角蛋白质分子与铁离子和丹宁酸发色团螯合，所以染色牢固度好。但需三次处理，比较麻烦费时，且温度低时需要用热毛巾将头发包扎保湿。

铁盐染发剂参考配方（表11-9）举例。

表 11-9 铁盐染发剂参考配方

铁盐染发剂配方	质量分数/%	铁盐染发剂配方	质量分数/%
A:氢氧化钠	0.5	B:三氯化铁	5.0
二乙醇胺	2.0	去离子水	95.0
聚氧乙烯十六醇醚	0.2	C:丹宁酸或没食子酸	5.0
去离子水	97.3	去离子水	95.0

五、头发漂白剂

利用氧化剂对头发黑色素进行氧化分解作用可使头发褪色。氧化剂的浓度、头发和氧化剂接触的时间、漂染的次数等不同，可将头发漂成各种不同的色调。黑色或棕色头发经漂白通常按下列颜色变化：黑色（棕黑色）→红棕色→茶褐色→淡茶褐色→灰红色→金灰色→浅灰色。

对存在于头发皮质和髓质中的黑色素的形成机理前已述及。但由于黑色素是难溶性的高分子物质，在身体内与蛋白质相结合，难以使其与组织分离而进行精制。因此研究其氧化分解的机理也非常困难，目前仅处于推测性的阶段。在脱色过程中，黑色素被氧化分解的同时，头发角蛋白内的胱氨酸结合等也会受到损伤，漂的时间越长，次数越多，这种损伤亦越严重，使头发强度下降，缺少光泽等。因此人们希望能研究出只对黑色素有选择性的脱色方法。

目前应用最多的头发漂白剂是过氧化氢，因为当它放出有效氧以后，留下来的除水以外没有其他物质，对人体无潜伏毒性。一般采用 3%～4%的过氧化氢溶液，使用时在 100mL 溶液中加 15～20 滴氨水能增加漂白的活性，加较多的氨水，会使红的色调进一步漂白。根据不同比例的过氧化氢和氨水，以及头发和溶液接触的时间，可以漂成各种色度深浅不同的、美丽的头发。但重复的漂染会使头发受到严重的损伤而变成枯草状。

采用过氧化氢最简单的漂染方法是将头发用香波洗净、干燥后，将头发全部浸入过氧化氢溶液中不断绞洗。在溶液中浸渍时间越长，漂白效果越好。用大量热水冲洗可中止漂白作用，不需再用香波洗发。

除过氧化氢外，还有一些固体的过氧化物如过氧化尿素等。过氧化物易分解，特别是和铁、铜、镁等金属接触分解速度加快。因此，在配方中应加入非那西丁作稳定剂，加入 EDTA 作金属离子络合剂。

由于液状产品易流失，使用不便，因而可制成奶液状、膏状等。

头发漂白剂参考配方（表 11-10）举例：

表 11-10 头发漂白剂参考配方

头发漂白剂配方	质量分数/%		头发漂白剂配方	质量分数/%	
	奶液状	膏 状		奶液状	膏 状
过氧化氢(35%)	17.1	14.1	聚氧乙烯(15)单硬脂酸甘油酯	2.0	2.0
十六醇	2.5	10.0	去离子水	75.9	71.4
单硬脂酸甘油酯	2.5	2.5	10%磷酸调节 pH 值至 4	适量	适量

采用二氧化硫还原的方法，可使灰白色的头发漂成纯白色。其方法是：将头发洗净干燥，先以高锰酸钾溶液浸透头发再干燥之，然后以硫代硫酸钠溶液浸透。硫代硫酸钠溶液在使用前以硫酸调成微酸性，当头发因受高锰酸钾染黄的颜色变淡时，用水冲洗干净。这样重复几次，可使头发变为纯白色，采用这种方法处理头发，两种溶液的浓度的控制极为重要，

否则头发可能受到严重的损坏。

第二节 烫 发 剂

烫发剂是使头发卷曲、美化发型的一类化妆品。烫发是改变头发形态的一种手段，应用机械能、热能、化学能使头发的结构发生变化后而达到相对持久的卷曲。使头发卷曲过去采用加热的方法，故称之为烫发。烫发时所使用的化学药剂称为烫发剂。

早在公元前3000年，埃及人就把头发卷在棒上，涂上泥，在日光下晒干后，使头发变成弯曲的状态，这虽谈不上真正的烫发，但可以说明，自古就有烫发的习惯和技术。1905年，Nessler将头发卷在预先加热的圆筒上，过一整天把头发烫成波浪形。20世纪初，市场上曾出现过用火加热金属钳子，夹住头发进行烫发处理的方法。后又改进为电加热并逐步发展为目前理发店中尚能见到的皇冠形电烫发装置，药液也由初期的硼砂换为氨或碳酸铵等。烫发时，在被卷曲的头发上涂以碱剂，用电热装置进行加热（100℃左右），经过一定时间，使头发变成弯曲的状态。电烫不仅是物理性处理，同时也改变了头发纤维的化学性质，因此能保持较长时间的卷曲。但这种方法容易过热，使头发干枯，且设备复杂，只能在专门的理发店中进行，使用不便，已逐渐被淘汰。

1930年，英国的Speakman发明了用亚硫酸钠加热到40℃左右的烫发方法，确认了所谓冷烫的可能性。到20世纪40年代，发现具有—SH基的药品在常温下对切断胱氨酸结合有效，特别是巯基乙酸盐的出现，为制造冷烫剂提供了可能的条件。此后在世界各国广泛地普及了使用巯基化合物的冷烫法，一直延续至今，成为当今市场上主要的烫发方法。

一、烫发的原理

头发主要由角蛋白构成，其中含有胱氨酸等十几种氨基酸，以多肽方式联结形成链，多肽链间起联结作用的有二硫键、离子键和氢键等（参见第一章）。各个多肽链与相邻的支链互相交联，形成了头发的弹性。因此，无论使头发曲折或使其拉伸，只要加力不超过其弹性界限，当力去除后，它会马上恢复原样。所以正常情况下，头发是不易卷曲的。

头发在水中可被软化、拉伸或弯曲，这主要是由于水切断了头发中的氢键。因此，当头发由于某种物理作用而暂时变形时，可通过润湿或热敷使之回复原状。同理，烫发时，如单用水，则只能起到暂时的卷发作用，当润湿后，头发会自动回复到原来的形状。

强酸或碱可以切断头发中的离子键，使头发变得柔软易于弯曲，但当中和或用水冲洗使头发恢复原有的pH值（pH＝4～7）后，头发即可恢复原状，因此单纯改变pH值还不能有效地形成耐久性卷发。若在碱性条件下加热时，头发中的二硫键也会发生部分断裂，因而可形成较为持久的卷曲，此即电烫。但单用碱作烫发剂需要较高的加热温度和较长的作用时间，因而是不适用的。

由胱氨酸形成的二硫键比较稳定，常温下不受水或碱的影响，因此是形成耐久性卷发的关键。还原剂如亚硫酸钠等可和头发中的二硫键发生反应，切断二硫键，使头发变得柔软易于弯曲，其反应式如下：

$$R—S—S—R' + Na_2SO_3 \longrightarrow R—S—SO_3Na + R'—SNa$$

但此反应在室温时进行得很慢，在碱性介质和在加热（大于65℃）条件下，可加快反应速度，缩短烫发时间，因此较后的电烫液均加入了亚硫酸钠。

含巯基化合物可在较低的温度下和二硫键反应，其反应式如下：

$$R—S—S—R' + 2R''—SH \longrightarrow R—SH + R'—SH + R''—S—S—R''$$

在碱性条件下，可加快反应速度，因此是较为理想的切断二硫键的方法。目前的冷烫剂主要是采用此类化合物作为烫发的成分。

水可使氢键断裂，碱可使离子键断裂，而含巯基化合物（或亚硫酸钠）可使二硫键断裂并在碱的存在下而加快，所以这三者是烫发剂不可缺少的组成。

由于上述作用使头发中的氢键、离子键、二硫键均发生断裂，使头发变得柔软易于弯曲成型。但当卷曲成型后，这些键如不修复，发型就难以固定下来。同时由于键的断裂，头发的强度降低，易断。因此在卷曲成型后，还必须修复被破坏的键，使卷曲后的发型固定下来，形成持久的卷曲。

在卷发的全过程中，干燥可使氢键复原，调整 pH 值到 4～7 可使离子键复原，二硫键的修复（在卷棒上）是通过氧化反应来完成的。此氧化反应若在空气中进行，大约需要 5 小时。过氧化氢、溴酸钾或其他化学氧化剂可使反应速度加快。但事实上这一过程比较复杂，除了两个巯基被氧化成二硫键外，巯基也可能被氧化成磺酸基 RSO_3—，这种产物不能再还原成巯基，因而磺酸基的形成会相应地减弱头发的强度。鉴于这一原因，不宜选用过强的氧化剂，同时氧化剂的浓度也不宜过高，避免磺酸基的生成，使之有利于形成二硫键。

综上所述，烫发的基本过程可概述为：首先用烫发剂将头发中的二硫键切断，此时头发即变得柔软易弯曲成各种形状，当头发弯曲成型后，再涂上氧化剂（固定液），将已打开的二硫键在新的位置上重新接上，使已经弯曲的发型固定下来，形成持久的卷曲，此即化学烫发的基本原理。

二、电烫液

电烫液是在电烫发时使用的烫发剂。烫发时先将头发洗净，在卷曲成型时将电烫液均匀地涂于发上，然后利用烫发工具加热至 100℃左右，维持 20～40min。加热完毕后，以水或稀酸冲洗残留在头发上的碱和还原剂，使头发恢复到原来的 pH 值，待干燥后即能保持卷曲的形状。由于加热温度高，其头发卷曲波纹的持久性优于冷烫法。

电烫液根据其形态不同可分为三种，即水剂、粉剂和浆剂。水剂型配制操作简单，烫发使用方便，但药液容易滴流而污染衣服和皮肤，烫后头发缺少滋润性。粉剂型配制包装都很简单，产品储运携带方便，但在烫发时需先加水调制成液状后才能使用，与水剂型相比具有使用不便，易污染衣服和皮肤，对头发缺乏滋润性等缺点。浆剂克服了上述水剂和粉剂的不足，是较为理想的制品，由于其中可加入较多的滋润物质，因而对头发有良好的滋润性，同时在使用时不易污染皮肤和衣服。但不论是水剂、粉剂还是浆剂，由于烫发时需要加热，使用不便，且由于加热，给人以受限制和不舒服的感觉，仅仅是由于其卷曲波纹持久性好而目前还有应用。随着生活水平的提高和冷烫技术的发展，电烫法必将为方便、快速的冷烫法所代替。

电烫液的主要成分是亚硫酸盐，另外加有一定量的碱使药液维持适当的碱性，可以采用的碱有硼砂、碳酸钾、碳酸钠、一乙醇胺、二乙醇胺、三乙醇胺、碳酸铵、氨水等。早期产品采用碳酸钾和硼砂等以控制碱性，但这类碱在头发已受热变形时，仍会继续发生作用，对头发会造成一些损伤。较后的产品均采用挥发性碱如氨水、碳酸铵等，这类挥发性碱既能保持头发在卷曲过程中有一定碱性，又能在头发软化变弱后受热挥发，减少对头发的过度作用。但其缺点是挥发性氨的不良气味和在溶液内过早的逸失。为了减少挥发性碱的逸失，较新的配方除氨外，还加入一种以上的乙醇胺类，以保持适宜的碱性。

卷发的效果与加热温度、作用时间、烫发液的浓度、pH 值等均有关系，通常要求电烫液的 pH 值在 9.5～13.5 之间。

此外还可加入一些表面活性剂如肥皂、磺化蓖麻油等以增加其润湿性，以利于在头发上涂敷均匀。加一些脂肪物（如脂肪醇、羊毛脂、矿物油、蓖麻油以及甘油等）以使头发在烫发后留有光泽、不致干枯。为了防止亚硫酸盐受空气的氧化，降低烫发效果，可加一些络合剂如 EDTA 等络合金属离子，使亚硫酸盐稳定。

电烫液参考配方（表 11-11）举例：

表 11-11 电烫液参考配方

电烫液配方	质量分数/%					电烫液配方	质量分数/%				
	1	2	3	4	5		1	2	3	4	5
亚硫酸钠(钾)	1.5	2.0	2.5	10.0	3.5	焦磷酸钠					0.3
硼砂	0.5	4.0	0.5	2.0	0.4	凡士林					1.0
碳酸钠	1.5		2.0			棉籽油					2.3
碳酸铵	2.5		2.5	8.0		硬脂酸					0.9
氨水(25%)		14.0		2.0	1.0	羊毛脂					1.0
单乙醇胺			5.0			白油					1.0
三乙醇胺	6.0			1.0		甘油	1.0			1.0	2.0
磺化蓖麻油	1.0		1.0			去离子水	86.0	80.0	86.5	76.0	84.6
油酰基甲基牛磺酸钠					2.0						

制作方法：配方 1～配方 4 在常温下混合各原料即可。配方 5 的制作方法是将油、脂、蜡按配方比例称入不锈钢搅拌锅中，加热使其熔化均匀，一般加热至 90～95℃。停止加热，开动搅拌器，再将另外用热水预先溶解好的硼砂、碳酸钠、碳酸铵及焦磷酸钠溶液加入锅中，继续搅拌，并依次加入表面活性剂、甘油和亚硫酸钠，搅拌降温至 45℃左右时加入氨水，搅匀后即可包装。

三、冷烫液

冷烫液是冷烫发时使用的烫发剂。使用时应先将头发洗净，然后在卷曲成型时同时涂冷烫液，之后维持一定时间（20～40min），为了缩短卷发操作时间，其间可用热毛巾热敷保温，热敷温度一般为 50～70℃，在此温度下只需 10min 左右即可。最后用水冲洗干净，以氧化剂或曝于空气中使之氧化，干燥后即能保持卷曲的发型。

冷烫液在使用时可不加热或仅以热毛巾热敷，温度低，因此在使用时比较方便且令人舒适，是当前市场上最为流行的烫发制品。冷烫液可制成不同的形态，如粉剂型、乳剂型、水剂型和气溶胶型等。其中水剂型具有生产工艺简单、成本较低、使用尚方便等特点，是国内市场上最为畅销的剂型。

冷烫液的主要组成有含巯基化合物、碱类、表面活性剂、增稠剂、护发剂、稳定剂等。

1. 含巯基化合物

目前应用最广泛的含巯基化合物是巯基乙酸及其盐类（如铵盐、钠盐、钾盐或有机胺类盐）。巯基乙酸还原作用比较强，在实验室中将头发浸入过量的碱性冷烫液中 8min，头发中约有 85%的胱氨酸（二硫键）被还原。但在实际烫发时，在烫发剂浓度下，10min 内约有 25%左右的二硫键被还原。巯基乙酸的用量将直接影响卷发的效果，通常情况下以巯基乙酸铵计，其用量为 5%～14%。

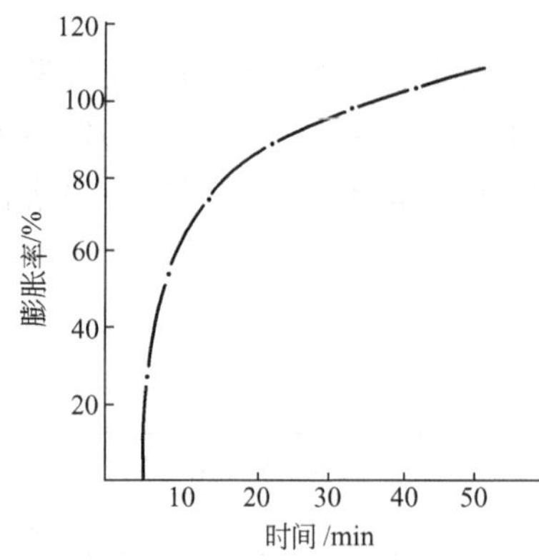

图 11-1 头发在冷烫液中膨胀率随时间的变化（6%巯基乙酸铵、氨水调 pH 值为 9.5 的冷烫液）

巯基乙酸铵在氨水存在下，随时间的增加，能使头发膨胀。当巯基乙酸铵含量为 6%，pH 值为 9.5 时，头发在室温下的膨胀率和时间的关系见图 11-1。

图 11-1 结果表明，头发的膨胀软化时间一般需要 20～30min。

半胱氨酸也是可在常温下使用的还原剂。以半胱氨酸为还原剂的冷烫液对头发的膨润度较小，卷曲力较弱，但其给头发角蛋白带来的变性也较少，能使损伤的头发形成适当的波形，因此是一种适合损伤头发用的烫发剂。由冷烫液还原生成的—SH 与冷烫液中的半胱氨酸相结合会生成混合的二硫化物，这种副反应产物并不是头发的正常二硫结合，但其能和头发中的多肽链形成内盐，因而具有修复损伤头发的可能性。由于半胱氨酸是氨基酸的两性化合物，即使加碱，因其缓冲作用，溶液的 pH 值也较难上升，因而需要碱的浓度较巯基乙酸为高。碱剂主要使用乙醇胺，使用氨水时，半胱氨酸的氧化生成物胱氨酸在水中的溶解度较小，因此存在易于在头发上残留白色粉末的缺点。另外，半胱氨酸稳定性较差，可加入少量（0.3%）巯基乙酸作为稳定性。

对于其他的还原剂，也曾作过不少研究，如硫代乳酸、巯基乙醇等，其卷发性能列于表 11-12 中。

表 11-12 其他含巯基化合物的性能

名　称	分子式	卷发效果	毒性	稳定性	气味	水中溶解性
硫脲	$CS(NH_2)_2$	无	无	稳定	无	良好
硫代乙酰胺	CH_3CSNH_2	良好	未定	稳定	不愉快气味	良好
苯硫酚	C_6H_5SH	良好	有	稳定	恶劣	一般
异硫脲	CH_4N_2S	无	未定	稳定	无	一般
硫甘油	$HOCH_2CH(OH)CH_2SH$	良好	无	稳定	稍有	良好
硫代乳酸	$CH_3CH(SH)COOH$	良好	无	稳定	稍有	良好
硫代乙二醇	$HSCH_2CH_2OH$	良好	未定	稳定	恶劣	良好

1979 年 Tripathi 发现 2-亚氨基噻吩烷（ S =NH ）的卷发效果与巯基乙酸铵相仿，无刺鼻的气味，损害头发的程度也小。其在冷烫液中的用量为 6%～7.5%，溶液 pH 值为 9.2%～9.5%。卷发方法与巯基乙酸铵相同。

2. 碱类

巯基乙酸等含巯基化合物在碱性条件下，其还原作用均显著增加，这主要是由于碱的存在使头发角蛋白膨胀，有利于烫发有效成分的渗入，从而提高了卷曲的效果，缩短了烫发的操作时间。在相同巯基乙酸铵含量的情况下，如果溶液的 pH 值及游离氨含量不高，其卷发效果也不一样，如表 11-13 所示。pH 值和游离氨含量越高，卷发效果越好，但是卷发的速度和效果不能依靠无限地增加 pH 值和巯基乙酸盐的含量来达到，当 pH 值高于 9.5，而没有挥发性碱存在时，巯基乙酸可能发生脱除毛发的危险。因此以巯基乙酸为还原剂的冷烫液，其 pH 值一般控制在 8.5～9.5 之间，游离氨含量控制在≥0.8%。

表 11-13 pH 值和游离氨含量对巯基乙酸铵卷发效果的影响

巯基乙酸铵含量/%	pH 值	游离氨含量/%	卷发效果
9.2	7.0	0.05	稍弱
18.4	7.0	0.05	中等卷曲
9.2	8.8	0.24	中等卷曲
9.2	9.2	0.75	良好卷曲
9.2	9.3	1.22	强烈卷曲

可用于冷烫液的碱类有氨水、一乙醇胺、碳酸氢铵、磷酸氢二铵、NaOH、KOH 等。过量使用 NaOH 等不挥发性碱，会大大损伤头发，因此其添加量一般应限制在巯基乙酸的相应摩尔以下。氨水的作用温和，易于渗透，卷发效果好，而且更重要的是在于氨水的挥发性。在烫发时，由于氨的挥发而降低溶液的 pH 值，相对减少了碱性对头发的过度损伤，因而在冷烫液中得以广泛应用。但也具有刺激性臭气等缺点。

乙醇胺中一般是用单乙醇胺（$NH_2CH_2CH_2OH$）。本品没有氨水那样的刺激性臭气，而且卷发能力较强，对头发、皮肤的渗透性良好，且不挥发，有时洗后也不能从头发上完全除去。与氨水相比，大多数制品的 pH 值较高（9.0～9.4 左右），对皮肤的刺激性较大。

碳酸氢铵、磷酸氢二铵等与前两者相比，刺激味及对皮肤的刺激性较小，pH 值呈中性，为 7.0～7.5 左右。而且对头发的膨润度较低，不必担忧其在头发上残留物的处理问题。但是由于 pH 值低，不易作出强度大的波纹，当一部分中性盐解离后，pH 值会稍有升高，同时产生氨的刺激臭。

也可采用两种或两种以上的碱混合，以克服各自的缺点，产生更好的卷发效果。

3. 表面活性剂

表面活性剂的加入有助于冷烫液在头发表面的铺展，促进头发软化膨胀，有利于冷烫液有效成分渗透到发质，强化卷发效果。同时加入表面活性剂，可起到乳化和分散作用，有助于水不溶性物质在水中分散或将制品制成乳状液。此外加入表面活性剂还能改善卷发持久性和梳理性，赋予烫后头发柔软、光泽。可采用的表面活性剂有阴离子型、阳离子型和非离子型，它们可单独使用，也可复配使用。

4. 增稠剂

为了增加冷烫液的稠度，避免在卷发操作时流失、污染皮肤和衣服，可加入羧甲基纤维素，高分子量的聚乙二醇等。

5. 护发剂

为防止或减轻头发由于化学处理所引起的损伤，可添加油性成分、润湿剂等，如甘油、脂肪醇、羊毛脂、矿物油等。现代产品多使用能修复损伤头发的氨基酸类，如半胱氨酸盐酸盐、水解胶原等。当用氧化剂处理时，会沉积在头发纤维上或纤维内部，和头发中被还原的巯基作用形成混合的二硫化物，并和头发中的多肽形成内盐，所以具有修复损伤头发的可能性。加入 1%的动物胶可以得到柔软的卷发，而且卷曲的保持时间会更长。合成树脂类也可加入配方中，以提高其卷发的效果。

6. 稳定剂

含巯基化合物，特别是巯基乙酸的还原能力强，因而易被氧化。纯巯基乙酸有类似乙酸的气味，呈弱酸性，无臭味，但若储存期过长或在空气中，易氧化生成亚二硫基二乙酸，铁、铜等金属离子和碱的存在可促进氧化反应的发生。亚二硫基二乙酸遇水产生硫化氢，其反应式如下：

$$2HSCH_2COOH \xrightarrow[Fe]{[O]} \begin{array}{l} S—CH_2—COOH \\ | \\ S—CH_2—COOH \end{array} + H_2O$$

$$\begin{array}{l} S—CH_2—COOH \\ | \\ S—CH_2—COOH \end{array} + H_2O \longrightarrow HSCH_2COOH + HOOC—\overset{\overset{\displaystyle O}{\|}}{C}—H + H_2S$$

即使是少量的巯基乙酸被氧化，也会降低其卷发的效果，所以除在选料时尽可能选择纯度高，不含铁、铜等金属离子外（如采用去离子水），通常加入络合剂如 EDTA、柠檬酸等和抗氧化剂亚硫酸钠等。

另外，在冷烫液中加入尿素，可加速头发的膨胀，从而可减少溶液中巯基乙酸的含量。

冷烫液参考配方（表 11-14）举例：

表 11-14　冷烫液参考配方

冷烫液配方	质量分数/%					冷烫液配方	质量分数/%				
	1	2	3	4	5		1	2	3	4	5
巯基乙酸	7.5			7.0		十六醇					0.6
巯基乙酸铵		5.5	5.5			改性二甲基硅氧烷					0.5
半胱氨酸					6.0	月桂醇硫酸钠					0.1
亚硫酸钠				1.5		聚氧乙烯(30)油醇醚			0.1	0.5	
氨水(28%)	9.0	2.0	2.0	4.8		聚氧乙烯十二醇醚					0.5
单乙醇胺					3.2	壬基酚聚氧乙烯醚	3.0				
碳酸氢铵		6.5				氯化十六烷基·三甲基铵	3.0				
碳酸铵	1.0					EDTA	0.1				
尿素			1.5	1.5		去离子水	76.4	86	90.9	81.7	89.1
甘油				3.0							

制作方法：巯基乙酸先以适当的碱中和然后冲淡，或者它的铵盐直接溶解于蒸馏水中，加入其他辅料，搅拌使其溶解均匀，然后进一步加碱调整冷烫液的 pH 值达到需要的值。每批产品都应测定其巯基乙酸的含量、游离碱和 pH 值。

巯基乙酸盐制成的冷烫液，在储存过程中，常常会产生分离、变色、pH 值下降和巯基乙酸浓度降低等情况，影响其使用效果，生产中必须引起注意。前已述及，巯基乙酸在空气中会被氧化，特别是在重金属（如铜、铁、锰等）存在的情况下，因此必须避免溶液受重金属离子的污染和避免暴露于空气中。在空气存在的情况下，少量的铁（0.25×10^{-6}）会使冷烫液变成紫色。生产中可采用铝制设备、不锈钢设备、搪玻璃设备以及塑料制的设备。

所有含巯基化合物制成的冷烫液，在包装容器中都有被空气氧化的可能性，因此久储后有减弱卷发效果的缺点。而采用密封的气压式包装（参见第十六章），卷发剂不接触空气，使用多次后，仍能保持卷发的效果。能喷放出稳定的雾状泡沫，并且很快消失成为液体。其配方与前述基本相同。

气压式冷烫液参考配方（表 11-15）举例：

表 11-15　气压式冷烫液参考配方

气压式冷烫液	质量分数/%	气压式冷烫液	质量分数/%	气压式冷烫液	质量分数/%
巯基乙酸一乙醇胺	11.2	肉豆蔻酸异丙酯	4.7	异丙烷	7.0
一乙醇胺	2.3	香精	0.5		
聚氧乙烯(23)月桂醇醚	1.0	去离子水	73.3		

冷烫液依据操作方法上的不同，分热敷型和不热敷型两种，在配方上或在烫发操作中应有所区别，避免卷曲过强或过弱。通常情况下，热敷型作用时间快，卷曲强度大，含巯基化合物含量应低一些；而不热敷型，相对来讲，卷曲强度较弱，所以含巯基化合物含量应高一些。希望卷曲强度大一点，发型维持时间长一点时，应适当延长热敷时间。

在配制冷烫液时，还应根据使用场所的不同而有所差异。对于美容厅使用的冷烫液，为要缩短操作时间，提高工作效率，所以烫发剂的效力可强一些（当然必须有操作熟练的烫发师为前提），这可从配方时增加含巯基化合物的含量、碱的含量和高 pH 值来达到。但对于家庭用的冷烫液，由于对烫发操作不熟练，使用作用强的冷烫液，会由于时间、用量等掌握不好而卷发过度，甚至导致脱发。所以家庭用的冷烫液其作用可慢一些，保证安全，避免上述事故的发生。

四、中和氧化剂

经过卷发处理以后，需用中和氧化剂使头发的化学结构在卷曲成形后回复到原有状态，从而使卷发形状能够固定下来，另外还有去除残留烫发剂的作用。

在卷发过程中，烫发液起的是还原作用，而中和氧化剂则是起的氧化作用。一般电烫法常采用空气自然氧化的方法，而冷烫法一般采用中和氧化剂进行氧化处理。

常用的氧化剂有溴酸钾（或钠），过氧化氢、过硼酸钠、过碳酸钠、过硫酸钾（或钠）等。

含有机酸如醋酸、酒石酸和柠檬酸等的过氧化氢溶液是最早被用来作为卷发后的中和氧化剂。过氧化氢的浓度一般约为 3%，使用时可冲淡一倍。为保证过氧化氢的稳定性，一般加入少量 N-乙酰苯胺（$CH_3CONHC_6H_5$）作为稳定剂。

碱金属的溴酸或碘酸盐也被用来作为卷发后的中和氧化剂。主要是由于它们可制成粉状而包装方便，在使用时用水溶解成 2%～3%的溶液。加入少量的磷酸二氢钠使成微酸性的介质可避免溴的产生。碳酸盐有脱水作用，因而可防止溴酸盐的分解，从而防止溴的产生。为了避免燃烧的危险，溴酸盐不能和有机物在干燥状态下混合包装。

虽然溴酸盐有很好的稳定性和使用性能，但逐渐地被更经济和更少毒性的过硼酸钠所代替。带有一个结晶水的过硼酸钠较带有 4 个结晶水的过硼酸钠稳定。为了改善过硼酸钠在硬水中的溶解性，可加入六偏磷酸和四偏磷酸的钠盐或钾盐。过硼酸盐遇微量的重金属就会分解，因此在选择和包装中应予注意。

配方中加入表面活性剂，可改善氧化剂在头发上的铺展性能，改进其氧化性能。为了使烫后头发光亮和柔软，可加入阳离子表面活性剂等。

中和氧化剂参考配方（表 11-16）举例：

表 11-16 中和氧化剂参考配方

中和氧化剂配方	质量分数/%		中和氧化剂配方	质量分数/%	
	1	2		1	2
溴酸钠	56.0		碳酸钠	1.2	
过硼酸钠		80.0	六偏磷酸钠		20.0
磷酸二氢钠	42.8				

表列配方在使用时，配方 1 稀释成 2%～3%，配方 2 稀释成 4%～5%。避免氧化作用过强对头发造成损伤。

除了化学药品制成的中和氧化剂外，也可利用空气的氧化作用使还原剂逐渐氧化，多肽链重新键合，组成新的二硫键，但需要很长时间。

脱毛剂碱性很强，易损伤皮肤，配制和使用时均应十分注意。脱毛后要用肥皂轻洗，再擦酸性化妆水中和，或待完全干燥后擦滑石粉。脱毛后的皮肤如有干燥、粗糙等现象时，应擦适量乳液或乳膏以补充油分。

第三节 祛斑美白化妆品

祛斑美白化妆品是用于减轻面部皮肤表皮色素沉着的化妆品。面部色素沉着症主要是雀斑、黄褐斑和瑞尔氏黑皮症，是色素障碍性皮肤病（参见第一章第一节）。研究认为，色素沉着与人体的内分泌腺中枢——脑下垂体有密切联系。脑下垂体有两种黑色素细胞刺激分泌激素（MSH），即α-MSH和β-MSH。MSH能使黑色素细胞内酪氨酸活性增强，使酪氨酸的铜化物变成亚铜化物，加强表皮细胞吞噬黑色素颗粒，并在紫外线照射下促使黑色素颗粒从还原状态变成氧化状态，导致皮肤色素沉着。从黑色素形成过程中（见第一章第一节）可以看出，要形成黑色素，需要有酪氨酸、酪氨酸酶、氧及黑色素体。黑色素体内的酪氨酸酶活性越大，含量越多，越易形成黑色素。因此抑制酪氨酸酶的活性，选择性破坏黑色素细胞，抑制黑色素颗粒的形成，清除活性氧，减少紫外线照射，防止氧化反应发生等，可有效地减少黑色素的形成。另外对已形成的黑色素通过漂白等方法选择性破坏黑色素细胞、降解角蛋白细胞中的黑色素颗粒可淡化色斑。

对于色素沉着病的防治，目前国内外尚无特效疗法，当体内患有疾病时，要直接去除病因，并相应地服用维生素C、维生素B等抑制黑色素形成的药物。由于紫外线能促进黑色素的生成，因此应避免日光的过度照晒。对于面部、手及经常暴露的部位，在比较炎热的气候环境及高原地区，应经常搽用防晒类化妆品，戴宽边帽，撑遮阳伞等以避免日光的强烈照射。对于沉着于皮肤的黑色素可采用各种祛斑剂。

最早使用的氯化汞铵（白降汞）对于祛斑有效，但汞盐有毒，在高浓度及长期使用时，会引起接触性皮炎，应引起注意。

国外祛斑产品中有以氢醌（即对苯二酚）以及氢醌的衍生物（氢醌单苄基醚）为原料制成的。氢醌属抗氧剂，主要是阻断被酪氨酸酶催化的酪氨酸到多巴的过程，以影响黑色素的形成，对抑制表皮色素沉着有一定效果。但药物性能极不稳定，不用药则又复发，且氢醌有一定的刺激性，长期使用会产生皮肤异色症等不良作用，所以我国禁止在祛斑类产品中使用氢醌。

国内生产的祛斑类化妆品中多以4-异丙基儿茶酚为主，可用于防治各种色素沉着症。用量为1%～3%。用量过大，不仅效果差，且对皮肤刺激性大，副作用也越大，如产生过敏、接触性皮炎等，因此用量要慎重。

近年来使用超氧化物歧化酶（SOD）配制的化妆品，通过阻抑和消除体内超氧阴离子自由基的作用来减少黑色素的生成。采用壬二酸（酪氨酸酶的竞争抑制剂），用量20%，对减少黑色素生成有效。

目前国内的祛斑类产品中，很多是以中草药制成的，如白芨、白术、白茯苓、当归以及配合使用维生素C、维生素E及SOD等，对祛除色素沉着有一定作用。近年来的研究表明，当归、川芎、沙参、柴胡、防风等的抗酪氨酸酶的作用最强，效果显著。也就是说，这些中药可以抑制和减少黑色素的形成，对于祛除色素沉着症是有科学依据的。

曲酸及其衍生物（结构如下图所示）制成的祛斑化妆品由于其疗效显著、无副作用，深受消费者欢迎。

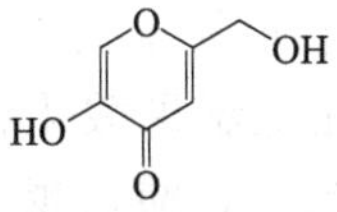

曲酸

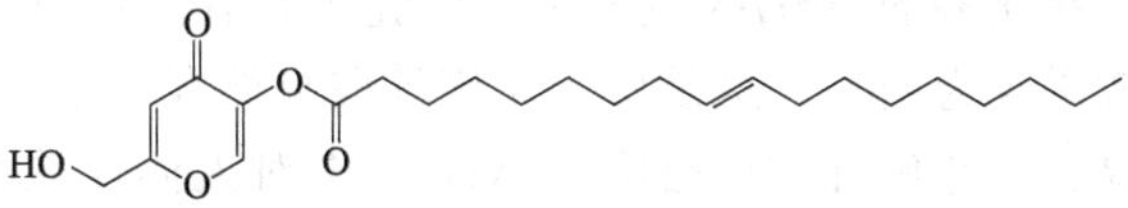

曲酸-油酸酯

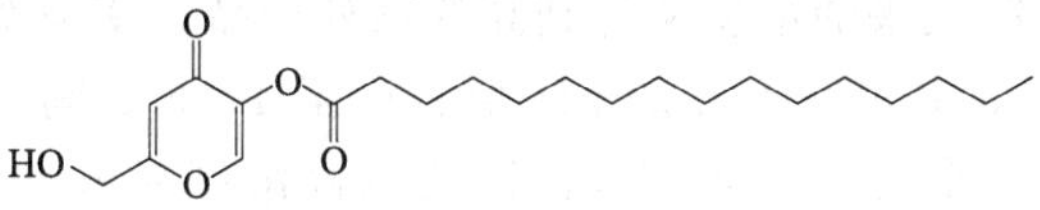

曲酸-棕榈酸酯

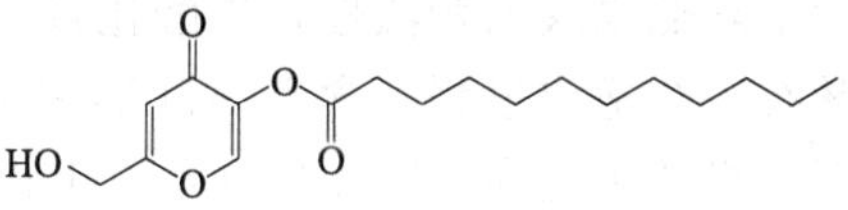

曲酸-月桂酸酯

曲酸于1907年第一次在酿造酱油的曲中发现，是微生物发酵过程中生成的天然产物。20世纪80年代初，中山秀夫在日本化妆品科学第六次学术会议上首次作了关于用2.5%曲酸霜治疗黄褐斑病人有效率为95%的学术报告，引起了各界的重视。继之在日本8个医科大学医院皮肤科做临床试用，结果认为，曲酸是当代较为理想的黑色素抑制剂，特别对黄褐斑治疗效果显著。曲酸的作用机制与其他祛斑剂不同，它经皮肤吸收后直接对酪氨酸转化为多巴的过程具有较强的抑制作用，因此能消除细胞的黑色素沉积，基本去除或明显减轻雀斑、黄褐斑及继发性色素沉着等。曲酸在祛斑霜中的用量一般为1.5%～2.5%。

熊果苷是对苯二酚衍生的苷类（如图所示）：

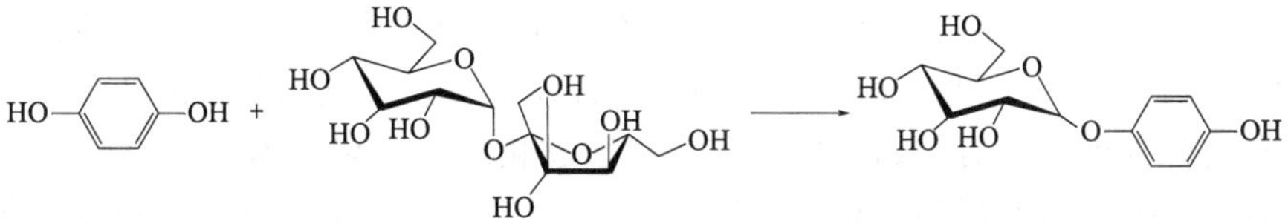

熊果苷在水中长期稳定不变色，其水溶液和制品非常稳定，可使酪氨酸酶的活性降低，阻断多巴及多巴醌的合成，从而有效抑制皮肤黑色素的生成。对黄褐斑、雀斑和晒斑有疗效，在化妆品中主要用作皮肤增白剂，使皮肤消斑、增白、柔嫩等。

维生素C、维生素E及其衍生物。维生素C在生物体内担负着氧化和还原的作用，它可还原黑色素的中间体多巴醌，如图所示，故有抑制黑色素生成的作用；维生素E是很强的抗氧化剂，能抑制人体内脂肪酸特别是不饱和脂肪酸的过氧化作用，因而可减少不饱和脂肪酸过氧化产物——脂褐素的产生，而脂褐素含量增多引起色素沉着，因此维生素E能减少皮肤的色素沉着。维生素C、维生素E具有美白皮肤的作用。尤其它们的衍生物，如抗坏血酸棕榈酸酯、维生素C磷酸酯镁、维生素C单磷酸钠等都常作为美白化妆品的添加成分。

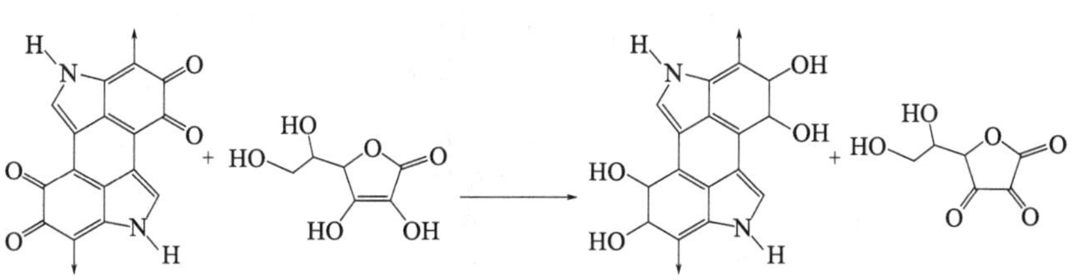

果酸即羟基酸（AHAs），它包括柠檬酸、苹果酸、丙酮酸、托品酸、乳酸、甘醇酸、酒石酸、葡萄糖酸等。因上述多数酸存在于水果（柠檬、苹果、葡萄等）中，故俗称为果酸。果酸主要是通过渗透至皮肤角质层，加速细胞更新速度和促进死亡细胞脱落两个方面来达到改善皮肤状态的目的，有使皮肤表面光滑、细嫩、柔软的效果，并有减退皮肤色素沉着、色斑、老年斑、粉刺等的功效，对皮肤具有美白、保湿、防皱、抗衰老的作用，果酸安全、无副作用。

在众多的AHAs成分中，以乳酸和甘醇酸（羟基乙酸）的使用效果较佳，尤以左旋乳酸效果较为明显。这是由于左旋乳酸自然存在于人体皮肤中，因此它更易于人体吸收，且作用温和，左旋乳酸也是所有AHAs中对人体皮肤刺激性较低的。在配制果酸化妆品时，重要的是注意AHAs的使用浓度和pH值的调节，浓度越高，pH值越小，酸性越大，酸性大对皮肤刺激性就大，刺激皮肤可使皮肤发红、有烧灼感，更严重的可以发生皮炎、皮肤潮红等，为了降低果酸的刺激性，果酸化妆品可配制成果酸浓度从低到高的系列产品，使消费者对果酸有一个适应过程。含有AHAs的化妆品，其最终产品的pH值宜调至4～6之间，试验表明，果酸浓度在6%以下的果酸化妆品是安全的。美容院或医院用的高浓度果酸制品，其pH值可调至3～4，这些制品应在美容师和医生的指导下使用。

天然动植物提取物如多种水果提取物中含有丰富的果酸，木瓜的提取物中除了果酸之外，还有一种天然蛋白酶，它可置换黑色素形成过程中的铜离子酶，而中断黑色素的生成，故具有良好的美白作用；甘草提取物中的硬脂甘草酸等成分也是良好的美白剂，动物提取物如胎盘萃取液、珍珠水解液等，经实践表明也具有良好的美白作用。

具有减少皮肤黑色素的生成，能使皮肤美白的生化活性物质，如法国Sederma公司生产的Melaclear2、Etioline等，它们具有抑制酪氨酸酶、减缓黑色素生成及缓和的脱色作用。一般这些美白剂应该和防晒剂一起使用，这样不仅能防止皮肤晒黑，而且可以减轻皮肤因使用美白剂而受到的损伤。

除上述外，水杨酸苯酯、二氧化钛等，其作用是避免紫外线的照射，降低氧化的程度，从而减少生成黑色素，但不是抗氧化剂，所以不能从生理上抑制黑色素的产生（参见本章第六节）。硫黄有还原性，具有漂白作用，可将皮肤软化、除去黑色素，所以配有硫黄的洗剂可起到美白的效果。添加过氧化氢的制品也有轻度漂白效果，但易分解，不能长期保存。

由于引起色素沉着症的原因很多，所以消除色斑的方法也不尽相同。有的药物对某些人有效，而对另一些人则不起作用，还有待进一步研究和开发。祛斑美白化妆品可制成液状、膏霜状等形式，其中尤以膏霜类产品最为流行，不仅具有增白、防止黑色素生成和在皮肤上沉着的作用，而且具有护肤、养颜等作用。其配方结构是在一般润肤膏霜的基础上加入祛斑类药物而成，但必须注意所用乳化剂与祛斑类药物之间的配伍性。参考配方如表11-17所示，配制方法与膏霜类化妆品相同。

表11-17　祛斑化妆品参考配方

祛斑化妆品(O/W)配方	质量分数/%				祛斑化妆品(O/W)配方	质量分数/%			
	1	2	3	4		1	2	3	4
硬脂酸	1.0				黄原胶				0.25
十六醇	1.0	5.5	3.0	1.0	三乙醇胺	0.5			
白油			5.0	9.0	氨基甲基丙二醇		10.0		
肉豆蔻酸异丙酯	4.0		2.0		熊果苷	2.0			
甘油三(2-乙基己酸酯)		8.0			维生素C衍生物	1.0			
羊毛油	2.0				果酸				6.5
角鲨烷		8.0	2.0	5.0	曲酸				1.0
二甲基硅氧烷	4.0	0.5			天然植物提取物		0.5	1.5	
Arlatone 983				1.5	甘油	4.0		3.0	
单硬脂酸甘油酯	2.0	2.0	2.0		丙二醇	2.0	5.0		
聚乙二醇(40)硬脂醇醚		4.0			左旋乳酸钠		1.0		
Span-80			1.0		防腐剂	适量	适量	适量	适量
Tween-80			1.5		香精	适量	适量	适量	适量
Sepigel 305			3.0		去离子水	76.0	55.0	76.0	75.75
Carbopol 1342	0.5								

第四节　防晒化妆品

一、紫外线及其作用

阳光中的紫外线能杀死或抑制皮肤表面的细菌，能促进皮肤中的脱氢胆固醇转化为维生素D，还能增强人体的抗病能力，促进人体的新陈代谢，对人体的生长发育具有重要作用。但并不是说日晒时间越长对身体越有好处，相反过度的日晒对人体是有害的。因为阳光中的一部分紫外线（波长290～320nm）可使皮肤真皮逐渐变硬、皮肤干燥、失去弹性、加快衰老和出现皱纹，还能使皮肤表面出现鲜红色斑，有灼痛感或肿胀，甚至起泡、脱皮以致成为皮肤癌的致病因素之一。另外面部的雀斑、黄褐斑等也会因日晒过度而加重。患粉刺的人在阳光的照射下会加快粉刺顶端的氧化作用，变成黑头留下疤痕。故保护皮肤、防止皮肤衰老、预防皮肤癌的关键是防止阳光中紫外线对皮肤的损伤。

所谓紫外线，是指波长为200～400nm的射线，属太阳光线中波长最短的一种，约占太阳光线中总能量的6%。紫外线分为三个区段，200～280nm称为UVC段，又称杀菌段，透射能力只到皮肤的角质层，且绝大部分被大气层阻留，不会对人体皮肤产生危害；290～320nm为UVB段，又称晒红段，透射能力可达表皮层，能引起红斑，这是人们防止晒伤的主要波段；320～400nm为UVA段，又称晒黑段，透射能力可达真皮，这一区段紫外线一般不会晒红，但可晒黑，是喜欢晒黑的人们主要利用的波段。

UVB是导致皮肤晒伤的根源，轻者可使皮肤红肿，产生痛感，严重的则会产生红斑及水泡，并有脱皮现象。红斑反应是迅速的，一般在阳光直晒几个小时内即可出现，在12～24h内发展到高潮，数天后逐渐消退，皮肤反应的剧烈程度视皮肤对日光的敏感性及其吸收能量的高低而有所不同。

UVA引起皮肤红斑的可能性仅为UVB的千分之一，从表面看，一般它不引起皮肤急性炎症。但由于其对玻璃、衣物、水及人体表皮具有很强的穿透能力，其到达人体皮肤的能量高达紫外线总能量的98%，直接作用深达真皮。虽然UVA对人体皮肤的作用较UVB缓慢，但其作用具有累积性，且这种累积性可能是不可逆的，它可以引起难以控制的损伤，增加UVB对皮肤的损害作用，甚至引起癌变。因此UVA对人体的危害已引起人们广泛关注。

二、防晒剂

防晒化妆品是一类用于防止皮肤晒伤的制品，从配方结构上讲，主要是在各种基剂中添加了各种防晒剂。防晒用化妆品中所用防晒剂品种很多，从防晒机理讲，可归纳为两类：一类是能分散入射皮肤上面的紫外线的物质，如钛白粉、氧化锌、高岭土、碳酸钙、滑石粉等，这类防晒剂主要是通过散射作用减少紫外线与皮肤的接触，从而防止紫外线对皮肤的侵害；另一类是对紫外线有吸收作用的物质，一般由具有羰基共轭的芳香族有机化合物组成，如水杨酸薄荷酯、苯甲酸薄荷酯、水杨酸苄酯、对氨基苯甲酸乙酯等。这些紫外线吸收剂的分子能够吸收紫外线的能量，然后再以热能或无害的可见光效应释放出来，从而保护人体皮肤免受紫外线的伤害，现代防晒化妆品所加防晒剂主要以此类物质为主。

理想的防晒剂应具备如下性能：①颜色浅，气味小，安全性高，对皮肤无刺激，无毒性，无过敏性和光敏性；②在阳光下不分解，自身稳定性好；③防晒效果好，成本较低；④配伍性好，与化妆品中的其他组分不起化学反应；⑤不与生物成分结合。近年来国际上采用的紫外线吸收剂很多，我国《化妆品安全技术规范》（2015 版）规定了化妆品准用防晒剂共 27 种，见表 11-18。

表 11-18 化妆品准用防晒剂①

（按 INCI 名称英文字母顺序排列）

序号	物质名称			化妆品使用时的最大允许浓度	其他限制和要求	标签上必须标印的使用条件和注意事项
	中文名称	英文名称	INCI 名称			
1	3-亚苄基樟脑	3-benzylidene camphor	3-benzylidene camphor	2%		
2	4-甲基苄亚基樟脑	3-(4′-methylbenzylidene)-*dl* camphor	4-methylbenzylidene camphor	4%		
3	二苯酮-3	oxybenzone (INN)	benzophenone-3	10%		含二苯酮-3
4	二苯酮-4 二苯酮-5	2-hydroxy-4-methoxybenzophenone-5-sulfonic acid and its sodium salt	benzophenone-4 benzophenone-5	总量 5%（以酸计）		
5	亚苄基樟脑磺酸及其盐类	alpha-(2-oxoborn-3-ylidene)-toluene-4-sulfonic acid and its salts		总量 6%（以酸计）		
6	双-乙基己氧苯酚甲氧苯基三嗪	2,2′-(6-(4-methoxyphenyl)-1,3,5-triazine-2,4-diyl) bis (5-((2-ethylhexyl) oxy) phenol)	bis-ethylhexyloxyphenol methoxyphenyl triazine	10%		
7	丁基甲氧基二苯甲酰基甲烷	1-(4-*tert*-butylphenyl)-3-(4-methoxyphenyl) propane-1,3-dione	butyl methoxydibenzoylmethane	5%		
8	樟脑苯扎铵甲基硫酸盐	*N*,*N*,*N*-trimethyl-4-(2-oxoborn-3-ylidenemethyl) anilinium methyl sulfate	camphor benzalkonium methosulfate	6%		
9	二乙氨羟苯甲酰基苯甲酸己酯	benzoic acid, 2-(4-(diethylamino)-2-hydroxybenzoyl)-, hexyl ester	diethylamino hydroxybenzoyl hexyl benzoate	10%		

续表

序号	物质名称			化妆品使用时的最大允许浓度	其他限制和要求	标签上必须标印的使用条件和注意事项
	中文名称	英文名称	INCI 名称			
10	二乙基己基丁酰胺基三嗪酮	benzoic acid，4，4′-((6-(((((1，1-dimethylethyl) amino) carbonyl) phenyl) amino)1，3，5-triazine-2，4-diyl)diimino) bis-，bis-(2-ethylhexyl) ester	diethylhexyl butamido triazone	10%		
11	苯基二苯并咪唑四磺酸酯二钠	disodium salt of 2，2′-bis-(1，4-phenylene) 1*H*-benzimidazole-4，6-disulfonic acid	disodium phenyl dibenzimidazole tetrasulfonate	10%（以酸计）		
12	甲酚曲唑三硅氧烷	phenol，2-(2*H*-benzotriazol-2-yl)-4-methyl-6-(2-methyl-3-(1，3，3，3-tetramethyl-1-(trimethylsily l) oxy)-disiloxanyl) propyl	drometrizole trisiloxane	15%		
13	二甲基 PABA 乙基己酯	4-dimethyl amino benzoate of ethyl-2-hexyl	ethylhexyl dimethyl PABA	8%		
14	甲氧基肉桂酸乙基己酯	2-ethylhexyl 4-methoxycinnamate	ethylhexyl methoxycinnamate	10%		
15	水杨酸乙基己酯	2-ethylhexyl salicylate	ethylhexyl salicylate	5%		
16	乙基己基三嗪酮	2，4，6-trianilino-(*p*-carbo-2′-ethylhexyl-1′-oxy)-1，3，5-triazine	ethylhexyl triazone	5%		
17	胡莫柳酯	homosalate (INN)	homosalate	10%		
18	对甲氧基肉桂酸异戊酯	isopentyl-4-methoxycinnamate	isoamyl *p*-methoxycinnamate	10%		

续表

序号	物质名称			化妆品使用时的最大允许浓度	其他限制和要求	标签上必须标印的使用条件和注意事项
	中文名称	英文名称	INCI 名称			
19	亚甲基双-苯并三唑基四甲基丁基酚	2，2′-methylene-bis（6-（2*H*-be-nzotriazol-2yl)-4-(1,1,3,3-tetramethyl-butyl）phenol）	methylene bis-benzotriazolyl tetramethylbutylphenol	10%		
20	奥克立林	2-cyano-3,3-diphenyl acrylic acid, 2-ethylhexyl ester	octocrylene	10%（以酸计）		
21	PEG-25 对氨基苯甲酸	ethoxylated ethyl-4-aminobenzoate	PEG-25 PABA	10%		
22	苯基苯并咪唑磺酸及其钾、钠和三乙醇胺盐	2-phenylbenzimidazole-5-sulfonic acid and its potassium, sodium, and triethanolamine salts		总量 8%(以酸计)		
23	聚丙烯酰胺甲基亚苄基樟脑	polymer of *N*-{(2 and 4)-[(2-oxoborn-3-ylidene) methyl] benzyl} acrylamide	polyacrylamidomethyl benzylidene camphor	6%		
24	聚硅氧烷-15	dimethicodiethylbenzalmalonate	polysilicone-15	10%		
25	对苯二亚甲基二樟脑磺酸及其盐类	3,3′-(1,4-phenylenedimethylene) bis(7,7-dimethy-1-2-oxobicyclo-[2.2.1]hept-1-yl-methanesulfonic acid)and its salts		总量 10%(以酸计)		
26	二氧化钛②	titanium dioxide	titanium dioxide	25%		
27	氧化锌②	zinc oxide	zinc oxide	25%		

① 在本规范中，防晒剂是利用光的吸收、反射或散射作用，以保护皮肤免受特定紫外线所带来的伤害或保护产品本身而在化妆品中加入的物质。这些防晒剂可在本规范规定的限量和使用条件下加入其他化妆品产品中。仅仅为了保护产品免受紫外线损害而加入非防晒类化妆品中的其他防晒剂可不受此表限制，但其使用量须经安全性评估证明是安全的。

② 这些防晒剂作为着色剂时，具体要求见《化妆品安全技术规范》（2015 版）化妆品准用着色剂（表 6）着色剂。防晒类化妆品中该物质的总使用量不应超过 25%。

（1）2,4,6-三（对-2-乙基己基苯胺）-1,3,5-三嗪　这是一种醇溶性和油溶性紫外线UVB型吸收剂，它对油脂原料相容性好，防晒效果优异，可用于防晒油和水包油型防晒霜中。

（2）对二甲基氨基苯甲酸-2-乙基己酯　是较为流行的紫外线UVB型吸收剂，具有很好的防晒性能，和对氨基苯甲酸衍生物相比具有更好的亲和性，使用浓度为0.5%～5.0%。

（3）甲基水杨酸酯衍生物　在美国使用很普遍，它与其他水杨酸酯一样，防晒效果不很高，但价格低廉，制备工艺简单，毒性低，可根据不同的防晒要求，以4.0%～15.0%的浓度用于防晒霜、防晒油和气溶胶制品中，亦可用于改善2-羟基-4-对甲氧基苯酚等防晒剂的溶解度。

（4）对甲氧基肉桂酸-2-乙基己酯　属紫外线UVB型吸收剂，在化妆品中使用浓度为1%～2%，为提高其防晒效果，常和其他紫外线吸收剂合用。在国内是使用最广、用量最大的一种。

（5）二苯甲酮衍生物　这类紫外线吸收剂对UVA和UVB区兼能吸收，是一类广谱紫外线吸收剂。它具有很高的热和光稳定性，但易发生氧化反应，故在配制时需加入抗氧化剂。此类防晒剂和皮肤及黏膜的亲和性好，不会发生光敏反应。常用的有2-羟基-4-甲氧基二苯甲酮；羟基-4-甲氧基二苯甲酮-5-醋酸；2,2′-二羟基-4-甲氧基二苯甲酮；2-羟基-4-正辛氧基二苯甲酮；2,2′-二羟基-4,4′-二甲氧基二苯甲酮；2,2′,4,4′-四羟基二苯甲酮等。

（6）二苯基甲烷衍生物　这是一类UVA型高效紫外线吸收剂，但由于其合成困难，对皮肤有刺激性和敏感性，并会与铁盐、某些防腐剂生成不溶性化合物，故正在寻找取代它的新品种。此类防晒剂常用的有4-异丙基二苯基甲烷、4-叔丁基-4′-甲氧基二苯甲酰甲烷等。

（7）3-(4-甲基亚苄基）樟脑　它是一种UVB型紫外线吸收剂，多用于各种晒黑剂（0.5%～2.5%）和防晒黑剂（2.5%～5.0%）中。尤其在西欧和拉丁美洲应用更为广泛。其防晒的效果稍次于对二甲氨基苯甲酸-2-乙基己酯，但其稳定性和化学特性优于后者。在防晒霜中建议和2-苯基间二氮杂茚-5-磺酸等水溶性紫外线吸收剂合用。

（8）二苯基间二氮杂茚-5-磺酸盐　这是一种高效的水溶性紫外线UVB型吸收剂，一般以钠盐、三乙醇胺盐或三（羟甲基）甲胺盐形式加入膏霜中。为避免生成不溶性游离酸，制品的pH值应控制在7～7.5。这类磺酸盐无毒、无光敏性，使用浓度为0.5%～5.0%。

为扩大紫外线的吸收范围，防晒化妆品趋向两种以上紫外线吸收剂复合使用，包括紫外线吸收剂之间的混合和紫外线吸收剂和紫外线散射剂之间混合。有机紫外线吸收剂和无机紫外线散射剂相比，紫外线吸收效果好，透明性、使用感也良好，但稳定性和对皮肤的刺激性不如无机物。因此近年来对无机紫外线散射剂高功能化的研究日趋活跃，如超微粒化、将云母与具有抗紫外线能力的金属氧化物混合、加热、熔融，获得透明性、耐湿性良好的新型复合抗紫外线粉体等。

市场分析表明，目前，市场上的防晒制品有95%的产品加有有机防晒剂，有85%的产品中同时加有两种或两种以上的有机防晒剂。使用频率较高的防晒剂为：甲氧基肉硅酸辛酯，二苯甲酮-3，二苯甲酮-4，辛基二甲基PABA，二氧化钛，氧化锌等。

粒径在10～150nm的超细无机粉体，由于安全性高、防晒效果优异被广泛用于防晒化妆品中。超细二氧化钛、氧化锌除对UVB区有良好的散射功能外，对UVA区也有一定的滤除作用，尤其是超细氧化锌，其最大紫外线滤除波长为370nm左右。据报道，采用15%

的超细氧化锌可以制得 SPF 值为 18 的广谱防晒制品。但是，由于无机防晒剂为不溶性粉粒，与配方中其他成分配伍性差，且易从体系中沉淀出来，因此，用各种材料（如硅酮、氧化铝、硬脂酸以及表面活性剂等）进行表面处理的超细无机粉体在防晒产品中的应用已成为当今配方的时尚。同时，表面处理的另一个好处就是可以降低二氧化钛和氧化锌的光催化活性，消除其可能对皮肤带来的某些副作用。

我国许多防晒化妆品采用天然动植物提取液配制而成，具有无刺激性、无毒副作用，防晒效果良好等特点，深受消费者欢迎。可作为防晒剂的动植物很多，如沙棘、芦荟、薏苡仁、胎盘提取液、貂油等。中国《化妆品卫生规范》规定化妆品组分中限用防晒剂有 28 种，详见附表 5。

三、防晒化妆品的种类

目前市售的防晒化妆品中，按形态主要有防晒油、防晒水、防晒乳液和防晒霜等。

1. 防晒油

许多植物油对皮肤有保护作用，而有些防晒剂又是油溶性的，将防晒剂溶解于植物油中制成防晒油，一般来说效果不错，且由于含油分多，不易被水冲掉，但缺点是会使皮肤有油腻感，易黏灰，不透气。参考配方如表 11-19 所示。

表 11-19 防晒油参考配方

防晒油配方	质量分数/%	防晒油配方	质量分数/%
棉籽油	50.0	水杨酸薄荷酯	6.0
橄榄油	23.0	香精	0.5
液体石蜡	20.5		

制作方法：将防晒剂溶解于油相混合物中，溶解后加入香精再经过滤即可。

2. 防晒水

为了避免防晒油在皮肤上的油腻感觉，可以用酒精溶解防晒剂制成防晒水。这类产品中加有甘油、山梨醇等滋润剂，可形成保护膜以帮助防晒剂黏附于皮肤上。防晒水搽在身上感觉爽快，但在水中易被冲掉。参考配方如表 11-20 所示。

表 11-20 防晒水参考配方

防晒水配方	质量分数/%	防晒水配方	质量分数/%
氨基苯甲酸薄荷酯	1.0	酒精	60.0
乙二醇单水杨酸酯	6.0	去离子水	28.0
山梨醇	5.0	香精	适量

制作方法：将液体混合后加入固体，搅拌使其均匀，酒精液制成后，应陈储 7～10 天，然后再冷冻至 0℃，24h，产品经过滤后包装。

3. 防晒乳液和防晒霜

防晒乳液和防晒霜既能保持一定油润性，又不至于过分油腻，使用方便，是比较受欢迎的防晒制品，可制成 O/W 型，也可制成 W/O 型。目前市场上的防晒制品以防晒乳液为主，占市场份额的 80%以上。其配方结构可在奶液、雪花膏、冷霜的基础上加入防晒剂即可，为了取得显著效果，可采用两种或两种以上的防晒剂复配使用。其制法同一般乳液类化妆品。参考配方如表 11-21 所示。

表 11-21　防晒化妆品参考配方

防晒化妆品配方	质量分数/%				防晒化妆品配方	质量分数/%			
	防晒乳液		防晒霜			防晒乳液		防晒霜	
	O/W	W/O	O/W	W/O		O/W	W/O	O/W	W/O
白油	15.0	13.0			Tween-60	4.5			
十六醇	5.0				V_E 乙酸酯		2.0		2.0
硬脂酸			13.0		超细钛白粉		10.0		2.0
羊毛脂			5.0		异戊基对甲氧基肉硅酸盐			3.0	
肉豆蔻酸异丙酯			2.0		甲氧基肉桂酸辛酯	2.0		2.0	2.0
聚二甲基硅油	2.0				丁基甲氧基二苯甲酰甲烷	0.5			0.2
Arlamol S7		2.0		8.0	水合硫酸镁		0.7		0.7
Arlamol HD		4.0		10.0	Carbopol 945	0.2			
小麦芽油		3.0		3.0	三乙醇胺	0.15		1.0	
微晶蜡		2.0		2.0	甘油	4.0	3.0		
小烛树蜡		0.5		1.0	丙二醇			3.0	3.0
硬脂酸镁		1.0		1.0	防腐剂	适量	适量	适量	适量
单硬脂酸甘油酯			2.0		香精	适量	适量	适量	适量
Arlamol P135		4.0		3.5	去离子水	65.15	54.8	71.0	61.6
Span-60	1.5								

四、防晒效果的评价

防晒化妆品的防晒效果用防晒系数 SPF 值表示。所谓防晒产品的防晒系数是指在涂有防晒剂防护的皮肤上产生最小红斑所需能量与未加防护的皮肤上产生相同程度红斑所需能量之比。

在美国，FDA 对防晒产品的 SPF 值测定有较为明确的规定。它以人体为测试对象，采用氙弧日光模拟器模拟太阳光或用日光对 20 名以上的被测试者的背部进行照射。先不涂防晒产品，以确定其固有的最小红斑量（MED），然后在测试部位涂上一定量的防晒产品，再进行紫外线照射，得以防护部位的 MED，对每个受试者的每个测试部位，由下式计算各个 SPF 值：

$$\text{SPF}=\frac{\text{防护皮肤的 MED}}{\text{未防护皮肤的 MED}}$$

然后取平均值作为样品的 SPF 值。

防晒系数 SPF 值的高低从客观上反映了防晒产品紫外线防护能力的大小。美国 FDA 在 1993 年的终审规定：最低防晒品的 SPF 值为 2～6，中等防晒品的 SPF 值为 6～8，高度防晒产品的 SPF 值在 8～12 之间，SPF 值在 12～20 之间的产品为高强防晒产品，超高强防晒产品的 SPF 值为 20～30。皮肤病专家认为，一般情况下，使用 SPF 值为 15 的防晒制品已经够了，最高不要超过 30。

目前对 UVA 防护能力的评价有两种方法，即人体法与体外法。人体法与测定 MED 的方法类似，体外法即紫外吸收光谱法。

最为广泛使用的人体法是：即时性皮肤黑化（IPD）和延迟性皮肤黑化（PPD）。这两种方法测定了 UVA 引起的皮肤黑色素的生成，进而得到了类似于日光防晒指数的 UVA 防护指数 PFA。如日本化妆品工业协会于 1996 年制定了采用 PPD 法，用 PFA 作为评价皮肤免受 UVA 损伤的定量标准，PFA 定义如下：

$$\text{PFA}=\text{有保护的皮肤的 MPPD}/\text{未受保护的皮肤的 MPPD}$$

式中，MPPD是指产生色斑的最小照射剂量，其测定方法与MED的测定方法类似。

根据《防晒化妆品防晒效果标识管理要求》（国家食品药品监管总局2016年第107号）的规定：防晒化妆品防晒指数、防水性能、临界波长、长波紫外线防护指数等，应当按照《化妆品安全技术规范》（2015年版）规定的检验方法进测定，必要时可参考国际标准组织（ISO）发布的相关检验方法。

防晒指数（SPF）的标识：应当以产品实际测定的SPF值为依据。当产品的实测SPF值小于2时，不得标识防晒效果；当产品的实测SPF值在2～50（包括2和50）时，应当标识该实测SPF值；当产品的实测SPF值大于50时，应当标识为SPF50＋。

防晒化妆品未经防水性能测定，或产品防水性能测定结果显示洗浴后SPF值减少超过50％的，不得宣称防水效果。宣称具有防水效果的防晒化妆品，可同时标注洗浴前及洗浴后SPF值，或只标注洗浴后SPF值，不得只标注洗浴前SPF值。

长波紫外线（UVA）防护效果标识：当防晒化妆品临界波长（CW）大于等于370nm时，可标识广谱防晒效果。长波紫外线（UVA）防护效果的标识应当以PFA值的实际测定结果为依据，在产品标签上标识UVA防护等级PA。当PFA值小于2时，不得标识UVA防护效果；当PFA值为2～3时，标识为PA＋；当PFA值为4～7时，标识为PA＋＋；当PFA值为8～15时，标识为PA＋＋＋；当PFA值大于等于16时，标识为PA＋＋＋＋。

第五节 防脱发化妆品

防脱发化妆品是添加有各种杀菌消毒剂、养发剂和生发成分而制成的液状制品。具有促进头皮的血液循环，提高头皮的生理功能，营养发根，防止脱发，去除头皮和头发上的污垢，去屑止痒，杀菌、消毒等作用，能保护头皮和头皮免遭细菌侵害，有助于保持头皮的正常机能，促进头发的再生，且具有幽雅清香的气味。

导致脱发的因素可归纳为：①雄性激素降低毛囊的功能；②毛囊和毛球代谢功能下降；③头发的生理功能下降；④头皮紧张引起局部血液循环障碍；⑤饮食不均衡；⑥其他如遗传因素、精神压力、药物副作用等。由此可见脱发的主要原因有内分泌异常导致皮脂分泌过多，形成栓塞，促使毛囊萎缩导致脱发；血液循环不好，毛乳头部供血不足引起脱发；以及受到细菌感染导致脱发等。所以杀菌、消毒、改善血液循环，抑制皮脂过多分泌等可促进头发的生长。

防脱发化妆品根据其原料组成和性能可制成发水或防脱发洗发水。发水中含有杀菌消毒剂，其作用是杀菌、消毒、止痒、保护头皮和头发免遭细菌的侵害；以盐酸奎宁作为消毒止痒剂时习惯上称作奎宁头水，其作用与发水相同；防脱发洗发水则是在洗发水的基础上添加具有防脱发功效的中草药等功效成分制成的，不仅具有洗发水的作用，而且由于加入了治疗性药物，具有防止脱发的作用。

发水是一种酒精溶液。酒精具有杀菌、消毒作用，且酒精浓度太低，会导致制品混浊、沉淀析出而影响制品的外观、使用性能和使用效果。但太浓的酒精有脱水作用，会吸收头发和头皮的水分，使头发干燥发脆、易断。如将酒精以水冲淡，则脱水作用就会随加入水量的增加而下降，因此适度的含水酒精是较为理想的。

酒精还有从皮肤和头发中溶出油脂的作用，即脱脂作用，因此在酒精内，溶入一些脂肪性物质如蓖麻油、油醇、乙酰化羊毛脂、胆固醇、卵磷脂就会减少脱脂作用，使皮肤和头发不产生干燥的感觉。同时上述油性物质也是头皮和头发的营养滋润剂，能赋予头发柔软、光泽的外观。保湿剂如甘油、丙二醇等的加入具有缓和头皮炎症的润湿效果及赋予头皮和头发的保湿性。另外乙醇可溶性多肽能防止头皮干燥，保持毛发水分与柔软性，亦可适量加入。

刺激剂具有刺激头皮，改善血液循环，止痒，增进组织细胞活力，防止脱发，促进毛发再生等作用。常用的有金鸡钠酊（0.1%～1.0%）、水合三氯乙醚（2%～4%）、斑蝥酊（1%～5%）、辣椒酊（1%～5%）、间苯二酚、水杨酸等。这些物质的稀溶液，大部分敷用后会使皮肤发红、发热，促进局部皮肤的血液循环。而较浓的溶液对皮肤有强烈的刺激性。有些人对某些物质有过敏反应，因此应选择适宜的加入量，并需做过敏性试验，以确保制品的安全性。

杀菌剂中除上述的金鸡钠酊、盐酸奎宁、水杨酸、酒精等具有杀菌作用外，还有苯酚衍生物如对氯间甲酚、对氯间二甲酚、邻苯基酚、邻氯邻苯基酚、对戊基苯酚、氯麝香草酚、间苯二酚和β-萘酚等，除间苯二酚（用量<5%）外，这些杀菌剂在头水类化妆品中的用量均小于1%。另外，甘草酸、乳酸、季铵盐等也是常用的杀菌剂。季铵盐除具有杀菌作用外，还能吸附于毛发纤维表面，而起到柔软、抗静电等作用。

激素类如卵胞激素、肾上腺激素等，具有抑制表皮的生长而减少皮脂腺分泌，防止脱发，促进生发的作用。维生素如维生素E、维生素B_2、维生素B_6、维生素H、肌醇、泛酸及泛醇等，具有扩张末梢血管，促进血液循环，提高皮肤的生理机能，防止脱发，促进生发的作用。

侧柏叶别名扁柏、香柏、柏树、柏子树，具有凉血止血，生发乌发，燥湿止带，止咳祛痰的作用。多用于治疗血热妄行导致的各种出血证。可用于血热导致的须发早白、脱发，可单用侧柏叶酊剂涂抹脱发处治疗脱发。其他中草药提取物如生姜、知母、红花、人参、啤酒花等，可加入洗发水（洗发水配方参见第九章第一节）中制成防脱发洗发水。

现代防脱发化妆品，大多并用多种成分，以有利于发挥协同效应，提高其药理效果。

由于发水是头发用“香水”，因此对它的芳香性需特别慎重考虑，涂于发上应留下令人愉快舒适的香气。

发水参考配方（表11-22）举例：

表11-22 发水参考配方

发水配方	质量分数/%						发水配方	质量分数/%					
	1	2	3	4	5	6		1	2	3	4	5	6
酒精	80.0	70.0	70.0	88.0	60.0	70.0	异丙基甲基酚					0.05	0.1
橄榄油					5.0		间苯二酚	0.8					
蓖麻油	5.0						乙炔基雌二醇						0.0004
胆固醇			0.5				维生素B_6				1.0		
卵磷脂			0.5				醋酸*dl*-α-发育酚						0.05
乙酰化羊毛醇			1.0				D-泛醇					0.2	0.2
肉豆蔻酸异丙酯					2.0		壬基酚聚氧乙烯醚					0.5	
乙醇可溶性多肽						1.0	L-薄荷醇						0.1
盐酸奎宁		0.2	0.2			0.01	甘油					5.0	
水杨酸			0.8				丙醇						3.0
辣椒酊	0.5						香精、色素	1.0	2.0	1.0	适量	1.0	适量
硫酸丁酚胺					0.2		去离子水	12.7	27.8	26.0	11.0	26.05	25.44
乳酸						0.1							

制作方法：常温下，将乙醇加入溶解锅中，在搅拌条件下，按配方顺序依次加入各物料，搅拌均匀，静置、冷却，滤除沉淀物，然后恢复至室温，再经一次过滤即可。其生产过程与香水类化妆品的生产工艺基本相同。

发水的使用方法是先用香波洗发，然后敷以发水，如能结合局部按摩对促进头皮血液循环和增进皮脂腺的活力使其达到正常功能是有一定帮助的。因为脱发、生发的生理机能与多种因素有关，为保持健康、秀丽的头发，除使用发水外，还需注意日常的食物营养和身心健康。

第十二章　口腔卫生用品

洁白、健康和美观的牙齿不仅能美化人的仪表，而且对维护全身健康亦有很大影响。许多全身性的疾病常常因口腔疾患而诱发，如牙齿的疾病引起心脏、肾脏的疾患、风湿性关节炎等。幼年龋齿影响咀嚼食物，食物咀嚼不碎，久而久之会引起胃肠障碍，最终导致发育不良等。

口腔内存在着各种细菌、齿垢、齿石等沉积物以及食物残渣、脱落的上皮细胞等各种物质，它们腐败、发酵后成为不洁之源，这对牙齿、口腔黏膜无疑是有害的，为此要保持口腔内组织的清洁并提高其功能，必须清除这些有害因素。

口腔具有自身清洁牙齿及口腔的功能，如唾液的分泌及其作用，摄取食物后咀嚼作用及口腔内细菌群的作用等。但是光靠口腔自身的作用是不够的，还必须借助牙膏与牙刷或其他口腔卫生用品的刷清作用。

常用的口腔卫生用品有牙膏、牙粉、漱口水等。目前产量最大、应用最为普及的口腔卫生用品是牙膏。牙膏的作用是和牙刷配合，通过刷牙达到清洁牙齿及其周围部分，去除牙齿表面的食物残渣、牙垢等，使口腔内净化，感觉清爽舒适，同时还可以祛除口臭，预防或减轻龋病、牙周病等口腔疾病，保持牙齿的洁白、美观和健康。

第一节　牙膏概述

一、牙膏的发展

人类很早就认识到洁齿的重要意义，并逐步发明和采用牙粉、漱口水等牙齿清洁剂，但作为目前产量最大、使用最为普遍的洁齿用品——软管牙膏，则是 1893 年才由维也纳人塞格发明的。由于牙膏采用软管包装，既清洁卫生，又使用方便，自问世以来深受人们喜爱，因此发展极为迅速。

早期的牙膏采用肥皂作为洗涤发泡剂。它除了具有洗涤和发泡作用外，由于其胶体性质，也是牙膏内的主要胶合剂，同时具有润滑作用，赋予牙膏可塑性，挤出后易成条、表面光滑细致。但由于肥皂溶液在温度高时易成流质，温度低时结成硬性胶体，不易控制；且由于肥皂碱性较高，pH 值一般需控制在 9～10 之间（pH 值太低，产生酸性皂，影响发泡性能），会刺激口腔黏膜，有害口腔；同时肥皂本身有一些不舒适的气味和口味，虽加入较多的香精，还是很难改善。

20 世纪 40 年代，随着科学技术的迅速发展，许多新的原料（包括摩擦剂、保湿剂、增稠剂和表面活性剂等）被应用于牙膏配方，再加上生产工艺改进，使牙膏工业得到了较大发展，牙膏的质量不断得到提高。最为突出的是牙膏的配方从肥皂-碳酸钙型改为十二醇硫酸钠为主的表面活性剂-磷酸氢钙型，并从单一的洁齿功能向添加各种药物成分、具有防治牙病等作用的多功能发展。

我国于 1926 年在上海首先开始生产牙膏（三星牌）。1949 年以后，我国牙膏工业得到了迅速发展，至 1978 年全国已全部淘汰了皂型牙膏。进入 20 世纪 80 年代以来，我国的牙膏工业进入了一个新的发展时期：一方面向多功能发展，即洁齿与防治牙病相结合，开发了大量效果显著的药物牙膏（如具有防龋、脱敏、防结石、消炎等功能），为保护牙齿，提高人民的健康水平发挥了积极作用；另一方面，借鉴国外先进经验，引进了当前国际上具有先进水平的设备，并通过消化吸收和开发，使我国牙膏工业的技术装备赶上了当前的国际水平。

二、牙膏的定义及性能

牙膏是和牙刷配合，通过刷牙达到清洁、健美、保护牙齿之目的的一种商品。

牙膏是一种以洁齿和护齿为主要目的的口腔保健用品，坚持每天早晚各一次刷牙，可以使牙齿表面洁白、光亮，保护牙龈，减少龋蛀机会，并能减轻口臭。特别是临睡前刷牙，可以减少细菌分解糖类产生的酸对牙釉的侵蚀，能更有效地保护牙齿。

随着人民物质、文化生活水平的提高，特别是对保护牙齿重要意义认识的提高，对牙膏的品质和功能的要求也越来越高。优质的牙膏应具有如下一些性能。

(1) 适宜的摩擦力。为了除去牙齿表面的牙菌斑、软垢、牙结石和牙缝内的嵌塞物，预防龋齿和牙周病的发生，美化牙齿，必须有适当的清洁性。清洁性主要是依靠粉末的摩擦力和表面活性剂的起泡去垢力。因此一种牙膏必须具有适宜的摩擦力，摩擦力太强会损伤牙齿本身或牙周组织；摩擦力太弱，又起不到清洁牙齿的作用。

(2) 优良的起泡性。尽管牙膏的质量不取决于泡沫的多少，但在刷牙过程中应有适度的泡沫。丰富的泡沫不仅感觉舒适，而且能使牙膏尽量均匀地迅速扩散、渗透到牙缝和牙刷够不到的部分，有利于污垢的分散、乳化、去除。

(3) 具有抑菌作用。口腔内存在有很多细菌，其中不少是有害牙齿健康的致病菌（如变性链球菌、乳酸杆菌和放线菌等），通过牙膏中有效成分的作用，抑制口腔内细菌的发育，降低细菌对食物的发酵分解产酸的能力，减少对牙齿的腐蚀，从而保障牙齿的健康。

(4) 提高牙齿和牙周组织的抗病能力。性能优良的牙膏，不仅不损伤牙齿，而且能促进再矿化作用，提高牙齿的抗酸能力，减少龋齿的发生，并对某些牙病有一定的治疗效果。

(5) 有舒适的香味和口味。牙膏的味和香是消费者决定是否购买的重要因素。因此不仅要从口腔卫生的角度考虑，而且必须考虑使人们乐于刷牙，一般在使用中和使用后应有令人满意的清爽感觉。

(6) 良好的感官和使用性能。牙膏应具有一定的稠度，理想的稠度，应该是易从软管中挤出，挤出时呈均匀、光亮、细腻及柔软的条状物，在牙刷上保持一定形状。刷牙时，既能覆盖牙齿（具有好的分散性），又不致飞溅。吐掉后口中易漱净及使用后牙刷容易清洗等。

(7) 稳定性。牙膏膏体在储存和使用期间必须具有物理和化学稳定性，即不腐败变质、不分离、不发硬、不变稀、pH 值不变，药物牙膏应保持有效期的疗效。

(8) 安全性。牙膏是每天入口的东西，虽说刷牙后吐掉，但毕竟是入口之物，因此要无毒性，对口腔黏膜无刺激性。

三、牙膏的种类

牙膏是一种复杂的混合物，由液相和固相组成。为了使固态粒子长期悬浮在液相中，必须加入适当的胶合剂；为了改进口味而加入香料和甜味剂；为了使牙膏具有防治口腔疾病的能力而加入各种药效成分等。

由于牙膏组成的复杂性，导致有关牙膏分类方法的多样性。有按酸碱度分类的，如中性、酸性和碱性牙膏；按摩擦剂分类，如碳酸钙型、磷酸氢钙型和氢氧化铝型等，按洗涤发泡剂分类，如肥皂型、合成洗涤剂型；按香型分类，如留兰香型、水果香型、薄荷香型等；按功能分，如普通牙膏、药物牙膏，其中药物牙膏又可分为防龋牙膏、脱敏牙膏、消炎止血牙膏和防牙结石牙膏等；根据牙膏的外观，可分为透明牙膏和不透明牙膏两大类。

由于透明牙膏和不透明牙膏不仅在外观上，而且在原料选用（主要是摩擦剂和保湿剂）、成分配比以及工艺操作等都有较大差别，同时从功能上，既可以制成不透明的普通或药物牙膏，也可以制成透明的普通或药物牙膏，因此，将牙膏分为不透明牙膏和透明牙膏两大类。

第二节　牙膏的原料

牙膏的主要原料有摩擦剂、洗涤发泡剂、胶合剂、保湿剂、调味剂、防腐剂、稳定剂以及其他添加剂等。每一类原料都有其特殊的功能，应很好的考虑选择。

一、摩擦剂

摩擦剂是牙膏的主体原料，一般占配方的20%～50%。其目的是在刷牙时，和牙刷一起通过摩擦清洁牙齿，去除食物残渣、软垢、牙菌斑和牙结石，防止新污物的形成。摩擦剂一般是粉状固体，因此对于粉质的硬度，颗粒大小和形状要加以选择。如果粉质太软或颗粒太小，则摩擦力太弱，起不到净牙的作用；如果粉质太硬或颗粒太大，则摩擦力强，对牙齿有磨损。一般要求颗粒直径在5～20μm之间；莫氏硬度2～3之间；粒子的结晶需避开容易损伤牙齿的针状及棒状等不规则晶形，而选用规则晶形及表面较平的颗粒为宜。同时还要考虑外观洁白、无异味、安全无毒、溶解度小、化学性质稳定、与牙膏中其他成分配伍性好、不腐蚀铝管等。

1. 碳酸钙（$CaCO_3$）

多年来，碳酸钙一直是我国牙膏生产中大量采用的一种摩擦剂，由于其容易得到，价格便宜，在中低档牙膏中广泛采用，其中方解石粉、晶体碳酸钙最常用。

方解石粉具有资源丰富，价廉物美之特点，为我国牙膏生产的主要摩擦剂。属斜方晶体，莫氏硬度3.0，相对密度2.6～2.8。方解石经粉碎磨细后，平均颗粒2～6μm，可通过500目筛孔，pH值9.5～10.0。但由于色泽较差，杂质含量较高，严格说不宜作主摩擦剂，常与摩擦力较低的磷酸盐摩擦剂配合使用。

晶体碳酸钙是由石灰石、焦炭、盐酸、氨水等原料制得。其性能与方解石粉相同，但纯度高、晶体整齐、粒度均匀，制成的牙膏洁白、细腻、有半透明感，近似磷酸氢钙牙膏，长期储存也不会结粒变粗，是较为理想的原料。

2. 二水合磷酸氢钙（$CaHPO_4 \cdot 2H_2O$）

二水合磷酸氢钙是无色、无臭、无味的粉末，不溶于水，但溶于稀释的无机酸内。50℃以上失去结晶水，190℃失水，红热时生成焦磷酸钙。莫氏硬度2.0～2.5，粉末平均粒度为12～14μm，相对密度2.306，pH值7.6～8.4。

二水合磷酸氢钙是最常用的一种比较温和的优良摩擦剂，对牙釉的摩擦适中。以它制成的膏体外表光洁、美观，较碳酸钙为佳，但价格较贵，在我国常用于高档产品。它适宜于无肥皂的中性牙膏，由于在膏体中会水解成无水磷酸氢钙，进一步生成羟基磷灰石，使牙膏发硬、结块，所以必须加入稳定剂，常用的稳定剂有磷酸镁、硬脂酸镁、硫酸镁和焦磷酸镁等。由于二水合磷酸氢钙与多数氟化物不相溶，会生成氟磷灰石，影响配方中有效氟的含量，所以不能用于含氟牙膏。

3. 无水磷酸氢钙（$CaHPO_4$）

无水磷酸氢钙摩擦力较二水合磷酸氢钙强，莫氏硬度为3.5，平均粒度12～14μm，一般配方中只用少量（3%～6%）就能增加二水合磷酸氢钙膏体的摩擦力。它也和多数氟化物不相溶，不能用于含氟牙膏。

4. 磷酸三钙[$Ca_3(PO_4)_2$]

磷酸三钙是白色、无臭、无味的粉末，不溶于稀释的无机酸，与水混合，对石蕊试纸呈中性或微碱性反应。和不溶性偏磷酸钠混合使用，是一种良好的摩擦剂。它颗粒细致，平均粒度 10～14μm，制成的牙膏光洁美观。

5. 焦磷酸钙（$Ca_2P_2O_7$）

焦磷酸钙是白色、无臭、无味的粉末，易溶于稀释的无机酸，能与水溶性氟化物混合使用。其他含钙的粉质摩擦剂与一部分水溶性氟化物作用时会变成水不溶性的氟化钙，因而减少了牙膏的防龋作用。其摩擦性优良，属软性磨料，莫氏硬度 5，平均颗粒 10～12μm，相对密度 3.09，pH 值 5～7。

6. 水不溶性偏磷酸钠（$NaPO_3$）$_n$

白色粉末，工业品含有 2%的水溶性焦磷酸盐和单磷酸钠。摩擦力适度，莫氏硬度 2～2.5，平均粒度 8～12μm。当与钙盐混合使用时，其摩擦作用要比各自单独使用的效果好，特别是磷酸三钙和磷酸氢钙。与氟化物配伍性好，但价格较贵。

7. 二氧化硅（$SiO_2 \cdot xH_2O$）

用作摩擦剂的二氧化硅是无色结晶或无定形粉末，几乎不溶于水或酸。摩擦力适中，属软性磨料，平均粒度 4～8μm，pH 值 7～7.5。与氟化物配伍性好，在配方中用量不大，是一种理想的药物牙膏摩擦剂。二氧化硅的折射率为 1.45～1.46，一旦液相的折射率与之相一致，膏体便呈透明，因此二氧化硅常用作透明牙膏的摩擦剂。

8. 氢氧化铝[$Al(OH)_3$]

氢氧化铝为白色至微黄色粉末，在水中的溶解度极微，稳定性较好。相对密度 2.42，莫氏硬度 3.0～3.5，平均粒度 6～9μm，pH 值 7.5～8.5。以氢氧化铝为摩擦剂制成的膏体与二水合磷酸氢钙的相似，但价格比磷酸氢钙便宜。与氟化物和其他药物有很好的配伍性，是药物牙膏的理想磨料之一。

9. 铝硅酸钠

铝硅酸钠是一种水不溶性新磨料，其 SiO_2 和 Al_2O_3 的摩尔比至少为 45∶1，该品折射率一旦与液相的一致，牙膏即呈透明。以铝硅酸钠为磨料的配方中可以加入氟化物，特别是单氟磷酸钠，也可使用洗必太。

据报道，A 型沸石还有防腐蚀性能，可用于未喷涂铝管的膏体中，用量为 0.5%～5.0%。

10. 热塑性树脂

热塑性树脂与氧化物有良好的配伍性，它与氟化物不起反应。包括聚丙烯、聚乙烯、聚氯乙烯、聚甲基丙烯酸甲酯等，以分子量 1000～100000、平均粒度 15～25μm 者为佳。其用量一般为 30%～45%，一般与粒度 5μm 的硅酸锆混合使用，硅酸锆用量为 2%～5%，是一种有效的洁齿摩擦剂。

二、洗涤发泡剂

牙膏的洁齿作用，除了摩擦剂的机械摩擦外，还靠表面活性剂的洗涤、发泡、乳化、分散、润湿等作用。表面活性剂能降低表面张力，使牙膏在口腔中迅速扩散，可渗透、疏松牙齿表面的污垢和食物残渣，使之被丰富的泡沫乳化而悬浮，在漱口时被冲洗除去，从而达到清洁牙齿和口腔的目的。

用于牙膏的表面活性剂，必须无毒、无刺激、无不良味道，不影响牙膏的香味，配方中用量通常为1%～3%。

1.月桂醇硫酸钠

月桂醇硫酸钠，亦称十二醇硫酸钠、十二烷基硫酸钠、K_{12}或发泡剂AS。是普遍采用的牙膏发泡剂，其泡沫丰富而且稳定，去污力强，碱性较低，对口腔黏膜刺激性小，用其制成的牙膏对温度的稳定性较肥皂型牙膏好得多，因而得到广泛的应用。

2.月桂酰甲胺乙酸钠

月桂酰甲胺乙酸钠亦称月桂酰基肌氨酸钠（S_{12}）。在牙膏中除具有洗涤发泡作用外，还能防止口腔糖类发酵，减少酸的产生，有一定的防龋效能。由于它的水溶性较好，析出晶体的温度较低，因而具有稳定膏体的作用，可减轻膏体凝聚结粒，保持膏体细腻稳定。虽然它产生的泡沫很丰富，但在漱口时极易漱清。它在酸、碱介质中都很稳定，是一种比较理想的牙膏用发泡剂。

可用作牙膏洗涤发泡剂的表面活性剂还有：椰油酸单甘油酯磺酸钠，2-乙酸基十二烷基磺酸钠，2-乙酸基十四烷基磺酸钠，氯化鲸蜡基·三甲基铵等。

三、胶合剂

牙膏是固液两相的混合物，为使固体颗粒稳定地悬浮于液相之中，通常使用胶合剂。胶合剂能胶合膏体中的各种原料，使其具有适宜的黏度，易从牙膏管中挤出成型，并赋予膏体细致光泽，在储存和使用期间不分离出水，配方中用量为1%～2%。可使用天然树胶、纤维素类或合成的有机物及无机物。常用的纤维素类有羟甲基纤维素和羟乙基纤维素；合成有机物如聚乙烯醇、聚乙烯吡咯烷酮、聚丙烯酰胺等；无机物如胶性二氧化硅增稠剂等。其中最常用的是羧甲基纤维素钠（CMC）。

1.海藻酸钠

海藻酸钠亦称藻蛋白酸钠，是白色或淡黄色粉末，几乎无臭无味，有吸湿性，溶于水成黏稠状胶态溶液，1%水溶液pH值为6～8。黏性在pH6～9时稳定，加热到80℃以上则黏性降低。能调节牙膏制成适宜的黏度，对于口腔的感觉较好，其性能很适宜于作牙膏的胶合剂。海藻酸钠的水溶液与钙等多价金属离子接触时成海藻酸钙，将凝固成胶状而沉淀，但添加草酸盐、氟化物、磷酸盐等可抑制其凝固作用。它易于生长细菌或霉菌，海藻酸钠溶液被细菌污染后，溶液的黏度降低，应煮沸后立即配料并同时加入防腐剂，如对羟基苯甲酸的酯类，山梨酸或其他抑菌剂。

2.羧甲基纤维素钠（CMC）

羧甲基纤维素钠是一种纤维素醚，由碱性纤维素和一氯乙酸钠反应而成。是白色纤维状或颗粒状粉末，无臭、无味、有吸湿性，其吸湿性随羟基取代度而异。易溶于水及碱性溶液形成透明黏胶体。其水溶液的黏度随pH值、取代度、温度的不同而异，用于牙膏的CMC，通常取代度在0.8～1.2之间，2%水溶液的黏度在0.6～1.2Pa·s之间。

CMC在水中实际上不是溶解而是解聚，即聚合分子的解聚。CMC遇水后首先以粉末状态悬浮于水中，然后在水中膨胀达到最高黏度，最后完成解聚而黏度稍有下降。低取代度的CMC，由于羧甲基分子不均匀而不能完成解聚，黏度虽然较高，但黏液粗糙有时显出游离纤维素，制成的膏体不够细腻、光亮。

CMC的黏度受无机盐（如NaCl、Na_2SO_4、Na_3PO_4等）的影响较大，盐阻止CMC的解聚而使黏度降低。但若先将 CMC 解聚后再加入上述盐类，则这一作用就不明显。

CMC 的解聚是一个比较缓慢的过程，由 CMC 制成的牙膏，其黏度在储存期间由于 CMC 进一步解聚而继续增高。一般在 20～25℃条件下，储存 2～4 个星期才达到最高黏度。

CMC 与无机增稠剂配合使用，产生增稠效应，混合物的黏度比单体黏度明显增高。

CMC 是纤维素制品，容易被纤维素酶降解。纤维素酶通常由牙膏原料（酶制剂也可带入部分纤维素酶）、包装容器被细菌污染而产生。所以应用 CMC 为胶合剂的牙膏，应同时加入防腐剂，如苯甲酸钠或对羟基苯甲酸酯等，以阻止酶对 CMC 的降解作用。

3. 羟乙基纤维素（HEC）

HEC 是由棉纤维经碱化处理，再与环氧乙烷经烷基化反应而成。由于环氧乙烷可能在一个羟基上聚合成长链，所以其摩尔取代度（MS）是表示每个失水葡萄糖基上连接的氧乙烯分子的平均数。用于牙膏的 HEC 其 MS 数在 1.8～2.5 之间。

HEC 与 CMC 不同，其结构中的羟乙基为非离子型，其水溶液有增稠、黏合、成膜等性能。作为胶合剂通常用 1%～2%的水溶液，在搅拌下 HEC 溶于水中在 20～60min 内即可达到最高黏度。HEC 的溶解速度与溶液的 pH 值和温度有关，同一规格的 HEC 在 pH8 时较 pH7 时溶解至最高黏度快一倍，35℃时溶解速度比 5℃时快两倍。

HEC 与 CMC 一样能生物降解而失去黏度，与细菌或真菌产生的酶作用生成水溶性糖类，所以在使用 HEC 时应同时加入防腐剂。

HEC 可与其他胶合剂如 CMC 等配合使用产生增稠效应。而 HEC 对盐有较大的相容性，可在高浓度的盐溶液中溶解，低黏度的 HEC 比高黏度的 HEC 有较大的容盐性，但在磷酸二氢钠、硫酸钠、硫酸铝溶液中 HEC 会产生沉淀。因此，HEC 用于牙膏中除膏体细腻、黏度稳定等性能外，特别适应配制药物牙膏和添加盐类添加剂的牙膏。

4. 鹿角菜胶

鹿角菜胶是从红海藻的水萃取液中制得，主要成分是 *D*-半乳糖聚糖硫酸酯的钾、钠、钙或镁盐，分为三种类型：即 Lambda 型、Kappa 型和 Lota 型。其中 Lambda 型不能形成凝胶，另两种可形成凝胶，尤以钾离子的凝胶作用最强。Kappa 型的凝胶能被机械作用破坏，而 Lota 型凝胶不被破坏；两种凝胶的熔化温度不同，Kappa 型为 50～55℃，Lota 型为 85～92℃，所以 Lota 型受温度影响要小，即使储存在 60℃温度下，其凝胶也不融化，不致牙膏变软或变硬，所以选用 Lota 型的鹿角菜胶用于牙膏最理想。

鹿角菜胶在甘油、山梨醇、聚乙二醇和丙二醇中的溶解度很小，很容易分散在它们之中，不需加热即能溶解在水中形成真溶液。由于其凝胶是真溶液，所制成的牙膏光亮坚挺而不黏腻。鹿角菜胶制成的牙膏有优良的挤出性、香味释放性及易于漱洗性，是优良的胶合剂。

鹿角菜胶和牙膏中的有效成分有较好的相容性，也不会像纤维素衍生物那样易受酶的降解，因此适用于含酶制剂的防腐牙膏中。

5. 硅酸铝镁

硅酸铝镁是复杂的胶态物质，一般由火山岩矿物制取，呈小形片状结晶或粉末，白至微黄色，无味、无臭，组织软滑，不溶于水和有机溶剂，但在水中可膨胀成较原来体积大许多倍的胶态分散体，其 5%水分散体的黏度约为 0.25Pa·s，pH 值约为 9，在广泛的 pH 值范围内稳定。

硅酸铝镁水分散体的黏度随加热时间延长而增加；遇电解质变稠，甚至部分凝聚；与少量的纤维素胶如 CMC 混合，有显著的增稠效应；硅酸铝镁不受酶的影响，黏度不发生变化。

6. 胶性二氧化硅

胶性二氧化硅具有极细的粒度，巨大的比表面积和成链性等特点，可作为牙膏的胶合剂。用胶性二氧化硅制成的膏体具有良好的触变性和抗酶能力，还有良好的药物协调性、防止膏料腐蚀铝管等能力。但二氧化硅也需与其他有机增稠剂配合使用，才有较好的黏度和膏体成型性。

四、保湿剂

牙膏中加入保湿剂的目的在于防止膏体中水分逸失，并能从潮湿空气中吸收水分，使膏体保持一定的水分、黏度和光滑程度，即使牙膏管的盖子未盖也不致干燥发硬而挤不出；另外一个作用，即降低膏体的冻点，使牙膏在寒冷的地区亦能保持正常使用。保湿剂都有防冻能力，但强弱不一，如加入过多，会产生破坏结合水，降低胶体黏度，出现分水现象，所以要适量。在不透明牙膏中用量为 20%～30%，在透明牙膏中用量可高达 75%。最常用的保湿剂有甘油、山梨醇、丙二醇等，其中甘油和山梨醇味甘甜，而丙二醇微有辣味，但吸湿性很大。

近年来也有采用分子量在 200～600 之间的聚乙二醇作保湿剂的。聚乙二醇和水混合，体积发生收缩，当相等量的水和聚乙二醇混合，它的收缩率为 2.5%，同时明显地产生热。等量的水和聚乙二醇 200 混合，温度可提高 12℃，与聚乙二醇 400 混合可提高 14℃。利用这一效果可增加溶解性能，如熔化胶合剂时可不需另外加热。

木糖醇也可用作保湿剂，且具有和蔗糖相同的甜味效果，可不另加甜味剂。且与蔗糖不同，它不是致龋物质。

五、其他添加剂

1. 香精

牙膏的香味是消费者评定其质量优劣和决定是否购买的一个重要标志。人们早上醒后要刷牙、漱口，所以牙膏在使用后应使人们感觉口齿清爽、芬芳，身心愉快。牙膏的原料多种多样，不少带有不愉快的气味，因此在牙膏配方中要加入香精。牙膏用的香精香型应清新文雅，清凉爽口，常用香型有留兰香型、薄荷香型、果香型、茴香型以及冬青香型等。用量一般为 1%～2%，用量过多会减少牙膏的发泡量，同时刺激口腔黏膜。

2. 甜味剂

牙膏中的香料成分大多味苦，摩擦剂有粉尘味等，这就需要添加甜味剂来加以克服。甜味剂包括糖精、木糖醇、甘油等。其中最常用的是糖精（$C_6H_4CONHSO_2$），它是由甲苯等化工原料经合成而得，甜味比蔗糖大 500 倍，它很稳定，无发酵弊病，在牙膏中的用量为 0.05%～0.25%，但不宜过量，以免牙膏变为苦味，其加入量应根据甘油用量及甜味香料的有无和多少来合理配用。

3. 防腐剂

牙膏配方中加有甘油、山梨醇、胶合剂等，这些成分的水溶液长时间储存容易发霉，故需添加适当的防腐剂。常用的有对羟基安息香酸甲酯或丙酯、苯甲酸钠、山梨酸等，用量为 0.05%～0.5%。

4. 缓蚀剂

铝本身在空气中能形成一种氧化铝保护膜，具有一定的抗腐蚀性能，但与膏体接触后，由于 pH 值、温度等条件的影响，对铝管往往有腐蚀作用。为此，除向管内喷涂保护层（醇溶性酚醛树脂）或采用铝塑复合管外，通常还加入缓蚀剂来补救。主要的缓蚀剂有硅酸钠、磷酸氢钙、焦磷酸钠、氢氧化铝等。

5.特种添加剂

牙膏作为口腔卫生用品，不仅是为了清洁牙齿，更重要的是为了预防或治疗口腔和牙齿的疾病，保持牙齿的清洁和健康。为了达到这一目的，目前主要是通过加入有效的化学药物、酶制剂、中草药等，以达到防龋、消炎、去除口臭等作用。

另外，水是牙膏的主要原料之一，要求使用去离子水或蒸馏水。如果水中含有钙、镁、铁等金属离子，易导致变色、变味、变质等现象发生。

第三节 牙膏的配方设计

如前所述，牙膏是由多种原料组成的，这些原料就其形态而言分为固相和液相。固相主要是粉末摩擦剂，液相是水相（包括水溶性物质）和油相（香料等）所形成的乳状液。膏体的基本结构是固体粉末、乳状液粒子以及未脱除干净的气泡悬浮于胶性凝胶中所形成的一种复杂的多相分散体系。因此，要搞好牙膏的配方，除了掌握各种原料的性能和在牙膏中的作用外，还要了解各原料之间的关系，即胶态分散体中有关的表面化学和胶体化学的一些基本理论。

研究确定牙膏配方时，最主要的是考虑牙齿清洁的效果、不伤牙釉和膏体的稳定性，同时要考虑香味、口味、泡沫和膏体光洁美观等。对于药物牙膏，除考虑上述因素外，还应考虑药效、配伍性及其稳定性等问题，反映在牙膏配方中也就比较复杂了。因此，一定要根据设计要求，从选择原料组合着手，经过多次的试配、检测、修改、试用，才能得到较为满意的结果。

一、不透明牙膏

1.普通牙膏

普遍牙膏是指不加任何药效成分的产品，其主要作用是清洁口腔和牙齿，预防牙结石的沉积和龋齿的发生，保持牙齿的洁白和健康，并赋予口腔清爽之感。但由于其防治牙病的能力较差，正逐渐被越来越多的药物牙膏所替代。

普通牙膏参考配方举例见表12-1。

表12-1 普通牙膏参考配方

普通牙膏配方	质量分数/%					
	1	2	3	4	5	6
碳酸钙	48.0					39.0
磷酸氢钙		48.0		50.0		
磷酸三钙			40.0			
氢氧化铝					50.0	
磷酸二氢钠					0.5	
甘油	30.0	28.0	10.0	25.0		
山梨醇(70%)			10.0		27.0	22.0
羧甲基纤维素钠	1.0	1.2	1.5	1.0	1.1	1.1
月桂醇硫酸钠	3.2	3.5	1.5	2.0	1.5	1.3
糖精	0.3	0.25	0.1	0.3	0.3	0.1
香精	1.2	1.2	1.0	1.0	1.0	1.0
去离子水	16.3	17.85	35.9	20.7	18.6	35.49
防腐剂	适量	适量	适量	适量	适量	0.01

2.药物牙膏

牙膏作为口腔卫生用品，不仅仅是为了清洁牙齿，更重要的是为了预防或治疗口腔和牙齿的疾病。为了达到这一目的，国际、国内都对药物牙膏进行了大量研究，并取得了较大进展。国内自20世纪70年代开始研究药物牙膏，进入80年代以来，中草药牙膏相继问世，使药物牙膏有了较大发展。为了获得更为理想的防治效果，在我国，不论化学药品或中草药，都有从单方向复方并间有中西结合的方向发展。除了配伍禁忌外，两种或两种以上的复方药物不但能发生协同作用，而且还起到加大剂量的功能，对提高药物牙膏的效能是有利的。

（1）防龋牙膏　防龋牙膏主要有含氟化物牙膏、含硅牙膏（加硅酮或其他有机硅）、胺或铵盐牙膏（加尿素或其他铵盐）、加酶牙膏（如葡聚糖酶或蛋白酶），还有中草药牙膏等。这里主要介绍含氟化物牙膏。

氟化物的使用是因为发现饮用天然含氟的水或饮用加入氟化钠或其他氟化物的水，许多人因此减少了龋齿。研究认为氟化物的防龋机理如下所述。

① 降低釉质在酸中的溶解度　龋病是由于细菌产生的酸使牙齿脱矿所致，牙齿矿物质的溶解性可影响龋病过程。由于氟离子能置换釉质中羟基磷灰石的羟基，生成难溶于酸的氟磷灰石，使牙釉质的酸溶度降低，从而起到防龋的作用。其反应式如下：

$$Ca_{10}(PO_4)_6(OH)_2+2F^- \longrightarrow Ca_{10}(PO_4)_6F_2+2OH^-$$

Tencate和Duijsters指出在含2.2m mol/L钙和磷的溶液中加入2×10^{-6}氟，可抑制釉质在pH4.5环境中的脱矿。

② 促进再矿化作用　氟化物能增强自然再矿化过程，Koulourides等研究表明，在磷酸钙溶液中加入0.05mmol/L氟化物，使脱矿釉质再矿化速度增加4～8倍。釉质在含有氟化物的溶液中再矿化时，所沉积的矿物质的溶解性低于不含氟化物的相同溶液中所沉积的矿物质。龋损釉质在氟化物的作用下，可发生再矿化，龋损停止发展。在龋损发生的最初阶段，也就是酸开始侵袭牙釉质时，即可发生再矿化过程。

③ 抑菌作用　龋齿的发生与变性链球菌、乳酸杆菌、放线菌等有关，而氟化物有抑菌能力。Jenkins和Edgar研究指出，菌斑中氟化物的浓度比唾液高得多。这说明口腔环境中的氟化物主要集中于菌斑中。局部经常使用氟化物，菌斑内可出现暂时性高浓度氟化物，足以抑制细菌产酸。

④ 抗酶作用　龋齿与加速产生致龋物的多种酶有关，如烯醇酶、琥珀酸脱氢酶等。烯醇酶是糖酵解过程中的一个重要酶，它可以使糖酵解过程中的中间产物2-磷酸甘油转化成丙酮酸，经还原成乳酸，侵蚀牙齿。氟化物能抑制与糖酵解和细胞氧化有关的上述酶，抑制了乳酸的形成，减少了对牙齿的腐蚀。

另外氟化物也能充填到羟基离子丢失所遗留下的空隙内，因而稳定了釉质的晶体结构；氟化物还能减小釉质窝沟的深度，提高牙齿的自洁能力。

上述氟化物的防龋机制不是各个孤立的，而是相互联系相互作用的。氟化物改善磷灰石的结晶度也就降低了它的溶解性和反应性。氟磷灰石的形成也关系到促进再矿化作用，增强釉质表面的硬度。

含氟牙膏是将能离解为氟离子的水溶性氟化物加入膏体中制成的。常用的氟化物有氟化钠、氟化亚锡、单氟磷酸钠、氟化锶等。其中氟化亚锡、单氟磷酸钠用得最多。含氟牙膏的防龋效果与所含氟离子的浓度有关，一般要求按氟化物的分子式计算为1000×10^{-6}，其用量视地区饮用水含氟量而定，高氟地区不宜用含氟牙膏，以避免影响美观的氟牙症的发生。

采用氟化亚锡能够显现出很好的效果。不但亚锡能促进氟磷灰石的形成，而且亚锡和磷酸钙的离子反应成为磷酸亚锡，能在牙釉质表面形成一层抗酸的保护层，保护牙齿不受酸的侵蚀，所以采用氟化亚锡牙膏，对于牙齿的防龋具有重要意义，但氟化亚锡有使牙齿着色的倾向，应引起注意。

由于采用的氟化合物是水溶性的，在水溶液中和钙化合物很容易形成氟化钙，从而降低氟离子的活性。如 1000×10^{-6} 氟化钠加入以磷酸氢钙为基础的牙膏内，经 68℃，一个星期后，有效氟下降至 155×10^{-6}。因此，必须采用高度不溶的钙粉摩擦剂或其他种类的摩擦剂。可用的摩擦剂有焦磷酸钙、不溶性偏磷酸钠、氢氧化铝、二氧化硅、铝硅酸盐、硅酸锆等。

单氟磷酸钠对可溶性钙盐的反应不那么敏感，所以可在多种摩擦剂中进行选择，且单氟磷酸钠不会使牙齿着色。

当唾液中氟化钠的含量较高时（达 $100\times10^{-6}\sim300\times10^{-6}$），氟化钠和羟基磷灰石在 pH 值较低时生成较易溶解的氟化钙，反而对牙齿造成危害。

$$Ca_{10}(PO_4)_6(OH)_2+8H^++2OF^-\longrightarrow10CaF_2+6HPO_4^{2-}+2H_2O$$

因此，氟化钠在牙膏中的用量不宜过多，且要控制适宜的 pH 值。

Stater 等用接触放射摄照比较研究了单氟磷酸钠、氟化钠、单氟磷酸钠/氟化钠混合液以及以二水合磷酸氢钙为基质的单氟磷酸钠/氟化钠牙膏对人工龋再矿化的影响，结果表明单氟磷酸钠主要使牙釉质表层发生再矿化，而氟化钠则更多地使病损牙齿再矿化；此外，磷酸氢钙/单氟磷酸钠/氟化钠牙膏使组织再矿化的作用比单氟磷酸钠/氟化钠混合溶液更好。

含氟牙膏参考配方举例如表 12-2 所示。

表 12-2　含氟牙膏参考配方

含氟牙膏配方	质量分数/%					含氟牙膏配方	质量分数/%				
	1	2	3	4	5		1	2	3	4	5
焦磷酸钙	48.0					*N*-月桂酰肌氨酸钠			2.0		
二水合磷酸氢钙		48.76	5.0	43.0		单氟磷酸钠		0.76	0.76	0.7	0.8
氢氧化铝			1.0	4.0	52.0	氟化亚锡	0.5				
不溶性偏磷酸钠			42.0			焦磷酸亚锡	2.5				
甘油	25.0	22.0	20.0	25.0		氟化钠				0.1	
山梨醇(70%)					27.0	糖精	0.2	0.2	0.3	0.2	0.2
羧甲基纤维素钠		1.0		0.8	1.1	香精	1.0	0.86	1.0	1.0	0.85
海藻酸钠	1.5					防腐剂	适量	适量	0.5	适量	适量
爱尔兰苔浸膏			1.0			精制水	18.8	24.87	26.04	22.7	16.55
聚乙烯吡咯烷酮		0.1				二氧化钛			0.4		
十二烷基硫酸钠	1.5	1.2		2.0	1.5	焦磷酸四钠		0.25		0.5	
单月桂酸甘油酯硫酸钠	1.0										

（2）防牙结石牙膏　牙菌斑和牙结石是导致龋齿和牙周病的根本原因，因此，如果能够抑制牙菌斑和牙结石的形成，或将牙菌斑和牙结石及时清除，则可有效地预防牙病的发生。用于此目的主要有化学药物和酶制剂。

① 化学药物牙膏　由于牙结石的化学成分与牙釉质极相似，因此，能溶解牙结石或消除牙结石的药物，往往也能侵害牙组织。所以理想的清除牙结石的药物，是能溶解牙结石而不损害牙组织。

尿素是胺盐牙膏中主要药物添加剂，它对蛋白质及其他有机物质都有溶解作用，因此可以防止牙垢的沉积，使已形成的结石脱落，并对牙龈出血有一定效果。

锌化合物是抑制菌斑和牙结石的传统药物。锌离子能阻止过饱和的磷酸离子和钙离子生成磷酸钙沉淀，防止牙结石的形成，此外还具有抑菌作用。特别是柠檬酸锌，它只有轻微的溶解度，能在刷牙后滞留在龈沟、菌斑、牙结石中及牙刷触不到的地方，在唾液中缓慢溶解，逐渐释放出锌离子，持久地发挥作用，制止牙结石的形成。柠檬酸锌与氟化钠合用能发挥良好的溶解牙石、抑制菌斑钙化，而不损伤牙组织的协同作用。

聚磷酸盐亦为安全而有效的抗结石剂，它的作用是阻止初期无定形磷酸钙转变成结晶型羟基磷灰石，由于它不与钙结合，不会使牙齿脱矿。

由于柠檬酸锌、聚磷酸盐能与碳酸钙、磷酸氢钙中的钙离子反应，从而降低抗结石的能力。因此在该类牙膏中，宜采用配伍性好的摩擦剂，如焦磷酸钙、氢氧化铝、不溶性偏磷酸钠、二氧化硅等。

烷基季铵磷酸酯，不但有杀菌和吸附性，而且由于其能和牙菌斑中蛋白质的氧基发生反应，使蛋白质受到损坏，并能增大菌斑的溶度，使之分散，易从牙齿表面除去，所以能阻止牙菌斑和牙结石的生成。

据介绍，在牙膏中加入季铵硅氧烷，能在牙齿表面形成一层亲和性膜，因而可长时间抑制菌斑的产生。

此外，吸烟引起的烟斑牙，主要是烟叶燃烧后的含碳沉积物，它的去除与防牙结石的措施相一致。

化学药物防牙结石牙膏配方举例如表 12-3 所示。

表 12-3 防牙结石牙膏配方举例

防牙结石牙膏配方	质量分数/%	防牙结石牙膏配方	质量分数/%
氢氧化铝	40.00～50.00	氟化钠	0.10
甘油	15.00～20.00	聚磷酸盐	1～2
羧甲基纤维素钠	1.00～1.50	香精	1.00～1.30
十二醇硫酸钠	2.00～2.50	其他辅助物	3.00～5.00
柠檬酸锌	0.30	精制水	余量

② 酶制剂牙膏　酶是使其相对应的物质迅速转化为其他物质的生物催化剂。它的催化速度，比一般催化剂快数万倍。牙膏中加酶的作用，就是利用酶的催化性能，使难溶胶质转化为水溶性物，在漱口时被水溶解，排出口腔外，防止牙菌斑的形成，达到预防龋齿和牙周病的目的。

菌斑的主要组分是葡聚糖，采用葡聚糖分解酶以控制菌斑是一种可取的方法。经常使用含有葡聚糖分解酶的含漱水漱口，可大大减少菌斑的形成和龋病的发生。

蛋白酶不仅能除掉牙齿表面的蛋白质污垢，而且也是良好的消炎剂，对龋齿和牙周病有预防作用，对牙龈炎和牙周出血有治疗作用，并能有效地去除牙齿表面的烟渍。

乳过氧化物酶也具有防龋作用。乳过氧化物酶存在于唾液中，与过氧化氢（H_2O_2）和硫氰酸盐离子（SCN^-）组成唾液中的过氧化物酶系统（SPS）。过氧化物酶在 H_2O_2 存在的情况下，能氧化硫氰酸盐生成次硫氰酸盐（$OSCN^-$）。次硫氰酸盐能氧化某些细菌酶系统（如己糖激酶、6-磷酸甘油醛脱氢酶、丙酮酸激酶）的硫氢基团，从而抑制细菌产酸。菌斑产酸受抑制的程度与 $OSCN^-$ 的浓度呈正比例关系。$OSCN^-$ 的产生需要适量的 H_2O_2，但菌斑中 H_2O_2 的浓度较低，不足以产生 $OSCN^-$。Meskin 等研制了一种含淀粉葡萄糖酶和葡萄糖氧化酶的牙膏，这种牙膏在葡萄糖存在的情况下产生 H_2O_2，H_2O_2 再与唾液中的 SCN^- 作用生成足够的 $OSCN^-$。从而起到抗龋作用。

加酶牙膏配方设计的关键是酶的保活，因为酶的活性极为敏感，而且作用迅速，稍有不适应的条件，就会降低活性或完全失去活性，致使配方设计完全失败。

加酶牙膏配方中的各种原料，都必须对酶的活性无影响，如表面活性剂最好用 *N*-月桂酰肌氨酸钠，它能抑制口中的酸，使酶的活性维持较长时间，效果显著。香料中的茴香脑是葡聚糖酶的保活剂。氯化钙、氯化镁对蛋白酶有很好的保活作用。

酶能破坏某些胶体如 CMC，因此含酶牙膏不宜用 CMC 作胶合剂，而以爱尔兰苔、黄蓍树胶粉、海藻酸钠、聚丙烯酰胺等为宜。明胶具有增强葡聚糖酶活性的作用。

酶的作用一般在常温近中性水溶液中进行，因此高温、强酸、强碱都会使其破坏，失去活性。许多水溶性的无机盐如磷酸钠、焦磷酸钠、磷酸铵等，可能由于缓冲作用，能增加葡聚糖酶的稳定性。

加酶牙膏配方举例如表 12-4 所示。

表 12-4 加酶牙膏配方举例

加酶牙膏配方	质量分数/%		加酶牙膏配方	质量分数/%	
	1	2		1	2
磷酸氢钙	50.0		*N*-月桂酰肌氨酸钠	5.0	
氢氧化铝		40.0	α-磺基肉豆蔻酸乙酯钠盐		2.0
二氧化硅		3.0	月桂醇硫酸钠	0.5	
甘油	25.0		糖精	0.35	0.2
山梨醇(70%)		26.0	香精	1.3	1.0
丙二醇		3.0	去离子水	16.95	23.6
海藻酸钠	0.9	1.0	蛋白酶(单位/每克膏体)	1500.0～2000.0	
明胶		0.2	葡聚糖酶(单位/每克膏体)		2000.0

(3) 消炎止血牙膏　选用具有杀菌、消炎、止血、镇痛作用的药物加到牙膏中，使其对牙龈炎、牙周炎等有治疗或减缓作用，适用的药物如下所述。

洗必太：洗必太又称氯己定，其化学名称为 1,6-双（对氯苯缩二胍）己烷，是一种阳离子杀菌剂，作用于革兰氏阳性菌和革兰氏阴性菌，以及某些酵母菌等，常以葡萄糖酸洗必太的形式使用。洗必太防治牙病的作用机制有：①减少了唾液中能吸附到牙齿表面上的细菌数。洗必太吸附到细菌表面，与细菌细胞壁的阴离子（PO_3^-）作用，增加了细胞壁的通透性，从而使洗必太容易进入细胞内，使胞浆成分沉淀而杀灭细菌，因此吸附到牙面上的细菌数减少。②洗必太与唾液酸性糖蛋白的酸性基团结合，因而封闭了唾液糖蛋白的酸性基团，使唾液糖蛋白对牙面的吸附能力减弱，从而抑制获得性膜和菌斑的形成。③洗必太与牙面釉质结合，覆盖了牙面，因而阻碍了唾液细菌对牙面的吸附。④洗必太与 Ca^{2+} 竞争，而取代 Ca^{2+} 与唾液中凝集细菌的酸性凝集因子作用，使之沉淀，从而改变了菌斑细菌的内聚力，抑制了细菌的聚集和对牙面的吸附。

洗必太的主要问题是有苦味和使牙齿着色。为了克服这一缺点，将洗必太制成二葡糖酸洗必太和十二酰甲胺乙酸钠或单氟磷酸钠的络合物。该络合物不溶于水，但仍能显示抗菌效果。

研究表明，用洗必太与氟化钠合并使用，较单独使用氟化钠的效果要好。

洗必太是阳离子型，与牙膏中的其他成分配伍性差。在用洗必太时，牙膏配方中应避免使用羧甲基纤维素钠作胶合剂，因为它会和洗必太生成不溶性盐，影响洗必太的药效。其他纤维素如羟乙基纤维素和洗必太不发生反应，可以使用。

牙膏中加入15%～25%的尿素，有去除色斑的作用。

季铵化合物是有效的杀菌剂，特别对金黄色葡萄球菌、枯草杆菌等革兰氏阳性菌有效。

过氧化物如过氧化氢、过硼酸钠等也具有良好的杀菌效果，在牙膏中可直接加入过氧化氢。但由于过氧化氢易分解，所以含过氧化氢的牙膏水分含量必须很低，或在牙膏内加入过氧化氢的稳定剂，疏水性化合物如凡士林、液体石蜡和乙二醇单硬脂酸酯等可以防止过氧化氢分解。过氧化氢也可在牙膏内通过反应生成。在含水量较低的情况下，用碳酸氢钠调节pH值至适宜的范围（7.5～9.0），氨基酸可以被相应的氨基酸氧化酶氧化，在牙膏内产生过氧化氢，起到抗菌剂的作用。

反式-4-氨甲基环己烷-1-羧酸（止血环酸），易溶于水，微溶于热的乙醇，是一种具有良好消炎作用的化合物。一般物质由于其不能被口腔黏膜吸收，因此不能发挥应有的作用。而止血环酸能够在短时间内有相当数量被口腔黏膜吸收，所以能发挥良好的作用。不仅如此，它还能和牙膏中表面活性剂起互促效应，使其均匀分散于口腔内，增强牙膏的清洁效果。对抑制口腔炎、出血性疾患以及去除口臭有较好的效果。在牙膏中的用量为0.05%～1.0%。

叶绿素是绿色植物的主要色素物质，将其加入牙膏中，对于去除口臭，缓解上呼吸道感染及抗酸有效；对金黄色葡萄球菌、链球菌等有抑制作用，适用于治疗慢性疾病，促进血压下降，改善血液循环，促进组织再生等。由于组成叶绿素所含金属元素的不同，其效果也不同。通常使用的是水溶性叶绿素铜钠盐。

目前，我国开发的含有各种中草药的消炎止血牙膏占各类药物牙膏的首位。由于中草药具有性温、刺激性小和安全无毒的特点，以及抑菌、消炎和止痛的作用，已成为我国所独有的一类防治牙病的药物牙膏。

这类牙膏可采用单一药物，也可采用多元药物（包括中草药和合成药）的混合物。采用复方药物不仅可以加大剂量，提高药物牙膏的治疗效果，而且改善了膏体的稳定性和口味，避免了单一药物由于剂量小作用不明显，而剂量大又会使膏体不稳定，药味过大，对口腔黏膜刺激性大等弊病。

复方药物牙膏在配方中应注意原料的选择不应引起反应，药物之间配伍性好，对膏体稳定性无破坏等。可选用具有优良惰性的二氧化硅、氢氧化铝等作为摩擦剂。药物牙膏由于添加的中草药色泽较深，不易为消费者所接受，因此在牙膏中加入适量的色素以隐蔽其不良色泽是必要的。中草药药物牙膏的香味应和药物的药味配伍恰当，使其产生协调一致的香味。

消炎止血牙膏配方举例如表12-5所示。

表 12-5 消炎止血牙膏配方举例

消炎止血牙膏配方	质量分数/%					消炎止血牙膏配方	质量分数/%				
	1	2	3	4	5		1	2	3	4	5
磷酸氢钙	50.0					EP 聚醚				2.0	
磷酸三钙			49.0			止血环酸	0.2				0.05
二氧化硅				16.0		二葡糖酸洗必太				5.3	
碳酸钙		50.0			50.0	氟化钠				0.22	
甘油	25.0	25.0		8.0	15.0	冬凌草提取液		0.5			
丙二醇			25.0			叶绿素铜钠盐			0.1		0.05
聚乙烯吡咯烷酮				20.0		草珊瑚浸膏					0.05
海藻酸钠			1.7			糖精	0.3	0.35	0.3	0.1	0.5
羧甲基纤维素钠	1.0	1.4			1.4	香精	1.0	1.0	1.2	0.04	1.2
羟丙基纤维素				3.4		防腐剂		0.5			
月桂醇硫酸钠	2.0	2.6	2.6		2.5	去离子水	20.5	18.65	20.1	44.94	29.25

(4) 脱敏牙膏

氯化锶：氯化锶有抗酸、脱敏、防龋作用。因为锶离子能被牙釉、牙本质吸收，结合生成水不溶性的碳酸锶等盐类沉淀，降低牙齿硬组织的渗透性，提高牙齿组织的缓冲作用，增强牙龈、牙周组织对毒性、冷、热、酸、甜等刺激的抵抗能力，达到脱敏的效果。

柠檬酸：从发病原因可以看出封闭牙本质小管是治疗牙本质过敏的方法之一。柠檬酸的阴离子能跟牙本质小管和骨骼晶质表面的阳离子钙产生非离子络合物，该柠檬酸钙络合物起到了保护剂和封闭剂的作用。通常使用柠檬酸、柠檬酸钠作脱敏剂时，使用多元醇作保湿剂，可以促进柠檬酸阴离子渗透到牙本质中去，以加强脱敏剂的有效性。

氯化钠：氯化钠具有生理作用，其防治牙本质过敏的机理是基于浓缩盐溶液的渗透性，其用量可高达 15%，可以说是咸味牙膏，一般不为消费者接受。另外还有防止牙龈萎缩作用，且功效稳定。

尿素：具有清热、降火、止血、缓解镇痛等功能，对受破坏和刺激的组织，有润湿和角质化能力，此外有增溶和阻聚作用。与氯化物合用能提高脱敏效果，与氟化物一起使用能延缓有效氟的降低。

硝酸钾：有明显的脱敏效果，常用作牙科临床的脱敏剂，在牙膏中用量可高达 10%。

甲醛：俗名福尔马林，能与蛋白质中的氨基结合，使牙周组织中的蛋白纤维及造牙本质细胞原浆突中的蛋白质变性凝固，以增强牙周组织的抵抗力，形成新的保护膜而起到脱敏作用。

据报道，多元醇磷酸酯金属盐可以有效防止牙本质过敏症，将牙齿切片浸入 0.5% 的葡糖 1-磷酸酯铝盐溶液中 5 分钟，用扫描电子显微镜观察，证明牙本质小管变窄或被堵塞。从而起到脱敏作用。

实践证明，具有镇静止痛的中草药都有良好的脱敏功能，如草珊瑚等，用此类牙膏刷牙时，通过对有效成分的吸收，对牙本质中的牙髓神经起镇静止痛作用，从而起到脱敏作用。

氯化锶、柠檬酸等脱敏剂，对摩擦剂不太敏感，一般都能相容，单独使用或结合使用在药理上都能起到良好的效果。

脱敏牙膏配方举例如表 12-6 所示。

表 12-6 脱敏牙膏配方举例

脱敏牙膏配方	质量分数/%					脱敏牙膏配方	质量分数/%				
	1	2	3	4	5		1	2	3	4	5
二氧化硅	24.0					硝酸钾	10.0				
焦磷酸钙		41.7				马来酐/乙烯基·甲基醚共聚物锶盐		7.5			
磷酸氢钙				50.0	2.0	$SrCl_2 \cdot 6H_2O$			0.3		0.3
氢氧化铝			50.0			甲醛			0.2		
碳酸钙					50.0	中草药脱敏剂				0.5	
甘油	25.0	10.0	15.0	25.0	20.0	糖精	0.2	0.2	0.3	0.35	0.3
山梨醇(70%)		12.0				香精	1.0	1.0	1.2	1.3	1.2
羧甲基纤维素钠		0.85	1.5	1.0	1.5	防腐剂	适量	0.5	适量	适量	适量
羟乙基纤维素	1.6					去离子水	36.2	24.75	30.0	18.85	23.2
月桂醇硫酸钠		1.2	1.5	2.5	1.5	焦磷酸钠		0.25		0.5	
聚氧乙烯(20)失水山梨醇单月桂酸酯	2.0					氢氧化钠(50%溶液)		0.05			

二、透明牙膏

透明牙膏有含摩擦剂透明牙膏和无摩擦剂透明牙膏两种类型，其基本组成如表 12-7 所示。

表 12-7 透明牙膏的基本组成

组 成	含摩擦剂透明牙膏/%	无摩擦剂透明牙膏/%	组 成	含摩擦剂透明牙膏/%	无摩擦剂透明牙膏/%
摩擦剂	10.0～25.0		香精	1.0～2.0	1.0～2.0
保湿剂	50.0～75.0	40.0～60.0	药效成分	1.0～2.0	1.0～2.0
洗涤发泡剂	1.0～2.0	1.0～2.0	防腐剂	0～0.5	0～0.5
胶合剂	0.2～5.0	1.0～10.0	去离子水	余量	余量
甜味剂	0～1.0	0～1.0			

含摩擦剂透明牙膏是 20 世纪 60 年代以来，随着二氧化硅大量地用于牙膏作摩擦剂而逐步发展起来的。可制成普通透明牙膏和药物透明牙膏。但由于其对摩擦剂和保湿剂的品种和用量要求苛刻，产品成本较高，其发展较为缓慢。

为要制成含摩擦剂的透明牙膏，基本条件是牙膏摩擦剂的折射率和液体成分的折射率相一致。

生产透明牙膏的摩擦剂有无定形二氧化硅，折射率为 1.450～1.460；氯化钙，折射率为 1.4340。另外硅酸铝钠和硅酸铝钙等硅酸盐也可用来制造透明牙膏。

液体部分：水的折光率为 1.383，甘油（100%）的折光率为 1.474，山梨醇（70%）的折光率为 1.457。因此通过调节甘油、山梨醇和水三者间的比例，使之与固相摩擦剂的折光率相一致，即可制成透明牙膏。

为制得透明牙膏，摩擦剂二氧化硅和保湿剂的加入量也需控制适宜，其用量范围为摩擦剂 10%～25%，保湿剂 50%～75%。由于保湿剂用量大，相应的水的用量较少，另外为达到与摩擦剂相同的折光率，因水的折光率较低，水的用量不能多，否则难以调整到适宜的折光率。

由于十二醇硫酸钠的溶解性较差，用量过多会使膏体透明度下降，成为半透明状态，所以透明牙膏中 K_{12} 用量较少，发泡量也较低。

香精是以一种高度分散的微细粒子形式分散在膏体中，当其在膏体中所占比例不大时，对膏体透明度影响较小，但当用量过大时，会影响膏体的透明度，配方时必须予以考虑。

由于牙膏摩擦剂和液体成分的折光率随温度有变化，所以在储存和使用期间，由于温度的变化，要使折光率完全一致是不可能的。但当摩擦剂粒子直径均一时，就可在一定程度上克服由于折光率的微差而引起的光的漫反射，从而减轻对透明度的影响。

至于半透明牙膏，它的主要组分与透明牙膏无明显区别，只是二氧化硅用量较透明牙膏高，而保湿剂相对较少。也可在透明牙膏的基础上添加少量二氧化钛使成半透明状。

透明牙膏配方举例如表 12-8 所示。

表 12-8 透明牙膏配方举例

透明牙膏配方	质量分数/%					透明牙膏配方	质量分数/%				
	1	2	3	4	5		1	2	3	4	5
二氧化硅	25.0	22.0	21.0	22.0	12.0	糖精	0.2	0.2		0.2	0.2
山梨醇(70%)	30.0	50.0	69.0	46.72	35.0	香精	1.0	0.8	0.2	2.0	1.0
甘油	25.0			20.9	26.0	去离子水	16.3	14.5	3.22	0.6	20.87
丁二醇		10.0				单氟磷酸钠			0.78	0.78	
聚乙二醇 1450			4.0	5.0		氟化钠					0.23
羧甲基纤维素钠	0.5	0.5	0.3	0.3		三水合柠檬酸锌					0.5
羟乙基纤维素					1.7	三聚磷酸钠					1.0
月桂醇硫酸钠	2.0	2.0	1.5	1.5	1.5	防腐剂	适量	适量	适量	适量	适量

第四节 其他口腔卫生用品

一、牙粉

尽管牙膏以卫生、使用方便、口感好等优点占口腔卫生用品之主流，但仍有相当多的人习惯于使用牙粉。牙粉的功用成分与牙膏相类似，只是省去了液体部分，其生产工艺简单，同时还给携带及储存、包装带来便利。

牙粉一般由摩擦剂、洗涤发泡剂、胶合剂、甜味剂、香精和某些特殊用途添加剂（如氟化钠、叶绿素、尿素和各种杀菌剂等）组成。上述各成分的作用与在牙膏中相同，只是牙粉中用的胶质其作用仅仅是稳定泡沫而没有形成凝胶的必要。

牙粉的生产工艺比较简单，可先将小料与部分大料（摩擦剂等）预先混合，再加入其他大料中，然后在具有带式搅拌器的拌粉机内进行混合拌料，最后在粉料中喷入香精，也可先在部分摩擦剂中混合及过筛后加入，同时将混合好的牙粉再一次过筛即可进行包装。

牙粉的包装较牙膏简便，一般装在金属盒、塑料盒，甚至纸袋也可。配方如表 12-9 所示。

表 12-9 牙粉配方举例

牙粉配方	质量分数/%		牙粉配方	质量分数/%	
	1	2		1	2
碳酸钙		60.3	胶性黏土	5.0	
磷酸三钙	63.0		CMC		0.5
磷酸氢二钙	5.0		尿素	22.5	
氢氧化镁		25.0	糖精	0.3	0.2
碳酸镁		10.0	香精	1.2	2.0
十二醇硫酸钠	3.0	2.0			

二、漱口剂

漱口剂与牙膏、牙粉的使用方法不同，牙膏、牙粉要与牙刷配合使用，且主要靠配方中的摩擦剂进行物理清除，而漱口剂不需特别的用具，单独用于口腔内漱口，其主要作用是去除口臭和预防龋齿。随着现代文明社交的需要，漱口剂越来越受欢迎。

漱口剂大多为液体（漱口水），其基础组成为水、酒精、保湿剂和香精，其各自的用量根据不同的漱口水功能变化幅度较大。如酒精在不同的配方中可加入10%～50%，当香精用量高时，酒精用量应多些，以增加对香精的溶解性，同时酒精本身也具有轻微的杀菌效力。保湿剂在漱口剂中的主要作用是缓和刺激作用，但用量过多有利于细菌的生长，一般用量10%～15%。香精在漱口剂中起重要作用，它使漱口剂具有令人愉快的气味，漱口后在口腔内留有芳香，掩抑口腔内不良气味，给人以清新、爽快之感，常用的香精有冬青油、薄荷油、黄樟油和茴香油等，用量为0.5%～2.0%。

为使漱口剂具有更好的杀菌效果，通常采用的杀菌剂有硼酸、安息香酸、薄荷、苯酚、麝香草脑等。近年来则采用季铵类表面活性剂代替许多老的杀菌剂，常用的阳离子表面活性剂为含 C_{12}～C_{18} 的长链烃的季铵化合物，如氯化十二烷基·三甲基铵、氯化十六烷基·三甲基铵、十六烷基·三甲基吡啶鎓等，它们具有优良的杀菌性能，但由于它们能使漱口剂稍带苦味，用量受到限制，且应注意，阳离子表面活性剂不能和阴离子表面活性剂混用。

用于漱口剂的表面活性剂还有非离子型（如吐温类）、阴离子型（如十二醇硫酸钠等）以及两性表面活性剂等，它们除增溶香精外，还有起泡和清除食物碎屑的作用。

此外，漱口剂还需加入适量的甜味剂，如糖精、葡萄糖和果糖等，用量为0.05%～2.0%。

漱口剂的生产过程包括混合、陈化和过滤。配制成的漱口剂应有足够的陈化时间，以使不溶物全部沉淀。溶液最好冷却至5℃以下，然后在这一温度下过滤，以保证产品在使用过程中不出现沉淀现象。漱口剂配方如表12-10所示。

表12-10　漱口剂配方举例

漱口剂配方	质量分数/%			漱口剂配方	质量分数/%		
	1	2	3		1	2	3
乙醇	10.0	31.0	18.0	月桂酰甲胺乙酸钠			1.0
山梨醇(70%溶液)	20.0	10.0		薄荷油	0.1	0.1	0.3
甘油		15.0	13.0	肉桂油	0.05		
醋酸钠			2.0	叶绿素铜钠盐		0.1	
安息香酸		1.0		糖精		0.1	
硼酸		2.0		香精	适量	0.5	0.8
氯化十六烷基吡啶鎓	0.1			色素	适量	适量	适量
聚氧乙烯失水山梨醇单月桂酸酯			1.0	柠檬酸	0.1		
聚氧乙烯失水山梨醇单硬脂酸酯	0.3			去离子水	69.35	40.2	63.9

第三篇　化妆品的生产及质量管理

第十三章　乳剂类化妆品

随着科技发展和技术进步，乳化剂的品种越来越多，乳化剂的乳化性能越来越优越，乳剂类化妆品配制过程中的物理稳定性问题已不那么突出。但在实际工作中，由于乳液制备时涉及的因素很多，操作者的熟练程度和经验仍然对乳剂类化妆品的质量和稳定性有着重要的影响。当然，即使经验丰富的操作者，也很难保证每批都乳化得很好。

因此，经过小试确定配方后，还应进行放大试验并制定相应的乳化工艺及操作方法，以实现工业化生产。制备乳状液的经验方法很多，各种方法都有其特点，选用哪种方法全凭个人的经验和企业具备的条件，但必须符合化妆品生产的基本要求。

第一节　乳剂类化妆品的生产技术

在实际生产过程中，有时虽然采用同样的配方，但是由于操作时的温度、乳化时间、加料方法和搅拌条件等不同，制得的产品稳定性及其他物理性能也会不同，有时相差悬殊，因此根据不同的配方和不同的要求，采用合适的配制方法，才能得到较高质量的产品。

一、生产程序

(1) 油相　将油、脂、蜡、乳化剂和其他油溶性成分加入夹套溶解锅内，开启蒸汽加热，在不断搅拌的条件下加热至70～75℃，使其充分熔化或溶解均匀待用。要避免过度加热和长时间加热以防止原料成分氧化变质。

(2) 水相　先将去离子水加入夹套溶解锅中，水溶性成分如甘油、丙二醇、山梨醇等保湿剂、碱类、水溶性乳化剂等加入其中，搅拌下加热至90～100℃，维持20min灭菌，然后冷却至70～80℃待用。如配方中含有水溶性聚合物，应单独配制，将其溶解在水中，在室温下充分搅拌使其均匀溶胀，防止结团，如有必要可进行均质，在乳化前加入水相。要避免长时间加热，以免引起黏度变化。为补充加热和乳化时挥发掉的水分，可按配方多加3%～5%的水，精确数量可在第一批制成后分析成品水分而求得。

(3) 乳化和冷却　上述油相和水相原料通过过滤器按照一定的顺序加入乳化锅内，在一定的温度（如70～80℃）条件下，进行一定时间的搅拌和乳化。乳化过程中，油相和水相的添加方法（油相加入水相或水相加入油相）、添加的速度、搅拌条件、乳化温度和时间、乳化器的结构和种类等对乳化体粒子的形状及其分布状态都有很大影响。均质的速度和时间因不同的乳化体系而异。含有水溶性聚合物的体系、均质的速度和时间应加以严格控制，以免过度剪切，破坏聚合物的结构，造成不可逆的变化，改变体系的流变性质。如配方中含有维生素或热敏的添加剂，则在乳化后较低温下加入，以确保其活性，但应注意其溶解性能。

乳化后，乳化体系要冷却到接近室温。卸料温度取决于乳化体系的软化温度，一般应使其借助自身的重力，能从乳化锅内流出为宜。当然也可用泵抽出或用加压空气压出。冷却方式一般是将冷却水通入乳化锅的夹套内，边搅拌，边冷却。冷却速度，冷却时的剪切应力，终点温度等对乳化体系的粒子大小和分布都有影响，必须根据不同乳化体系，选择最优条件，特别是从实验室小试转入大规模工业化生产时尤为重要。

（4）陈化和灌装　一般是储存陈化一天或几天后再用灌装机灌装。灌装前需对产品香型、pH、稳定性等质量指标进行再次检验，质量合格后方可进行灌装。

二、乳化剂的加入方法

（1）乳化剂溶于水中的方法　这种方法是将乳化剂直接溶解于水中，然后在激烈搅拌作用下慢慢地把油加入水中，制成油/水型乳化体。如果是制成水/油型乳化体，那么在持续加入油相的过程中，体系会从油/水型转相变为水/油型乳化体，此法所得的乳化体颗粒大小很不均匀，因而也不很稳定。

（2）乳化剂溶于油中的方法　将乳化剂溶于油相（用非离子表面活性剂作乳化剂时，一般用这种方法）有两种方法可得到乳化体。

① 将乳化剂和油脂的混合物直接加入水中形成油/水型乳化体。

② 将乳化剂溶于油中，将水相加入油脂混合物中，开始时形成水/油型乳化体，当加入大量的水后，黏度突然下降，转相变型为油/水型乳化体。

这种制备方法所得乳化体颗粒均匀，其平均直径约为 0.5μm，因此常用此法。

（3）乳化剂分别溶解的方法　这种方法是将水溶性乳化剂溶于水中，油溶性乳化剂溶于油中，再把水相加入油相中，开始形成水/油型乳化体，当加入多量的水后，黏度突然下降，转相变型为油/水型乳化体。如果做成 W/O 型乳化体，先将油相加入水相生成 O/W 型乳化体，再经转相生成 W/O 型乳化体。这种方法制得的乳化体颗粒也较细，因此常采用此法。

（4）初生皂法　用皂类稳定的 O/W 型或 W/O 型乳化体都可以用这个方法来制备。将脂肪酸类成分溶于油中，碱类成分溶于水中，加热后混合并搅拌，二相接触在界面上发生中和反应生成肥皂，起乳化作用。这种方法能得到稳定的乳化体。例如硬脂酸钾皂制成的雪花膏，硬脂酸胺皂制成的膏霜、奶液等。

（5）交替加液的方法　在空容器中先放入乳化剂，然后边搅拌边少量交替加入油相和水相。这种方法对于乳化植物油脂是比较适宜的，在食品工业中应用较多，在化妆品生产中此法很少应用。

以上几种方法中，方法（1）制得的乳化体较为粗糙，颗粒大小不均匀，也不稳定；方法（2）、（3）、（4）是化妆品生产中常采用的方法，其中方法（2）、（3）制得的产品一般颗粒较细，较均匀，也较稳定，应用最多。

三、转相的方法

所谓转相的方法，就是由 O/W（或 W/O）型转变成 W/O（或 O/W）型的方法。在转相发生时，一般乳化体表现为黏度明显下降，界面张力急剧下降，因而容易得到稳定，颗粒分布均匀且较细的乳化体。因此，在化妆品乳化体的制备过程中，利用转相法可以制得稳定且颗粒均匀的制品。当然，体系所用乳化剂的 HLB 值必须与乳化体的类型相一致，且达到乳化所需的乳化剂量。

（1）增加外相的转相法　当需制备一个 O/W 型的乳化体时，可以将水相慢慢加入油相中，开始时由于水相量少，体系容易形成 W/O 型乳液。随着水相的不断加入，使得油相无法将许多水相包住，只能发生转相，形成 O/W 型乳化体。当然这种情况必须在合适的乳化剂条件下才能进行。

(2) 降低温度的转相法 对于用非离子表面活性剂稳定的 O/W 型乳液，在某一温度点，内相和外相将互相转化，变成为 W/O 乳液，这一温度叫做转相温度。由于非离子表面活性剂有浊点的特性，在高于浊点温度时，使非离子表面活性剂与水分子之间的氢键断裂，导致表面活性剂的 HLB 值下降，即亲水力变弱，从而形成 W/O 型乳液；当温度低于浊点时，亲水力又恢复，从而形成 O/W 型乳液。利用这一点可完成转相。一般选择浊点在 50～60℃左右的非离子表面活性剂作为乳化剂，将其加入油相中，然后和水相在 80℃左右混合，这时形成 W/O 型乳液。随着搅拌的进行乳化体系降温，当温度降至浊点以下时发生转相，乳液变成了 O/W 型。

当温度在转相温度附近时，原来的油水相界面张力下降，也就是说降低了乳化它所需的功，所以即使不进行强烈的搅拌，乳化粒子也很容易变小。

(3) 加入阴离子表面活性剂的转相法 在非离子表面活性剂为乳化剂的乳化体系中，如加入少量的阴离子表面活性剂，将极大地提高乳化体系中非离子表面活性剂的浊点。利用这一点可以将浊点在 50～60℃的非离子表面活性剂加入油相中，然后和水相在 80℃左右混合，这时易形成 W/O 型的乳液，如此时加入少量的阴离子表面活性剂，并加强搅拌，体系将发生转相变成 O/W 型乳液。

在制备乳液类化妆品的过程中，往往这三种转相方法会同时发生。如在水相中加入十二烷基硫酸钠，油相中加入十八醇聚氧乙烯醚（EO_{10}）的非离子表面活性剂，油相温度在 80～90℃，水相温度在 60℃左右。当将水相慢慢加入油相中时，体系中开始时水相量少，阴离子表面活性剂浓度也极低，温度又较高，便形成了 W/O 型乳液。随着水相的不断加入，水量增大，阴离子表面活性剂浓度也变大，体系温度降低，便发生转相，因此这是诸因素共同作用的结果。

应当指出的是，在制备 O/W 型化妆品时，往往水含量在 70%～80%之间，水油相如快速混合，一开始温度高时虽然会形成 W/O 型乳液，但这时如停止搅拌观察的话，会发现往往得到一个分层的体系，上层是 W/O 的乳液，油相也大部分在上层，而下层是 O/W 型的。这是因为水相量太大而油相量太小，在一般情况下无法使过少的油成为连续相而包住水相，这时的乳化剂性质又不利于生成 O/W 型乳液，因此体系便采取了折中的办法。

总之在需要转相的场合，一般油水相的混合是慢慢进行的，这样有利于转相的仔细进行。而在具有胶体磨、均质机等高效乳化设备的场合，油水相的混合要求快速进行。由于配方技术的提高，油类原料性能的改善，高效乳化剂和高效乳化设备的使用，转相的方法在化妆品生产过程中的重要性逐渐降低。

四、低能乳化法

在通常制造化妆品乳化体的过程中，先要将油相、水相分别加热至 75～95℃，然后混合搅拌、冷却，而且冷却水带走的热量是不加利用的，因此在制造乳化体的过程中，能量的消耗是较大的。如果采用低能乳化，大约可节约 50%的热能。低能乳化法在间歇操作中一般分为两步进行。

第一步先将部分的水相（B 相）和油相分别加热到所需温度，将水相加入油相中，进行均质乳化搅拌，开始乳化体是 W/O 型，随着 B 相水的继续加入，变型成为 O/W 型乳化体，称为浓缩乳化体。

第二步再加入剩余的一部分未经加热而经过紫外线灭菌的去离子水（A 相）进行稀释，因为浓缩乳化体的外相是水，所以乳化体的稀释能够顺利完成，此过程中，乳化体的温度下降很快，当 A 相加完之后，乳化体的温度能下降到 50～60℃。

此过程可用图 13-1 表示：

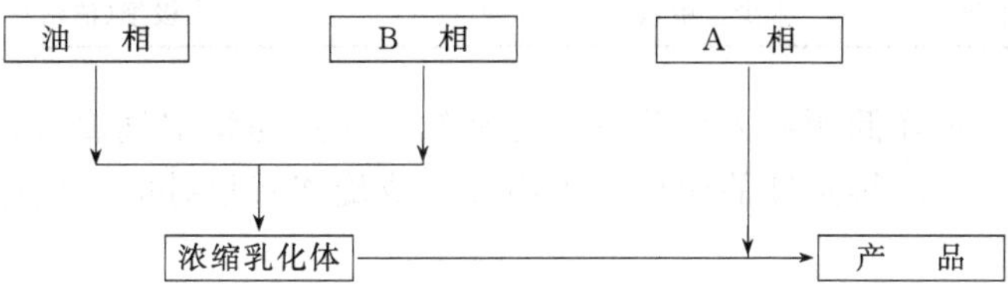

图 13-1 低能乳化法过程

这种低能乳化法主要适用于制备 O/W 型乳化体，其中 A 相和 B 相水的比率要经过实验来决定，它和各种配方要求以及制成的乳化体稠度有关。在乳化过程中，例如选用乳化剂的 HLB 值较高或者要求乳状液的稠度较低时，则可将 B 相压缩到较低值。

低能乳化法的优点：

① A 相的水不用加热，节约了这部分热能；

② 在乳化过程中，基本上不用冷却水强制回流冷却，节约了冷却水循环所需要的功能；

③ 由 75～95℃冷却到 50～60℃通常要占去整个操作过程时间的一半，采用低能乳化大大节省了冷却时间，加快了生产周期。大约节约整个制作过程总时间的 1/3～1/2；

④ 由于操作时间短，提高了设备利用率；

⑤ 低能乳化法和其他方法所制成的乳化体质量没多大差别。

乳化过程中应注意的问题：

① B 相的温度，不但影响浓缩乳化体的黏度，而且涉及相变型，当 B 相水的量较少时，一般温度应适当高一些；

② 均质机搅拌的速率会影响乳化体颗粒大小的分布，最好使用超声设备、均化器或胶体磨等高效乳化设备；

③ A 相水和 B 相水的比率（见表 13-1）一定要选择适当，一般来说，低黏度的浓缩乳化体会使下一步 A 相水的加入容易进行；

④ A 相的微生物状况应严格控制，否则会造成整锅产品微生物污染；

⑤ A 相的添加速度应与搅拌速度或均质器的转速密切配合，以避免和减少局部过度稀释而出现破乳的情况。

表 13-1 A 相和 B 相水的比率

乳化剂 HLB 值	油脂比率/%	搅拌条件	选择 B 值	选择 A 值
10～12	20～25	强	0.2～0.3	0.7～0.8
6～8	25～35	弱	0.4～0.5	0.5～0.7

五、搅拌条件

乳化时搅拌越强烈，乳化剂用量可以越低。但乳化体颗粒大小与搅拌强度和乳化剂用量均有关系，一般规律如表 13-2 所示。

表 13-2 搅拌强度与颗粒大小及乳化剂用量之关系

搅拌强度	颗粒大小	乳化剂用量	搅拌强度	颗粒大小	乳化剂用量
差(手工或桨式搅拌)	极大(乳化差)	少量	强(均质器)	小	少至中量
差	中等	中量	中等(手工或旋桨式)	小	中至高量
强(胶体磨)	中等	少至中量	差	极细(清晰)	极高量

过分的强烈搅拌对降低颗粒大小并不一定有效，而且易将空气混入。在采用中等搅拌强度时，运用转相办法可以得到细的颗粒，采用桨式或旋桨式搅拌时，应注意不使空气搅入乳化体中。

一般情况是，在开始乳化时采用较高速搅拌对乳化有利，在乳化结束而进入冷却阶段后，则以中等速度或慢速搅拌有利，这样可减少混入气泡。如果是膏状产品，则搅拌到固化温度止。如果是液状产品，则一直搅拌至室温。

六、混合速度

分散相加入的速度和机械搅拌的快慢对乳化效果十分重要，可以形成内相完全分散的良好乳化体系，也可形成乳化不好的混合乳化体系，后者主要是内相加得太快和搅拌效力差所造成。乳化操作的条件影响乳化体的稠度、黏度和乳化稳定性。研究表明：在制备 O/W 型乳化体时，最好的方法是在激烈的持续搅拌下将水相加入油相中，且高温混合较低温混合好。在制备 W/O 型乳化体时，建议在不断搅拌下，将水相慢慢地加到油相中去，可制得内相粒子均匀、稳定性和光泽性好的乳化体。对内相浓度较高的乳化体系，内相加入的流速应该比内相浓度较低的乳化体系为慢。采用高效的乳化设备较搅拌差的设备在乳化时流速可以快一些。

但必须指出的是，由于化妆品组成的复杂性，配方与配方之间有时差异很大，对于任何一个配方，都应进行加料速度试验，以求最佳的混合速度，制得稳定的乳化体。

七、温度控制

制备乳化体时，除了控制搅拌条件外，还要控制温度，包括乳化时与乳化后的温度。

由于温度对乳化剂溶解性和固态油、脂、蜡的熔化等的影响，乳化时温度控制对乳化效果的影响很大。如果温度太低，乳化剂溶解度低，且固态油、脂、蜡未熔化，乳化效果差；温度太高，加热时间长，冷却时间也长，浪费能源，加长生产周期。一般常使油相温度控制高于其熔点 10～15℃，而水相温度则稍高于油相温度。通常膏霜类在 75～95℃条件下进行乳化。

最好水相加热至 90～100℃，维持 20min 灭菌，然后再冷却到 70～80℃进行乳化。在制备 W/O 型乳化体时，水相温度高一些，此时水相体积较大，水相分散形成乳化体后，随着温度的降低，水珠体积变小，有利于形成均匀、细小的颗粒。如果水相温度低于油相温度，两相混合后可能使油相固化（油相熔点较高时），影响乳化效果。

冷却速度的影响也很大，通常较快的冷却能够获得较细的颗粒。当温度较高时，由于布朗运动比较强烈，小的颗粒会发生相互碰撞而合并成较大的颗粒；反之，当乳化操作结束后，对膏体立刻进行快速冷却，从而使小的颗粒“冻结”住，这样小颗粒的碰撞、合并作用可减少到最低的程度。但冷却速度太快，高熔点的蜡就会产生结晶，导致乳化剂所生成的保护胶体的破坏，因此冷却的速度最好通过试验来决定。

八、香精和防腐剂的加入

(1) 香精的加入　香精是易挥发性物质，并且其组成十分复杂，在温度较高时，不但容易损失掉，而且会发生一些化学反应，使香味变化，也可能引起颜色变深。因此一般化妆品中香精的加入都是在后期进行。对乳液类化妆品，一般待乳化已经完成并冷却至50℃以下时加入香精。如在真空乳化锅中加香，这时不应开启真空泵，只需维持原来的真空度即可，吸入香精后搅拌均匀。对敞口的乳化锅而言，由于温度高，香精易挥发损失，因此加香温度要控制低些，但温度过低使香精不易分布均匀。

(2) 防腐剂的加入　微生物的生存是离不开水的，因此水相中防腐剂的浓度是影响微生物生长的关键。

乳液类化妆品含有水相、油相和表面活性剂，某些防腐剂往往是油溶性的，在水中溶解度较低。有的化妆品制造者，常把防腐剂先加入油相中然后去乳化，这样防腐剂在油相中的分配浓度就较大，而水相中的浓度就小。更主要的是非离子表面活性剂往往也加在油相，使得有更大的机会增溶防腐剂，而溶解在油相中和被表面活性剂胶束增溶的防腐剂对微生物是没有作用的，因此加入防腐剂的最好时机是待油水相混合乳化（O/W）完毕后加入，这时可获得水中最大的防腐剂浓度。当然温度不能过低，不然分布不均匀，有些固体状的防腐剂最好先用溶剂溶解后再加入。例如尼泊金酯类就可先用温热的乙醇溶解，这样加到乳液中能保证分布均匀。

对于水包油体系，配方中如有盐类、固体粉料或其他成分，最好在乳化体形成及冷却后加入，否则易造成产品发粗。

九、黏度的调节

影响乳化体黏度的主要因素是连续相的黏度，因此乳化体的黏度可以通过增加外相的黏度来调节。对于O/W型乳化体，可加入合成的或天然的树胶，和适当的乳化剂如钾皂、钠皂等。对于W/O型乳化体，加入多价金属皂和高熔点的蜡和树胶到油相中可增加体系黏度。

第二节　乳剂类化妆品的生产设备

化妆品乳化体是由油、脂、蜡等许多种原料混合而成的一种物系，因此混合机械是重要的设备。为要制得高质量的乳化体，必须选用符合生产要求的乳化设备。

乳化设备不论是简单的还是复杂的，其目的均在于碎化内相使其在外相中分散，形成足够小的颗粒，以保证所制得的乳化体在所需的稳定期内，不致渗油或分层。

一、简单搅拌

此种设备有很多种形式，决定搅拌混合设备混合能力的关键是其搅拌桨的线速度大小，不同部位线速度的大小决定了这一部位的搅拌混合（碎化）能力，也决定了该部位对特定内相-外相体系中内相形成的颗粒粒径大小。在不受时间限制的情况下，最大线速度决定了该设备的最强碎化（乳化）能力。一般用转速来表达特定设备的乳化能力。最常用的是在一只敞口圆筒内放有一只搅拌桨叶，依靠桨叶的旋转而产生剪切作用，其优点是设备简单，制造及维修方便，可不受厂房等条件限制；缺点是乳化强度低、膏体粗糙、稳定性差，并且卫生条件也差，容易带入空气、灰尘及微生物等。

最简单的搅拌形式是手工搅拌，适用于分散性较好的配方，但分散性好的配方并不一定能得到良好的稳定性。机械搅拌其搅拌桨叶的形式有如下几种。

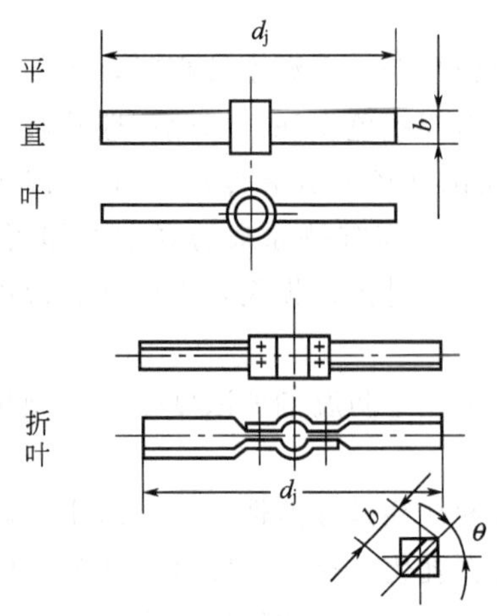

图 13-2 桨式搅拌器

(1) 桨式搅拌器 如图 13-2 所示，这是最常用的一种搅拌器，用于黏稠性和一般液体物料的搅拌，转速一般为 20～80r/min，属低速搅拌。它的特点是构造简单，搅拌效果良好。叶片的多少应视容器大小和液位的高低而定。有两排以上桨叶时，相邻两排桨叶应互相垂直，以增加搅拌效率。为减少阻力，通常使桨叶与旋转方向成一夹角。

(2) 框式搅拌器 如图 13-3 所示，框式搅拌器是桨式搅拌器的一种，适用于高黏度的物料或容器直径较大的情况，转速为 15～35r/min，可用于热交换效果较差（粘壁严重）需要刮壁的场合。

(3) 锚式搅拌器 如图 13-4 所示，这种形式的搅拌器使用较普遍，既适用于高黏度的物料，也适用于一般黏度的物料，特别是对黏滞的乳化体，最好用此搅拌器，它能提高热交换速率，而且刮壁效果也较好。

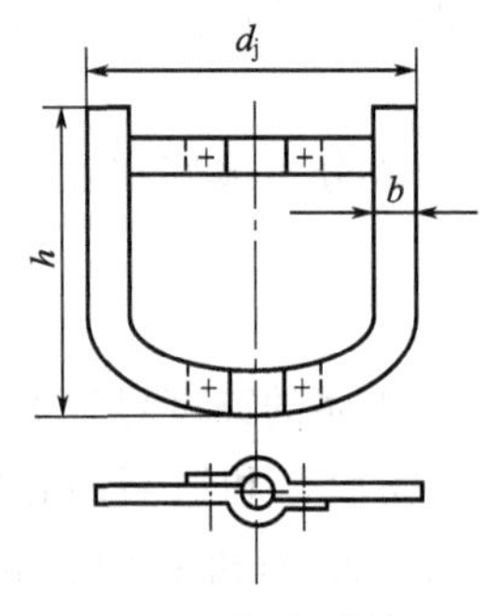

图 13-3 框式搅拌器

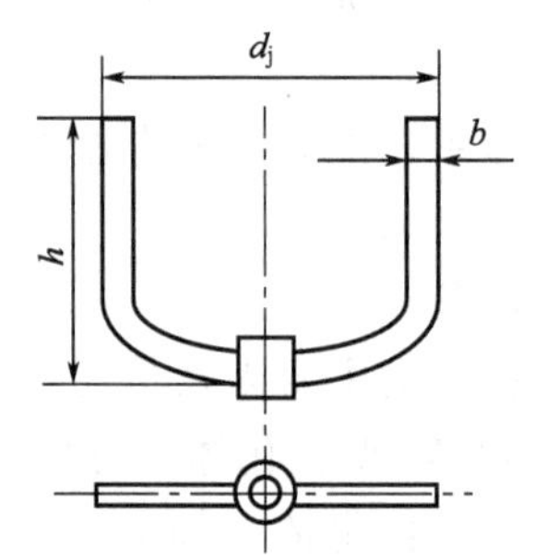

图 13-4 锚式搅拌器

(4) 涡轮式搅拌器 如图 13-5 所示，涡轮式搅拌器又分为平叶片涡轮式搅拌桨和弯曲叶片涡轮式搅拌桨两种。其能适应各种流体的混合，尤其适用于需要较快分散要求的情况下。其缺点是当转速高时，吸入的空气量也较大。

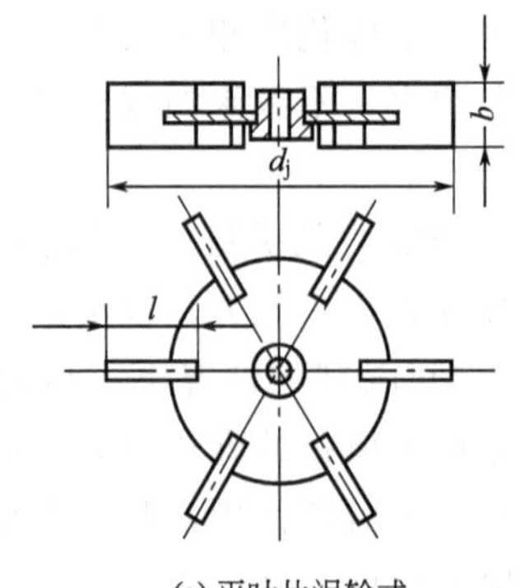

(a) 平叶片涡轮式

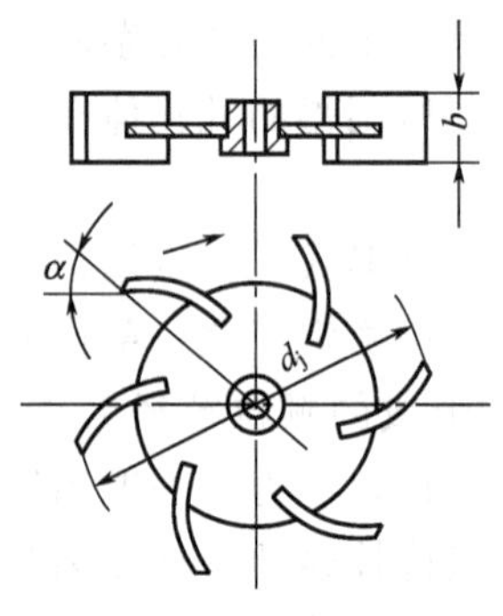

(b) 弯曲叶片涡轮式

图 13-5 涡轮式搅拌器

(5) 推进式搅拌器　如图 13-6 所示，推进式搅拌器是最普通的乳化设备的一种，应用范围极广，适用于制备奶液等低黏度或中等黏度的乳化体，当选用合适的乳化剂并使用正常时，能得到较均匀或更细的颗粒，但此搅拌器不适用于黏稠的乳化体，使用时桨叶应深入到液面下，以避免产生旋涡混入空气。

从国内的化妆品厂来看，目前应用最为普遍的是：框式搅拌器＋桨式搅拌器＋均质器和锚式搅拌器＋桨式搅拌器＋均质器。这种组合体结合了两者的优点，避免了分别单独使用时的缺点，因此产品质量也较好。

二、胶体磨

如图 13-7 所示，胶体磨是一种剪切力很大的乳化设备，其主要部件是转子和定子，转子转速可达 1000～20000r/min。由于线速度高，它可以迅速地将液体、固体或胶体粉碎成微粒，并且混合均匀。操作时，液体从定子和转子之间的间隙中通过，间隙的宽窄可以调节，最小可调到 25μm。由于转子高速旋转，在极短的时间内产生了巨大的剪切、摩擦、冲击和离心等力，使得流体能很好地微粒化，转子和定子的表面可以是平滑的，也可以有横或直的斜纹。而由于切变应力高在乳化过程中可使温度自 0℃升高到 55℃，因此必须采用外部冷却。由于转子和定子的间距小，所得的颗粒大小极为均匀，颗粒细度可达 0.01～5μm 左右，胶体磨的效率与所制乳化体的黏度有关，黏度愈大，出料愈慢。

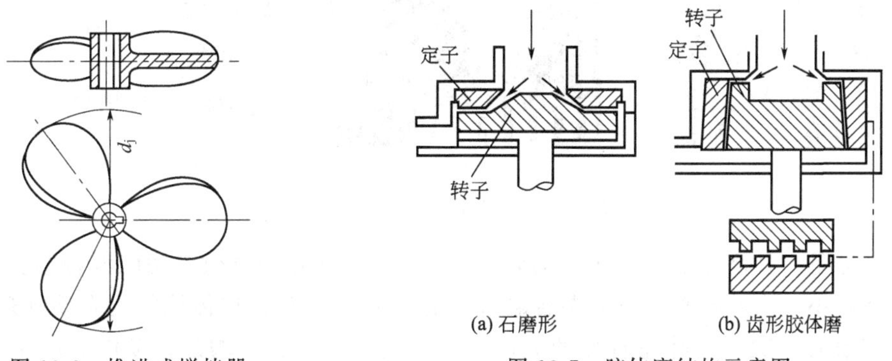

图 13-6　推进式搅拌器　　　图 13-7　胶体磨结构示意图

三、均质器

均质器是在胶体磨的基础之上进行应用性、小型化改造之后的一种形式，但应用面更加广泛的一种分散乳化设备。均质就是高效、快速、均匀地将一个相或多个相分布到另一个连续相中，而在通常情况下各个相是互不相溶的。由于转子高速旋转所产生的高切线速度和高频机械效应带来的强劲动能，使物料在定子、转子狭窄的间隙中受到强烈的机械及液力剪切、离心挤压、液层摩擦、撞击撕裂和湍流等综合作用，从而使不相溶的固相、液相、气相在相应成熟工艺和适量添加剂的共同作用下，瞬间均匀精细地分散乳化，经过高频的循环往复，最终得到稳定的高品质产品。套筒改进型均质器头部结构如图 13-8(a) ～(d) 所示。除了一般对流外，还有冲击、挤压、剪切和摩擦作用，物料在向上喷射过程中又受到径向推力和轴向力相交叉，因而，对于易结团、凝絮、悬浮、黏胶等物料具有乳化、分散、均质、混合和粉碎等显著的效果。因而，它能在极短的时间内使物料中的微粒很快粉碎成亚微米细度颗粒。

管线式均质器如图 13-8(e) 所示，是用于连续生产或循环处理精细物料的高性能乳化设备，在狭窄空间的腔体内，装有 1～3 组对偶咬合的多层定转子。物料在瞬间通过工作腔并得到剪切概率均等的处理，可使粒径范围收窄，匀度提高。在线处理消除批次间的质量差异，品质恒定。定转子模块组合，适合不同工况的需求。可设计成在线计量混合，集约化生产模式。具有短距离、低扬程输送功能。转速可达 500～10000r/min，并可设计成无级变速的形式。根据乳化介质的特性同样可以设计出不同的均质头。

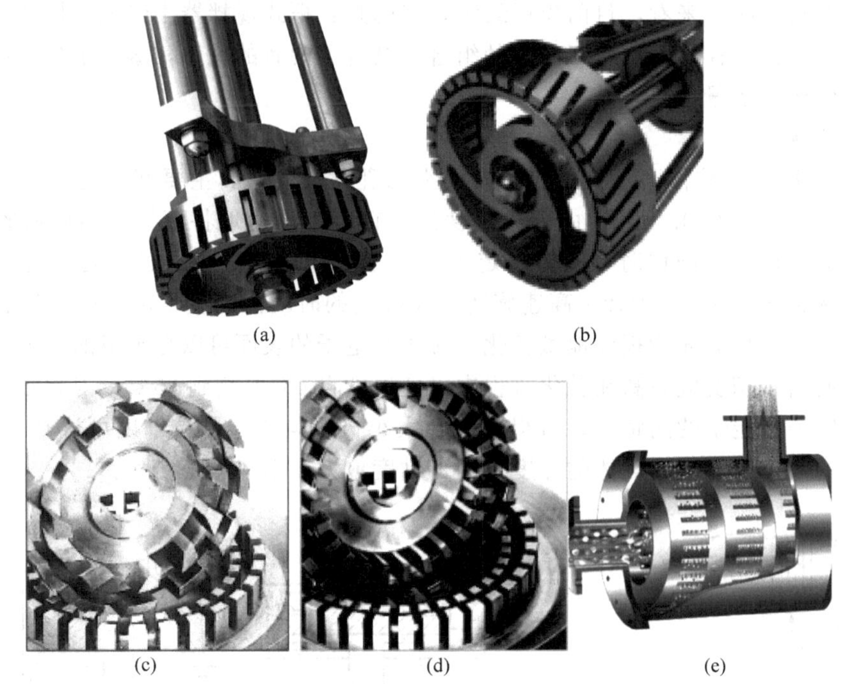

图 13-8 均质器头部结构图

均质混合器是一种高分散、乳化、均质、混合和粉碎作用的高效多功能混合器。它的速度比较高，叶轮小。它叶轮直径仅为混合罐直径的 1/10～1/75。在传统的混合搅拌理论中，动能分别与转数的三次方和叶轮直径的五次方成比例，叶轮直径增加，动能急剧上升。因此，均质器采用小直径、高转数可以降低能耗，节约能源。

四、真空乳化搅拌机

先进的化妆品乳化设备大多是组合式真空乳化机。事实上这里所谓的“真空”并不是绝对的真空，而是相对的真空，空气压力的改变，可以影响气泡上浮的速度，也会影响泡沫的稳定性，合理利用真空这一有利条件，可使配制的膏体外观更加细腻、光洁。

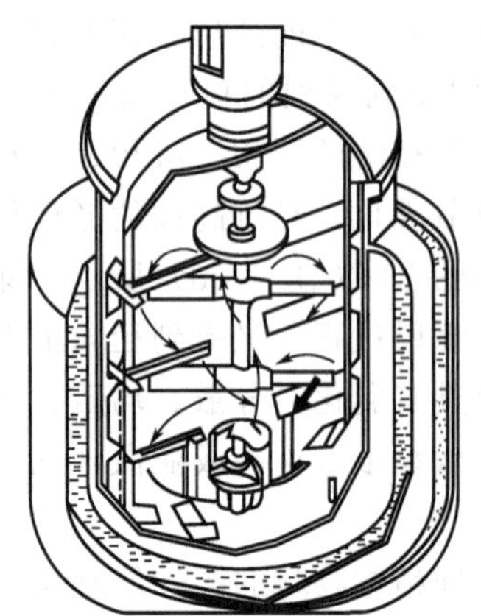

图 13-9 真空乳化搅拌机

真空乳化搅拌机有效容积以 200～1000L 为宜，中间有均质器，转速 500～10000r/min，可无级调速；另外还有带刮板的框式搅拌桨，转速为 10～100r/min，为慢速搅拌，以及桨式（一般为旋桨式）搅拌器，为快速搅拌，转速为 150r/min，如图 13-9 所示。

真空乳化搅拌机由于同时具有上述三种搅拌器，而且是在真空条件下操作，因此具有许多优点：

① 它吸取了上述三种设备的优点，避免了它们的缺点，是较为完善的一种乳化设备，适用于膏霜和奶液等的生产；

② 真空乳化搅拌机可使膏霜和奶液的气泡减少到最低程度，增加膏霜表面光洁度；

③ 由于搅拌在真空状态中进行，膏霜和奶液减少了和空气接触，因此减少了氧化过程；

④ 真空乳化搅拌机出料时用灭菌空气加压，目的在于避免杂菌的污染。空气中的水分特别是湿度高的季节，加压空气很容易产生冷凝水，冷凝水不具有任何抗菌能力，很容易滋生细菌，进而污染空气，最终使产品受到微生物污染，必须引起高度重视。

真空乳化搅拌机是在真空状态下间歇进行的，其操作步骤是：水和水溶性原料在一只原料溶解锅内加热至 95℃，维持 20min 灭菌。油在另一只原料溶解锅内加热，经灭菌的原料冷却至所需的反应温度，在制造油/水型乳化体时，一般先将油经过滤后放入真空乳化搅拌锅内，先开动均质器高速搅拌，再将水经过滤后放入搅拌锅内，开动均质器的时间 3～15min，维持真空度 6×10^4～8.6×10^4Pa，同时用冷却水夹套回流冷却，停止均质器搅拌后，开动框式搅拌器同时夹套冷却水回流，冷却到预定温度时加香精，一直搅拌至 35～45℃为止。化验合格后即可用经灭菌的压缩空气压送到包装工序。

五、超声波乳化设备

声波是物体机械振动状态（或能量）的传播形式。所谓振动是指物质的质点在其平衡位置附近进行的往返运动。超声波是指振动频率大于 20000Hz 以上的，其每秒的振动次数（频率）甚高，超出了人耳听觉的上限（20000Hz），人们将这种听不见的声波称作超声波。

但是超声波的波长短，衍射本领很差，它在均匀介质中能够定向直线传播，超声波的波长越短，这一特性就越显著。当超声波在液体中传播时，由于液体微粒的剧烈振动，会在液体内部产生小空洞。这些小空洞迅速胀大和闭合，会使液体微粒之间发生猛烈的撞击作用，从而产生几千到上万个大气压的压强。微粒间这种剧烈的相互作用，会使液体的温度骤然升高，产生极高的剪切力，起到了很好的搅拌碎化作用，从而使两种不相溶的液体（如水和油）发生乳化。这一特性被应用于化妆品乳化领域，被设计成超声波乳化设备。

第三节　乳剂类化妆品的生产工艺

一、间歇式乳化

这是最简单的一种乳化方式，将油相和水相原料分别加热到一定温度后，按一定的次序投入到一只搅拌釜中，开启搅拌通入夹套冷却水，冷却到 60℃以下时加入香精，冷却到 45℃左右时停止搅拌，然后放料送去包装。国内外大多数厂家均采用此法，优点是适应性强，缺点是辅助时间长，操作烦琐，设备效率低等。

二、半连续式乳化

如图 13-10 所示，油相和水相原料分别计量，在原料溶解锅内加热到所需温度之后，先加入预乳化锅内进行预乳化搅拌，再经搅拌冷却筒进行冷却。此搅拌冷却筒称为骚动式热交换器，按产品的黏度不同，中间的转轴及刮板有各种形式，经快速冷却和管内绞龙的刮壁推进输送，冷却器的出口就是产品，即可送去包装。

预乳化锅的有效容积为 1000～5000L，夹套有热水保温，搅拌器可安装均质器或浆叶搅拌器，转速 500～2880r/min，可无级调速。

定量泵将膏霜送至搅拌冷却筒，香精由定量泵输入冷却筒和串联的管道里，由搅拌筒搅拌均匀，其外套有冷却水冷却搅拌筒。搅拌冷却筒的转速 60～100r/min，视产品不同而异，接触膏霜部的材料由不锈钢制成。

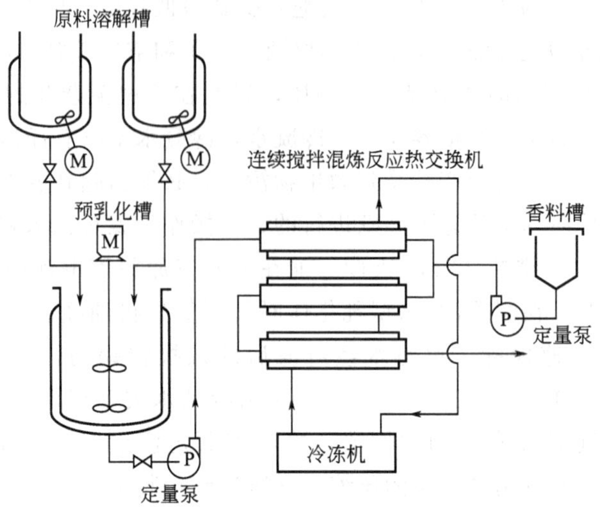

图 13-10 半连续式乳化工艺流程图

半连续式乳化搅拌机有较高的产量，适用于大批量生产，目前在日本采用此法的较多。

三、连续式乳化

如图 13-11 所示，连续式乳化的工艺流程是这样的，首先将预热好的各种原料分别由计量泵打到乳化锅中，经过一段时间的乳化之后溢流到刮板冷却器中，快速冷却到 60℃以下，然后再流入香精混合锅中，与此同时，香精由计量泵加入，最终产品由混合锅上部溢出。

这种连续式乳化适用于大规模连续化的生产，其优点是节约动力，提高了设备的利用率，产量高且质量稳定，但目前国内还没有采用这种方式进行生产的厂家。

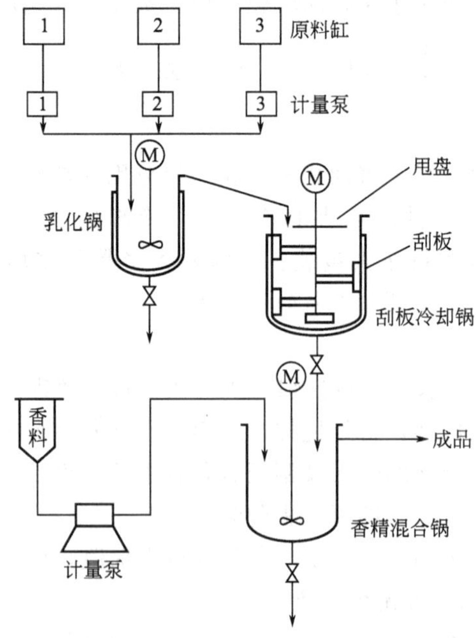

图 13-11 连续式乳化工艺流程图

第四节　乳剂类化妆品的质量控制

一、膏霜

膏霜在制造及储存和使用过程中，较易发生如下变质现象。

(1) 失水干缩　对于油/水型乳化体，由于容器或包装瓶密封不好，在长时间放置或温度高的地区是造成膏体失水干缩的主要原因。

(2) 起面条　硬脂酸等熔点高的原料用量过多，或单独选用硬脂酸与碱类中和，保湿剂用量较少或产品在高温、水冷条件下，乳化体被破坏是造成膏霜在皮肤上涂敷后“起面条”的主要原因；失水过多也会出现这种现象，一般加入适量保湿剂，单脂肪酸甘油酯（单甘酯）、十六醇或在加入香精时一同加入18号白油，可避免此现象。

(3) 膏体粗糙　解决膏体粗糙的方法是二次乳化，造成膏体粗糙的原因有：

① 碱和水没有在搅拌下充分混合，高浓度碱与硬脂酸快速反应，形成大颗粒透明肥皂；

② 碱过量，也会出现粗颗粒；

③ 开始搅拌不充分，一部分皂化物与硬脂酸形成了难溶性透明颗粒或硬块；

④ 过早冷却，搅拌乳化时间短，硬脂酸还未被乳化剂充分分散，就开始凝结；

⑤ 乳化剂添加量不够或与油相的相容性不好，未形成乳化体，油脂和硬脂酸上浮；

⑥ 高分子聚合物没有分散溶解彻底，有透明鱼眼；

⑦ 对于O/W体系，提取物或其他原料带入较高含量的电解质；

⑧ 油相本身相容性不够或油相之间的熔点差异太大；

⑨ 冷却速度过快。

(4) 出水　出水是严重的乳化体破坏现象，多数是配方中的碱量不够或乳化剂选择不适当，水中含有较多盐分等原因。盐分是电解质，能将硬脂酸钾自水中析出，称为盐析，主要的乳化剂被盐析，乳化体必然被破坏。经过严重冰冻或含有大量石蜡、矿油、中性脂肪等也可引起出水。

(5) 霉变及发胀　微生物的存在是造成该现象的主要因素。一方面若水质差，煮沸时间短，反应容器及盛料、装瓶容器不清洁，原料被污染，包装放置于环境潮湿、尘多的地方，以及敞开过的膏霜。另一方面，未经紫外线灯的消毒杀菌，致使微生物较多地聚集在产品中，在室温（30～35℃）条件下长期储放，微生物大量繁殖，产生CO_2气体，使膏体发胀，溢出瓶外，擦用后对人体皮肤造成危害。故严格控制环境卫生，原料规格，注意消毒杀菌，是保证产品质量的重要环节。

(6) 变色、变味　主要是香精中醛类、酚类等不稳定成分用量过多，日久或日光照射后色泽变黄。另一种原因是油性原料碘价过高，不饱和键被氧化使色泽变深，产生酸败臭味。

(7) 刺激皮肤　选用原料不纯（如合成过程中的催化剂、脱水剂、终止剂、未反应物等），含有对皮肤有害的物质或铅、砷、汞等重金属，会刺激皮肤，产生不良影响，或所用香精刺激性大。因此用料要慎重。乳化体中，由于皂化不完全，内含游离碱，对皮肤也会产生刺激，造成红、痛、发痒等现象。另外酸败变质、微生物污染必然增加刺激性。

二、乳液

(1) 乳液稳定性差　稳定性差的乳液在显微镜下观察，内相的颗粒是分散度不够的丛毛状油珠，当丛毛状油珠相互联结扩展为较大的颗粒时，产生了凝聚油相上浮成稠厚浆状，在考验产品耐热的恒温箱中常易见到。解决办法是适当增加乳化剂用量或加入聚乙二醇（600）

硬脂酸酯、聚氧乙烯胆固醇醚等，提高界面膜的强度，改进颗粒的分散程度。

乳液稳定性差另外的原因，可能是产品黏度低，两相密度差较大所致。解决办法是增加连续相的黏度（加入胶质如 Carbopol 941），但需保持乳液在瓶中适当的流动性；选择和调整油水两相的相对密度使之比较接近。

（2）在储存过程中，黏度逐渐增加　其主要原因是大量采用硬脂酸和它的衍生物作为乳化剂，如单硬脂酸甘油酯等容易在储存过程中增加黏度，经过低温储存，黏度增加更为显著。解决办法是避免采用过多硬脂酸、多元醇脂肪酸酯类和高碳脂肪酸以及高熔点的蜡、脂肪酸酯类等，适量增加低黏度白油或低熔点的异构脂肪酸酯类等。

（3）颜色泛黄　主要是香精内有变色成分，如醛类、酚类等，这些成分与乳化剂硬脂酸三乙醇胺皂共存时更易变色，日久或日光照射后色泽泛黄，应选用不受上述影响的香精。

其次是选用的原料化学性能不稳定，如含有不饱和脂肪酸或其衍生物，或含有铜、铁等金属离子等，应避免选用不饱和键含量高的原料，采用去离子水和不锈钢设备。

第十四章　液洗类化妆品

液洗类化妆品主要是指以表面活性剂为主的均匀水溶液，如香波、浴液等。在各种化妆品生产中，液洗类化妆品的生产工艺及设备可以说是最简单的一种。因为生产过程中既没有化学反应，也不需要造型，只是几种物料的混配，制成以表面活性剂为主的均匀溶液（大多为水溶液）。

第一节　液洗类化妆品的生产工艺及设备

在实验室中，液洗类化妆品最简单的制备方式就是用一个烧杯和一根玻璃棒，按一定顺序将物料依次加入烧杯，搅拌下混合均匀，需要加热时，在电炉上加热即可。现在由于配方的复杂性、原料的多样性和实验条件的改善多用电动搅拌器或均质机搅拌。

过去有的小型工厂或车间，只是将实验室装置简单放大，即进行液洗类化妆品的生产。但此方法生产一些简单粗制产品尚可，很难生产出原料组分多，生产工艺要求苛刻，产品用途有较高要求的中高档产品。生产液洗类化妆品应采用化工单元设备、管道化密闭生产，以保证工艺要求和产品质量。液洗类化妆品生产一般采用间歇式生产工艺，对于产量小或品种繁多的工厂不宜采用管道化连续生产工艺。

液洗类化妆品生产工艺所涉及的化工单元操作工艺和设备，主要是带搅拌的混合罐、高效乳化或均质设备、物料输送泵和真空泵、计量泵、物料储罐和计量罐、加热和冷却设备、过滤设备、包装和灌装设备。把这些设备用管道合理地串联在一起，配以恰当的能源动力即组成液洗类化妆品的生产工艺流程，如图 14-1 所示。

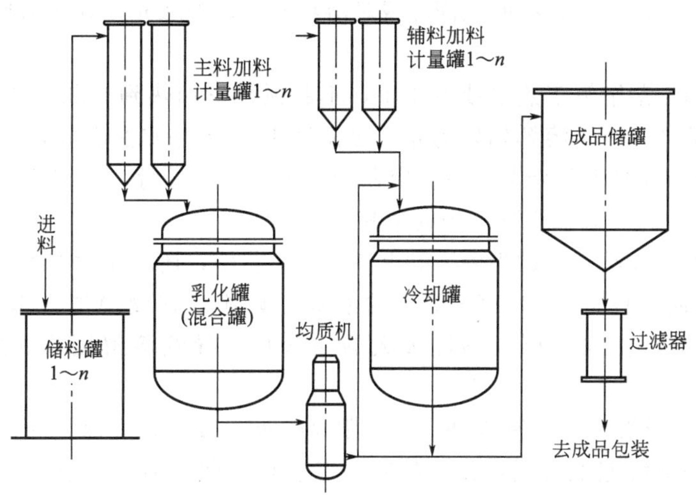

图 14-1　液洗类化妆品生产流程示意图

一、原料准备

液洗类化妆品实际上是多种原料的混合物。因此，熟悉所使用的各种原料的物理化学特性，确定合适的物料配比及加料顺序是至关重要的。

生产过程都是从原料开始的，按照工艺要求选择适当的原料，还应做好原料的预处理。

如有些原料应预先在暖房中熔化，有些原料应用溶剂预溶，然后才能更好地在主配料罐中混合。所有物料的计量都是十分重要的。工艺规程中应按加料量确定称量物料的准确度和计量方式、计量单位，然后才好选择工艺设备。如用高位槽计量那些用量较多的液体物料；用定量泵输送并计量水等原料；用天平称量少量的固体物料；用量筒计量少量的液体物料。一定要注意计量单位，同时注意称量仪器的量程选择，以提高称量精度，减少称量误差。使用的主要溶剂——水，应进行去离子化和微生物处理等。另外，为保证每批产品质量一致，所用原料应经化验合格后方可投入使用。

二、混合或乳化

大部分液洗类化妆品需制成均相混合溶液。但是不论是混合，还是乳化，都离不开搅拌，只有通过搅拌操作才能使多种物料互相混溶成为一体，把所有成分溶解或分散在溶液中。可见搅拌器的选择是十分重要的，有关搅拌器的形式和结构参见第十三章第二节。一般液洗类化妆品的生产设备仅需要带有加热和冷却用的夹套并配有适当的搅拌配料锅即可。液洗类化妆品的主要原料是极易产生泡沫的表面活性剂，因此加料的液面必须没过搅拌桨叶，以避免过多的空气混入。

液洗类化妆品的配制过程以混合为主，但各种类型的液洗类化妆品有其各不相同的特点，一般有两种配制方法：一是冷混法，二是热混法。

（1）冷混法　首先将去离子水加入混合锅中，然后将表面活性剂溶解于水中，再加入其他助洗剂，待形成均匀溶液后，就可加入其他成分如香料、色素、防腐剂、络合剂等。最后用柠檬酸或其他酸类调节至所需的 pH 值，黏度用无机盐（氯化钠或氯化铵）来调整。若遇到加香料后不能完全溶解，可先将它同少量助洗剂混合后，再投入溶液。或者使用香料增溶剂来解决。

冷混法适用于不含蜡状固体或难溶物质的配方。

（2）热混法　当配方中含有蜡状固体或难溶物质时，如珠光或乳浊制品等，一般采用热混法。

首先将表面活性剂溶解于热水或冷水中，不断搅拌下加热到 70℃，然后加入要溶解的固体原料，继续搅拌，直至溶解均匀为止。当温度下降至 45℃左右时，加色素、香料和防腐剂等。pH 的调节和黏度的调节一般都应在较低的温度下进行。采用热混法，温度不宜过高（一般不超过 75℃），以减少配方中的某些成分的破坏。

在各种液洗类化妆品制备过程中，除上述一般工艺外，还应注意如下问题。

① 高浓度表面活性剂（如 AES 等）的溶解，必须把它慢慢加入水中，而不是把水加入表面活性剂中，否则会形成黏性极大的团状物，导致溶解困难。适当加热可加速溶解。

② 水溶性高分子物质如调理剂 JR-400、阳离子瓜尔胶等，大都是固体粉末或颗粒，它们虽然溶于水，但溶解速度很慢，传统的制备工艺是长期浸泡或加热浸泡，造成能量消耗大，设备利用率低。某些天然产品还会在此期间变质。新的制备工艺是在高分子粉料中加入适量甘油，它能快速渗透使粉料溶解。在甘油存在下，将高分子物质加入水相，室温搅拌 15min，即可彻底溶解；如若加热，则溶解更快。当然，加入其他助溶剂也可收到相同的效果。

③ 珠光剂的使用。液洗类化妆品中，制成外观非常漂亮的珠光产品是高档产品的象征。现在一般是加入硬脂酸乙二醇酯。珠光效果的好坏，不仅与珠光剂用量有关，而且与搅拌速

度和冷却速度快慢（采用片状珠光剂时）有联系。快速冷却和相当迅速的搅拌，会使体系暗淡无光。通常是在70℃左右加入，待溶解后控制一定的冷却速度，可使珠光剂结晶增大，获得闪烁晶莹的珍珠光泽。若采用有机珠光浆则在常温下加入搅匀即可。

④ 加香。液洗类化妆品的加香除考虑香原料与其他原料的配伍性、刺激性、毒性、稳定性、留香性、香型、用量等问题外，加香过程中，温度控制也非常重要。在较高温度下加香不仅会使易挥发香料挥发，造成香精流失，同时也会因高温化学变化，使香精变质，香气变坏。所以一般在较低温度下（<50℃）加入。

⑤ 加色。对于大多数液洗类化妆品，色素的用量都应在千分之几的范围甚至更少。因为这种加色只是使产品更加美观，而不是洗涤后使被洗物着色。因此，不应将液洗类化妆品的色调调配得太浓太深。尤其是透明产品，必须保持产品应有的透明度。切忌液体洗涤剂加色使被洗物着色。

应选择对液洗类化妆品中某些成分有较好溶解性的色素。这样就可以将选定的色素预先与这种成分溶混在一起，然后再进行液体洗涤剂的复配。如果这种染料能溶于水，加色工艺最简单。譬如色素易溶于乙醇，即可在配方设计时加乙醇，将色素溶解后再加入水中。

有些色素在脂肪酸存在下有较好的溶解性，则应将色素、脂肪酸同时溶混后配料。

实际上，液洗类化妆品中有各种表面活性剂成分，用它来分散微量染料是很容易的。尤其是乳化产品，在乳化过程中，微量染料通过乳化就很容易分散在产品中。

⑥ 黏度的调整。液洗类化妆品的黏度是成品的主要物理指标之一，按国内消费者的习惯，多数喜欢黏度高的产品。产品的黏度取决于配方中表面活性剂、助洗剂和无机盐的用量。表面活性剂、助洗剂（如烷醇酰胺、氧化胺等）用量高，产品黏度也相应提高。为提高产品黏度，通常还加入增稠剂如水溶性高分子化合物、无机盐等。水溶性高分子化合物通常在前期加入，而无机盐（氯化铵、氯化钠等）则在后期加入，其加入量视实验结果而定，一般不超过3%。过多的盐不仅会影响产品的低温稳定性，增加制品的刺激性，而且黏度达到一定值，再增加盐的用量反而会使体系黏度降低，必须引起注意。

⑦ pH值调整。pH值调节剂（如柠檬酸、酒石酸、磷酸和磷酸二氢钠等）通常在配制后期加入。当体系降温至35℃左右，加完香精、香料和防腐剂后，即可进行pH值调节，首先测定其pH值，估算缓冲剂加入量，然后投入，搅拌均匀，再测pH值。未达到要求时再补加，就这样逐步逼近，直到满意为止。对于一定容量的设备或加料量，测定pH值后可以凭经验估算缓冲剂用量，制成表格指导生产。

另外，产品配制后立即测定pH值并不完全真实，长期储存后产品pH值将发生明显变化，这些在配方设计和控制生产时都应考虑到，并制定相应的指导文件。

三、混合物料的后处理

无论是生产透明溶液还是乳液，在包装前还要经过一些后处理，以便保证产品质量或提高产品稳定性。这些处理可包括以下内容。

① 过滤。在混合或乳化操作时，要加入各种物料，难免带入或残留一些机械杂质，或产生一些絮状物，这些都直接影响产品外观。所以物料包装前的过滤是必要的。

② 除泡。在搅拌的作用下，各种物料可以充分混合，但不可避免地将大量气体带入产品。由于搅拌的作用和产品中表面活性剂等的作用，有大量的微小气泡混合在成品中。在储存罐中，气泡会不断上浮，造成液体表观密度的不一致，可造成溶液稳定性差，包装时计量不准。一般可采用抽真空排气工艺，快速将液体中的气泡排出。

③ 陈放，也可称为老化。将物料在老化罐中静置储存几个小时，待其性能稳定后再进行包装。

四、包装

对于绝大部分液洗类化妆品，都使用塑料瓶小包装。因此，在生产过程的最后一道工序，包装质量是非常重要的，否则将前功尽弃。正规生产应使用灌装机，包装流水线。小批量生产可用高位槽手工灌装。严格控制灌装量，做好封盖、贴标签、装箱和记载批号、合格证等工作。袋装产品通常应使用灌装机灌装封口。包装质量与产品内在质量同等重要。分装过程是微生物控制的又一关键环节，应重点检测分装车间空气、灌装机内部、设备中残留积水、分装桶、人员手部、加料液斗、分装辅助工具等的微生物状况。同时还要重视与内容物接触的包装容器、垫片、内塞等的微生物状况。

第二节 液洗类化妆品的质量控制

洗发液在生产、储存和使用过程中，也和其他产品一样，由于原料、生产操作、环境、温度、湿度等的变化而出现一些质量问题，这里就较常见的质量问题及其对策进行讨论。

一、黏度变化

黏度是洗发剂的一项主要质量指标，生产中应控制每批产品黏度基本一致。但在生产过程中，同一个配方，有时制品黏度偏高，而有时制品黏度偏低。造成黏度波动的原因有许多。多数洗发液都是单纯的物理混合，因此某种原料规格的变动，如活性物含量、无机盐含量波动等，都可能在成品中表现出来。所以原料的质量控制对保证成品质量至关重要。原料进厂后，必须经过取样化验，证明合格后方能投入生产。

操作规程控制不严，称量不准等都会造成严重的质量事故，因此，必须加强全面质量管理，以确保产品质量稳定。

出现上述质量问题应对制品进行分析，包括活性剂含量、无机盐含量等，不足时应补充或增加有机增稠剂用量；如黏度偏高，可加入减黏剂如丙二醇、丁二醇、二甲苯磺酸盐等或减少增稠剂用量，但必须注意不论需提高或降低黏度，都必须先做小试，然后才可批量生产，否则会导致不合格品出现。

有时洗发液刚配出来时黏度正常，但经一段时间放置后黏度会发生波动，其主要原因有：①制品 pH 值过高或过低，导致某些原料（如琥珀酸酯磺酸盐类）水解，影响制品黏度，应调整至适宜 pH 值，加入 pH 缓冲剂；②单用无机盐作增稠剂或用皂类作增稠剂，体系黏度随温度变化而变化，可加入适量水溶性高分子化合物增稠剂，以减轻此种现象的发生。

二、珠光效果不良或消失

珠光效果的好坏，与珠光剂的用量、加入温度、冷却速度、配方中原料组成等均有关系，在采用珠光块或珠光片时，可能有如下一些影响：①体系缺少成核剂（如氯化钠、柠檬酸）；②珠光剂用量过少；③表面活性剂增溶效果好；④体系油性成分过多，形成乳化体；⑤加入温度过低，溶解不好；⑥加入温度过高或制品 pH 值过低，导致珠光剂水解；⑦冷却速度过快，或搅拌速度过快，未形成良好结晶。

为保证制品珠光效果一致，可采用珠光浆（可自制也可外购），只要控制好加入量，在较低温度下加入搅匀，一般讲珠光效果不会有大的变化。

三、浑浊、分层

洗发液刚生产出来各项指标均良好，但经一段时间放置，出现浑浊甚至分层现象，有如下几方面原因：①体系黏度过低，其不溶性成分分散不好；②体系中高熔点原料含量过高，低温下放置结晶析出；③体系中原料之间发生化学反应，破坏了表面活性剂胶体结构；④微生物污染；⑤制品 pH 值过低，某些原料水解；⑥无机盐含量过高，低温下出现浑浊。

四、变色、变味

① 所用原料中含有氧化剂或还原剂，使有色制品变色；

② 某些色素在日光照射下发生退色反应；

③ 防腐剂用量少，防腐效果不好，使制品霉变；

④ 香精与配方中其他原料发生化学反应，使制品变味；

⑤ 所加原料本身气味过浓，香精无法遮盖；

⑥ 制品中铜、铁等金属离子含量高，与配方中某些原料如 ZPT 等发生变色反应。

五、刺激性大，产生头皮屑

① 表面活性剂用量过多，脱脂力过强，一般以 12%～25%为宜；

② 防腐剂用量过多或品种不好，刺激头皮；

③ 防腐效果差，微生物污染；

④ 产品 pH 值过高，刺激头皮；

⑤ 无机盐含量过高，刺激头皮；

⑥ 原料中带入的未反应物、反应副产物、催化剂或添加剂等。

上述现象往往同时发生，因此必须严格控制。除上述质量问题外，直接关系洗发液内在质量的梳理性、光滑性、光泽性等问题，在配方研究时必须引起足够的重视，才能确保产品质量稳定，提高产品的市场竞争能力。

第十五章　水剂类化妆品

水剂类化妆品是指以水、酒精或水-酒精溶液为基质的液体类产品，如香水类、化妆水类、育发水类、冷烫水、祛臭水等。这里主要介绍以酒精或水-酒精溶液为基质的香水类、化妆水类和育发水类。这类产品必须保持清晰透明，即使在5℃左右的低温，也不能产生浑浊和沉淀，香气纯净无杂味。因此对这类产品所用原料、包装容器和设备的要求是极严格的。特别是香水用酒精，不允许含有微量不纯物质（如杂醇油等），否则会严重损害香水的香味。包装容器必须是优质的中性玻璃并且与内容物不会发生作用的材料。所用色素必须耐光、稳定性好，不会变色，或采用有色玻璃瓶包装。生产设备最好采用不锈钢或耐酸搪瓷材料。另一方面，酒精是易燃易爆品，生产车间和生产设备等必须采取防火防爆措施，以保证安全生产。

第一节　香水类化妆品的生产工艺

这里所指的香水类化妆品主要是指酒精液香水、花露水和古龙水，乳化香水和固体香水除外。酒精液香水的配制，最好在不锈钢设备内进行。酒精液香水的黏度很低，极易混合，因此各种形式的搅拌桨都可采用。一般采用可移动的不锈钢制推进式搅拌桨较为有利。因酒精是易燃物质，所有装置都应采取防火防爆措施。酒精液香水的生产过程包括混合、陈化、过滤、灌装等，其生产工艺流程见图15-1。

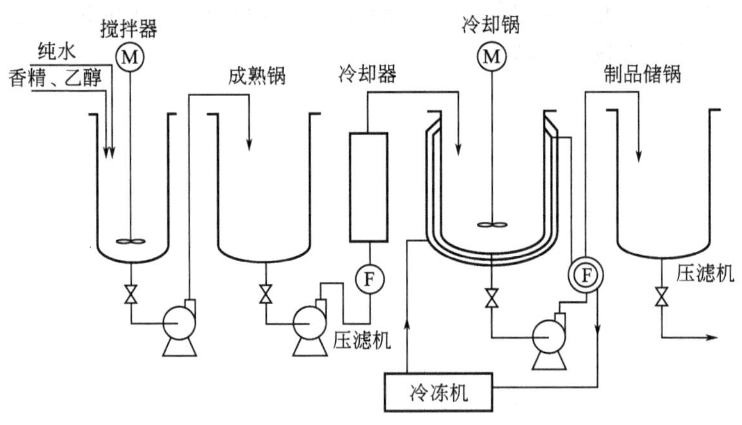

图15-1　香水、化妆水生产工艺流程

（1）混合　先将酒精计量后加入配料锅内，然后加入香精（或香料）、色素，搅拌均匀后，再加入去离子水（或蒸馏水），搅拌均匀。用泵将配制好的香水（或花露水、古龙水）输送到陈化锅。

（2）储存陈化　储存陈化是调制酒精液香水的重要操作之一。陈化有两个作用：其一是使香味匀和成熟，减少粗糙的气味（即刚制成香水后，香气未完全调和，香气比较粗糙，需要在低温下放置较长时间，使香气趋于和润芳馥，这段时间称为陈化期，或叫成熟期）。但若香精调配不当，也可能产生不理想的变化，这需要经过6个月到一年的时间，才能确定陈化的效果。其二是使容易沉淀的不溶性物自溶液内离析出来，以便过滤。

香精的成分很复杂，由醇类、酯类、内酯类、醛类、酸类、酮类、肟类、胺类及其他香料组成，再加上酒精液香水大量采用酒精作为介质。它们之间在陈化过程中，可能发生某些化学反应，如酸和醇作用生成酯，而酯也可能发生酯交换或分解生成酸和醇；醛和醇能生成缩醛和半缩醛；胺和醛或酮能生成席夫碱化合物；以及其他氧化、聚合等反应。一般总希望香精在酒精溶液中经过陈化后使一些粗糙的气味消失而变得和润芳馥。

关于陈化需要的时间，有不同的说法。一般认为，香水至少要陈化 3 个月；古龙水和花露水陈化两个星期。也有的认为较长的成熟期更为有利，即香水 6～12 个月，古龙水和花露水 2～3 个月。具体成熟可视香料种类的不同以及各厂实际生产情况而定：如果古龙水的香精中含萜并且不溶物较少，则可缩短成熟期；如果产销周期较长，则生产过程中的成熟期可以短一些。

关于陈化时间和效果的研究很多，据介绍，有采用在 38～40℃的较高温度下置密封容器中陈化数星期至一个月的；也有利用微波、超声波等在极短时间达到成熟效果的。但香水生产者一般还是采用低温自然陈化的方法。

陈化是在有安全装置的密闭容器中进行的，容器上的安全管用以调节因热胀冷缩而引起的容器内压力的变化。

(3) 过滤　制造酒精液香水（及化妆水等）等液体状化妆品时，过滤是十分重要的一个环节。陈化期间，溶液内所含少量不溶物质会沉淀下来，可采用过滤的方法使溶液透明清晰。为了保证产品在低温时也不至出现浑浊，过滤前一般应经过冷冻使蜡质等析出以便滤除。冷冻可在固定的冷冻槽内进行，也可在冷冻管内进行。过滤机的种类和式样很多，其中板框式过滤机在化妆品生产中应用最多。

为提高产品的质量（低温透明度），可采用多级过滤（图 15-1）。首先经过滤机过滤除去陈化过程中沉淀下来的物质和其他杂质。然后再经冷却器冷却至 0～5℃，使蜡质等有机杂质析出，经过滤后输入半成品储锅。也可在冷却过滤后，恢复至室温再经一次细孔布过滤，以确保产品在储存和使用过程中保持清晰透明。在半成品储锅中应补加因操作过程中挥发掉或损失的乙醇等，化验合格后即可灌装。

采用压滤机过滤，并加入硅藻土或碳酸镁等助滤剂以吸附沉淀微粒，否则这些胶态的沉淀物会阻塞滤布孔道，增加过滤困难，或穿过滤布，使滤液浑浊。助滤剂的用量应尽量少，达到滤清要求为好，尽可能避免由于助滤剂过多，使一些香料被吸附而造成香气的损失。

(4) 灌装及包装　酒精液香水的包装形式较多，通常可分为普通包装和喷雾式（包括泵式和气压式）包装两种类型。目前的气压式香水大都采用玻璃瓶包装，有关气压包装及灌装可参见第十六章第二节。一般认为气压香水的香气强度似乎较同样百分含量的普通香水来得强，如含有 1%香精的气压香水抵得上含有 3%～4%香精含量的普通包装酒精液香水，这主要是由于良好的雾化效果所致。但采用气压包装，必须注意香精与喷射剂的相容性，以免影响香水的香味。气压香水也可制成泡沫的形态，香水的配方系采用雪花膏型的乳化体。和雪花膏不同之处在于含有多量的香精。

第二节　化妆水类化妆品的生产工艺

化妆水类包括柔软性化妆水、收敛性化妆水、洗净用化妆水以及须后水、痱子水等。

生产化妆水的设备最好在不锈钢设备内进行。由于化妆水的黏度低，较易混合，因此各种形式的搅拌桨均可采用。另外某些种类的化妆水酒精含量较高，应采取防火防爆措施。

化妆水的生产工艺如图15-2所示，其生产过程包括溶解、混合、调色、过滤及灌装等。

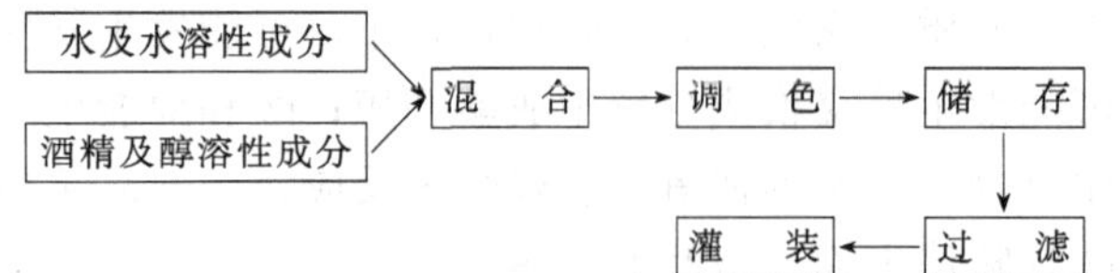

图15-2 化妆水类制品的生产工艺流程

在一不锈钢容器中加入精制水，并依次加入保湿剂、紫外线吸收剂、杀菌剂、收敛剂及其他水溶性成分，搅拌使其充分溶解；在另一不锈钢设备中加入酒精，再加入润肤剂、防腐剂、香料、增溶剂及其他水不溶性成分，搅拌使其溶解均匀。将酒精体系和水体系在室温下混合，搅拌使其充分混合均匀；然后加入色素调色，再经过滤除去杂质、不溶物等（必要时可经储存陈化后再行过滤），即得澄清透明的化妆水。过滤材料可用素陶、滤纸、滤筒等，滤渣过多则说明增溶和溶解过程不完全，应重新优化配方及工艺。用不影响组成的助滤剂（如硅藻土、漂土、粉状石棉等），可完全除去不溶物。

上述过程中，香精（或香料）一般是加在酒精溶液中，若配方中酒精的含量较少，且加有一些增溶剂（表面活性剂）时，可将香料先加入增溶剂中混合均匀，在最后缓缓地加入制品中，不断地搅拌直至成为均匀透明的溶液，然后经过陈化储存（陈储）和过滤后，即可灌装。

为了加速溶解，水溶液可略加热，但温度切勿太高，以免有些成分变色或变质。

关于储存陈化问题，不同的产品，不同的配方以及所用原料的性能不同，所需陈化时间的长短也不同，陈储期从一天到两个星期不等。总之，不溶性成分含量越多，陈储时间越长；否则陈储时间可短一些。但陈储对香味的匀和成熟，减少粗糙的气味是有利的。

育发水类化妆品的生产可参照上述工艺进行。

第三节 水剂类化妆品生产设备

香水类、化妆水类、育发水类等水剂类化妆品所用的主要原料为乙醇（酒精）。乙醇的沸点78.5℃、闪点12.78℃、乙醇（蒸气）与空气混合物的爆炸极限为3.28%～18.95%。乙醇在空气中最高允许含量为$5mg/m^3$。因此，水剂类化妆品生产车间及所用设备和操作等均有特殊要求，所用设备均需在密闭状态下操作，以免大量的乙醇挥发到空气中，对生产场地造成空气污染，增加不安全因素。为了确保空气中乙醇含量低于允许含量，生产车间必须有良好的自然通风。所用设备、照明和开关等都应采取防火防爆措施。由于铁等金属离子易和酒精溶液起反应，使产品变色和香味变坏，最好采用不锈钢制的设备。

水剂类化妆品生产过程中所用的主要设备是混合设备和过滤设备，另外还有储存、冷冻、液体输送及灌装等辅助设备。

一、混合设备

使用混合设备的目的是使各物料充分溶解均匀，形成透明均一的溶液。水剂类化妆品的黏度很低，所用原料大多易溶解，因此对混合设备的搅拌条件要求不高，各种形式的搅拌桨叶均可采用，一般以螺旋推进式搅拌较为有利。锅体为不锈钢制的密闭容器，电机和开关等电器设备均需有较好的防燃防爆措施。搅拌桨的转数一般为300～360r/min，也可以用无级变速搅拌。

二、过滤设备

为将悬浮在液体内的颗粒分离出来，改善制品的透明度，同时又不希望液体有所损失，这就需要采用过滤的方法。常用的方法是利用多孔的过滤介质，如滤纸、滤布、金属丝网、砂层、多孔陶瓷板及管、多孔玻璃、多孔塑料等，将溶液与固体颗粒完全分离开来。

过滤可以在重力、真空或加压下进行。以重力作为推动力时，过滤速度不会很快，一般仅用于处理少量的生产制品或用于试验。利用真空作为推动力，过滤速度要比重力作为推动力快，但在真空状态下加速了乙醇的蒸发，故采用真空过滤时需有乙醇蒸发气体的回收装置。加压过滤可以产生很高的压力差，不但提高了过滤速度，而且对一些较难过滤的悬浮液也能进行有效的过滤。

过滤机的类型很多，水剂类化妆品的过滤一般采用加压过滤较好，板框式压滤机是应用较广泛的过滤机。板框式压滤机系由许多交替排列的滤板和滤框构成。滤板和滤框支撑在压滤机的两个平行的横梁上。机座上有固定的端板和可移动的端板，滤板和滤框利用特殊的装置压紧在固定端板和移动端板之间，两滤板和滤框之间形成一个滤渣室，每块滤板与滤框之间夹有过滤介质（滤布或滤纸）。

悬浮液用泵送入压滤机，沿各滤框上的垂直通道进入框内，滤液被压过滤布沿滤板上的各沟槽流动并经排放通道送入储锅内，固体颗粒则被滤布截留在滤框所形成的滤渣室内。当滤渣充满渣室时，则停止打入悬浮液，打开压滤机取出滤渣。对于需要洗涤滤渣的过滤，则需同时采用两种不同的板，即过滤板和洗涤滤板。

板框式压滤机的滤板和滤框可由金属或非金属材料制成，操作压力一般为 1.5×10^5～2.0×10^5 Pa。为避免滤渣堵塞滤布，影响过滤，一般滤板之间加适量碳酸镁作助滤剂。

板框式压滤机具有占地面积小、推动力大、易于检查操作、管理简单等特点，但需经常装拆，劳动强度大；且由于经常装拆，滤布磨损严重；只能进行间歇操作。因此可根据生产和滤液的要求，选用真空过滤设备如真空叶滤机、压力叶滤机、陶瓷过滤机等间歇过滤设备，以及转筒式连续真空过滤和转筒式连续加压过滤等连续过滤设备。

第四节　水剂类化妆品的质量控制

香水、育发水和化妆水类制品的主要质量问题是浑浊、变色、变味等现象，有时在生产过程中即可发觉，但有时需经过一段时间或不同条件下储存后才能发现，必须加以注意。

对于香水等含香精量大的产品，由于香精成分的复杂性、来源的广泛性决定了香水质量的波动性，而人类嗅觉的敏感性又要求香水（香味）品质的一致性，因此，加强香精及香精原料批次的质量跟踪是降低风险的方法之一。

一、浑浊和沉淀

香水、化妆水类制品通常为清晰透明的液状，即使在低温（5℃左右）也不应产生浑浊和沉淀现象。引起制品浑浊和沉淀的主要原因可归纳为如下两个方面。

（1）配方不合理或所用原料不合要求　香水类化妆品中，酒精的用量较大，其主要作用是溶解香精或其他水不溶性成分，如果酒精用量不足，或所用香料含蜡等不溶物过多都有可能在生产、储存过程中导致浑浊和沉淀现象。特别是化妆水类制品，一般都含有水不溶性的香料、油脂类（润肤剂等）、药物等，除加入部分酒精用来溶解上述原料外，还需加入增溶剂（表面活性剂），如加入水不溶性成分过多，增溶剂选择不当或用量不足，也会导致浑浊和沉淀现象发生。因此应合理设计配方，生产中严格按配方配料，同时应严格原料要求。

（2）生产工艺和生产设备的影响　为除去制品中的不溶性成分，生产中采用静置陈化和冷冻过滤等措施。如静置陈化时间不够，冷冻温度偏低，过滤温度偏高或压滤机失效等，都会使部分不溶解的沉淀物不能析出，在储存过程中产生浑浊和沉淀现象。应适当延长静置陈化时间；检查冷冻温度和过滤温度是否控制在规定温度下；检查压滤机滤布或滤纸是否平整，有无破损等。

二、变色、变味

（1）酒精质量不好　由于在香水、化妆水类制品中大量使用酒精，因此，酒精质量的好坏直接影响产品的质量，所用酒精应经过适当的加工处理，以除去杂醇油等杂质（参见第十章第一节）。

（2）水质处理不好　古龙水、花露水、化妆水等制品除加入酒精外，为降低成本，还加有部分水，要求采用新鲜蒸馏水或经灭菌处理的去离子水，不允许有微生物或铜、铁等金属离子存在。因为铜、铁等金属离子对不饱和芳香物质会发生催化氧化作用，导致产品变色、变味；微生物虽会被酒精杀灭而沉淀，但会产生令人不愉快的气息而损害制品的气味，因此应严格控制水质，避免上述不良现象的发生。

（3）空气、热或光的作用　香水、化妆水类制品中含有易变色的不饱和键如葵子麝香、洋茉莉醛、醛类、酚类等，在空气、光和热的作用下会致色泽变深，甚至变味。因此在配方时应注意原料的选用或增用防腐剂或抗氧剂，特别是化妆水，可用一些紫外线吸收剂；其次应注意包装容器的研究，尤其注意包装材质与酒精、香精的相互作用造成内容物变质，或包装容器的变质（变脆、裂口、溶解）、变形，避免与空气的接触；配制好的产品应存放在阴凉处，尽量避免光线的照射。

（4）碱性的作用　香水、化妆水类制品的包装容器要求中性，不可有游离碱，否则香料中的醛类等起聚合作用而造成分离或浑浊，致使产品变色、变味。

三、刺激皮肤

发生变色、变味现象时，必然导致制品刺激性增大。另外，香精中含有某些刺激性成分较高的香料或这些有刺激性成分的香料用量太高等，或者是含有某些对皮肤有害的物质，经长期使用，皮肤产生各种不良反应。应注意选用刺激性低的香料和选用纯净的原料，加强质量检验。对新原料的选用，更要慎重，要事先做各种安全性试验。

四、严重干缩甚至香精析出分离

由于香水、化妆水类制品中含有大量酒精，易于汽化挥发，如包装容器密封不好，经过一定时间的储存，就有可能发生因酒精挥发而严重干缩甚至香精析出分离，应加强管理，严格检测瓶、盖以及内衬密封垫的密封程度。包装时要盖紧瓶盖。

第十六章　气溶胶类化妆品

气溶胶类化妆品也称气压式化妆品。气溶胶是胶体化学中的一个专用名称，是指液体或固体微粒成胶体的状态悬浮于气体中。它的颗粒大小应小于 50μm，一般小于 10μm。最初的气溶胶制品是指以液化的气体为推动力的能自动喷射出来的产品，这种产品当从容器内压出时，由于液化气体的突然膨胀，使产品成细雾状分布于空气中。随着科技的发展和产品的日新月异，目前，气溶胶已成为凡是利用气压容器的一般原理，当气阀开启时，内容物能自动压出制品的商业名称。因此冠以这一名称的制品，并非都是真正的气溶胶。

目前气压制品大致可以分为五大类：

（1）空间喷雾制品　能喷出细雾，颗粒小于 50μm，如香水、古龙水、空气清新剂等；

（2）表面成膜制品　喷射出来的物质颗粒较大，能附着在物质的表面上形成连续的薄膜，如亮发油、祛臭剂、喷发胶等；

（3）泡沫制品　压出时立即膨胀，产生多量的泡沫，如剃须膏、摩丝、防晒膏等；

（4）气压溢流制品　单纯利用压缩气体的压力使产品自动压出，而形状不变，如气压式冷霜、气压牙膏等；

（5）粉末制品　粉末悬浮在喷射剂内，和喷射剂一起喷出后，喷射剂立即挥发，留下粉末，如气压爽身粉等。

气压式化妆品使用时只要用手指轻轻一按，内容物就会自动地喷出来，为此其包装形式与普通制品不同，需要有喷射剂、耐压容器和阀门。

第一节　喷　射　剂

气压制品依靠压缩或液化的气体压力将物质从容器内推压出来，这种供给动力的气体称为喷射剂，亦称推进剂。

喷射剂可分为两大类。一类是压缩液化的气体，能在室温下迅速汽化。这类喷射剂除了供给动力之外，往往和有效成分混合在一起，成为溶剂或冲淡剂，和有效成分一起喷射出来后，由于迅速汽化膨胀而使产品具有各种不同的性质和形状。另一类是一种单纯的压缩气体，这一类喷射剂仅仅供给动力，它几乎不溶或微溶于有效成分中，因此对产品的性状没什么影响。

一、液化气体

常用的和能够满足产品性能要求的液化气体有氟氯烃类、低级烷烃类和醚类。氟氯烃类由于其化学惰性、不易燃和溶剂性能优良等特性，曾是较为理想的喷射剂。

但从 20 世纪 70 年代中期，Rowland 和 Molina 首次提出了这类化合物会破坏大气臭氧层的理论以后，其对大气臭氧层的破坏作用越来越受到人们的重视，许多国家都已经或正在限用或禁用此类产品，中国已从 1998 年 1 月 1 日起在化妆品中不可使用氟氯烃。现在越来越多的气压制品是采用对环境无害的喷射剂替代产品如低级烷烃和醚类，其物理性质列于表 16-1 中。这类喷射剂在大气层中能够被氧化成二氧化碳和水，因而对环境不会造成危害。

表 16-1 某些推进剂的物理常数

参 数	单 位	异丁烷	正丁烷	丙 烷	二甲醚
经验式	—	C_4H_{10}	C_4H_{10}	C_3H_8	C_2H_6O
分子量	—	58.12	58.12	44.10	46.10
沸点(1×10^5Pa)	℃	−11.7	−0.5	−42.1	−25
表压(20℃)	10^5Pa	2.0	1.1	7.3	4.1
密度(液态 20℃)	g/cm^3	0.557	0.579	0.500	0.666
相对密度(气体/空气)	—	2.06	2.1	1.56	1.6
蒸发热	kJ/kg	366	385	426	484
比热容(20℃)	kJ/(kg·K)	2.34	2.26	2.43	2.37
电导率	μS/cm	3.5	1.5	—	—
空气中着火限(体积分数)	%	1.4～8.6	1.5～8.5	1.8～11.2	2～27
着火点	℃	365	365	470	235

醚类中较有实用价值的是二甲醚（CH_3OCH_3）。这种气体的气味很强，很难用于芳香制品。但和常用的高聚物相容性很好，可作为气压式定发制品的喷射剂。但由于是易燃易爆物质，在生产、储存和使用过程中应注意安全。

低级烷烃主要有丙烷、正丁烷和异丁烷。其优点是气味较小，价格低廉。它们是易燃易爆气体，生产、储存和使用过程中需特别注意。

二、压缩气体

压缩气体如二氧化碳、氮气、氧化亚氮、氧气等，在压缩状态下注入容器中，与有效成分不相混合，而仅起对内容物施加压力的作用。这类喷射剂虽然是很稳定的气体，但由于其在乙醇等溶剂中的溶解度不够，加之使用时压力下降太快，使用时要求罐内始压太高而不安全，喷雾性能也不好，因而实际应用的不多。这类气体由于低毒、不易燃和对环境无污染，仍然有对它们进行研究、实验改进的必要。

以氮气为例，它的临界温度是−147.1℃，临界压力是 33.5×10^5Pa，因此在临界温度以上和临界压力以下，氮呈气体状态。以氮气作喷射剂的气压制品一般压力控制在 6×10^5Pa 左右。很明显，以氮作喷射剂的气压制品，容器内绝对没有液体氮的存在，因此这类气压制品在使用时随着容器内空间的增大，气体的压力就相应地减小。不像液体喷射剂的压力那样，当空间增大时可以汽化而使压力得到补充，使压力始终保持平衡状态。

氮气是一种无色、无味和无臭的气体，它在空气中约占五分之四。工业用氮气是从液体空气中分馏出来的，因此它来源丰富，价格便宜。氮是不活泼气体，溶解度很小，而且没有毒性，不会影响产品的质量，因此作为需要保持产品原来特性的一些化妆品，如气压牙膏等的喷射剂是比较理想的。

第二节 气压容器

气压容器与一般化妆品的包装容器相比，其结构较为复杂，可分为容器的器身和气阀两个部件。器身一般采用金属、玻璃和塑料制成。较常采用的是以镀锡铁皮制成的气压容器。玻璃容器适宜于压力较低的场合。用塑料作为气压容器的材料很有发展前途，它既具有玻璃容器耐腐蚀等优点，又没有炸碎的危险，但其应用还有待进一步研究。

气阀系统除阀门内的弹簧和橡皮垫外，全部可以用塑料制成。其容器和阀门的结构示意如图 16-1 所示。其工作原理是：有效成分放入容器内，然后充入液化的气体，部分为气相，部分仍为液体，达到平衡状态。气相在顶部，而液相在底部，有效成分溶解或分散在下面的液层。当气阀开启时，气体压缩含有效成分的液体通过导管压向气阀的出口而到容器的外面，见图 16-2。由于液化气体的沸点远较室温为低，能立即汽化使有效成分喷向空气中形成雾状。如要使产品压出时成泡沫状，其主要的不同在于泡沫状制品不是溶液而是以乳化体的形式存在，当阀开启时，由于液化气体的汽化膨胀，使乳化体产生许多小气泡而形成泡沫的形状。

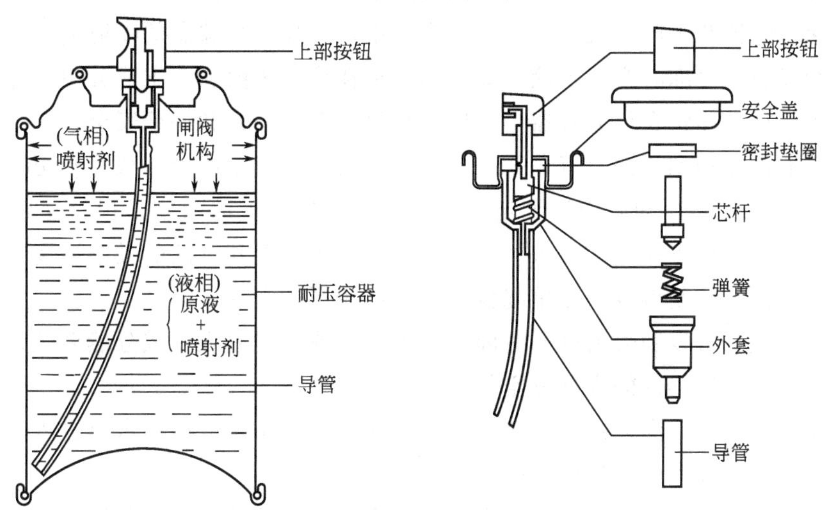

图 16-1　气压容器、气溶胶及阀门的构造图

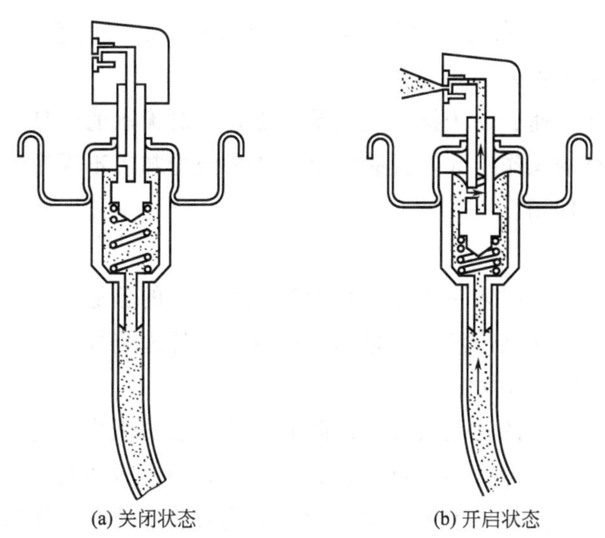

图 16-2　阀门的工作原理图

第三节　气溶胶类化妆品的生产工艺

气压制品和一般化妆品在生产工艺中最大的差别是压气的操作。不正确的操作会造成很大的损失，且喷射剂压入不足影响制品的使用性能，压入过多（压力过大）会产生爆炸的危险，特别是在空气未排除干净的情况下更易发生，因此必须仔细地进行操作。

气压制品的生产工艺包括：主成分的配制和灌装，喷射剂的灌装，器盖的接轧，漏气检查，重量和压力的检查和最后包装。不同的产品，其各自的设计方案也应有所不同，而且还必须充分考虑处于高压气体状态下的稳定性，以及长时间正常喷射的可能性。

气压制品的灌装基本上可分为两种方法，即冷却灌装和压力灌装。

一、冷却灌装

冷却灌装是将主成分和喷射剂经冷却后，灌于容器内的方法。采用冷却灌装的方法，主成分的配制方法和其他化妆品一样，所不同的是它的配方必须适应气压制品的要求，在冷却灌装过程中保持流体和不产生沉淀。在某些产品中，可加入高沸点的喷射剂，作为主成分的溶剂或冲淡剂以免在冷冻时产生沉淀。如果喷射剂在冷冻之前加入主成分中，那么就必须和对待液化气体一样，储藏在压力容器中，以防止喷射剂的逃逸和保证安全。

喷射剂一般被冷却到压力只有 6.87×10^4 Pa 时的温度。主成分一般冷却至比加入喷射剂时的温度高 10～20℃，冷却后应该测定它的黏度，最低温度的限制是保持主成分在灌装过程中呈流体，各种成分不能沉淀出来。如果主成分由于黏度和沉淀的关系温度不宜太低，那么可将喷射剂的温度控制得较一般情况低一些，以免影响灌装。

冷却灌装主成分可以和喷射剂同时灌入容器内，或者先灌入主成分然后灌入喷射剂。喷射剂产生的蒸气可将容器内的大部分空气逐出。

如果产品是无水的，灌装系统应该有除水的装置，以防止冷凝的水分进入产品中，影响产品质量，引起腐蚀及其他不良的影响。

将主成分及喷射剂装入容器后，立即加上带有气阀系统的盖，并且接轧好。此操作必须极为快速，以免喷射剂吸收热量，挥发而受到损失。同时要注意漏气和阀的阻塞。

接轧好的容器在 55℃的水浴内检漏，然后再经过喷射试验以检查压力与气阀是否正常，最后在按钮上盖好防护帽盖。

冷却灌装具有操作快速、易于排除空气等优点，但对无水的产品容易进入冷凝水，需要较大的设备投资和熟练的操作工人，且必须是主成分经冷却后不受影响的制品，因此应用受到很大限制，现在不大使用。

二、压力灌装

压力灌装是在室温下先灌入主成分，将带有气阀系统的盖加上并接轧好，然后用抽气机将容器内的空气抽去，再从阀门灌入定量的喷射剂。接轧灌装好后，和冷却灌装相同，要经过 55℃水浴的漏气检查和喷射试验。

该法的主要缺点是操作的速度较慢，但随着灌装方法的逐步改进，这一缺点已逐步得到克服。另一缺点是容器内的空气不易排净，有产生过大的内压和发生爆炸的危险，或者加速腐蚀作用，头部空气可在接轧之前采取加入少量液化喷射剂的方法加以排净。压力灌装的优点是：对配方和生产提供较大的伸缩性，在调换品种时设备的清洁工作极为简单，产品中不会有冷凝水混入，灌装设备投资少。

许多以水为溶剂的产品必须采用压力灌装，以避免将原液冷却至水的冰点以下，特别是乳化型的配方经过冷冻会使乳化体受到破坏。

以压缩气体作喷射剂，也是采用压力灌装的方法。灌装压缩气体时并不计量，而是控制容器内的压力。在漏气检查和喷射试验之前，还需经压力测定。

第四节 气溶胶类化妆品的质量控制

气压式化妆品不同于一般的化妆品，这不仅反映在包装容器、生产工艺上，而且在配方上也有不同的要求。化妆品的一般配方不能用于气压制品，必须根据其特点探索新的途径。例如一般的剃须膏配方用于气压制品就太黏稠了，和常用的喷射剂不相和谐，从气压容器内压出后也没有足够的柔软须毛的功效，必须根据气压制品的特点，研究新的配方。又如采用丙烷、丁烷等作喷射剂，还必须考虑高聚物在喷射剂中的溶解度。

气压式化妆品在生产和使用过程中应注意以下问题。

(1) 喷雾状态 喷雾的性质（干燥的或潮湿的）受不同性质和不同比例的喷射剂、气阀的结构及其他成分（特别是酒精）的存在所制约。低沸点的喷射剂形成干燥的喷雾，因此如要产品形成干燥的喷雾可以在配方中增加喷射剂的比例，减少其他成分（即酒精）。当然，这样会使压力改变，但应该和气压容器的耐压情况相适应。

(2) 泡沫形态 泡沫形态由喷射剂、有效成分和气阀系统所决定，可以产生干燥坚韧的泡沫，也可以产生潮湿柔软的泡沫。当其他的成分相同时，高压的喷射剂较低压的喷射剂所产生的泡沫坚韧而有弹性。泡沫一般有三种主要类型：稳定的泡沫（剃须膏），易消散的泡沫（亮发油、摩丝）和喷沫（香波）。

(3) 化学反应 配方中的各种成分之间要注意不起化学反应，同时要注意组分与喷射剂或包装容器之间不起化学反应。

(4) 溶解度 各种化妆品成分对各种不同的喷射剂的溶解度是不同的，配方时应尽量避免溶解度不好的物质，以免在溶液中析出，阻塞气阀，影响使用性能。

(5) 腐蚀作用 化妆品的成分和喷射剂都有可能对包装容器产生腐蚀，配方时应加以注意，对金属容器进行内壁涂覆和注意选择合适的洗涤剂可以减少腐蚀的产生。

(6) 变色 酒精溶液的香水和古龙水，在灌装前的运送及储存过程中容易受到金属杂质的污染，灌装后即使在玻璃容器中，色泽也会变深，应注意避免。泡沫制品较易变色，这可能是香料的原因。

(7) 香气 香味变化的影响因素较多。制品变质、香精中香料的氧化以及和其他原料发生化学反应，喷射剂本身气味较大等都会导致制品香味变化。

(8) 低温考验 采用冷却灌装的制品应注意主成分在低温时不会出现沉淀等不良现象。

(9) 注意环保和安全生产 由于氟氯烃对大气臭氧层有破坏作用，应选用对环境无害的低级烷烃和醚类作推进剂。但低级烷烃和醚类是易燃易爆物质，在生产和使用过程中应注意安全。

第十七章　粉类化妆品

粉类化妆品主要是指以粉类原料为主要原料配制而成的外观呈粉状或粉质块状的一类制品，主要包括香粉、爽身粉、粉饼、胭脂以及粉质眼影块等。由于主要采用粉类原料，要制得颗粒细小、滑腻、易于涂敷的制品，必须采取有效的制作方法，所以在生产工艺及设备上与其他类化妆品有很大区别。就粉类制品而言，在工艺和设备上，又有很多共同点，如混合、粉碎、过筛等。但由于制品形式的不同，在操作上又有各自不同的要求，下面按照粉类制品的形式和生产特点分别予以介绍。

第一节　粉类化妆品的生产工艺

一、香粉的生产工艺

香粉（包括爽身粉和痱子粉）的生产过程主要有粉料灭菌、混合、磨细、过筛、加香和加脂、灌装等，其工艺流程如图 17-1 所示。在实际生产中，可以混合、磨细后过筛，也可以磨细、过筛后混合。

1. 粉料灭菌

粉类化妆品所用滑石粉、高岭土、钛白粉等粉末原料不可避免会附有细菌，而这类制品是用于美化面部及皮肤表面的，为保证制品的安全性，通常要求香粉、爽身粉、粉饼等制品的细菌总数<1000 只/克，而眼部化妆品如眼影粉要求细菌数为零，所以必须对粉料进行灭菌。粉料灭菌方法有环氧乙烷气体灭菌法、钴-60 放射性源灭菌法等。放射性射线穿透性强、对粉类灭菌有效，但投资费用高，目前尚很少采用。一般采用的是环氧乙烷气体灭菌法，其工艺流程见图 17-2。

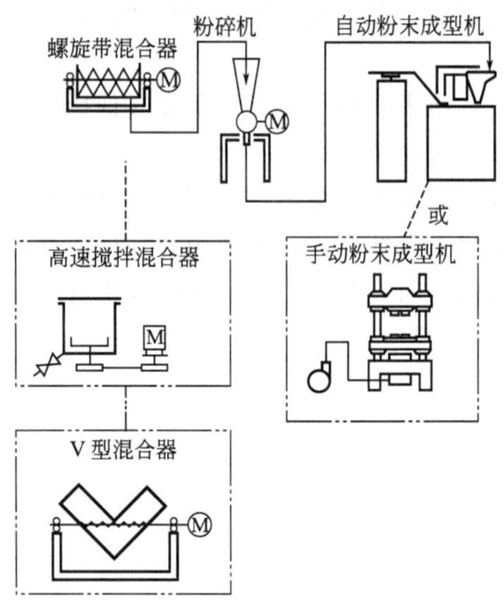

图 17-1　粉类化妆品的生产工艺流程

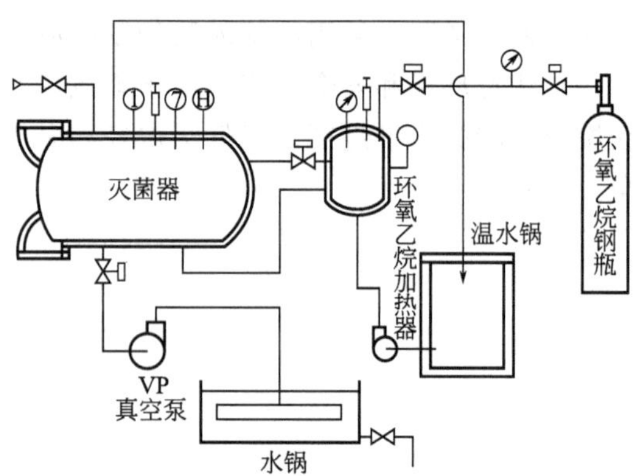

图 17-2　粉类原料环氧乙烷灭菌装置

将粉料加入灭菌器内，密封后用真空泵抽除灭菌器内空气，开启环氧乙烷钢瓶使环氧乙烷通过夹套加热器加热到 50℃汽化后通入灭菌器内，保持压力 9.8×10^4 Pa，维持 2～7 小时灭菌。灭菌器和环氧乙烷加热器的夹套内通 50℃的热水保温。灭菌结束后，打开灭菌器上部排气阀，放出环氧乙烷气体，为使气体不向大气中排放，可排入水池中进行吸收。对于粉末原料等所吸附的环氧乙烷气体，可用真空泵充分抽吸，必要时可反复进行 2～3 次以充分除去吸附的气体。然后再向灭菌器内通入经过滤、灭菌的无菌空气，取出粉末原料并储存在无菌的容器内，再送往下一工序。

环氧乙烷是带有乙醚气味的无色透明液体，能与水以任何比例混合；环氧乙烷的沸点为 10.7℃，因此常温下易汽化成气体；易燃，当空气中环氧乙烷浓度在 3%～100%（体积）时会引起爆炸，把环氧乙烷加热到分解温度（571℃），甚至在无空气存在的条件下也会引起爆炸。因此应妥善保管，一般用专用钢瓶储存，生产车间应采取防火防爆措施。

2. 混合

混合的目的是将各种粉料用机械的方法使其拌和均匀，是香粉生产的主要工序。混合设备的种类很多，如带式混合机、立式螺旋混合机、V 型混合机以及高速混合机等，常用的是带式混合机。一般是将粉末原料计量后放入混合机中进行混合，但是颜料之类的添加物由于量少在混合机中难以完全分散，所以初混合的物料尚需在粉碎机内进一步分散和粉碎，然后再返回混合机，为使色调均匀有时需要反复数次才能达到要求。

3. 磨细

磨细的目的是将颗粒较粗的原料进行粉碎，并使加入的颜料分布得更均匀，显出应有的色泽。不同的磨细程度，香粉的色泽也略有不同，一般采用球磨机。经磨细后的粉料色泽应均匀一致，颗粒应均匀细小，颗粒度用 120 目标准检验筛网进行检测，按 GB/T 29991—2013 的要求，香粉的细度（0.125mm）≥97%否则应反复研磨多次，直至符合要求。

4. 过筛

通过球磨机混合、磨细的粉料或多或少会存在部分较大的颗粒，为保证产品质量，要经过筛粉处理。常用的是卧式筛粉机。由于筛粉机内的筛孔较细，一般附装有不同形式的刷子，过筛时不断在筛孔上刷动，使粉料易于筛过。过筛后粉料颗粒度应能通过 120 目标准检验筛网。

5. 加香

一般是将香精预先加入部分碳酸钙或碳酸镁中，搅拌均匀后加入球磨机中进行混合、分散。如果采用气流磨或超微粉碎机，为了避免油脂物质的黏附，提高磨细效率，同时避免粉料升温后对香精的影响，应将碳酸钙（或碳酸镁）和香精的混合物加入磨细后经过旋风分离器除尘的粉料中，再进行混合。

6. 加脂

一般香粉的 pH 值是 8～9，而且粉质比较干燥，为了克服此种缺点，在香粉内加入少量脂肪物，这种香粉称为加脂香粉，加脂的过程简称加脂。

操作方法是在通过混合、磨细的粉料中加入乳剂（乳剂内含有硬脂酸、羊毛脂、白油、水和乳化剂），充分混合均匀。再在 100 份粉料中加入 80 份乙醇拌和均匀，过滤除去乙醇，在 60～80℃烘箱内烘干，使粉料颗粒表面均匀地涂布着脂肪物，经过干燥后的粉料含脂肪物 6%～15%，再经过筛即成加脂香粉。如果含脂肪物过多，将使粉料结团，应注意避免。加脂香粉不致影响皮肤的 pH 值，且粉在皮肤表面的黏附性能好，容易敷施、粉质柔软。

7. 灌装

灌装是香粉生产的最后一道工序，一般采用的有容积法和称量法。对定量灌装机的要求是应有较高的定量精度和速度，结构简单，并可根据定量要求进行手动调节或自动调节。

二、粉饼的生产工艺

粉饼与香粉的生产工艺基本类同，即要经过灭菌、混合、磨细与过筛。其不同点主要是粉饼要压制成型，为便于压制成型，除粉料外，还需加入一定的胶合剂。也可用加脂香粉直接压制成粉饼，因加脂香粉中的脂肪物有很好的黏合性能。

粉饼的生产工艺过程包括胶合剂制备、粉料灭菌、混合、磨细和压制粉饼等，其工艺流程参见图 17-1。

1. 胶合剂制备

在不锈钢容器内加入胶粉（天然的或合成的胶质类物质）和保湿剂，再加入去离子水搅拌均匀，加热至 90℃，加入防腐剂，在 90℃下维持 20min 灭菌，用沸水补充蒸发掉的水分后即制成胶合剂。

如果配方中含有脂肪类物质，可和胶合剂混合在一起同时加入粉料中。如单独加入粉料中，则应事先将脂肪物熔化，加入少量抗氧化剂，用尼龙布过滤后备用。

2. 混合、磨细

按配方将粉料称量后加入球磨机中，混合、磨细 2h，粉料与石球的重量比是 1∶1，球磨机转速 50～55r/min。加脂肪物混合 2h，再加香精混合 2h，最后加入胶合剂混合 15min。在球磨机混合过程中，要经常取样检验颜料是否混合均匀，色泽是否与标准样相同等。

在球磨机中混合好的粉料，筛去石球后，粉料加入超微粉碎机中进行磨细，超微粉碎后的粉料在灭菌器内用环氧乙烷灭菌，将粉料装入清洁的桶内，用桶盖盖好，防止水分挥发，并检查粉料是否有未粉碎的颜料色点、二氧化钛白色点或灰尘杂质的黑色点。

也可将胶合剂先和适量的粉料混合均匀，经过 10～20 目的粗筛过筛后，再和其他粉料混合，经磨细等处理后，将粉料装入清洁的桶内在低温处放置数天使水分保持平衡。粉料不能太干，否则会失去胶合作用。

3. 压制粉饼

在压制粉饼前，粉料要先经过 60 目的筛子。按规定重量将粉料加入模具内压制，压制时要做到平、稳，不要过快，防止漏粉、压碎，应根据配方适当调整压力。压制粉饼通常采用冲压机，冲压压力大小与冲压机的形式、产品外形、配方组成等有关。压力过大，制成的粉饼太硬，使用时不易涂擦开；压力太小，制成的粉饼就会太松易碎。一般在 2×10^6～7×10^6Pa 之间。

关于包装盒子最重要的一点是不能弯曲，如粉饼压入盒中压力去除时，盒子的底板回复原状而弯曲，那么就会使粉饼破裂，因为粉饼没有弹性。同样的原因冲压不能碰着盒子的边缘，至于盒子的直径和粉饼厚度之间的关系，必须经过试验确定，如果比例不适当，在移动及运输过程中容易破碎。

三、胭脂的生产工艺

胭脂的生产工艺与粉饼的生产工艺基本类同，包括混合、磨细、配色、加胶合剂和压制成型等步骤，其工艺流程参见图 17-1。

1. 混合磨细

混合磨细是将粉料和颜料混合，研磨成色泽均匀，颗粒细致的细粉，是胭脂生产操作中重要的环节之一。混合得越均匀，磨得越细，颜色越鲜艳。

为了使粉料和颜料既能磨细，又能混合均匀，再加上胭脂的产量较小，一般在球磨机中进行。为了防止金属对胭脂中某些成分的影响，采用瓷制球磨机较为安全。称取粉料和颜料倒入球磨机内，同时放入小球，将球磨机密封后开启研磨，一般混合磨细的时间是3～5h。在混合磨细时为了加速着色，可加入少量水分或乙醇润湿粉料。研磨时如果粉料潮湿，应当每隔一定时间开启容器，用棒翻搅球磨机内壁，以防粉料黏附于桶的角落造成死角。

2.配色

每批制品保持色泽的一致是很重要的，每批产品的色泽必须和标准色样比较，如果色泽和标准色样有区别，就需要加以调整。比色的方法是取少量的干粉以水或胶合剂润湿后，压制小样，然后比较色泽的深浅。如果色泽较浅，则以颜料含量较多的混合料调整；反之，则以颜料含量较少的混合料调整。

3.加胶合剂、香精

粉料和颜料混合磨细后，下一工序是加胶合剂。加胶合剂可以在球磨机中进行，但要经常用棒翻搅桶壁，以免潮湿粉料在沉重的石球滚压下黏附在桶壁上。将混合磨细的粉料放入带式混合机里进行加胶合剂和香料更为适宜。着色的粉料放入带式混合机里不断搅拌，同时将胶合剂用喷雾器喷入，可使胶合剂均匀地拌入粉料中。

香精的加入视压制方法而定，压制方法有湿压法和干压法两种。湿压法是将胶合剂和香精同时加入；干压法是将潮湿的粉料烘干后再混入香精，以避免香精受热挥发，造成香气受损。

胶合剂的用量要适当。用量过少，在压制胭脂时的黏合力就差，容易碎；用量过多，胭脂表面就坚硬难涂擦。

4.过筛

加胶合剂和香精混合均匀后就是过筛，采用不同类型的胶合剂，则加入方法略有不同，如粉状胶合剂只要简单拌和过筛，抗水性的胶合剂则先加脂肪物拌和，然后再加水拌和后过筛。过筛次数在两次以上更好，这样有利于粉料的细腻度、颜色的均匀度以及压制成型后胭脂的质量。

5.压制胭脂

压制胭脂是胭脂生产过程中最后一道工序。一般是将加过胶合剂和香料的湿粉经过筛后，用模子压成粉块，然后一块一块地放在木盘上，摆在通风的干燥室内，静置1～2天。干燥室的温度不宜太高，否则会引起粉块不均匀收缩，比较适宜的温度是30～40℃。

用模子压制时底盘是用马口铁或铝皮冲制成的圆形底盘，底盘上轧有圆形凹凸线槽，这样可使压制的胭脂在底盘上黏牢。模子是圆形的钢模，厚约1cm，直径比胭脂底盘略小，中部有些凹入。胭脂底盘盛满粉料后即可覆上模子，再放在压机上压制成块。压机有手摇式和脚踏式。

压制粉块时，要注意压力适度，避免压力过大或过小造成胭脂过硬或过软。此外，粉料水分过多，要黏模子；水分过少，黏合力就差，胭脂块容易碎。因此在整个压制粉块过程中，应保持粉料有一定湿度。

6.装盒

干燥后的胭脂粉块即可装盒。装盒时，应在外包装盒底涂抹一层不干胶水。不干胶水有一定的黏弹性，既能黏牢胭脂底盘，又能防止胭脂底盘和包装盒之间相互撞击，减少运输时胭脂受振动而碎裂。胭脂底盘放入包装盒子后，上面覆盖一片透明纸，再放上胭脂粉扑，加上盖，即为胭脂成品。

第二节 粉类化妆品的生产设备

粉类化妆品生产过程中所用设备主要有混合设备、研磨设备、筛粉设备、微细粉碎设备、灭菌设备、粉料充填设备、成型设备和除尘设备等。

一、混合设备

使用混合设备的目的是使各种粉料充分混合均匀。混合设备的品种很多，如带式混合机、立式螺旋混合机、V 形混合机和高速混合机等。

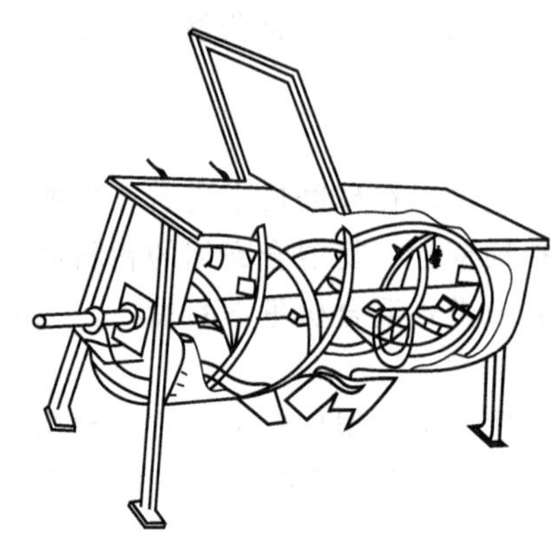

图 17-3 带式混合机

(1) 带式混合机 如图 17-3 所示，带式混合机具有一个金属制成的 U 形水平容器，中心装置一个回转轴，在轴上固定两条带状螺旋形的搅拌装置，两螺旋带的螺旋方向相反，当中心轴旋转时，由于反向螺旋的作用，粉料在上下翻动的同时，沿轴向左右移动，使粉料充分混合。在 U 形容器的底部开有出料口，粉料可以在搅拌后放出。在某些特殊需要的场合，U 形容器可以做成夹套装置，进行加热或冷却。容器内可以进行真空拌粉等工艺的操作。混合器的装载容积一般为 U 形容器的 40%～70%。拌粉轴的转速为 20～300r/min。

带式混合机由于搅拌桨叶转速慢，不会因搅拌时摩擦使粉料产生热量，且操作简单、维修方便。缺点是搅拌桨与容器有较大的间隙，容易造成死角，使粉料搅拌不均匀，且启盖和放料时粉尘易飞扬。

(2) 立式螺旋混合机 立式螺旋混合机是由两只锥形圆筒并联组成（图 17-4），圆筒内有两支螺旋搅拌器，搅拌器依锥体作公转和自转运动。公转速度为 2～3r/min，自转速度为 60～70r/min，粉料在搅拌器的公转和自转的作用下，使粉料得到上下循环运动和涡流运动，可以在较短的时间内得到高度混合的粉料。该机结构较为复杂，价格较贵。装载容量为 50%～70%。

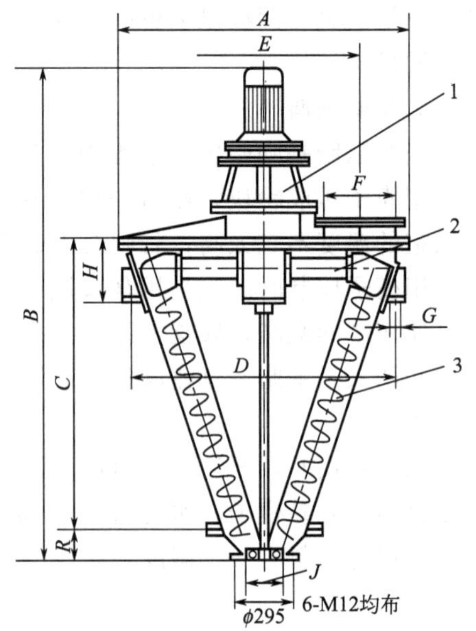

图 17-4 立式螺旋混合机

1—两级摆线针减速器；2—转臂拉杆部件；3—螺旋轴部分

(3) V 形混合机 V 形混合机由两个圆筒焊接而成，外观呈 V 字形（图 17-5），圆筒两侧装有两个支轴，支轴安放在轴承上，靠其支持而转动。大型的 V 形混合机的交锥部分，常为装料和卸料两用，装料时可使口向上，将欲混合的粉料加入，当混合完毕进行卸料时可将口向下。

当 V 形混合机运转时，在机内的固体粉料开始时由于受离心力和筒壁阻力的作用，先作圆周运动，在达到一定点之后，在重力作用下脱离了圆周运动，粉料表面的粉粒产生移动，然后在两圆筒交锥部分进行激烈的冲击，使粉料分离开来。在混合机的连续运转下，机内的粉料反复交替地在交锥部分作激烈冲击。于是混合机内的粉料在很短时间内达到良好的混合。

V 形混合机的旋转速度对混合效率的影响较大，一般混合机的转速较低，其适宜的转速可按下式求得：

$$N=18/(R_{max})^{1/2}$$

式中　R_{max}——回转部分的最大半径，m；

N——转速，r/min。

V 形混合机的装载容量可取 25％～40％之间，在此范围内，装载容量对混合效率的影响不大，一般取 30％比较适宜。由于混合机内部没有任何转动机件，混合作用主要是依靠粉料的扩散和在交锥部分的冲击，因而物料对混合机内壁的磨损极微，也就不会有杂质带入制品中，所以可以制得极纯净的制品。且设备结构简单，便于消毒灭菌，可以在无菌条件下操作。但混合机安装面积要比其他混合机大，操作安全性不高，应在设备周围装有防护装置，以保护操作人员的安全。

（4）高速混合机　高速混合机是在近年来使用比较广泛的高效混合设备（图 17-6）。该混合机具有一圆筒形夹套容器，在容器底部装置一个转轴，轴上装有一个搅拌桨叶，转轴与电机可用皮带连接，也可直接连接，容器底部开有一出料孔，容器上端有一个平板盖，盖上有一个挡板插入容器内，并有一个测温孔用以测量容器内粉料在高速搅拌下的温度。

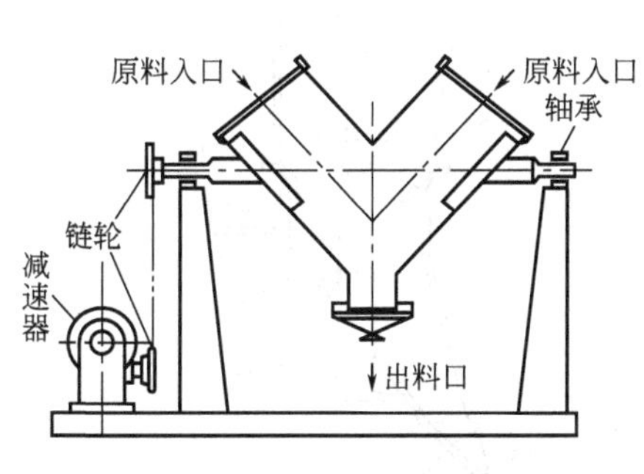

图 17-5　V 形混合机

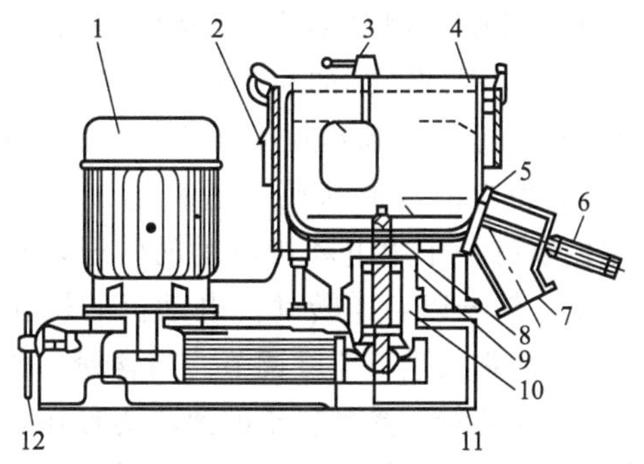

图 17-6　高速混合机

1—电动机；2—料筒；3—温度计；4—盖；5—门盖；6—汽缸；7—出料口；8—搅拌叶轮；9—轴；10—轴壳；11—机座；12—调节螺丝

将粉料按配比装入容器内，盖好密封盖，在夹套内通入冷却水，经检查后才可启动电机。粉料在叶轮高速转动下进行充分混合，同时粉料在高速叶轮的离心力作用下，互相撞击粉碎。由于粉料在高速搅拌下做功，在极短的时间内粉料的温度会升高很多，易致粉料变质、变色，故开动混合机前必须先在夹套内通入冷却水进行冷却，在运行中亦需经常观察温度的变化。适宜的装载容量为容器的 60％～70％。叶轮的旋转速度，根据粉料的多少、粉料的性质，一般在 500～1500r/min 范围内选择。

二、筛粉设备

筛粉设备即用来分离大小颗粒的设备，其主要部件是由金属丝、蚕丝或尼龙丝等材料编织成的网。筛孔可以是圆形、正方形或长方形，筛孔的大小通常用目来表示，即每英寸长度内所含有经线或纬线的数目。目数越高，筛孔越小。

筛粉设备按操作方法分类，可以分为固定筛和运动筛两大类。固定筛只适用于生产能力较低的场合，其优点是设备简单、操作方便。随着粉粒日趋微细化，采用筛网已不能满足现

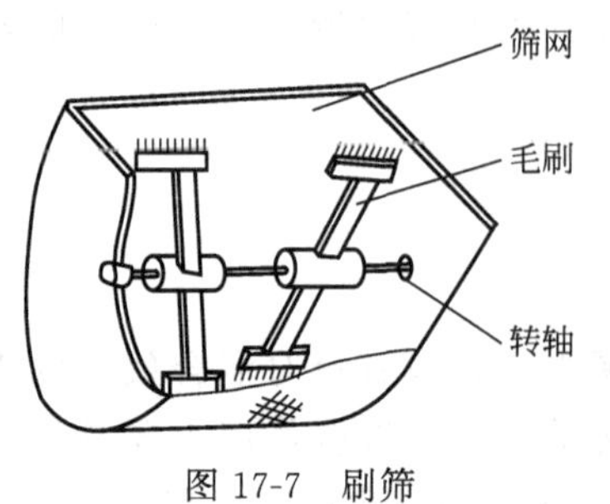

图 17-7 刷筛

代生产工艺的要求。以下简单地介绍几种用于粉类化妆品生产的筛粉机。

(1) 刷筛 如图 17-7 所示，刷筛具有一个 U 形容器，容器的底部装有一固定的半圆形金属筛网，容器两端侧面的圆心装有两个轴承座，其上装有转轴，轴上装有交叉的毛刷，毛刷紧贴金属筛网。容器盖上有一加料斗，粉料必须在开动机器后，方可慢慢加入，切不可一下加入过多的粉料，造成筛网损坏，影响筛分效果。同时加粉料过程中，应注意避免粉料内混合有坚硬异物，以免造成网坏机损。容器内的存粉刷筛干净后方可停机。该刷筛机的转速较低，一般在 30～100r/min。

(2) 叶片筛 为提高刷筛的生产效率，将安装在轴上的毛刷改为叶片，而轴的转速提高到 500～1500r/min，使粉料在叶片离心力的作用下通过金属筛网。但该设备将有大量的风排出，易造成环境污染。由于该机是依靠离心力与风力进行筛粉，要求筛料比较干燥。同时，在筛粉随风排出时，也会损失部分香精。

(3) 风筛 风筛又称空气离析器，是利用空气流的作用使粉料颗粒粗细分离的设备（见图 17-8）。为能得到微细的粉末，应用离心式气流微粉分离器，可以得到粉粒小于 100 目的细粉。

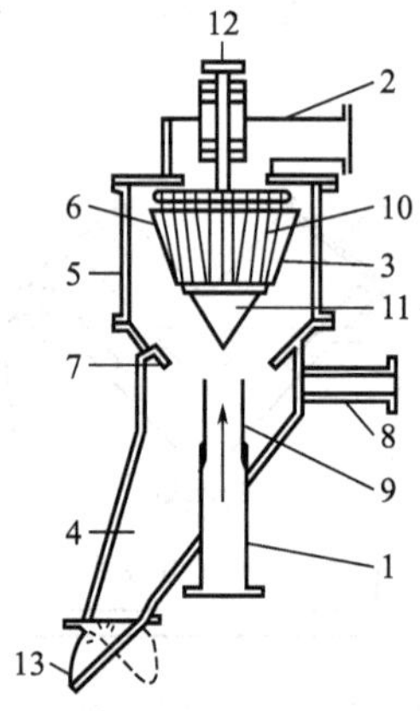

图 17-8 微粉分离器

1—进料管；2—排风管；3—转子；4—集粉管；5—分离室；6—转子上的空气通道；7—节流环；8—二次风管；9—喂料位置调节环；10—扇片；11—转子锥底；12—转轴；13—活络排粉口

含有粉尘的气流从底部进料管 1 送入分离室 5，室内装有一个用电动机驱动的转子，支撑于转轴 12 上，转子以高速转动。电动机的转速可以根据所分离的物质进行速度调节。当含粉气流穿过转子时，悬浮的粉料受到转子的离心力作用，改变运动方向，沿分离室筒壁下降至出口锥面时，被二次进风管的旋转气流再次上提夹带出细粉，提高了分离效果。不符合细度要求的粗粉通过集粉管 4 从排粉口排出，细粉则随气流从排风管 2 排出。

微粉分离器是一高速转动的生产设备，每次使用完毕后必须将转子上黏附的粉料清除干净。当转子上黏附的粉料产生单面不平衡后，转子将产生剧烈振动，易致机器损坏。操作时必须先开启转子，然后再进粉料，否则易产生上述情况。

三、研磨设备

在粉类化妆品生产过程中，为使粉料与颜料得以充分混合、磨细，得到均匀的颜色，需使用研磨设备，通常采用球磨机。球磨机一般制成具有两端锥形或圆筒形的回转筒体，筒内装有一定数量的研磨球或研磨柱（研磨体）。研磨体通常采用瓷质制品，大型的亦可采用鹅卵石等。筒体可用低碳钢或不锈钢板制成。

球磨机是利用研磨体的冲击作用以及研磨体与筒壁之间的研磨作用而将粉料进行研磨、粉碎并混合的。当筒体在电动机驱动（通过减速器）下进行转动时，由于研磨体与筒体内壁的摩擦作用，研磨体按旋转方向被带到一定高度落下，粉料受到连续不断的冲击和摩擦而被粉碎、研磨及混合。研磨体与粉料按一定比例装入筒内，混合后物料的体积一般为筒体体积的 1/3 左右，装载过多会影响球磨机的效率。

球磨机具有许多优点：①可以进行干磨，也可以用于湿磨；②粉碎程度高，可得到较细的颗粒；③运转可靠，操作方便；④结构简单，价格便宜；⑤可间歇也可连续操作；⑥粉碎及研磨易爆物时，筒体可以充惰性气体以保安全生产；⑦密闭进行，可减少粉尘飞扬。

但球磨机也有许多不足：①体积庞大、笨重；②运转时振动剧烈，噪声较高，需有牢固的基础；③工作效率低，能量消耗大；④粉料内易混入研磨体的磨损物，污染制品。

四、微细粉碎设备

为提高粉类制品的质量和使用性能，扩大粉末原料的应用范围，希望制取几个微米大小的超细粉末。采用球磨机等设备进行超细粉碎，常因生产周期长、效率低而受限制。近代采用的超细粉碎设备主要有微细粉碎机、振动磨和气流磨等。

(1) 微细粉碎机　微细粉碎机由粉碎室和回转叶轮等部件构成，室内装有特殊齿形衬板，粉料在高速回转的大小叶轮带动下和特殊齿形衬板的影响下产生相互撞击，得到微细的粉末。粉粒的细度一般可达 5～10μm。由于粉碎叶轮旋转的线速度高达 100m/s，稍有金属异物进入粉碎室，就会导致机器损坏，故操作时应加以注意。由于该机在高速运动撞击中进行粉碎，进料切不可过量，以免造成机温升高，粉料变质，机件磨损。同时使用完毕后，应将机内余粉清除干净。

(2) 振动磨　振动磨是利用研磨体在磨机筒体内作高频率振动将物料磨细的一种微细粉碎设备。该机构造为卧式圆筒形磨机，筒体里面装有研磨体和物料，筒体中心装有一个回转主轴，轴上装有不平衡重物，筒体由弹簧支撑。当主轴按 1500～3000r/min 的速度旋转时，由于不平衡物所产生的慢性离心力使筒体产生高频振动，使研磨体对物料产生冲击、摩擦而得以粉碎。该机的粉碎效率较高，但由于高频振动所产生的噪声，以及研磨体在粉碎过程中磨损而在粉料内混入杂质等，影响了振动磨的使用范围。

(3) 气流磨　气流磨系利用高速气流促使固体物料自行相互击碎的超细粉碎设备。气流磨可制得粒度微细而均匀的制品，制品的纯度较高，可以在无菌条件下操作，适宜于热敏感及易燃、易爆物料的粉碎。

五、灭菌设备

为杀灭粉料上黏附的各种微生物，需对粉料进行灭菌处理，常用的灭菌方法有高温灭菌、化学药品灭菌、紫外线灭菌、气体灭菌及放射线灭菌等。

(1) 高温灭菌　高温灭菌即采用密封性能较好的储器或烘箱，将要灭菌的物料装入后，关闭好储器，开蒸汽或电源加热散热器，将空气温度加热到 120～160℃后，恒温 1～3h，待冷却后取出物料。该方法适用于耐高温而不燃烧的物料。也可直接通入压力为 98.066kPa ($1kg/cm^2$) 的蒸汽，即湿法灭菌，加热温度一般为 120℃，维持 60min，即可达到灭菌效果，但该方法适宜用于能够耐湿的物料。

(2) 紫外线灭菌　紫外线具有很强的杀菌作用，特别是波长为 2600×10^{-10}m 左右的紫外线杀菌效率最高。紫外线灭菌法可采用间歇式，也可采用连续式。间歇操作灭菌设备可制成箱式。物料在箱内受紫外线照射一定时间后取出达到灭菌。连续式灭菌时，在移动的输送带上，安装有罩壳，罩壳顶上有引风机将紫外灯产生的臭氧排出，物料在输送带上通过罩壳时，由于受紫外线照射而得到灭菌。采用紫外线灭菌应注意切不可用肉眼观看紫外光源，必要时应佩戴防护眼镜。

(3) 气体灭菌 气体灭菌是较常采用的方法，常用的灭菌气体有甲醛和环氧乙烷等。由于环氧乙烷与甲醛都是易燃易爆气体，在使用前用二氧化碳气体混合稀释，以降低其易燃易爆性，同时要注意残留气体的安全性。气体灭菌设备见本章第一节。

(4) 放射线灭菌 放射线灭菌系采用放射性物质（一般用钴-60）安装在特殊结构的容器内，要进行灭菌的物料通过其照射即可达到灭菌的效果。

六、除尘设备

在粉类化妆品生产过程中，为使粉料从气体中分离出来或除去气体中所含粉尘，避免造成环境污染或粉料的大量流失，通常采用除尘设备。除去气体中固体颗粒的过程称为气体净制。气体净制的方法大致可分为四类。

① 干法净制 是使微粒受重力作用或离心力作用而沉降；

② 湿法净制 是使气体与水或其他液体接触，气体中的固体颗粒为液体润湿而除去；

③ 过滤净制 是使气体通过一种过滤介质，将气体中的固体颗粒分离出来；

④ 静电净制 是使气体中的微粒在通过高压静电场时沉降下来。

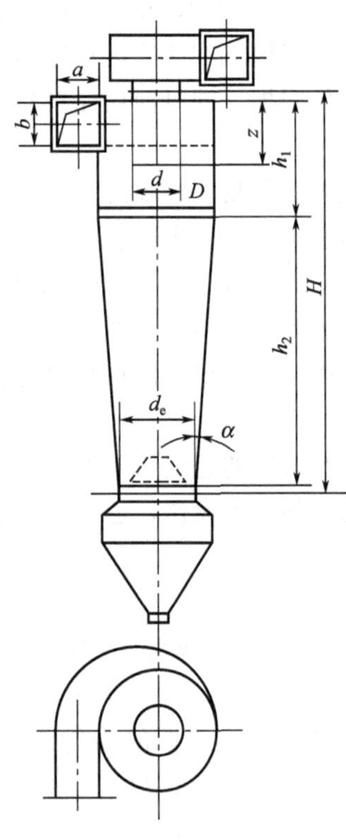

图 17-9 旋风分离器

净制的方法根据粉尘颗粒的大小、净制程度、物料性质、粉尘的有用与否等来进行选择。在粉类化妆品生产过程中，大都采用干法净制和过滤净制，所用的主要设备分别为旋风分离器和袋式过滤器。

(1) 旋风分离器 旋风分离器是由圆柱形的筒身配以锥形底构成（见图 17-9）。气体进口管的截面成矩形，气体出口管伸入器内，其下口略低于进气管的底边。带有粉尘的气流从气体进口管进入分离器内并呈旋涡式流动，悬浮的颗粒在离心力的作用下，除随气流旋转外，并产生径向运动，因而被甩向器壁并沿器壁落下。净制后的气体由内筒上升经出口管排出，除下的粉尘自锥底出口管间歇地排出。

旋风分离器的分离效率一般为 70%～80%，故一般用于含粉气体的初步净制。对于湿度很高的气体，旋风分离器是不适用的，也不适用于含黏附性颗粒的气体。但可用于较高温度下净制气体。

(2) 袋式过滤器 袋式过滤器是使气体从纤维织物滤袋通过，而悬浮的固体粒子被截留下来而达到除尘的目的。此类过滤净制的效率很高，一般为 94%～97%，最高可达 99%以上。它能净制旋风分离器所不能净制的气体，如粒径小于 1μm 的固体粒子。从过滤器内操作压力的不同可分为正压袋滤器和负压袋滤器两种。

七、粉料充填设备

粉料的充填有容积法和称量法。对于定量灌装机构的要求是：应有较高的定量精度和速度，结构简单，并可根据定量要求进行调节。粉状的容积定量法充填设备的结构比称量法的简单，具有定量速度快、造价低等特点，适用于低重量和视密度比较稳定的粉料充填，一般应用于计量精度不十分严格的计量场合。

第三节 粉类化妆品的质量控制

一、香粉

（1）香粉的黏附性差 主要是硬脂酸镁或硬脂酸锌用量不够或质量差，含有其他杂质，另外粉料颗粒粗也会使黏附性差。应适当调整硬脂酸镁或硬脂酸锌的用量，选用色泽洁白、质量较纯的硬脂酸镁或锌；如果采用微黄色的硬脂酸镁或锌，容易酸败，而且有油脂气味；另外，将香粉尽可能磨得细一些，以改善香粉的黏附性能。

（2）香粉吸收性差 香粉吸收性差，主要是碳酸镁或碳酸钙等具有吸收性能的原料用量不足所致，应适当增加其用量。但用量过多，会使香粉 pH 值上升，可采用陶土粉或天然丝粉代替碳酸镁或钙，降低香粉的 pH 值。

（3）加脂香粉成团结块 加脂香粉成团结块主要是由于香粉中加入的乳剂油脂量过多或烘干程度不够，使香粉内残留少量水分所致，应适当降低乳剂中油脂量，并将粉中水分尽量烘干。

（4）有色香粉色泽不均匀 有色香粉色泽不均匀主要是由于在混合、磨细过程中，采用设备的效能不好，或混合、磨细时间不够。应采用较先进的设备，如高速混合机、超微粉碎机等，或适当延长混合、磨细时间，使之混合均匀。

（5）杂菌数超过规定范围 原料含菌多，灭菌不彻底，生产过程中不注意清洁卫生和环境卫生等，都会导致杂菌数超过规定范围，应加以注意。

二、粉饼

（1）粉饼过于坚实、涂抹不开 胶合剂品种选择不当，胶合剂用量过多或压制粉饼时压力过高都会造成粉饼过于坚实而难以涂抹开。应在选用适宜胶合剂的前提下，调整胶合剂用量，并降低压制粉饼的压力。

（2）粉饼过于疏松、易碎裂 胶合剂用量过少，滑石粉用量过多以及压制粉饼时压力过低等，使粉饼过于疏松，易碎。应调整粉饼配方，减少滑石粉用量，增加胶合剂用量，并适当增加压制粉饼时的压力。

（3）压制加脂香粉时黏模子和涂擦时起油块 其主要原因是乳剂中油脂成分过多所致，应适当减少乳剂中的油脂含量，并尽量烘干。

三、胭脂

（1）胭脂表面有不易擦开的油块 压制时压力过大或胶合剂用量过多，混合不均匀，使胭脂过于结实等都会导致胭脂表面有不易擦开的油块。应注意调整胶合剂的加入量，采用高效混合磨细设备，使之混合均匀，同时压制时不要压力过高。

（2）胭脂表面碎裂 主要是由于胶合剂用量不当或运输时因包装不当振碎，或振动过于强烈。应调整适宜的胶合剂用量，改进包装，同时装卸、运输过程中尽量减少过度振动。

（3）不易涂擦 胭脂中如缺少亲油性胶合剂时不够滑润，胶合剂用量过多或胭脂块太硬时，都不易涂擦。可通过加入乳化剂增加润滑性，减少压制时的压力，在保证胭脂块不易碎裂的前提下，使其松紧适宜，有利于涂擦性能的改善。

第十八章　唇　　膏

唇部用化妆品根据其形态可分为棒状唇膏、唇线笔、唇彩以及唇油等。其中应用最为普遍的是棒状唇膏，通常称之为唇膏。

第一节　唇膏生产工艺

唇膏生产工艺一般包括：颜料研磨、颜料相与基质混合、铸模成型和火焰表面上光。工艺流程图如图 18-1 所示。

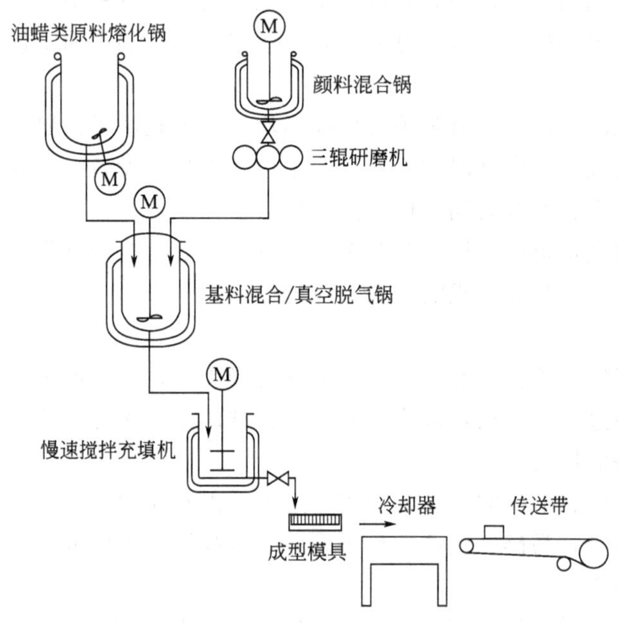

图 18-1　唇膏生产工艺流程图

一、颜料研磨

通过研磨使颜料结块破碎，色浆均匀，无结块或团粒，制备均匀颜料浆，但不降低颜料粒径。常用三辊研磨机、球磨机、砂磨机或胶体磨，最普遍使用的是三辊研磨机（图 18-2）。颜料必须用基质中一种或多种液态组分混合物润湿。常使用蓖麻油，或羊毛脂作为研磨介质。

图 18-2　三辊研磨机

经验表明，颜料/油的最佳比例是 1∶2，含有机颜料特别高的配方可能需要增加油的用量。一般通过 2～3 次三辊机研磨后，可使色浆均匀，无结块，充分显色。经过研磨后的色浆，一般需通过 20 目标准油漆筛网过滤，制得颗粒大小均匀一致的色浆。

二、颜料相与基质混合

将蜡类和大部分油类组分（用少部分油类清洗研磨机，清洗后油相一并加入物料中加热搅拌混合）在带有单一桨式搅拌器的蒸汽加热夹层锅内熔化，温度控制在比最高蜡类熔点高2～3℃。然后将预混好的色浆加入，继续搅拌并保持温度。

由于进入物料的空气很难除去，当铸模成型时会导致唇膏棒出现难看的针孔，增加返工率，延误生产。因此要特别注意尽力降低带进物料的空气。另外应注意的是产品的色调核对，最好是在正式生产前用该批次颜料和基质配制小样与标样进行对照，如果色调有偏差，可及时调整，避免正式产生出产品后再进行色调调整。

混合均匀后进行真空脱气，加入香精。可直接趁热铸模成型，亦可注入合适容器内，或成型呈厚块状，贮存，供以后铸模。注意保持唇膏半成品的温度，使其不在锅内固化，避免在铸模时重新加热。因为重新加热可能引起半成品过热，破坏唇膏的整体结构。如贮存半成品应制成较小块状，以利于在铸模前加热时增大表面积使物料可较快熔化，确保唇膏加热时间尽可能短。

三、铸模成型

唇膏铸模成型最常用的方法是使用对开式模具。大多数唇膏是在75～80℃铸模成型。模具加热至35℃左右避免在唇膏棒上形成“骤冷标记”。铸模过程中应使模具稍稍倾斜，可避免带入空气。当物料倒入模具后，应快速冷却，这样可产生较细，较均匀的结晶结构，其次，有较好的稳定性和光泽。冷却后，将模具打开，唇膏棒脱落在盘内，或其他合适容器中，准备装管和火焰表面上光。唇膏铸模成型有各种各样的方法，包括手工铸模成型、半自动铸模成型、全自动唇膏生产机。还有直接在塑料包装容器内铸模成型。

四、火焰表面上光

火焰表面上光是将已插入唇膏包装底座的产品通过火焰加热，使唇膏棒表面熔化，形成光洁表面的过程（图18-3）。需要小心调节火焰强度，使之可使表面刚好熔化，但又不会使唇膏变形。

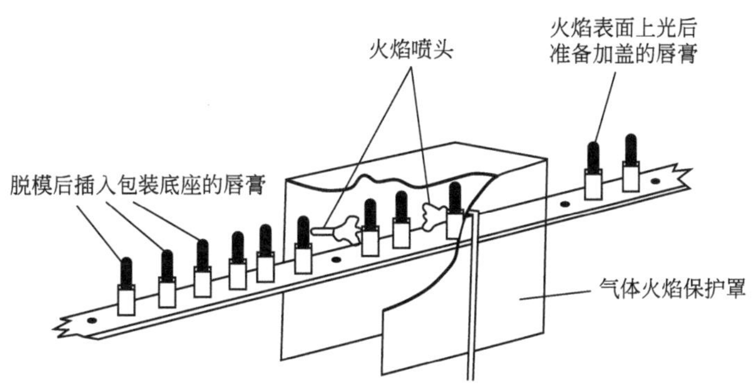

图18-3 唇膏火焰表面上光生产线

火焰表面上光也可采用电热气流。含有挥发性组分的唇膏，不能采用加热方法表面上光，只能使用表面高光洁度的模具。小型唇膏也不能火焰表面上光。也有通过在模具上喷射聚硅氧烷，达到使唇膏表面光滑的目的。但聚硅氧烷光泽是不持久的，过量喷剂会引起表面斑点和呈现白霜。

第二节 唇膏的质量控制

一、熔点

唇膏熔点范围直接影响到唇膏的热稳定性、涂抹特性和用后感。通常唇膏熔点范围控制在55～65℃。可以通过改变蜡类的品种和含量调节唇膏的熔点。测定熔点可用一般的毛细管法或熔点测定仪测定熔点，目前主要采用熔点测定仪。

二、热稳定性

热稳定性是确保唇膏在市场各种环境温度下，仍然保持固体状态，仍可以使用的一种性质，而且唇膏必须耐受在贮存、运输、销售时极端的温度条件。通常唇膏应耐热（45±1)℃保持24h，无弯曲软化现象，恢复至室温后外观无明显变化，能正常使用；耐寒（－5～0℃)保持24h，恢复至室温后能正常使用。通常采用目测观察法测定。

也可采用热稳定性评估方法。将唇膏水平放在25℃、35℃、45℃和55℃的恒温箱内进行稳定性试验。唇膏在55℃时，24h后不下垂，或不形变。唇膏至少应该在45℃保持稳定和不扭曲，并且应在2个月后35℃可使用。确保质地和硬度没有变化。

低温稳定性在－25℃试验，该温度下2个月后唇膏表面不应有结晶形成。亦可在温控箱内，－25～＋25℃之间不同温度间隔，每隔24h观察表面是否有结晶形成以及硬度和质地是否有改变。

三、硬度试验

硬度直接关系到唇膏的涂抹性能。可用压力仪准确地测定唇膏硬度。在指定温度下，平衡一定时间的唇膏完全伸入一个专门设计使唇膏保持稳定的载物台上。带有反V型顶端的压力计以设定速度向下移动，直至唇膏破裂。压力计读出正好在破裂发生前压力计的最高压力。用此压力值作为硬度的量度。一般在15～30℃温度范围进行测量。

熔点、热稳定性和硬度三种特性是相互关联的。在设计和改进配方时，应综合考虑这三方面的因素。另外唇膏的质量控制还应应包括：色彩评估和调节，感观性能控制和评估（气味)，风味控制和评估等。

第十九章　牙　　膏

牙膏生产的全过程是由制膏、制管和灌装三个工序组成，其中制膏是牙膏生产的关键工序。牙膏是一种复杂的混合物，它是一种将粉质摩擦剂分散于胶性凝胶中的悬浮体。因此，制造稳定优质的膏体，除选用合格的原料、设计合理的配方外，制膏工艺及制膏设备也是极为重要的条件。工艺路线的正确与否、设备均化、分散能力的高低，都对膏体的最终质量产生影响。根据溶胶制法上的不同，牙膏的生产工艺分为湿法溶胶制膏工艺和干法溶胶制膏工艺两种。

第一节　湿法溶胶制膏工艺

湿法溶胶制膏工艺是目前国内外普遍采用的一种工艺路线，包括常压法和真空法两种，其工艺过程分述于下。

一、常压法制膏工艺

我国牙膏行业多年来主要采用常压法制膏工艺，由制胶、捏合、研磨、真空脱气等工序组成，其工艺流程和设备流程如图 19-1 和图 19-2 所示。

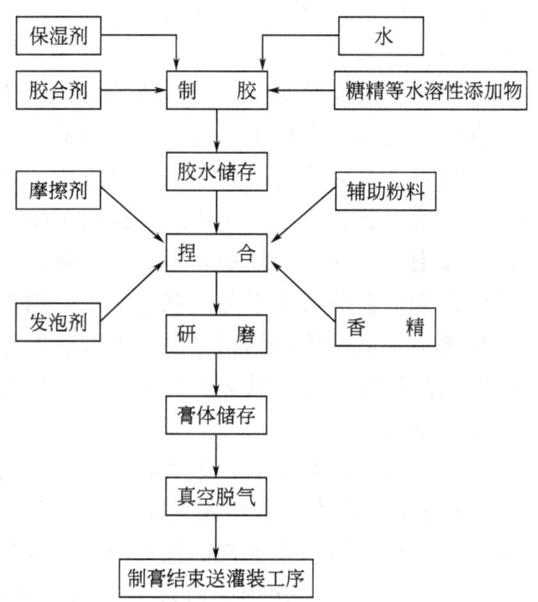

图 19-1　常压湿法溶胶制膏工艺流程示意图

(1) 制胶　制胶为制膏的头道工序。由于胶合剂 CMC、羟乙基纤维素等遇水即膨胀黏结，表面遇水结成胶团后，中间包覆的干胶合剂粉粒很难进一步溶解均匀。因此，首先将保湿剂吸入制胶锅中，利用胶合剂在保湿剂中的分散性，打胶水底子，然后在高速搅拌下加入水、糖精及其他水溶性添加物（如使用液状发泡剂也在此时加入），胶合剂遇水迅速溶胀成为胶体，继续搅拌，待胶水均匀、透明无粉粒为止，打入胶水储锅备用。

此种方法由于胶合剂粉粒加入高浓度的保湿剂中，因无溶剂化层产生，是不可能膨胀及胶溶分散为胶团的，且不会发生凝结现象，所以胶合剂粉粒能在保湿剂中得到很好的分散。

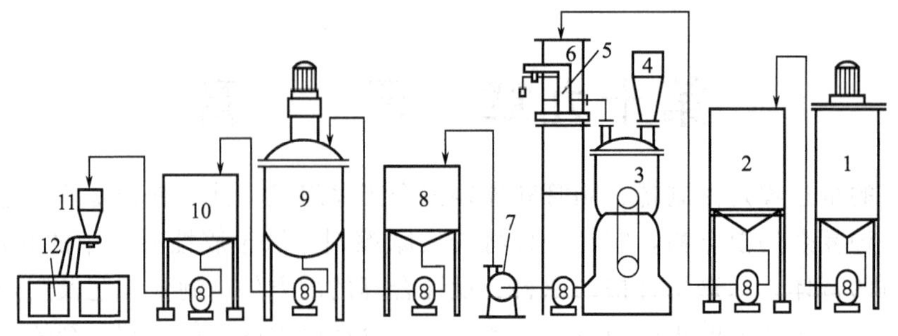

图 19-2 常压法制膏工艺设备流程图

1—制胶水釜；2—胶水储罐；3—拌膏机；4—粉料加料斗；5—磅秤；6—胶水计量桶；7—胶体磨；8—暂储罐；9—真空脱气釜；10—储膏罐；11—灌装机；12—包装机

当加入水膨胀溶胶时，均匀分散在保湿剂中的胶合剂粉粒能迅速胶溶（加热和搅拌可加速胶溶），形成均匀的溶胶。

即使如此，由于搅拌条件等方面的影响，或多或少会有部分软胶粒或包心胶团存在，胶液浑浊不清。故在制完胶水后，输入储存锅放置一段时间，使胶粒充分膨胀胶溶，使整个胶水在微粒自动位移的作用下，达到进一步的均化。储存后的胶水一般是均匀透明的。

（2）捏合　牙膏的膏体是在捏合机中，由胶水、摩擦剂、发泡剂和香精等拌和而成的。首先将胶水打入捏合机中，加入摩擦剂、粉状洗涤发泡剂和香精等，拌和均匀。拌和时间要控制适宜，时间太短膏体不均匀，时间太长打入空气太多，膏体发松，难以出料。也可将粉料放入捏合机中，在搅拌下缓缓加入液体胶水，直至形成均匀的膏体，此方法由于粉料直接放入捏合机中，开始搅拌易有粉尘飞扬，操作条件差，因此以前一种方法较好。

粉状发泡剂之所以在此时加入，是因为此时水和胶合剂胶团的结合已基本形成，发泡剂加入后仅与部分包覆水相溶，形成胶状物存在；又因后期的机械作用减少，故产生气泡的可能性也大大减少。如在前期将发泡剂加入水溶液中，即溶于液体，大大降低了溶液的界面张力，致使气泡大量产生；又因发泡剂在溶液中以分子状态存在，随着溶胶过程和拌粉过程进入膏体结构的每一部分，会显著地降低胶体的结构黏度。而液状发泡剂如在此时加入，由于发泡剂中的水在溶胶形成凝胶的过程中，极易破坏胶体的外包结构而析出于膏体的面层，影响膏体的稳定性，所以在制胶时加入。

香料的加入可在粉料之前，也可在粉料之后，如香料在粉料之前加入胶水中，由于胶合剂的作用，可完全以 O/W 型乳状粒子存在，真空脱气时损耗要小些，但对膏体的结构网可能有影响。如在粉料之后加入，它可以与因发泡剂的加入而产生的气泡接触，起到消泡剂的作用，而且基本是被胶团结合水层吸附，香气容易扩散，赋予膏体较为浓厚的香气，但易被真空脱气时抽出，损耗要大一些。总之应以膏体的稳定性为主，按照既适合配方设计而又成熟的加料次序是很重要的。

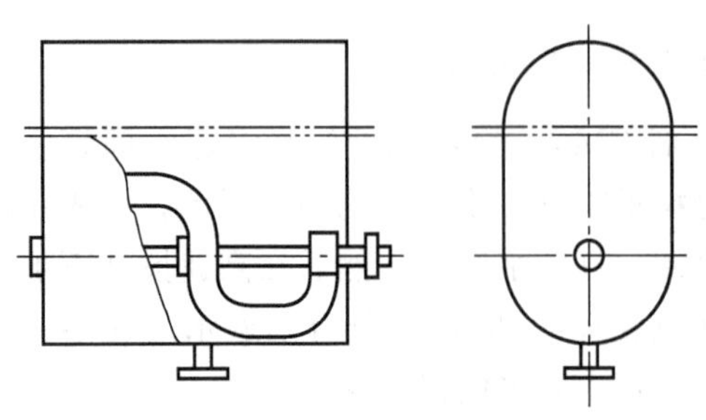

图 19-3 卧式拌膏机

目前国内通用的拌膏设备是由不锈钢制造的卧式拌膏机（见图 19-3），内装有 Z 字形搅拌器。利用 Z 字形搅拌器在常压下使胶水、摩擦剂、发泡剂和香精等混合均匀。但这种捏合机的拌和效率低，捏合后的膏体还需进一步处理。

（3）研磨　捏合后的膏体，由齿轮泵或往复泵输送到研磨机中进行研磨，在机械的剪切力作用下，使胶体或粉料的聚集团进一步均质分散，使膏体中的各种微粒达到均匀分布。设备有胶体磨机和三辊研磨机两种。三辊研磨机由于是敞口设备，易受微生物和空气中其他不洁物质污染，且易混入气泡，工作效率低，操作安全性不高，已逐渐被淘汰。现在使用较多的是胶体磨，不仅均化效率高，且由于密闭操作，不受外界环境污染，生产出的膏体光亮细腻，是较为理想的研磨设备。

经捏合、研磨后的膏体，由于溶液表面张力降低，粉料吸附带入空气及搅拌中搅入的空气，使膏体中存在较多的气泡，膏体松软。另外，由于设备条件的限制，粉料分散后虽经研磨仍不很均匀。储存可以使细微的气泡自动聚合为大气泡，减少了气泡的总表面积，有利于下一步脱气工序的进行。同时也使粉料进一步均化，黏度增大，触变性增强，膏条成型状况得以改善。所以研磨后的膏体经一段时间的储存陈化是必要的。

（4）真空脱气　如前所述，经机械作用的膏体，会有大量气泡，膏体疏松不成条。为除去空气，改善膏体的成形状况，必须采用真空脱气的方法。脱气机有真空脱气釜和离心脱气机两种。脱气后的膏体进行密度测试，密度合格后，即认为脱气完成，此时膏体光亮细腻，成条性好。经脱气后的膏体送去灌装。

（5）灌装及包装　牙膏的灌装封尾由自动灌装机来进行，有单插管、双插管和多插管等自动对光灌装机，可根据不同规格和要求，调节灌装量。铝管冷轧封尾。灌装封尾后的牙膏，由人工或自动包装机进行包装。

常压法制膏工艺设备简单，且每台设备功能单一，制造及维修方便，操作易于进行。但也存在许多不足之处：①工序多，管线长，膏体输送不易进行，在调换品种时设备清洗困难，占地面积大；②分散均化效能低，各个工序分别独立操作，优点不能相互利用，缺点不能相互消除，膏体虽经较长的生产流程，但却得不到很好的机械分散加工，因此不得不求助于陈储均化，延长了生产周期，生产效率低；③由于制胶、捏合等均在非真空条件下进行，必然混入大量的空气产生气泡，同时由于敞口操作易受微生物等污染，影响膏体的质量和稳定性，严重时会造成分离出水；④由于膏体在制造过程中产生大量气泡，必须在脱气机中进行脱除，在脱除空气的同时，香精也会被抽出不少，使膏体香气损失较大。

二、真空法制膏工艺

真空法制膏工艺的主要设备是多效制膏釜，习惯称作“三合一”制膏设备，是目前国际上先进的制膏设备。它不仅适用于牙膏生产，也是其他乳状化妆品生产的理想设备（参见第十三章第二节），也可用于医药、化工等行业用来制造膏状产品。近年来国内引进和研制了一批多效制膏釜，并在生产中发挥了很好的作用。

多效制膏釜的结构因制造设备的厂商和生产规模的大小而不同，但从功能和设计观点看，基本是将常压法制膏工艺中的四种设备（即制胶、捏合、研磨、脱气）集成一体，同一台设备内既有慢速锚式刮壁搅拌器和快速旋桨式（或涡轮式）搅拌器，又有竖式胶体磨（或均质机），且整个操作在真空条件下进行。各个部分相互配合、协同动作，因此具有许多优点：①它吸取了上述四种设备各自的优点，避免了它们各自的缺点，分散效率高，生产周期短；②将制膏一条线，变成了制膏一台机，占地面积小，且有利于制膏的自动化生产；③各装置的操作均在真空下进行，避免了敞口制膏设备易混入气泡和脱气不完全以及易受环境污染等缺点，制得的膏体光亮、均匀、细腻；④在非排气的静真空下加入香料，避免了香料损失，提高了膏体质量，降低了原材料损耗。因此是一种较为完善的制膏设备。

以瑞士 Fryma 公司的 VME 型制膏机（图 19-4）为例，视生产规模可采用间歇式或半连续式生产。间歇式生产时，其工艺流程如图 19-5 所示。首先将甘油吸入制膏釜内，然后加入 CMC，利用快速旋片式搅拌使其均匀分散。水和水溶性添加物在预混器中混合均匀后加入制膏釜中，搅拌发成胶水后再进粉料，同时停止快速搅拌，而开启慢速搅拌和胶体磨，其他小配料（香精、添加剂等）由活动接口加入。膏料制成后再送入储膏罐备用。也可在外面预发胶水，然后计算加入制膏釜。

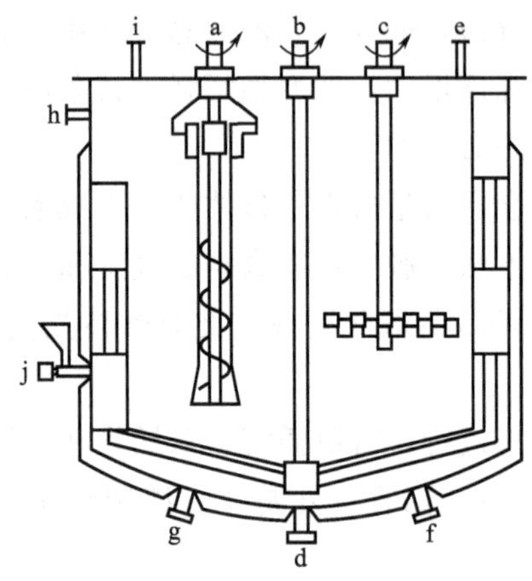

图 19-4 VME 型制膏机

a—竖式胶体磨；b—锚式刮壁搅拌器；c—旋片式搅拌器；d—出料口；e—接真空；f～i—进料口；j—香料进口

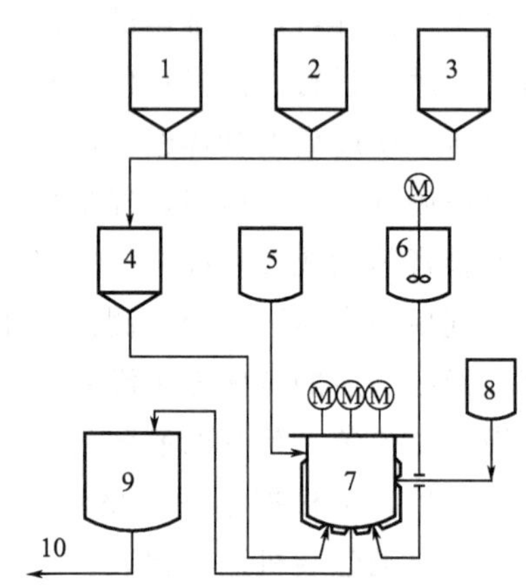

图 19-5 间歇式制膏流程图

1～3—粉料仓；4—粉料计量罐；5—甘油储罐；6—预混器；7—制膏釜；8—小量添加剂罐；9—储膏罐；10—送去灌装

半连续式制膏工艺如图 19-6 所示，整个工序由三部分组成。

（1）粉料计量及输送　数量大的粉料由气力输送至大粉料仓，大粉料设一个计量仓，粉仓至计量仓的输送由管道连接，粉仓底部星形卸料阀能自动控制卸料速度，并由经除湿处理的压缩空气吹送。CMC、糖精等小量粉料则由气力输送至小粉料仓，小粉料的计量器附在小粉仓下面，并通过换向阀分别送入预混器。

（2）液体物料　甘油、山梨醇、去离子水和液体 K_{12} 等由液体流量计直接计量。

（3）两只 VME 制膏釜交替生产，形成半连续状态，整个制膏操作由程序控制器控制生产。

生产时，水及水溶性物料进入预混器 12 中，混合均匀后吸入制膏釜中；甘油和 CMC 在预混器 13 中混合均匀后吸入制膏釜中，同时开启慢速搅拌和快速搅拌，分散在甘油中的 CMC 遇水溶胀制成胶水。然后吸入摩擦剂，开启胶体磨，研磨一定时间后，吸入 K_{12}，再研磨一定时间，关闭真空泵，在静真空下吸入香精，搅拌混合均匀后，首先停止胶体磨和快速搅拌，最后关闭慢速搅拌并开启出膏泵出料，每锅制膏时间约 80min。两只制膏釜交替使用，一只卸料时，另一只开始配料。

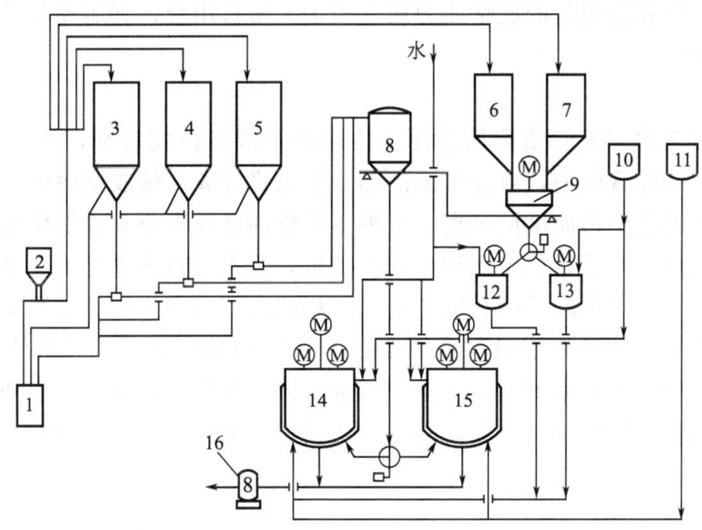

图 19-6　半连续式制膏工艺流程图

1—空压机；2—粉料斗；3～5—粉料储仓；6,7—小量粉料仓；8—粉料计量罐；9—小量粉料计量罐；10—甘油储罐；11—液体 K_{12} 储罐；12,13—预混器；14,15—制膏釜；16—出膏泵

第二节　干法溶胶制膏工艺

干法溶胶制膏工艺与湿法溶胶制膏工艺的主要差别在于胶合剂胶溶前防止干胶结团的方法不同。干法溶胶制膏工艺是把胶合剂粉料与摩擦剂粉料按配方比例预先用粉料混合设备混合均匀，在捏合设备内与水、甘油溶液一次捏合成膏，搅拌均匀后再加入香精和洗涤发泡剂。省掉了制胶水的工序，同时由于用水不溶性粉料作为分散隔离剂，防止了胶粉在胶溶过程中凝聚结块现象。与湿法溶胶制膏工艺相比，极大地缩短了生产流程，特别是由原制膏一条线改革为制膏一台机，有利于生产的自动化、连续化。但干法溶胶制膏工艺需要细度在 50μm 的胶合剂粉料以及高效能的粉料混合设备和制膏设备，因而其发展受到一定限制。

采用上述方法制成的膏体，还会存在一些不均匀的块粒，同时膏体中还会混入一定量的空气，所以必须经过研磨和脱气，才能制得细致光滑的膏体。

第三节　牙膏的质量控制

1. 加料次序

甘油吸水性很强，能从空气中吸收水分，因此当 CMC 在甘油中分散均匀后应立即溶解于配方规定的全部水（或水溶液）中为好，以避免放置时间过长因吸潮而变浓甚至结块，且甘油胶一次加入水内，可避免因分散剂不足或搅拌分散力差而造成胶团凝聚结层。十二醇硫酸钠（K12）一般在捏合时加入粉剂较为合适，并能减少制胶过程中产生大量泡沫。此外，CMC 是高分子化合物，溶液具有高黏度，不易扩散，所以胶基发好后必须存放一定时间。

2. 离浆现象

离浆现象即牙膏生产中常见的脱壳现象。即由于胶团之间的相互吸力和结合的增强，逐渐将牙膏胶体网状结构中的包覆水排挤出膏体外，使膏体微微分出水分，失去与牙膏管壁或生产设备壁面的黏附现象（即称脱壳现象）。如能根据胶合剂的黏度调整其用量，降低胶团在膏体中的浓度，缓和胶团间的凝结能力或适当加大粉料用量，利用粉料的骨架作用，都可减缓离浆现象的发生。

3. 解胶现象

解胶现象是由于化学反应或酶的作用，使膏体全部失掉胶合剂，固、液相之间严重分离，不仅将包覆水排除膏体外，就连牢固的结合水也将分离，使胶团解体，胶液变为无黏度的水溶液，粉料因无支垫物而沉淀分离。这种不正常的解胶现象无论发生的急缓，其后果均严重影响牙膏的质量。为尽量杜绝此种现象的发生，当发现亲水胶体浓度增加时，粉质摩擦剂的用量就必须减少；亲水胶体的黏度越高，粉料的需要量则少；甘油用量增加时，水分应该减少并增添稳定剂，甘油浓度过高会引起亲水胶体的黏度减弱，甚至使有些亲水胶体沉淀；如果加入洗涤发泡剂的量太多，就会使亲水胶体水溶液的黏度显著下降。因此在牙膏生产中应根据每批原料的性能及其相互间的关系适当进行配方和操作的调整，以保证制膏的正常生产。

4. 物料之间的配伍性

在制膏过程中，除了考虑物料的扩散性外，还必须考虑物料之间的相互作用。如氯化锶是脱敏型药物牙膏的常用药，它极易与十二醇硫酸钠起反应，生成十二醇硫酸锶和硫酸锶白色沉淀，从而使泡沫完全消失。又如加酶牙膏中不宜用 CMC 作胶合剂，因酶会破坏 CMC 胶体。故在配方设计时，就应避免这类现象的发生。

5. 膏体的触变性

牙膏膏体是以胶合剂与水组成的网状结构为主体，结合、吸附和包覆了其他溶液、悬浮体、乳状体、气泡等微粒而组成，具有典型的胶体特征。胶体的网状结构对膏体的稳定是关键。影响网状结构的主要原料是胶合剂，由于胶合剂分子定向的特征（即双亲性质），亲水基团都伸入水中，形成结合水层，胶团的性质变化与结合水层有关。

胶体粒子的网状结构与包覆物的关系非常密切，在胶体网的空腔内，包覆水及粉粒等形成网状的骨架。当胶合剂、水溶液、粉料配比适当时，即出现胶体特有的触变性。触变性是由胶体的结构黏度而来。结构黏度的结构网在加压或加热时被破坏，黏度下降；但静止一段时间或温度下降后，结构网又复原，黏度恢复正常，此即膏体的触变性。

触变性为正常膏体的特征，牙膏膏体失掉了触变性，就标志着膏体将要分离出水而变稠难挤。触变性的保持，首要一点是结构网的组成部分应具有在结构破坏后当破坏力消除时有迅速复原的能力，以及易于松散的结构条件。在牙膏的制作及使用中，触变现象可以使膏体经得起机械加工和使膏体从软管中顺利挤出。由于膏体的触变性，静置后膏体的结构黏度逐渐增大，管体得到支撑而挺直端正。又如刚挤出的膏体极易黏附在牙刷上，亦是触变现象。

在牙膏生产过程中，必须留意观察膏体受一定限度的外力影响时，它的弹性、黏度和可塑性等的变化。只要注意每一工序膏体的触变现象，就可以判断膏体的质量并作必要的预防。研磨完毕的膏体静置数分钟后，由于受研磨的影响而软化的膏料复转变为凝胶，这时如果用手指在膏体表面划 0.5～1cm 的槽，该槽若在适当的时间内保持其形状不变，表明膏体正常。太稀薄无弹性的膏体，没有正常的触变现象，静置后不会成凝胶状态，以手指在表面划槽会立即被浸没。如果触变现象正常，膏体的胶凝成形是没有困难的。

6. 膏体的黏度

黏度是膏体的主要特性指标，具体的表现为膏体的触变性、流动性、扩散性、附着性等。实践表明，采用高黏度的亲水胶体，在较高的浓度时，加入较多的粉质摩擦剂，就不能吸收到需要的水分，会使膏体十分稠厚。反之，低黏度的亲水胶体，即使在较高的浓度时，还能容受较多量的粉质摩擦剂的加入。

将牙膏从软管中挤出一条于易吸水的纸条上以检查其弹性、黏度和可塑性等。管内膏料受到手指轻微的压力时即应润滑地从管口挤出来，挤出的膏条必须细致光滑，按管口的大小成圆柱形，并应保持这一形状至适当的时间，膏条放置一段时间，表面不应很快的干燥，水分不应很快渗入纸条，膏条应黏附在纸面上，即使纸条倾斜也不应该落下，这些都是膏体正常的现象。

7. 腐蚀现象

牙膏是多种无机盐混合含水的胶状悬浮乳化体，装牙膏的软管如为铝制品，当膏体与之接触，铝表面与膏体界面会发生化学腐蚀和电化学腐蚀，解决减缓腐蚀的途径一是在铝管内壁喷涂防腐层，使铝管表面与膏体隔离；二是在膏体中加入缓蚀剂，如正磷酸盐、硅酸盐、铝酸盐等。常采用在牙膏配方中加入 0.2%～0.5% 焦磷酸钠（pH<9.0）的方法来缓解膏体对铝管的腐蚀问题。如果用去离子水溶解焦磷酸钠，不仅溶解完全，而且部分焦磷酸钠会变成磷酸二氢钠存在于膏体中，使缓蚀效果更佳。如采用塑料软管包装则不存在腐蚀问题。

第二十章　化妆品生产用水

水在化妆品生产中是使用最广泛、最价廉、最丰富的原料。水具有很好的溶解性，也是一种重要的润肤物质。在香波、浴液、各种膏霜和乳液等大多数化妆品中，都含有大量的水，水在这些化妆品中起着重要的作用。化妆品生产用水的质量直接影响到化妆品生产过程和最终产品的质量。

第一节　化妆品生产用水的要求

大多数化妆品厂的水源都是城市给水系统的自来水。城市给水处理以水中悬浮物为主要对象，以满足生活饮用水标准为目的。而工业给水处理则根据工业生产工艺、产品质量、设备材料对水质的要求来决定处理工艺。对生活饮用水的水质基本要求如下。

① 流行病学上安全。水中不含病原细菌、病毒、寄生虫卵等，没有传播传染病的危险。

② 病理学上可靠。水中不含有生物毒性的物质，或者有毒物质的浓度在近期或长期饮用不会产生损害或不良影响。

③ 生理学上有益无害。水质成分或化学组成适合人体生理需要，有必要的营养成分而不会引起损害或不良影响。

④ 感官上良好。水的外观和物理特性不会使人有不愉快的感觉，没有臭味。

⑤ 使用上方便。水质在日常使用的功能上不产生有害的作用，例如，硬度高不利于洗涤，含铁会在用具上生锈斑等。

目前，我国颁布的《生活饮用水卫生标准》（GB 5749—2022）中规定水质标准如表20-1所列。

表 20-1　生活饮用水水质常规指标及限值

指　标	限　值
1. 微生物指标	
总大肠菌群/(MPN/100mL 或 CFU/100mL)	不得检出
大肠埃希氏菌/(MPN/100mL 或 CFU/100mL)	不得检出
菌落总数/(CFU/mL)	100
2. 毒理指标	
砷/(mg/L)	0.01
镉/(mg/L)	0.005
铬(六价)/(mg/L)	0.05
铅/(mg/L)	0.01
汞/(mg/L)	0.001
氰化物/(mg/L)	0.05
氟化物/(mg/L)	1.0
硝酸盐(以 N 计)/(mg/L)	10

续表

指 标	限 值
2.毒理指标	
三氯甲烷/(mg/L)	0.06
一氯二溴甲烷/(mg/L)	0.1
二氯二溴甲烷/(mg/L)	0.06
三溴甲烷/(mg/L)	0.1
三卤甲烷(三氯甲烷、一氯二溴甲烷、二氯二溴甲烷、三溴甲烷的总和)	该化合物中各种化合物的实测浓度与其各自限值的比值之和不超过1
二氯乙酸/(mg/L)	0.05
三氯乙酸	0.1
溴酸盐/(mg/L)	0.01
亚氯酸盐/(mg/L)	0.7
氯酸盐/(mg/L)	0.7
3.感官性状和一般化学指标	
色度(铂钴色度单位)/度	15
浑浊度(散射浑浊度单位)/NTU	1
臭和味	无异臭、异味
肉眼可见物	无
pH值	不小于6.5且不大于8.5
铝/(mg/L)	0.2
铁/(mg/L)	0.3
锰/(mg/L)	0.1
铜/(mg/L)	1.0
锌/(mg/L)	1.0
氯化物/(mg/L)	250
硫酸盐/(mg/L)	250
溶解性总固体/(mg/L)	1000
总硬度(以 $CaCO_3$ 计)/(mg/L)	450
高锰酸盐指数(以 O_2 计)/(mg/L)	3
挥发酚类(以苯酚计)/(mg/L)	0.002
4.放射性指标	
总 α 放射性/(Bq/L)	0.5(指导值)
总 β 放射性/(Bq/L)	1(指导值)

由于自来水由水处理厂输送到用户，需经过一系列的管道、阀门或加压站，水又是活性较强的溶剂，用户的进水不可避免地会受到污染，特别是年久失修的供水系统，这些污染物的存在应特别加以注意。到达工厂的进水水源的沾污程度与水源、工厂处理过程的特性和净化程度、输送系统的状况有关。国家和城市都有专门的监测部门监管自来水的质量。

一般农村水源不同程度含有下列无机离子：钙、镁、钠、钾、碳酸氢盐、硫酸盐、氯化物和硅酸盐。此外，水中还可能含有可检出量的有机物：腐殖酸、灰黄霉酸（由腐败天然植物产生的碳水化合物）、氨基酸、碳水化合物和蛋白质（由腐败树叶产生）、高分子量的烷基和烯基化合物（由藻类产生），还可能有痕量有机硫化合物（来自污水流）。

城市地区水的污染物更多，无机物中还发现氨、磷酸盐、砷酸盐、硼酸盐、铬、锌、铍、镉、铜、钴、镍、铁和锰。有机污染物还有汽油、氯代烃类溶剂、痕量表面活性剂如十二烷基苯磺酸钠。然而，无论何处的水源，几乎都含细菌、病毒、霉菌和酵母等。

现今，即使污染较少的农村水源也不适用于生活用水，都必须经过水厂的处理才能供给用户。自来水厂纯化水只是生产日常生活的饮用水，外观清晰、没有气味，不含有危害人体健康的物质，可供饮用。达到这个标准的水，不含有悬浮固体、腐殖酸和活的微生物等，但仍然含有较多可溶性的盐类和一些饮用时无气味的气体。显然，生活饮用水（表 20-1）直接用作生产用水是不能满足各种工艺用水要求的，需要在此基础上进一步纯化。

为了满足化妆品高稳定性和良好使用性能的要求，对化妆品生产用水有两方面的要求，包括无机离子的浓度和微生物的污染。

1. 无机离子浓度

经过初步纯化的水源仍然含有钠、钙、镁和钾盐，还有重金属汞、镉、锌和铬，以及流经供水管夹带的铁和其他物质。到达用户的自来水水质比水厂出口要差。这些杂质对化妆品生产有很多不良的影响。

在制造古龙水、须后水和化妆水等含水量较高的产品时，痕量的钙、镁、铁和铝能慢慢地形成一些不溶性的残留物，更严重的是一些溶解度较小的香精化合物会共沉淀出来。在液洗类化妆品生产中，水中钙、镁离子会和表面活性剂作用生成钙、镁皂，影响制品的透明性和稳定性。此外，一些酚类化合物，如抗氧化剂、紫外线吸收剂和防腐剂等可能会与痕量金属离子反应形成有色化合物，甚至使之失效。对不饱和化合物有时成为自动氧化的催化剂，加速酸败。又如，去头屑剂吡啶硫酮锌（ZPT）遇铁会变色，一些具有生物活性的物质遇到痕量重金属可能会失活。水中矿物质的存在构成微生物的营养源，普通自来水中所含杂质几乎已能供给多数微生物所需的微量元素，因此采用去离子水可减少微生物的生长和繁殖。

在乳化工艺中，大量的无机离子，如镁、锌的存在会干扰某些表面活性剂体系的静电荷平衡，引起原来稳定的产品发生分离。有时，在水相中这些离子浓度的变化会引起产物黏度的变化，例如，在香波和其他含表面活性剂的产品中，尽管表面活性剂也含有质量分数为1%～2%的无机盐，但水中含盐量变化也会影响到黏度的变化。为确保产品工艺和产品最终质量的稳定性，化妆品生产用水需要进一步纯化，除去盐分（即去离子），即使有些原料也含有盐分，也需要使用纯水，确保生产工艺的稳定性。一般纯水（即去离子水或深度除盐水）除了去掉强电解质外，还要除去大部分二氧化硅、二氧化碳等弱电解质，使含盐量降到1.0mg/L 以下，电导率降低到 1～10μS/cm（20℃，或电阻率 0.1～1MΩ·cm）。大多数化妆品对去离子水要求达到一般纯水的水平。

2. 微生物的污染

化妆品生产用水的另一要求是不含或尽量少含微生物。《化妆品安全技术规范》（2015 版）规定：一般化妆品细菌总数不得大于 1000CFU/mL 或 1000CFU/g；眼部化妆品、口唇化妆品和儿童化妆品细菌总数不得大于 500CFU/mL 或 500CFU/g。化妆品中霉菌和酵母菌总数不得大于100CFU/mL或100CFU/g，而耐热大肠菌群、金黄色葡萄球菌和铜绿假单胞菌均不得检出。微生物在化妆品中会繁殖，结果使产品腐败，产生不愉快气味，产品发生分离，对消费者也会造成伤害。任何含水的化妆品都可能滋长细菌，而且，最常见的细菌来源可能是水本身，因此，现代化妆品工厂必须使用没有微生物沾污的生产用水（主要是原料用水），而且，从经济成本方面考虑也容易做到。

一般来说，由于微生物在静态或停滞不流动的水中繁殖最快，所以，来自水厂的水沾染程度变化很大，从水厂到使用者，水的污染程度不仅决定于水厂出口的质量，而且，与管线状况和使用频度有关。

生活饮用水菌落总数不大于100CFU/mL，总大肠菌群、耐热大肠菌群、大肠埃希氏菌不得检出，因此，必须进行除菌或灭菌才可作为化妆品生产用水。

化妆品厂除原料用水和工艺用水外，还有锅炉用水和冷却用水。锅炉用水首先对水硬度有严格的要求，其次是溶解氧，否则，会造成设备腐蚀，油脂则会产生泡沫和促进沉垢。一般锅炉用水应用软化水只是降低硬度，其总含盐量不变或降低不多，即水中非硬度盐类的各种强电解质都去除到一定程度，其含盐量1～5mg/L，电导率10～60μS/cm（20℃，或电阻率1～10μΩ·cm）。

冷却用水是用作冷却介质的水。对冷却水水质的基本要求是：温度尽可能低，而不随气候剧烈变化，不产生水垢、泥垢等堵塞管路现象，对金属无腐蚀性，不繁殖微生物和生物。一般要求浑浊度较低，碳酸盐硬度50～100mg/L较为合适，它主要考虑的是水垢、腐蚀和微生物生长等问题。

第二节　水质预处理

水质预处理的作用是把相当于生活饮用水质的进水，处理到后续处理装置允许的进水水质指标，其处理对象主要是机械杂质、胶体、微生物、有机物和活性氯等。水质预处理的好坏直接影响进一步纯化工艺，如电渗析、反渗透和离子交换等主要工艺技术经济效果和长期运行的安全。

一、水处理装置的进水水质指标

1. 离子交换和膜分离装置允许的进水水质指标

不论地面水源或工业用水、自来水，还是接近饮用水水质指标的地下水，一般均不能满足离子交换、电渗析和反渗透装置进水的要求，应进行预处理。各类装置所允许进水水质指标见表20-2。

表20-2　离子交换和膜分离允许进水水质指标

项　目	离子交换	电　渗　析	反　渗　透	
			卷式膜（醋酸纤维素系）	中空纤维膜（聚酰胺系）
浊度/度	逆流再生<2 顺流再生<5	1～3 一般<2	<0.5	<0.3
色度/度	<5	—	清	清
污染指数FI值	—	—	3～5	<3
pH值	—	—	4～7	4～11

续表

项 目	离子交换	电 渗 析	反 渗 透	
			卷式膜（醋酸纤维素系）	中空纤维膜（聚酰胺系）
水温/℃	<40	5～40	15～35	15～35(降压后最大为 40)
化学耗氧量(以 O_2 计)/(mg/L)	<2～3	<3	<1.5	<1.5
游离氯含量/(mg/L)	宜<0.1	<0.1	0.2～1.0	0
铁含量(总铁计)/(mg/L)	<0.3	<0.3	<0.05	<0.05
锰含量/(mg/L)	<0.1	—	—	—
铝含量/(mg/L)	—	—	<0.05	<0.05
表面活性剂含量/(mg/L)	—	<0.5	检不出	检不出
洗涤剂、油分、H_2S 等	—	—	检不出	检不出
硫酸钙溶度积	—	—	浓水<19×10^{-5}	浓水<19×10^{-5}
沉淀离子(SiO_2^{2-},Ba^{2+} 等)	—	—	浓水不发生沉淀	浓水不发生沉淀

注：污染指数 FI 值代表在一定压力下和规定时间内，微孔滤膜通过一定水量的阻塞率。

2. 对离子交换树脂有影响的水中有害成分

(1) 悬浮物　水处理过程未除净的泥沙、黏土、氢氧化铁（或铝）的絮凝体、藻类和微生物等，使水呈黄或褐色，或绿色并附着在离子交换树脂的表面，降低交换容量，堵塞树脂层孔隙，引起压力损失增加；而当反冲不良时，污物可深入内部，使交换剂结块造成偏流，恶化出水水质。

(2) 有机物　油脂、含氮化合物、有机胺腐殖酸、灰黄霉酸、有机铁和微生物等，它们污染树脂，使其交换量下降，水质恶化，堵塞树脂孔隙，造成树脂结块。

(3) 活性氯　使阳离子交换树脂氧化分解，长链断裂，引起树脂不可逆膨胀，结构破裂。

(4) 铁、锰离子　这些离子与空气接触，氧化并生成絮状氢氧化物，增加悬浮物数量，堵塞树脂孔和空隙，压降增大。

3. 对电渗析有影响的水中有害成分

(1) 悬浮物　水中夹带砂粒和悬浮物对水流通道和空隙产生堵塞现象，水流阻力不均匀，会使浓水室和淡水室水压不相等，严重时会使膜面破裂，膜的机械性能受损。悬浮物黏附在膜面上，成为离子迁移障碍，促使电阻增加，水质恶化。水中细菌附在膜表面，也影响水质。

(2) 有机物　带极性的有机物被膜吸附后，会改变膜的极性，并使膜的选择透过性降低，膜电阻增加。

(3) 高价金属离子和游离氯　高价金属离子（如钛、锰）会使离子交换膜中毒；游离氯使阳膜产生氧化，进水硬度高时会导致极化和沉淀结垢。

故进入电渗析器的水的处理主要对象是天然水中的悬浮物质和胶体物质，其中包括无机物质、有机物质和细菌等。

4. 对反渗透有影响的水中有害成分和影响因素

反渗透装置进水的预处理必须包括除去微粒、胶体物质以确保污染指数 FI 值小于 3～

5，并脱氯，除去结垢物质，控制 pH 值和水温。

(1) 悬浮物和胶体有机物　这些物质很容易堵塞反渗透膜，使透水率下降，脱盐率降低。

(2) 游离氯　游离氯是氧化剂，会使聚酰胺膜性能恶化，可用活性炭吸附或加注还原剂使氯还原到要求的指标值以下。

(3) pH 值控制　控制 pH 值的目的主要是防止碳酸钙（$CaCO_3$）析出而形成水垢，堵塞孔隙。一般添加硫酸或盐酸使进水 pH 值保持在一定范围内。

(4) 水温　膜的透水量随水温的提高而增加，一般宜把温度控制在 15～35℃。

(5) 铁、锰和铝等金属氧化物　铁、锰和铝等金属氧化物在膜表面形成氢氧化物胶体，产生沉积现象。

(6) 硫酸根、二氧化硅　硫酸根、二氧化硅这些物质含量大时，易产生沉淀（$CaSO_4$ 和 SiO_2），堵塞渗透膜。

(7) 微生物　微生物繁殖会污染膜并恶化水质。

二、机械杂质的去除

机械杂质的去除方法包括电凝聚、砂过滤和微孔过滤，其中砂过滤和微孔过滤较适合于化妆品用水的预处理。

1. 砂过滤

砂过滤是使水通过砂粒构成的滤层进行过滤，使机械杂质被阻隔在下砂层上，当积聚到一定程度时，进行反冲除去，这可反复使用。砂过滤能将大于 10μm 的悬浮物去除。可采用均匀滤料，粒径为 0.5～0.53mm 的石英砂作滤料，厚度 600～700mm。承托层如表 20-3 所示。

表 20-3　砂过滤细滤料承托层的组成

层次(由上而下)	粒径/mm	厚度/mm	层次(由上而下)	粒径/mm	厚度/mm
1	2～4	100	3	6～15	100
2	4～6	100	4	15～25	100

多层滤料有更大的截污量和适应能力，过滤承托层上装有六层滤料，总高度为 1200mm，从上至下为：

硬度胶粒	$d\approx5$mm	石榴石	$d\approx0.3$～0.5mm
无烟煤	$d\approx2$～3mm	石榴石	$d\approx2$～3mm
石英砂	$d\approx0.5$～1mm	砾石	$d\approx10$mm

最下部以砾石为承托层，五层滤料有良好的级配及密度差，能滤除大于 10μm 的悬浮物。经过砂过滤后，浊度可降到 1～2 度。

2. 微孔过滤

经过砂过滤后，能够除去很小的胶体颗粒，使水浊度达到 1 度左右，但每毫升中仍有几十万个粒径约为 1～5μm 的颗粒，微孔或粉末滤料和孔径很小的滤膜可以去除这种微细颗粒。表 20-4 列出部分微孔过滤材料的适用范围。

表 20-4 微孔过滤材料的适用范围

项 目	去除微粒最小粒径/μm	项 目	去除微粒最小粒径/μm
天然及合成纤维布	100～10	玻璃纤维纸	8～0.03
一般网过滤	10000～10	烧结陶瓷(或烧结塑料)	100～1
金属丝微细编织网	100～5	覆盖过滤	10～0.3
尼龙编织网滤芯	75～1	微孔过滤	5～0.2
纤维纸	30～3	凝聚过滤	100～2
泡沫塑料	10～1		

微孔过滤器包括滤布过滤器（图 20-1）、烧结式滤芯过滤器（图 20-2）和蜂房式滤芯过滤器（图 20-3）。

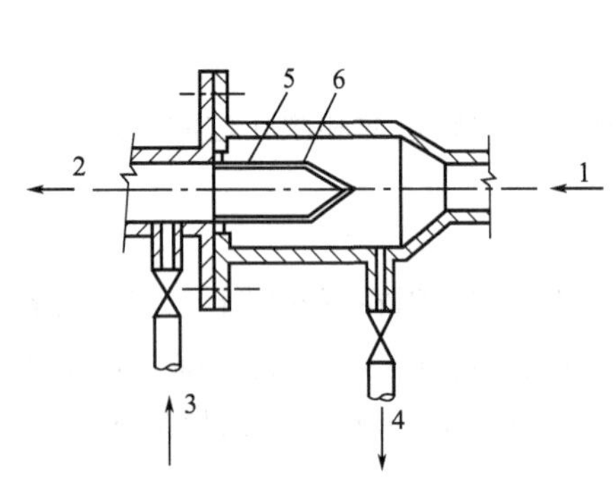

图 20-1 滤布过滤器

1—进水口；2—出水口；3—反冲洗进水口；4—反冲洗排水口；5—多孔管；6—包在多孔管外面的滤布

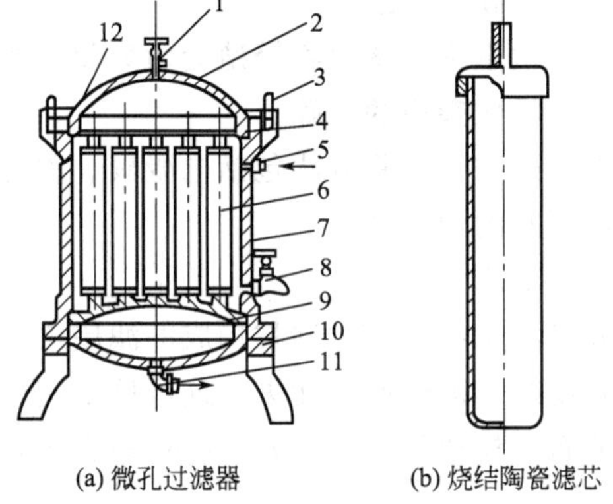

图 20-2 微孔过滤器和烧结陶瓷滤芯

1—放气阀门；2—上盖；3—紧固螺栓；4—上箅子；5—入水口；6—滤棒；7—过滤器本体；8—排污嘴；9—下箅子；10—下盖；11—出水口；12—封闭胶圈

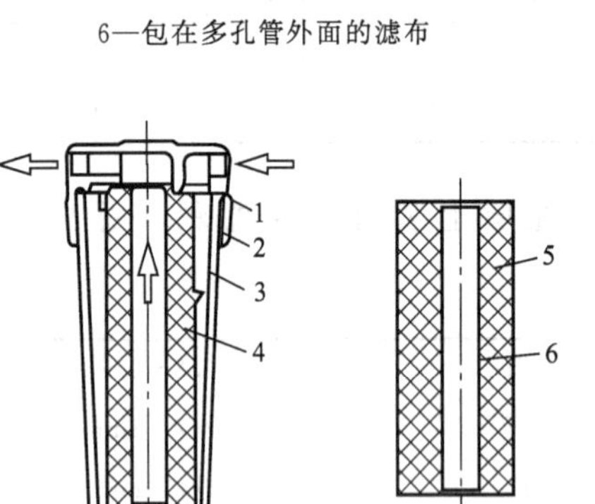

图 20-3 蜂房式滤芯过滤器和滤芯

1—O 形密封圈；2—盖；3—筒体；4—滤芯；5—滤层；6—骨架

滤布过滤器可除去大于 80μm 的杂质，一般用于进水口的第一步预处理，可除去较粗的机械杂质，减轻后续处理设备的负担。

烧结式滤芯过滤器的微孔孔径一般小于 2.5μm，孔隙率为 47%～52%，滤芯厚度 6～10mm，一般适用于工作压力 0.3MPa 以下的工况，处理水量可根据滤芯数量调节。

蜂房式滤芯是一种效率高、阻力小的深层过滤元件。适用于对含悬浮杂质较低（例如，浊度小于 2～5 度）的水进一步净化。其微孔孔径分为 1μm、5μm、10μm、20μm、30μm、50μm、75μm、100μm 八个等级，外形尺寸一般为 $R65\times250$mm。工作压力为 0.1～0.25MPa，单个滤芯透水量 1.5～6m^3/h。颗粒的截留率较高。蜂房式过滤器具有体积小、过滤面积大、阻力小，滤渣负荷能力高和使用寿命长等优点。在一般条件下，可以经反冲洗后重复使用，所以，在预处理中得到较广泛的应用。

三、水中有机物的去除

水中有机物的性质不同，去除的手段也各异。悬浮状和胶体状的有机物在过滤时可除去60%～80%腐殖酸类物质。对所剩的20%～40%有机物（尤其是其中1～2mm的颗粒）需采用吸附剂（器），如活性炭、氯型有机物清除器、吸附树脂等方法予以除去，活性炭吸附应用较普遍。最后残留的极少量胶体有机物和部分可溶性有机物可在除盐系统中采用超滤、反渗透或复床中用大孔树脂予以除去。

活性炭吸附法去除有机物的方法应用范围广，处理效果好，占地面积小，工作可靠，管理方便，吸附剂可以再生。可单独做成重力或压力式吸附柱，也可与石英砂组成吸附滤池。

活性炭吸附法是利用多孔性固体物质，使水中一种或多种有害物质被吸附在固体表面而去除的方法，如除去水中有机物、胶体粒子、微生物、余氯、臭味等。常用粒状活性炭，粒径为20～40目，比表面500～1000m^2/g。活性炭除余氯的效率更高，可达100%，此外，活性炭还可除去部分胶体硅和铁。活性炭吸附法在纯水制备预处理过程中应用很广泛。

四、水中铁、锰的去除

进入脱盐系统中的水含有少量铁或经管网输送的铁锈产生的铁，应在预处理中进一步除去。砂过滤、微孔过滤和活性炭吸附都可除去部分铁和锰。二价的铁和锰化合物溶解度较大，如将其氧化成3价铁和4价锰，成为溶解度较小的氢氧化物或氧化物沉淀，可进行分离。常用的氧化方法有曝气法、氯氧化法和锰砂接触过滤法。以自来水为进水的除铁和锰的方法选用锰砂接触过滤法较为方便。

锰矿是绿砂或人造沸石用硫酸锰、氯化锰与高锰酸钾溶液交替反复处理后所得到的锰沸石等，其分子式大致为$K_2Z \cdot MnO \cdot Mn_2O_7$，其中$K_2Z$为沸石基体。水中铁与锰沸石可发生如下反应：

$$K_2Z \cdot MnO \cdot Mn_2O_7 + 4Fe(HCO_3)_2 \longrightarrow K_2Z + 3MnO_2 + 2Fe_2O_3 + 8CO_2 + 4H_2O$$

而用高锰酸钾进行再生的反应是：

$$MnZ + 2KMnO_4 \longrightarrow K_2Z \cdot MnO \cdot Mn_2O_7$$

锰也被氧化成不溶于水的$MnO_2 \cdot MnO$或MnO_2而被除去。进水的铁含量10×10^{-6}以下时，一般说来，用锰沸石除铁是有效的。实际上含铁量为$(2\sim3)\times10^{-6}$时得到的效果最好。一般用这种方法处理的水，含铁量在$(0.2\sim0.3)\times10^{-6}$左右。采用这种方法时必须注意的是进水的pH值不能太低，而且不能含有H_2S。

第三节　离子交换水质除盐

为了进一步除盐纯化进水，有效的方法有离子交换、电渗析、反渗透和蒸馏法。目前，食品工业、制药工业和化妆品工业最常用的方法是离子交换和反渗透法。

离子交换技术可应用于水质软化、水质除盐、高纯水制取等方面。在离子交换水质除盐时，水中各种无机盐电离生成的阳、阴离子，经过H型阳离子交换剂层时，水中的阳离子被氢离子所取代，经过OH型阴离子交换剂层时，水中的阴离子被羟基离子所取代，进入水中的氢离子与羟基离子组成水分子；或者在经过混合离子交换剂层时，阳、阴离子几乎同时被氢离子和羟基离子所取代生成水分子。从而，取得去除水中无机盐的效果。以氯化钠（NaCl）为例，水质除盐的基本反应可以用下列方程式表达。

交换：

$$RH+NaCl \longrightarrow RNa+HCl \quad 阳离子树脂层$$

$$ROH+HCl \longrightarrow RCl+H_2O \quad 阴离子树脂层$$

或

$$RH+ROH+NaCl \longrightarrow RNa+RCl+H_2O \quad 混合树脂层$$

式中，RH 代表 H 型阳离子交换树脂；ROH 代表 OH 型阴离子交换树脂。

再生：

$$RNa+HCl \longrightarrow RH+NaCl$$

$$RCl+NaOH \longrightarrow ROH+NaCl$$

通过离子交换可较彻底地除去水中的无机盐。混合床离子交换可制取纯度较高的高纯水，目前，它是在水质除盐与高纯水制取中常用的水处理工艺，现已有成套离子交换水处理系统出售。

离子交换树脂的交换量是有限的，因而，对进水的水质有一定的要求（表 20-2）。一级复床除盐系统（即阳、阴两种离子交换柱串联）适用的进水总盐量不超过 500mg/L。超过这个进水水质范围的可采用药剂软化、电渗析、反渗透等水处理技术，作为预除盐的手段与离子交换组成联合工艺，以扩大应用范围。

第四节 膜分离纯水制备

给水处理中最常用的膜分离方法有电渗析、反渗透、超过滤和微孔膜过滤等。电渗析是利用离子交换膜对阴、阳离子的选择透过性，以直流电场为推动力的膜分离方法。而反渗透、超过滤和微孔膜过滤则是以压力为推动力的膜分离方法。常用的膜分离方法，其分离粒子的大小范围见图 20-4。

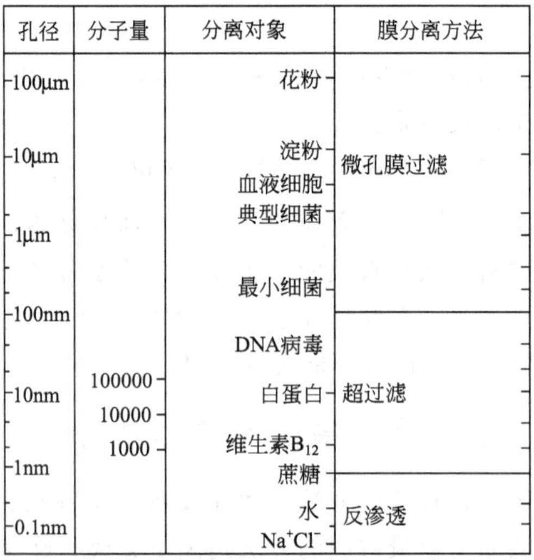

孔径	分子量	分离对象	膜分离方法
100μm		花粉	微孔膜过滤
10μm		淀粉	
		血液细胞	
		典型细菌	
1μm			
		最小细菌	
100nm			
		DNA病毒	超过滤
10nm	100000	白蛋白	
	10000		
	1000	维生素B_{12}	
1nm		蔗糖	
		水	反渗透
0.1nm		Na^+Cl^-	

图 20-4 几种膜分离方法分离粒子的大小范围

膜分离方法具有无相态变化、分离时节省能源、可连续操作等优点。可根据分离对象选择分离性能最合适的膜和组件，为充分发挥膜分离技术的效益，在运转操作中，应使膜在规定范围内工作。

反渗透和电渗析在给水处理中主要应用在初级除盐和海水淡化中。水中大部分含盐量先通过电渗析或反渗透法除去，然后，再进行离子交换，使整个水处理系统有良好的适应性，操作稳定，而且较为经济合理。微孔膜过滤可除去悬浮物（胶体、细菌）等各种微粒。超过滤主要用来除去水中的大分子和胶体。

一、电渗析

电渗析（ED）脱盐是在图 20-5 装置中进行的。当含盐水通过电渗透器时，在通入直流电的情况下，水中阳离子和阴离子各自会作定向迁移，阳离子向负极迁移，阴离子向正极迁移。由于离子交换膜具有的选择透过性，如图 20-5 中淡水室的阴离子向正极迁移，透过阴离子交换膜（简称阴膜）进入浓水室，浓水室内的阴离子，虽可向正极迁移，但由于不能透过阳离子交换膜（简称阳膜）而留在浓水室内。同样，在淡水室中的阳离子向负极迁移，并通过阳膜进入浓水室，浓水室中阳离子不能透过阴膜而留在浓水室。在含盐水分别并流通过电透析器的淡水室和浓水室时，浓水室内因阳、阴离子不断进入而浓度增高；淡水室因阳、阴离子不断移出使浓度降低而获得淡水。这样，通过隔板边缘特设孔道分别汇集起来形成浓、淡水系统，至此达到脱盐的目的。

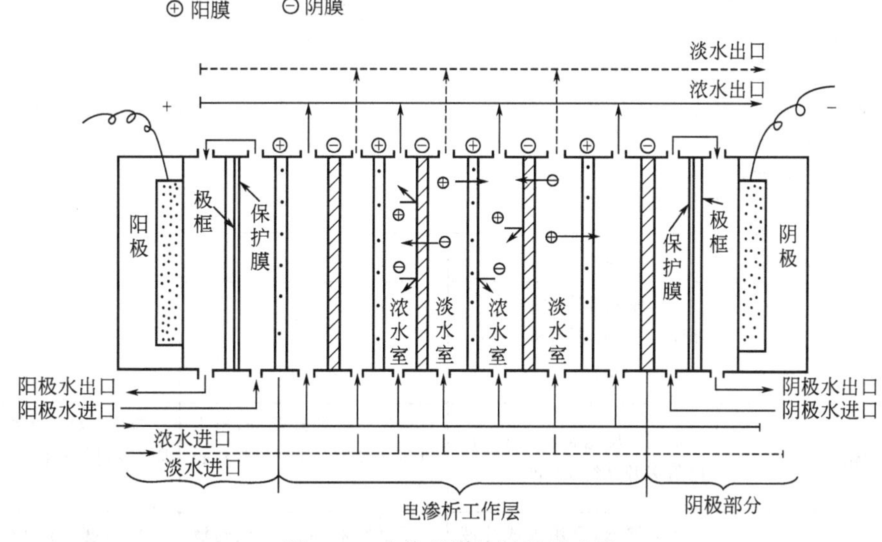

图 20-5　电渗析脱盐过程示意图

除反离子迁移外，电渗析过程同时还会发生同名离子迁移、电解质浓差扩散和水渗透过程。

电渗析水处理适用范围较广，主要用于初级除盐，当进水含盐量在 500～4000mg/L 时，采用电渗析技术是可行的，经济是合理的。当进水含盐量小于 500mg/L 时，应结合具体条件，通过技术经济比较确定是否采用电渗析法。在进水含盐量波动较大时，可采用电渗析法。电渗析器出口水的含盐量不宜低于 10～50mg/L，含盐量太低，电阻增大，电渗析器工作效率会降低。

电渗析/混合床的出水成本约为复式床/混合床出水成本的 50％～60％。每吨水耗电 0.2～0.7W·h。根据国外一些电渗析运行资料，四级电渗析脱盐率约为 90％，水回收率 80％～85％；六级电渗析脱盐率约为 95％，水回收率 70％～75％。

二、反渗透、超过滤和微孔膜过滤

反渗透、超过滤和微孔膜过滤都是以压力为推动力的膜分离方法，其作用原理是相近的，这三种方法的比较见表 20-5。

表 20-5 反渗透、超过滤和微孔膜过滤分离过程比较

项目	反渗透(RO)	超过滤(UF)	微孔膜过滤(MF)
作用原理示意	进水 浓水 膜 淡水	进水 浓水 膜 淡水	进水 膜 淡水
膜的孔径/μm	<0.001(1nm)	0.001～0.1	0.1～10
膜的类型	非对称膜	非对称膜	多孔膜
	复合膜		非对称膜
	动力膜		
膜材料	醋酸纤维素膜、聚酰胺复合膜	醋酸纤维素膜、聚砜膜、聚酰胺膜、聚丙烯腈膜	醋酸纤维素膜、硝酸纤维素膜、混合纤维素膜、聚酰胺膜、聚碳酸酯膜
膜组件常用形式	卷式膜、中空纤维膜	卷式膜、中空纤维膜	板式、折叠筒式
去除杂质能力：无机盐	○	去除能力极小	×
去除杂质能力：有机物(分子量>500)	○	○	×
去除杂质能力：细菌	○	○	○
去除杂质能力：病毒、热源	○	○	×
去除杂质能力：悬浊物(粒径>0.1μm)	○	○	○
去除杂质能力：胶体微粒(粒径<0.1μm)	○	○	×
工作压力/MPa	1～7	0.1～1	0.05～0.3
处理水流量/[t/(d·m² 膜)]	20～60	90～95	100
pH 值	醋酸纤维素膜 pH 值 4～6，复合膜 3～11	2～9	4～10
水温/℃	20～30	5～40	5～40
出水电阻率变化	适用于除盐部分，出水口电阻率升高约 10 倍	应用于精处理部分，出水电阻率降低 0.1～1μΩ·cm (25℃)	应用于精处理部分，出水电阻率降低 0.1～0.6μΩ·cm (25℃)
使用性能	不易堵塞，可用水或药液清洗	不易堵塞，可用水或药液清洗	易堵塞，可用水和药液清洗，但效果较差
寿命/a	3～5	1～3	<1
设备投资	大	中	小

注：表中“○”表示有去除能力，“×”表示无去除能力。

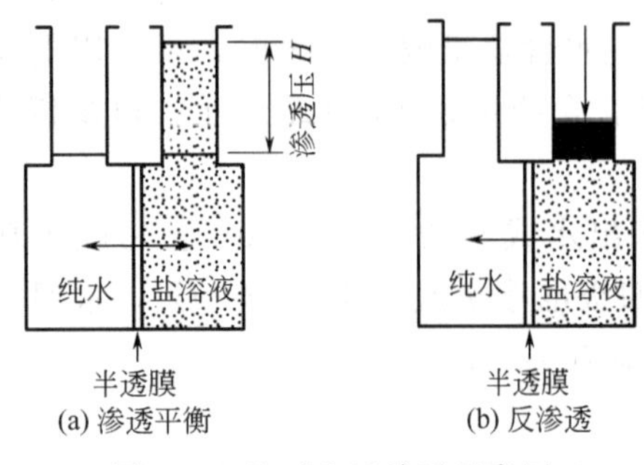

图 20-6 渗透和反渗透示意图

1. 反渗透（RO）

只能透过溶剂而不能透过溶质的膜一般称为理想的半透膜。当把溶剂和溶液分别置于半透膜的两侧时，纯溶剂将自然穿过半透膜而自发地向溶液一侧流动，这种现象叫做渗透。当到达平衡时，两侧的液面便产生压差 H，以抵消溶剂和溶液进一步流动的趋势，这时的压差 H 称为渗透压［图 20-6(a)］。渗透压的大小取决于溶液的种类、浓度和温度。

反渗透是用足够的压力使溶液中的溶剂（一般常用水）通过反渗透膜（或称半透膜），开始从溶液一侧向溶剂一侧流动，将溶剂分离出来，因为这个过程和自然渗透过程的方向相反，故称反渗透。根据各种物料的不同渗透压，就可以使用大于渗透压的反渗透方法达到进行分离的目的［图 20-6(b)］。

反渗透的对象主要是分离溶液中的离子，也可分离有机物、细菌、病毒和热源等。分离过程不需加热，没有相的变化，具有耗能少、设备体积小、操作简单、适应性强、应用范围广等优点。其主要缺点是设备费用较高，有时膜会因预处理水质不良而发生堵塞，清洗也较麻烦。反渗透在水处理中应用日益扩大，已成为水处理技术的重要方法之一。

2. 超过滤（UF）

超过滤简称超滤。一般用来分离分子量大于 500 的溶质，分离溶质的分子量上限大致为 50 万左右，这一范围内的物质主要为胶体、大分子化合物和悬浮物。

超过滤膜具有不对称多孔结构，孔径为 3～50nm，粗孔甚至可达 1μm。超过滤膜的功能是以筛分机理为主。常用的超过滤膜商品品种分为能截留分子量 10000、50000、100000、200000 和 1000000 等几种规格。

3. 微孔膜过滤（MF）

微孔膜过滤是用高分子材料制成的多孔薄膜，孔径约为 0.01～10μm，孔隙率很高，膜的厚度为 75～180μm。微孔膜能有效地去除比膜孔大的粒子和微生物，不能去除无机溶质、热源和胶体。膜不能再生，常用于液体和气体的精密过滤、细菌分离、高纯水和高纯气体的过滤等。

第五节 化妆品生产用水的灭菌和除菌

化妆品厂生产用水的水源多数是来自城市供水系统的自来水（即生活饮用水），其水质标准细菌总数≤100CFU/mL。经过水塔或储水池后，短期内细菌可繁殖至 10^5～10^6 CFU/mL。这类细菌只限于对营养需要较低的细菌，大多数为革兰氏阴性细菌，如无色杆菌属和碱杆菌属的细菌。这类细菌很容易在水基产品，如乳液类产品中繁殖。

另一类细菌是自来水氯气消毒时残存的细菌，即各种芽孢细菌，它在获得合适培养介质时才继续繁殖。自来水厂出水是有指定的质量标准的（表 20-1），不可能含热源、藻类和病毒等，因此，进水水源，除非输水管线污染，否则不会含有这类污染物。

在进一步纯化前，原水可能受到较严重的微生物污染。通过离子交换的水，微生物的污染会更严重，因为树脂床中停滞水的薄膜面积很大，树脂本身有可能溶入溶液，形成理想的细菌的培养基（即碳源、氮源和水），而离子交换树脂吸附并除去各种离子，还完全除去在自来水中起消毒作用的氯元素。所以，由纯水制备装置所制备的纯水一旦蓄积起来，马上就会繁殖细菌。此外，尽管生产设备已消毒，没有细菌沾污，但供水系统的泵、计量仪表、连接管、水管、压力表和阀门都存在一些容易滋长微生物的、水不流动的死角。

减少或消除化妆品厂用水的微生物污染有化学处理、热处理、微孔膜过滤、紫外线消毒和反渗透。它们可单独使用或多种方法结合使用。

一、化学处理

沾污的树脂床和供水管线系统可使用稀甲醛或氯水（一般用次氯酸溶液）稀溶液进行消毒。在消毒前必须完全使盐水排空，防止甲醛可能转变为聚甲醛和次氯酸盐产生游离氯气。一般方法是让质量分数为 1%的水溶液与树脂接触过夜，然后，清洗干净。

进水通过去离子后，确保微生物不在储水池和供水系统内繁殖的一种方法是添加一定剂量的（低浓度）灭菌剂。在去离子后的储罐中添加（1～4）$\times10^{-6}$ 氯气（一般使用氯水或次氯酸钠溶液）可使其中微生物污染降至 100CFU/mL 的水平。一般 5×10^{-6} 氯气就可闻到氯的气味，这样水平的氯对大多数化妆品没有影响。可采取计量泵在管道系统中添加氯。

较不常用的获得消毒水或接近消毒水的方法是用防腐剂和加热处理，例如，用 0.1%～0.5%的对羟基苯甲酸甲酯，加热到 70℃几乎完全消毒，这也可用于清洗设备。

二、热处理

在反应容器中加热灭菌是化妆品工业最常使用的灭菌方法。水相在容器中加热到 85～90℃并保持 20～30min，这个方法足以消灭所有水生细菌，但不能消灭细菌芽孢（一般细菌芽孢很少存在于自来水中）。如果有细菌芽孢，加热处理可能会引起芽孢发育，但如果加热后间歇 2h 再重新加热，这样反复加热 3 次是绝对安全的。

另一种加热灭菌方法是将水呈薄膜状加热至 120℃，并立即冷却。这种方法称为超高温短期消灭法（简写 UHST），据称可除去所有的细菌。

在一些制药厂中，将已消毒的水储存在保持 70℃的容器中，可防止消毒过程未被杀灭的细菌在水中的繁殖。

三、紫外线消毒

波长低于 300nm 的紫外辐射可杀灭一般水沾污的大多数微生物，包括细菌、病毒和大多数霉菌。紫外线灭菌的机理是紫外辐射对细菌膜 DNA 和 RNA 的作用。由于紫外线较难透过水层，只有当水流与紫外线紧密接触时才有效，这就意味着水流必须呈薄膜状或雾状，因而，它对供水系统有限制，水流很慢才有效。

尽管紫外线消毒是对空气和一些设备消毒有用的方法，但必须确保紫外线源的效率。光源表面黏液的积聚或光源发光效率衰减会导致灭菌效率的下降。紫外线消毒作为水处理冷式消毒方法不是很有效，即使很有效的系统，往往也有残存的微生物。尽管在化妆品生产用水系统中也常使用，但其有效性较差。

四、微孔膜过滤

从理论上讲，所有细菌可以通过孔径≤0.2μm 的过滤膜除去。这种类型的设备安装在供水管线上，一般应用 0.45μm 孔径的滤膜。

大量实际应用的结果表明膜过滤和分离是除去水中微生物污染最有效的方法，但这种方法也有些缺点，这些滤膜对水流产生较大的阻力，更换膜费用高，运转成本比其他方法高。更根本的问题是在过滤膜中微生物的积聚，使膜对水流的阻力增加，严重的情况下，微生物会被压破而透过滤膜，污染出水；或使水流终止，或水流变得很小。还有，一些微生物，特别是霉菌可在膜进水一边繁殖，并可大量地向膜另一边（淡水的一边）生长，污染出水。它的生长速度取决于通过水的体积和进水的污染程度。采用连续再循环的给水系统时，这个问题更为突出，因为水流不断地通过泵和滤膜，使水温热至 40℃左右，这会加速微生物生长。因此，很多人认为使用膜分离可以完全阻止和除去水中微生物是不完全正确的。关键问题是如何充分综合利用这些方法并加强管理和控制。

应注意，在这些除菌方法中，只有蒸馏、超过滤和反渗透可除去热源。

第六节　化妆品生产用水处理系统

化妆品的品种很多，不同的品种对用水的要求也有差别。洗涤类制品要求软化水，不含钙、镁、铁等重金属，无菌或菌量很低。而乳液和膏霜、收敛水、古龙水、含水的气溶胶制品、凝胶类制品要求去离子水和无菌。气溶胶制品为了防止罐的腐蚀，对氯离子和某些金属离子还有一些要求。离子的存在也可以添加络合剂进行掩蔽，甚至提供使用硬水的配方。随着对配方稳定性要求的提高，化妆品生产用水要求使用无菌纯水。纯水中溶解电解质含量与电阻率的关系大致如表 20-6 所示。化妆品生产用水应为一般纯水，电阻率约为 0.1MΩ・cm，含电解质 $(2\sim5)\times10^{-6}$，细菌总数≤10CFU/mL。

表 20-6　水的电阻率与总含盐量的关系

水　纯　度	电阻率(25℃)/(MΩ・cm)	外来电解质含量 $W/(1\times10^{-6})$
纯　水	约 0.1	2～5
十分纯水	约 1.0	0.2～0.5
超纯水	约 10	0.01～0.02
理论纯水	18.3	0.00

要获得质量稳定、优质的纯水，必须要有合理的工艺流程设计，经济可行的设备、容器和管线材料的选择，良好的安装技术和严格有效的操作管理。

一、化妆品生产用水工艺流程

在设计纯化水的生产工艺中，首先考虑去离子或脱盐的方法，这需要考虑用水的质量要求、用水量、工厂管理水平、投资成本和运转费用等，然后，要考虑控制水中微生物含量的方法。例如，如何保证在产水和储存水的过程中水质的稳定，是否需要循环系统和加药系统，进水水源情况也应特别注意。

去离子或脱盐系统中，电渗析出水含盐量一般为 $(10\sim20)\times10^{-6}$，进水总含盐量为 200×10^{-6} 时，经过一次反渗透处理，出水总含盐量约为 $(2\sim20)\times10^{-6}$，二次反渗透处理总含盐量降至 $(0.02\sim2)\times10^{-6}$，电阻率不大于 0.1MΩ・cm。钠型阳离子的交换树脂只能软化水（除去钙、镁和铁等阳离子），可作为反渗透的前期处理。复床式离子交换法出水含盐量在 1×10^{-6} 以下，电阻率约为 0.1～1MΩ・cm。混合床离子交换树脂除离子最好，出水总含盐量 1×10^{-8}mg/L，电阻率可达 17～18MΩ・cm。一般情况下，要达到纯水的标准，离子交换法是不可缺少的。

除去水中微生物的方法一般可用微孔膜过滤、超过滤和反渗透方法，而紫外线消毒的效率欠佳。在储罐内添加消毒剂或防腐剂也是可行的办法，如添加氯和臭氧，或其他防腐剂（必须对产品没有影响）。

图 20-7 和图 20-8 为生产高纯水工艺流程图。如需要一般纯水，可选出其主要部分应用。图 20-9 为生产软化无菌水工艺流程图，适用于一般化妆品生产用水，如需进一步去离子，在工艺流程后部分添加混合床离子交换树脂。

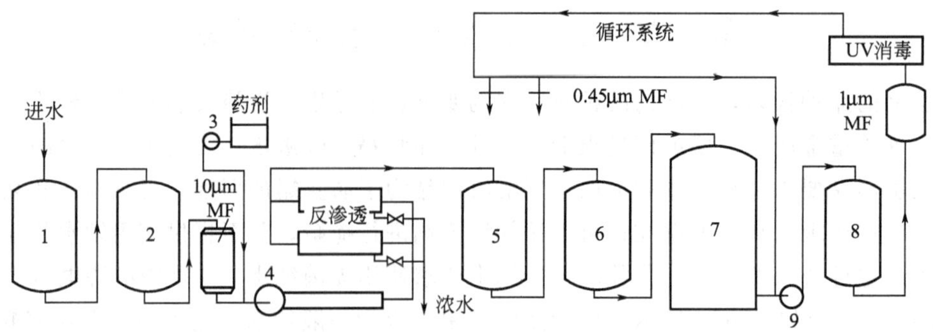

图 20-7 反渗透-复床式离子交换-混合床式离子交换-微滤纯水系统

1—锰砂过滤器；2—活性炭过滤器；3—计量泵；4—多级高压泵；

5—阳离子交换树脂；6—阴离子交换树脂；7—水储罐；8—混合床离子交换树脂；9—泵

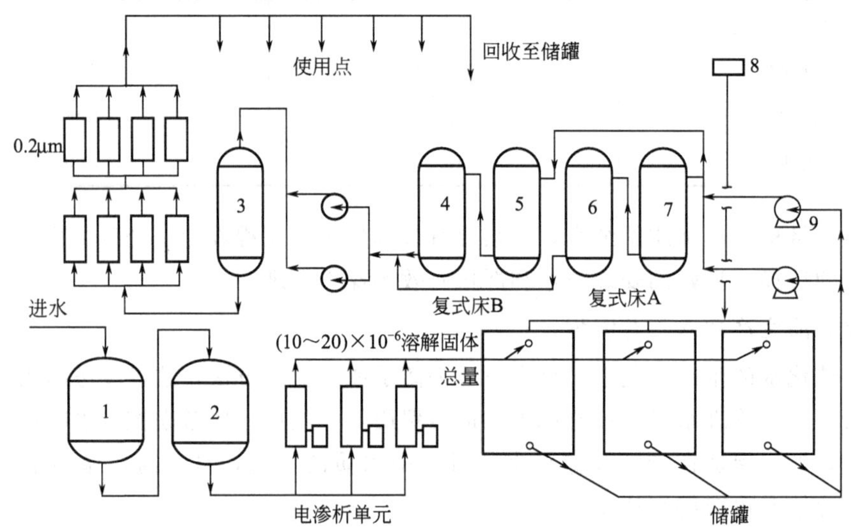

图 20-8 电渗析-复床式离子交换-混合床式离子交换-微滤纯水系统

1—锰砂过滤器；2—活性炭过滤器；3—混合床离子交换树脂；4,6—阴离子交换树脂；

5,7—阳离子交换树脂；8—臭氧发生器；9—泵

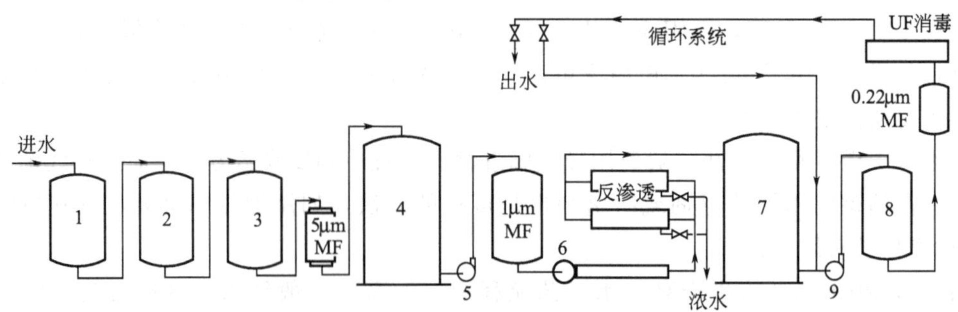

图 20-9 离子交换软化-反渗透-微滤纯水系统

1—锰砂过滤器；2—活性炭过滤器；3—水软化器；4—储水罐；

5,9—泵；6—多级高压泵；7—纯水储罐；8—混合床离子交换树脂

二、容器和输送管道材料的选择

容器和输送管道材料的选择是确保水纯化系统质量稳定的重要因素。最理想的容器和输送管道材料是不锈钢，近年来，医药制造业开始使用含钼的不锈钢 316 和 316L（美国国家标准协会型号），现已被化妆品工业采用。不锈钢加工较困难，价格也较贵，一般在需加热和加压的容器中使用。

一般水储罐使用浇注聚乙烯。输送管道可由无增塑剂聚乙烯、聚丙烯和 ABS 加工而成。预处理器可用钢涂环氧树脂和钢衬橡胶的容器等。

第二十一章　化妆品的安全和监督管理

第一节　化妆品中常见的有害物质

化妆品中常见的有害物质，主要有有机物、重金属、有害微生物等。

一、有机物

化妆品中使用的香料、色素、防腐剂、防晒剂、抗氧剂、表面活性剂及某些油脂等大多为有机合成物。有些原料本身即是强致敏原，如羊毛脂、丙二醇，可以引起变态反应性接触性皮炎。焦油色素中的苏丹Ⅱ、甲苯胺红，防腐剂中的对位酚、六氯酚、双硫酚醇以及次氯氟苯脲等都是致敏的主要成分。这些物质对皮肤有刺激作用，引起皮肤色素沉着，并引起变应性接触性皮炎，有些还有致癌作用。香料中的不饱和化合物、醛、酮、酚等含氧化合物等，在光的作用下会发生氧化反应而致刺激、过敏，引起皮肤瘙痒、湿疹、荨麻疹、光感性皮炎等。

染发剂大都为氧化染料，如对苯二胺、间苯二酚等和有关化合物与双氧水等物质混合而成。此染料可进入毛干并沉积于毛干的皮质，形成大分子聚合物，使头发变黑。对苯二胺可与头发中的蛋白质形成完全抗原，易发生过敏性皮炎，虽然未有确切证据证明染发剂有致癌作用，但其安全性问题应引起足够重视。冷烫液中的巯基乙酸铵、碱可导致一次性刺激，引起斑疹。

表面活性剂在化妆品中的应用非常广泛，几乎所有的化妆品都或多或少添加有表面活性剂。研究认为：由化妆品引起的皮肤疾病，表面活性剂起着直接或间接的重要作用。表面活性剂对皮肤的作用有：对皮脂膜的脱除作用；对表皮细胞及天然调湿因子的溶出作用；对皮肤的刺激作用；对皮肤的致敏作用；促进皮肤对化妆品中其他成分的吸收作用以及表面活性剂本身经皮肤吸收等。由于上述原因，易导致皮肤干燥、皲裂、过敏及出现炎症反应等皮肤疾病。

防晒化妆品中的紫外线吸收剂，在紫外线照射下可生成有刺激性的物质，常引起光毒性和光敏性皮炎。紫外线吸收剂中的安息香酸、桂皮酸、对氨基苯甲酸及其酯类化合物等均为光敏物质。

气雾产品中喷发胶的吸入可能引起间质性肺炎，喷射剂（或推进剂）的吸入可引起肺沉着病。也有因吸入某些美发用品中所含的挥发性溶剂造成气管、支气管损害的病例。喷发胶中含有大量乙醇，也可能同时夹杂一定量的甲醇，因而产生相应的毒性作用。

有些抗炎祛痘类化妆品中违规加入糖皮质激素、雌激素、雄激素、孕激素等禁用激素，这些药用成分在没有作为药物监管长期使用时，皮肤会对激素产生依赖，而且很难摆脱。长期使用后则会发生皮肤变薄、毛细血管扩张、毛囊萎缩，一旦停用，皮肤就会发红、发痒，出现红斑、丘疹、脱屑等。在祛斑美白霜中违规加入氢醌，虽能抑制上皮黑素细胞产生黑色素，但氢醌是一种强还原剂，对皮肤有较强的刺激作用，常会引起皮肤过敏；氢醌会渗入真皮引起胶原纤维增粗，长期使用和暴露于阳光的联合作用会引发片状色素再沉积和皮肤肿块，这叫获得性赫黄病，目前尚无好的治疗方法。有些消炎杀菌类化妆品中违规添加四环素类抗生素，具有杀菌、抑菌效果，但由于毒性较大，我国将其列入化妆品禁用物质。

二、重金属

化妆品中含有许多微量元素，如铜、铁、硅、硒、碘、铬和锗等。这些微量元素往往形成与蛋白质、氨基酸、核糖核酸的配合物，具有生物可利用性，可以使产品更具有调理性和润湿性，更易被皮肤、头发和指甲吸收和利用。但是，化妆品中的颜料等无机粉类原料很多是含有重金属成分的，如果化妆品中的铅、汞、砷、镉等含量超标，则会对人体产生伤害，可引起皮肤瘙痒和中毒等症状。又如增白剂中的氯化汞会干扰皮肤中黑色素的正常酶转化。

三、有害微生物

由于微生物种类繁多、生命力强、繁殖快、易分布，而化妆品中含有脂肪、蛋白质、无机盐等营养成分，是微生物生存的良好场所。化妆品中可能存在的有害微生物有病源细菌和致病真菌，会不同程度引起对人体的损害、致病和中毒。另外，化妆品易受到霉菌的污染，常见的霉菌有青霉、曲霉、根霉、毛霉等。不少雪花膏、奶液中检测出大肠杆菌，存在肠道寄生虫卵、致病菌等。粉类、护肤类、发用类、浴液类化妆品细菌污染时有发生。

第二节 化妆品的微生物污染

化妆品的微生物污染不仅影响产品的功能和稳定性，而且更重要的是影响使用安全。化妆品因微生物繁殖会发生腐败变质，通常表现为变臭、产生气味、出现丝状菌，以及变色、沉淀、分离等物性变化（参见第五章第一节）。

本章内容涉及《化妆品安全技术规范》（2015 版）和《化妆品生产经营监督管理办法》（2021 年 8 月 2 日国家市场监督管理总局令第 46 号）等法律法规部分，应以其最新版本为最低标准进行管理。化妆品的卫生管理应重点把好预防关，着眼于预防风险的发生，从源头抓起，严把生产过程每个环节的质量，以保证每批产品制造出来就合格。

一、化妆品生产和使用过程中的微生物污染

化妆品的微生物污染来源主要有原料、生产过程、使用过程等。化妆品原料及生产过程中的微生物污染属于一次污染。化妆品在使用过程中因不注意卫生也会引入微生物而在化妆品中滋生。消费者在化妆品使用过程中造成的微生物污染属于二次污染。

化妆品的原料种类繁多，来源也各异，大多数原料容易受到不同程度的微生物污染，另外，原料的包装材料、包装形式，分装过程等环节都可能受到微生物的污染，其中值得重视的是化妆品生产用水的微生物状况（参见第二十章）。如果受微生物污染的原料不经处理或处理不彻底而用于化妆品生产，必然会造成化妆品严重的一次污染。

化妆品生产过程中的微生物污染主要是生产环境；生产设备，如输送管道、阀门、泵、罐等的焊接口死角，密封圈周围，外循环管道区，以及清洗、输送后的管道长时间不使用等；生产操作人员个人卫生及不规范操作行为；产品包装容器等清洗、消毒不当或不净而将微生物带入化妆品中。

化妆品污染常见的微生物种类很多，有细菌、真菌和酵母菌等。据有关报道记载，从化妆品中检出并对人致病的细菌和绿脓杆菌、金黄色葡萄球菌、肺炎克雷白杆菌、粪大肠杆菌、蜡样芽孢杆菌和链球菌等；真菌主要有青真菌、曲真菌、交链孢真菌等。

人类生活环境中存在着大量的微生物：空气中有 $8\times10^2\sim35\times10^2$ CFU/m^3，人的头皮上有 1.4×10^7 CFU/cm^2，手和脸上存在有许多细菌，当用手伸入到瓶中取化妆品时，由于沾在手上的化妆品量过多，又送回瓶中一部分，长期敞口放置等，都会引起微生物污染。二次污染是很难避免的，只能从加强制品的防腐能力和减少污染菌的入侵着手，如选用高效广谱防腐剂、选用封闭性好的包装容器等。在化妆品中不得检出的病源菌主要有粪大肠杆菌、绿脓杆菌、金黄色葡萄球菌等。不管何种类型的微生物，只要有水、碳源和氮源、矿物质和微量的金属、氧、合适的温度和 pH 值等都可以生长和繁殖。而大多数化妆品体系都具备微生物生长和繁殖的条件。在生产过程中，各种因素都可引入微生物，由于考虑制品的安全性，防腐剂的使用受到一定限制，因此要防止一次污染是比较困难的。使制品检查不出一次性污染菌是制造者的责任，因此加强生产过程的卫生管理是非常重要的。

二、生产过程中微生物污染的来源及对策

整个生产过程中，从原料进厂，经过多道工序制成产品，各种各样的因素都会引起一次污染，如图 21-1 所示。

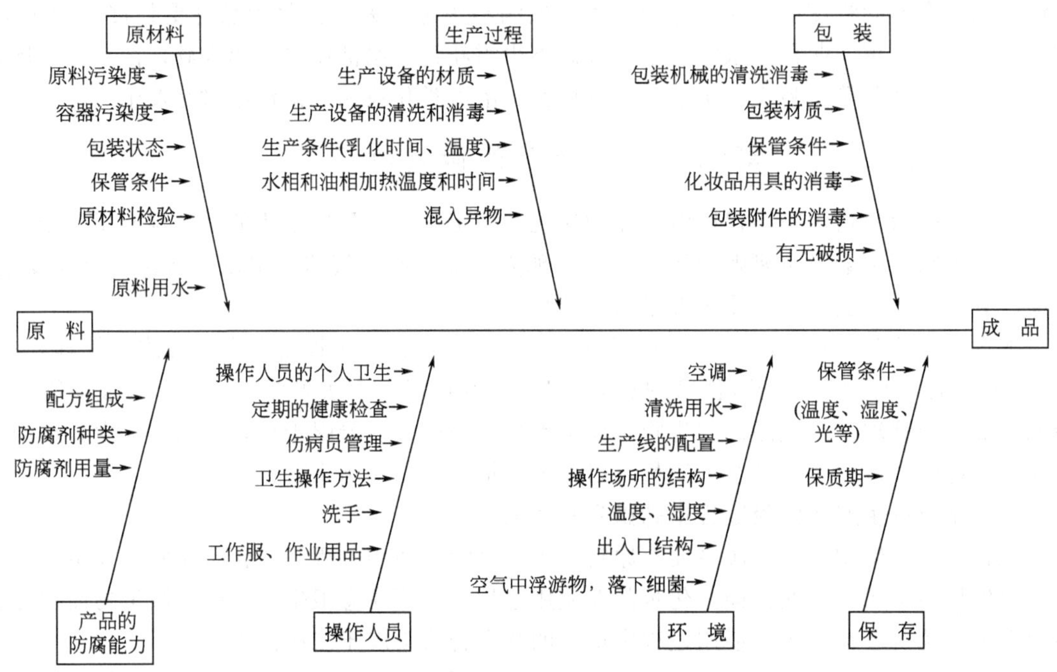

图 21-1 可能造成生产过程微生物污染的因素

1. 原料

化妆品使用原料的种类繁多，来源也各异，大多数化妆品原料都受到不同程度的微生物污染，如果这些受微生物污染的原料，不经处理而直接用于化妆品生产，必然会造成化妆品严重的一次污染。

易引起微生物污染的原料包括天然动植物成分（如提取物、酶等）、碳水化合物和苷类、蛋白质及其衍生物、天然胶质和水溶性聚合物、粉体（如滑石粉、高岭土、膨润土、淀粉等）、色素（如无机颜料、染料等）、生产用水、表面活性剂的水溶液等。油脂、高级脂肪酸和脂肪醇、醇类、酯类、香料、浓表面活性剂、多元醇类、酸、碱等受污染程度较少。

有些原料在制造过程中无法灭菌，就应当采用适当的方法进行事先灭菌处理，如一些粉体可事先用气体灭菌或 γ 射线辐照灭菌，在化妆品和制药工业中常用加热灭菌、微滤灭菌等方法。需要加热配制产品，如加热至 85～90℃，保持 20～30min，可灭除绝大部分细菌（芽孢菌除外）。

进厂入库的原料应符合严格的卫生标准。检验合格入库的原料的储存和处理应尽量做到下述要求：①已检验合格的原料应存放在有明确标志的地方，未检验的原料存放在隔离室；②仓库的环境保持应清洁和卫生，经常打扫清洁和消毒；③所有原料应离地存放，环境要保持干燥；④仓库应尽可能保持恒定的温度和湿度；⑤液体原料的储罐一定要有盖，出口和入口也应有盖；⑥各批原料尽可能按进料日期的顺序使用，缩短原料储存的时间；⑦使用完的原料容器绝不返回原料仓库，也不应留在生产车间；⑧当原料储存期较长时，应先检验微生物含量后再使用，按常规每3～6个月检验一次。

2. 生产设备和灌装设备

化妆品生产设备包括溶解罐、乳化罐、储罐、管道、阀门、接头、流量计、过滤器、泵和灌装机等，这些设备多数是化工生产通用设备，在设备设计时常常没有从清洁卫生方面考虑，拆卸较麻烦，又难以完全清洗灭菌，成为产品微生物污染源。近年来，一些生产设备的公司结合化妆品生产的卫生要求，设计生产了适合于化妆品生产的设备。选用优质的不锈钢材料（如304和316L型不锈钢），容器和连接部分避免死角，锐弯采取容易装卸的快装式的阀门和连接件，用不锈钢波纹管代替橡胶管作软连接部件等，这大大地方便了设备的清洗和消毒，改善了设备的卫生水平。由于化妆品生产多数为间歇性生产，产品种类繁多、设备多数为通用设备，所以设备的清洗和消毒已成为化妆品生产过程卫生管理的一个重要问题。设备或管线上局部微生物污染，产品流过时都会不断地沾污产品。

（1）设备的清洗　排除生产设备中的微生物首先必须将设备清洗干净。为有效、较彻底地清洗设备，应考虑设备的类别和沾污的类型，计划清洗的方法，然后，正确地选择清洗工具、洗涤剂类型和适合的浓度，以及正确的使用方法等。制订出各类生产设备和灌装设备的清洗计划和常规清洗工作的时间表。

洗涤剂的选择是最重要的，在选择时应考虑的因素包括被清除污物的类型，被清洁表面的类型和材料，清洗过程使用的水的硬度，需要特别杀灭微生物的特性，安全性和经济成本也应考虑。

任何设备清洗包括四种作用：机械作用（如冲洗、洗擦）、化学清洗作用（如洗涤剂去污作用、溶解和乳化等）、清洗过程的加热（升温至某一温度）和接触时间的作用。这四种作用都会加快洗涤过程。常常是几种因素同时起作用。

化妆品工业使用的清洗方法包括浸泡、喷雾、局部清洗、高压冲洗和内部循环清洗等。针对不同类型设备采取不同的方法。设备和管线上的沉积物和黏附污物的清除是较困难的，常常需要浸泡、溶解、加热，并结合机械作用才可清除，特别是处于死角的残渣，需要拆卸后才可清除干净。这些残渣是滋长微生物的主要来源。容易积存残渣的地方包括阀门、出口和入口、过滤器、灌装机的活塞和泵。

洗涤剂的选择应考虑到防止设备腐蚀、对残留物的溶解和乳化作用，防止洗涤过程形成沉淀和垢物，溶解完全、迅速，成本核算等。洗涤剂包括皂类、合成洗涤剂、碱类和特殊洗涤剂。皂类遇硬水会有沉淀生成，其润湿能力差，但对碱类溶解能力较强。阳离子表面活性剂一般不用作清洗，只用作消毒。阴离子表面活性剂，如十二烷基磺酸钠使用最广泛，但它对碱的溶解能力较差。非离子表面活性剂遇硬水不会沉淀，呈低泡。两性表面活性剂一般只作消毒剂。碱类洗涤剂，如氢氧化钠溶液，碱金属磷酸盐，清除硬的残渣很有效，特别是不希望产生泡沫的机械和设备洗涤时更为适用，但碱类不具有润湿作用和乳化作用，它也是较常用的洗涤剂。

洗涤剂常常也有杀菌作用，热水（60～80℃）能杀灭几乎全部植物细胞，但只能杀灭少量芽孢类细菌。洗涤剂常常会增加热灭菌的作用，例如63℃热水处理30min将杀灭除耐热细菌和芽孢细菌以外的全部细菌，但如果添加1%～3%的NaOH，在相同的条件下，将杀灭全部耐热细菌和大部分芽孢类细菌。

（2）设备消毒　设备清洗后必须进行消毒。消毒的方法有蒸汽消毒和化学消毒。

① 蒸汽消毒。蒸汽消毒是消毒设备最有效和可靠的方法。被消毒的设备必须是耐热的。消毒的效果与接触时间有关。敞口容器消毒时蒸汽发生器出口的最低温度为72～80℃时，一般需要30min；密闭容器，一般压力为0.05～0.1MPa，接触时间约为30min；如果是耐压容器，使用高压蒸汽，接触时间可缩短至5min。

蒸汽消毒的优点是效果好，消毒后不需冲洗，适用于封闭系统和箱型装置内细小部件灭菌。其缺点是能源消耗较大，需要有锅炉，它只是单纯的消毒，没有清洗作用，事先必须清除残渣。

属于同一类型的消毒法还有热水消毒，用90℃的热水进行循环，对管路消毒较合适，消毒效果很好，对设备无腐蚀作用，同时具有清洗作用。

但上述蒸汽消毒和热水消毒仅适合生产间歇、设备经较长时间没有使用再次投入使用前或更换配制品种清洗消毒使用，即消毒后马上进行后续生产配制的情况。

② 化学消毒。化学消毒是利用各种杀菌剂进行消毒。设备消毒常用的消毒剂有醛类、酚类、乙醇、次氯酸盐和氯胺、季铵盐和碘伏。

醛类主要是甲醛，它是医学上常用的消毒剂之一。它的液体和气体均有较好的杀菌、杀病毒和杀真菌作用。具有杀菌力强，杀菌谱广，对设备无腐蚀性，对人毒性低等特点，除直接接触消毒外，它的蒸气也有消毒作用。一般使用0.2%～0.5%的溶液，接触时间约为20～30min，最好在密封容器内进行。当空气中含有1mg/L甲醛，作用20～50min可以杀灭细菌。其缺点是有刺激性气味，消毒后需充分冲洗。

酚类消毒剂品种很多，较常用的煤酚皂溶液，俗名来苏儿，它是目前国内常用的消毒剂，其主要成分甲酚质量分数约占50%，其他成分是植物油、氢氧化钠等。它经皂化作用而制成。煤酚皂溶液能杀灭包括绿脓杆菌在内的细菌繁殖体，对结核菌和真菌有一定杀灭能力，能杀死亲脂性病毒，但不能杀灭亲水性病毒，2%溶液经10～15min能杀死大部分致病性细菌。一般消毒可使用1%～5%溶液，浸泡、喷洒或擦拭，作用时间30～60min。缺点是配制时勿使用硬度过高的水，而且会污染水源引起公害，故已逐渐被其他消毒剂所取代。酚类溶液适用于消毒器皿和工作服。

醇类消毒剂主要是乙醇，约70%乙醇消毒最有效，其挥发性好，不易污染内容物，但因其容易挥发损失，成本高，主要用于器皿、小容器和小部件的消毒。

含氯消毒剂常用的为次氯酸盐和氯胺，最常用的是漂白粉和次氯酸钠。适用于设备、容器和器皿的消毒。消毒前应将容器或器皿清洗干净，用新鲜配制的含氯溶液，消毒大型容器和设备，应使用$(50\sim100)\times10^{-6}$浓度有效氯；喷雾处理大型设备时，可选用200×10^{-6}浓度有效氯，通常为10s或更长。目前，美国消毒牛奶盛器和制奶设备时，规定至少需要50×10^{-6}浓度的有效氯，于24℃时作用1min。在喷雾消毒中氯量应加倍。含氯消毒剂的优点是可杀灭所有类型的微生物，使用方便，价格低廉。缺点是易受有机物及酸碱度的影响（使用时最好pH≥9），能漂白、腐蚀物品，有的品种不够稳定，有效氯易丧失。

季铵盐消毒剂是阳离子表面活性剂，其低浓度有效，副作用小，无色，无臭，无刺激作用，毒性低，安全性高。尽管它对一些细菌的杀菌作用稍低于其他消毒剂，抗菌谱范围也较窄，对小型病毒无效，应用上受到一定的限制，但它的水溶性好，使用方便，性质稳定，耐热、耐光、耐储存，现在已较常应用于医疗上和工业上消毒。它的缺点是对部分微生物效果不好，价格较高，配伍禁忌较多、杀菌效果受有机物影响较大。常用季铵盐类的消毒剂有新洁尔灭和杜灭芬。清洗设备一般使用（1∶2000）～(1∶5000）水溶液，接触时间 5～10min，消毒后需充分冲洗，由于阳离子表面活性剂易被吸附，特别是纤维表面，即使冲洗后仍能吸附一些消毒剂，保持消毒作用。

碘伏是碘与表面活性剂的不定型结合物。表面活性剂起载体与助溶的作用。碘伏在溶液中能逐渐释放出碘，以保持较长时间的杀菌作用。常用碘伏是聚乙烯吡咯烷酮-碘和聚乙氧基乙醇-碘。碘伏的优点是：有广谱杀菌作用，能杀灭细菌芽孢，气味小，对黏膜无刺激，毒性低，储存稳定，只要溶液颜色未退，即表示仍然有效（可作为有效性指示），无腐蚀性（除银及其合金外），物品染上其颜色后很易洗去，兼有清洁剂的作用。其缺点是载体表面活性剂受溶液中拮抗物质的影响，价格较高，设备消毒需要的最低浓度 12.5～50mg/L，作用时间 1～10min。

长期使用单一的消毒剂会造成微生物对消毒剂的适应性，设备消毒最好有较长期的计划，轮流使用不同的消毒剂。一般常用季铵盐与次氯酸盐轮流使用。

所有设备、管道、工具的消毒频率应根据各个车间的实际微生物跟踪检测的结果来予以调整和确定，各车间环境、生产设备、转运桶（罐）、灌装机械等都应建立微生物日常跟踪检验的频率，根据结果随时调整消毒方案和消毒频率。生产过程的微生物控制，首先是建立完整的微生物检测抽样点，对微生物附着死角进行检测，合理抽样点的设置，有利于一旦发生微生物异常情况，可以快速锁定受污染的面（管道的某段、某个时间范围的产品，哪些转运设备等），进而精准地组织临时消毒；其次是要有完整的监测数据，根据监测数据及时调整完善消毒方案、消毒频率、消毒剂种类的更换、季节变化对消毒频率的影响等。此外，需要时刻关注管道、设备、工具在消毒后的残留水带来的潜在风险。

图 21-2 为设备清洗和消毒一般流程图。

3. 生产流水线的配置和生产车间的环境

大部分化妆品属非无菌产品和可灭菌产品，只有极少数属无菌产品，或不可灭菌产品。生产流水线的配置和生产车间的环境是实现化妆品生产过程良好卫生管理的基本条件。化妆品生产流水线的配置和生产车间的环境可按《化妆品生产企业卫生规范》要求设计。

（1）生产流水线的配置　生产企业应具备与其生产工艺、生产能力相适应的生产、仓储、检验、辅助设施等使用场地。根据产品及其生产工艺的特点和要求，设置一条或多条生产车间作业线，每条生产车间作业线的制作、灌装、包装间总面积不得小于 $100m^2$，仓库总面积应与企业的生产能力和规模相适应。单纯分装的生产车间灌装、包装间总面积不得小于 $80m^2$。

生产车间布局应满足生产工艺和卫生要求，防止交叉污染。应当根据实际生产需要设置更衣室、缓冲区，原料预进间、称量间、制作间、半成品储存间、灌装间、包装间、容器清洁消毒间、干燥间、储存间，原料仓库、成品仓库、包装材料仓库、检验室、留样室等，各功能间（区）面积不得少于 $10m^2$。

生产工艺流程应做到上下衔接，人流、物流分开，避免交叉。原料及包装材料、产品和人员的流动路线应当明确划定。生产区域布局要顺应工艺流程，避免生产流程的迂回、往返。洁净厂房中人员和物料出入口应分别设置。原料、辅料和成品出、入口也宜分开设置。

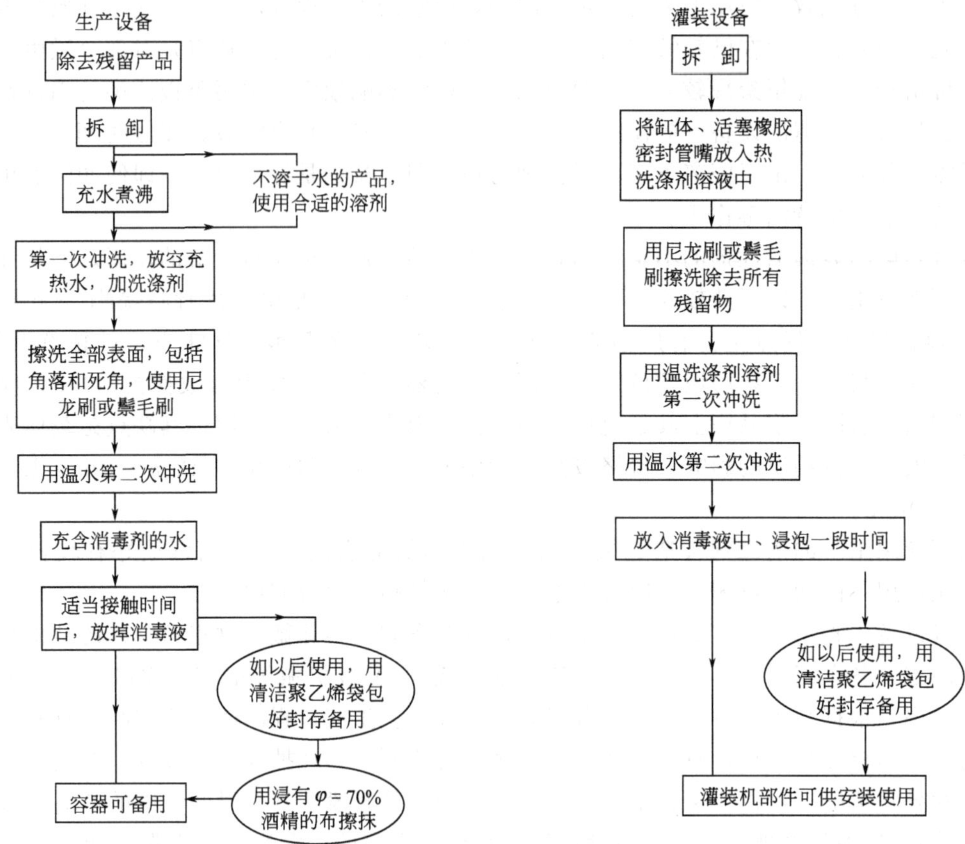

图 21-2 化妆品生产设备清洗和消毒流程图

物料传递路线尽量短捷，减少在走廊内输送，相邻房间之间的物料传递，尽量利用传送带和窗口传递。人员和物料电梯宜分开。电梯不宜设在洁净区内，必须设置时应有缓冲区。货梯与洁净货梯分开。对有空气洁净度要求的房间宜靠近空调机房，并布置在上风侧。空气洁净度相同的房间相对集中。洁净级别和卫生要求不同的房间相互联系中要有防污染措施。

人员和物料进入洁净区应用各自净化用室和设施。生活用室，如厕所、淋浴室均应设置在人员净化用室区域外。要考虑防止昆虫、动物进入车间的措施。

(2) 生产车间的环境　生产车间的地面、墙壁、天花板和门、窗的设计和建造应便于保洁。

地面应平整、耐磨、防滑、不渗水，便于清洁消毒。需要清洗的工作区地面应有坡度，并在最低处设置地漏，洁净车间宜采用洁净地漏，地漏应能防止虫媒及排污管废气的进入或污染。生产车间的排水沟应加盖，排水管应防止废水倒流。

生产车间内墙壁及顶棚的表面，应符合平整、光滑、不起灰、便于除尘等要求。应采用浅色、无毒、耐腐、耐热、防潮、防霉、不易剥落材料涂衬，便于清洁消毒。制作间的防水层应由地面至顶棚全部涂衬，其他生产车间的防水层不得低于1.5m。

生产车间更衣室应配备衣柜、鞋架等设施，换鞋柜宜采用阻拦式设计。衣柜、鞋柜采用坚固、无毒、防霉和便于清洁消毒的材料。更衣室应配备非手接触式流动水洗手及消毒设施。生产企业应根据需要设置二次更衣室。

制作间、半成品储存间、灌装间、清洁容器储存间、更衣室及其缓冲区空气应根据生产工艺的需要经过净化或消毒处理，保持良好的通风和适宜的温度、湿度。

生产眼部用护肤类、婴儿和儿童用护肤类化妆品的半成品储存间、灌装间、清洁容器储存间应达到 30 万级洁净要求；其他护肤类化妆品的半成品储存间、灌装间、清洁容器储存间宜达到 30 万级洁净要求。净化车间的洁净度指标应符合国家有关标准、规范的规定。

采用消毒处理的其他车间，应有机械通风或自然通风，并配备必要的消毒设施。其空气和物料消毒应采取安全、有效的方法，如采用紫外线消毒的，使用中紫外线灯的辐照强度不得小于 $70\mu W/cm^2$，并按照 $30W/10m^2$ 设置。

生产车间工作面混合照度不得小于 200lx（勒克斯），检验场所工作面混合照度不得小于 500lx。

4. 包装容器和附件

化妆品的内容物因容器和附件而污染的情况是屡见不鲜的。容器生产厂家的卫生环境较难保证容器清洁，外部容易被微生物沾污，容器在使用前应清洗和消毒。一些包装容器附件，如内盖、垫片等，一些附属的涂抹工具，如刷子、眼影笔、粉扑、海绵和指甲油涂抹刷等，都应经过灭菌和防菌的预处理。一些香皂包装纸、盒和标签也需进行防霉处理，特别是销售到湿热地区的产品。

5. 生产过程的卫生管理

生产操作应在规定的功能区内进行，应合理衔接与传递各功能区之间的物料或物品，并采取有效措施，防止操作或传递过程中的污染和混淆。

对已开启的原料包装应重新加盖密封。生产设备、容器、工具等在使用前后应进行清洗和消毒，配料、投料过程中使用的有关器具应清洁无污染。生产车间的地面和墙裙应保持清洁。车间的顶面、门窗、纱窗及通风排气网罩等应定期进行清洁。

依据《化妆品生产质量管理规范》（国家药监局 2022 年第 1 号）规定，生产过程中生产眼部护肤类化妆品、儿童护肤类化妆品、牙膏的半成品贮存、填充、灌装，清洁容器与器具贮存间应符合：浮游菌≤500cfu/m、沉降菌≤15cfu/30min；生产眼部护肤类化妆品、儿童护肤类化妆品、牙膏的称量、配制、缓冲、更衣间和生产其他化妆品的半成品贮存、填充、灌装，清洁容器与器具贮存、称量、配制、缓冲、更衣间空气中细菌菌落总数≤$1000cfu/m^3$。

要做好并妥善保存化妆品生产过程中的各项原始记录（包括原料和成品进出库记录、产品配方、称量记录、批生产记录、批号管理、批包装记录、岗位操作记录及工艺规程中各个关键控制点监控记录等），一般保存期应比产品的保质期延长六个月，各项记录应当完整并有可追溯性。

6. 操作人员的个人卫生和管理

直接参加生产的操作人员也是应该重视的污染源。人的皮肤、手指、毛发（男士胡须）、呼气、衣服和鞋等会带入大量的微生物。为了防止这类污染，除了考虑采用自动化操作外（物料管道输送），通常在操作中应注意如下几项。

（1）个人健康管理　化妆品企业应按照《化妆品生产质量管理规范》（国家药监局 2022 年第 1 号）第十一条的规定，建立并执行从业人员健康管理制度。直接从事化妆品生产活动的人员应当在上岗前接受健康检查，上岗后每年接受健康检查。患有国务院卫生主管部门规定的有碍化妆品质量安全疾病的人员不得直接从事化妆品生产活动。企业应当建立从业人员健康档案，至少保存 3 年。

企业应当建立并执行进入生产车间卫生管理制度、外来人员管理制度，不得在生产车间、实验室内开展对产品质量安全有不利影响的活动。

(2) 工作服和工作帽 进入生产车间必须换洁净工作服、戴工作帽、穿工作鞋。有些工种需要戴口罩和手套。工作服应有清洗保洁制度，定期进行更换，保持清洁。每名从业人员应有两套或以上工作服。

(3) 手的清洁 从业人员应勤洗头、勤洗澡、勤换衣服、勤剪指甲，保持良好个人卫生。生产人员进入车间前必须洗净、消毒双手。直接从事化妆品生产的人员不得戴首饰、手表以及染指甲、留长指甲，不得化浓妆、喷洒香水。

生产人员遇到下列情况应洗手：①进入车间生产前；②操作时间过长，操作一些容易污染的产品时；③接触与产品生产无关的物品后；④上卫生间后；⑤感觉手脏时。

正确的洗手程序和方法：①卷起袖管。②用流动水湿润双手，擦肥皂（最好用液体皂、洗手液），双手反复搓洗，清洁每一个手指和手指之间，最好用刷子刷指尖。③用流动水把泡沫冲净，并仔细检查手背、手指和手掌，对可能遗留的污渍重新进行清洗。④必要时，按规定使用皮肤消毒液喷淋或浸泡，完成手消毒。⑤将手彻底干燥。

进入生产区人员净化程序如图 21-3 所示。

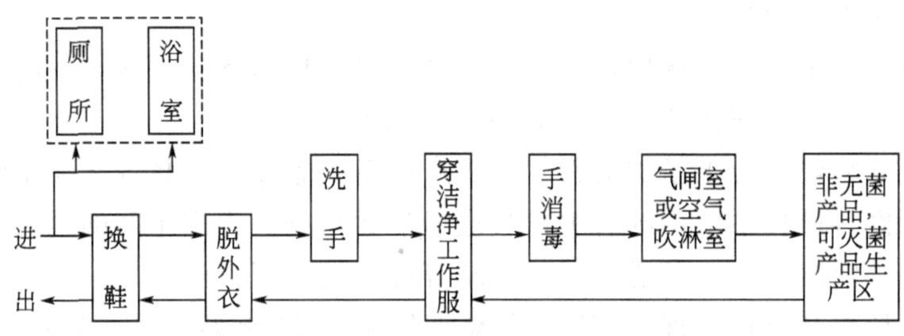

图 21-3 进入生产区人员净化程序

4. 其他注意事项

禁止在化妆品生产场所吸烟、进食及进行其他有碍化妆品卫生的活动。操作人员手部有外伤时不得接触化妆品和原料。不得穿戴制作间、灌装间、半成品储存间、清洁容器储存间的工作衣裤、帽和鞋进入非生产场所，不得将个人生活用品带入生产车间。临时进入化妆品生产区的非操作人员，应符合现场操作人员卫生要求。

第三节 化妆品经常出现的安全性问题

化妆品是每天都使用的日常生活用品，因此它的安全性居首要地位。化妆品与外用药物不同，外用药物即使具有某些暂时性的副作用，只要与主要治疗作用相比较是微不足道的，也可以在一定条件下暂时允许使用。而化妆品是长期使用，并长时间停留在皮肤、面部、毛发等部位上。因此，化妆品不应有任何影响身体健康的不良反应或有害作用。

化妆品安全性问题主要来源于：①违规添加禁用物质或超范围使用限用物质；②违规使用未经批准的原材料；③对由于非人为或不可避免原因由原材料引入的禁用成分的安全危害认识和控制能力不够；④对由于非人为或不可避免原因由原材料引入的不明成分的安全危害认识不够等；⑤生产过程中产生或带入的安全危害成分的认识和控制能力不够等。必须引起高度重视。

化妆品经常出现的安全性问题具体表现在如下几方面。

一、毒性

化妆品的毒性是由于化妆品的原料或组分中含有有毒性的物质。这是因为有毒性的物质含量超出规定允许限量的范围，或添加了规定禁止使用的某些有毒性的成分。例如，粉类化妆品中的无机粉质原料中常含有某些重金属元素，如汞、铅、砷、镉等，这些重金属元素通过皮肤进入体内，长期积累不仅造成色素沉积，而且还可能引起重金属中毒。《化妆品安全技术规范》（2015 版）规定了化妆品中有毒物质汞的限值为 1mg/kg；铅的限值为 10mg/kg；砷的限值为 2mg/kg；镉的限值为 5mg/kg，甲醇的限值为 2000mg/kg，二噁烷的限值为 30mg/kg，石棉的限值为不得检出。

2010 年 8 月 23 日国家食品药品监督管理局发布的《化妆品中可能存在的安全性风险物质风险评估指南》（国食药监许〔2010〕339 号）规定：化妆品中可能存在的安全性风险物质是指由化妆品原料带入、生产过程中产生或带入的，可能对人体健康造成潜在危害的物质。并要求产品中可能存在安全性风险物质的，应该提供相应的风险评估资料。除汞、铅、砷、镉等外，当前重点监控的安全性风险物质有如下几种。

滑石粉与烈性致癌物质石棉密切相关。滑石粉颗粒已被证明是引起癌症患者卵巢和肺部出现肿瘤的原因。近 30 年来，科学家们一直密切细察滑石粉颗粒，并发现了类似石棉的危险物。《化妆品安全技术规范》（2015 版）规定石棉的限值为不得检出。

二噁烷（化学名称：1,4-二氧杂环己环）为化妆品禁用组分。二噁烷通过吸入、食入、经皮吸收进入体内，有麻醉和刺激作用，在体内有蓄积作用。接触大量其蒸气引起眼和上呼吸道刺激，伴有头晕、头痛、嗜睡、恶心、呕吐等。可致肝、皮肤损害，甚至发生尿毒症。《化妆品安全技术规范》（2015 版）规定二噁烷禁止作为化妆品生产原料添加到化妆品。由于目前技术上无法完全避免的原因，含聚氧乙烯类表面活性剂的化妆品如香波、浴液、洗手液等均可能含有二噁烷杂质。如果无法避免禁用物质作为杂质带入化妆品时，则化妆品必须符合《化妆品安全技术规范》（2015 版）对化妆品的要求，在正常、合理、可预见的使用条件下，不得对人体健康产生危害。《化妆品安全技术规范》（2015 版）将化妆品中二噁烷的限值定为 30mg/kg。

亚硝胺（化学式是 NH_2NO）。大量的动物实验已确认，亚硝胺是强致癌物，并能通过胎盘和乳汁引发后代肿瘤。同时，亚硝胺还有致畸和致突变作用。人群中流行病学调查表明，人类某些癌症，如胃癌、食道癌、肝癌、结肠癌和膀胱癌等可能与亚硝胺有关。近几年化妆品中的亚硝胺污染已逐渐成为大家关注的热点。化妆品中的亚硝胺一部分来自原料，另一部分则是在制作和放置过程中由前体物质经亚硝化而形成的。目前的化妆品原料中很多含有可亚硝化的胺类物质，而且在一些辅料中也含有潜在的可被亚硝化的胺。例如，一些三乙醇胺中含有 15%的二乙醇胺，虽然三乙醇胺亚硝化速度非常缓慢，但是二乙醇胺却极易被亚硝化。另外，亚硝化试剂的存在也是亚硝胺形成的一个重要因素。1987 年德国、1992 年欧共体、1993 年美国都相继对有关化妆品中亚硝胺问题提出了相应的建议或法规，并且为生产厂家提供了一些行之有效的措施，大致归纳如下：①仲胺，诸如二乙醇胺、二异丙基甲胺等不可用作原料；②脂肪酸二乙醇酰胺含二乙醇胺的量应尽量少，不超过 0.5%；③单乙醇胺和三乙醇胺纯度不得小于 99%，其中含有的仲胺不能超过 0.5%，亚硝胺最大含量为 50μg/kg；④非清洗配方中三乙醇胺的含量不应超过 2.5%；⑤含氮化合物要避免与亚硝化试剂一起使用；⑥建议使用适宜的抑制剂来阻碍亚硝胺的形成，要根据具体的情况来选择抑制剂（如向水相中加入抗坏血酸、亚硫酸钠；向油相中加入丁基羟基苯甲醚、维生素E等）；⑦原料和成品要保存在不含亚硝酸盐的金属或塑料容器中。我国在《化妆品安全技术规范》（2015版）中已明确将亚硝胺列为化妆品组分中的禁用物质，规定三链烷胺、三链烷醇胺及它们的盐类（如三乙醇胺）在驻留类产品中最大允许使用浓度为总量的2.5%，其他产品无要求。不和亚硝基化体系一同使用，最低纯度99%，原料中仲链烷胺最大含量0.5%，产品中亚硝胺最大含量50μg/kg。

甲醇（又名木醇或木酒精）主要经呼吸道和胃肠道吸收。皮肤也可部分吸收。甲醇吸收至体内后，可迅速分布在机体各组织内，其中以脑髓液、血、胆汁和尿中含量最高，眼房水和玻璃体中的含量也较高，骨髓和脂肪中含量最低。甲醇有明显的蓄积作用，未被氧化的甲醇经呼吸道和肾脏排出体外，部分经胃肠道缓慢排出。甲醇在体内主要被醇去氢酶氧化，其氧化速度是乙醇的1/7，最后代谢产物为甲醛和甲酸。甲醛很快代谢成甲酸，急性中毒引起的代谢性酸中毒和眼部损害，主要与甲酸含量相关。甲醇在体内抑制某些氧化醇系统，抑制糖的需氧分解，造成乳酸和其他有机酸积累，从而引起酸中毒。甲醇主要作用于中枢神经系统，具有明显的麻醉作用，可引起脑水肿；对视神经及视网膜有特殊选择作用，引起视神经萎缩，导致双目失明。化妆品中的甲醇一般由乙醇等组分带入，因此，凡化妆品组分中含有乙醇等可能带入甲醇的原料时，均应检测甲醇含量。《化妆品安全技术规范》（2015版）将化妆品中甲醇的限值定为2000mg/kg。

丙烯酰胺属中等毒类物质，可经皮肤和呼吸道吸收，在体内有蓄积作用，主要影响神经系统。从而引起四肢乏力、刺痛、麻木、共济失调，甚至肌肉萎缩等症状。体内丙烯酰胺需积累到一定剂量才发病，故急性中毒十分罕见，主要表现为迟发性中毒作用，引起亚急性和慢性中毒。丙烯酰胺对眼和皮肤也有一定的刺激作用。其发病多为亚急性，气候炎热时，发病率明显增高。丙烯酰胺并非化妆品成分，而是由于在化妆品配方中使用聚丙烯酰胺类原料而不可避免地带入极微量的丙烯酰胺。凡以丙烯酰胺为单体聚合而得的丙烯酰胺聚合物或共聚物类原料中都有可能带有微量丙烯酰胺单体。该类聚合物或共聚物在化妆品中主要是作为泡沫稳定剂、增稠剂、成膜剂、抗静电剂和头发定型剂等。聚丙烯酰胺是由丙烯酰胺单体聚合而来，所以聚丙烯酰胺中不可避免地会带有微量的丙烯酰胺单体残留物，并可能会出现在化妆品成品中。2005年，美国化妆品成分安全委员会（CIR）对化妆品中丙烯酰胺做出了评价，他们认为一些评价机构过高估计了丙烯酰胺的风险，认为在化妆品中存在5mg/kg以下的丙烯酰胺残留是安全的。《化妆品安全技术规范》（2015版）规定，在驻留类体用产品中，产品中丙烯酰胺单体最大残留量为0.1mg/kg，在其他产品中丙烯酰胺单体最大残留量为0.5mg/kg。

化妆品组分中如使用矿脂，应清楚全部精炼过程并且能够证明所获得的物质不是致癌物。另外还有甲醛、苯酚等都是当前重点监控的安全风险物质。

二、致病菌感染性

化妆品的原料有油脂、蛋白质、淀粉、维生素、水分等，这些营养性物质组成的体系为微生物的生长与繁殖提供了丰富的物质条件和良好的营养环境。化妆品虽然通过添加防腐剂来防止微生物污染变质，但是在生产和使用过程中还是很容易受到微生物的污染。微生物将化妆品的某些成分分解，致使化妆品腐败变质，不仅使化妆品的色、香、味及剂型发生变化，而且对使用者的健康造成危害。

使用被微生物污染的化妆品可能引起皮肤、面部器官等局部甚至全身感染。微生物随着化妆品涂布于人体皮肤、面部、毛发上，一些致病菌可通过皮肤的损伤部位或口腔而侵入体内。如铜绿假单胞菌常引起人的眼、耳、鼻、咽喉和皮肤等处感染，严重时能引起败血症。金黄色葡萄球菌能引起人体局部化脓，严重时也可导致败血症。链球菌易引起的是皮炎、毛囊炎和疖肿。某些真菌可能引起面部，头部等部位的癣症。

为了防止化妆品的微生物污染，《化妆品安全技术规范》(2015 版) 中关于化妆品的微生物指标限值明确规定：①眼部化妆品、口唇化妆品和儿童用化妆品菌落总数≤500CFU/mL 或 500CFU/g。②其他化妆品菌落总数≤1000CFU/mL 或 1000CFU/g。③霉菌和酵母菌总数≤100CFU/mL 或 100CFU/g。④耐热大肠菌群、金黄色葡萄球菌和铜绿假单胞菌不得检出。

三、刺激性和过敏性

化妆品常含有酸、碱、盐、表面活性剂、香料、防腐剂等化学性成分。这些化学性物质作用于皮肤、器官的黏膜等后经常引起刺激性皮肤病变，又称为刺激性接触皮炎，是化妆品引起的最为常见的一种皮肤损害，也是皮肤局部迅速出现的急性炎症。

化妆品引起的过敏性接触皮炎，也称为变应性接触皮炎，是化妆品引起的常见不良反应之一。皮肤过敏的原因是由于化妆品中的某些成分，对皮肤细胞产生刺激，使皮肤细胞产生抗体，从而导致过敏。化妆品致敏原最多的是香料、防腐剂、重金属等。其中重金属主要是指一些带有剥脱、美白性质的铅、汞含量超标的化妆品；香料包括合成香料和天然香料，欧盟公布的 26 种化妆品香料过敏源名单如表 21-1 所示，并规定自 2005 年 3 月起，符合“在不可冲洗型化妆品中含量大于等于 0.001%，在可冲洗型化妆品中含量大于等于 0.01%条件时，化妆品香料中 26 种致敏源物质必须在化妆品标签上予以标注”。防腐剂包括：咪唑烷基脲、对羟基苯甲酸酯、布罗波尔、甲醛。另外，还有染发剂中的对苯二胺等。据最新调查表明，目前治疗皱纹、光老化皮肤、痤疮、色斑中常用的羟基酸（果酸)、维甲酸、曲酸、熊果苷等化妆品原料也会引起皮肤过敏。若遗传性敏感皮肤的人在高敏状态下使用化妆品，则极易发生化妆品接触性皮炎和加重原有疾病。

表 21-1　欧盟规定的 26 种化妆品香料过敏源名单

序号	INCI 名	中文名	CAS 号	EINECS 号
1	Amyl Cinnamal	戊基肉桂醛	122-40-7	204-541-5
2	Benzyl Alcohol	苯甲醇	100-51-6	202-859-9
3	Cinnamyl Alcohol	肉桂醇	104-54-1	203-212-3
4	Citral	柠檬醛	5392-40-5	226-394-6
5	Eugenol	丁子香酚	97-53-0	202-589-1
6	Hydroxycitronellal	羟基香茅醛	107-75-5	203-518-7
7	Isoeugenol	异丁子香酚	97-54-1	202-590-7
8	Amyl Cinnamyl Alcohol	戊基桂醛	101-85-9	202-982-8
9	Benzyl Salicylate	水杨酸苄酯	118-58-1	204-262-9
10	Cinnamal	肉桂醛	104-55-2	203-213-9
11	Coumarin	香豆素	91-64-5	202-086-7
12	Geraniol	香叶醇	106-24-1	203-377-1
13	Hydroxyisohexyl-3-Cyclohexene Carboxaldehyde	新铃芝醛	31906-04-4	250-863-4

续表

序号	INCI 名	中文名	CAS 号	EINECS 号
14	Anise Alcohol	大茴香醇	105-13-5	203-273-6
15	Benzyl Cinnamate	肉桂酸苄酯	103-41-3	203-109-3
16	Farnesol	法呢醇	4602-84-0	225-004-1
17	Butylphenyl Methylpropional	铃芝醛	80-54-6	201-289-8
18	Linalool	芳樟醇	78-70-6	201-134-4
19	Benzyl Benzoate	苯甲酸苄酯	120-51-4	204-402-9
20	Citronellol	香茅醇	106-22-9	203-375-0
21	Hexyl Cinnamal	己基桂醛	101-86-0	202-983-3
22	Limonene	柠檬烯	5989-27-5	227-813-5
23	Methyl 2-Octynoate	2-辛炔酸甲酯	111-12-6	203-836-6
24	Alpha-Isomethyl Ionone	异甲基紫罗兰酮	127-51-5	204-846-6
25	Evernia Prunastri EXTRACT	栎扁枝衣提取物	90028-68-5	289-861-3
26	Evernia Furfuracea Extract	树苔提取物	90028-67-4	289-860-8

因此，生产化妆品严禁选用《化妆品安全技术规范》(2015 版) 规定的化妆品禁用组分、化妆品禁用植 (动) 物组分，限制使用化妆品限用组分。要根据《已使用化妆品原料目录》(2021 版) 和《化妆品安全技术规范》(2015 版) 规定的化妆品准用防腐剂、防晒剂、着色剂、染发剂选取原料。其中，限用物质允许作为化妆品的组成成分，但是不准超过规定的最大允许浓度，必须在允许的使用范围和使用条件下应用，并且规定了在产品标签上必须加以说明的内容。化妆品使用的原料必须符合上述原料要求。化妆品必须使用安全，不得对使用部位产生明显刺激和损伤，且无感染性。

实际上，化妆品中的很多成分都可能对特定人群产生刺激或过敏反应，为保障消费者的知情权，减少不必要的过敏状况的发生，《化妆品标签管理办法 (征求意见稿)》(药监妆函〔2020〕105 号) 规定化妆品标签上必须全成分标注，以提示消费者在选购产品时尽量避免选购含有自身身体对其过敏的成分的产品。

第四节 化妆品的安全技术要求

《化妆品安全技术规范》(2015 版) (国家食品药品监督管理总局 2015 年第 268 号) 是原卫生部印发的《化妆品卫生规范》(2007 年版) 的修订版。2015 年 12 月 23 日由国家食品药品监督管理总局批准颁布，自 2016 年 12 月 1 日起施行。该规范具有科学性、先进性和规范性，全面反映了我国当前化妆品行业的发展和检验检测技术的提高，对加强化妆品中安全性风险物质和准用组分的管理，推动我国化妆品科学监管，促进化妆品行业健康发展，提升我国化妆品技术规范权威性和国际影响力等方面将发挥重要作用。这里仅做摘要介绍。

《化妆品安全技术规范》(2015 版) 共分八章，第一章概述，包括范围、术语和释义、化妆品安全通用要求。第二章化妆品禁限用组分，包括化妆品禁用组分 1290 种、化妆品禁用植 (动) 物组分 98 种、化妆品限用组分 47 种。第三章化妆品准用组分，包括 51 项化妆品准用防腐剂、27 项化妆品准用防晒剂、157 项化妆品准用着色剂和 75 项化妆品准用染发剂。第四章理化检验方法 77 个。第五章微生物学检验方法 5 个。第六章毒理学试验方法 16 个。第七章人体安全性检验方法 2 个。第八章人体功效评价检验方法 3 个。

《化妆品安全技术规范》（2015 版）修订施行以来，为充实和完善《化妆品安全技术规范》（2015 版），国家食品药品监督管理局先后发布了 2019 年第 12 号、2019 年第 40 号、2019 年第 66 号、2021 年第 17 号等通告，组织起草的《化妆品中游离甲醛的检测方法》《化妆品用化学原料体外兔角膜上皮细胞短时暴露试验》《皮肤变态反应：局部淋巴结试验：DA》《皮肤变态反应：局部淋巴结试验：BrdU-ELISA》《化妆品用化学原料体外皮肤变态反应：直接多肽反应试验》《化妆品中 3-亚苄基樟脑等 22 种防晒剂的检测方法》《化妆品中激素类成分的检测方法》《化妆品中抗感染类药物的检测方法》等检测方法为新增检测方法，纳入《化妆品安全技术规范》（2015 版），《化妆品中斑蝥素和氮芥的检测方法》《化妆品中 10 种 α-羟基酸的检测方法》《细菌回复突变试验》《致畸试验》《化妆品中防腐剂检验方法》《化妆品中硼酸和硼酸盐检验方法》《化妆品中对苯二胺等 32 种组分检验方法》《化妆品中维甲酸等 8 种组分检验方法》《体外哺乳动物细胞微核试验》《化妆品祛斑美白功效测试方法》《化妆品防脱发功效测试方法》等检测方法为修订的检测方法，替换《化妆品安全技术规范》（2015 版）中原有检测方法。

《化妆品安全技术规范》（2015 版）规定了化妆品的安全技术要求，包括通用要求、禁限用组分要求、准用组分要求以及检验评价方法等。适用于中华人民共和国境内生产和经营的化妆品（仅供境外销售的产品除外）。

一、一般要求

（1）化妆品应经安全性风险评估，确保在正常、合理及可预见的使用条件下，不得对人体健康产生危害。

（2）化妆品生产应符合化妆品生产规范的要求。化妆品的生产过程应科学合理，保证产品安全。

（3）化妆品上市前应进行必要的检验，检验方法包括相关理化检验方法、微生物检验方法、毒理学试验方法和人体安全试验方法等。

（4）化妆品应符合产品质量安全有关要求，经检验合格后方可出厂。

二、配方要求

（1）化妆品配方不得使用《化妆品安全技术规范》（2015 版）第二章表 1 和表 2 所列的化妆品禁用组分（略）。若技术上无法避免禁用物质作为杂质带入化妆品时，国家有限量规定的应符合其规定；未规定限量的，应进行安全性风险评估，确保在正常、合理及可预见的使用条件下不得对人体健康产生危害。

（2）化妆品配方中的原料如属于《化妆品安全技术规范》（2015 版）第二章表 3 化妆品限用组分（略）中所列的物质，使用要求应符合表中规定。

（3）化妆品配方中所用防腐剂、防晒剂、着色剂、染发剂，必须是对应的《化妆品安全技术规范》（2015 版）第三章表 4 至表 7 中所列的物质，使用要求应符合表中规定。

三、微生物指标要求

化妆品中微生物指标应符合表 21-2 中规定的限值。

表 21-2 化妆品中微生物指标限值

微生物指标	限值	备注
菌落总数（CFU/g 或 CFU/mL）	≤500	眼部化妆品、口唇化妆品和儿童化妆品
	≤1000	其他化妆品
霉菌和酵母菌总数（CFU/g 或 CFU/mL）	≤100	
耐热大肠菌群/g（或 mL）	不得检出	
金黄色葡萄球菌/g（或 mL）	不得检出	
铜绿假单胞菌/g（或 mL）	不得检出	

四、有害物质限值要求

化妆品中有害物质不得超过表 21-3 中规定的限值。

表 21-3 化妆品中有害物质限值

有害物质	限值/(mg/kg)	备注
汞	1	含有机汞防腐剂的眼部化妆品除外
铅	10	
砷	2	
镉	5	
甲醇	2000	
二噁烷	30	
石棉	不得检出	

五、包装材料要求

直接接触化妆品的包装材料应当安全，不得与化妆品发生化学反应，不得迁移或释放对人体产生危害的有毒有害物质。

六、标签要求

(1) 凡化妆品中所用原料按照本技术规范需在标签上标印使用条件和注意事项的，应按相应要求标注。

(2) 其他要求应符合国家有关法律法规和规章标准要求。

七、儿童用化妆品要求

(1) 儿童用化妆品在原料、配方、生产过程、标签、使用方式和质量安全控制等方面除满足正常的化妆品安全性要求外，还应满足相关特定的要求，以保证产品的安全性。

(2) 儿童用化妆品应在标签中明确适用对象。

八、原料要求

(1) 化妆品原料应经安全性风险评估，确保在正常、合理及可预见的使用条件下，不得对人体健康产生危害。

(2) 化妆品原料质量安全要求应符合国家相应规定，并与生产工艺和检测技术所达到的水平相适应。

(3) 原料技术要求内容包括化妆品原料名称、登记号（CAS 号和/或 EINECS 号、INCI 名称、拉丁学名等）、使用目的、适用范围、规格、检测方法、可能存在的安全性风险物质及其控制措施等内容。

（4）化妆品原料的包装、储运、使用等过程，均不得对化妆品原料造成污染。直接接触化妆品原料的包装材料应当安全，不得与原料发生化学反应，不得迁移或释放对人体产生危害的有毒有害物质。对有温度、相对湿度或其他特殊要求的化妆品原料应按规定条件储存。

（5）化妆品原料应能通过标签追溯到原料的基本信息（包括但不限于原料标准中文名称、INCI 名称、CAS 号和/或 EINECS 号）、生产商名称、纯度或含量、生产批号或生产日期、保质期等中文标识。属于危险化学品的化妆品原料，其标识应符合国家有关部门的规定。

（6）动植物来源的化妆品原料应明确其来源、使用部位等信息。动物脏器组织及血液制品或提取物的化妆品原料，应明确其来源、质量规格，不得使用未在原产国获准使用的此类原料。

（7）使用化妆品新原料应符合国家有关规定。

第五节 化妆品的监督管理

一、化妆品的监督管理机构

我国化妆品起源很早，但发展缓慢，直至 20 世纪 80 年代，化妆品才作为一个独立行业受到社会关注。但当时化妆品行业十分弱小，既没有专门的法律法规（主要沿用日化行业相关的法律法规），也没有专门的行政管理部门（当时隶属多个部门兼管，包括卫生部、国家工商行政管理局、原轻工业部、原国家检验检疫局和原国家技术监督局等五个部门）。1986 年 12 月，原轻工业部组织有关专家经过一年半的调查研究与编撰，正式向社会颁布了《化妆品生产管理条例》（1987 年 1 月 1 日试行），同年 9 月，国家卫生部也颁布了《化妆品卫生标准（GB 7916—87）》（1987 年 10 月 1 日执行），1989 年 12 月，国家卫生部又颁布了《化妆品卫生监督条例》（卫生部令第 3 号）。为加大化妆品卫生监督力度，提高执法效率，2005 年 5 月国家卫生部又修改下发了《化妆品卫生监督条例实施细则》（卫监督发〔2005〕190 号）。至此，我国化妆品的生产和监督管理开始逐步走向正轨。

进入 21 世纪，我国经济的高速发展大大提升了人们的生活水平与生活质量，特别是我国城镇化的推进，使人们对化妆品的追求与日俱增。但是，化妆品行业安全性事件时有发生，极大地危害了消费者的身心健康，也给化妆品行业造成了极其恶劣的影响。安全无小事，没有安全作为产品的保障，消费者的利益就得不到保障。

针对化妆品行业出现的各类事件，2007 年国家卫生部正式颁布了《化妆品卫生规范》（2007 版）（卫监督发〔2007〕1 号），生产企业在化妆品投放市场前，必须按照国家《化妆品卫生规范》对产品进行卫生质量检验，对质量合格的产品应当附有合格标记，未经检验或者不符合卫生标准的产品不得出厂。2008 年 1 月 1 日国家卫生部制定并颁布了《化妆品生产企业卫生规范》（卫监督发〔2007〕177 号），规定了化妆品生产企业的选址、设施和设备、原料和包装材料、生产过程、成品贮存和出入库、卫生管理及人员等的卫生要求。2008 年，国家将食品药品监督管理局从卫生部分离出来，同时将化妆品监管划归国家食品药品监督管理局。2013 年 5 月国家进一步强化食品药品监督管理职能，成立了国家食品药品监督管理总局，负责制定化妆品监督管理的政策、规划并监督实施，参与起草相关法律法规和部门规章制度，负责化妆品卫生许可、卫生监督管理和有关化妆品的审批工作，组织查处化妆品研制、生产、流通、使用方面的违法行为。2018 年 3 月国务院机构改革方案提请第十三届全国人大一次会议审议通过，单独组建国家药品监督管理局（由国家市场监督管理总局管理），负责化妆品安全监督管理、注册管理、质量管理、上市后风险管理和监督检查等；负责拟订监督管理政策规划，组织起草法律法规草案，拟订部门规章，并监督实施；组织拟订化妆品标准，组织制定分类管理制度，并监督实施等。

二、化妆品的行政许可

2016 年 12 月 31 日之前我国化妆品生产企业实行生产许可证和卫生许可证制度。凡在中华人民共和国境内从事化妆品产品生产的所有企业和单位，都必须取得生产许可证和卫生许可证才具有生产化妆品的资格。任何企业不得生产和销售无生产许可证和卫生许可证的化妆品。化妆品生产企业卫生许可证由各省、市、自治区食品药品监督管理局依据《化妆品卫生监督条例》（卫生部令 1989 年第 3 号）、《化妆品卫生监督条例实施细则》（卫监督发〔2005〕190 号修改）、《化妆品生产企业卫生规范》（卫监督发〔2007〕177 号）负责核发和监督管理。化妆品生产许可证由各省、市、自治区质量技术监督局依据《化妆品生产许可证实施细则》负责核发和监督管理工作。

为进一步加强化妆品生产监管，保障化妆品质量安全，依据化妆品监督管理有关法规，2015 年 12 月 15 日原国家食品药品监督管理总局发布了《关于化妆品生产许可有关事项的公告》（2015 年第 265 号），对化妆品生产企业实行生产许可制度。从事化妆品生产应当取得所在地省级食品药品监管部门核发的《化妆品生产许可证》。《化妆品生产许可证》有效期为 5 年，其式样由国家食品药品监督管理总局统一制定。同时首次将牙膏类产品的生产纳入化妆品生产许可范围。

2017 年 1 月 25 日原国家食品药品监督管理总局下发了《关于统一启用化妆品生产许可证有关事项的公告》（2017 年第 12 号），自 2017 年 1 月 1 日起，统一启用《化妆品生产许可证》。化妆品生产企业持有的原《全国工业产品生产许可证》和《化妆品生产企业卫生许可证》自动作废。自 2017 年 1 月 1 日起，未取得《化妆品生产许可证》的化妆品生产企业，不得从事化妆品生产。持有原《全国工业产品生产许可证》和《化妆品生产企业卫生许可证》的化妆品生产企业，其 2016 年 12 月 31 日前生产的产品可销售至有效期结束。自 2017 年 7 月 1 日起生产的化妆品，必须使用标注了《化妆品生产许可证》信息的新的包装标识。公众可登录国家食品药品监督管理总局网站（现在需登录国家药品监督管理局网站）的化妆品生产许可信息管理系统，查询化妆品生产企业的化妆品生产许可证编号、许可项目、生产地址、法定代表人、企业负责人、有效期等相关信息。

按照《化妆品生产经营监督管理办法》（国家市场监督管理总局令第 46 号）第二章第九条规定，申请化妆品生产许可，应当符合场地、人员、制度等方面六个条件：

（一）是依法设立的企业；

（二）有与生产的化妆品品种、数量和生产许可项目等相适应的生产场地，且与有毒、有害场所以及其他污染源保持规定的距离；

（三）有与生产的化妆品品种、数量和生产许可项目等相适应的生产设施设备且布局合理，空气净化、水处理等设施设备符合规定要求；

（四）有与生产的化妆品品种、数量和生产许可项目等相适应的技术人员；

（五）有与生产的化妆品品种、数量相适应，能对生产的化妆品进行检验的检验人员和检验设备；

（六）有保证化妆品质量安全的管理制度。

许可机关受理申请人提交的申请材料后，按照《化妆品生产许可检查要点》对企业进行现场核查，对符合要求的，作出准予行政许可的决定，颁发《化妆品生产许可证》，并以适当的方式公开，供公众查阅。

三、化妆品的注册备案管理

为了规范化妆品注册和备案行为，保证化妆品质量安全，根据《化妆品监督管理条例》，2021 年 1 月 7 日国家市场监督管理总局公布了《化妆品注册备案管理办法》（国家市场监督管理总局令第 35 号），自 2021 年 5 月 1 日起施行。

根据《化妆品注册备案管理办法》的规定，国家对特殊化妆品和风险程度较高的化妆品新原料实行注册管理，对普通化妆品和其他化妆品新原料实行备案管理。

国家药品监督管理局负责特殊化妆品、进口普通化妆品、化妆品新原料的注册和备案管理，并指导监督省、自治区、直辖市药品监督管理部门承担的化妆品备案相关工作。国家药品监督管理局可以委托具备相应能力的省、自治区、直辖市药品监督管理部门实施进口普通化妆品备案管理工作。

国家药品监督管理局化妆品技术审评机构（中国食品药品检定研究院）负责特殊化妆品、化妆品新原料注册的技术审评工作，进口普通化妆品、化妆品新原料备案后的资料技术核查工作，以及化妆品新原料使用和安全情况报告的评估工作。

国家药品监督管理局行政事项受理服务机构、审核查验机构、不良反应监测机构、信息管理机构等专业技术机构，承担化妆品注册和备案管理所需的注册受理、现场核查、不良反应监测、信息化建设与管理等工作。

为贯彻落实《化妆品注册备案管理办法》，规范和指导化妆品注册与备案工作，2021 年 2 月 26 日国家药监局公布了《化妆品注册备案资料管理规定》（2021 年第 32 号）（以下简称《规定》），自 2021 年 5 月 1 日起施行。

根据《国家药监局关于实施化妆品注册备案资料管理规定有关事项的公告》（2021 年第 35 号）相关要求，自 2021 年 4 月 1 日起，境内的化妆品注册人、备案人、境内责任人和化妆品生产企业，可以通过全国一体化在线政务服务平台国家药监局网上办事大厅（https：//zwfw. nmpa. gov. cn），按照《规定》的要求在化妆品注册备案信息服务平台提交相关资料，办理注册备案用户账号；自 2021 年 5 月 1 日起，化妆品注册人、备案人、境内责任人，应当通过新注册备案平台申请特殊化妆品注册或者进行普通化妆品备案。

2021 年 5 月 1 日起，注册人、备案人申请注册或者进行备案时，应当填报产品配方原料的来源和商品名信息，其中涉及《化妆品安全技术规范》中有质量规格要求的原料，还应当提交原料的质量规格证明或者安全相关信息。

自 2022 年 1 月 1 日起，注册人、备案人申请注册或者进行备案时，应当按照《规定》的要求，提供具有防腐、防晒、着色、染发、祛斑美白功能原料的安全相关信息。

自 2023 年 1 月 1 日起，注册人、备案人申请注册或者进行备案时，应当按照《规定》的要求，提供全部原料的安全相关信息。此前已经取得注册或者完成备案的化妆品，注册人、备案人应当在 2023 年 5 月 1 日前补充提供产品配方中全部原料的安全相关信息。

自 2022 年 1 月 1 日起，申请祛斑美白、防脱发化妆品注册时，注册申请人应当按照规定，提交符合要求的人体功效试验报告。

2021 年 5 月 1 日前申请并取得注册的祛斑美白、防脱发化妆品，注册人应当在 2023 年 5 月 1 日前补充提交人体功效试验报告。

自2022年1月1日起，通过原注册备案平台和新注册备案平台备案的普通化妆品，统一实施年度报告制度。备案人应当于每年1月1日至3月31日期间，通过新注册备案平台，提交备案时间满一年普通化妆品的年度报告。

四、化妆品的监督管理法规体系

作为化妆品生产企业和化妆品研发、生产、管理人员应很好地学习、落实、执行相关法律法规，做到知法、懂法、守法，促进国内化妆品行业向规范化发展，提升国内化妆品企业在国际上的竞争力。目前的化妆品监督管理法规体系主要包括行政法规、部门规章、规范性文件和技术标准等。

1.行政法规

主要有《化妆品监督管理条例》（中华人民共和国国务院令第727号），2020年6月16日由国务院批准，自2021年1月1日起施行。

2.部门规章

主要有《化妆品生产经营监督管理办法》（国家市场监督管理总局2021年第46号令），《化妆品注册备案管理办法》（国家市场监督管理总局2021年第35号令）等。

3.规范性文件

主要有《化妆品安全技术规范（2015版）》（食品药品监督管理总局2015年第268号），《化妆品补充检验方法管理工作规程》国家药监局2021年第28号，《化妆品新原料注册备案资料管理规定》（国家药监局2021年第31号），《化妆品注册备案资料管理规定》（国家药监局2021年第35号），《化妆品分类规则和分类目录》（国家药监局2021年第49号），《化妆品功效宣称评价规范》（国家药监局2021年第50号），《化妆品安全评估技术导则（2021年版）》（国家药监局2021年第51号），《已使用化妆品原料目录（2021年版）》（国家药监局2021年第62号），《儿童化妆品监督管理规定》（国家药监局2021年第123号），《化妆品生产质量管理规范》（国家药监局2022年第1号），《化妆品生产许可工作规范》（食品药品监督管理总局2016年2月3日）等。

4.技术标准

技术标准是对标准化领域中需要协调统一的技术事项所制订的标准。它是根据不同时期的科学技术水平和实践经验，针对具有普遍性和重复出现的技术问题，提出的最佳解决方案。它的对象既可以是物质的（如产品、材料、工具），也可以是非物质的（如概念、程序、方法、符号）。技术标准一般分为基础标准、产品标准、方法标准和安全、卫生、环境保护标准等。技术标准是从事科研、设计、工艺、检验等技术工作以及商品流通中共同遵守的技术依据。

根据制定标准的主体和区域不同，标准又分为国家标准、行业标准、地方标准、团体标准、企业标准、国际标准、国外标准，不同主体制定的标准适用区域、约束力也随着主体的权威性与公信力有所增减。根据标准的约束力我国把国家标准分为强制性标准和推荐性标准两大类。保障人体健康，人身、财产安全的标准和法律、行政法规规定强制执行的标准是强制性标准，其他标准是推荐性标准。省、自治区、直辖市标准化行政主管部门制定的工业产品的安全、卫生要求的地方标准，在本行政区域内是强制性标准。强制性标准，必须执行。不符合强制性标准的产品，禁止生产、销售和进口。而推荐性标准，一经接受并采用，或各方商定同意纳入经济合同中，就成为各方必须共同遵守的技术依据，也具有法律上的约束性。

自 2021 年 1 月 1 日《化妆品监督管理条例》（中华人民共和国国务院令第 727 号）施行以来开始实施的国家标准包括：GB/T 39993—2021《化妆品中限用防腐剂二甲基噁唑烷，7-乙基双环噁唑烷和 5-溴-5-硝基-13-二噁烷的测定》，GB/T 39999—2021《化妆品中恩诺沙星等 15 种禁用喹诺酮类抗生素的测定　液相色谱-串联质谱法》；GB/T 39927—2021《化妆品中禁用物质藜芦碱的测定　高效液相色谱法》；GB/T 39946—2021《唇用化妆品中禁用物质对位红的测定　高效液相色谱法》；GB/T 39665—2020《含植物提取物类化妆品中 55 种禁用农药残留量的测定》。

《中华人民共和国标准化法》规定：国家鼓励积极采用国际标准。对需要在全国范围内统一的技术要求，应当制定国家标准。国家标准由国务院标准化行政主管部门制定。对没有国家标准而又需要在全国某个行业范围内统一的技术要求，可以制定行业标准。行业标准由国务院有关行政主管部门制定，并报国务院标准化行政主管部门备案，在公布国家标准之后，该项行业标准即行废止。对没有国家标准和行业标准而又需要在省、自治区、直辖市范围内统一的工业产品的安全、卫生要求，可以制定地方标准。地方标准由省、自治区、直辖市标准化行政主管部门制定，并报国务院标准化行政主管部门和国务院有关行政主管部门备案，在公布国家标准或者行业标准之后，该项地方标准即行废止。

据不完全统计，2021 年 1 月 1 日至 2022 年 1 月 18 日收录的相关团体共计 21 个，汇总的相关现行化妆品标准共计 55 个，见表 21-4。

表 21-4　2021 年 1 月 1 日至 2022 年 1 月 18 日收录的相关团体的相关现行化妆品标准

序号	团体名称	标准标号	标准名称	公布日期
1	上海日用化学品行业协会	T/SHRH 031—2020	化妆品紧致、抗皱功效测试——体外成纤维　细胞Ⅰ型胶原蛋白含量测定	2021.1.4
2		T/SHRH 032—2020	化妆品紧致、抗皱功效测试——体外角质形成细胞活性氧(ROS)抑制测试方法	2021.1.4
3		T/SHRH 034—2021	化妆品舒缓功效测试——体外 TNF-α 炎症因子含量测定　脂多糖诱导巨噬细胞 RAW264.7 测试方法	2021.1.8
4		T/SHRH 036—2021	化妆品黑色素抑制测试——斑马鱼胚胎测试方法	2021.9.30
5		T/SHRH 037—2021	化妆品用原料　山茶籽油	2021.9.30
6		T/SHRH 018—2021	化妆品改善眼角纹功效　临床评价方法	2021.10.13
7		T/SHRH 039—2021	化妆品生产企业——质量安全控制数字化转型评价指南	2022.1.10
8		T/SHRH 040—2021	东方美谷化妆品内包材验收管理规范　第 1 部分：通用管理要求	2022.1.14
9	上海市闵行区中小企业协会	T/SHMHZQ 078—2021	化妆品塑料包装生产技术规范	2021.11.18
10		T/SHMHZQ 084—2021	纯素化妆品生产技术规范	2021.11.18
11	江苏省保健食品化妆品安全协会	T/SHFCA 002—2021	化妆品稳定性试验指导原则	2021.7.12
12	江苏省日用化学品行业协会	T/JSRH 002—2021	化妆品用原料　月桂酰丙氨酸	2021.1.18

续表

序号	团体名称	标准标号	标准名称	公布日期
13	浙江省健康产品化妆品行业协会	T/ZHCA 007—2019	染发化妆品眼刺激性试验体外测试方法 牛角膜浑浊和渗透性试验	2022.1.4
14		T/ZHCA 008—2019	眼霜类化妆品眼刺激性试验体外测试方法 鸡胚绒毛膜尿囊膜血管试验	2022.1.4
15		T/ZHCA 009—2019	面霜类化妆品皮肤刺激性试验体外测试方法 重建皮肤模型体外刺激试验	2022.1.4
16		T/ZHCA 012—2021	化妆品美白功效测试 斑马鱼胚胎黑色素抑制功效测试方法	2022.1.4
17		T/ZHCA 013—2021	洁面类化妆品眼刺激性试验体外测试方法 重建人角膜上皮模型体外刺激试验	2022.1.4
18		T/ZHCA 010—2020	染发类化妆品皮肤变态反应体外测试方法 人源细胞系激活试验法	2022.1.4
19		T/ZHCA 011—2020	祛斑美白类化妆品皮肤变态反应体外测试方法 人源细胞系激活试验法	2022.1.4
20		T/ZHCA 603—2021	化妆品生产企业消毒技术规范	2022.1.4
21	浙江省健康产品化妆品行业协会	T/SYXB 0005—2021	化妆品包装 口红管	2021.11.30
22		T/SYXB 0004—2021	化妆品包装 泡沫瓶	2021.11.30
23		T/SYXB 0003—2021	化妆品包装 乳液瓶	2021.11.30
24		T/SYXB 0001—2021	化妆品包装 膏霜瓶	2021/12/14
25	山东省日用化学工业协会	T/SDCIA 1007—2022	化妆品用原料 牡丹籽油	2022/1/11
26	山东质量检验协会	T/SDAQI 004—2021	化妆品中牛磺酸的测定 高效液相色谱法	2021.9.30
27		T/SDAQI 005—2021	化妆品中铜绿假单胞菌的快速定性检测 实时荧光PCR方法	2021.9.30
28		T/SDAQI 006—2021	化妆品中环磷酸腺苷和环磷酸鸟苷的测定 高效液相色谱法	2021.9.30
29	广东省化妆品学会	T/GDCA 003—2021	化妆品生产企业智能制造信息化系统实施指南	2021.7.16
30		T/GDCA 007—2021	化妆品用原料 辛酰羟肟酸	2021.11.26
31		T/GDCA 006—2021	化妆品原料对酪氨酸酶活性抑制试验方法(体外法)	2021.12.1
32		T/GDCA 008—2021	洁面产品的保湿和控油功效测试方法	2021.12.28
33	广东省日化商会	T/GDCDC 019—2021	化妆品抗皱功效测试方法	2021.12.2
34	广州开发区黄埔化妆品产业协会	T/HPCIA 004—2021	化妆品 急性毒性的测定 斑马鱼胚法	2021.5.7
35		T/HPCIA 005—2021	化妆品 美白功效的测定 斑马鱼胚法	2021.5.7
36		T/HPCIA 006—2021	化妆品 温和刺激性的测定 斑马鱼胚法	2021.5.7
37		T/HPCIA 007—2021	化妆品 抗过敏的测定 斑马鱼胚法	2021.5.7
38		T/HPCIA 008—2021	化妆品用原料无患子(*Sapindus mukurossi*)提取物	2021.5.27
39		T/HPCIA 009—2021	化妆品用原料西柚(*Citrus paradisi*)提取物	2021.5.27
40		T/HPCIA 010—2021	化妆品用原料油溶紫草(*Arnebia euchroma*)提取物	2021.5.27

续表

序号	团体名称	标准标号	标准名称	公布日期
41	广东省美容美发化妆品行业协会	T/GDBCA 002—2022	超纳微晶美容美肤仪	2022.1.18
42	福建省日用化学品商会	T/FDCA 001—2021	化妆品包装材料中可迁移荧光增白剂的测定	2021.2.22
43		T/FDCA 002—2021	化妆品生产用水	2021.2.22
44	北京日化协会	T/BDCA 0001—2020	化妆品用中国特色植物资源原料目录	2021.11.19
45		T/BDCA 0002—2020	化妆品用中国特色植物原料研发指南	2021.11.19
46	天津市日用化学品协会	T/TDCA 002—2020	化妆品物料供应商评审指南	2021.6.8
47		T/TDCA 003—2021	化妆品紧致功效测试方法	2021.8.23
48		T/TDCA 004—2021	化妆品祛痘功效测试方法	2021.8.25
49	绵阳市化妆品行业协会	T/MYHZPXH—001	化妆品经营质量管理规范	2021.1.20
50	重庆市认证认可协会	T/CQCAA 0009—2021	化妆品中14种美白活性成分的测定　液相色谱-质谱联用法	2021.12.9
51		T/CQCAA 0008—2021	化妆品中5种酚类物质的测定　气相色谱-质谱联用法	2021.12.9
52	广西标准化协会	T/GXAS 253—2021	化妆品用滑石粉	2022.1.16
53	中国香料香精化妆品工业协会	T/CAFFCI 49—2021	日用纳微缓释香精	2021.11.16
54	中国质量检验协会	T/CAQI 216—2021	化妆品鉴别指南	2021.7.23
55	全国卫生产业企业管理协会	T/NAHIEM 45—2021	化妆品用水母提取物	2021.12.30

企业生产的产品没有国家标准和行业标准的，应当制定企业标准，作为组织生产的依据。企业的产品标准须报当地政府标准化行政主管部门和有关行政主管部门备案。已有国家标准或行业标准的，国家鼓励企业制定严于国家标准或行业标准的企业标准，在企业内部适用。

根据《化妆品注册备案资料管理规定》（国家药监局2021年第32号）第十三条的规定，产品执行的标准包括全成分、生产工艺简述、感官指标、微生物和理化指标及其质量控制措施、使用方法、贮存条件、使用期限等内容，应当符合国家有关法律法规、强制性国家标准和技术规范的要求。产品执行的标准样例如下：

化妆品产品执行的标准

（产品执行的标准编号）

中文名称（由系统自动导入）

外文名称（由系统自动导入）

【配方全成分】（由系统自动导入，包括原料的序号、全部原料的中文名称和使用目的）见表21-5。

表 21-5 产品配方原料和使用目的

序号	原料中文名称	使用目的

【生产工艺简述】应简要描述产品实际生产制作过程，包括投料、混合、灌装等主要步骤，应当提交的工艺参数主要指温度，温度范围的设定应当主要考虑对产品质量、安全性的影响，其次还考虑不同生产规模、不同生产设备时所需要的温度。

涉及分段生产的示例如下：

(1) 将 A 相原料加入水相锅内，加热（70～80℃），充分混合均匀，搅拌，投入主锅中。

(2) 将 B 相原料搅拌完全分散好后加入主锅中。

(3) 将 C 相搅拌完全分散好后加入主锅中。

(4) 搅拌完全分散。

(5) 搅拌冷却（40～50℃），将 D 相中的原料加入主锅内，搅拌，冷却至室温，脱泡过滤，出料（半成品）。取样检测、料体转移。

(6) 灌装（成品）（下方数字表示原料序号）

A 相原料：部分 1、4、5、8、9、10、15

B 相原料：部分 1、7、16

C 相原料：2、3、6、11、12、13、14

E 相原料：17

步骤 (1)～(5) 所得的半成品，在生产企业 1：××国××区××路××号制成或者生产企业 2：××国××区××路××号制成。

步骤 (6) 所得的成品，在生产企业 3：中国××省××路××号制成。

（同一生产企业如有多个生产地址，可同时列出）

【感官指标】（表 21-6）

颜色：例如浅粉色；

性状：例如膏；

气味：请按产品实际情况填写：有香味、有原料特征性气味、无味；

表 21-6　感官指标

检验项目	指标
颜色	……
性状	……
气味	有香味
……	……

【微生物和理化指标及质量控制措施】（表 21-7）

表 21-7　微生物和理化指标及质量控制措施

项目	指标	质量管理措施	简要说明
菌落总数	≤1000 CFU/g	产品逐批检验	按《化妆品安全技术规范》(2015 年版)“微生物检验方法”进行检验
……	……	……	……
耐热大肠菌群	不得检出/g	生产工艺流程管控和全项检验	按革兰氏阴性菌定性检测方法进行检验
铅(以铅计)	≤10mg/kg	原料相关指标控制以及全项检验	总重金属检测
……	……	……	……
砷(以砷计)	≤2mg/kg	原料相关指标控制和全项检验	总重金属检测
镉	≤1mg/kg	原料相关指标控制和全项检验	总重金属检测
……	……	……	……
……	……	……	……

备注：质量管理措施（1）注册人、备案人应根据产品实际控制的需要，每个指标选择 1 项以上（含 1 项）的质量管理措施，以确保最终产品符合《化妆品安全技术规范》以及产品执行的标准要求。

（2）可接受的质量管理措施包括但不限于：产品逐批检验、全项检验、原料相关指标控制、生产工艺流程管控等等。

简要说明

示例（1）：生产工艺流程管控和全项检验：该产品生产过程厂房空气净化级别达到＊＊＊＊，并按照全项检验要求开展必要的检验；所用的“革兰氏阴性菌定性检测”方法，为我司自行开发方法，对标 ISO＊＊＊，并与《化妆品安全技术规范》“微生物检验方法”中耐热大肠菌群和铜绿假单胞菌检验方法进行对比验证。本方法为定性检测是否含有革兰氏阴性菌、耐热大肠菌群和铜绿假单胞菌属革兰氏阴性菌，检验结果能符合《化妆品安全技术规范》耐热大肠菌群和铜绿假单胞菌指标要求，已进行多批次的试验数据结果对比。

示例（2）：原料相关指标控制和全项检验：要求原料供应商对所有有可能带入重金属的原料的总金属指标出具分析报告书（CoA），说明残留量。附以必要的原料和产品的全项检验，所用的“总重金属检测”方法，为自行开发方法，已与《化妆品安全技术规范》中汞、铅、砷、镉检验方法进行验证，将产品中总重金属以铅记，检测总含量，规定总重金属残留量不超过 1mg/kg，以保证符合《化妆品安全技术规范》所有重金属指标的相关要求。

【使用方法】　……

【安全警示用语】　……

【贮存条件】　……

【使用期限】　……

附录　化妆品法律法规

一、化妆品监督管理条例

（2020 年 6 月 16 日中华人民共和国国务院令第 727 号）

第一章　总　　则

第一条　为了规范化妆品生产经营活动，加强化妆品监督管理，保证化妆品质量安全，保障消费者健康，促进化妆品产业健康发展，制定本条例。

第二条　在中华人民共和国境内从事化妆品生产经营活动及其监督管理，应当遵守本条例。

第三条　本条例所称化妆品，是指以涂擦、喷洒或者其他类似方法，施用于皮肤、毛发、指甲、口唇等人体表面，以清洁、保护、美化、修饰为目的的日用化学工业产品。

第四条　国家按照风险程度对化妆品、化妆品原料实行分类管理。

化妆品分为特殊化妆品和普通化妆品。国家对特殊化妆品实行注册管理，对普通化妆品实行备案管理。

化妆品原料分为新原料和已使用的原料。国家对风险程度较高的化妆品新原料实行注册管理，对其他化妆品新原料实行备案管理。

第五条　国务院药品监督管理部门负责全国化妆品监督管理工作。国务院有关部门在各自职责范围内负责与化妆品有关的监督管理工作。

县级以上地方人民政府负责药品监督管理的部门负责本行政区域的化妆品监督管理工作。县级以上地方人民政府有关部门在各自职责范围内负责与化妆品有关的监督管理工作。

第六条　化妆品注册人、备案人对化妆品的质量安全和功效宣称负责。

化妆品生产经营者应当依照法律、法规、强制性国家标准、技术规范从事生产经营活动，加强管理，诚信自律，保证化妆品质量安全。

第七条　化妆品行业协会应当加强行业自律，督促引导化妆品生产经营者依法从事生产经营活动，推动行业诚信建设。

第八条　消费者协会和其他消费者组织对违反本条例规定损害消费者合法权益的行为，依法进行社会监督。

第九条　国家鼓励和支持开展化妆品研究、创新，满足消费者需求，推进化妆品品牌建设，发挥品牌引领作用。国家保护单位和个人开展化妆品研究、创新的合法权益。

国家鼓励和支持化妆品生产经营者采用先进技术和先进管理规范，提高化妆品质量安全水平；鼓励和支持运用现代科学技术，结合我国传统优势项目和特色植物资源研究开发化妆品。

第十条　国家加强化妆品监督管理信息化建设，提高在线政务服务水平，为办理化妆品行政许可、备案提供便利，推进监督管理信息共享。

第二章　原料与产品

第十一条　在我国境内首次使用于化妆品的天然或者人工原料为化妆品新原料。具有防腐、防晒、着色、染发、祛斑美白功能的化妆品新原料，经国务院药品监督管理部门注册后方可使用；其他化妆品新原料应当在使用前向国务院药品监督管理部门备案。国务院药品监督管理部门可以根据科学研究的发展，调整实行注册管理的化妆品新原料的范围，经国务院批准后实施。

第十二条　申请化妆品新原料注册或者进行化妆品新原料备案，应当提交下列资料：

（一）注册申请人、备案人的名称、地址、联系方式；

（二）新原料研制报告；

（三）新原料的制备工艺、稳定性及其质量控制标准等研究资料；

（四）新原料安全评估资料。

注册申请人、备案人应当对所提交资料的真实性、科学性负责。

第十三条　国务院药品监督管理部门应当自受理化妆品新原料注册申请之日起 3 个工作日内将申请资料转交技术审评机构。技术审评机构应当自收到申请资料之日起 90 个工作日内完成技术审评，向国务院药品监督管理部门提交审评意见。国务院药品监督管理部门应当自收到审评意见之日起 20 个工作日内作出决定。对符合要求的，准予注册并发给化妆品新原料注册证；对不符合要求的，不予注册并书面说明理由。

化妆品新原料备案人通过国务院药品监督管理部门在线政务服务平台提交本条例规定的备案资料后即完成备案。

国务院药品监督管理部门应当自化妆品新原料准予注册之日起、备案人提交备案资料之日起 5 个工作日内向社会公布注册、备案有关信息。

第十四条　经注册、备案的化妆品新原料投入使用后 3 年内，新原料注册人、备案人应当每年向国务院药品监督管理部门报告新原料的使用和安全情况。对存在安全问题的化妆品新原料，由国务院药品监督管理部门撤销注册或者取消备案。3 年期满未发生安全问题的化妆品新原料，纳入国务院药品监督管理部门制定的已使用的化妆品原料目录。

经注册、备案的化妆品新原料纳入已使用的化妆品原料目录前，仍然按照化妆品新原料进行管理。

第十五条　禁止用于化妆品生产的原料目录由国务院药品监督管理部门制定、公布。

第十六条　用于染发、烫发、祛斑美白、防晒、防脱发的化妆品以及宣称新功效的化妆品为特殊化妆品。特殊化妆品以外的化妆品为普通化妆品。

国务院药品监督管理部门根据化妆品的功效宣称、作用部位、产品剂型、使用人群等因素，制定、公布化妆品分类规则和分类目录。

第十七条　特殊化妆品经国务院药品监督管理部门注册后方可生产、进口。国产普通化妆品应当在上市销售前向备案人所在地省、自治区、直辖市人民政府药品监督管理部门备案。进口普通化妆品应当在进口前向国务院药品监督管理部门备案。

第十八条　化妆品注册申请人、备案人应当具备下列条件：

（一）是依法设立的企业或者其他组织；

（二）有与申请注册、进行备案的产品相适应的质量管理体系；

（三）有化妆品不良反应监测与评价能力。

第十九条　申请特殊化妆品注册或者进行普通化妆品备案，应当提交下列资料：

（一）注册申请人、备案人的名称、地址、联系方式；

（二）生产企业的名称、地址、联系方式；

（三）产品名称；

（四）产品配方或者产品全成分；

（五）产品执行的标准；

（六）产品标签样稿；

（七）产品检验报告；

（八）产品安全评估资料。

注册申请人首次申请特殊化妆品注册或者备案人首次进行普通化妆品备案的，应当提交其符合本条例第十八条规定条件的证明资料。申请进口特殊化妆品注册或者进行进口普通化妆品备案的，应当同时提交产品在生产国（地区）已经上市销售的证明文件以及境外生产企业符合化妆品生产质量管理规范的证明资料；专为向我国出口生产、无法提交产品在生产国（地区）已经上市销售的证明文件的，应当提交面向我国消费者开展的相关研究和试验的资料。

注册申请人、备案人应当对所提交资料的真实性、科学性负责。

第二十条 国务院药品监督管理部门依照本条例第十三条第一款规定的化妆品新原料注册审查程序对特殊化妆品注册申请进行审查。对符合要求的，准予注册并发给特殊化妆品注册证；对不符合要求的，不予注册并书面说明理由。已经注册的特殊化妆品在生产工艺、功效宣称等方面发生实质性变化的，注册人应当向原注册部门申请变更注册。

普通化妆品备案人通过国务院药品监督管理部门在线政务服务平台提交本条例规定的备案资料后即完成备案。

省级以上人民政府药品监督管理部门应当自特殊化妆品准予注册之日起、普通化妆品备案人提交备案资料之日起 5 个工作日内向社会公布注册、备案有关信息。

第二十一条 化妆品新原料和化妆品注册、备案前，注册申请人、备案人应当自行或者委托专业机构开展安全评估。

从事安全评估的人员应当具备化妆品质量安全相关专业知识，并具有 5 年以上相关专业从业经历。

第二十二条 化妆品的功效宣称应当有充分的科学依据。化妆品注册人、备案人应当在国务院药品监督管理部门规定的专门网站公布功效宣称所依据的文献资料、研究数据或者产品功效评价资料的摘要，接受社会监督。

第二十三条 境外化妆品注册人、备案人应当指定我国境内的企业法人办理化妆品注册、备案，协助开展化妆品不良反应监测、实施产品召回。

第二十四条 特殊化妆品注册证有效期为 5 年。有效期届满需要延续注册的，应当在有效期届满 30 个工作日前提出延续注册的申请。除有本条第二款规定情形外，国务院药品监督管理部门应当在特殊化妆品注册证有效期届满前作出准予延续的决定；逾期未作决定的，视为准予延续。

有下列情形之一的，不予延续注册：

（一）注册人未在规定期限内提出延续注册申请；

（二）强制性国家标准、技术规范已经修订，申请延续注册的化妆品不能达到修订后标准、技术规范的要求。

第二十五条 国务院药品监督管理部门负责化妆品强制性国家标准的项目提出、组织起草、征求意见和技术审查。国务院标准化行政部门负责化妆品强制性国家标准的立项、编号和对外通报。

化妆品国家标准文本应当免费向社会公开。

化妆品应当符合强制性国家标准。鼓励企业制定严于强制性国家标准的企业标准。

第三章 生产经营

第二十六条 从事化妆品生产活动，应当具备下列条件：

（一）是依法设立的企业；

（二）有与生产的化妆品相适应的生产场地、环境条件、生产设施设备；

（三）有与生产的化妆品相适应的技术人员；

（四）有能对生产的化妆品进行检验的检验人员和检验设备；

（五）有保证化妆品质量安全的管理制度。

第二十七条 从事化妆品生产活动，应当向所在地省、自治区、直辖市人民政府药品监督管理部门提出申请，提交其符合本条例第二十六条规定条件的证明资料，并对资料的真实性负责。

省、自治区、直辖市人民政府药品监督管理部门应当对申请资料进行审核，对申请人的生产场所进行现场核查，并自受理化妆品生产许可申请之日起 30 个工作日内作出决定。对符合规定条件的，准予许可并发给化妆品生产许可证；对不符合规定条件的，不予许可并书面说明理由。

化妆品生产许可证有效期为 5 年。有效期届满需要延续的，依照《中华人民共和国行政许可法》的规定办理。

第二十八条 化妆品注册人、备案人可以自行生产化妆品，也可以委托其他企业生产化妆品。

委托生产化妆品的，化妆品注册人、备案人应当委托取得相应化妆品生产许可的企业，并对受委托企业（以下称受托生产企业）的生产活动进行监督，保证其按照法定要求进行生产。受托生产企业应当依照法律、法规、强制性国家标准、技术规范以及合同约定进行生产，对生产活动负责，并接受化妆品注册人、备案人的监督。

第二十九条 化妆品注册人、备案人、受托生产企业应当按照国务院药品监督管理部门制定的化妆品生产质量管理规范的要求组织生产化妆品，建立化妆品生产质量管理体系，建立并执行供应商遴选、原料验收、生产过程及质量控制、设备管理、产品检验及留样等管理制度。

化妆品注册人、备案人、受托生产企业应当按照化妆品注册或者备案资料载明的技术要求生产化妆品。

第三十条 化妆品原料、直接接触化妆品的包装材料应当符合强制性国家标准、技术规范。

不得使用超过使用期限、废弃、回收的化妆品或者化妆品原料生产化妆品。

第三十一条 化妆品注册人、备案人、受托生产企业应当建立并执行原料以及直接接触化妆品的包装材料进货查验记录制度、产品销售记录制度。进货查验记录和产品销售记录应当真实、完整，保证可追溯，保存期限不得少于产品使用期限届满后 1 年；产品使用期限不足 1 年的，记录保存期限不得少于2 年。

化妆品经出厂检验合格后方可上市销售。

第三十二条 化妆品注册人、备案人、受托生产企业应当设质量安全负责人，承担相应的产品质量安全管理和产品放行职责。

质量安全负责人应当具备化妆品质量安全相关专业知识，并具有 5 年以上化妆品生产或者质量安全管理经验。

第三十三条 化妆品注册人、备案人、受托生产企业应当建立并执行从业人员健康管理制度。患有国务院卫生主管部门规定的有碍化妆品质量安全疾病的人员不得直接从事化妆品生产活动。

第三十四条 化妆品注册人、备案人、受托生产企业应当定期对化妆品生产质量管理规范的执行情况进行自查；生产条件发生变化，不再符合化妆品生产质量管理规范要求的，应当立即采取整改措施；可能影响化妆品质量安全的，应当立即停止生产并向所在地省、自治区、直辖市人民政府药品监督管理部门报告。

第三十五条 化妆品的最小销售单元应当有标签。标签应当符合相关法律、行政法规、强制性国家标准，内容真实、完整、准确。

进口化妆品可以直接使用中文标签，也可以加贴中文标签；加贴中文标签的，中文标签内容应当与原标签内容一致。

第三十六条 化妆品标签应当标注下列内容：

（一）产品名称、特殊化妆品注册证编号；

（二）注册人、备案人、受托生产企业的名称、地址；

（三）化妆品生产许可证编号；

（四）产品执行的标准编号；

（五）全成分；

（六）净含量；

（七）使用期限、使用方法以及必要的安全警示；

（八）法律、行政法规和强制性国家标准规定应当标注的其他内容。

第三十七条 化妆品标签禁止标注下列内容：

（一）明示或者暗示具有医疗作用的内容；

（二）虚假或者引人误解的内容；

（三）违反社会公序良俗的内容；

（四）法律、行政法规禁止标注的其他内容。

第三十八条 化妆品经营者应当建立并执行进货查验记录制度，查验供货者的市场主体登记证明、化妆品注册或者备案情况、产品出厂检验合格证明，如实记录并保存相关凭证。记录和凭证保存期限应当符合本条例第三十一条第一款的规定。

化妆品经营者不得自行配制化妆品。

第三十九条 化妆品生产经营者应当依照有关法律、法规的规定和化妆品标签标示的要求贮存、运输化妆品，定期检查并及时处理变质或者超过使用期限的化妆品。

第四十条 化妆品集中交易市场开办者、展销会举办者应当审查入场化妆品经营者的市场主体登记证明，承担入场化妆品经营者管理责任，定期对入场化妆品经营者进行检查；发现入场化妆品经营者有违反本条例规定行为的，应当及时制止并报告所在地县级人民政府负责药品监督管理的部门。

第四十一条 电子商务平台经营者应当对平台内化妆品经营者进行实名登记，承担平台内化妆品经营者管理责任，发现平台内化妆品经营者有违反本条例规定行为的，应当及时制止并报告电子商务平台经营者所在地省、自治区、直辖市人民政府药品监督管理部门；发现严重违法行为的，应当立即停止向违法的化妆品经营者提供电子商务平台服务。

平台内化妆品经营者应当全面、真实、准确、及时披露所经营化妆品的信息。

第四十二条 美容美发机构、宾馆等在经营中使用化妆品或者为消费者提供化妆品的，应当履行本条例规定的化妆品经营者义务。

第四十三条 化妆品广告的内容应当真实、合法。

化妆品广告不得明示或者暗示产品具有医疗作用，不得含有虚假或者引人误解的内容，不得欺骗、误导消费者。

第四十四条 化妆品注册人、备案人发现化妆品存在质量缺陷或者其他问题，可能危害人体健康的，应当立即停止生产，召回已经上市销售的化妆品，通知相关化妆品经营者和消费者停止经营、使用，并记录召回和通知情况。化妆品注册人、备案人应当对召回的化妆品采取补救、无害化处理、销毁等措施，并将化妆品召回和处理情况向所在地省、自治区、直辖市人民政府药品监督管理部门报告。

受托生产企业、化妆品经营者发现其生产、经营的化妆品有前款规定情形的，应当立即停止生产、经营，通知相关化妆品注册人、备案人。化妆品注册人、备案人应当立即实施召回。

负责药品监督管理的部门在监督检查中发现化妆品有本条第一款规定情形的，应当通知化妆品注册人、备案人实施召回，通知受托生产企业、化妆品经营者停止生产、经营。

化妆品注册人、备案人实施召回的，受托生产企业、化妆品经营者应当予以配合。

化妆品注册人、备案人、受托生产企业、经营者未依照本条规定实施召回或者停止生产、经营的，负责药品监督管理的部门责令其实施召回或者停止生产、经营。

第四十五条 出入境检验检疫机构依照《中华人民共和国进出口商品检验法》的规定对进口的化妆品实施检验；检验不合格的，不得进口。

进口商应当对拟进口的化妆品是否已经注册或者备案以及是否符合本条例和强制性国家标准、技术规范进行审核；审核不合格的，不得进口。进口商应当如实记录进口化妆品的信息，记录保存期限应当符合本条例第三十一条第一款的规定。

出口的化妆品应当符合进口国（地区）的标准或者合同要求。

第四章 监督管理

第四十六条 负责药品监督管理的部门对化妆品生产经营进行监督检查时，有权采取下列措施：

（一）进入生产经营场所实施现场检查；

（二）对生产经营的化妆品进行抽样检验；

（三）查阅、复制有关合同、票据、账簿以及其他有关资料；

（四）查封、扣押不符合强制性国家标准、技术规范或者有证据证明可能危害人体健康的化妆品及其原料、直接接触化妆品的包装材料，以及有证据证明用于违法生产经营的工具、设备；

（五）查封违法从事生产经营活动的场所。

第四十七条 负责药品监督管理的部门对化妆品生产经营进行监督检查时，监督检查人员不得少于2人，并应当出示执法证件。监督检查人员对监督检查中知悉的被检查单位的商业秘密，应当依法予以保密。被检查单位对监督检查应当予以配合，不得隐瞒有关情况。

负责药品监督管理的部门应当对监督检查情况和处理结果予以记录，由监督检查人员和被检查单位负责人签字；被检查单位负责人拒绝签字的，应当予以注明。

第四十八条 省级以上人民政府药品监督管理部门应当组织对化妆品进行抽样检验；对举报反映或者日常监督检查中发现问题较多的化妆品，负责药品监督管理的部门可以进行专项抽样检验。

进行抽样检验，应当支付抽取样品的费用，所需费用纳入本级政府预算。

负责药品监督管理的部门应当按照规定及时公布化妆品抽样检验结果。

第四十九条 化妆品检验机构按照国家有关认证认可的规定取得资质认定后，方可从事化妆品检验活动。化妆品检验机构的资质认定条件由国务院药品监督管理部门、国务院市场监督管理部门制定。

化妆品检验规范以及化妆品检验相关标准品管理规定，由国务院药品监督管理部门制定。

第五十条 对可能掺杂掺假或者使用禁止用于化妆品生产的原料生产的化妆品，按照化妆品国家标准规定的检验项目和检验方法无法检验的，国务院药品监督管理部门可以制定补充检验项目和检验方法，用于对化妆品的抽样检验、化妆品质量安全案件调查处理和不良反应调查处置。

第五十一条 对依照本条例规定实施的检验结论有异议的，化妆品生产经营者可以自收到检验结论之日起7个工作日内向实施抽样检验的部门或者其上一级负责药品监督管理的部门提出复检申请，由受理复检申请的部门在复检机构名录中随机确定复检机构进行复检。复检机构出具的复检结论为最终检验结论。复检机构与初检机构不得为同一机构。复检机构名录由国务院药品监督管理部门公布。

第五十二条 国家建立化妆品不良反应监测制度。化妆品注册人、备案人应当监测其上市销售化妆品的不良反应，及时开展评价，按照国务院药品监督管理部门的规定向化妆品不良反应监测机构报告。受托生产企业、化妆品经营者和医疗机构发现可能与使用化妆品有关的不良反应的，应当报告化妆品不良反应监测机构。鼓励其他单位和个人向化妆品不良反应监测机构或者负责药品监督管理的部门报告可能与使用化妆品有关的不良反应。

化妆品不良反应监测机构负责化妆品不良反应信息的收集、分析和评价，并向负责药品监督管理的部门提出处理建议。

化妆品生产经营者应当配合化妆品不良反应监测机构、负责药品监督管理的部门开展化妆品不良反应调查。

化妆品不良反应是指正常使用化妆品所引起的皮肤及其附属器官的病变，以及人体局部或者全身性的损害。

第五十三条 国家建立化妆品安全风险监测和评价制度，对影响化妆品质量安全的风险因素进行监测和评价，为制定化妆品质量安全风险控制措施和标准、开展化妆品抽样检验提供科学依据。

国家化妆品安全风险监测计划由国务院药品监督管理部门制定、发布并组织实施。国家化妆品安全风险监测计划应当明确重点监测的品种、项目和地域等。

国务院药品监督管理部门建立化妆品质量安全风险信息交流机制，组织化妆品生产经营者、检验机构、行业协会、消费者协会以及新闻媒体等就化妆品质量安全风险信息进行交流沟通。

第五十四条 对造成人体伤害或者有证据证明可能危害人体健康的化妆品，负责药品监督管理的部门可以采取责令暂停生产、经营的紧急控制措施，并发布安全警示信息；属于进口化妆品的，国家出入境检验检疫部门可以暂停进口。

第五十五条 根据科学研究的发展，对化妆品、化妆品原料的安全性有认识上的改变的，或者有证据表明化妆品、化妆品原料可能存在缺陷的，省级以上人民政府药品监督管理部门可以责令化妆品、化妆品新原料的注册人、备案人开展安全再评估或者直接组织开展安全再评估。再评估结果表明化妆品、化妆品原料不能保证安全的，由原注册部门撤销注册、备案部门取消备案，由国务院药品监督管理部门将该化妆品原料纳入禁止用于化妆品生产的原料目录，并向社会公布。

第五十六条 负责药品监督管理的部门应当依法及时公布化妆品行政许可、备案、日常监督检查结果、违法行为查处等监督管理信息。公布监督管理信息时，应当保守当事人的商业秘密。

负责药品监督管理的部门应当建立化妆品生产经营者信用档案。对有不良信用记录的化妆品生产经营者，增加监督检查频次；对有严重不良信用记录的生产经营者，按照规定实施联合惩戒。

第五十七条 化妆品生产经营过程中存在安全隐患，未及时采取措施消除的，负责药品监督管理的部门可以对化妆品生产经营者的法定代表人或者主要负责人进行责任约谈。化妆品生产经营者应当立即采取措施，进行整改，消除隐患。责任约谈情况和整改情况应当纳入化妆品生产经营者信用档案。

第五十八条 负责药品监督管理的部门应当公布本部门的网站地址、电子邮件地址或者电话，接受咨询、投诉、举报，并及时答复或者处理。对查证属实的举报，按照国家有关规定给予举报人奖励。

第五章 法律责任

第五十九条 有下列情形之一的，由负责药品监督管理的部门没收违法所得、违法生产经营的化妆品和专门用于违法生产经营的原料、包装材料、工具、设备等物品；违法生产经营的化妆品货值金额不足1万元的，并处5万元以上15万元以下罚款；货值金额1万元以上的，并处货值金额15倍以上30倍以下罚款；情节严重的，责令停产停业、由备案部门取消备案或者由原发证部门吊销化妆品许可证件， 10年内不予办理其提出的化妆品备案或者受理其提出的化妆品行政许可申请，对违法单位的法定代表人或者主要负责人、直接负责的主管人员和其他直接责任人员处以其上一年度从本单位取得收入的3倍以上5倍以下罚款，终身禁止其从事化妆品生产经营活动；构成犯罪的，依法追究刑事责任：

（一）未经许可从事化妆品生产活动，或者化妆品注册人、备案人委托未取得相应化妆品生产许可的企业生产化妆品；

（二）生产经营或者进口未经注册的特殊化妆品；

（三）使用禁止用于化妆品生产的原料、应当注册但未经注册的新原料生产化妆品，在化妆品中非法添加可能危害人体健康的物质，或者使用超过使用期限、废弃、回收的化妆品或者原料生产化妆品。

第六十条 有下列情形之一的，由负责药品监督管理的部门没收违法所得、违法生产经营的化妆品和专门用于违法生产经营的原料、包装材料、工具、设备等物品；违法生产经营的化妆品货值金额不足1万元的，并处1万元以上5万元以下罚款；货值金额1万元以上的，并处货值金额5倍以上20倍以下罚款；情节严重的，责令停产停业、由备案部门取消备案或者由原发证部门吊销化妆品许可证件，对违法单位的法定代表人或者主要负责人、直接负责的主管人员和其他直接责任人员处以其上一年度从本单位取得收入的1倍以上3倍以下罚款， 10年内禁止其从事化妆品生产经营活动；构成犯罪的，依法追究刑事责任：

（一）使用不符合强制性国家标准、技术规范的原料、直接接触化妆品的包装材料，应当备案但未备案的新原料生产化妆品，或者不按照强制性国家标准或者技术规范使用原料；

（二）生产经营不符合强制性国家标准、技术规范或者不符合化妆品注册、备案资料载明的技术要求的化妆品；

（三）未按照化妆品生产质量管理规范的要求组织生产；

（四）更改化妆品使用期限；

（五）化妆品经营者擅自配制化妆品，或者经营变质、超过使用期限的化妆品；

（六）在负责药品监督管理的部门责令其实施召回后拒不召回，或者在负责药品监督管理的部门责令停止或者暂停生产、经营后拒不停止或者暂停生产、经营。

第六十一条 有下列情形之一的，由负责药品监督管理的部门没收违法所得、违法生产经营的化妆品，并可没收专门用于违法生产经营的原料、包装材料、工具、设备等物品；违法生产经营的化妆品货值金额不足1万元的，并处1万元以上3万元以下罚款；货值金额1万元以上的，并处货值金额3倍以上10倍以下罚款；情节严重的，责令停产停业、由备案部门取消备案或者由原发证部门吊销化妆品许可证件，对违法单位的法定代表人或者主要负责人、直接负责的主管人员和其他直接责任人员处以其上一年度从本单位取得收入的 1 倍以上 2 倍以下罚款， 5 年内禁止其从事化妆品生产经营活动：

（一）上市销售、经营或者进口未备案的普通化妆品；

（二）未依照本条例规定设立质量安全负责人；

（三）化妆品注册人、备案人未对受托生产企业的生产活动进行监督；

（四）未依照本条例规定建立并执行从业人员健康管理制度；

（五）生产经营标签不符合本条例规定的化妆品。

生产经营的化妆品的标签存在瑕疵但不影响质量安全且不会对消费者造成误导的，由负责药品监督管理的部门责令改正；拒不改正的，处 2000 元以下罚款。

第六十二条　有下列情形之一的，由负责药品监督管理的部门责令改正，给予警告，并处 1 万元以上 3 万元以下罚款；情节严重的，责令停产停业，并处 3 万元以上 5 万元以下罚款，对违法单位的法定代表人或者主要负责人、直接负责的主管人员和其他直接责任人员处 1 万元以上 3 万元以下罚款：

（一）未依照本条例规定公布化妆品功效宣称依据的摘要；

（二）未依照本条例规定建立并执行进货查验记录制度、产品销售记录制度；

（三）未依照本条例规定对化妆品生产质量管理规范的执行情况进行自查；

（四）未依照本条例规定贮存、运输化妆品；

（五）未依照本条例规定监测、报告化妆品不良反应，或者对化妆品不良反应监测机构、负责药品监督管理的部门开展的化妆品不良反应调查不予配合。

进口商未依照本条例规定记录、保存进口化妆品信息的，由出入境检验检疫机构依照前款规定给予处罚。

第六十三条　化妆品新原料注册人、备案人未依照本条例规定报告化妆品新原料使用和安全情况的，由国务院药品监督管理部门责令改正，处 5 万元以上 20 万元以下罚款；情节严重的，吊销化妆品新原料注册证或者取消化妆品新原料备案，并处 20 万元以上 50 万元以下罚款。

第六十四条　在申请化妆品行政许可时提供虚假资料或者采取其他欺骗手段的，不予行政许可，已经取得行政许可的，由作出行政许可决定的部门撤销行政许可， 5 年内不受理其提出的化妆品相关许可申请，没收违法所得和已经生产、进口的化妆品；已经生产、进口的化妆品货值金额不足 1 万元的，并处 5 万元以上 15 万元以下罚款；货值金额 1 万元以上的，并处货值金额 15 倍以上 30 倍以下罚款；对违法单位的法定代表人或者主要负责人、直接负责的主管人员和其他直接责任人员处以其上一年度从本单位取得收入的 3 倍以上 5 倍以下罚款，终身禁止其从事化妆品生产经营活动。

伪造、变造、出租、出借或者转让化妆品许可证件的，由负责药品监督管理的部门或者原发证部门予以收缴或者吊销，没收违法所得；违法所得不足 1 万元的，并处 5 万元以上 10 万元以下罚款；违法所得 1 万元以上的，并处违法所得 10 倍以上 20 倍以下罚款；构成违反治安管理行为的，由公安机关依法给予治安管理处罚；构成犯罪的，依法追究刑事责任。

第六十五条　备案时提供虚假资料的，由备案部门取消备案， 3 年内不予办理其提出的该项备案，没收违法所得和已经生产、进口的化妆品；已经生产、进口的化妆品货值金额不足 1 万元的，并处 1 万元以上 3 万元以下罚款；货值金额 1 万元以上的，并处货值金额 3 倍以上 10 倍以下罚款；情节严重的，责令停产停业直至由原发证部门吊销化妆品生产许可证，对违法单位的法定代表人或者主要负责人、直接负责的主管人员和其他直接责任人员处以其上一年度从本单位取得收入的 1 倍以上 2 倍以下罚款， 5 年内禁止其从事化妆品生产经营活动。

已经备案的资料不符合要求的，由备案部门责令限期改正，其中，与化妆品、化妆品新原料安全性有关的备案资料不符合要求的，备案部门可以同时责令暂停销售、使用；逾期不改正的，由备案部门取消备案。

备案部门取消备案后，仍然使用该化妆品新原料生产化妆品或者仍然上市销售、进口该普通化妆品的，分别依照本条例第六十条、第六十一条的规定给予处罚。

第六十六条　化妆品集中交易市场开办者、展销会举办者未依照本条例规定履行审查、检查、制止、报告等管理义务的，由负责药品监督管理的部门处 2 万元以上 10 万元以下罚款；情节严重的，责令停业，并处 10 万元以上 50 万元以下罚款。

第六十七条 电子商务平台经营者未依照本条例规定履行实名登记、制止、报告、停止提供电子商务平台服务等管理义务的，由省、自治区、直辖市人民政府药品监督管理部门依照《中华人民共和国电子商务法》的规定给予处罚。

第六十八条 化妆品经营者履行了本条例规定的进货查验记录等义务，有证据证明其不知道所采购的化妆品是不符合强制性国家标准、技术规范或者不符合化妆品注册、备案资料载明的技术要求的，收缴其经营的不符合强制性国家标准、技术规范或者不符合化妆品注册、备案资料载明的技术要求的化妆品，可以免除行政处罚。

第六十九条 化妆品广告违反本条例规定的，依照《中华人民共和国广告法》的规定给予处罚；采用其他方式对化妆品作虚假或者引人误解的宣传的，依照有关法律的规定给予处罚；构成犯罪的，依法追究刑事责任。

第七十条 境外化妆品注册人、备案人指定的在我国境内的企业法人未协助开展化妆品不良反应监测、实施产品召回的，由省、自治区、直辖市人民政府药品监督管理部门责令改正，给予警告，并处 2 万元以上 10 万元以下罚款；情节严重的，处 10 万元以上 50 万元以下罚款， 5 年内禁止其法定代表人或者主要负责人、直接负责的主管人员和其他直接责任人员从事化妆品生产经营活动。

境外化妆品注册人、备案人拒不履行依据本条例作出的行政处罚决定的， 10 年内禁止其化妆品进口。

第七十一条 化妆品检验机构出具虚假检验报告的，由认证认可监督管理部门吊销检验机构资质证书， 10 年内不受理其资质认定申请，没收所收取的检验费用，并处 5 万元以上 10 万元以下罚款；对其法定代表人或者主要负责人、直接负责的主管人员和其他直接责任人员处以其上一年度从本单位取得收入的 1 倍以上 3 倍以下罚款，依法给予或者责令给予降低岗位等级、撤职或者开除的处分，受到开除处分的，10 年内禁止其从事化妆品检验工作；构成犯罪的，依法追究刑事责任。

第七十二条 化妆品技术审评机构、化妆品不良反应监测机构和负责化妆品安全风险监测的机构未依照本条例规定履行职责，致使技术审评、不良反应监测、安全风险监测工作出现重大失误的，由负责药品监督管理的部门责令改正，给予警告，通报批评；造成严重后果的，对其法定代表人或者主要负责人、直接负责的主管人员和其他直接责任人员，依法给予或者责令给予降低岗位等级、撤职或者开除的处分。

第七十三条 化妆品生产经营者、检验机构招用、聘用不得从事化妆品生产经营活动的人员或者不得从事化妆品检验工作的人员从事化妆品生产经营或者检验的，由负责药品监督管理的部门或者其他有关部门责令改正，给予警告；拒不改正的，责令停产停业直至吊销化妆品许可证件、检验机构资质证书。

第七十四条 有下列情形之一，构成违反治安管理行为的，由公安机关依法给予治安管理处罚；构成犯罪的，依法追究刑事责任：

（一）阻碍负责药品监督管理的部门工作人员依法执行职务；

（二）伪造、销毁、隐匿证据或者隐藏、转移、变卖、损毁依法查封、扣押的物品。

第七十五条 负责药品监督管理的部门工作人员违反本条例规定，滥用职权、玩忽职守、徇私舞弊的，依法给予警告、记过或者记大过的处分；造成严重后果的，依法给予降级、撤职或者开除的处分；构成犯罪的，依法追究刑事责任。

第七十六条 违反本条例规定，造成人身、财产或者其他损害的，依法承担赔偿责任。

第六章 附 则

第七十七条 牙膏参照本条例有关普通化妆品的规定进行管理。牙膏备案人按照国家标准、行业标准进行功效评价后，可以宣称牙膏具有防龋、抑牙菌斑、抗牙本质敏感、减轻牙龈问题等功效。牙膏的具体管理办法由国务院药品监督管理部门拟订，报国务院市场监督管理部门审核、发布。

香皂不适用本条例，但是宣称具有特殊化妆品功效的适用本条例。

第七十八条　对本条例施行前已经注册的用于育发、脱毛、美乳、健美、除臭的化妆品自本条例施行之日起设置5年的过渡期，过渡期内可以继续生产、进口、销售，过渡期满后不得生产、进口、销售该化妆品。

第七十九条　本条例所称技术规范，是指尚未制定强制性国家标准、国务院药品监督管理部门结合监督管理工作需要制定的化妆品质量安全补充技术要求。

第八十条　本条例自2021年1月1日起施行。《化妆品卫生监督条例》同时废止。

二、化妆品注册备案管理办法

（2021年1月7日国家市场监督管理总局令第35号）

第一章　总　则

第一条　为了规范化妆品注册和备案行为，保证化妆品质量安全，根据《化妆品监督管理条例》，制定本办法。

第二条　在中华人民共和国境内从事化妆品和化妆品新原料注册、备案及其监督管理活动，适用本办法。

第三条　化妆品、化妆品新原料注册，是指注册申请人依照法定程序和要求提出注册申请，药品监督管理部门对申请注册的化妆品、化妆品新原料的安全性和质量可控性进行审查，决定是否同意其申请的活动。

化妆品、化妆品新原料备案，是指备案人依照法定程序和要求，提交表明化妆品、化妆品新原料安全性和质量可控性的资料，药品监督管理部门对提交的资料存档备查的活动。

第四条　国家对特殊化妆品和风险程度较高的化妆品新原料实行注册管理，对普通化妆品和其他化妆品新原料实行备案管理。

第五条　国家药品监督管理局负责特殊化妆品、进口普通化妆品、化妆品新原料的注册和备案管理，并指导监督省、自治区、直辖市药品监督管理部门承担的化妆品备案相关工作。国家药品监督管理局可以委托具备相应能力的省、自治区、直辖市药品监督管理部门实施进口普通化妆品备案管理工作。

国家药品监督管理局化妆品技术审评机构（以下简称技术审评机构）负责特殊化妆品、化妆品新原料注册的技术审评工作，进口普通化妆品、化妆品新原料备案后的资料技术核查工作，以及化妆品新原料使用和安全情况报告的评估工作。

国家药品监督管理局行政事项受理服务机构（以下简称受理机构）、审核查验机构、不良反应监测机构、信息管理机构等专业技术机构，承担化妆品注册和备案管理所需的注册受理、现场核查、不良反应监测、信息化建设与管理等工作。

第六条　省、自治区、直辖市药品监督管理部门负责本行政区域内国产普通化妆品备案管理工作，在委托范围内以国家药品监督管理局的名义实施进口普通化妆品备案管理工作，并协助开展特殊化妆品注册现场核查等工作。

第七条　化妆品、化妆品新原料注册人、备案人依法履行产品注册、备案义务，对化妆品、化妆品新原料的质量安全负责。

化妆品、化妆品新原料注册人、备案人申请注册或者进行备案时，应当遵守有关法律、行政法规、强制性国家标准和技术规范的要求，对所提交资料的真实性和科学性负责。

第八条　注册人、备案人在境外的，应当指定我国境内的企业法人作为境内责任人。境内责任人应当履行以下义务：

（一）以注册人、备案人的名义，办理化妆品、化妆品新原料注册、备案；

（二）协助注册人、备案人开展化妆品不良反应监测、化妆品新原料安全监测与报告工作；

（三）协助注册人、备案人实施化妆品、化妆品新原料召回工作；

（四）按照与注册人、备案人的协议，对投放境内市场的化妆品、化妆品新原料承担相应的质量安全责任；

（五）配合药品监督管理部门的监督检查工作。

第九条　药品监督管理部门应当自化妆品、化妆品新原料准予注册、完成备案之日起 5 个工作日内，向社会公布化妆品、化妆品新原料注册和备案管理有关信息，供社会公众查询。

第十条　国家药品监督管理局加强信息化建设，为注册人、备案人提供便利化服务。

化妆品、化妆品新原料注册人、备案人按照规定通过化妆品、化妆品新原料注册备案信息服务平台（以下简称信息服务平台）申请注册、进行备案。

国家药品监督管理局制定已使用的化妆品原料目录，及时更新并向社会公开，方便企业查询。

第十一条　药品监督管理部门可以建立专家咨询机制，就技术审评、现场核查、监督检查等过程中的重要问题听取专家意见，发挥专家的技术支撑作用。

第二章　化妆品新原料注册和备案管理

第一节　化妆品新原料注册和备案

第十二条　在我国境内首次使用于化妆品的天然或者人工原料为化妆品新原料。

调整已使用的化妆品原料的使用目的、安全使用量等的，应当按照新原料注册、备案要求申请注册、进行备案。

第十三条　申请注册具有防腐、防晒、着色、染发、祛斑美白功能的化妆品新原料，应当按照国家药品监督管理局要求提交申请资料。受理机构应当自收到申请之日起 5 个工作日内完成对申请资料的形式审查，并根据下列情况分别作出处理：

（一）申请事项依法不需要取得注册的，作出不予受理的决定，出具不予受理通知书；

（二）申请事项依法不属于国家药品监督管理局职权范围的，应当作出不予受理的决定，出具不予受理通知书，并告知申请人向有关行政机关申请；

（三）申请资料不齐全或者不符合规定形式的，出具补正通知书，一次告知申请人需要补正的全部内容，逾期未告知的，自收到申请资料之日起即为受理；

（四）申请资料齐全、符合规定形式要求的，或者申请人按照要求提交全部补正材料的，应当受理注册申请并出具受理通知书。

受理机构应当自受理注册申请后 3 个工作日内，将申请资料转交技术审评机构。

第十四条　技术审评机构应当自收到申请资料之日起 90 个工作日内，按照技术审评的要求组织开展技术审评，并根据下列情况分别作出处理：

（一）申请资料真实完整，能够证明原料安全性和质量可控性，符合法律、行政法规、强制性国家标准和技术规范要求的，技术审评机构应当作出技术审评通过的审评结论；

（二）申请资料不真实，不能证明原料安全性、质量可控性，不符合法律、行政法规、强制性国家标准和技术规范要求的，技术审评机构应当作出技术审评不通过的审评结论；

（三）需要申请人补充资料的，应当一次告知需要补充的全部内容；申请人应当在 90 个工作日内按照要求一次提供补充资料，技术审评机构收到补充资料后审评时限重新计算；未在规定时限内补充资料的，技术审评机构应当作出技术审评不通过的审评结论。

第十五条　技术审评结论为审评不通过的，技术审评机构应当告知申请人并说明理由。申请人有异议的，可以自收到技术审评结论之日起 20 个工作日内申请复核。复核的内容仅限于原申请事项以及申请资料。

技术审评机构应当自收到复核申请之日起 30 个工作日内作出复核结论。

第十六条　国家药品监督管理局应当自收到技术审评结论之日起 20 个工作日内，对技术审评程序和结论的合法性、规范性以及完整性进行审查，并作出是否准予注册的决定。

受理机构应当自国家药品监督管理局作出行政审批决定之日起 10 个工作日内，向申请人发出化妆品新原料注册证或者不予注册决定书。

第十七条 技术审评机构作出技术审评结论前，申请人可以提出撤回注册申请。技术审评过程中，发现涉嫌提供虚假资料或者化妆品新原料存在安全性问题的，技术审评机构应当依法处理，申请人不得撤回注册申请。

第十八条 化妆品新原料备案人按照国家药品监督管理局的要求提交资料后即完成备案。

第二节 安全监测与报告

第十九条 已经取得注册、完成备案的化妆品新原料实行安全监测制度。安全监测的期限为 3 年，自首次使用化妆品新原料的化妆品取得注册或者完成备案之日起算。

第二十条 安全监测的期限内，化妆品新原料注册人、备案人可以使用该化妆品新原料生产化妆品。

化妆品注册人、备案人使用化妆品新原料生产化妆品的，相关化妆品申请注册、办理备案时应当通过信息服务平台经化妆品新原料注册人、备案人关联确认。

第二十一条 化妆品新原料注册人、备案人应当建立化妆品新原料上市后的安全风险监测和评价体系，对化妆品新原料的安全性进行追踪研究，对化妆品新原料的使用和安全情况进行持续监测和评价。

化妆品新原料注册人、备案人应当在化妆品新原料安全监测每满一年前 30 个工作日内，汇总、分析化妆品新原料使用和安全情况，形成年度报告报送国家药品监督管理局。

第二十二条 发现下列情况的，化妆品新原料注册人、备案人应当立即开展研究，并向技术审评机构报告：

（一）其他国家（地区）发现疑似因使用同类原料引起严重化妆品不良反应或者群体不良反应事件的；

（二）其他国家（地区）化妆品法律、法规、标准对同类原料提高使用标准、增加使用限制或者禁止使用的；

（三）其他与化妆品新原料安全有关的情况。

有证据表明化妆品新原料存在安全问题的，化妆品新原料注册人、备案人应当立即采取措施控制风险，并向技术审评机构报告。

第二十三条 使用化妆品新原料生产化妆品的化妆品注册人、备案人，应当及时向化妆品新原料注册人、备案人反馈化妆品新原料的使用和安全情况。

出现可能与化妆品新原料相关的化妆品不良反应或者安全问题时，化妆品注册人、备案人应当立即采取措施控制风险，通知化妆品新原料注册人、备案人，并按照规定向所在地省、自治区、直辖市药品监督管理部门报告。

第二十四条 省、自治区、直辖市药品监督管理部门收到使用了化妆品新原料的化妆品不良反应或者安全问题报告后，应当组织开展研判分析，认为化妆品新原料可能存在造成人体伤害或者危害人体健康等安全风险的，应当按照有关规定采取措施控制风险，并立即反馈技术审评机构。

第二十五条 技术审评机构收到省、自治区、直辖市药品监督管理部门或者化妆品新原料注册人、备案人的反馈或者报告后，应当结合不良反应监测机构的化妆品年度不良反应统计分析结果进行评估，认为通过调整化妆品新原料技术要求能够消除安全风险的，可以提出调整意见并报告国家药品监督管理局；认为存在安全性问题的，应当报请国家药品监督管理局撤销注册或者取消备案。国家药品监督管理局应当及时作出决定。

第二十六条 化妆品新原料安全监测期满 3 年后，技术审评机构应当向国家药品监督管理局提出化妆品新原料是否符合安全性要求的意见。

对存在安全问题的化妆品新原料，由国家药品监督管理局撤销注册或者取消备案；未发生安全问题的，由国家药品监督管理局纳入已使用的化妆品原料目录。

第二十七条 安全监测期内化妆品新原料被责令暂停使用的，化妆品注册人、备案人应当同时暂停生产、经营使用该化妆品新原料的化妆品。

第三章 化妆品注册和备案管理

第一节 一般要求

第二十八条 化妆品注册申请人、备案人应当具备下列条件：

（一）是依法设立的企业或者其他组织；

（二）有与申请注册、进行备案化妆品相适应的质量管理体系；

（三）有不良反应监测与评价的能力。

注册申请人首次申请特殊化妆品注册或者备案人首次进行普通化妆品备案的，应当提交其符合前款规定要求的证明资料。

第二十九条 化妆品注册人、备案人应当依照法律、行政法规、强制性国家标准、技术规范和注册备案管理等规定，开展化妆品研制、安全评估、注册备案检验等工作，并按照化妆品注册备案资料规范要求提交注册备案资料。

第三十条 化妆品注册人、备案人应当选择符合法律、行政法规、强制性国家标准和技术规范要求的原料用于化妆品生产，对其使用的化妆品原料安全性负责。化妆品注册人、备案人申请注册、进行备案时，应当通过信息服务平台明确原料来源和原料安全相关信息。

第三十一条 化妆品注册人、备案人委托生产化妆品的，国产化妆品应当在申请注册或者进行备案时，经化妆品生产企业通过信息服务平台关联确认委托生产关系；进口化妆品由化妆品注册人、备案人提交存在委托关系的相关材料。

第三十二条 化妆品注册人、备案人应当明确产品执行的标准，并在申请注册或者进行备案时提交药品监督管理部门。

第三十三条 化妆品注册申请人、备案人应当委托取得资质认定、满足化妆品注册和备案检验工作需要的检验机构，按照强制性国家标准、技术规范和注册备案检验规定的要求进行检验。

第二节 备案管理

第三十四条 普通化妆品上市或者进口前，备案人按照国家药品监督管理局的要求通过信息服务平台提交备案资料后即完成备案。

第三十五条 已经备案的进口普通化妆品拟在境内责任人所在省、自治区、直辖市行政区域以外的口岸进口的，应当通过信息服务平台补充填报进口口岸以及办理通关手续的联系人信息。

第三十六条 已经备案的普通化妆品，无正当理由不得随意改变产品名称；没有充分的科学依据，不得随意改变功效宣称。

已经备案的普通化妆品不得随意改变产品配方，但因原料来源改变等原因导致产品配方发生微小变化的情况除外。

备案人、境内责任人地址变化导致备案管理部门改变的，备案人应当重新进行备案。

第三十七条 普通化妆品的备案人应当每年向承担备案管理工作的药品监督管理部门报告生产、进口情况，以及符合法律法规、强制性国家标准、技术规范的情况。

已经备案的产品不再生产或者进口的，备案人应当及时报告承担备案管理工作的药品监督管理部门取消备案。

第三节 注册管理

第三十八条 特殊化妆品生产或者进口前，注册申请人应当按照国家药品监督管理局的要求提交申请资料。

特殊化妆品注册程序和时限未作规定的，适用本办法关于化妆品新原料注册的规定。

第三十九条 技术审评机构应当自收到申请资料之日起90个工作日内，按照技术审评的要求组织开展技术审评，并根据下列情况分别作出处理：

（一）申请资料真实完整，能够证明产品安全性和质量可控性、产品配方和产品执行的标准合理，且符合现行法律、行政法规、强制性国家标准和技术规范要求的，作出技术审评通过的审评结论；

（二）申请资料不真实，不能证明产品安全性和质量可控性、产品配方和产品执行的标准不合理，或者不符合现行法律、行政法规、强制性国家标准和技术规范要求的，作出技术审评不通过的审评结论；

（三）需要申请人补充资料的，应当一次告知需要补充的全部内容；申请人应当在 90 个工作日内按照要求一次提供补充资料，技术审评机构收到补充资料后审评时限重新计算；未在规定时限内补充资料的，技术审评机构应当作出技术审评不通过的审评结论。

第四十条 国家药品监督管理局应当自收到技术审评结论之日起 20 个工作日内，对技术审评程序和结论的合法性、规范性以及完整性进行审查，并作出是否准予注册的决定。

受理机构应当自国家药品监督管理局作出行政审批决定之日起 10 个工作日内，向申请人发出化妆品注册证或者不予注册决定书。化妆品注册证有效期 5 年。

第四十一条 已经注册的特殊化妆品的注册事项发生变化的，国家药品监督管理局根据变化事项对产品安全、功效的影响程度实施分类管理：

（一）不涉及安全性、功效宣称的事项发生变化的，注册人应当及时向国家药品监督管理局备案；

（二）涉及安全性的事项发生变化的，以及生产工艺、功效宣称等方面发生实质性变化的，注册人应当向国家药品监督管理局提出产品注册变更申请；

（三）产品名称、配方等发生变化，实质上构成新的产品的，注册人应当重新申请注册。

第四十二条 已经注册的产品不再生产或者进口的，注册人应当主动申请注销注册证。

第四节 注册证延续

第四十三条 特殊化妆品注册证有效期届满需要延续的，注册人应当在产品注册证有效期届满前 90 个工作日至 30 个工作日期间提出延续注册申请，并承诺符合强制性国家标准、技术规范的要求。注册人应当对提交资料和作出承诺的真实性、合法性负责。

逾期未提出延续注册申请的，不再受理其延续注册申请。

第四十四条 受理机构应当在收到延续注册申请后 5 个工作日内对申请资料进行形式审查，符合要求的予以受理，并自受理之日起 10 个工作日内向申请人发出新的注册证。注册证有效期自原注册证有效期届满之日的次日起重新计算。

第四十五条 药品监督管理部门应当对已延续注册的特殊化妆品的申报资料和承诺进行监督，经监督检查或者技术审评发现存在不符合强制性国家标准、技术规范情形的，应当依法撤销特殊化妆品注册证。

第四章 监督管理

第四十六条 药品监督管理部门依照法律法规规定，对注册人、备案人的注册、备案相关活动进行监督检查，必要时可以对注册、备案活动涉及的单位进行延伸检查，有关单位和个人应当予以配合，不得拒绝检查和隐瞒有关情况。

第四十七条 技术审评机构在注册技术审评过程中，可以根据需要通知审核查验机构开展现场核查。境内现场核查应当在 45 个工作日内完成，境外现场核查应当按照境外核查相关规定执行。现场核查所用时间不计算在审评时限之内。

注册申请人应当配合现场核查工作，需要抽样检验的，应当按照要求提供样品。

第四十八条 特殊化妆品取得注册证后，注册人应当在产品投放市场前，将上市销售的产品标签图片上传至信息服务平台，供社会公众查询。

第四十九条 化妆品注册证不得转让。因企业合并、分立等法定事由导致原注册人主体资格注销，将注册人变更为新设立的企业或者其他组织的，应当按照本办法的规定申请变更注册。

变更后的注册人应当符合本办法关于注册人的规定，并对已经上市的产品承担质量安全责任。

第五十条 根据科学研究的发展，对化妆品、化妆品原料的安全性认识发生改变的，或者有证据表明化妆品、化妆品原料可能存在缺陷的，承担注册、备案管理工作的药品监督管理部门可以责令化妆品、化妆品新原料注册人、备案人开展安全再评估，或者直接组织相关原料企业和化妆品企业开展安全再评估。

再评估结果表明化妆品、化妆品原料不能保证安全的，由原注册部门撤销注册、备案部门取消备案，由国务院药品监督管理部门将该化妆品原料纳入禁止用于化妆品生产的原料目录，并向社会公布。

第五十一条 根据科学研究的发展、化妆品安全风险监测和评价等，发现化妆品原料存在安全风险，能够通过设定原料的使用范围和条件消除安全风险的，应当在已使用的化妆品原料目录中明确原料限制使用的范围和条件。

第五十二条 承担注册、备案管理工作的药品监督管理部门通过注册、备案信息无法与注册人、备案人或者境内责任人取得联系的，可以在信息服务平台将注册人、备案人、境内责任人列为重点监管对象，并通过信息服务平台予以公告。

第五十三条 药品监督管理部门根据备案人、境内责任人、化妆品生产企业的质量管理体系运行、备案后监督、产品上市后的监督检查情况等，实施风险分类分级管理。

第五十四条 药品监督管理部门、技术审评、现场核查、检验机构及其工作人员应当严格遵守法律、法规、规章和国家药品监督管理局的相关规定，保证相关工作科学、客观和公正。

第五十五条 未经注册人、备案人同意，药品监督管理部门、专业技术机构及其工作人员、参与审评的人员不得披露注册人、备案人提交的商业秘密、未披露信息或者保密商务信息，法律另有规定或者涉及国家安全、重大社会公共利益的除外。

第五章 法律责任

第五十六条 化妆品、化妆品新原料注册人未按照本办法规定申请特殊化妆品、化妆品新原料变更注册的，由原发证的药品监督管理部门责令改正，给予警告，处1万元以上3万元以下罚款。

化妆品、化妆品新原料备案人未按照本办法规定更新普通化妆品、化妆品新原料备案信息的，由承担备案管理工作的药品监督管理部门责令改正，给予警告，处5000元以上3万元以下罚款。

化妆品、化妆品新原料注册人未按照本办法的规定重新注册的，依照化妆品监督管理条例第五十九条的规定给予处罚；化妆品、化妆品新原料备案人未按照本办法的规定重新备案的，依照化妆品监督管理条例第六十一条第一款的规定给予处罚。

第五十七条 化妆品新原料注册人、备案人违反本办法第二十一条规定的，由省、自治区、直辖市药品监督管理部门责令改正；拒不改正的，处5000元以上3万元以下罚款。

第五十八条 承担备案管理工作的药品监督管理部门发现已备案化妆品、化妆品新原料的备案资料不符合要求的，应当责令限期改正，其中，与化妆品、化妆品新原料安全性有关的备案资料不符合要求的，可以同时责令暂停销售、使用。

已进行备案但备案信息尚未向社会公布的化妆品、化妆品新原料，承担备案管理工作的药品监督管理部门发现备案资料不符合要求的，可以责令备案人改正并在符合要求后向社会公布备案信息。

第五十九条 备案人存在以下情形的，承担备案管理工作的药品监督管理部门应当取消化妆品、化妆品新原料备案：

（一）备案时提交虚假资料的；

（二）已经备案的资料不符合要求，未按要求在规定期限内改正的，或者未按要求暂停化妆品、化妆品新原料销售、使用的；

（三）不属于化妆品新原料或者化妆品备案范围的。

第六章 附 则

第六十条 注册受理通知、技术审评意见告知、注册证书发放和备案信息发布、注册复核、化妆品新原料使用情况报告提交等所涉及时限以通过信息服务平台提交或者发出的时间为准。

第六十一条　化妆品最后一道接触内容物的工序在境内完成的为国产产品，在境外完成的为进口产品，在中国台湾、香港和澳门地区完成的参照进口产品管理。

以一个产品名称申请注册或者进行备案的配合使用产品或者组合包装产品，任何一剂的最后一道接触内容物的工序在境外完成的，按照进口产品管理。

第六十二条　化妆品、化妆品新原料取得注册或者进行备案后，按照下列规则进行编号。

（一）化妆品新原料备案编号规则：国妆原备字 + 四位年份数 + 本年度备案化妆品新原料顺序数。

（二）化妆品新原料注册编号规则：国妆原注字 + 四位年份数 + 本年度注册化妆品新原料顺序数。

（三）普通化妆品备案编号规则：

国产产品：省、自治区、直辖市简称 + G 妆网备字 + 四位年份数 + 本年度行政区域内备案产品顺序数；

进口产品：国妆网备进字（境内责任人所在省、自治区、直辖市简称）+ 四位年份数 + 本年度全国备案产品顺序数；

中国台湾、香港、澳门产品：国妆网备制字（境内责任人所在省、自治区、直辖市简称）+ 四位年份数 + 本年度全国备案产品顺序数。

（四）特殊化妆品注册编号规则：

国产产品：国妆特字 + 四位年份数 + 本年度注册产品顺序数；

进口产品：国妆特进字 + 四位年份数 + 本年度注册产品顺序数；

中国台湾、香港、澳门产品：国妆特制字 + 四位年份数 + 本年度注册产品顺序数。

第六十三条　本办法自 2021 年 5 月 1 日起施行。

三、化妆品生产经营监督管理办法

（2021 年 8 月 2 日国家市场监督管理总局令第 46 号）

第一章　总　　则

第一条　为了规范化妆品生产经营活动，加强化妆品监督管理，保证化妆品质量安全，根据《化妆品监督管理条例》，制定本办法。

第二条　在中华人民共和国境内从事化妆品生产经营活动及其监督管理，应当遵守本办法。

第三条　国家药品监督管理局负责全国化妆品监督管理工作。

县级以上地方人民政府负责药品监督管理的部门负责本行政区域的化妆品监督管理工作。

第四条　化妆品注册人、备案人应当依法建立化妆品生产质量管理体系，履行产品不良反应监测、风险控制、产品召回等义务，对化妆品的质量安全和功效宣称负责。化妆品生产经营者应当依照法律、法规、规章、强制性国家标准、技术规范从事生产经营活动，加强管理，诚信自律，保证化妆品质量安全。

第五条　国家对化妆品生产实行许可管理。从事化妆品生产活动，应当依法取得化妆品生产许可证。

第六条　化妆品生产经营者应当依法建立进货查验记录、产品销售记录等制度，确保产品可追溯。

鼓励化妆品生产经营者采用信息化手段采集、保存生产经营信息，建立化妆品质量安全追溯体系。

第七条　国家药品监督管理局加强信息化建设，为公众查询化妆品信息提供便利化服务。

负责药品监督管理的部门应当依法及时公布化妆品生产许可、监督检查、行政处罚等监督管理信息。

第八条　负责药品监督管理的部门应当充分发挥行业协会、消费者协会和其他消费者组织、新闻媒体等的作用，推进诚信体系建设，促进化妆品安全社会共治。

第二章　生产许可

第九条　申请化妆品生产许可，应当符合下列条件：

（一）是依法设立的企业；

（二）有与生产的化妆品品种、数量和生产许可项目等相适应的生产场地，且与有毒、有害场所以及其他污染源保持规定的距离；

（三）有与生产的化妆品品种、数量和生产许可项目等相适应的生产设施设备且布局合理，空气净化、水处理等设施设备符合规定要求；

（四）有与生产的化妆品品种、数量和生产许可项目等相适应的技术人员；

（五）有与生产的化妆品品种、数量相适应，能对生产的化妆品进行检验的检验人员和检验设备；

（六）有保证化妆品质量安全的管理制度。

第十条 化妆品生产许可申请人应当向所在地省、自治区、直辖市药品监督管理部门提出申请，提交其符合本办法第九条规定条件的证明资料，并对资料的真实性负责。

第十一条 省、自治区、直辖市药品监督管理部门对申请人提出的化妆品生产许可申请，应当根据下列情况分别作出处理：

（一）申请事项依法不需要取得许可的，应当作出不予受理的决定，出具不予受理通知书；

（二）申请事项依法不属于药品监督管理部门职权范围的，应当作出不予受理的决定，出具不予受理通知书，并告知申请人向有关行政机关申请；

（三）申请资料存在可以当场更正的错误的，应当允许申请人当场更正，由申请人在更正处签名或者盖章，注明更正日期；

（四）申请资料不齐全或者不符合法定形式的，应当当场或者在5个工作日内一次告知申请人需要补正的全部内容以及提交补正资料的时限。逾期不告知的，自收到申请资料之日起即为受理；

（五）申请资料齐全、符合法定形式，或者申请人按照要求提交全部补正资料的，应当受理化妆品生产许可申请。

省、自治区、直辖市药品监督管理部门受理或者不予受理化妆品生产许可申请的，应当出具受理或者不予受理通知书。决定不予受理的，应当说明不予受理的理由，并告知申请人依法享有申请行政复议或者提起行政诉讼的权利。

第十二条 省、自治区、直辖市药品监督管理部门应当对申请人提交的申请资料进行审核，对申请人的生产场所进行现场核查，并自受理化妆品生产许可申请之日起30个工作日内作出决定。

第十三条 省、自治区、直辖市药品监督管理部门应当根据申请资料审核和现场核查等情况，对符合规定条件的，作出准予许可的决定，并自作出决定之日起5个工作日内向申请人颁发化妆品生产许可证；对不符合规定条件的，及时作出不予许可的书面决定并说明理由，同时告知申请人依法享有申请行政复议或者提起行政诉讼的权利。

化妆品生产许可证发证日期为许可决定作出的日期，有效期为5年。

第十四条 化妆品生产许可证分为正本、副本。正本、副本具有同等法律效力。

国家药品监督管理局负责制定化妆品生产许可证式样。省、自治区、直辖市药品监督管理部门负责化妆品生产许可证的印制、发放等管理工作。

药品监督管理部门制作的化妆品生产许可电子证书与印制的化妆品生产许可证书具有同等法律效力。

第十五条 化妆品生产许可证应当载明许可证编号、生产企业名称、住所、生产地址、统一社会信用代码、法定代表人或者负责人、生产许可项目、有效期、发证机关、发证日期等。

化妆品生产许可证副本还应当载明化妆品生产许可变更情况。

第十六条 化妆品生产许可项目按照化妆品生产工艺、成品状态和用途等，划分为一般液态单元、膏霜乳液单元、粉单元、气雾剂及有机溶剂单元、蜡基单元、牙膏单元、皂基单元、其他单元。国家药品监督管理局可以根据化妆品质量安全监督管理实际需要调整生产许可项目划分单元。

具备儿童护肤类、眼部护肤类化妆品生产条件的，应当在生产许可项目中特别标注。

第十七条 化妆品生产许可证有效期内，申请人的许可条件发生变化，或者需要变更许可证载明事项的，应当向原发证的药品监督管理部门申请变更。

第十八条　生产许可项目发生变化，可能影响产品质量安全的生产设施设备发生变化，或者在化妆品生产场地原址新建、改建、扩建车间的，化妆品生产企业应当在投入生产前向原发证的药品监督管理部门申请变更，并依照本办法第十条的规定提交与变更有关的资料。原发证的药品监督管理部门应当进行审核，自受理变更申请之日起 30 个工作日内作出是否准予变更的决定，并在化妆品生产许可证副本上予以记录。需要现场核查的，依照本办法第十二条的规定办理。

因生产许可项目等的变更需要进行全面现场核查，经省、自治区、直辖市药品监督管理部门现场核查并符合要求的，颁发新的化妆品生产许可证，许可证编号不变，有效期自发证之日起重新计算。

同一个化妆品生产企业在同一个省、自治区、直辖市申请增加化妆品生产地址的，可以依照本办法的规定办理变更手续。

第十九条　生产企业名称、住所、法定代表人或者负责人等发生变化的，化妆品生产企业应当自发生变化之日起 30 个工作日内向原发证的药品监督管理部门申请变更，并提交与变更有关的资料。原发证的药品监督管理部门应当自受理申请之日起 3 个工作日内办理变更手续。

质量安全负责人、预留的联系方式等发生变化的，化妆品生产企业应当在变化后 10 个工作日内向原发证的药品监督管理部门报告。

第二十条　化妆品生产许可证有效期届满需要延续的，申请人应当在生产许可证有效期届满前 90 个工作日至 30 个工作日期间向所在地省、自治区、直辖市药品监督管理部门提出延续许可申请，并承诺其符合本办法规定的化妆品生产许可条件。申请人应当对提交资料和作出承诺的真实性、合法性负责。

逾期未提出延续许可申请的，不再受理其延续许可申请。

第二十一条　省、自治区、直辖市药品监督管理部门应当自收到延续许可申请后 5 个工作日内对申请资料进行形式审查，符合要求的予以受理，并自受理之日起 10 个工作日内向申请人换发新的化妆品生产许可证。许可证有效期自原许可证有效期届满之日的次日起重新计算。

第二十二条　省、自治区、直辖市药品监督管理部门应当对已延续许可的化妆品生产企业的申报资料和承诺进行监督，发现不符合本办法第九条规定的化妆品生产许可条件的，应当依法撤销化妆品生产许可。

第二十三条　化妆品生产企业有下列情形之一的，原发证的药品监督管理部门应当依法注销其化妆品生产许可证，并在政府网站上予以公布：

（一）企业主动申请注销的；

（二）企业主体资格被依法终止的；

（三）化妆品生产许可证有效期届满未申请延续的；

（四）化妆品生产许可依法被撤回、撤销或者化妆品生产许可证依法被吊销的；

（五）法律法规规定应当注销化妆品生产许可的其他情形。

化妆品生产企业申请注销生产许可时，原发证的药品监督管理部门发现注销可能影响案件查处的，可以暂停办理注销手续。

第三章　化妆品生产

第二十四条　国家药品监督管理局制定化妆品生产质量管理规范，明确质量管理机构与人员、质量保证与控制、厂房设施与设备管理、物料与产品管理、生产过程管理、产品销售管理等要求。

化妆品注册人、备案人、受托生产企业应当按照化妆品生产质量管理规范的要求组织生产化妆品，建立化妆品生产质量管理体系并保证持续有效运行。生产车间等场所不得贮存、生产对化妆品质量有不利影响的产品。

第二十五条　化妆品注册人、备案人、受托生产企业应当建立并执行供应商遴选、原料验收、生产过程及质量控制、设备管理、产品检验及留样等保证化妆品质量安全的管理制度。

第二十六条　化妆品注册人、备案人委托生产化妆品的，应当委托取得相应化妆品生产许可的生产企业生产，并对其生产活动全过程进行监督，对委托生产的化妆品的质量安全负责。受托生产企业应当具备相应的生产条件，并依照法律、法规、强制性国家标准、技术规范和合同约定组织生产，对生产活动负责，接受委托方的监督。

第二十七条　化妆品注册人、备案人、受托生产企业应当建立化妆品质量安全责任制，落实化妆品质量安全主体责任。

化妆品注册人、备案人、受托生产企业的法定代表人、主要负责人对化妆品质量安全工作全面负责。

第二十八条　质量安全负责人按照化妆品质量安全责任制的要求协助化妆品注册人、备案人、受托生产企业法定代表人、主要负责人承担下列相应的产品质量安全管理和产品放行职责：

（一）建立并组织实施本企业质量管理体系，落实质量安全管理责任；

（二）产品配方、生产工艺、物料供应商等的审核管理；

（三）物料放行管理和产品放行；

（四）化妆品不良反应监测管理；

（五）受托生产企业生产活动的监督管理。

质量安全负责人应当具备化妆品、化学、化工、生物、医学、药学、食品、公共卫生或者法学等化妆品质量安全相关专业知识和法律知识，熟悉相关法律、法规、规章、强制性国家标准、技术规范，并具有5年以上化妆品生产或者质量管理经验。

第二十九条　化妆品注册人、备案人、受托生产企业应当建立并执行从业人员健康管理制度，建立从业人员健康档案。健康档案至少保存3年。

直接从事化妆品生产活动的人员应当每年接受健康检查。患有国务院卫生行政主管部门规定的有碍化妆品质量安全疾病的人员不得直接从事化妆品生产活动。

第三十条　化妆品注册人、备案人、受托生产企业应当制定从业人员年度培训计划，开展化妆品法律、法规、规章、强制性国家标准、技术规范等知识培训，并建立培训档案。生产岗位操作人员、检验人员应当具有相应的知识和实际操作技能。

第三十一条　化妆品经出厂检验合格后方可上市销售。

化妆品注册人、备案人应当按照规定对出厂的化妆品留样并记录。留样应当保持原始销售包装且数量满足产品质量检验的要求。留样保存期限不得少于产品使用期限届满后6个月。

委托生产化妆品的，受托生产企业也应当按照前款的规定留样并记录。

第三十二条　化妆品注册人、备案人、受托生产企业应当建立并执行原料以及直接接触化妆品的包装材料进货查验记录制度、产品销售记录制度。进货查验记录和产品销售记录应当真实、完整，保证可追溯，保存期限不得少于产品使用期限期满后1年；产品使用期限不足1年的，记录保存期限不得少于2年。

委托生产化妆品的，原料以及直接接触化妆品的包装材料进货查验等记录可以由受托生产企业保存。

第三十三条　化妆品注册人、备案人、受托生产企业应当每年对化妆品生产质量管理规范的执行情况进行自查。自查报告应当包括发现的问题、产品质量安全评价、整改措施等，保存期限不得少于2年。

经自查发现生产条件发生变化，不再符合化妆品生产质量管理规范要求的，化妆品注册人、备案人、受托生产企业应当立即采取整改措施；发现可能影响化妆品质量安全的，应当立即停止生产，并向所在地省、自治区、直辖市药品监督管理部门报告。影响质量安全的风险因素消除后，方可恢复生产。省、自治区、直辖市药品监督管理部门可以根据实际情况组织现场检查。

第三十四条　化妆品注册人、备案人、受托生产企业连续停产1年以上，重新生产前，应当进行全面自查，确认符合要求后，方可恢复生产。自查和整改情况应当在恢复生产之日起10个工作日内向所在地省、自治区、直辖市药品监督管理部门报告。

第三十五条　化妆品的最小销售单元应当有中文标签。标签内容应当与化妆品注册或者备案资料中产品标签样稿一致。

化妆品的名称、成分、功效等标签标注的事项应当真实、合法，不得含有明示或者暗示具有医疗作用，以及虚假或者引人误解、违背社会公序良俗等违反法律法规的内容。化妆品名称使用商标的，还应当符合国家有关商标管理的法律法规规定。

第三十六条 供儿童使用的化妆品应当符合法律、法规、强制性国家标准、技术规范以及化妆品生产质量管理规范等关于儿童化妆品质量安全的要求，并按照国家药品监督管理局的规定在产品标签上进行标注。

第三十七条 化妆品的标签存在下列情节轻微，不影响产品质量安全且不会对消费者造成误导的情形，可以认定为化妆品监督管理条例第六十一条第二款规定的标签瑕疵：

（一）文字、符号、数字的字号不规范，或者出现多字、漏字、错别字、非规范汉字的；

（二）使用期限、净含量的标注方式和格式不规范等的；

（三）化妆品标签不清晰难以辨认、识读的，或者部分印字脱落或者粘贴不牢的；

（四）化妆品成分名称不规范或者成分未按照配方含量的降序列出的；

（五）其他违反标签管理规定但不影响产品质量安全且不会对消费者造成误导的情形。

第三十八条 化妆品注册人、备案人、受托生产企业应当采取措施避免产品性状、外观形态等与食品、药品等产品相混淆，防止误食、误用。

生产、销售用于未成年人的玩具、用具等，应当依法标明注意事项，并采取措施防止产品被误用为儿童化妆品。

普通化妆品不得宣称特殊化妆品相关功效。

第四章 化妆品经营

第三十九条 化妆品经营者应当建立并执行进货查验记录制度，查验直接供货者的市场主体登记证明、特殊化妆品注册证或者普通化妆品备案信息、化妆品的产品质量检验合格证明并保存相关凭证，如实记录化妆品名称、特殊化妆品注册证编号或者普通化妆品备案编号、使用期限、净含量、购进数量、供货者名称、地址、联系方式、购进日期等内容。

第四十条 实行统一配送的化妆品经营者，可以由经营者总部统一建立并执行进货查验记录制度，按照本办法的规定，统一进行查验记录并保存相关凭证。经营者总部应当保证所属分店能提供所经营化妆品的相关记录和凭证。

第四十一条 美容美发机构、宾馆等在经营服务中使用化妆品或者为消费者提供化妆品的，应当依法履行化妆品监督管理条例以及本办法规定的化妆品经营者义务。

美容美发机构经营中使用的化妆品以及宾馆等为消费者提供的化妆品应当符合最小销售单元标签的规定。

美容美发机构应当在其服务场所内显著位置展示其经营使用的化妆品的销售包装，方便消费者查阅化妆品标签的全部信息，并按照化妆品标签或者说明书的要求，正确使用或者引导消费者正确使用化妆品。

第四十二条 化妆品集中交易市场开办者、展销会举办者应当建立保证化妆品质量安全的管理制度并有效实施，承担入场化妆品经营者管理责任，督促入场化妆品经营者依法履行义务，每年或者展销会期间至少组织开展一次化妆品质量安全知识培训。

化妆品集中交易市场开办者、展销会举办者应当建立入场化妆品经营者档案，审查入场化妆品经营者的市场主体登记证明，如实记录经营者名称或者姓名、联系方式、住所等信息。入场化妆品经营者档案信息应当及时核验更新，保证真实、准确、完整，保存期限不少于经营者在场内停止经营后 2 年。

化妆品展销会举办者应当在展销会举办前向所在地县级负责药品监督管理的部门报告展销会的时间、地点等基本信息。

第四十三条 化妆品集中交易市场开办者、展销会举办者应当建立化妆品检查制度，对经营者的经营条件以及化妆品质量安全状况进行检查。发现入场化妆品经营者有违反化妆品监督管理条例以及本办法规定行为的，应当及时制止，依照集中交易市场管理规定或者与经营者签订的协议进行处理，并向所在地县级负责药品监督管理的部门报告。

鼓励化妆品集中交易市场开办者、展销会举办者建立化妆品抽样检验、统一销售凭证格式等制度。

第四十四条　电子商务平台内化妆品经营者以及通过自建网站、其他网络服务经营化妆品的电子商务经营者应当在其经营活动主页面全面、真实、准确披露与化妆品注册或者备案资料一致的化妆品标签等信息。

第四十五条　化妆品电子商务平台经营者应当对申请入驻的平台内化妆品经营者进行实名登记，要求其提交身份、地址、联系方式等真实信息，进行核验、登记，建立登记档案，并至少每6个月核验更新一次。化妆品电子商务平台经营者对平台内化妆品经营者身份信息的保存时间自其退出平台之日起不少于3年。

第四十六条　化妆品电子商务平台经营者应当设置化妆品质量管理机构或者配备专兼职管理人员，建立平台内化妆品日常检查、违法行为制止及报告、投诉举报处理等化妆品质量安全管理制度并有效实施，加强对平台内化妆品经营者相关法规知识宣传。鼓励化妆品电子商务平台经营者开展抽样检验。

化妆品电子商务平台经营者应当依法承担平台内化妆品经营者管理责任，对平台内化妆品经营者的经营行为进行日常检查，督促平台内化妆品经营者依法履行化妆品监督管理条例以及本办法规定的义务。发现违法经营化妆品行为的，应当依法或者依据平台服务协议和交易规则采取删除、屏蔽、断开链接等必要措施及时制止，并报告所在地省、自治区、直辖市药品监督管理部门。

第四十七条　化妆品电子商务平台经营者收到化妆品不良反应信息、投诉举报信息的，应当记录并及时转交平台内化妆品经营者处理；涉及产品质量安全的重大信息，应当及时报告所在地省、自治区、直辖市药品监督管理部门。

负责药品监督管理的部门因监督检查、案件调查等工作需要，要求化妆品电子商务平台经营者依法提供相关信息的，化妆品电子商务平台经营者应当予以协助、配合。

第四十八条　化妆品电子商务平台经营者发现有下列严重违法行为的，应当立即停止向平台内化妆品经营者提供电子商务平台服务：

（一）因化妆品质量安全相关犯罪被人民法院判处刑罚的；

（二）因化妆品质量安全违法行为被公安机关拘留或者给予其他治安管理处罚的；

（三）被药品监督管理部门依法作出吊销许可证、责令停产停业等处罚的；

（四）其他严重违法行为。

因涉嫌化妆品质量安全犯罪被立案侦查或者提起公诉，且有证据证明可能危害人体健康的，化妆品电子商务平台经营者可以依法或者依据平台服务协议和交易规则暂停向平台内化妆品经营者提供电子商务平台服务。

化妆品电子商务平台经营者知道或者应当知道平台内化妆品经营者被依法禁止从事化妆品生产经营活动的，不得向其提供电子商务平台服务。

第四十九条　以免费试用、赠予、兑换等形式向消费者提供化妆品的，应当依法履行化妆品监督管理条例以及本办法规定的化妆品经营者义务。

第五章　监督管理

第五十条　负责药品监督管理的部门应当按照风险管理的原则，确定监督检查的重点品种、重点环节、检查方式和检查频次等，加强对化妆品生产经营者的监督检查。

必要时，负责药品监督管理的部门可以对化妆品原料、直接接触化妆品的包装材料的供应商、生产企业开展延伸检查。

第五十一条　国家药品监督管理局根据法律、法规、规章、强制性国家标准、技术规范等有关规定，制定国家化妆品生产质量管理规范检查要点等监督检查要点，明确监督检查的重点项目和一般项目，以及监督检查的判定原则。省、自治区、直辖市药品监督管理部门可以结合实际，细化、补充本行政区域化妆品监督检查要点。

第五十二条　国家药品监督管理局组织开展国家化妆品抽样检验。省、自治区、直辖市药品监督管理部门组织开展本行政区域内的化妆品抽样检验。设区的市级、县级人民政府负责药品监督的部门根据工作需要，可以组织开展本行政区域内的化妆品抽样检验。

对举报反映或者日常监督检查中发现问题较多的化妆品，以及通过不良反应监测、安全风险监测和评价等发现可能存在质量安全问题的化妆品，负责药品监督管理的部门可以进行专项抽样检验。

负责药品监督管理的部门应当按照规定及时公布化妆品抽样检验结果。

第五十三条 化妆品抽样检验结果不合格的，化妆品注册人、备案人应当依照化妆品监督管理条例第四十四条的规定，立即停止生产，召回已经上市销售的化妆品，通知相关经营者和消费者停止经营、使用，按照本办法第三十三条第二款的规定开展自查，并进行整改。

第五十四条 对抽样检验结论有异议申请复检的，申请人应当向复检机构先行支付复检费用。复检结论与初检结论一致的，复检费用由复检申请人承担。复检结论与初检结论不一致的，复检费用由实施抽样检验的药品监督管理部门承担。

第五十五条 化妆品不良反应报告遵循可疑即报的原则。国家药品监督管理局建立并完善化妆品不良反应监测制度和化妆品不良反应监测信息系统。

第五十六条 未经化妆品生产经营者同意，负责药品监督管理的部门、专业技术机构及其工作人员不得披露在监督检查中知悉的化妆品生产经营者的商业秘密，法律另有规定或者涉及国家安全、重大社会公共利益的除外。

第六章 法律责任

第五十七条 化妆品生产经营的违法行为，化妆品监督管理条例等法律法规已有规定的，依照其规定。

第五十八条 违反本办法第十七条、第十八条第一款、第十九条第一款，化妆品生产企业许可条件发生变化，或者需要变更许可证载明的事项，未按规定申请变更的，由原发证的药品监督管理部门责令改正，给予警告，并处 1 万元以上 3 万元以下罚款。

违反本办法第十九条第二款，质量安全负责人、预留的联系方式发生变化，未按规定报告的，由原发证的药品监督管理部门责令改正；拒不改正的，给予警告，并处 5000 元以下罚款。

化妆品生产企业生产的化妆品不属于化妆品生产许可证上载明的许可项目划分单元，未经许可擅自迁址，或者化妆品生产许可有效期届满且未获得延续许可的，视为未经许可从事化妆品生产活动。

第五十九条 监督检查中发现化妆品注册人、备案人、受托生产企业违反化妆品生产质量管理规范检查要点，未按照化妆品生产质量管理规范的要求组织生产的，由负责药品监督管理的部门依照化妆品监督管理条例第六十条第三项的规定处罚。

监督检查中发现化妆品注册人、备案人、受托生产企业违反国家化妆品生产质量管理规范检查要点中一般项目规定，违法行为轻微并及时改正，没有造成危害后果的，不予行政处罚。

第六十条 违反本办法第四十二条第三款，展销会举办者未按要求向所在地负责药品监督管理的部门报告展销会基本信息的，由负责药品监督管理的部门责令改正，给予警告；拒不改正的，处 5000 元以上 3 万元以下罚款。

第六十一条 有下列情形之一的，属于化妆品监督管理条例规定的情节严重情形：

（一）使用禁止用于化妆品生产的原料、应当注册但未经注册的新原料生产儿童化妆品，或者在儿童化妆品中非法添加可能危害人体健康的物质；

（二）故意提供虚假信息或者隐瞒真实情况；

（三）拒绝、逃避监督检查；

（四）因化妆品违法行为受到行政处罚后 1 年内又实施同一性质的违法行为，或者因违反化妆品质量安全法律、法规受到刑事处罚后又实施化妆品质量安全违法行为；

（五）其他情节严重的情形。

对情节严重的违法行为处以罚款时，应当依法从重从严。

第六十二条 化妆品生产经营者违反法律、法规、规章、强制性国家标准、技术规范，属于初次违法且危害后果轻微并及时改正的，可以不予行政处罚。

当事人有证据足以证明没有主观过错的，不予行政处罚。法律、行政法规另有规定的，从其规定。

第七章 附 则

第六十三条 配制、填充、灌装化妆品内容物，应当取得化妆品生产许可证。标注标签的生产工序，应当在完成最后一道接触化妆品内容物生产工序的化妆品生产企业内完成。

第六十四条 化妆品监督管理条例第六十条第二项规定的化妆品注册、备案资料载明的技术要求，是指对化妆品质量安全有实质性影响的技术性要求。

第六十五条 化妆品生产许可证编号的编排方式为：×妆××××××××。其中，第一位×代表许可部门所在省、自治区、直辖市的简称，第二位到第五位×代表4位数许可年份，第六位到第九位×代表4位数许可流水号。

第六十六条 本办法自2022年1月1日起施行。

四、化妆品生产质量管理规范

（2022年1月6日国家药监局2022年第1号）

第一章 总 则

第一条 为规范化妆品生产质量管理，根据《化妆品监督管理条例》《化妆品生产经营监督管理办法》等法规、规章，制定本规范。

第二条 本规范是化妆品生产质量管理的基本要求，化妆品注册人、备案人、受托生产企业应当遵守本规范。

第三条 化妆品注册人、备案人、受托生产企业应当诚信自律，按照本规范的要求建立生产质量管理体系，实现对化妆品物料采购、生产、检验、贮存、销售和召回等全过程的控制和追溯，确保持续稳定地生产出符合质量安全要求的化妆品。

第二章 机构与人员

第四条 从事化妆品生产活动的化妆品注册人、备案人、受托生产企业（以下统称“企业”）应当建立与生产的化妆品品种、数量和生产许可项目等相适应的组织机构，明确质量管理、生产等部门的职责和权限，配备与生产的化妆品品种、数量和生产许可项目等相适应的技术人员和检验人员。

企业的质量管理部门应当独立设置，履行质量保证和控制职责，参与所有与质量管理有关的活动。

第五条 企业应当建立化妆品质量安全责任制，明确企业法定代表人（或者主要负责人，下同）、质量安全负责人、质量管理部门负责人、生产部门负责人以及其他化妆品质量安全相关岗位的职责，各岗位人员应当按照岗位职责要求，逐级履行相应的化妆品质量安全责任。

第六条 法定代表人对化妆品质量安全工作全面负责，应当负责提供必要的资源，合理制定并组织实施质量方针，确保实现质量目标。

第七条 企业应当设立质量安全负责人，质量安全负责人应当具备化妆品、化学、化工、生物、医学、药学、食品、公共卫生或者法学等化妆品质量安全相关专业知识，熟悉相关法律法规、强制性国家标准、技术规范，并具有5年以上化妆品生产或者质量管理经验。

质量安全负责人应当协助法定代表人承担下列相应的产品质量安全管理和产品放行职责：

（一）建立并组织实施本企业质量管理体系，落实质量安全管理责任，定期向法定代表人报告质量管理体系运行情况；

（二）产品质量安全问题的决策及有关文件的签发；

（三）产品安全评估报告、配方、生产工艺、物料供应商、产品标签等的审核管理，以及化妆品注册、备案资料的审核（受托生产企业除外）；

（四）物料放行管理和产品放行；

（五）化妆品不良反应监测管理。

质量安全负责人应当独立履行职责，不受企业其他人员的干扰。根据企业质量管理体系运行需要，经法定代表人书面同意，质量安全负责人可以指定本企业的其他人员协助履行上述职责中除（一）、（二）外的其他职责。被指定人员应当具备相应资质和履职能力，且其协助履行上述职责的时间、具体事项等应当如实记录，确保协助履行职责行为可追溯。质量安全负责人应当对协助履行职责情况进行监督，且其应当承担的法律责任并不转移给被指定人员。

第八条 质量管理部门负责人应当具备化妆品、化学、化工、生物、医学、药学、食品、公共卫生或者法学等化妆品质量安全相关专业知识，熟悉相关法律法规、强制性国家标准、技术规范，并具有化妆品生产或者质量管理经验。质量管理部门负责人应当承担下列职责：

（一）所有产品质量有关文件的审核；

（二）组织与产品质量相关的变更、自查、不合格品管理、不良反应监测、召回等活动；

（三）保证质量标准、检验方法和其他质量管理规程有效实施；

（四）保证完成必要的验证工作，审核和批准验证方案和报告；

（五）承担物料和产品的放行审核工作；

（六）评价物料供应商；

（七）制定并实施生产质量管理相关的培训计划，保证员工经过与其岗位要求相适应的培训，并达到岗位职责的要求；

（八）负责其他与产品质量有关的活动。

质量安全负责人、质量管理部门负责人不得兼任生产部门负责人。

第九条 生产部门负责人应当具备化妆品、化学、化工、生物、医学、药学、食品、公共卫生或者法学等化妆品质量安全相关专业知识，熟悉相关法律法规、强制性国家标准、技术规范，并具有化妆品生产或者质量管理经验。生产部门负责人应当承担下列职责：

（一）保证产品按照化妆品注册、备案资料载明的技术要求以及企业制定的生产工艺规程和岗位操作规程生产；

（二）保证生产记录真实、完整、准确、可追溯；

（三）保证生产环境、设施设备满足生产质量需要；

（四）保证直接从事生产活动的员工经过培训，具备与其岗位要求相适应的知识和技能；

（五）负责其他与产品生产有关的活动。

第十条 企业应当制定并实施从业人员入职培训和年度培训计划，确保员工熟悉岗位职责，具备履行岗位职责的法律知识、专业知识以及操作技能，考核合格后方可上岗。

企业应当建立员工培训档案，包括培训人员、时间、内容、方式及考核情况等。

第十一条 企业应当建立并执行从业人员健康管理制度。直接从事化妆品生产活动的人员应当在上岗前接受健康检查，上岗后每年接受健康检查。患有国务院卫生主管部门规定的有碍化妆品质量安全疾病的人员不得直接从事化妆品生产活动。企业应当建立从业人员健康档案，至少保存 3 年。

企业应当建立并执行进入生产车间卫生管理制度、外来人员管理制度，不得在生产车间、实验室内开展对产品质量安全有不利影响的活动。

第三章 质量保证与控制

第十二条 企业应当建立健全化妆品生产质量管理体系文件，包括质量方针、质量目标、质量管理制度、质量标准、产品配方、生产工艺规程、操作规程，以及法律法规要求的其他文件。

企业应当建立并执行文件管理制度，保证化妆品生产质量管理体系文件的制定、审核、批准、发放、销毁等得到有效控制。

第十三条 与本规范有关的活动均应当形成记录。

企业应当建立并执行记录管理制度。记录应当真实、完整、准确，清晰易辨，相互关联可追溯，不得随意更改，更正应当留痕并签注更正人姓名及日期。

采用计算机（电子化）系统生成、保存记录或者数据的，应当符合本规范附 1 的要求。

记录应当标示清晰，存放有序，便于查阅。与产品追溯相关的记录，其保存期限不得少于产品使用期限届满后 1 年；产品使用期限不足 1 年的，记录保存期限不得少于 2 年。与产品追溯不相关的记录，其保存期限不得少于 2 年。记录保存期限另有规定的从其规定。

第十四条 企业应当建立并执行追溯管理制度，对原料、内包材、半成品、成品制定明确的批号管理规则，与每批产品生产相关的所有记录应当相互关联，保证物料采购、产品生产、质量控制、贮存、销售和召回等全部活动可追溯。

第十五条 企业应当建立并执行质量管理体系自查制度，包括自查时间、自查依据、相关部门和人员职责、自查程序、结果评估等内容。

自查实施前应当制定自查方案，自查完成后应当形成自查报告。自查报告应当包括发现的问题、产品质量安全评价、整改措施等。自查报告应当经质量安全负责人批准，报告法定代表人，并反馈企业相关部门。企业应当对整改情况进行跟踪评价。

企业应当每年对化妆品生产质量管理规范的执行情况进行自查。出现连续停产 1 年以上，重新生产前应当进行自查，确认是否符合本规范要求；化妆品抽样检验结果不合格的，应当按规定及时开展自查并进行整改。

第十六条 企业应当建立并执行检验管理制度，制定原料、内包材、半成品以及成品的质量控制要求，采用检验方式作为质量控制措施的，检验项目、检验方法和检验频次应当与化妆品注册、备案资料载明的技术要求一致。

企业应当明确检验或者确认方法、取样要求、样品管理要求、检验操作规程、检验过程管理要求以及检验异常结果处理要求等，检验或者确认的结果应当真实、完整、准确。

第十七条 企业应当建立与生产的化妆品品种、数量和生产许可项目等相适应的实验室，至少具备菌落总数、霉菌和酵母菌总数等微生物检验项目的检验能力，并保证检测环境、检验人员以及检验设施、设备、仪器和试剂、培养基、标准品等满足检验需要。重金属、致病菌和产品执行的标准中规定的其他安全性风险物质，可以委托取得资质认定的检验检测机构进行检验。

企业应当建立并执行实验室管理制度，保证实验设备仪器正常运行，对实验室使用的试剂、培养基、标准品的配制、使用、报废和有效期实施管理，保证检验结果真实、完整、准确。

第十八条 企业应当建立并执行留样管理制度。每批出厂的产品均应当留样，留样数量至少达到出厂检验需求量的 2 倍，并应当满足产品质量检验的要求。

出厂的产品为成品的，留样应当保持原始销售包装。销售包装为套盒形式，该销售包装内含有多个化妆品且全部为最小销售单元的，如果已经对包装内的最小销售单元留样，可以不对该销售包装产品整体留样，但应当留存能够满足质量追溯需求的套盒外包装。

出厂的产品为半成品的，留样应当密封且能够保证产品质量稳定，并有符合要求的标签信息，保证可追溯。

企业应当依照相关法律法规的规定和标签标示的要求贮存留样的产品，并保存留样记录。留样保存期限不得少于产品使用期限届满后 6 个月。发现留样的产品在使用期限内变质的，企业应当及时分析原因，并依法召回已上市销售的该批次化妆品，主动消除安全风险。

第四章 厂房设施与设备管理

第十九条 企业应当具备与生产的化妆品品种、数量和生产许可项目等相适应的生产场地和设施设备。生产场地选址应当不受有毒、有害场所以及其他污染源的影响，建筑结构、生产车间和设施设备应当便于清洁、操作和维护。

第二十条 企业应当按照生产工艺流程及环境控制要求设置生产车间，不得擅自改变生产车间的功能区域划分。生产车间不得有污染源，物料、产品和人员流向应当合理，避免产生污染与交叉污染。

生产车间更衣室应当配备衣柜、鞋柜，洁净区、准洁净区应当配备非手接触式洗手及消毒设施。企业应当根据生产环境控制需要设置二次更衣室。

第二十一条 企业应当按照产品工艺环境要求，在生产车间内划分洁净区、准洁净区、一般生产区，生产车间环境指标应当符合本规范附 2 的要求。不同洁净级别的区域应当物理隔离，并根据工艺质量保证要求，保持相应的压差。

生产车间应当保持良好的通风和适宜的温度、湿度。根据生产工艺需要，洁净区应当采取净化和消毒措施，准洁净区应当采取消毒措施。企业应当制定洁净区和准洁净区环境监控计划，定期进行监控，每年按照化妆品生产车间环境要求对生产车间进行检测。

第二十二条 生产车间应当配备防止蚊蝇、昆虫、鼠和其他动物进入、滋生的设施，并有效监控。物料、产品等贮存区域应当配备合适的照明、通风、防鼠、防虫、防尘、防潮等设施，并依照物料和产品的特性配备温度、湿度调节及监控设施。

生产车间等场所不得贮存、生产对化妆品质量安全有不利影响的物料、产品或者其他物品。

第二十三条 易产生粉尘、不易清洁等的生产工序，应当在单独的生产操作区域完成，使用专用的生产设备，并采取相应的清洁措施，防止交叉污染。

易产生粉尘和使用挥发性物质生产工序的操作区域应当配备有效的除尘或者排风设施。

第二十四条 企业应当配备与生产的化妆品品种、数量、生产许可项目、生产工艺流程相适应的设备，与产品质量安全相关的设备应当设置唯一编号。管道的设计、安装应当避免死角、盲管或者受到污染，固定管道上应当清晰标示内容物的名称或者管道用途，并注明流向。

所有与原料、内包材、产品接触的设备、器具、管道等的材质应当满足使用要求，不得影响产品质量安全。

第二十五条 企业应当建立并执行生产设备管理制度，包括生产设备的采购、安装、确认、使用、维护保养、清洁等要求，对关键衡器、量具、仪表和仪器定期进行检定或者校准。

企业应当建立并执行主要生产设备使用规程。设备状态标识、清洁消毒标识应当清晰。

企业应当建立并执行生产设备、管道、容器、器具的清洁消毒操作规程。所选用的润滑剂、清洁剂、消毒剂不得对物料、产品或者设备、器具造成污染或者腐蚀。

第二十六条 企业制水、水贮存及输送系统的设计、安装、运行、维护应当确保工艺用水达到质量标准要求。

企业应当建立并执行水处理系统定期清洁、消毒、监测、维护制度。

第二十七条 企业空气净化系统的设计、安装、运行、维护应当确保生产车间达到环境要求。企业应当建立并执行空气净化系统定期清洁、消毒、监测、维护制度。

第五章 物料与产品管理

第二十八条 企业应当建立并执行物料供应商遴选制度，对物料供应商进行审核和评价。企业应当与物料供应商签订采购合同，并在合同中明确物料验收标准和双方质量责任。

企业应当根据审核评价的结果建立合格物料供应商名录，明确关键原料供应商，并对关键原料供应商进行重点审核，必要时应当进行现场审核。

第二十九条 企业应当建立并执行物料审查制度，建立原料、外购的半成品以及内包材清单，明确原料、外购的半成品成分，留存必要的原料、外购的半成品、内包材质量安全相关信息。

企业应当在物料采购前对原料、外购的半成品、内包材实施审查，不得使用禁用原料、未经注册或者备案的新原料，不得超出使用范围、限制条件使用限用原料，确保原料、外购的半成品、内包材符合法律法规、强制性国家标准、技术规范的要求。

第三十条 企业应当建立并执行物料进货查验记录制度，建立并执行物料验收规程，明确物料验收标准和验收方法。企业应当按照物料验收规程对到货物料检验或者确认，确保实际交付的物料与采购合同、送货票证一致，并达到物料质量要求。

企业应当对关键原料留样，并保存留样记录。留样的原料应当有标签，至少包括原料中文名称或者原料代码、生产企业名称、原料规格、贮存条件、使用期限等信息，保证可追溯。留样数量应当满足原料质量检验的要求。

第三十一条 物料和产品应当按规定的条件贮存，确保质量稳定。物料应当分类按批摆放，并明确标示。

物料名称用代码标示的，应当制定代码对照表，原料代码应当明确对应的原料标准中文名称。

第三十二条 企业应当建立并执行物料放行管理制度，确保物料放行后方可用于生产。企业应当建立并执行不合格物料处理规程。超过使用期限的物料应当按照不合格品管理。

第三十三条 企业生产用水的水质和水量应当满足生产要求，水质至少达到生活饮用水卫生标准要求。生产用水为小型集中式供水或者分散式供水的，应当由取得资质认定的检验检测机构对生产用水进行检测，每年至少一次。

企业应当建立并执行工艺用水质量标准、工艺用水管理规程，对工艺用水水质定期监测，确保符合生产质量要求。

第三十四条 产品应当符合相关法律法规、强制性国家标准、技术规范和化妆品注册、备案资料载明的技术要求。

企业应当建立并执行标签管理制度，对产品标签进行审核确认，确保产品的标签符合相关法律法规、强制性国家标准、技术规范的要求。内包材上标注标签的生产工序应当在完成最后一道接触化妆品内容物生产工序的生产企业内完成。

产品销售包装上标注的使用期限不得擅自更改。

第六章 生产过程管理

第三十五条 企业应当建立并执行与生产的化妆品品种、数量和生产许可项目等相适应的生产管理制度。

第三十六条 企业应当按照化妆品注册、备案资料载明的技术要求建立并执行产品生产工艺规程和岗位操作规程，确保按照化妆品注册、备案资料载明的技术要求生产产品。企业应当明确生产工艺参数及工艺过程的关键控制点，主要生产工艺应当经过验证，确保能够持续稳定地生产出合格的产品。

第三十七条 企业应当根据生产计划下达生产指令。生产指令应当包括产品名称、生产批号（或者与生产批号可关联的唯一标识符号）、产品配方、生产总量、生产时间等内容。

生产部门应当根据生产指令进行生产。领料人应当核对所领用物料的包装、标签信息等，填写领料单据。

第三十八条 企业应当在生产开始前对生产车间、设备、器具和物料进行确认，确保其符合生产要求。

企业在使用内包材前，应当按照清洁消毒操作规程进行清洁消毒，或者对其卫生符合性进行确认。

第三十九条 企业应当对生产过程使用的物料以及半成品全程清晰标识，标明名称或者代码、生产日期或者批号、数量，并可追溯。

第四十条 企业应当对生产过程按照生产工艺规程和岗位操作规程进行控制，应当真实、完整、准确地填写生产记录。

生产记录应当至少包括生产指令、领料、称量、配制、填充或者灌装、包装、产品检验以及放行等内容。

第四十一条 企业应当在生产后检查物料平衡，确认物料平衡符合生产工艺规程设定的限度范围。超出限度范围时，应当查明原因，确认无潜在质量风险后，方可进入下一工序。

第四十二条 企业应当在生产后及时清场，对生产车间和生产设备、管道、容器、器具等按照操作规程进行清洁消毒并记录。清洁消毒完成后，应当清晰标识，并按照规定注明有效期限。

第四十三条 企业应当将生产结存物料及时退回仓库。退仓物料应当密封并做好标识，必要时重新包装。仓库管理人员应当按照退料单据核对退仓物料的名称或者代码、生产日期或者批号、数量等。

第四十四条 企业应当建立并执行不合格品管理制度，及时分析不合格原因。企业应当编制返工控制文件，不合格品经评估确认能够返工的，方可返工。不合格品的销毁、返工等处理措施应当经质量管理部门批准并记录。

企业应当对半成品的使用期限做出规定，超过使用期限未填充或者灌装的，应当及时按照不合格品处理。

第四十五条 企业应当建立并执行产品放行管理制度，确保产品经检验合格且相关生产和质量活动记录经审核批准后，方可放行。

上市销售的化妆品应当附有出厂检验报告或者合格标记等形式的产品质量检验合格证明。

第七章 委托生产管理

第四十六条 委托生产的化妆品注册人、备案人（以下简称“委托方”）应当按照本规范的规定建立相应的质量管理体系，并对受托生产企业的生产活动进行监督。

第四十七条 委托方应当建立与所注册或者备案的化妆品和委托生产需要相适应的组织机构，明确注册备案管理、生产质量管理、产品销售管理等关键环节的负责部门和职责，配备相应的管理人员。

第四十八条 化妆品委托生产的，委托方应当是所生产化妆品的注册人或者备案人。受托生产企业应当是持有有效化妆品生产许可证的企业，并在其生产许可范围内接受委托。

第四十九条 委托方应当建立化妆品质量安全责任制，明确委托方法定代表人、质量安全负责人以及其他化妆品质量安全相关岗位的职责，各岗位人员应当按照岗位职责要求，逐级履行相应的化妆品质量安全责任。

第五十条 委托方应当按照本规范第七条第一款规定设质量安全负责人。

质量安全负责人应当协助委托方法定代表人承担下列相应的产品质量安全管理和产品放行职责：

（一）建立并组织实施本企业质量管理体系，落实质量安全管理责任，定期向法定代表人报告质量管理体系运行情况；

（二）产品质量安全问题的决策及有关文件的签发；

（三）审核化妆品注册、备案资料；

（四）委托方采购、提供物料的，物料供应商、物料放行的审核管理；

（五）产品的上市放行；

（六）受托生产企业遴选和生产活动的监督管理；

（七）化妆品不良反应监测管理。

质量安全负责人应当遵守第七条第三款的有关规定。

第五十一条 委托方应当建立受托生产企业遴选标准，在委托生产前，对受托生产企业资质进行审核，考察评估其生产质量管理体系运行状况和生产能力，确保受托生产企业取得相应的化妆品生产许可且具备相应的产品生产能力。

委托方应当建立受托生产企业名录和管理档案。

第五十二条 委托方应当与受托生产企业签订委托生产合同，明确委托事项、委托期限、委托双方的质量安全责任，确保受托生产企业依照法律法规、强制性国家标准、技术规范以及化妆品注册、备案资料载明的技术要求组织生产。

第五十三条 委托方应当建立并执行受托生产企业生产活动监督制度，对各环节受托生产企业的生产活动进行监督，确保受托生产企业按照法定要求进行生产。

委托方应当建立并执行受托生产企业更换制度，发现受托生产企业的生产条件、生产能力发生变化，不再满足委托生产需要的，应当及时停止委托，根据生产需要更换受托生产企业。

第五十四条 委托方应当建立并执行化妆品注册备案管理、从业人员健康管理、从业人员培训、质量管理体系自查、产品放行管理、产品留样管理、产品销售记录、产品贮存和运输管理、产品退货记录、产品质量投诉管理、产品召回管理等质量管理制度，建立并实施化妆品不良反应监测和评价体系。

委托方向受托生产企业提供物料的，委托方应当按照本规范要求建立并执行物料供应商遴选、物料审查、物料进货查验记录和验收以及物料放行管理等相关制度。

委托方应当根据委托生产实际，按照本规范建立并执行其他相关质量管理制度。

第五十五条 委托方应当建立并执行产品放行管理制度，在受托生产企业完成产品出厂放行的基础上，确保产品经检验合格且相关生产和质量活动记录经审核批准后，方可上市放行。

上市销售的化妆品应当附有出厂检验报告或者合格标记等形式的产品质量检验合格证明。

第五十六条 委托方应当建立并执行留样管理制度，在其住所或者主要经营场所留样；也可以在其住所或者主要经营场所所在地的其他经营场所留样。留样应当符合本规范第十八条的规定。

留样地点不是委托方的住所或者主要经营场所的，委托方应当将留样地点的地址等信息在首次留样之日起 20 个工作日内，按规定向所在地负责药品监督管理的部门报告。

第五十七条 委托方应当建立并执行记录管理制度，保存与本规范有关活动的记录。记录应当符合本规范第十三条的相关要求。

执行生产质量管理规范的相关记录由受托生产企业保存的，委托方应当监督其保存相关记录。

第八章 产品销售管理

第五十八条 化妆品注册人、备案人、受托生产企业应当建立并执行产品销售记录制度，并确保所销售产品的出货单据、销售记录与货品实物一致。

产品销售记录应当至少包括产品名称、特殊化妆品注册证编号或者普通化妆品备案编号、使用期限、净含量、数量、销售日期、价格，以及购买者名称、地址和联系方式等内容。

第五十九条 化妆品注册人、备案人、受托生产企业应当建立并执行产品贮存和运输管理制度。依照有关法律法规的规定和产品标签标示的要求贮存、运输产品，定期检查并且及时处理变质或者超过使用期限等质量异常的产品。

第六十条 化妆品注册人、备案人、受托生产企业应当建立并执行退货记录制度。

退货记录内容应当包括退货单位、产品名称、净含量、使用期限、数量、退货原因以及处理结果等内容。

第六十一条 化妆品注册人、备案人、受托生产企业应当建立并执行产品质量投诉管理制度，指定人员负责处理产品质量投诉并记录。质量管理部门应当对投诉内容进行分析评估，并提升产品质量。

第六十二条 化妆品注册人、备案人应当建立并实施化妆品不良反应监测和评价体系。受托生产企业应当建立并执行化妆品不良反应监测制度。

化妆品注册人、备案人、受托生产企业应当配备与其生产化妆品品种、数量相适应的机构和人员，按规定开展不良反应监测工作，并形成监测记录。

第六十三条 化妆品注册人、备案人应当建立并执行产品召回管理制度，依法实施召回工作。发现产品存在质量缺陷或者其他问题，可能危害人体健康的，应当立即停止生产，召回已经上市销售的产品，通知相关化妆品经营者和消费者停止经营、使用，记录召回和通知情况。对召回的产品，应当清晰标识、单独存放，并视情况采取补救、无害化处理、销毁等措施。因产品质量问题实施的化妆品召回和处理情况，化妆品注册人、备案人应当及时向所在地省、自治区、直辖市药品监督管理部门报告。

受托生产企业应当建立并执行产品配合召回制度。发现其生产的产品有第一款规定情形的，应当立即停止生产，并通知相关化妆品注册人、备案人。化妆品注册人、备案人实施召回的，受托生产企业应当予以配合。

召回记录内容应当至少包括产品名称、净含量、使用期限、召回数量、实际召回数量、召回原因、召回时间、处理结果、向监管部门报告情况等。

第九章　附　　则

第六十四条　本规范有关用语含义如下：

批：在同一生产周期、同一工艺过程内生产的，质量具有均一性的一定数量的化妆品。

批号：用于识别一批产品的唯一标识符号，可以是一组数字或者数字和字母的任意组合，用以追溯和审查该批化妆品的生产历史。

半成品：是指除填充或者灌装工序外，已完成其他全部生产加工工序的产品。

物料：生产中使用的原料和包装材料。外购的半成品应当参照物料管理。

成品：完成全部生产工序、附有标签的产品。

产品：生产的化妆品半成品和成品。

工艺用水：生产中用来制造、加工产品以及与制造、加工工艺过程有关的用水。

内包材：直接接触化妆品内容物的包装材料。

生产车间：从事化妆品生产、贮存的区域，按照产品工艺环境要求，可以划分为洁净区、准洁净区和一般生产区。

洁净区：需要对环境中尘粒及微生物数量进行控制的区域（房间），其建筑结构、装备及使用应当能够减少该区域内污染物的引入、产生和滞留。

准洁净区：需要对环境中微生物数量进行控制的区域（房间），其建筑结构、装备及使用应当能够减少该区域内污染物的引入、产生和滞留。

一般生产区：生产工序中不接触化妆品内容物、清洁内包材，不对微生物数量进行控制的生产区域。

物料平衡：产品、物料实际产量或者实际用量及收集到的损耗之和与理论产量或者理论用量之间的比较，并考虑可以允许的偏差范围。

验证：证明任何操作规程或者方法、生产工艺或者设备系统能够达到预期结果的一系列活动。

第六十五条　仅从事半成品配制的化妆品注册人、备案人以及受托生产企业应当按照本规范要求组织生产。其出厂的产品标注的标签应当至少包括产品名称、企业名称、规格、贮存条件、使用期限等信息。

第六十六条　牙膏生产质量管理按照本规范执行。

第六十七条　本规范自 2022 年 7 月 1 日起施行。

附 1　化妆品生产电子记录要求

采用计算机（电子化）系统（以下简称“系统”）生成、保存记录或者数据的，应当采取相应的管理措施与技术手段，制定操作规程，确保生成和保存的数据或者信息真实、完整、准确、可追溯。

电子记录至少应当实现原有纸质记录的同等功能，满足活动管理要求。对于电子记录和纸质记录并存的情况，应当在操作规程和管理制度中明确规定作为基准的形式。

采用电子记录的系统应当满足以下功能要求：

（一）系统应当经过验证，确保记录时间与系统时间的一致性以及数据、信息的真实性、准确性。

（二）能够显示电子记录的所有数据，生成的数据可以阅读并能够打印。

（三）具有保证数据安全性的有效措施。系统生成的数据应当定期备份，数据的备份与删除应当有相应记录，系统变更、升级或者退役，应当采取措施保证原系统数据在规定的保存期限内能够进行查阅与追溯。

（四）确保登录用户的唯一性与可追溯性。规定用户登录权限，确保只有具有登录、修改、编辑权限的人员方可登录并操作。当采用电子签名时，应当符合《中华人民共和国电子签名法》的相关法规规定。

（五）系统应当建立有效的轨迹自动跟踪系统，能够对登录、修改、复制、打印等行为进行跟踪与查询。

（六）应当记录对系统操作的相关信息，至少包括操作者、操作时间、操作过程、操作原因，数据的产生、修改、删除、再处理、重新命名、转移，对系统的设置、配置、参数及时间戳的变更或者修改等内容。

附 2　化妆品生产车间环境要求

区域划分	产品类别	生产工序	控制指标	
			环境参数	其他参数
洁净区	眼部护肤类化妆品④、儿童护肤类化妆品④、牙膏	半成品贮存①、填充、灌装，清洁容器与器具贮存	悬浮粒子②：≥0.5μm 的粒子数≤10500000 个/m^3；≥5μm 的粒子数≤60000 个/m^3；浮游菌②：≤500cfu/m^3；沉降菌②：≤15cfu/30min	静压差：相对于一般生产区≥10Pa，相对于准洁净区≥5Pa
准洁净区	眼部护肤类化妆品④、儿童护肤类化妆品④、牙膏	称量、配制、缓冲、更衣	空气中细菌菌落总数③：≤1000cfu/m^3	
准洁净区	其他化妆品	半成品贮存①、填充、灌装，清洁容器与器具贮存、称量、配制、缓冲、更衣	空气中细菌菌落总数③：≤1000cfu/m^3	
一般生产区	/	包装、贮存等	保持整洁	

① 企业配制、半成品贮存、填充、灌装等生产工序采用全封闭管道的，可以不设置半成品贮存间。

② 测试方法参照：GB/T 16292《医药工业洁净室（区）悬浮粒子的测试方法》，GB/T 16293《医药工业洁净室（区）浮游菌的测试方法》，GB/T 16294《医药工业洁净室（区）沉降菌的测试方法》的有关规定。

③ 测试方法参照：GB 15979《一次性使用卫生用品卫生标准》或者 GB/T 16293《医药工业洁净室（区）浮游菌的测试方法》的有关规定。

④ 生产施用于眼部皮肤表面以及儿童皮肤、口唇表面，以清洁、保护为目的的驻留类化妆品的（粉剂化妆品除外），其半成品贮存、填充、灌装、清洁容器与器具贮存应当符合生产车间洁净区的要求。

五、化妆品分类规则和分类目录

（2021 年 4 月 8 日国家药监局 2021 年第 49 号）

第一条　为规范化妆品生产经营活动，保障化妆品的质量安全，根据《化妆品监督管理条例》及有关法律法规的规定，按照化妆品的功效宣称、作用部位、产品剂型、使用人群，同时考虑使用方法，制定本规则和目录。

第二条　本规则和目录适用于在中华人民共和国境内生产经营化妆品的分类。

第三条　化妆品注册人、备案人应当根据化妆品功效宣称、作用部位、使用人群、产品剂型和使用方法，按照本规则和目录进行分类编码。

第四条　化妆品应当按照本规则和目录所附的功效宣称、作用部位、使用人群、产品剂型和使用方法的分类目录（附表 1～5）依次选择对应序号，各组目录编码之间用“-”进行连接，形成完整的产品分类编码。

同一产品具有多种功效宣称、作用部位、使用人群或者产品剂型的，可选择多个对应序号，各序号应当按顺序依次排列，序号之间用“/”进行连接。

第五条　化妆品应当根据功效宣称分类目录所列的功效类别选择对应序号，功效宣称应当有充分的科学依据。

第六条 作用部位应当根据产品标签中的具体施用部位合理选择对应序号。宣称作用部位包含“眼部”或者“口唇”的化妆品，编码中应当包含对应序号，并按照“眼部”或“口唇”化妆品的安全性和功效宣称要求管理。

第七条 宣称使用人群包括“婴幼儿”“儿童”的化妆品，编码中应当包含对应序号，并按照“婴幼儿”“儿童”化妆品的安全性和功效宣称要求管理。

第八条 使用方法同时包含淋洗和驻留的，应当按驻留类化妆品选择对应序号，并按照驻留类化妆品的安全性和功效宣称要求管理。

第九条 功效宣称、作用部位或者使用人群编码中出现字母的，应当判定为宣称新功效的化妆品。

第十条 包含两个或者两个以上必须配合使用或者包装容器不可拆分的独立配方的化妆品，按一个产品进行分类编码。

第十一条 本办法自 2021 年 5 月 1 日起施行。

附表 1 功效宣称分类目录

序号	功效类别	释义说明和宣称指引
A	新功效	不符合以下规则的
1	染发	以改变头发颜色为目的，使用后即时清洗不能恢复头发原有颜色
2	烫发	用于改变头发弯曲度(弯曲或拉直)，并维持相对稳定 注：清洗后即恢复头发原有形态的产品，不属于此类
3	祛斑美白	有助于减轻或减缓皮肤色素沉着，达到皮肤美白增白效果；通过物理遮盖形式达到皮肤美白增白效果 注：含改善因色素沉积导致痘印的产品
4	防晒	用于保护皮肤、口唇免受特定紫外线所带来的损伤 注：婴幼儿和儿童的防晒化妆品作用部位仅限皮肤
5	防脱发	有助于改善或减少头发脱落 注：调节激素影响的产品，促进生发作用的产品，不属于化妆品
6	祛痘	有助于减少或减缓粉刺(含黑头或白头)的发生；有助于粉刺发生后皮肤的恢复 注：调节激素影响的、杀(抗、抑)菌的和消炎的产品，不属于化妆品
7	滋养	有助于为施用部位提供滋养作用 注：通过其他功效间接达到滋养作用的产品，不属于此类
8	修护	有助于维护施用部位保持正常状态 注：用于疤痕、烫伤、烧伤、破损等损伤部位的产品，不属于化妆品
9	清洁	用于除去施用部位表面的污垢及附着物
10	卸妆	用于除去施用部位的彩妆等其他化妆品
11	保湿	用于补充或增强施用部位水分、油脂等成分含量；有助于保持施用部位水分含量或减少水分流失
12	美容修饰	用于暂时改变施用部位外观状态，达到美化、修饰等作用，清洁卸妆后可恢复原状 注：人造指甲或固体装饰物类等产品(如：假睫毛等)，不属于化妆品
13	芳香	具有芳香成分，有助于修饰体味，可增加香味
14	除臭	有助于减轻或遮盖体臭 注：单纯通过抑制微生物生长达到除臭目的的产品，不属于化妆品
15	抗皱	有助于减缓皮肤皱纹产生或使皱纹变得不明显
16	紧致	有助于保持皮肤的紧实度、弹性
17	舒缓	有助于改善皮肤刺激等状态

续表

序号	功效类别	释义说明和宣称指引
18	控油	有助于减缓施用部位皮脂分泌和沉积，或使施用部位出油现象不明显
19	去角质	有助于促进皮肤角质的脱落或促进角质更新
20	爽身	有助于保持皮肤干爽或增强皮肤清凉感 注：针对病理性多汗的产品，不属于化妆品
21	护发	有助于改善头发、胡须的梳理性，防止静电，保持或增强毛发的光泽
22	防断发	有助于改善或减少头发断裂、分叉；有助于保持或增强头发韧性
23	去屑	有助于减缓头屑的产生；有助于减少附着于头皮、头发的头屑
24	发色护理	有助于在染发前后保持头发颜色的稳定 注：为改变头发颜色的产品，不属于此类
25	脱毛	用于减少或除去体毛
26	辅助剃须剃毛	用于软化、膨胀须发，有助于剃须剃毛时皮肤润滑 注：剃须、剃毛工具不属于化妆品

附表 2 作用部位分类目录

序号	作用部位	说明
B	新功效	不符合以下规则的
1	头发	注：染发、烫发产品仅能对应此作用部位； 防晒产品不能对应此作用部位
2	体毛	不包括头面部毛发
3	躯干部位	不包含头面部、手、足
4	头部	不包含面部
5	面部	不包含口唇、眼部； 注：脱毛产品不能对应此作用部位
6	眼部	包含眼周皮肤、睫毛、眉毛； 注：脱毛产品不能对应此作用部位
7	口唇	注：祛斑美白、脱毛产品不能对应此作用部位
8	手、足	注：除臭产品不能对应此作用部位
9	全身皮肤	不包含口唇、眼部
10	指(趾)甲	

附表 3 使用人群分类目录

序号	使用人群	说明
C	新功效	不符合以下规则的产品；宣称孕妇和哺乳期妇女适用的产品
1	婴幼儿 (0～3 周岁，含 3 周岁)	功效宣称仅限于清洁、保湿、护发、防晒、舒缓、爽身
2	儿童 (3～12 周岁，含 12 周岁)	功效宣称仅限于清洁、卸妆、保湿、美容修饰、芳香、护发、防晒、修护、舒缓、爽身
3	普通人群	不限定使用人群

附表 4 产品剂型分类目录

序号	产品剂型	说明
0	其他	不属于以下范围的
1	膏霜乳	膏、霜、蜜、脂、乳、乳液、奶、奶液等
2	液体	露、液、水、油、油水分离等
3	凝胶	啫喱、胶等
4	粉剂	散粉、颗粒等
5	块状	块状粉、大块固体等
6	泥	泥状固体等
7	蜡基	以蜡为主要基料的
8	喷雾剂	不含推进剂
9	气雾剂	含推进剂
10	贴、膜、含基材	贴、膜、含配合化妆品使用的基材的
11	冻干	冻干粉、冻干片等

附表 5 使用方法分类目录

序号	使用方法	说明
1	淋洗	根据国家标准、《化妆品安全技术规范》要求，选择编码
2	驻留	

六、化妆品功效宣称评价规范

（2021 年 4 月 8 日国家药监局 2021 年第 50 号）

第一条 为规范化妆品功效宣称评价工作，保证功效宣称评价结果的科学性、准确性和可靠性，维护消费者合法权益，推动社会共治和化妆品行业健康发展，根据《化妆品监督管理条例》等有关法律法规要求，制定本规范。

第二条 在中华人民共和国境内生产经营的化妆品，应当按照本规范进行功效宣称评价。

第三条 本规范所称化妆品功效宣称评价，是指通过文献资料调研、研究数据分析或者化妆品功效宣称评价试验等手段，对化妆品在正常使用条件下的功效宣称内容进行科学测试和合理评价，并作出相应评价结论的过程。

第四条 化妆品注册人、备案人在申请注册或进行备案的同时，应当按照本规范要求，在国家药品监督管理局指定的专门网站上传产品功效宣称依据的摘要。

化妆品注册人、备案人对提交的功效宣称依据的摘要的科学性、真实性、可靠性和可追溯性负责。

第五条 化妆品的功效宣称应当有充分的科学依据，功效宣称依据包括文献资料、研究数据或者化妆品功效宣称评价试验结果等。

化妆品功效宣称评价的方法应当具有科学性、合理性和可行性，并能够满足化妆品功效宣称评价的目的。

第六条 化妆品注册人、备案人可以自行或者委托具备相应能力的评价机构，按照化妆品功效宣称评价项目要求，开展化妆品功效宣称评价。根据评价结论编制并公布产品功效宣称依据的摘要。

第七条 能够通过视觉、嗅觉等感官直接识别的（如清洁、卸妆、美容修饰、芳香、爽身、染发、烫发、发色护理、脱毛、除臭和辅助剃须剃毛等），或者通过简单物理遮盖、附着、摩擦等方式发生效果（如物理遮盖祛斑美白、物理方式去角质和物理方式去黑头等）且在标签上明确标识仅具物理作用的功效宣称，可免予公布产品功效宣称依据的摘要。

第八条 仅具有保湿和护发功效的化妆品，可以通过文献资料调研、研究数据分析或者化妆品功效宣称评价试验等方式进行功效宣称评价。

第九条 具有抗皱、紧致、舒缓、控油、去角质、防断发和去屑功效，以及宣称温和（如无刺激）或量化指标（如功效宣称保持时间、功效宣称相关统计数据等）的化妆品，应当通过化妆品功效宣称评价试验方式，可以同时结合文献资料或研究数据分析结果，进行功效宣称评价。

第十条 具有祛斑美白、防晒、防脱发、祛痘、滋养和修护功效的化妆品，应当通过人体功效评价试验方式进行功效宣称评价。

具有祛斑美白、防晒和防脱发功效的化妆品，应当由化妆品注册和备案检验机构按照强制性国家标准、技术规范的要求开展人体功效评价试验，并出具报告。

第十一条 进行特定宣称的化妆品（如宣称适用敏感皮肤、宣称无泪配方），应当通过人体功效评价试验或消费者使用测试的方式进行功效宣称评价。

通过宣称原料的功效进行产品功效宣称的，应当开展文献资料调研、研究数据分析或者功效宣称评价试验证实原料具有宣称的功效，且原料的功效宣称应当与产品的功效宣称具有充分的关联性。

第十二条 宣称新功效的化妆品，应当根据产品功效宣称的具体情况，进行科学合理的分析。能够通过视觉、嗅觉等感官直接识别或通过物理作用方式发生效果且在标签上明确标识仅具有物理作用的新功效，可免予提交功效宣称评价资料。对于需要提交产品功效宣称评价资料的，应当由化妆品注册和备案检验机构按照强制性国家标准、技术规范规定的试验方法开展产品的功效评价，并出具报告。

使用强制性国家标准、技术规范以外的试验方法，应当委托两家及以上的化妆品注册和备案检验机构进行方法验证，经验证符合要求的，方可开展新功效的评价，同时在产品功效宣称评价报告中阐明方法的有效性和可靠性等参数。

第十三条 同一化妆品注册人、备案人申请注册或进行备案的同系列彩妆产品，在满足等效评价的条件和要求时，可以按照等效评价指导原则开展功效宣称评价。

第十四条 化妆品功效宣称评价试验包括人体功效评价试验、消费者使用测试和实验室试验。

化妆品功效宣称评价试验应当有合理的试验方案，方案设计应当符合统计学原则，试验数据符合统计学要求，并按照化妆品功效宣称评价试验技术导则的要求开展。

人体功效评价试验和消费者使用测试应当遵守伦理学原则要求，进行试验之前应当完成必要的产品安全性评价，确保在正常、可预见的情况下不得对受试者（或消费者）的人体健康产生危害，所有受试者（或消费者）应当签署知情同意书后方可开展试验。

第十五条 除有特殊规定的情形外，化妆品功效宣称评价试验应当优先选择下列（一）（二）项试验方法，（一）（二）项未作规定的，可以任意选择下列（三）（四）项试验方法：

（一）我国化妆品强制性国家标准、技术规范规定的方法；

（二）我国其他相关法规、国家标准、行业标准载明的方法；

（三）国外相关法规或技术标准规定的方法；

（四）国内外权威组织、技术机构以及行业协会技术指南发布的方法、专业学术杂志、期刊公开发表的方法或自行拟定建立的方法，在开展功效评价前，评价机构应当完成必要的试验方法转移、确认或验证，以确保评价工作的科学性、可靠性。

第十六条 承担化妆品功效宣称评价的机构应当建立良好的实验室规范，完成功效宣称评价工作和出具报告，并对出具报告的真实性、可靠性负责。

第十七条 化妆品功效宣称评价试验完成后，应当由承担功效评价的机构出具化妆品功效宣称评价报告。功效宣称评价报告应当信息完整、格式规范、结论明确，并由评价机构签章确认。报告一般应当包括以下内容：

（一）化妆品注册人、备案人或境内责任人名称、地址等相关信息；

（二）功效宣称评价机构名称、地址等相关信息；

（三）产品名称、数量及规格、生产日期或批号、颜色和物态等相关信息；

（四）试验项目和依据、试验的开始与完成日期、材料和方法、试验结果、试验结论等相关信息。

采用第十五条第（一）（二）项以外的试验方法的，应当在报告后随附试验方法的完整文本。方法文本、试验报告为外文的，还应当翻译成标准中文。

第十八条 化妆品注册人、备案人应当及时对化妆品功效宣称依据和摘要进行归档并妥善保存备查。功效宣称依据资料为外文的，还应当翻译成标准中文进行存档。开展功效宣称评价试验的产品配方应当与注册备案时保持一致，一致性证明材料应与功效宣称依据资料一同归档。

承担功效宣称评价试验的机构，应当对其完成的产品功效宣称评价资料或出具的试验报告等相关资料进行整理、归档并保存备查。

第十九条 化妆品功效宣称依据的摘要应当简明扼要地列出产品功效宣称依据的内容，至少包括以下信息：

（一）产品基本信息；

（二）功效宣称评价项目及评价机构；

（三）评价方法与结果简述；

（四）功效宣称评价结论，应当阐明产品的功效宣称与评价方法与结果之间的关联性。

第二十条 本规范下列用语的含义：

（一） **文献资料**：是指通过检索等手段获得的公开发表的科学研究、调查、评估报告和著作等，包括国内外现行有效的法律法规、技术文献等。文献资料应当标明出处，确保有效溯源，相关结论应当充分支持产品的功效宣称。

（二） **研究数据**：是指通过科学研究等手段获得的尚未公开发表的与产品功效宣称相关的研究结果。研究数据应当准确、可靠，相关研究结果能够充分支持产品的功效宣称。

（三） **人体功效评价试验**：是指在实验室条件下，按照规定的方法和程序，通过人体试验结果的主观评估、客观测量和统计分析等方式，对产品功效宣称作出客观评价结论的过程。

（四） **消费者使用测试**：是指在客观和科学方法基础上，对消费者的产品使用情况和功效宣称评价信息进行有效收集、整理和分析的过程。

（五） **实验室试验**：是指在特定环境条件下，按照规定方法和程序进行的试验，包括但不限于动物试验、体外试验（包括离体器官、组织、细胞、微生物、理化试验）等。

第二十一条 本规范自 2021 年 5 月 1 日起施行。

（注：①本书未附，请根据相应标准执行。）

七、化妆品标签管理办法

（2021 年 5 月 31 日国家药监局 2021 年第 77 号）

第一条 为加强化妆品标签监督管理，规范化妆品标签使用，保障消费者合法权益，根据《化妆品监督管理条例》等有关法律法规规定，制定本办法。

第二条 在中华人民共和国境内生产经营的化妆品的标签管理适用本办法。

第三条 本办法所称化妆品标签，是指产品销售包装上用以辨识说明产品基本信息、属性特征和安全警示等的文字、符号、数字、图案等标识，以及附有标识信息的包装容器、包装盒和说明书。

第四条 化妆品注册人、备案人对化妆品标签的合法性、真实性、完整性、准确性和一致性负责。

第五条 化妆品的最小销售单元应当有标签。标签应当符合相关法律、行政法规、部门规章、强制性国家标准和技术规范要求，标签内容应当合法、真实、完整、准确，并与产品注册或者备案的相关内容一致。

化妆品标签应当清晰、持久，易于辨认、识读，不得有印字脱落、粘贴不牢等现象。

第六条 化妆品应当有中文标签。中文标签应当使用规范汉字，使用其他文字或者符号的，应当在产品销售包装可视面使用规范汉字对应解释说明，网址、境外企业的名称和地址以及约定俗成的专业术语等必须使用其他文字的除外。

加贴中文标签的，中文标签有关产品安全、功效宣称的内容应当与原标签相关内容对应一致。

除注册商标之外，中文标签同一可视面上其他文字字体的字号应当小于或者等于相应的规范汉字字体的字号。

第七条 化妆品中文标签应当至少包括以下内容：

（一）产品中文名称、特殊化妆品注册证书编号；

（二）注册人、备案人的名称、地址，注册人或者备案人为境外企业的，应当同时标注境内责任人的名称、地址；

（三）生产企业的名称、地址，国产化妆品应当同时标注生产企业生产许可证编号；

（四）产品执行的标准编号；

（五）全成分；

（六）净含量；

（七）使用期限；

（八）使用方法；

（九）必要的安全警示用语；

（十）法律、行政法规和强制性国家标准规定应当标注的其他内容。

具有包装盒的产品，还应当同时在直接接触内容物的包装容器上标注产品中文名称和使用期限。

第八条 化妆品产品中文名称一般由商标名、通用名和属性名三部分组成，约定俗成、习惯使用的化妆品名称可以省略通用名或者属性名，商标名、通用名和属性名应当符合下列规定要求：

（一）商标名的使用除符合国家商标有关法律法规的规定外，还应当符合国家化妆品管理相关法律法规的规定。不得以商标名的形式宣称医疗效果或者产品不具备的功效。以暗示含有某类原料的用语作为商标名，产品配方中含有该类原料的，应当在销售包装可视面对其使用目的进行说明；产品配方不含有该类原料的，应当在销售包装可视面明确标注产品不含该类原料，相关用语仅作商标名使用。

（二）通用名应当准确、客观，可以是表明产品原料或者描述产品用途、使用部位等的文字。使用具体原料名称或者表明原料类别的词汇的，应当与产品配方成分相符，且该原料在产品中产生的功效作用应当与产品功效宣称相符。使用动物、植物或者矿物等名称描述产品的香型、颜色或者形状的，配方中可以不含此原料，命名时可以在通用名中采用动物、植物或者矿物等名称加香型、颜色或者形状的形式，也可以在属性名后加以注明。

（三）属性名应当表明产品真实的物理性状或者形态。

（四）不同产品的商标名、通用名、属性名相同时，其他需要标注的内容应当在属性名后加以注明，包括颜色或者色号、防晒指数、气味、适用发质、肤质或者特定人群等内容。

（五）商标名、通用名或者属性名单独使用时符合本条上述要求，组合使用时可能使消费者对产品功效产生歧义的，应当在销售包装可视面予以解释说明。

第九条 产品中文名称应当在销售包装可视面显著位置标注，且至少有一处以引导语引出。

化妆品中文名称不得使用字母、汉语拼音、数字、符号等进行命名，注册商标、表示防晒指数、色号、系列号，或者其他必须使用字母、汉语拼音、数字、符号等的除外。产品中文名称中的注册商标使用字母、汉语拼音、数字、符号等的，应当在产品销售包装可视面对其含义予以解释说明。

特殊化妆品注册证书编号应当是国家药品监督管理局核发的注册证书编号，在销售包装可视面进行标注。

第十条 化妆品注册人、备案人、境内责任人和生产企业的名称、地址等相关信息，应当按照下列规定在产品销售包装可视面进行标注：

（一）注册人、备案人、境内责任人和生产企业的名称和地址，应当标注产品注册证书或者备案信息载明的企业名称和地址，分别以相应的引导语引出。

（二）化妆品注册人或者备案人与生产企业相同时，可使用“注册人/生产企业”或者“备案人/生产企业”作为引导语，进行简化标注。

（三）生产企业名称和地址应当标注完成最后一道接触内容物工序的生产企业的名称、地址。注册人、备案人同时委托多个生产企业完成最后一道接触内容物的工序的，可以同时标注各受托生产企业的名称、地址，并通过代码或者其他方式指明产品的具体生产企业。

（四）生产企业为境内的，还应当在企业名称和地址之后标注化妆品生产许可证编号，以相应的引导语引出。

第十一条 化妆品标签应当在销售包装可视面标注产品执行的标准编号，以相应的引导语引出。

第十二条 化妆品标签应当在销售包装可视面标注化妆品全部成分的原料标准中文名称，以“成分”作为引导语引出，并按照各成分在产品配方中含量的降序列出。化妆品配方中存在含量不超过 0.1%（w/w）的成分的，所有不超过 0.1%（w/w）的成分应当以“其他微量成分”作为引导语引出另行标注，可以不按照成分含量的降序列出。

以复配或者混合原料形式进行配方填报的，应当以其中每个成分在配方中的含量作为成分含量的排序和判别是否为微量成分的依据。

第十三条 化妆品的净含量应当使用国家法定计量单位表示，并在销售包装展示面标注。

第十四条 产品使用期限应当按照下列方式之一在销售包装可视面标注，并以相应的引导语引出：

（一）生产日期和保质期，生产日期应当使用汉字或者阿拉伯数字，以四位数年份、二位数月份和二位数日期的顺序依次进行排列标识；

（二）生产批号和限期使用日期。

具有包装盒的产品，在直接接触内容物的包装容器上标注使用期限时，除可以选择上述方式标注外，还可以采用标注生产批号和开封后使用期限的方式。

销售包装内含有多个独立包装产品时，每个独立包装应当分别标注使用期限，销售包装可视面上的使用期限应当按照其中最早到期的独立包装产品的使用期限标注；也可以分别标注单个独立包装产品的使用期限。

第十五条 为保证消费者正确使用，需要标注产品使用方法的，应当在销售包装可视面或者随附于产品的说明书中进行标注。

第十六条 存在下列情形之一的，应当以“注意”或者“警告”作为引导语，在销售包装可视面标注安全警示用语：

（一）法律、行政法规、部门规章、强制性国家标准、技术规范对化妆品限用组分、准用组分有警示用语和安全事项相关标注要求的；

（二）法律、行政法规、部门规章、强制性国家标准、技术规范对适用于儿童等特殊人群化妆品要求标注的相关注意事项的；

（三）法律、行政法规、部门规章、强制性国家标准、技术规范规定其他应当标注安全警示用语、注意事项的。

第十七条 化妆品净含量不大于 15g 或者 15mL 的小规格包装产品，仅需在销售包装可视面标注产品中文名称、特殊化妆品注册证书编号、注册人或者备案人的名称、净含量、使用期限等信息，其他应当标注的信息可以标注在随附于产品的说明书中。

具有包装盒的小规格包装产品，还应当同时在直接接触内容物的包装容器上标注产品中文名称和使用期限。

第十八条 化妆品标签中使用尚未被行业广泛使用导致消费者不易理解，但不属于禁止标注内容的创新用语的，应当在相邻位置对其含义进行解释说明。

第十九条 化妆品标签禁止通过下列方式标注或者宣称：

（一）使用医疗术语、医学名人的姓名、描述医疗作用和效果的词语或者已经批准的药品名明示或者暗示产品具有医疗作用；

（二）使用虚假、夸大、绝对化的词语进行虚假或者引人误解地描述；

（三）利用商标、图案、字体颜色大小、色差、谐音或者暗示性的文字、字母、汉语拼音、数字、符号等方式暗示医疗作用或者进行虚假宣称；

（四）使用尚未被科学界广泛接受的术语、机理编造概念误导消费者；

（五）通过编造虚假信息、贬低其他合法产品等方式误导消费者；

（六）使用虚构、伪造或者无法验证的科研成果、统计资料、调查结果、文摘、引用语等信息误导消费者；

（七）通过宣称所用原料的功能暗示产品实际不具有或者不允许宣称的功效；

（八）使用未经相关行业主管部门确认的标识、奖励等进行化妆品安全及功效相关宣称及用语；

（九）利用国家机关、事业单位、医疗机构、公益性机构等单位及其工作人员、聘任专家的名义、形象作证明或者推荐；

（十）表示功效、安全性的断言或者保证；

（十一）标注庸俗、封建迷信或者其他违反社会公序良俗的内容；

（十二）法律、行政法规和化妆品强制性国家标准禁止标注的其他内容。

第二十条 化妆品标签存在下列情形，但不影响产品质量安全且不会对消费者造成误导的，由负责药品监督管理的部门依照《化妆品监督管理条例》第六十一条第二款规定处理：

文字、符号、数字的字号不规范，或者出现多字、漏字、错别字、非规范汉字的；

使用期限、净含量的标注方式和格式不规范等的；

化妆品标签不清晰，难以辨认、识读，或者部分印字脱落或者粘贴不牢的；

化妆品成分名称不规范或者成分未按照配方含量的降序列出的；

未按照本办法规定使用引导语的；

产品中文名称未在显著位置标注的；

其他违反本办法规定但不影响产品质量安全且不会对消费者造成误导的情形。

化妆品标签违反本办法规定，构成《化妆品监督管理条例》第六十一条第一款第（五）项规定情形的，依法予以处罚。

第二十一条 以免费试用、赠予、兑换等形式向消费者提供的化妆品，其标签适用本办法。

第二十二条 本办法所称最小销售单元等名词术语的含义如下：

最小销售单元：以产品销售为目的，将产品内容物随产品包装容器、包装盒以及产品说明书等一起交付消费者时的最小包装的产品形式。

销售包装：最小销售单元的包装。包括直接接触内容物的包装容器、放置包装容器的包装盒以及随附于产品的说明书。

内容物：包装容器内所装的产品。

展示面：化妆品在陈列时，除底面外能被消费者看到的任何面。

可视面：化妆品在不破坏销售包装的情况下，能被消费者看到的任何面。

引导语：用以引出标注内容的用语，如“产品名称”“净含量”等。

第二十三条　本办法自 2022 年 5 月 1 日起施行。

参 考 文 献

[1] 徐良. 中国化妆品. 1995，3，15-16.

[2] 徐良. 中国化妆品. 1995，4，16-17.

[3] 钱卫平. 中国化妆品. 1995，2，16-17.

[4] 蔺国敬. 日用化学工业. 1995，3，52-53.

[5] 上海第一医学院，等编. 皮肤病学. 北京：人民卫生出版社，1977.

[6] 王光超. 皮肤性病学. 北京：人民卫生出版社，1994.

[7] 吴宏仁，等. 纺织纤维的结构和性能. 北京：纺织工业出版社，1985.

[8] 孔繁超，等. 毛织物染整理论与实践. 北京：纺织工业出版社，1990.

[9] [日] 福原信和，等. 实用化妆品手册. 陆光崇，等译. 上海：上海翻译出版公司，1990.

[10] 范成有. 香料及其应用. 北京：化学工业出版社，1990.

[11] 张承曾，等. 日用调香术. 北京：轻工业出版社，1989.

[12] 鲁子贤. 蛋白质化学. 北京：科学出版社，1981.

[13] 周润琦，等. 生物化学基础. 北京：化学工业出版社，1992.

[14] Friedrich G. M. Vogl，SCCS，1989，4，42-47.

[15] Wekel H. U. Seif ole Fette Waches，1990，116（4），130-137.

[16] 张蕴惠. 口腔内科学. 北京：人民卫生出版社，1994.

[17] 北京医学院口腔医学系编. 口腔病防治学. 北京：人民卫生出版社，1974.

[18] 曹家鑫，等. 胶体理论与牙膏生产. 北京：轻工业出版社，1981.

[19] 樊明文. 龋病学. 贵阳：贵州科技出版社，1993.

[20] 裘炳毅. 化妆品化学与工艺技术大全. 北京：轻工业出版社，1997.

[21] 童玲玲，等. 化妆品工艺学. 北京：轻工业出版社，1993.

[22] 肖子英. 中国化妆品. 1998，1，8-10.

[23] 张殿义. 日用化学品科学. 1998，3，32-35.

[24] 周本省. 工业水处理技术. 北京：化学工业出版社，1997.

[25] 国产化妆品强势归来占据 56% 的市场份额 [N]. 消费日报，A3 版，2019-06-24；b）潮州日报，05 版，经济，2019-06-20.

[26] 中国日报中文网. 北京香山科学会议如期举行，阿道夫与院士专家一同出席 [EB/OL].（2020-11-17）http：//caijing. chinadaily. com. cn/a/202011/17/WS5fb371bfa3101e7ce972ffd7. html？from＝singlemessage.

[27] 裘炳毅，高志红. 现代化妆品科学与技术. 北京：中国轻工业出版社，2016.